高等学校信息工程类专业系列教材

信号与系统

(第五版)

张小虹　编著

胡建萍　主审

在线课程

西安电子科技大学出版社

内 容 简 介

本书以三大变换(拉普拉斯变换、傅里叶变换和 z 变换)为主线，描述了信号与系统的基本理论和分析方法，同时将经典理论与现代计算技术相结合，以期增强读者对本课程知识点的理解与掌握。本书每章的最后一节为 MATLAB 仿真内容，以帮助读者学习、掌握和应用 MATLAB 知识，提高计算和作图能力。

本书概念清晰、系统性强、特色鲜明，符合当前强调素质教育的教学改革要求。全书叙述流畅，深入浅出，使用方便，便于自学。

本书可作为高校通信、自动控制、电子信息类专业本科教材，对相关专业的工程技术人员也是一本有益的自学教材和参考用书。

图书在版编目(CIP)数据

信号与系统/张小虹编著．—5 版．—西安：西安电子科技大学出版社，2022.6
(2024.1 重印)
ISBN 978 - 7 - 5606 - 6474 - 3

Ⅰ．①信…　Ⅱ．①张…　Ⅲ．①信号系统　Ⅳ．①TN911.6

中国版本图书馆 CIP 数据核字(2022)第 070207 号

策　　划　马乐惠
责任编辑　陈　婷
出版发行　西安电子科技大学出版社(西安市太白南路 2 号)
电　　话　(029)88202421　88201467　　邮　编　710071
网　　址　www.xduph.com　　电子邮箱　xdupfxb001@163.com
经　　销　新华书店
印刷单位　咸阳华盛印务有限责任公司
版　　次　2022 年 6 月第 5 版　2024 年 1 月第 4 次印刷
开　　本　787 毫米×1092 毫米　1/16　印张 20.5
字　　数　487 千字
定　　价　46.00 元
ISBN 978 - 7 - 5606 - 6474 - 3/TN

XDUP 6776005 - 4

* * * 如有印装问题可调换 * * *

前　言

“信号与系统”是以信号特性和处理等工程问题为背景，经数学抽象及理论概括而形成的专业基础课程。其主要任务是研究确定信号通过线性时不变系统进行传输、处理的基本理论和基本分析方法。

“信号与系统”课程的内容以传统和经典为主。现有的教材大都注重其内容的严谨与完整(加有不少相关专业的内容)，篇幅较大，在实际教学过程中，尤其是授课时数有限的情况下，很难按照教材完全实施，达不到预期目的。编者根据多年的教学实践和教改要求修订了本教材。本书以基本原理和基本方法为主导，以三大变换为主线，精选课程的基本内容，删繁就简，突出物理概念。

感谢读者的厚爱，《信号与系统》第五版即将出版。本版除了保留了经典理论与现代计算技术相结合的特色，重点对后续课程涉及的内容及一些扩展内容作了删减，例如相关、功率谱与能量谱等；为了便于具体概念的理解，对应地增加了少量的例题及例题详解；对习题进行了进一步的归纳、增减、优化，有利于读者练习时分析比较，更好地巩固课堂学习的基本概念。编者在编写过程中考虑到了接受对象的不同，采取了宽口径的处理原则，书中打 * 的部分可供有不同教学要求的学校或教师选用。若读者还需深入了解相关专业知识，可参阅相关专业书籍。

本书概念清晰、系统性强、特色明显，尤其是引入现代教学思想与工具，使本书不仅非常适合作为电子信息类专业本科学生的教材，也可作为计算机科学与应用等相关专业学生的教材。对相关专业的工程技术人员来说，本书也是一本较好的自学教材和参考用书。

很高兴有两位年轻的同行荣传振、朱莹参加了本版的部分纠错工作。

本书在编写过程中，还得到了陆军工程大学通信工程学院关宇教授的大力支持和帮助，编者在此表示深深的谢意。

由于编者水平有限，书中难免存在一些疏漏，恳请广大读者不吝赐教。

作　者

2022 年 3 月

目　　录

第1章 信号与系统

1.1 信号与系统概述

现代人每天都会与各种各样载有信息的信号密切接触。例如，听广播、看电视是接收带有信息的消息；发短信、打电话是为了把带有信息的消息借助一定形式的信号传送出去。信号是各类消息的运载工具，是某种变化的物理量，如电话铃声，交通红绿灯，收音机、电视机、手机收到的电磁波等，这些信号分别称之为声信号、光信号、电信号。不同的声、光、电信号都包含有一定的意义，这些意义统称为信息。消息中有意义或实质性的内容可以用信息量度量。

在自然科学、社会等诸多领域中，系统的概念与方法被广泛应用。系统泛指由若干相互作用、相互关联的事物组合而成的，具有特定功能的整体。通信、控制系统是信息科学与技术领域的重要组成部分，它们还可以组合成更复杂的系统。

本书所研究的是信号通过系统进行传输、处理的基本理论和基本分析方法，通常可由图1.1-1所示的方框图表示。其中 $f(\cdot)$ 是系统的输入(激励)，$y(\cdot)$ 是系统的输出(响应)，$h(\cdot)$ 是系统特性的一种描述。“·”是信号的自变量，可以是连续变量 t，也可以是离散变量 n。

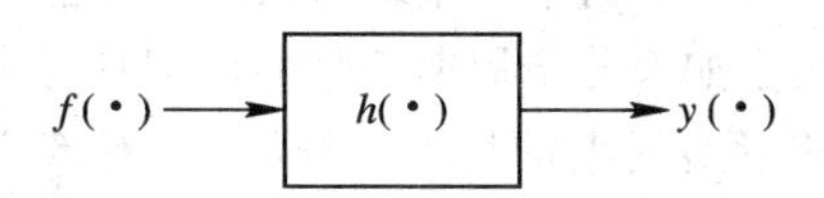

图1.1-1 信号与系统分析框图

图1.1-1所示信号与系统分析框图中，有激励、系统特性、响应三个变量。描述它们的有时域、频域、复频域三种方法。研究各变量的不同描述方法之间的转换关系以及三个变量之间的关系(已知其中两个求解出第三个)，是“信号与系统”课程研究的主要问题。

因为存在连续与离散两类不同的信号的描述，所以有连续与离散两类不同的传输、处理系统。本书采用先连续信号与系统分析，后离散信号与系统分析的顺序编排。

1.2 信号及其分类

人们用来传递信息的信号主要是电信号。电信号有许多众所周知的优点，传播速度快、传播方式多：有线、无线、微波、卫星等。日常许多非电的物理量，如压力、流速、声音、图像等都可以利用转换器变换为电信号进行处理和传输。本书讨论的电信号，一般是指随时间变化的电压或电流，有时也可以是电荷或磁通。

为了对信号进行处理或传输，要对信号的特性进行分析研究。这既可以从信号随时间变化的快、慢、延时来分析信号的时间特性，也可以从信号所包含的主要频率分量的振幅大小、相位的变化来分析信号的频率特性。当然，不同的信号具有不同的时间特性与频率特性。

信号随时间变化的关系，可以用数学上的时间函数来表示，所以有时亦称信号为函数 $f(t)$，离散信号为序列 $x(n)$。因此本书中信号与函数、序列这几个名词通用。信号的函数关系可以用数学表达式、波形图、数据表等表示，其中数学表达式、波形图是最常用的表示形式。

各种信号可以从不同角度进行分类，常用的有以下几种。

1. 确定性信号与随机信号

信号可以用确定的时间函数来表示的是确定性信号，也称规则信号，如正弦信号、单脉冲信号、直流信号等。

信号不能用确定的时间函数来表示，只知其统计特性(如在某时刻取某值的概率)的是随机信号。

从常识上讲，确定性信号不包括有用的或新的信息。但确定性信号作为理想化模型，其基本理论与分析方法是研究随机信号的基础，在此基础上根据统计特性可进一步研究随机信号。本书只涉及确定性信号。

2. 周期信号与非周期信号

周期信号是依一定的时间间隔周而复始、无始无终的信号，一般表示为

$$f(t) = f(t + nT) \qquad n = 0, \pm 1, \cdots \tag{1.2-1}$$

其中，T 为最小重复时间间隔，也称周期。不满足式(1.2-1)这一关系的信号为非周期信号。如果若干周期信号的周期具有公倍数，则它们叠加后仍为周期信号，叠加信号的周期是所有周期的最小公倍数，其频率为周期的倒数。只有两项叠加时，若 T_1、T_2 与 ω_1、ω_2 分别是两个周期信号的周期与角频率。叠加后信号的角频率、周期的计算为

$$\omega_0 = \frac{\omega_1}{N_1} = \frac{\omega_2}{N_2}, \quad \frac{T_1}{T_2} = \frac{N_2}{N_1}, \quad T = N_1 T_1 = N_2 T_2 \tag{1.2-2a}$$

其中，N_1、N_2 为不可约的正整数。若是大于两项叠加时，信号的角频率、周期的计算为

$$\omega_1 = \frac{N_1}{N_0}, \omega_2 = \frac{N_2}{N_0}, \cdots, \omega_n = \frac{N_n}{N_0}, \quad T = N_1 T_1 = N_2 T_2 = N_3 T_3 \cdots = N_n T_n$$

其中，N_1，N_2，…，N_n 为正整数。若 N_1，N_2，…，N_n 无公因子，则

$$\omega_0 = \frac{1}{N_0} \tag{1.2-2b}$$

若有正整数公因子 N，则

$$\omega_0 = \frac{N}{N_0} \tag{1.2-2c}$$

例 1.2-1 判断下列信号是否为周期信号。若是，求出其周期。

(1) $f_1(t) = a\sin 5t + b\cos 8t$；

(2) $f_2(t) = 3\sin 1.2t - 5\sin 5.6t$。

解 (1) 方法一：

$\frac{\omega_1}{\omega_2} = \frac{5}{8}$ 为有理数，且无公因子，所以，

$$\omega_0 = \frac{5}{5} = \frac{8}{8} = 1, \quad T = \frac{2\pi}{\omega_0} = 2\pi$$

方法二：

$$T_1 = \frac{2\pi}{5},\ T_2 = \frac{2\pi}{8}$$

$$5T_1 = 8T_2 = 2\pi = T$$

$$\omega_0 = \frac{2\pi}{T} = 1$$

(2) 方法一：

$$\frac{\omega_1}{\omega_2}=\frac{1.2}{5.6}=\frac{3}{14}=\frac{N_1}{N_2}$$

$$\omega_0=\frac{1.2}{3}=\frac{5.6}{14}=0.4,\qquad T=\frac{2\pi}{\omega_0}=5\pi$$

方法二：

$$T_1=\frac{2\pi}{1.2},\ T_2=\frac{2\pi}{5.6},\ 3T_1=14T_2=5\pi=T$$

$$\omega_0=\frac{2\pi}{T}=\frac{2}{5}=0.4$$

3. 连续时间信号与离散时间信号

按函数的独立变量(自变量)取值的连续与否，可将信号分为连续信号与离散信号。本书默认独立变量(自变量)为时间，实际工程应用中可为非时间变量。

连续时间信号在所讨论的时间内，对任意时间值(除有限不连续点外)都可以给出确定的函数值。连续时间信号的幅值可以是连续的(也称模拟信号)，也可以是离散的(只取某些规定值)，如图 1.2-1 所示。

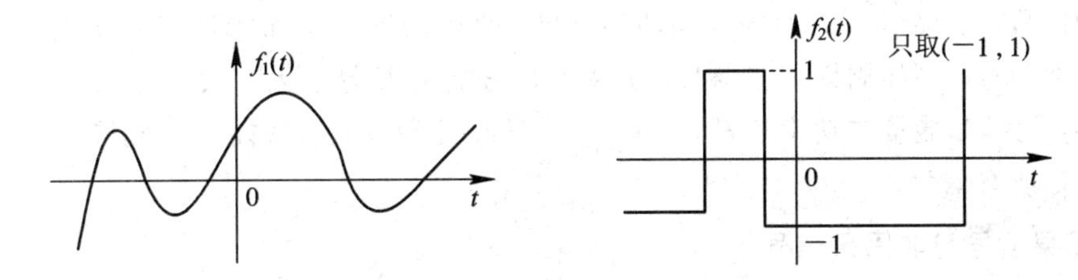

图 1.2-1　连续时间信号

离散信号亦称序列，其自变量 n 是离散的，通常为整数。若是时间信号(可为非时间信号)，它只在某些不连续的、规定的瞬时给出确定的函数值，其他时间没有定义，其幅值可以是连续的，也可以是离散的，如图 1.2-2 所示。

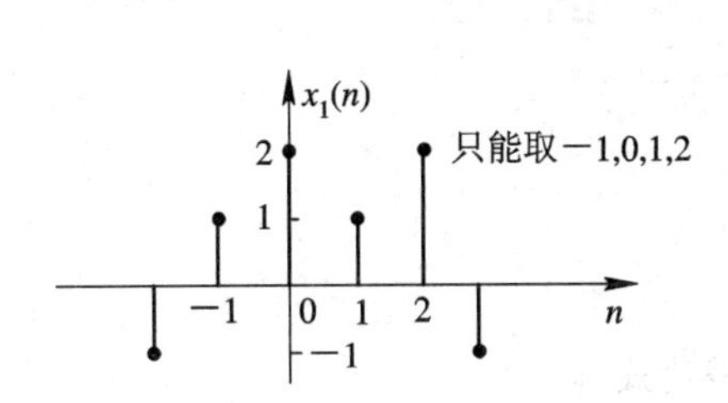

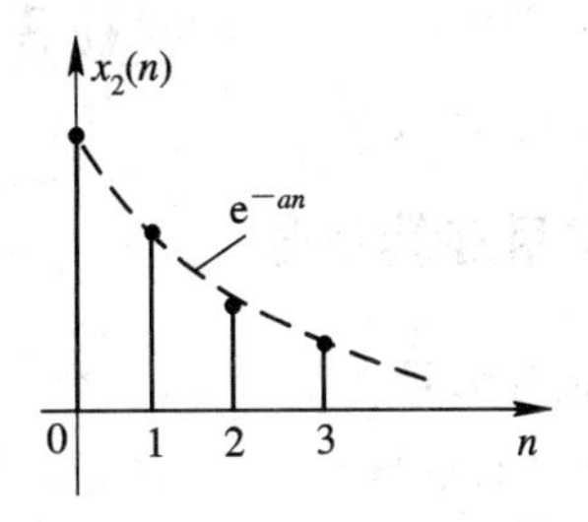

图 1.2-2　离散时间信号

图 1.2-2 中，

$$x_1(n)=\begin{cases}-1 & n=-2,\ 3\\ 1 & n=-1,\ 1\\ 2 & n=0,\ 2\\ 0 & n\ 为其他\end{cases},\qquad x_2(n)=\begin{cases}e^{-an} & n\geqslant 0\\ 0 & n<0\end{cases}$$

$x_1(n)$还可简写为

$$x_1(n)=[-1\quad 1\quad \underset{\uparrow}{2}\quad 1\quad 2\quad -1]$$

其中小箭头标明 $n=0$ 的位置。

离散信号的幅值被量化，即只能取某些规定值(并被编码)时，称为数字信号，例如图 1.2-2 中的 $x_1(n)$。本书如不特别说明，一般离散信号与数字信号通用。

4. 能量信号与功率信号

为了了解信号能量或功率特性，常常研究信号 $f(t)$(电压或电流)在单位电阻上消耗的能量或功率。

在$(-T/2,\ T/2)$区间实功率信号的平均功率 P 为

$$P=\lim_{T\to\infty}\frac{1}{T}\int_{-T/2}^{T/2}f^2(t)\mathrm{d}t \tag{1.2-3}$$

在$(-\infty,\ \infty)$区间实能量信号的能量 E 为

$$E=\int_{-\infty}^{\infty}f^2(t)\mathrm{d}t \tag{1.2-4}$$

如果信号 $f(t)$的能量有界，即 $0<E<\infty$，而平均功率 $P=0$，则它就是能量信号，例如单脉冲信号。如果信号 $f(t)$的平均功率有界，即 $0<P<\infty$，而能量 E 趋于无穷大，那么它就是功率信号，例如周期正弦信号。如果有信号能量 E 趋于无穷大，且功率 P 趋于无穷大，那么它就是非能量非功率信号，例如 e^{-at} 信号。也就是说，按能量信号与功率信号分类并不能包括所有信号。

5. 因果信号与非因果信号

按信号所存在的时间范围，可以把信号分为因果信号与非因果信号。当 $t<0$ 时，连续信号 $f(t)=0$，信号 $f(t)$是因果信号，反之为非因果信号；当 $n<0$ 时，离散信号 $x(n)=0$，则信号 $x(n)$是因果信号，反之为非因果信号。

1.3 典型信号

1.3.1 常用连续信号

1. 实指数信号

实指数信号如图 1.3-1 所示，其函数表达式为

$$f(t)=Ae^{at} \tag{1.3-1}$$

其中，$a>0$ 时，$f(t)$随时间增长；$a<0$ 时，$f(t)$随时间衰减；$a=0$ 时，$f(t)$不变，是直流

电源的数学模型。

常数 A 表示 $t=0$ 时的初始值，$|a|$ 的大小反映信号随时间增、减的速率。

通常还定义时间常数 $\tau=1/|a|$，τ 越小，指数函数增长或衰减的速率越快，如图 1.3－1 所示。实际工作中遇到的多是如图 1.3－2 所示的单边指数信号，其表示式为

$$f(t)=\begin{cases}0 & t<0\\ Ae^{-\frac{t}{\tau}} & t\geqslant 0\end{cases} \qquad (1.3-2)$$

特别地，若 $f(0)=A$，当 $t=\tau$ 时

$$f(\tau)=f(t)\big|_{t=\tau}=\frac{A}{e}=0.368A$$

即经过时间 τ 后，信号衰减为初始值的 36.8%。

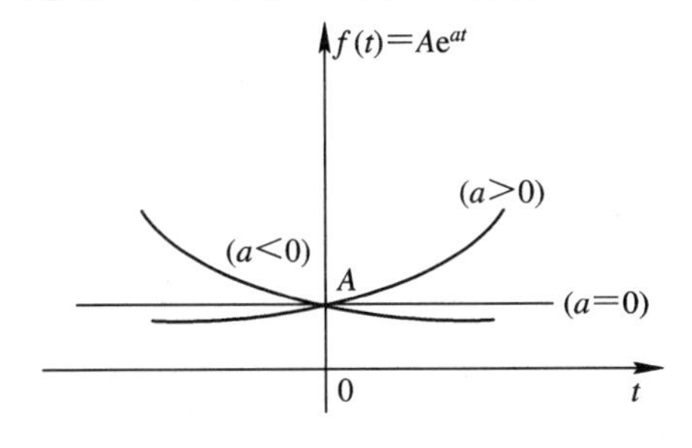

图 1.3－1　实指数信号

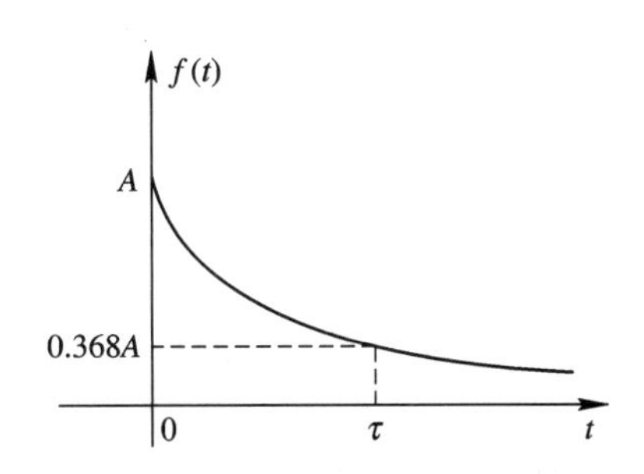

图 1.3－2　单边指数信号

2. 正弦信号

正弦信号也包括余弦信号，因为两者只在相位上相差$\frac{\pi}{2}$，一般正弦信号表示为

$$f(t)=A\sin(\omega t+\theta) \qquad (1.3-3)$$

其中，A 是振幅，ω 是角频率，θ 是初相位。周期 $T=\frac{2\pi}{\omega}=\frac{1}{f}$，是频率 f 的倒数。

正弦信号如图 1.3－3 所示。

实际工作中通常遇到的是衰减正弦信号，即包络按指数规律变化的振荡信号，如图 1.3－4 所示。

$$f(t)=\begin{cases}Ae^{-at}\sin\omega t & t\geqslant 0\\ 0 & t<0\end{cases} \quad (a>0) \qquad (1.3-4)$$

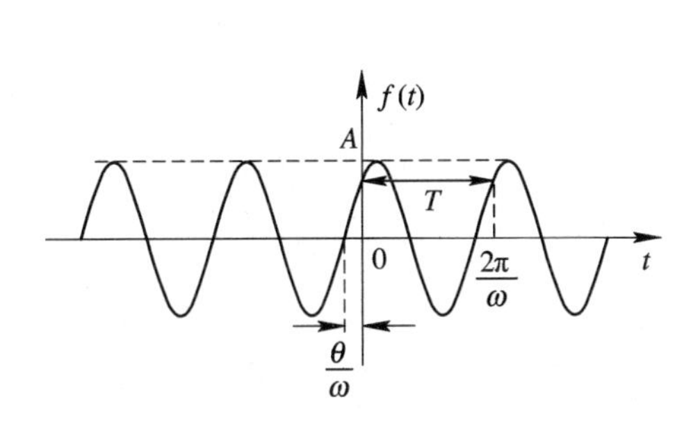

图 1.3－3　正弦信号

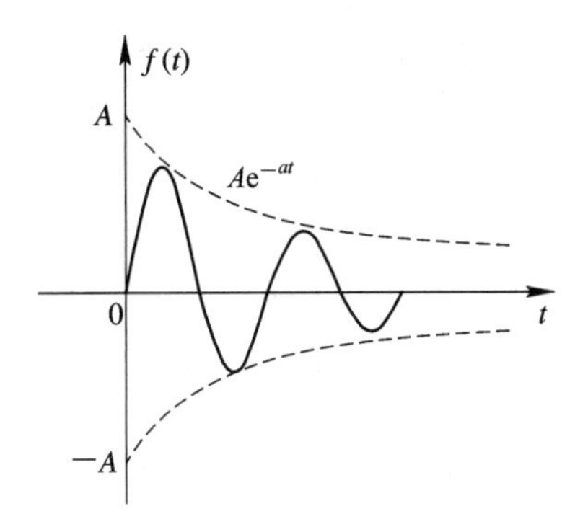

图 1.3－4　单边衰减振荡信号

3. 复指数信号

$$f(t) = A\mathrm{e}^{st} \tag{1.3-5}$$

其中，$s=\sigma+\mathrm{j}\omega$ 为复数，σ 为实部系数，ω 为虚部系数。

借用欧拉公式：

$$A\mathrm{e}^{st} = A\mathrm{e}^{(\sigma+\mathrm{j}\omega)t} = A\mathrm{e}^{\sigma t}\mathrm{e}^{\mathrm{j}\omega t} = A\mathrm{e}^{\sigma t}\cos\omega t + \mathrm{j}A\mathrm{e}^{\sigma t}\sin\omega t \tag{1.3-6}$$

复指数信号可分解为实部与虚部。实部为振幅随时间变化的余弦函数，虚部为振幅随时间变化的正弦函数，可分别用波形画出实部、虚部变化的情况。σ 表示了正、余弦信号振幅随时间变化的情况，ω 是正、余弦信号的角频率。特别地，当 $\sigma>0$ 时，正、余弦信号是增幅振荡；当 $\sigma<0$ 时，正、余弦信号是减幅振荡；当 $\sigma=0$ 时，正、余弦信号是等幅振荡。当 $\omega=0$ 时，$f(t)$ 为一般指数信号；当 $\sigma=0$，$\omega=0$ 时，$f(t)$ 为直流信号。虽然实际上没有复指数信号，但它概括了多种情况，因此也是一种重要的基本信号。

同样，借用欧拉公式可以将正、余弦信号表示为复指数形式，即

$$\sin\omega t = \frac{1}{\mathrm{j}2}(\mathrm{e}^{\mathrm{j}\omega t} - \mathrm{e}^{-\mathrm{j}\omega t}) \tag{1.3-7}$$

$$\cos\omega t = \frac{1}{2}(\mathrm{e}^{\mathrm{j}\omega t} + \mathrm{e}^{-\mathrm{j}\omega t}) \tag{1.3-8}$$

4. Sa(t)信号(抽样信号)

Sa(t)信号定义为

$$f(t) = \mathrm{Sa}(t) = \frac{\sin t}{t} \tag{1.3-9}$$

不难证明，Sa(t)信号是偶函数，当 $t\to\pm\infty$时，振幅衰减，且 $f(\pm n\pi)=0$，其中 n 为整数。Sa(t)信号还有以下性质：

$$\int_0^{\infty} \mathrm{Sa}(t)\mathrm{d}t = \frac{\pi}{2} \tag{1.3-10}$$

$$\int_{-\infty}^{\infty} \mathrm{Sa}(t)\mathrm{d}t = \pi \tag{1.3-11}$$

Sa(t)信号如图 1.3-5 所示。

实际遇到的多为 Sa(at)信号，表达式为

$$\mathrm{Sa}(at) = \frac{\sin at}{at} \tag{1.3-12}$$

Sa(at)波形如图 1.3-6 所示。

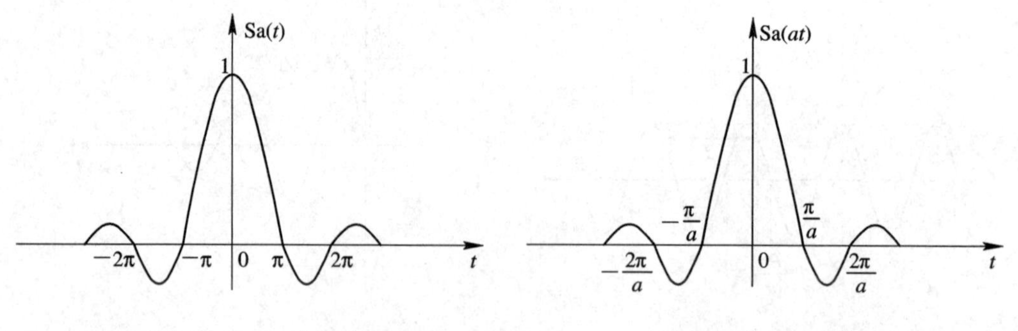

图 1.3-5　Sa(t)信号　　　图 1.3-6　Sa(at)信号

常常会遇到一些信号或其导数、积分有间断(跳变)点，这样的信号也称为奇异信号。下面介绍几个典型的奇异信号。

1.3.2 奇异信号

1. 单位阶跃信号 $u(t)$

定义

$$u(t)=\begin{cases}0 & t<0\\ 1 & t>0\end{cases} \tag{1.3-13}$$

单位阶跃信号 $u(t)$ 如图 1.3-7(a)所示。描述幅度为 A、t_0 时刻的阶跃信号记为 $Au(t-t_0)$，表示式为

$$Au(t-t_0)=\begin{cases}0 & t<t_0\\ A & t>t_0\end{cases}$$

$Au(t-t_0)$ 如图 1.3-7(b)所示，这是表示 t_0 时刻接入幅度为 A 直流电源的数学模型。

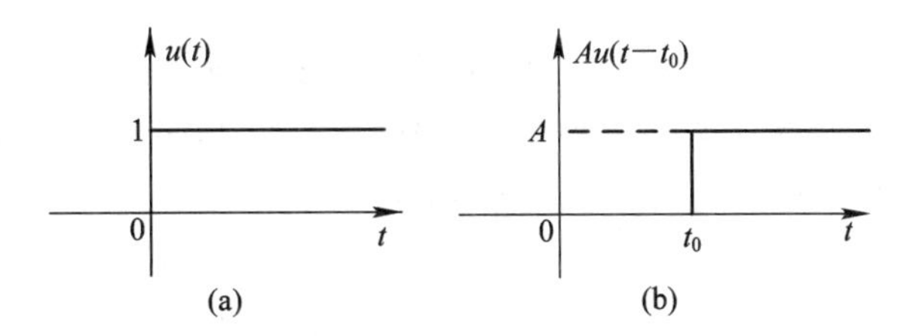

图 1.3-7 单位阶跃信号 $u(t)$ 和阶跃信号 $Au(t-t_0)$

利用单位阶跃信号 $u(t)$ 可以很方便地用数学函数来描述信号的接入(开关)特性或因果(单边)特性。

$$f(t)u(t)=\begin{cases}f(t) & t>0\\ 0 & t<0\end{cases} \tag{1.3-14}$$

例 1.3-1 用阶跃信号表示如图 1.3-8 所示的有限时宽正弦信号。

解 $$f_1(t)=\begin{cases}0 & t<0\\ \sin\omega t & 0<t<2T\end{cases}$$

$$=\sin\omega t\cdot[u(t)-u(t-2T)]$$

有限时宽正弦信号是具有开关功能的正弦电源的数学模型。

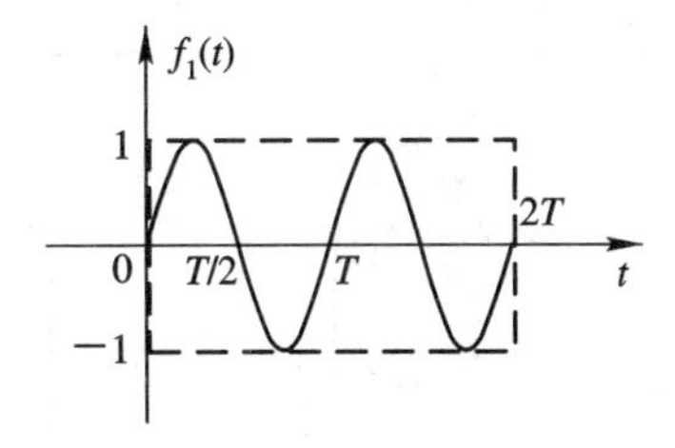

图 1.3-8 有限时宽正弦信号

2. 单位门函数 $g_\tau(t)$

单位门函数 $g_\tau(t)$ 是以原点为中心，时宽为 τ、幅度为 1 的矩形单脉冲信号，波形如图 1.3-9(a)所示。

$$g_\tau(t)=\begin{cases}1 & |t|<\dfrac{\tau}{2}\\ 0 & |t|>\dfrac{\tau}{2}\end{cases}=\left[u\left(t+\frac{\tau}{2}\right)-u\left(t-\frac{\tau}{2}\right)\right] \tag{1.3-15}$$

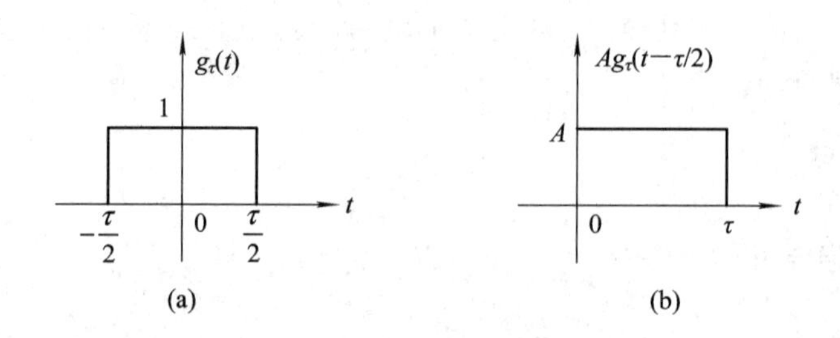

图 1.3-9　单位门函数及 $Ag_\tau(t-\tau/2)$

描述幅度为 A、时刻 $t=0$ 时开始的门函数记为 $Ag_\tau(t-\tau/2)$，波形如图 1.3-9(b)所示，表示式为

$$Ag_\tau\left(t-\frac{\tau}{2}\right)=\begin{cases}0 & t<0 \text{ 或 } t>\tau \\ A & 0<t<\tau\end{cases}$$

门函数是具有开关功能直流电源的数学模型。

3. 单位冲激函数 $\delta(t)$

可以用理想元件组成的电路为例，引入冲激的概念。如图 1.3-10 所示电路，当 $t=0$ 时，开关 K 由 $a\to b$，电容器上的电压的波形如图 1.3-11 所示，即 $v_C(t)=Eu(t)$。

由电容器上电压与电流的关系，得到电容电流为

$$i_C(t)=C\frac{\mathrm{d}v_C(t)}{\mathrm{d}t}$$

当 $t>0$ 或 $t<0$ 时，不难得到流过电容器的电流 $i_C(t)$为零。而在 $t=0$ 时，电容器电压 $v_C(t)$突变为 E，我们知道这时的电流一定不为零。可以认为在 $t=0$ 瞬间，有一无穷大的电流流过电容器，将电荷瞬间转移到电容器上，完成了对电容器的充电，使得电容电压在这一时刻发生了跳变。这种电流持续时间为零，电流幅度为无穷大，但电流的时间积分有限的物理现象可以用冲激函数 $\delta(t)$来描述。

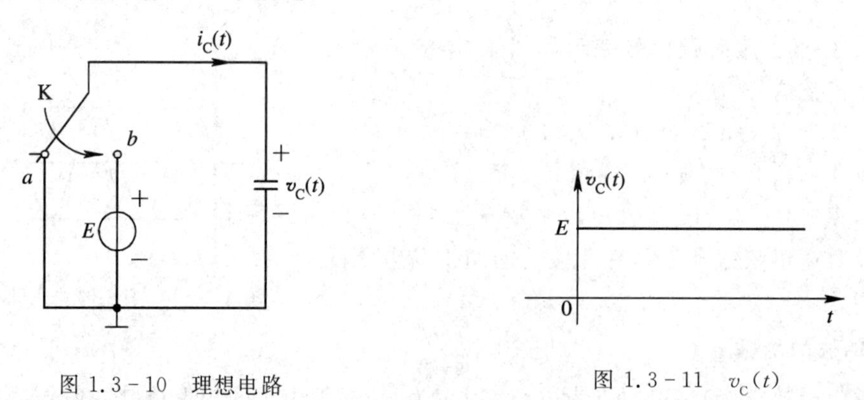

图 1.3-10　理想电路　　　图 1.3-11　$v_C(t)$

有若干不同定义冲激信号 $\delta(t)$的方法，最常见的是利用面积为 1 的门函数取极限，思路可用图 1.3-12 说明。这是一个宽度为 τ，幅度为 $1/\tau$ 的偶对称矩形脉冲信号。当保持矩形脉冲面积 $\tau\cdot\frac{1}{\tau}=1$ 不变，而令宽度 $\tau\to 0$ 时，其幅度$\frac{1}{\tau}$趋于无穷大，这个极限即为单位冲激函数，亦称为狄拉克函数，记为 $\delta(t)$。由对矩形脉冲取极限表示的单位冲激函数为

$$\delta(t)=\lim_{\tau\to 0}\frac{1}{\tau}\left[u\left(t+\frac{\tau}{2}\right)-u\left(t-\frac{\tau}{2}\right)\right] \tag{1.3-16}$$

单位冲激函数更一般的定义是

$$\begin{cases}\delta(t)=\begin{cases}\infty & t=0\\ 0 & t\neq 0\end{cases}\\ \int_{-\infty}^{\infty}\delta(t)\mathrm{d}t=1\end{cases} \tag{1.3-17}$$

单位冲激函数的波形用箭头表示，如图 1.3-13 所示。

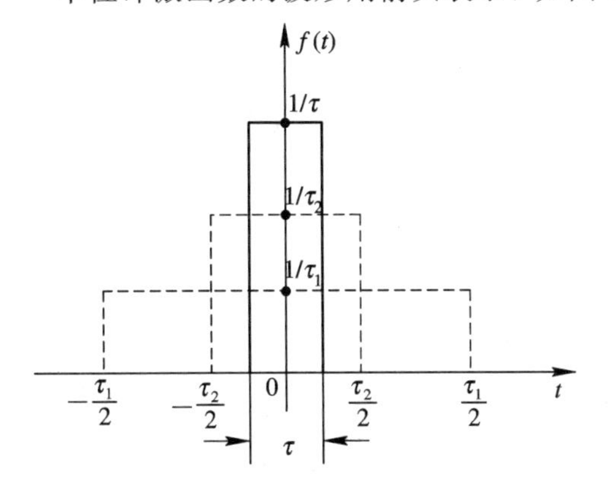

图 1.3-12　矩形脉冲的极限为冲激函数

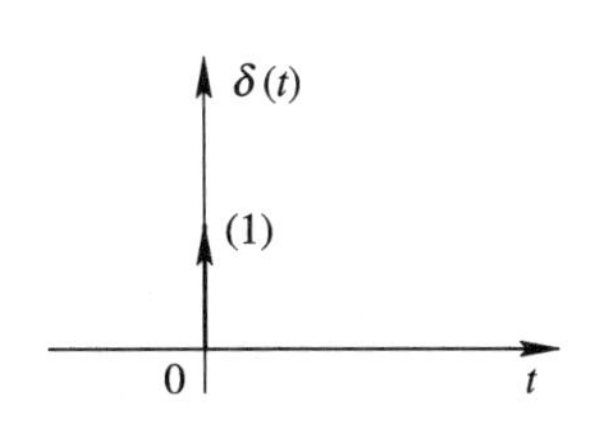

图 1.3-13　冲激函数

还有一些面积为 1 的偶函数，如三角形脉冲函数、双边指数脉冲函数、钟形脉冲函数等，当其宽度趋于 0 时的极限，也可以用来定义 $\delta(t)$ 函数，有兴趣的读者可参阅有关参考书，在这里就不一一介绍了。

描述任一时刻 $t=t_0$ 时的冲激函数记为 $\delta(t-t_0)$，表示式为

$$\begin{cases}\delta(t-t_0)=\begin{cases}\infty & t=t_0\\ 0 & t\neq t_0\end{cases}\\ \int_{-\infty}^{\infty}\delta(t-t_0)\mathrm{d}t=1\end{cases} \tag{1.3-18}$$

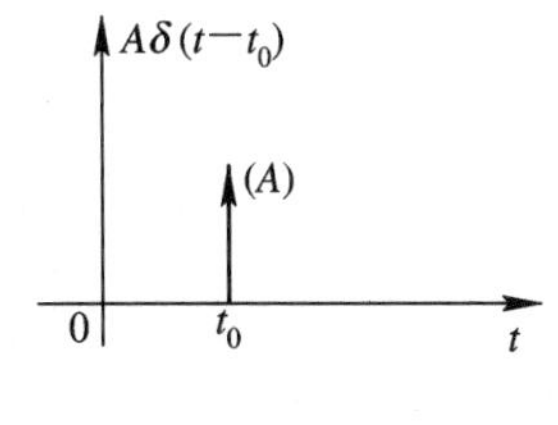

图 1.3-14　$A\delta(t-t_0)$

由于冲激函数的幅值为无穷，因此冲激函数能比较的是其强度。定义式(1.3-17)的积分值(面积)为冲激强度，如 $4\delta(t)$、$A\delta(t)$。作图时强度一般标在箭头旁，如图1.3-14 所示 $A\delta(t-t_0)$。

冲激函数还具有如下运算性质。

1) 取样性或“筛选”

若 $f(t)$是在 $t=0$ 及 $t=t_0$ 处连续的有界函数，则

$$\int_{-\infty}^{\infty}f(t)\delta(t)\mathrm{d}t=\int_{-\infty}^{\infty}f(0)\delta(t)\mathrm{d}t=f(0) \tag{1.3-19}$$

以及

$$\int_{-\infty}^{\infty}f(t)\delta(t-t_0)\mathrm{d}t=\int_{-\infty}^{\infty}f(t_0)\delta(t-t_0)\mathrm{d}t=f(t_0) \tag{1.3-20}$$

式(1.3-20)表明冲激函数具有取样(筛选)特性。如果要从连续函数 $f(t)$中抽取任一时刻的函数值 $f(t_0)$，则只要乘以 $\delta(t-t_0)$，并在$(-\infty,\infty)$区间积分即可。同理

$$\int_{-\infty}^{\infty} f(t-t_1)\delta(t-t_0)\mathrm{d}t = f(t_0-t_1) \tag{1.3-21}$$

例 1.3-2 计算。

(1)$\cos t\delta(t)$；　　(2) $(t-1)\delta(t)$；

(3) $\int_{-5}^{5}(t^2+2t+1)\delta(t)\mathrm{d}t$；　　(4) $\int_{-5}^{5}(t^2+2t+1)\delta(t-6)\mathrm{d}t$。

解 (1)$\cos t\delta(t)=\delta(t)$，因为 $\cos 0=1$。

(2) $(t-1)\delta(t)=-\delta(t)$，因为$(t-1)|_{t=0}=-1$。

(3) $\int_{-5}^{5}(t^2+2t+1)\delta(t)\mathrm{d}t=1$，因为$(t^2+2t+1)|_{t=0}=1$。

(4) $\int_{-5}^{5}(t^2+2t+1)\delta(t-6)\mathrm{d}t=0$，因为 $\delta(t-6)$不在积分区间内。

2) 偶函数

$$\delta(t)=\delta(-t) \tag{1.3-22}$$

证

$$\begin{aligned}\int_{-\infty}^{\infty} f(t)\delta(-t)\mathrm{d}t &= \int_{-\infty}^{\infty} f(-\tau)\delta(\tau)\mathrm{d}\tau \\ &= f(0)\int_{-\infty}^{\infty}\delta(\tau)\mathrm{d}\tau \\ &= f(0)\end{aligned}$$

结果与式(1.3-19)相同。

3) 与单位阶跃函数 $u(t)$互为积分、微分关系

$$\int_{-\infty}^{t}\delta(\tau)\mathrm{d}\tau = u(t) = \begin{cases}0 & t<0\\ 1 & t>0\end{cases} \tag{1.3-23}$$

$$\frac{\mathrm{d}u(t)}{\mathrm{d}t} = \delta(t) = \begin{cases}0 & t\neq 0\\ \infty & t=0\end{cases} \tag{1.3-24}$$

由式(1.3-24)知，图 1.3-10 电路的电容电流 $i_C(t)$可以用 $\delta(t)$函数描述为

$$i_C(t) = C\frac{\mathrm{d}v_C(t)}{\mathrm{d}t} = CE\delta(t)$$

4) 尺度特性

$$\delta(at)=\frac{1}{|a|}\delta(t) \tag{1.3-25}$$

证 $a>0$，$\int_{-\infty}^{\infty}\delta(at)\mathrm{d}t$，令 $at=\tau$，$\mathrm{d}t=\frac{1}{a}\mathrm{d}\tau$，$t=\infty\to\tau=\infty$；$t=-\infty\to\tau=-\infty$；代入式中得

$$\int_{-\infty}^{\infty}\delta(at)\mathrm{d}t = \frac{1}{a}\int_{-\infty}^{\infty}\delta(\tau)\mathrm{d}\tau = \frac{1}{a}$$

$a<0$，$\int_{-\infty}^{\infty}\delta(at)\mathrm{d}t$，同 $a>0$，令 $at=\tau$，$\mathrm{d}t=\frac{1}{a}\mathrm{d}\tau$。但 $t=\infty\to\tau=-\infty$，$t=-\infty\to\tau=\infty$；代入上式得

$$\int_{-\infty}^{\infty}\delta(at)\mathrm{d}t = \frac{1}{a}\int_{\infty}^{-\infty}\delta(\tau)\mathrm{d}\tau = -\frac{1}{a}\int_{-\infty}^{\infty}\delta(\tau)\mathrm{d}\tau = -\frac{1}{a}$$

综合 $a>0$、$a<0$ 两种情况，得

$$\delta(at) = \frac{1}{|a|}\delta(t)$$

*** $\delta(t)$的广义函数定义**

广义(分布)函数理论认为，虽然某些函数不能确定它在每一时刻的函数值(不存在自变量与因变量之间的确定映射关系)，但是可以通过它与其他函数(又称测试函数)的相互作用规律(运算规则)来确定其函数关系，这种新的函数是广义(分布)函数。即按照它"做"什么，而不是它"是"什么而定义的函数，叫做广义函数或分布函数。

$\delta(t)$就是一个把在 $t=0$ 处连续的任意有界函数 $f(t)$赋予 $f(0)$值的一种(运算规则)广义函数，记为

$$\int_{-\infty}^{\infty} f(t)\delta(t)\mathrm{d}t = f(0)$$

这种用运算规则来定义函数的思路，是建立在测度理论基础上的，它与建立在映射理论基础上的普通函数是相容且不矛盾的。所以，只要一个函数 $\varphi(t)$与任意的测试函数 $f(t)$之间满足关系式

$$\int_{-\infty}^{\infty} f(t)\varphi(t)\mathrm{d}t = f(0)$$

则这个函数 $\varphi(t)$就是单位冲激函数，即

$$\varphi(t) = \delta(t)$$

其中 $f(t)$是在 $t=0$ 时刻任意的有界函数。

4. 单位斜坡(变)函数 $R(t)$

单位斜坡函数波形如图 1.3-15 所示，定义为

$$R(t) = \begin{cases} 0 & t < 0 \\ t & t > 0 \end{cases} = tu(t) \tag{1.3-26}$$

任意时刻的斜坡函数如图 1.3-17 所示，表示为

$$R(t-t_0) = \begin{cases} 0 & t < t_0 \\ t-t_0 & t > t_0 \end{cases} = (t-t_0)u(t-t_0) \tag{1.3-27}$$

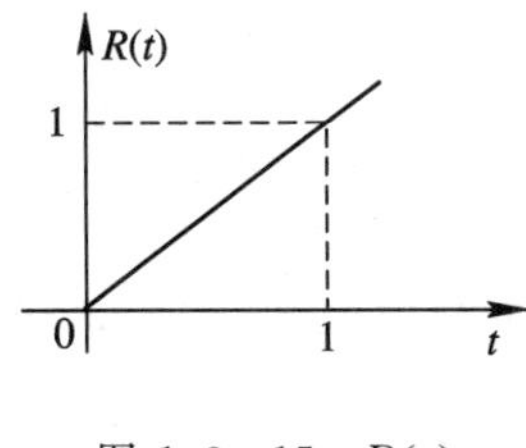

图 1.3-15　$R(t)$

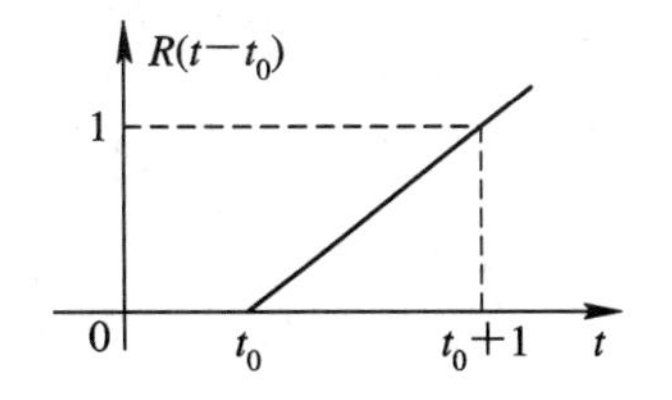

图 1.3-16　$R(t-t_0)$

单位斜坡函数与阶跃函数 $u(t)$互为微分、积分关系，即

$$\frac{\mathrm{d}R(t)}{\mathrm{d}t} = u(t) \tag{1.3-28a}$$

$$R(t) = \int_0^t u(\tau)\mathrm{d}\tau = \begin{cases} 0 & t < 0 \\ t & t > 0 \end{cases} \tag{1.3-28b}$$

例 1.3-3　$f(t)$如图 1.3-17 所示，由奇异信号描述 $f(t)$。

解
$$
\begin{aligned}
f(t) &= (t+2)[u(t+2)-u(t)] \\
&\quad + (-t+2)[u(t)-u(t-2)] \\
&= R(t+2)-2R(t)+R(t-2)
\end{aligned}
$$

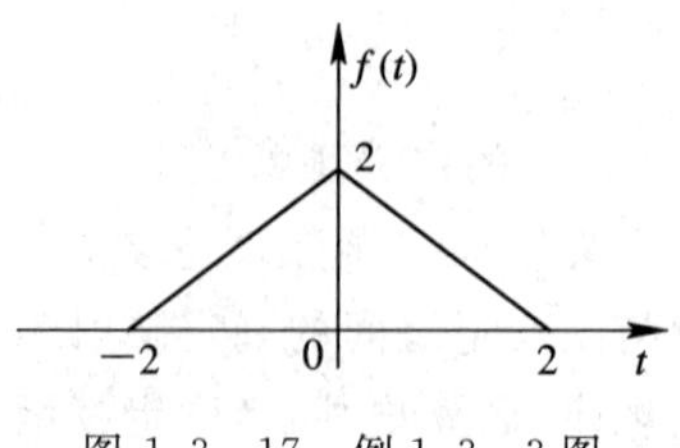

图 1.3-17　例 1.3-3 图

5. 单位符号函数 sgn(t)

单位符号函数是 $t>0$ 时为 1，$t<0$ 时为 -1 的函数，波形如图 1.3-18 所示。

$$
\begin{aligned}
\operatorname{sgn}(t) &= \begin{cases} 1 & t>0 \\ -1 & t<0 \end{cases} \\
&= 2u(t)-1 \\
&= -u(-t)+u(t)
\end{aligned}
\tag{1.3-29}
$$

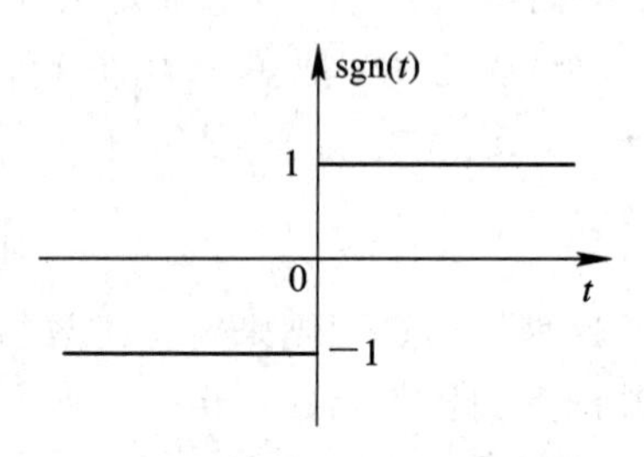

图 1.3-18　单位符号函数 sgn(t)

6. 单位冲激偶函数 $\delta'(t)$

对单位冲激函数求导得到单位冲激偶函数。因为单位冲激函数可表示为

$$
\delta(t)=\lim_{\tau\to 0}\frac{1}{\tau}\left[u\left(t+\frac{\tau}{2}\right)-u\left(t-\frac{\tau}{2}\right)\right] \tag{1.3-30}
$$

所以

$$
\delta'(t)=\frac{\mathrm{d}\delta(t)}{\mathrm{d}t}=\lim_{\tau\to 0}\frac{1}{\tau}\left[\delta\left(t+\frac{\tau}{2}\right)-\delta\left(t-\frac{\tau}{2}\right)\right] \tag{1.3-31}
$$

式(1.3-31)取极限后是两个强度为无限大的冲激函数，当 t 从负值趋向零时，是强度为无限的正冲激函数；当 t 从正值趋向零时，是强度为负无限的冲激函数，如图1.3-19 所示。

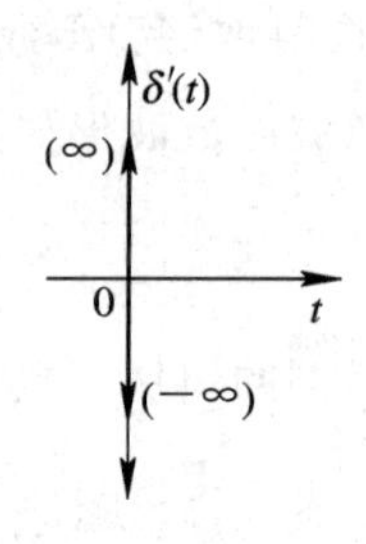

图 1.3-19　单位冲激偶函数 $\delta'(t)$

单位冲激偶函数具有如下特性：

(1) 对 $f'(t)$在 0 点连续的函数，有

$$
\int_{-\infty}^{\infty}\delta'(t)f(t)\mathrm{d}t=-f'(0)
$$

证

$$
\begin{aligned}
\int_{-\infty}^{\infty}\delta'(t)f(t)\mathrm{d}t &= \int_{-\infty}^{\infty}f(t)\frac{\mathrm{d}\delta(t)}{\mathrm{d}t} \\
&= f(t)\delta(t)\Big|_{-\infty}^{\infty}-\int_{-\infty}^{\infty}f'(t)\delta(t)\mathrm{d}t \\
&= -f'(0)\int_{-\infty}^{\infty}\delta(t)\mathrm{d}t \\
&= -f'(0)
\end{aligned}
$$

(2) 由图 1.3-19 所示的单位冲激偶函数可见，$\delta'(t)$的正、负两个冲激的面积相等，互相抵消，冲激偶函数所包含的面积为零，即

$$
\int_{-\infty}^{\infty}\delta'(t)\mathrm{d}t=0 \tag{1.3-32}
$$

(3) $\delta'(t)$与 $\delta(t)$互为积分、微分关系，即

$$
\delta'(t)=\frac{\mathrm{d}\delta(t)}{\mathrm{d}t}
$$

$$\int_{-\infty}^{t}\delta'(t)\,\mathrm{d}t=\begin{cases}0 & t<0_-\\ \infty & t=0\\ 0 & t>0_+\end{cases}$$

$$=\delta(t) \tag{1.3-33}$$

1.4 连续信号的运算

在信号的传输与处理过程中，往往需要对信号进行变换，一些电子器件被用来实现这些变换功能，并且可以用相应的信号运算表示。这样的信号运算主要有三类：一是时移、折叠、尺度，二是微分与积分，最后是信号的相加与相乘。下面分别讨论这三类信号运算。

1.4.1 时移、折叠、尺度

信号的时移也称信号的位移、时延。将信号 $f(t)$的自变量 t 用$t-t_0$ 替换，得到的信号 $f(t-t_0)$就是 $f(t)$的时移，它是 $f(t)$的波形在时间 t 轴上整体移位t_0，其幅度没有变化。若 $t_0>0$，则 $f(t)$的波形在时间 t 轴上整体右移t_0；若 $t_0<0$，则 $f(t)$的波形在时间 t 轴上整体左移$|t_0|$，如图1.4-1 所示。

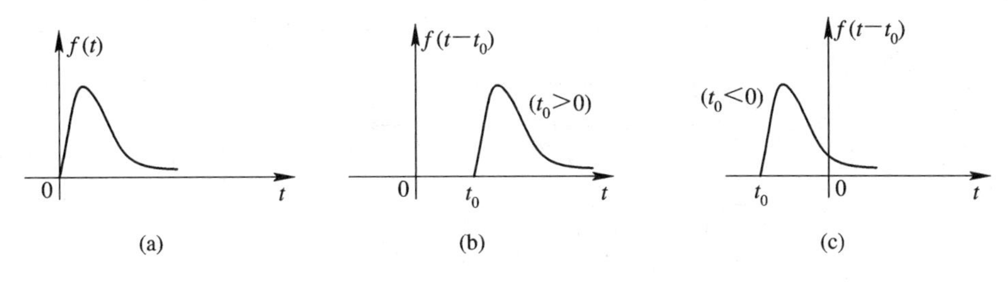

图 1.4-1 信号的时移

将 $f(t)$的自变量 t 用$-t$ 替换，得到信号 $f(-t)$是 $f(t)$的折叠信号。$f(-t)$的波形是 $f(t)$的波形以 $t=0$ 为轴反折，其幅度没有变化，所以也称时间轴反转，如图 1.4-2 所示。

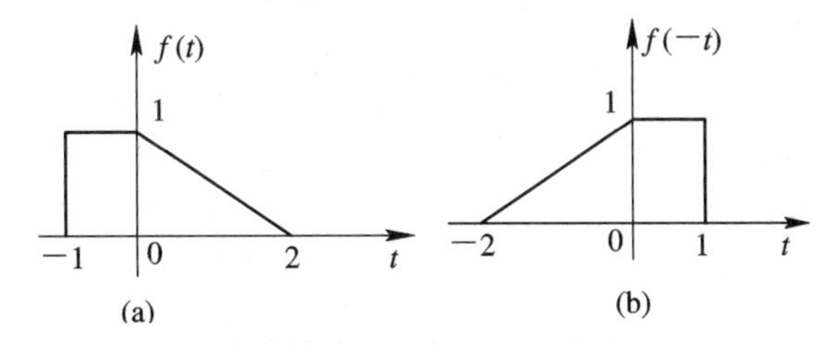

图 1.4-2 信号的折叠

将 $f(t)$的自变量 t 用$at(a\neq0)$替换，得到 $f(at)$，这一变换称为 $f(t)$的尺度变换，其波形是 $f(t)$的波形在时间 t 轴上的压缩或扩展。若$|a|>1$，则波形在时间 t 轴上压缩；若$|a|<1$，则波形在时间 t 轴上扩展,故信号的尺度变换又称为信号的压缩与扩展。例如，假设$f(t)=\sin\omega_0 t$ 是正常语速的信号，则 $f(2t)=\sin 2\omega_0 t=f_1(t)$是两倍语速的信号，而 $f(t/2)=\sin(\omega_0 t/2)=f_2(t)$是降低一半语速的信号。$f_1(t)$与 $f_2(t)$在时间轴上被压缩或扩展，但幅度均没有变化，如图1.4-3 所示。

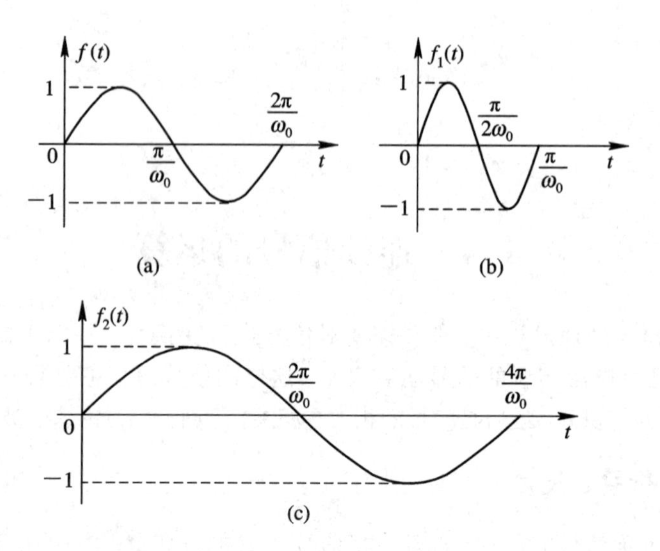

图 1.4-3　信号的尺度变换

实际信号的运算往往是几种运算的复合运算。

例 1.4-1　已知 $f(t)$的波形如图 1.4-4(a)所示，试画出 $f(-2t)$、$f(-t/2)$的波形。

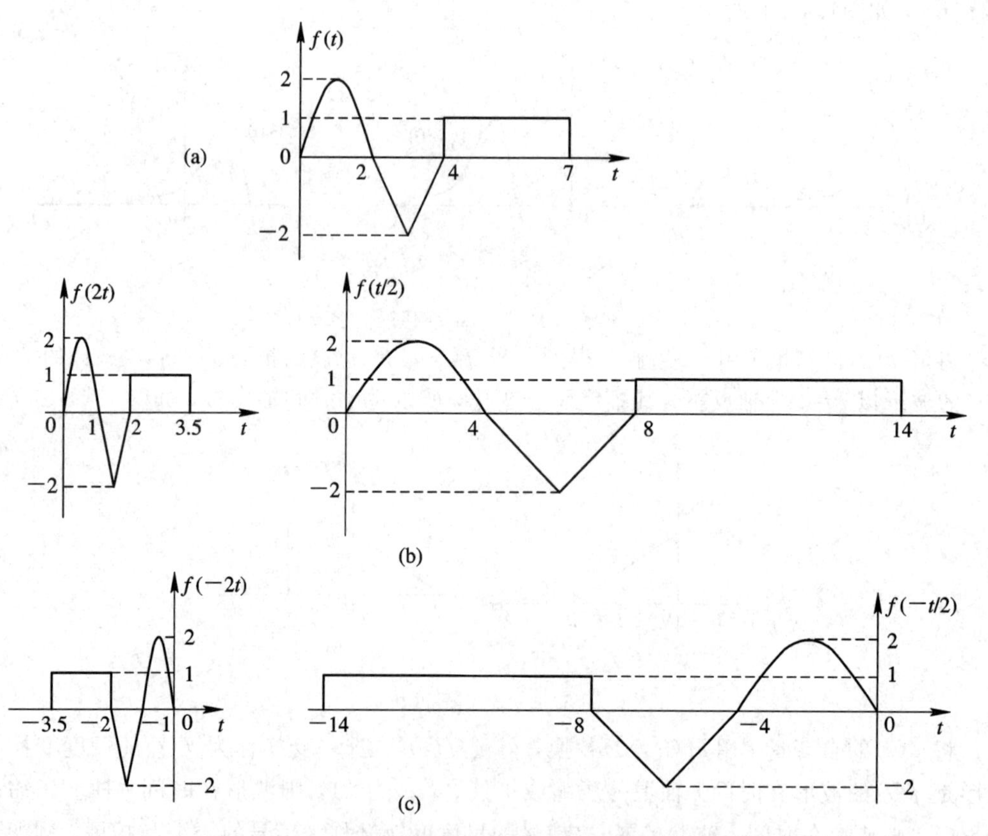

图 1.4-4　例 1.4-1 中 $f(-2t)$、$f(-t/2)$的形成

解　$f(-2t)$、$f(-t/2)$除了尺度变换，还要折叠(反折)。

第一步：尺度变换，如图 1.4-4(b)所示。

第二步：折叠，如图 1.4－4(c)所示。

例 1.4－2 已知 $f(t)$的波形如图 1.4－5(a)所示，试画出 $f(2-2t)$的波形。

解 $f(2-2t)$是 $f(t)$的时移、折叠及压缩信号。

第一步：折叠，如图 1.4－5(b)所示。

第二步：时移变换，如图 1.4－5(c)所示。

第三步：尺度变换，如图 1.4－5(d)所示。

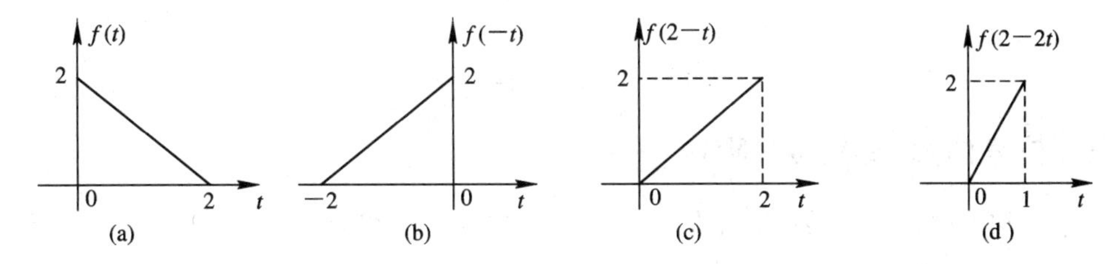

图 1.4－5 例 1.4－2 中 $f(2-2t)$的形成

以上变换都是函数自变量的变换，而变换前后端点上的函数值(冲激函数除外)不变。所以可以通过少数特殊点函数值不变的特性，确定变换前后波形中各端点的相应位置。具体方法是：设变换前信号为 $f(at+b)$，用 t_1 表示变换前端点的位置；变换后信号为 $f(mt'+n)$，用 t_1' 表示变换后端点的位置，则变换前后的函数值为

$$f(at_1+b)=f(mt_1'+n) \tag{1.4-1a}$$

由式(1.4－1a)，可得

$$at_1+b=mt_1'+n \tag{1.4-1b}$$

由式(1.4－1b)解出变换后的端点的位置为

$$t_1'=\frac{1}{m}(at_1+b-n) \tag{1.4-1c}$$

1.4.2 微分与积分

微分是对 $f(t)$求导数的运算，表示为

$$f'(t)=\frac{\mathrm{d}f(t)}{\mathrm{d}t} \tag{1.4-2}$$

信号经过微分后突出了变化部分，如图 1.4－6 所示。

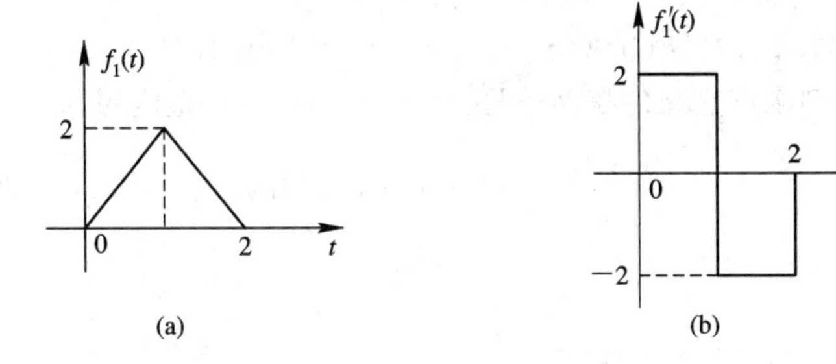

图 1.4－6 信号的微分运算

积分是在$(-\infty, t)$区间对 $f(t)$作定积分，表示式为

$$y(t)=\int_{-\infty}^{t}f(\tau)\mathrm{d}\tau \tag{1.4-3}$$

式中，积分上限 t 是参变量。信号经过积分后平滑了变化部分，如图 1.4－7 所示。

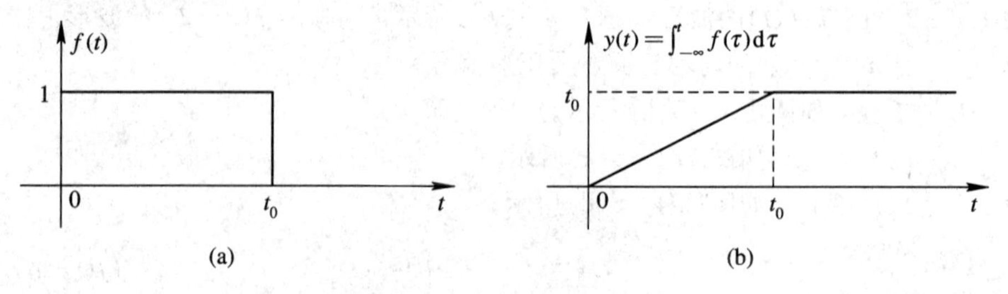

图 1.4－7　信号的积分运算

1.4.3　信号的加(减)、乘(除)

信号的相加(减)或相乘(除)是信号瞬时值相加(减)或相乘(除)。$f_1(t)\pm f_2(t)$是两个信号瞬时值相加(减)形成的新信号，$f_1(t)\cdot f_2(t)$或 $f_1(t)/f_2(t)=f_1(t)\cdot[1/f_2(t)]$是两个信号瞬时值相乘形成的新信号。

例 1.4－3　如图 1.4－8(a)所示 $f_1(t)$、$f_2(t)$，求 $f_1(t)+f_2(t)$、$f_1(t)\cdot f_2(t)$。

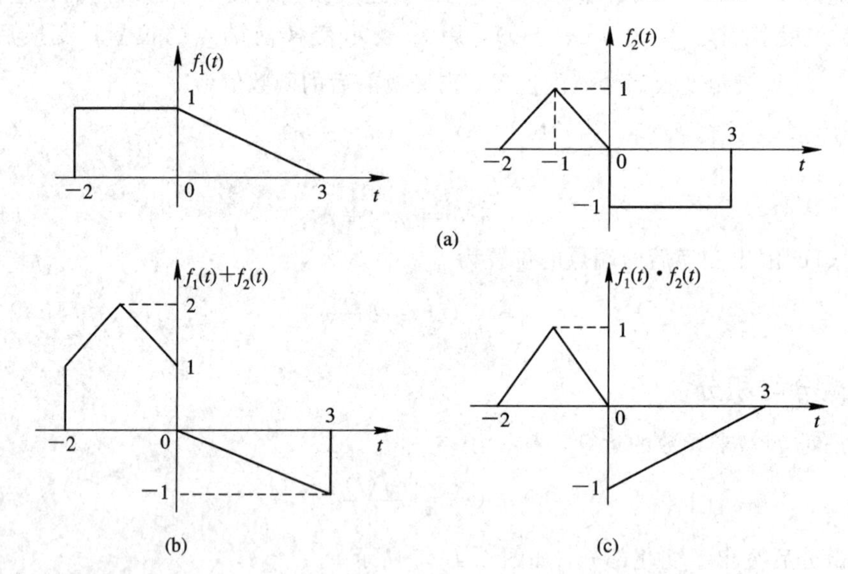

图 1.4－8　例 1.4－3 信号的相加与相乘

解　$f_1(t)+f_2(t)$如图 1.4－8(b)所示，$f_1(t)\cdot f_2(t)$如图 1.4－8(c)所示。

实际工作中经常遇到幅度衰减的振荡信号，是信号相乘的典型应用。

例 1.4－4　$f_1(t)=\begin{cases}Ae^{-at} & t\geqslant 0\\ 0 & t<0\end{cases}$，$f_2(t)=\cos\omega_0 t$，画出 $f_1(t)\cdot f_2(t)$波形。

解

$$f_1(t)\cdot f_2(t)=\begin{cases}Ae^{-at}\cos\omega_0 t & t\geqslant 0\\ 0 & t<0\end{cases}$$

$f_1(t)\cdot f_2(t)$是幅度按指数规律变化的余弦信号，如图 1.4－9 所示。一般两个信号相乘，变化慢的信号形成包络线，包络线反映了相乘信号总的变化趋势。

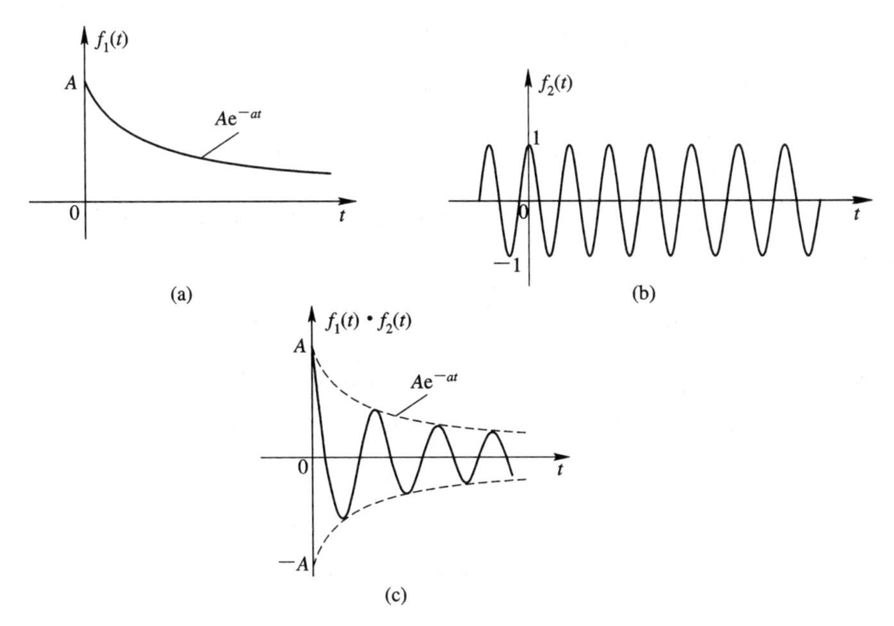

图 1.4-9　$f_1(t)\cdot f_2(t)$形成衰减振荡信号

(a) 指数信号；(b) 余弦信号；(c) 幅度衰减的余弦信号

1.5　连续信号的分解

信号分析最重要的方法之一是将一个复杂的信号分解为多个简单(基本)信号分量(信号元)之和，正如在力学问题中将任意方向的力分解为几个分力一样。本节只讨论四种基本的信号时域分解。

1.5.1　规则信号的分解

一般规则信号可以分解为若干个简单信号的组合。下面举例说明规则信号的分解。

例 1.5-1　用简单信号表示如图 1.5-1(a)所示信号 $f_1(t)$。

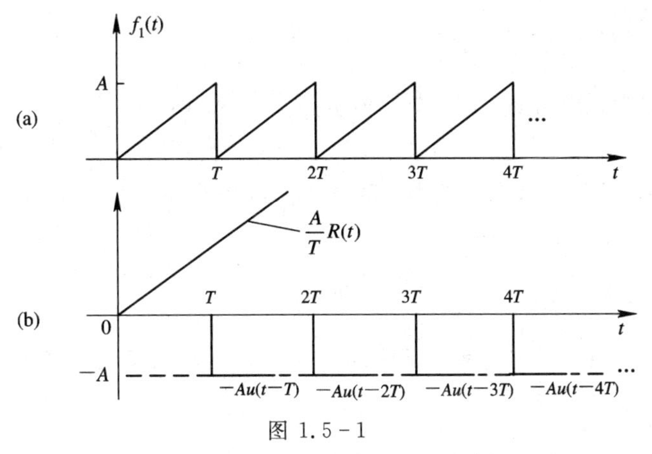

图 1.5-1

(a) 锯齿波；(b) 锯齿波的一种分解

解 将 $f_1(t)$分解为无数不同时移的锯齿波的叠加，表示为

$$\begin{aligned} f_1(t) &= \frac{A}{T}t[u(t)-u(t-T)]+\frac{A}{T}(t-T)[u(t-T)-u(t-2T)]+\cdots \\ &= \sum_{n=0}^{\infty}\frac{A}{T}(t-nT)[u(t-nT)-u(t-(n+1)T)] \end{aligned}$$

或如图 1.5－1(b)所示，将 $f_1(t)$分解为一个斜率为 A/T 的斜坡函数与无穷多个时移的 A 倍阶跃函数的叠加(减)，表示为

$$f_1(t) = \frac{A}{T}R(t)-Au(t-T)-Au(t-2T)-\cdots = \frac{A}{T}R(t)-A\sum_{n=1}^{\infty}u(t-nT)$$

例 1.5－2 用简单信号表示如图 1.5－2(a)所示信号 $f_2(t)$。

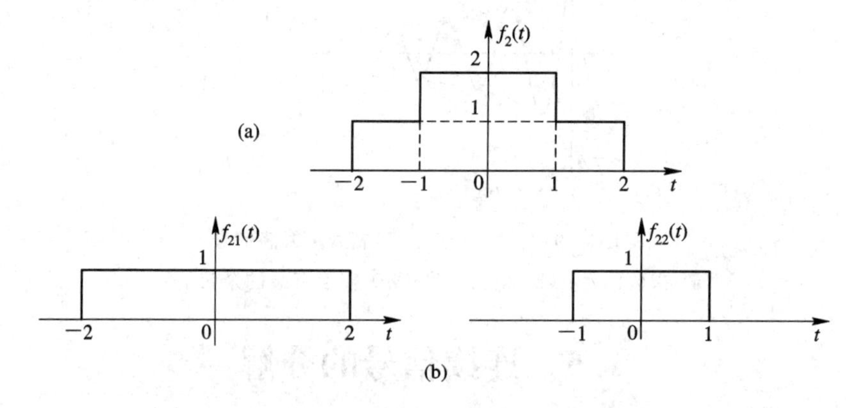

图 1.5－2

(a) 例 1.5－2 信号；(b) 例 1.5－2 信号的分解

解 $f_2(t)$可以分解为四个不同时刻出现的阶跃函数，表示为

$$f_2(t) = u(t+2)+u(t+1)-u(t-1)-u(t-2)$$

或如图 1.5－2(b)所示，将 $f_2(t)$分解为两个宽度不同的门函数，表示为

$$\begin{aligned} f_2(t) &= f_{21}(t)+f_{22}(t) \\ &= [u(t+2)-u(t-2)]+[u(t+1)-u(t-1)] \\ &= g_4(t)+g_2(t) \end{aligned}$$

1.5.2 信号的直流与交流分解

信号可以分解为直流分量 $f_D(t)$与交流分量 $f_A(t)$，即

$$f(t) = f_D(t)+f_A(t) \tag{1.5-1}$$

信号的直流分量 $f_D(t)$是信号的平均值。信号 $f(t)$除去直流分量 $f_D(t)$，剩下的即为交流分量 $f_A(t)$。

1.5.3 信号的奇偶分解

这种分解方法是将实信号分解为偶分量与奇分量之和。其优点是可以利用偶函数与奇函数的对称性简化信号运算。

偶分量定义

$$f_e(t) = f_e(-t) \tag{1.5-2}$$

奇分量定义

$$f_o(t) = -f_o(-t) \tag{1.5-3}$$

任意信号 $f(t)$ 可分解为偶分量与奇分量之和，因为

$$\begin{aligned}
f(t) &= \frac{1}{2}[f(t)+f(t)+f(-t)-f(-t)] \\
&= \frac{1}{2}[f(t)+f(-t)]+\frac{1}{2}[f(t)-f(-t)] \\
&= f_e(t)+f_o(t)
\end{aligned} \tag{1.5-4}$$

其中

$$f_e(t) = \frac{1}{2}[f(t)+f(-t)] \tag{1.5-5}$$

$$f_o(t) = \frac{1}{2}[f(t)-f(-t)] \tag{1.5-6}$$

例 1.5-3 用图解法分别将图 1.5-3(a)所示信号分解为奇、偶分量。

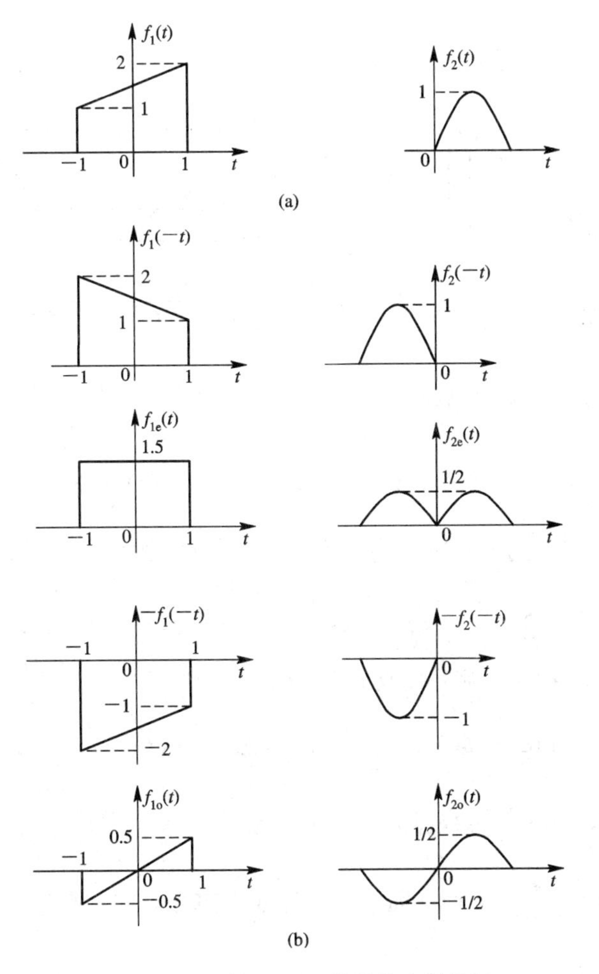

图 1.5-3 例 1.5-3 信号的奇偶分解

解 $f_e(t)=\frac{1}{2}[f(t)+f(-t)]$，$f_o(t)=\frac{1}{2}[f(t)-f(-t)]$，如图 1.5-3(b)所示。

1.5.4 任意信号的分解

任意信号的分解方法，最经典的是将冲激信号或阶跃信号作为基本信号元，将任意信号分解为无穷多个冲激信号或阶跃信号之和。这类分解的优点是基本信号元的波形简单，响应好求，并且可以充分利用LTI系统的叠加、比例与时不变性，方便地求解复杂信号的响应。

先讨论将 $f(t)$ 分解为冲激信号之和，这种分解思路是先把信号 $f(t)$ 分解成宽度为 Δt 的矩形窄脉冲之和，任意时刻 $k\Delta t$ 的矩形脉冲幅度为 $f(k\Delta t)$，如图1.5-4所示。为使分析简单，假设 $f(t)$ 为因果信号。这样

$$\begin{aligned}
f_0(t) &= f(0)[u(t) - u(t-\Delta t)] \\
f_1(t) &= f(\Delta t)[u(t-\Delta t) - u(t-2\Delta t)] \\
&\vdots \\
f_k(t) &= f(k\Delta t)[u(t-k\Delta t) - u(t-(k+1)\Delta t)] \\
&\vdots
\end{aligned}$$

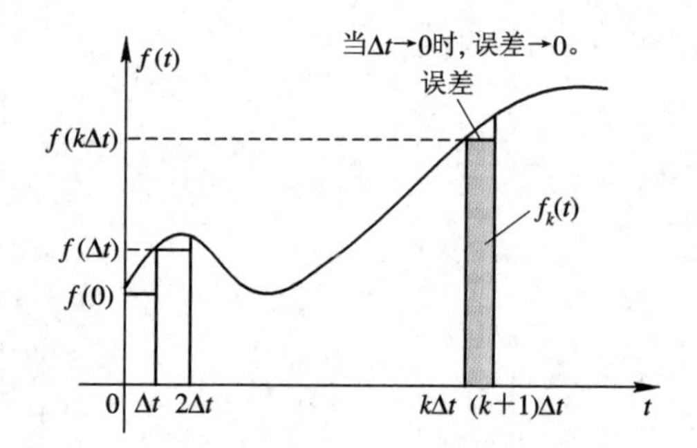

图1.5-4 将信号分解为窄脉冲之和

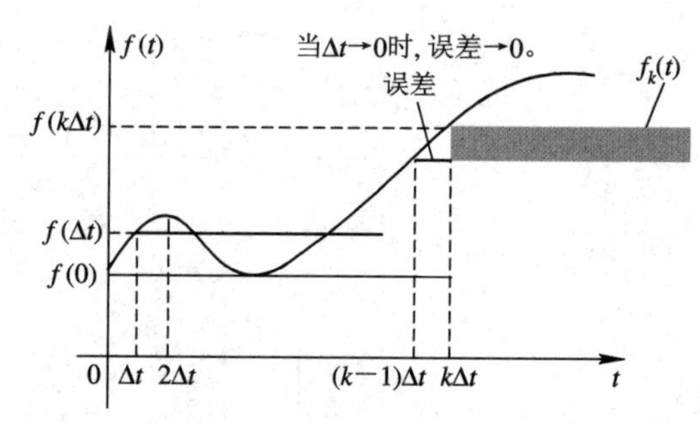

图1.5-5 将信号分解为阶跃信号之和

信号 $f(t)$ 可近似表示为

$$\begin{aligned}
f(t) &\approx f_0(t) + f_1(t) + f_2(t) + \cdots + f_k(t) + \cdots \\
&\approx \sum_{k=0}^{n} f(k\Delta t)[u(t-k\Delta t) - u(t-(k+1)\Delta t)] \\
&= \sum_{k=0}^{n} \frac{1}{\Delta t} f(k\Delta t)[u(t-k\Delta t) - u(t-(k+1)\Delta t)]\Delta t
\end{aligned}$$

令窄脉冲宽度 $\Delta t \to 0$，并对上式取极限，得到

$$\begin{aligned}
f(t) &= \lim_{\Delta t \to 0} \sum_{k=0}^{n} f(k\Delta t)\,\frac{1}{\Delta t}[u(t-k\Delta t) - u(t-(k+1)\Delta t)]\Delta t \\
&= \lim_{\Delta t \to 0} \sum_{k=0}^{n} f(k\Delta t)\delta(t-k\Delta t)\Delta t
\end{aligned}$$

此时，$k\Delta t \to \tau$，$\Delta t \to \mathrm{d}\tau$，$\sum\limits_{k=0}^{n} \to \int_0^t$，即求和运算变为积分运算。于是，用冲激函数表示任意信号的积分形式为

$$f(t) = \int_0^t f(\tau)\delta(t-\tau)\mathrm{d}\tau \tag{1.5-7}$$

将积分下限改为 $-\infty$，式(1.5-7)可以表示为非因果信号。

再讨论将 $f(t)$分解为阶跃信号之和，分解思路是先把信号分解为阶跃信号的叠加，如图 1.5-5 所示，此时令

$$
\begin{aligned}
f_0(t) &= f(0)u(t) \\
f_1(t) &\approx [f(\Delta t) - f(0)]u(t-\Delta t) \\
&= \frac{f(\Delta t)-f(0)}{\Delta t}u(t-\Delta t)\Delta t \\
&= \frac{\Delta f(\Delta t)}{\Delta t}u(t-\Delta t)\Delta t \\
&\vdots
\end{aligned}
$$

任意时刻 $k\Delta t$ 的阶跃为

$$
\begin{aligned}
f_k(t) &\approx [f(k\Delta t) - f((k-1)\Delta t)]u(t-k\Delta t) \\
&= \frac{\Delta f(k\Delta t)}{\Delta t}u(t-k\Delta t)\Delta t \\
&\vdots
\end{aligned}
$$

将信号 $f(t)$近似表示为

$$
\begin{aligned}
f(t) &\approx f_0(t) + f_1(t) + f_2(t) + \cdots + f_k(t) + \cdots \\
&\approx f(0)u(t) + \sum_{k=1}^{n}\left[\frac{\Delta f(k\Delta t)}{\Delta t}u(t-k\Delta t)\Delta t\right]
\end{aligned}
$$

然后，令窄脉冲宽度 $\Delta t\to 0$，并对上式取极限为

$$
f(t) = f_0(t) + \lim_{\Delta t\to 0}\sum_{k=1}^{n}\left[\frac{\Delta f(k\Delta t)}{\Delta t}u(t-k\Delta t)\Delta t\right]
$$

此时，$k\Delta t\to\tau$，$\Delta t\to \mathrm{d}\tau$，$\lim\limits_{\Delta t\to 0}\dfrac{\Delta f(k\Delta t)}{\Delta t} = \dfrac{\mathrm{d}f(\tau)}{\mathrm{d}t} = f'(\tau)$，$\sum\limits_{k=1}^{n}\to\int_{0_+}^{t}$，即求和运算变为积分运算。

最后，得到任意信号用阶跃信号表示的积分形式为

$$
f(t) = f(0)u(t) + \int_{0_+}^{t} f'(\tau)u(t-\tau)\mathrm{d}\tau \tag{1.5-8}
$$

1.6 系统及其响应

1.6.1 系统的定义

系统所涉及的范围十分广泛，包括大大小小有联系的事物组合体，如物理系统、非物理系统，人工系统、自然系统、社会系统，等等。系统具有层次性，可以有系统嵌套系统。对某一系统，其外部更大的系统称为环境，所包含的更小系统为子系统。因为本书涉及的是电信号，所以本书的系统是产生信号或对信号进行传输、处理、变换的电路(往往也称为网络)系统。这是由电路元器件组成的实现不同功能的整体。本书将用具体电路网络作为系统的例子,讨论信号的传输、处理、变换等问题，所以书中网络、系统、电路三个名词通用。

由于信息网络的广泛应用，在信息科学与技术领域中“网络”也泛指通信网或计算机

网，与本书的“网络”不同。

我们所涉及的连续系统，其功能是将输入信号转变为所需的输出信号，如图1.6-1所示。

图1.6-1　信号与系统分析框图

图1.6-1中，$f(t)$是系统的输入(激励)，$y(t)$是系统的输出(响应)。为叙述简便，激励与响应的关系也常表示为$f(t)\to y(t)$，其中“$\to$”表示系统的作用。

1.6.2　系统的初始状态

在讨论连续系统响应前，首先讨论连续系统的初始状态(条件)，其基本概念也可用于离散系统。“初始”实际是一个相对时间，通常是一个非零的电源接入电路系统的瞬间，或电路发生“换路”的瞬间，可将这一时刻记为$t=t_0$。为讨论问题方便，本书一般将$t_0=0$记为“初始”时刻，并用0_-表示系统“换路”前系统储能的初始状态，用0_+表示“换路”后系统响应的初始条件。

下面以电容、电感的电压、电流关系理解系统初始状态与初始条件的概念。

例1.6-1　如图1.6-2所示简单理想电路系统，已知激励电流$i(t)$，求响应$v_C(t)$。

解　由电容的电压、电流关系

$$i_C(t)=i(t)=C\frac{dv_C(t)}{dt} \tag{1.6-1}$$

式(1.6-1)是一阶线性微分方程，解此方程可得响应为

$$v_C(t)=\frac{1}{C}\int_{-\infty}^{t}i_C(\tau)d\tau \tag{1.6-2}$$

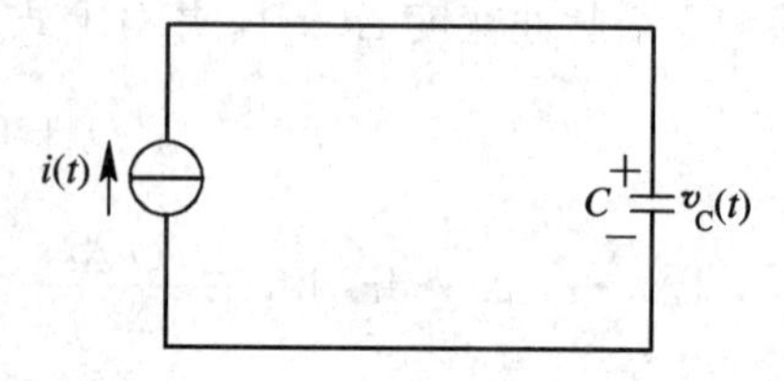

图1.6-2　例1.6-1简单电路

式(1.6-2)说明电容电压与过去所有时刻流过电容的电流有关，因此也称电容为动态(记忆、储能)元件。要知道全部时刻的电流$i_C(t)$是不实际的，通常要计算$v_C(t)$一般是由已知某时刻t_0开始到所要计算时刻t的$i_C(t)$，以及此时刻前的电容电压$v_C(t_0)$来确定，即

$$v_C(t)=\frac{1}{C}\int_{-\infty}^{t}i_C(\tau)d\tau=v_C(t_{0_+})+\frac{1}{C}\int_{t_{0_+}}^{t}i_C(\tau)d\tau \tag{1.6-3a}$$

若$t_0=0$，代入式(1.6-3a)成为

$$v_C(t)=\frac{1}{C}\int_{-\infty}^{t}i_C(\tau)d\tau=v_C(0_+)+\frac{1}{C}\int_{0_+}^{t}i_C(\tau)d\tau \tag{1.6-3b}$$

式(1.6-3)中只有已知$t>t_0$或$t>0$时的$i_C(t)$以及系统的初始条件$v_C(t_{0_+})$、$v_C(0_+)$，才能求解$t>t_0$或$t>0$时系统的响应$v_C(t)$。

而$v_C(t_{0_+})$、$v_C(0_+)$与系统的初始状态$v_C(t_{0_-})$、$v_C(0_-)$密切相关。$v_C(t_{0_-})$、$v_C(0_-)$是$i_C(t)$在时刻$t=t_{0_-}$或$t=0_-$以前的作用，反映了系统在该时刻的储能。

由电容与电感的对偶关系，不难得到

$$v_L(t)=L\frac{di_L(t)}{dt} \tag{1.6-4}$$

以及

$$i_L(t)=\frac{1}{L}\int_{-\infty}^{t}v_L(\tau)\mathrm{d}\tau=i_L(t_{0_+})+\frac{1}{L}\int_{t_{0_+}}^{t}v_L(\tau)\mathrm{d}\tau \tag{1.6-5a}$$

$$i_L(t)=\frac{1}{L}\int_{-\infty}^{t}v_L(\tau)\mathrm{d}\tau=i_L(0_+)+\frac{1}{L}\int_{0_+}^{t}v_L(\tau)\mathrm{d}\tau \tag{1.6-5b}$$

与电容情况相同，式(1.6－5)表明电感也为动态(记忆、储能)元件。只有已知 $t>t_0$ 或 $t>0$ 时的电感电压 $v_L(t)$以及系统的初始条件 $i_L(t_{0_+})$、$i_L(0_+)$，才能求解 $t>t_0$ 或 $t>0$ 时系统的响应$i_L(t)$。同样地，$i_L(t_{0_+})$、$i_L(0_+)$与系统的初始状态 $i_L(t_{0_-})$、$i_L(0_-)$密切相关，$i_L(t_{0_-})$、$i_L(0_-)$是电感电压 $v_L(t)$在时刻 $t=t_{0_-}$、$t=0_-$ 以前的作用(系统在该时刻的储能)。

1.6.3 系统的响应

下面通过具体例题讨论系统的响应。

例 1.6－2 如图 1.6－2 所示电路系统，已知 $v_C(0_-)=1/2$ V，$C=2$ F，电流 $i(t)$的波形如图 1.6－3 所示，求 $t\geqslant0$ 时的响应 $v_C(t)$并绘出波形图。

解 由已知条件可见，该系统既有初始储能，也有激励，所以系统响应既有初始储能产生的部分，也有激励产生的部分。从电流 $i(t)$波形可知，$i(t)$除了在 $t=0$ 时刻加入，在 $t=1$ 及 $t=2$ 时还有变化，都可以理解为“换路”，因此在 $t=0_-$、$t=1_-$ 及 $t=2_-$ 分别有三个初始状态 $v_C(0_-)$、$v_C(1_-)$、$v_C(2_-)$，利用该电容电压无跳变，要解出对应的三个初始条件 $v_C(0_+)$、$v_C(1_+)$、$v_C(2_+)$。由此得到响应(如图 1.6－4 所示)为

$$v_C(t)=\begin{cases}\dfrac{1}{2} & t\leqslant 0\\ v_C(0_+)+\dfrac{1}{2}\displaystyle\int_{0_+}^{t}2\mathrm{d}\tau & 0<t\leqslant 1\\ v_C(1_+)+\dfrac{1}{2}\displaystyle\int_{1_+}^{t}(-2)\mathrm{d}\tau & 1<t\leqslant 2\\ v_C(2_+) & t>2\end{cases}\qquad 其中，\begin{cases}v_C(0_+)=v_C(0_-)=\dfrac{1}{2}\text{ V}\\ v_C(1_+)=v_C(1_-)=\dfrac{3}{2}\text{ V}\\ v_C(2_+)=v_C(2_-)=\dfrac{1}{2}\text{ V}\end{cases}$$

$$=\begin{cases}\dfrac{1}{2} & t\leqslant 0\\ \dfrac{1}{2}+t & 0<t\leqslant 1\\ \dfrac{5}{2}-t & 1<t\leqslant 2\\ \dfrac{1}{2} & t>2\end{cases}$$

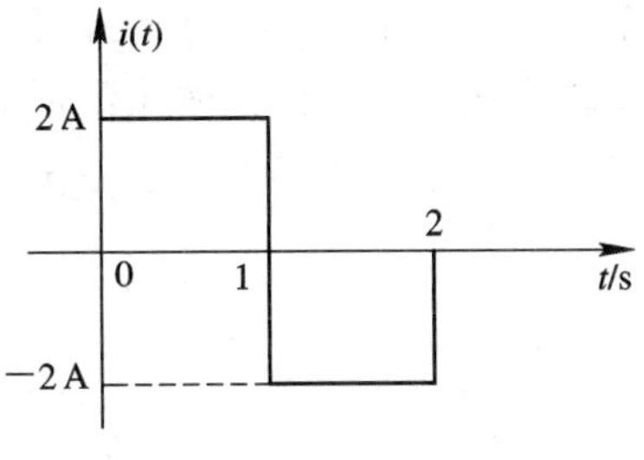

图 1.6－3 例 1.6－2 电流 $i(t)$波形

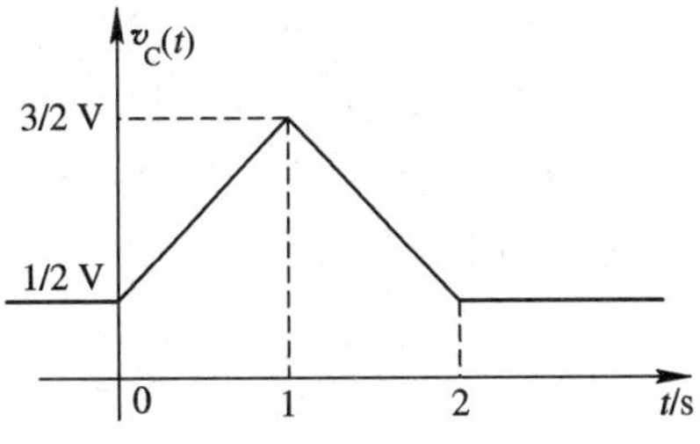

图 1.6－4 例 1.6－2 中 $v_C(t)$波形

由引起响应的不同原因，定义系统响应：当系统的激励为零，仅由系统初始状态（储能）产生的响应是零输入响应，记为 $y_{zi}(t)$；当系统的初始状态（储能）为零，仅由系统激励产生的响应是零状态响应，记为 $y_{zs}(t)$。

上例是一阶微分方程描述的简单系统。为了求解它的响应，除了知道系统的激励外，还需要知道系统的一个初始条件。

推论，若系统是由 n 阶微分方程描述的，则求解响应除了激励外，还必须知道系统的 n 个初始条件。n 阶线性微分方程的一般形式为

$$\begin{aligned}&\frac{\mathrm{d}^n}{\mathrm{d}t^n}y(t)+a_{n-1}\frac{\mathrm{d}^{n-1}}{\mathrm{d}t^{n-1}}y(t)+\cdots+a_1\frac{\mathrm{d}}{\mathrm{d}t}y(t)+a_0y(t)\\&=b_m\frac{\mathrm{d}^m}{\mathrm{d}t^m}f(t)+b_{m-1}\frac{\mathrm{d}^{m-1}}{\mathrm{d}t^{m-1}}f(t)+\cdots+b_1\frac{\mathrm{d}}{\mathrm{d}t}f(t)+b_0f(t)\end{aligned}\tag{1.6-6}$$

当给定 $y(0_+)$，$y'(0_+)$，…，$y^{(n-1)}(0_+)$及 $f(t)$时，可以得到 n 阶线性微分方程的完全解。

为讨论问题方便，$y(0_+)$，$y'(0_+)$，…，$y^{(n-1)}(0_+)$可简写为 $y^{(k)}(0_+)$（$k=0$，1，2，…）或$\{y^{(k)}(0_+)\}$。$\{y^{(k)}(0_+)\}$这样一组数据是解微分方程所需要的标准初始条件。

在处理实际 n 阶电路系统时，已知电路的储能情况是 n 个独立储能元件的初始值。本书将储能元件的初始值简称为初始状态，并简写为$\{x_k(0_-)\}$。n 阶电路系统中，n 个独立的 $i_L(0_-)$、$v_C(0_-)$是$\{x_k(0_-)\}$的组成部分，是足以求解零输入响应的已知条件。这样的初始状态反映了系统储能的情况，它为求 $t>0$ 时的系统响应提供了以往储能的全部信息（若初始时间为 $t=t_0$，则可类推），由此确定的响应是系统的零输入响应。

虽然系统的初始状态一般有$\{x_k(0_-)\}=\{x_k(0_+)\}$，但通常$\{x_k(0_-)\}$并不能全部直接用于系统零输入响应求解，所以也称其为非标准初始条件。例如一阶 RC 或 RL 电路中，待求的响应是电阻电压。而已知的初始状态，是电容上的电压 $v_C(0_-)$或电感上的电流 $i_L(0_-)$，即非标准初始条件。此时要通过$\{x_k(0_-)\}$及 0_+ 初始值等效电路，确定系统零输入时的标准初始条件$\{y^{(k)}(0_+)\}$，即必须将非标准化初始条件转换为标准化初始条件。有关初始条件标准化的具体内容将在第 2 章讨论。

因为零输入响应是由初始状态$\{x_k(0_-)\}$产生的，零状态响应是由激励 $f(t)$产生的，所以也有教材将零输入响应记为 $y_x(t)$，将零状态响应记为 $y_f(t)$。

1.7　系统的分类

与信号相似，从不同角度出发可将系统分为若干类型。如处理连续信号的连续时间系统，处理离散信号的离散时间系统；系统输出与系统储能状态无关的即时系统，输出与储能状态相关的动态系统；集总参数系统与分布参数系统；可逆系统与不可逆系统等。本书只讨论最常见的系统划分及其组合。

1.7.1　动态系统与静态系统

含有动态元件的系统是动态系统，如 RC、RL 电路。没有动态元件的系统是静态系统，也称即时系统，如纯电阻电路。

动态系统在任意时刻的响应不仅与该时刻的激励有关，还与该时刻以前的激励有关；静态系统在任意时刻的响应仅与该时刻的激励有关。

描述动态系统的数学模型为微分方程，描述静态系统的数学模型为代数方程。

1.7.2 因果系统与非因果系统

因果系统满足在任意时刻的响应 $y(t)$仅与该时刻以及该时刻以前的激励有关，而与该时刻以后的激励无关。也可以说，因果系统的响应是由激励引起的，激励是响应的原因，响应是激励的结果；响应不会发生在激励加入之前，系统不具有预知未来响应的能力。例如系统的激励 $f(t)$与响应 $y(t)$的关系为 $f(t)=\frac{\mathrm{d}y(t)}{\mathrm{d}t}$，这是一阶微分方程，而响应与激励的关系 $y(t)=\int_{-\infty}^{t} f(\tau)\mathrm{d}\tau$ 是积分关系，则系统是因果系统。响应与激励具有因果关系的系统也称为物理可实现系统。如果响应出现在激励之前，那么，连续系统为非因果系统，也称为物理不可实现系统。书中一般不特别指明时均指因果系统。例如图 1.7-1(a)所示系统的响应与激励的关系为 $y_1(t)=f_1(t-1)$，响应出现在激励之后，系统是因果系统；如图 1.7-1(b)所示系统的响应与激励的关系为 $y_2(t)=f_2(t+1)$，响应出现在激励之前，那么它是非因果系统。

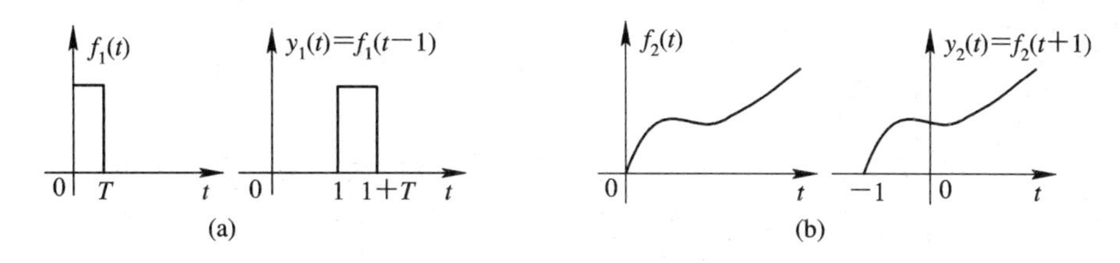

图 1.7-1

(a) 因果系统；(b) 非因果系统

一般由模拟元器件如电阻、电容、电感等组成的实际物理系统都是因果系统。在数字信号处理时，利用计算机的存储功能，可以逼近非因果系统，实现许多模拟系统无法完成的功能，这也是数字系统优于模拟系统的一个重要方面。

对于因果系统，在因果信号激励下，响应也是因果信号。

1.7.3 连续时间系统与离散时间系统

激励与响应均为连续时间信号的系统是连续时间系统，也称模拟系统；激励与响应均为离散时间信号的系统是离散时间系统，也称数字系统。黑白电视机是典型的连续时间系统，而计算机则是典型的离散时间系统。

随着大规模集成电路技术的发展与普及，越来越多的系统是既有连续时间系统又有离散时间系统的混合系统。如图 1.7-2 所示为一个混合系统。

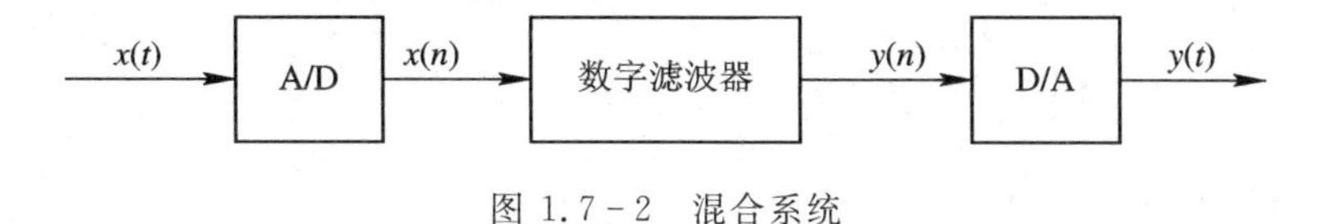

图 1.7-2 混合系统

1.7.4 线性系统与非线性系统

“线性”系统是满足叠加性与比例(齐次或均匀)性的系统。考虑引起系统响应的因素，除了系统的激励之外，还有系统的储能，因此线性系统必须满足以下三个条件。

1. 分解性

系统的响应有不同的分解形式，其中线性系统的响应一定可以分解为零输入响应与零状态响应，即系统响应可表示为

$$y(t)=y_{zi}(t)+y_{zs}(t) \tag{1.7-1}$$

式中，$y_{zi}(t)$是零输入响应，$y_{zs}(t)$是零状态响应。

2. 零输入线性

输入为零时，由各初始状态 $x_1(0_-)$，$x_2(0_-)$，…，$x_n(0_-)$引起的响应满足叠加性与比例性，若

$$x_k(0_-)\rightarrow y_{zik}(t)\qquad k=1\sim n,\ t\geqslant 0$$

则

$$\sum_{k=1}^{n}a_k x_k(0_-)\rightarrow \sum_{k=1}^{n}a_k y_{zik}(t)\qquad k=1\sim n,\ t\geqslant 0 \tag{1.7-2}$$

式(1.7-2)可用图1.7-3的方框图表示。

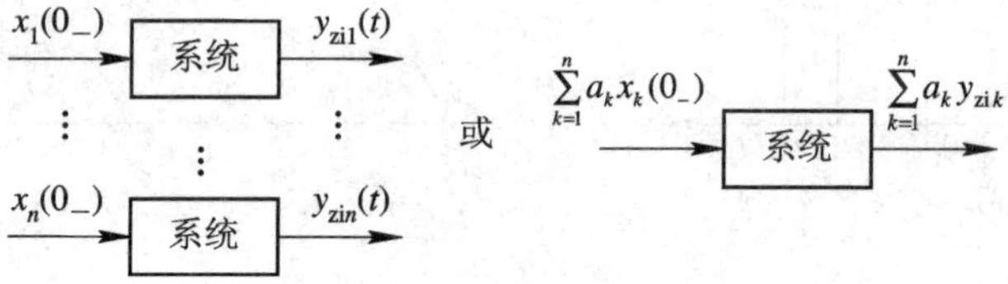

$x_1(0_-)$ 系统 $y_{zi1}(t)$

⋮

$x_n(0_-)$ 系统 $y_{zin}(t)$

或

$\sum_{k=1}^{n}a_k x_k(0_-)$ 系统 $\sum_{k=1}^{n}a_k y_{zik}(t)$

图 1.7-3 零输入线性

3. 零状态线性

初始状态为零时，由各激励 $f_1(t)$，$f_2(t)$，…，$f_m(t)$引起的响应具有叠加性与比例性(均匀性)，若

$$f_i(t)\rightarrow y_{zsi}(t)$$

则

$$\sum_{i=1}^{m}b_i f_i(t)\rightarrow \sum_{i=1}^{m}b_i y_{zsi}(t) \tag{1.7-3}$$

式(1.7-3)可由图1.7-4的方框图表示。

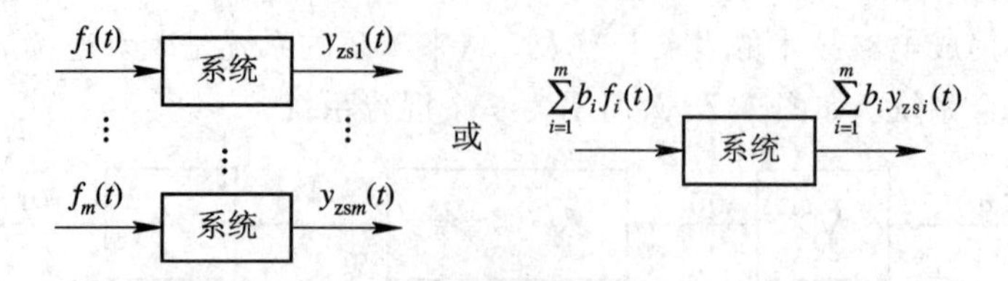

图 1.7-4 零状态线性

不满足上述任何一个条件的系统就是非线性系统。如果线性系统还是因果系统，那么由 $t<t_0$，$f(t)=0$ 可以得到

$$y(t)=0 \qquad t<t_0$$

例 1.7-1 已知系统输入 $f(t)$与输出 $y(t)$的关系如下，判断系统是否线性。

(1) $y(t)=3x(0_-)f(t)u(t)$；

(2) $y(t)=4x(0_-)+2f^2(t)u(t)$；

(3) $y(t)=2x(0_-)+3\int_{0_-}^{t}f(\tau)\mathrm{d}\tau$。

解 (1) 不满足可分解性，是非线性系统；

(2) 不满足零状态线性，是非线性系统；

(3) 满足可分解性、零输入线性、零状态线性，所以是线性系统。

例 1.7-2 讨论具有如下输入、输出关系的系统是否线性。

$$y(t)=2+4f(t) \tag{1.7-4}$$

解

$$f_1(t)\rightarrow y_1(t)=2+4f_1(t)$$

$$f_2(t)\rightarrow y_2(t)=2+4f_2(t)$$

$$\begin{aligned}f_1(t)+f_2(t)\rightarrow y(t)=2+4[f_1(t)+f_2(t)]\neq y_1(t)+y_2(t)\\=4+4[f_1(t)+f_2(t)]\end{aligned}$$

是非线性系统。

式(1.7-4)分明是一个线性方程，却描述的是一个非线性系统，结论似乎有些奇怪。这个系统的输入、输出关系如图 1.7-5 所示，可以表示为一个线性系统的输出与该系统的零输入响应之和。式(1.7-4)表示的线性系统为

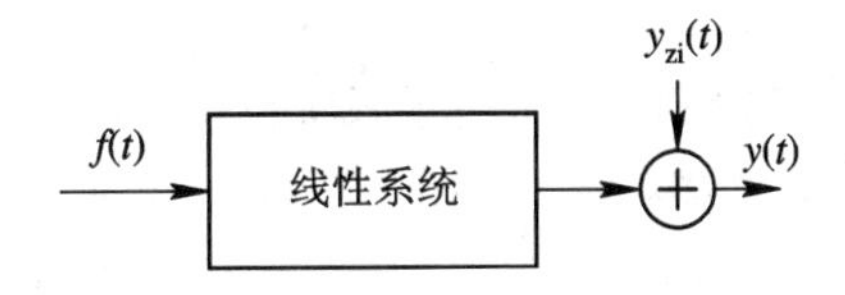

图 1.7-5　一种增量线性系统的结构

$$f(t)\rightarrow 4f(t)=y_{zs}(t)$$

零输入响应为

$$y_{zi}(t)=2$$

实际应用中存在可以由图 1.7-5 表示的系统，这类系统的总输出等于一个零状态线性系统的响应与一个确定的零输入响应之和，也有人将其称为增量线性系统。

1.7.5 时变系统与非时变系统

从系统的参数来看，系统参数不随时间变化的是时不变系统，也称非时变系统、常参系统、定常系统等；系统参数随时间变化的是时变系统，也称变参系统。

从系统响应来看，时不变系统在初始状态相同的情况下，系统响应与激励加入的时刻无关。即在 $x_1(0),x_2(0),\cdots,x_n(0)$时，

$$f(t)\rightarrow y(t)$$

则在 $x_1(t_0)=x_1(0)$，$x_2(t_0)=x_2(0)$，$\cdots$，$x_n(t_0)=x_n(0)$时，

$$f(t-t_0)\rightarrow y(t-t_0) \tag{1.7-5}$$

非时变系统的输入输出关系可由图 1.7-6 表示。从图 1.7-6 可见，当激励延迟一段时间 t_0 加入时不变系统时，输出响应亦延时 t_0 才出现，并且波形变化的规律不变。

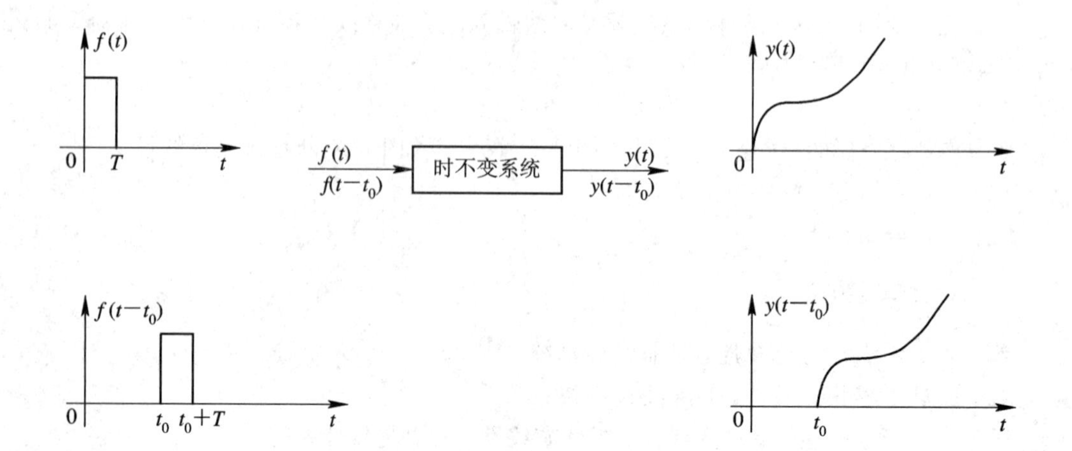

图 1.7-6 时不变系统

例 1.7-3 已知系统激励与响应之间的关系如下，判断是否是时不变系统。

$$y(t)=\cos 3t\cdot x(0)+2tf(t)u(t)$$

解 因为初始状态 $x(0)$与激励 $f(t)$的系数均不是常数，所以是时变系统。

1.8 LTI 系统分析方法

如图 1.8-1 所示系统框图。图中 T[ ]是将输入信号转变为输出信号的运算关系，可表示为

$$y(t)=\mathrm{T}[f(t)] \tag{1.8-1}$$

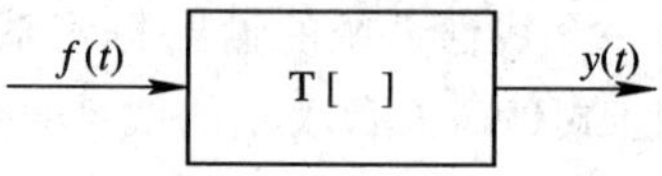

f(t) → T[ ] → y(t)

图 1.8-1 系统框图表示

系统运算关系 T[ ]既满足线性又满足时不变性的，是线性时不变系统，简写为 LTI 系统。分析 LTI 系统具有重要意义，因为 LTI 系统在实际应用中相当普遍，或在一定条件范围内一些非 LTI 系统可近似为 LTI 系统；尤其是 LTI 系统的分析方法已经形成了完整、严密的理论体系。而非线性系统分析，迄今没有统一、通用的分析方法，只能视具体问题具体讨论。此后不特别说明，本书涉及的均是 LTI 系统。

1.8.1 LTI 系统模型

描述 LTI 系统模型的方法有两类。

1. 输入—输出描述法

它着眼于系统激励与响应的外部关系，不关心系统内部的变量情况。适用于单输入单输出系统，如通信系统中大量遇到的就是单输入单输出系统。

2. 状态变量描述法

它除了给出系统的响应外，还可以提供系统内部变量的情况，适用于多输入多输出的情况。在控制系统理论研究中，广泛采用状态变量描述法。

1.8.2 LTI 系统分析方法

LTI 系统分析方法有时域方法与频(变)域方法两类。LTI 系统分析的一个基本任务是求解系统对任意激励信号的响应，基本方法是将信号分解为多个基本信号元。时域分析将脉冲信号作为基本信号元，信号可以用冲激(阶跃)函数表示。(复)频域(也称变域)分析将正弦(复指数)函数作为基本信号元，信号可以用不同频率的正弦(复指数)函数表示。它们是同一信号两类不同的分解方法，对应着两类分析方法。这两类分析方法思路相同，都是先求得基本信号元的响应，然后叠加。即这两类分析方法均以叠加性、均匀性及时不变特性作为分析问题的基点，没有本质区别，仅是分解的基本信号元不同而已。

1.8.3 LTI 系统的微、积分性质

利用 LTI 系统具有的叠加、比例与时不变特性，可推得 LTI 系统具有如下微分特性：

若 $f(t)\to y(t)$，则

$$\frac{\mathrm{d}f(t)}{\mathrm{d}t}\to\frac{\mathrm{d}y(t)}{\mathrm{d}t} \tag{1.8-2}$$

证 若 $f(t)\to y(t)$，由时不变性，输入时移 t_0，输出也时移 t_0，得到

$$f(t-t_0)\to y(t-t_0)$$

由叠加性，输入为两项叠加，输出也为两项叠加，得到

$$f(t)-f(t-\Delta t)\to y(t)-y(t-\Delta t)$$

再由比例性，输入乘 $1/\Delta t$，输出也乘 $1/\Delta t$，得到

$$\frac{f(t)-f(t-\Delta t)}{\Delta t}\to\frac{y(t)-y(t-\Delta t)}{\Delta t}$$

对上式两边同时取极限

$$\lim_{\Delta t\to 0}\frac{f(t)-f(t-\Delta t)}{\Delta t}\to\lim_{\Delta t\to 0}\frac{y(t)-y(t-\Delta t)}{\Delta t}$$

得到

$$\frac{\mathrm{d}f(t)}{\mathrm{d}t}\to\frac{\mathrm{d}y(t)}{\mathrm{d}t}$$

这个性质说明，当系统的输入是原信号的导数时，LTI 系统的输出亦为原输出响应的导数。这一结论可以推导到高阶导数与积分，即若 $f(t)\to y(t)$，则

$$\frac{\mathrm{d}^n f(t)}{\mathrm{d}t^n}\to\frac{\mathrm{d}^n y(t)}{\mathrm{d}t^n}\qquad n\text{ 为正整数} \tag{1.8-3}$$

$$\int_0^t f(\tau)\mathrm{d}\tau\to\int_0^t y(\tau)\mathrm{d}\tau \tag{1.8-4}$$

式(1.8-3)与式(1.8-4)表示当系统的输入是原信号的 n 阶导数时，系统的输出亦为原输出响应函数的 n 阶导数；当系统的输入是原信号的积分时，系统的输出亦为原输出响应函数的积分。LTI 系统的微分特性和积分特性如图 1.8-2 所示。

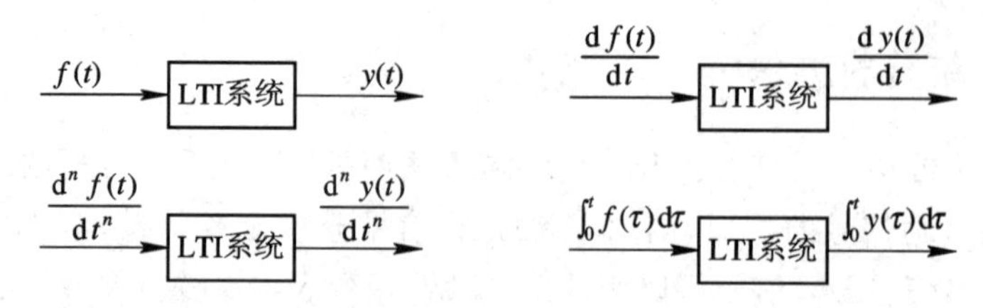

图 1.8-2　LTI 系统的微分特性和积分特性

1.9　基于 MATLAB 的信号描述及其运算

1.9.1　常用信号的 MATLAB 程序

例 1.9-1　实指数信号 $f(t)=Ae^{at}(A=2，a_1=-0.5；a_2=0.5；a_3=0)$的 MATLAB 程序如下：

```
clear;
A=2; a1=-0.5; a2=0; a3=0.5;
t=-5:0.01:5;
y1=A*exp(a1*t);
plot(t, y1); hold on;
y2=2*exp(a2*t);
plot(t, y2); hold on;
y3=2*exp(a3*t);
plot(t, y3);
line([-5, 5], [0, 0]);
line([0, 0], [-0.5, 5]);
axis([-3, 3, -0.5, 5]);
xlabel('时间 t'); ylabel('幅值 y');
title('实指数信号, A=2, |a|=0.5');
```

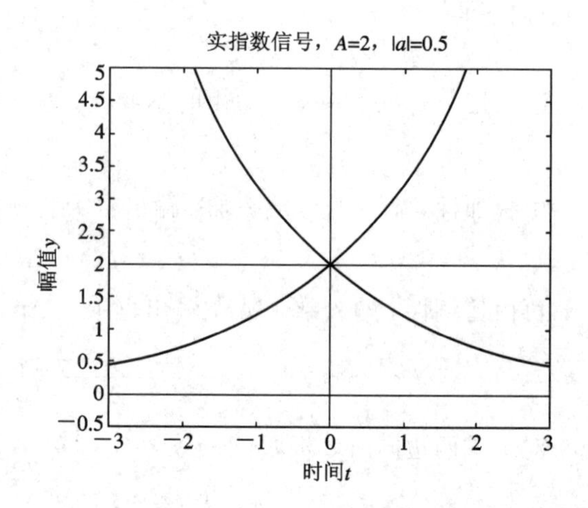

图 1.9-1　例 1.9-1 中的实指数信号波形

实指数信号波形如图 1.9-1 所示。

例 1.9-2　单边指数信号($A=2，a=-0.5，\tau=1/|a|=2$)的 MATLAB 程序如下：

```
clear;
A=2; a=-0.5; t=0:0.01:10;
y=A*exp(a*t); plot(t, y); line([-1, 10], [0, 0]);
line([0, 0], [-0.5, 3]);
axis([-0.5, 10, -0.2, 2.5]);
set(gca, 'XTickMode', 'manual', 'XTick', [0, 2]);
set(gca, 'YTickMode', 'manual', 'YTick', [0, 0.736, 2]); grid;
xlabel('时间 t'); ylabel('幅值 y'); title('单边指数信号');
```

单边指数信号波形如图 1.9-2 所示。

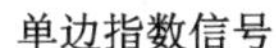

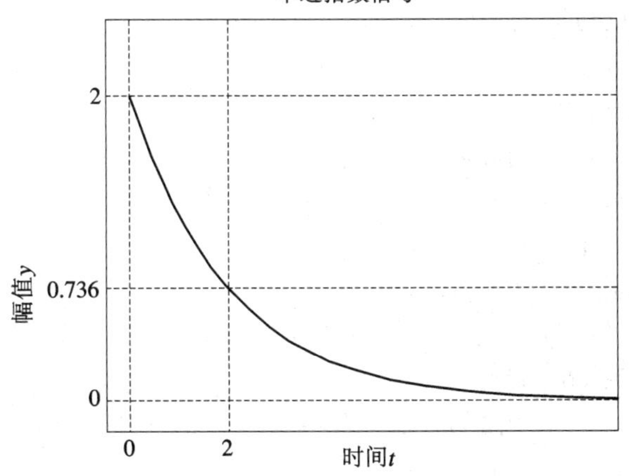

图 1.9-2 例 1.9-2 中的单边指数信号波形

例 1.9-3 正弦信号 $y(t)=\sin(2\pi t+\pi/3)(A=1, \omega=2\pi, \theta=\pi/3)$的 MATLAB 程序如下：

```
clear;
t=-1:0.001:2;
y=sin(2*pi*t+pi/3);
plot(t,y);line([-1,2],[0,0]);
line([0, 0], [ -1.5, 1.5]);
axis([-1, 2, -1.5, 1.5]);
xlabel('时间 t');
ylabel('幅值(y)');
title('正弦信号');
```

正弦信号波形如图 1.9-3 所示。

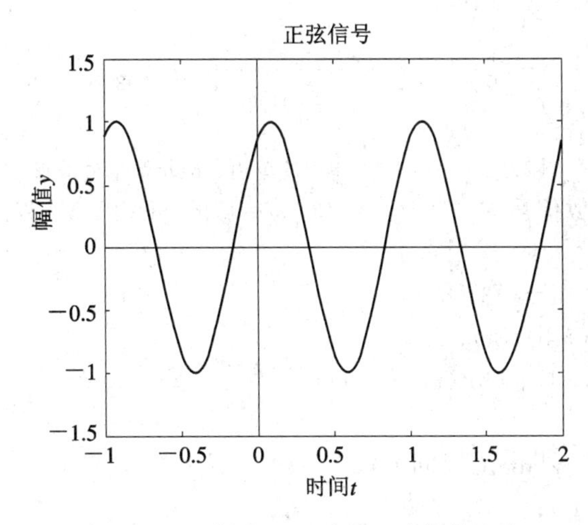

图 1.9-3 例 1.9-3 中的正弦信号波形

例 1.9-4 单边衰减指数信号 $y(t)=2e^{-0.5t}\cos(2\pi t)$的 MATLAB 程序如下：

(A=2, a=-0.5, cos(2*pi*t));

```
clear;
t=0:0.01:9; A=2; a=-0.5;
y=cos(2*pi*t);
y1=A*exp(a*t);
plot(t, y1, '-.'); hold on;
y2= y1.*y;
plot(t, y2); hold on;
y3=-2*exp(-0.5*t);
plot(t, y3, '-.');
line([0, 10], [0, 0]);
line([0, 0], [-2, 2.1]);
axis([0, 10, -2, 2.1]);
xlabel('时间 t');
ylabel('幅值 y');
title('单边衰减指数信号');
```

单边衰减指数信号波形如图 1.9-4 所示。

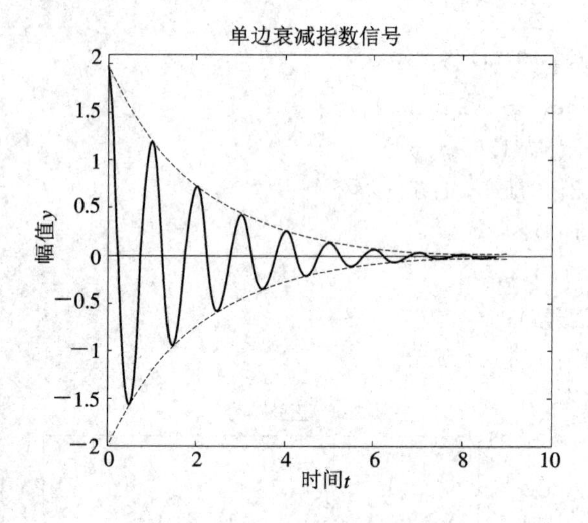

图 1.9-4 例 1.9-4 中的单边衰减指数信号波形

例 1.9-5 复指数信号 $e^{(-3+j4)t}$ ($\sigma=-3$, $\omega=4$)的 MATLAB 程序如下:

```
clear;
t=0:0.01:3; a=-3; b=4;
f=exp((a+i*b)*t);
subplot(2, 2, 1); plot(t, real(f)),
grid;
title('实部'); xlabel('时间 t'),
ylabel('幅值 f');
subplot(2, 2, 2); plot(t, imag(f));
grid;
```

```
title('虚部'); xlabel('时间(t)');
ylabel('幅值 f');
subplot(2, 2, 3); plot(t, abs(f));
grid;
title('模'); xlabel('时间 t');
ylabel('幅值 f');
subplot(2, 2, 4); plot(t, angle(f));
grid;
title('相角'); xlabel('时间 t');
ylabel('幅值');
```

复指数信号波形如图 1.9-5 所示。

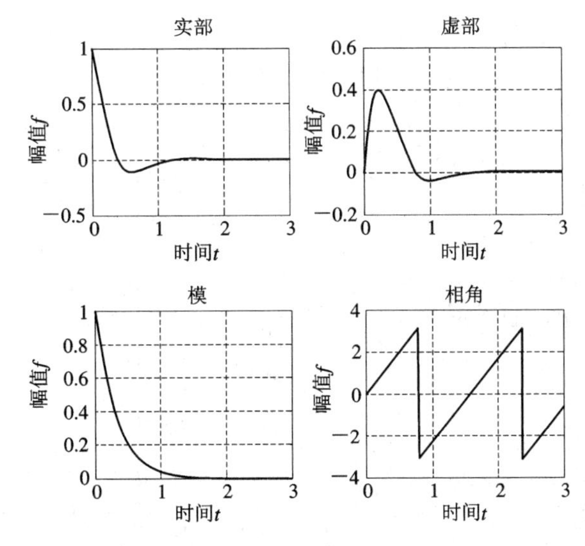

图 1.9-5　例 1.9-5 中的复指数信号波形

例 1.9-6　抽样信号 Sa(at)(a=2π)的 MATLAB 程序如下：

```
clear;
t=-2*pi:0.001:2*pi;
y=sin(2*pi*t)./(2*pi*t);
y=y+(y==0)*eps;
plot(t,y);line([-2, 2],[0, 0]);
line([0, 0], [-0.3, 1.1]);
axis([-2, 2, -0.3, 1.1]);
xlabel('时间 t');
ylabel('幅值(y)');
title('抽样信号 Sa(at), a=2π');
grid;
```

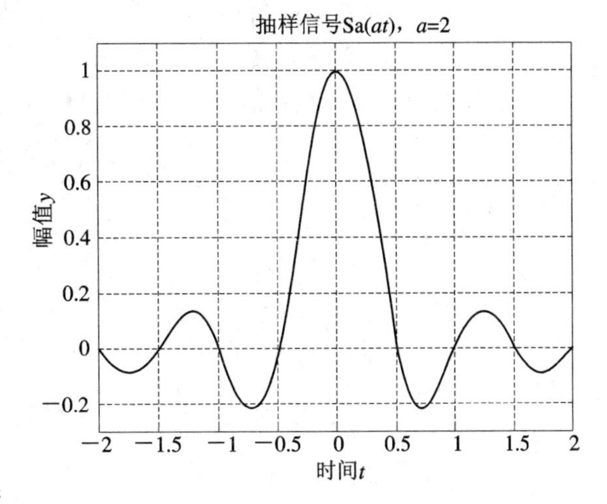

图 1.9-6　例 1.9-6 中的抽样信号波形

抽样信号波形如图 1.9-6 所示。

例 1.9-7 单位阶跃信号 $u(t)$ 的 MATLAB 程序如下：

```
clear;
T=0.01;
t=-2:T:6;
f=stepfun(t, 0);
plot(t, f);
axis([-1, 6, -0.2, 1.2]);
line([-2, 6], [0, 0]);
line([0, 0], [-0.2, 1.2]);
title('单位阶跃信号');
xlabel('时间 t'); ylabel('幅值 f');
```

单位阶跃信号波形如图 1.9-7 所示。

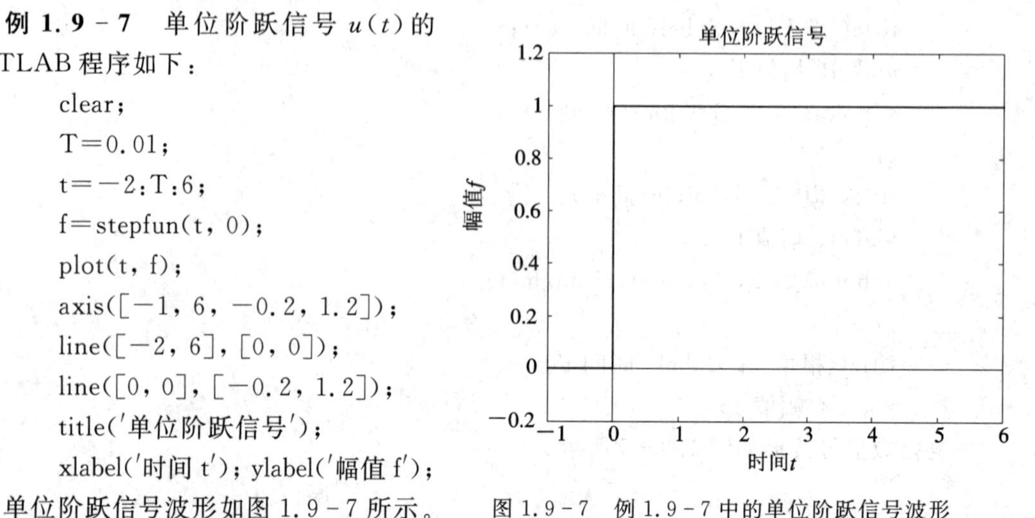

图 1.9-7　例 1.9-7 中的单位阶跃信号波形

例 1.9-8 单位冲激信号的 MATLAB 程序(幅值取有限值 80)如下：

```
clear;
t0=0; t1=-1; t2=3;
dt=0.001;
t=t1:dt:t2;
n=length(t);
k1=floor((t0-t1)/dt);
y=zeros(1, n);
y(k1)= 1/dt;
stairs(t, y);
axis([-1, 3, -1, 80]);
xlabel('时间 t');
ylabel('幅值 y');
title('单位冲激信号');
```

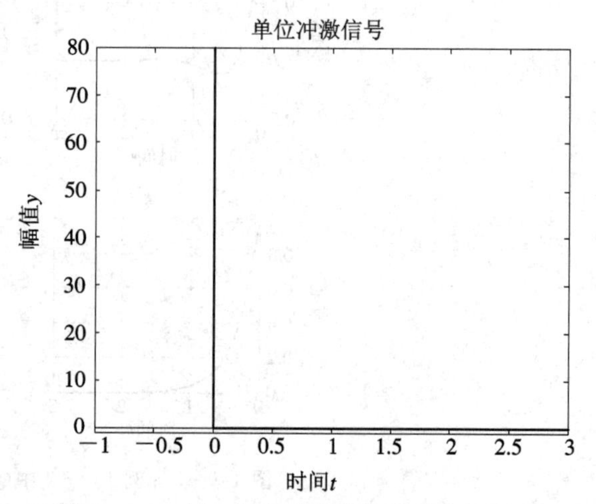

图 1.9-8　例 1.9-8 中的单位冲激信号波形

单位冲激信号波形如图 1.9-8 所示。

例 1.9-9 单位斜坡信号的MATLAB 程序如下：

```
clear;
t=0:.01:5;
a1=1; %斜率
y=a1*t;
plot(t, y);
line([-0.5, 5], [0, 0]);
line([0, 0], [-0.5, 5]);
axis([-0.5, 5, -0.5, 5]);
xlabel('时间 t');
ylabel('幅值 y'); title('斜坡信号');
```

单位斜坡信号波形如图 1.9-9 所示。

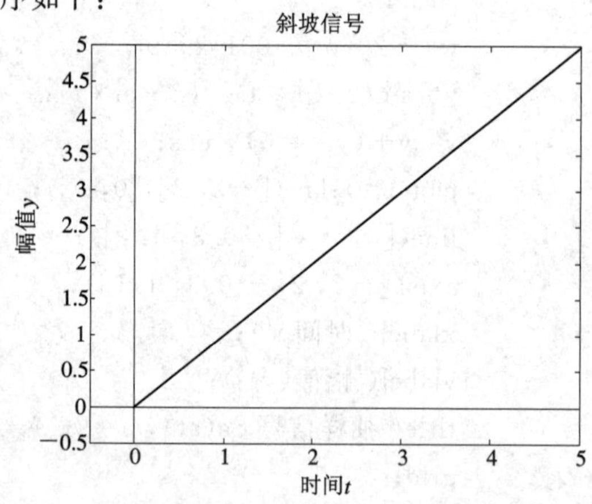

图 1.9-9　例 1.9-9 中的单位斜坡信号波形

例 1.9-10 单位符号信号的 MATLAB 程序如下：

```
clear;
t=-5:.001:5; y=sign(t);
plot(t, y); line([-5, 5], [0, 0]); line([0, 0], [-1.5, 1.5]);
axis([-5, 5, -1.5, 1.5]);
xlabel('时间 t'); ylabel('幅值 y'); title('符号信号');
```

单位符号信号波形如图 1.9-10 所示。

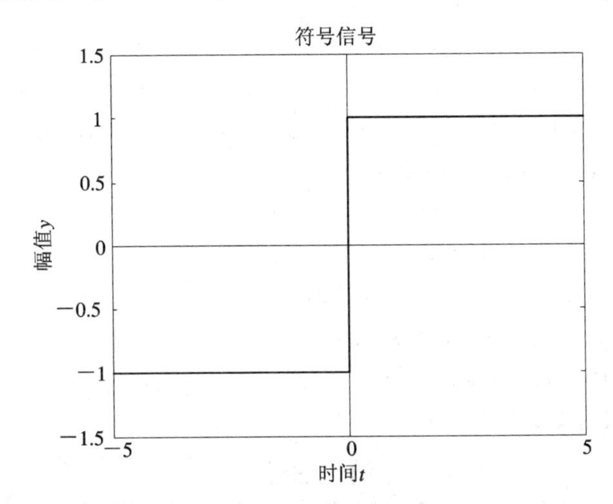

图 1.9-10 例 1.9-10 中的单位符号信号波形

例 1.9-11 门函数 $g_2(t)$的 MATLAB 程序如下：

```
clear; T=0.01;
t=-2:T:2; f=stepfun(t, -1)-stepfun(t, 1);
plot(t, f); axis([-2, 2, -0.2, 1.2]);
title('门函数'); line([-2, 2], [0, 0]);
line([0, 0], [-0.2, 1.2]);
```

门函数波形如图 1.9-11 所示。

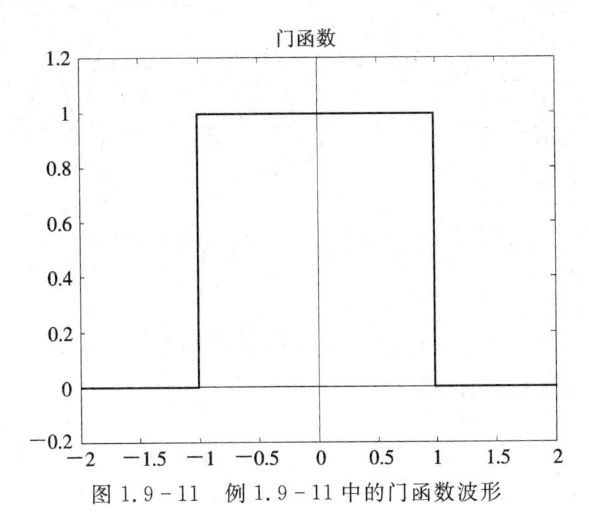

图 1.9-11 例 1.9-11 中的门函数波形

1.9.2 信号运算的 MATLAB 程序

1. 信号相加

例 1.9-12 $y(t)=f_1(t)+f_2(t)$，其中 $f_1(t)=u(t)-u(t-4)$；$f_2(t)=\cos\omega_0 t\cdot u(t)$ $(\omega_0=2\pi)$。其 MATLAB 程序如下：

```
clear
T=0.01; t=0:T:10; t1=0:0.01:10;
f1=stepfun(t, 0)-stepfun(t, 4); f2=cos(2*pi*t1);
y=f1+f2;
subplot(311); plot(t, f1); axis([-0.2, 10, -0.1, 1.1]);
ylabel('f1'); title('信号相加');
subplot(312); plot(t, f2); ylabel('f2')
subplot(313); plot(t, y);
line([-2.2, 10], [0, 0]); line([0, 0], [-1.2, 2.1]);
axis([-0.2, 10, -1.2, 2.1]);
 xlabel('时间 t'); ylabel(' y');
```

信号相加波形如图 1.9-12 所示。

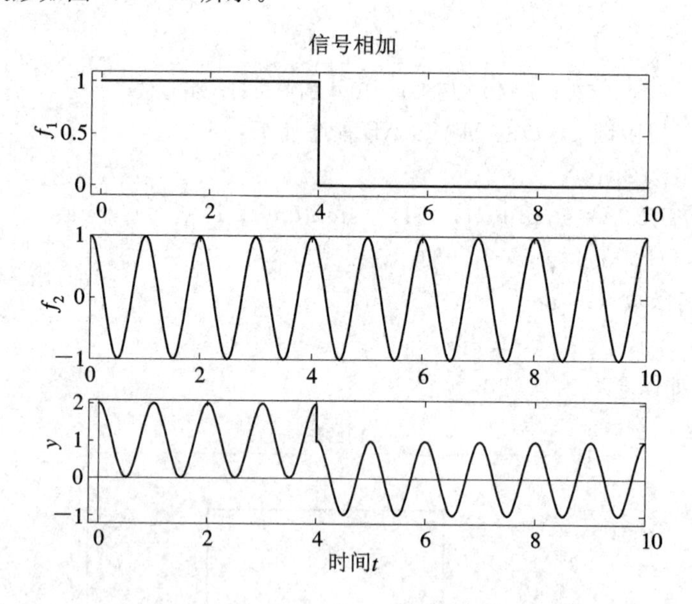

图 1.9-12 例 1.9-12 中的信号相加波形

2. 信号相乘

例 1.9-13 $y(t)=f_1(t)\cdot f_2(t)$；其中 $f_1(t)=2e^{-0.5t}u(t)$；$f_2(t)=\sin\omega_0 t\cdot u(t)$ $(\omega_0=2\pi)$。其 MATLAB 程序如下：

```
clear;
t=0:0.01:9;
```

```
y1=2*exp(-0.5*t);
plot(t, y1, '-.');
hold on;
y2= y1.*sin(2*pi*t);
plot(t, y2); hold on;
y3=-2*exp(-0.5*t);
plot(t, y3, '-.');
line([0, 10], [0, 0]);
line([0,0],[ -2,2.1]);
axis([0,10,-2,2.1]);
xlabel('时间 t');
ylabel('幅值 y');
title('单边衰减指数信号');
```

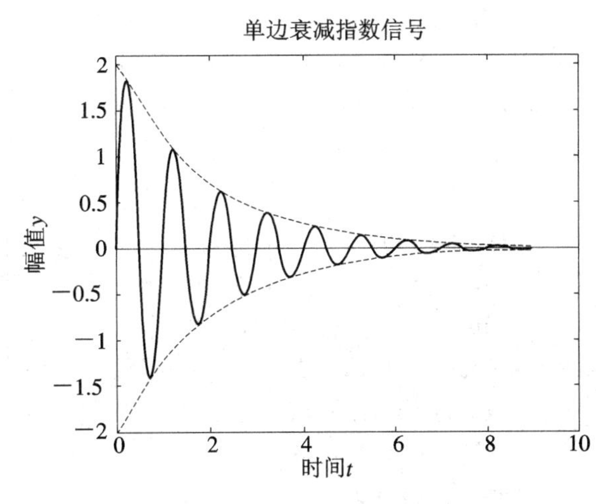

图 1.9-13　例 1.9-13 中的信号相乘波形

信号相乘波形如图 1.9-13 所示。

3. 信号移位

例 1.9-14　将 $f(t)=\sin(2\pi t)$ 移位，$f_1(t)=f(t-t_0)$，$t_0=0.2$。其 MATLAB 程序如下：

```
clear;
t=0:0.0001:2;
f=sin(2*pi*(t)); f1=sin(2*pi*(t-0.2));
plot(t, f, '-', t, f1, '-'); axis([0, 2, -1.2, 1.2]);
set(gca, 'XTickMode', 'manual', 'XTick', [0, 0.2, 0.4, 0.6, 0.8, 1, 1.2, 
1.4, 1.6, 1.8]); grid;
ylabel('f(t)'); xlabel('t'); title('信号的移位');
```

信号移位波形如图 1.9-14 所示。

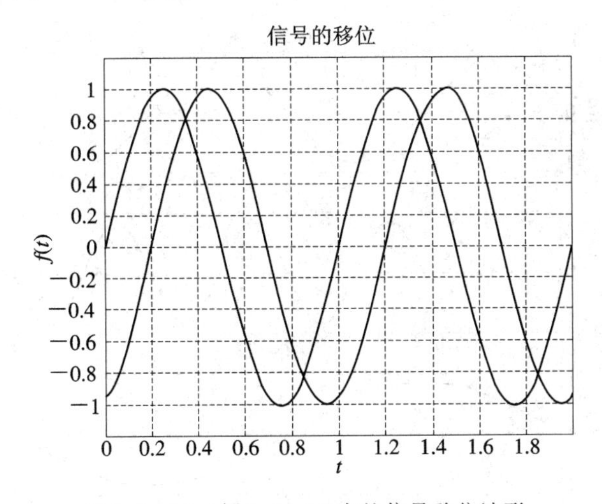

图 1.9-14　例 1.9-14 中的信号移位波形

4. 信号折叠

例 1.9-15　将信号 $f(t)=3t$ 折叠。其 MATLAB 程序如下：

```
clear;
t=0:0.02:1; t1=-1:0.02:0;
g1=3*t;
g2=3*(-t1);
grid on;
plot(t, g1, '-', t1, g2);
line([-1.2, 1.2], [0, 0]);
line([0, 0], [-0.2, 3.2]);
axis([-1.2,1.2,-0.2,3.2]);
xlabel('t'); ylabel('g(t)');
title('信号的折叠');
```

信号折叠波形如图 1.9-15 所示。

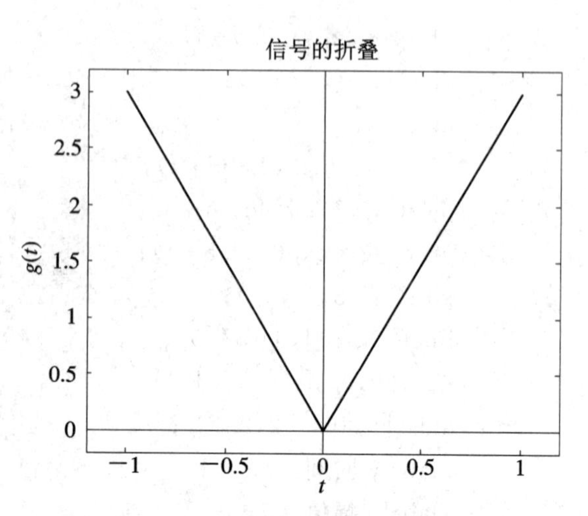

图 1.9-15　例 1.9-15 中的信号折叠波形

5. 信号尺度变换

例 1.9-16　将信号 $f(t)=\sin(2\pi t)$中的自变量 t 替换为 at 或 t/a。其 MATLAB 程序如下：

```
clear;
t=0:0.001:2; a=2;
y=sin(2*pi*t); y1=sin(2*a*pi*t); y2=sin(2*pi*t/a);
subplot(311); plot(t, y); line([0, 2], [0, 0]); axis([0, 2, -1.2, 1.2]);
ylabel('y(t)'); title('尺度变换');
subplot(312); plot(t, y1); line([0, 2], [0, 0]);
axis([0, 2, -1.2, 1.2]); ylabel('y(at)');
subplot(313); plot(t, y2); line([0, 2], [0, 0]);
axis([0, 2, -1.2, 1.2]); ylabel('y(t/a)'); xlabel('t');
```

信号尺度变换波形如图 1.9-16 所示。

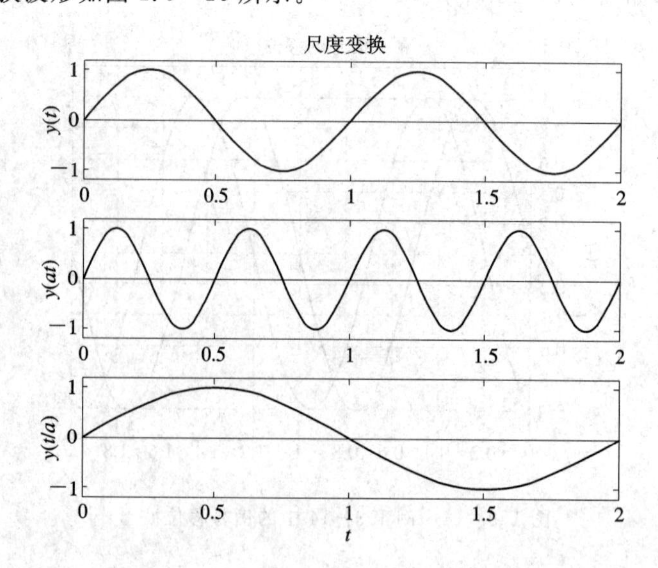

图 1.9-16　例 1.9-16 中的信号尺度变换波形

6. 信号倒相

例 1.9-17 将信号 $f(t)=3t^2$ 以横轴为对称轴对折得到 $-f(t)$。其 MATLAB 程序如下：

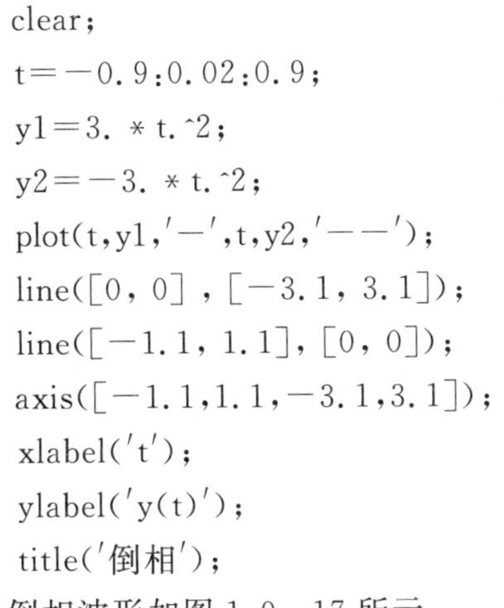

```
clear;
t=-0.9:0.02:0.9;
y1=3.*t.^2;
y2=-3.*t.^2;
plot(t,y1,'-',t,y2,'--');
line([0, 0] , [-3.1, 3.1]);
line([-1.1, 1.1], [0, 0]);
axis([-1.1,1.1,-3.1,3.1]);
xlabel('t');
ylabel('y(t)');
title('倒相');
```

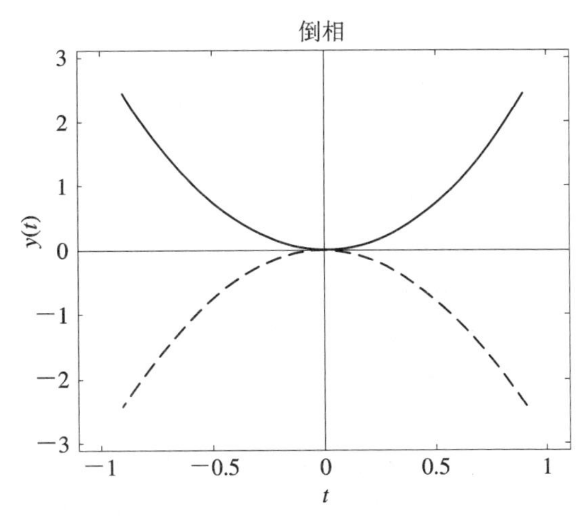

图 1.9-17 例 1.9-17 中的信号倒相波形

信号倒相波形如图 1.9-17 所示。

7. 信号微分

例 1.9-18 求信号 $f(t)=t^2$ 的一阶导数。其 MATLAB 程序如下：

```
clear;
t=-1:0.02:1; syms t
g=t^2; d=diff(g);
subplot(211); ezplot(g); line([-6.1, 6.1], [0, 0]); line([0, 0], [-2, 42]);
xlabel('t'); ylabel('g(t)'); title('微分');
subplot(212); ezplot(d); line([-6.1, 6.1], [0, 0]); line([0, 0], [-15, 15]);
xlabel('t'); ylabel('d(t)');
```

信号微分波形如图 1.9-18 所示。

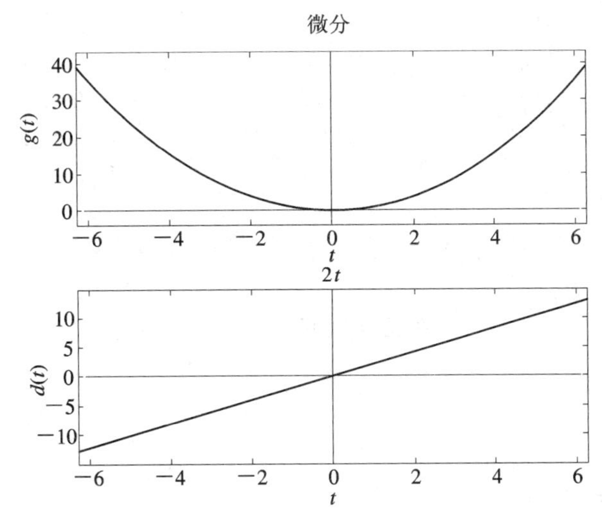

图 1.9-18 例 1.9-18 中的信号微分波形

8. 信号积分

例 1.9－19 求信号 $f(t)=t^2$ 不定积分的 MATLAB 程序如下：

```
clear;
t=－1:0.2:1;
syms t
f=t^2;
y=int(f);
subplot(211);
ezplot(f);
xlabel('t');
ylabel('f(t)');
title('积分');
subplot(212);
ezplot(y);
xlabel('t');
ylabel('y(t)');
```

信号积分波形如图 1.9－19 所示。

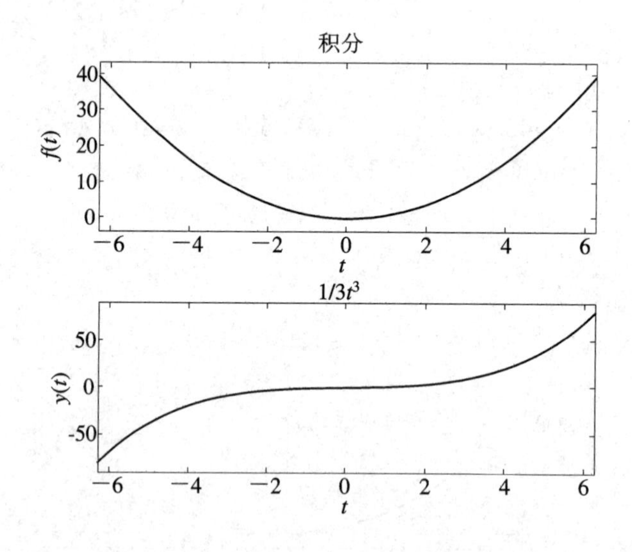

图 1.9－19 例 1.9－19 中的信号积分波形

9. 信号定积分

例 1.9－20 求信号 $f(t)=t^2$ 在给定区间(－1，1)内的定积分的 MATLAB 程序如下：

```
clear;
syms t
f=t^2;
y=int(f, －1, 1)
```

答案 y=2/3

习　题

1-1　判断题1-1图所示各信号是连续时间信号、离散时间信号还是数字信号。

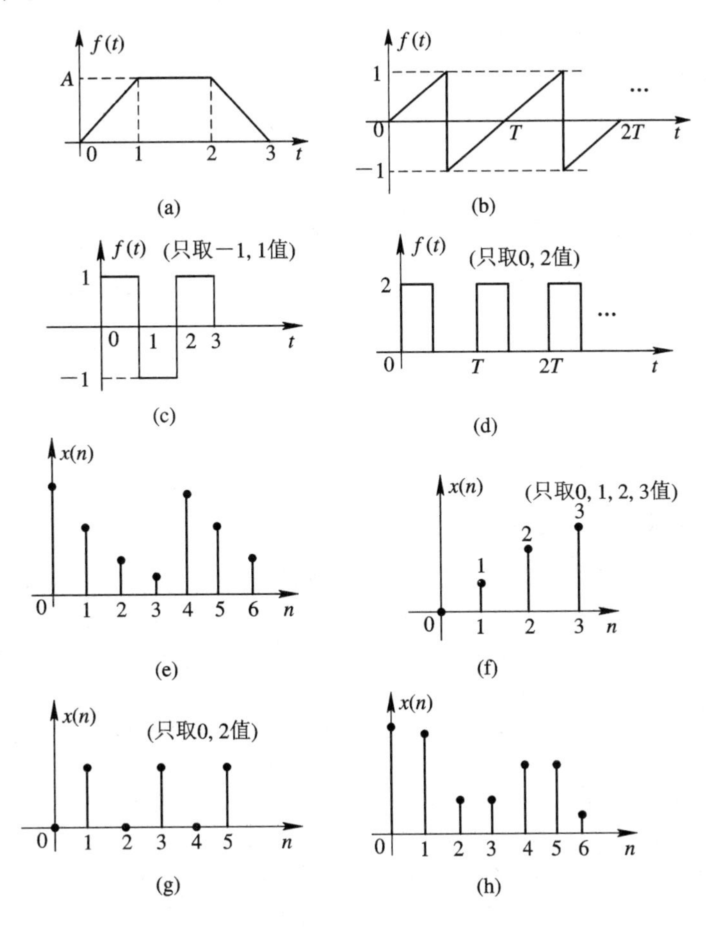

题1-1图

1-2　判断下列各信号是能量信号还是功率信号。

(1) $f_1(t)=\mathrm{e}^{-at}u(t)$；　　(2) $f_2(t)=\cos 2t+\sin 3t$。

1-3　试说明下列信号是否是周期信号，如是，试确定其周期(其中a、b为常数)。

(1) $f_1(t)=\cos(10t)-\cos(30t)$；　　(2) $f_2(t)=[5\sin(8t)]^2$；

(3) $f_3(t)=a\sin t-b\sin 2t$；　　(4) $f_4(t)=\left|\sin\dfrac{5}{2}t\right|$。

1-4　粗略画出下列各函数(信号)的波形图。有条件的可用MATLAB实现。

(1) $f_1(t)=(1-\mathrm{e}^{-t})u(t)$；　　(2) $f_2(t)=\dfrac{\mathrm{d}}{\mathrm{d}t}[\cos t\cdot u(t)]$；

(3) $f_3(t)=\mathrm{e}^{-t}\cos 10\pi t[u(t-1)-u(t-2)]$；　　(4) $f_4(t)=\left[1-\dfrac{|t|}{2}\right][u(t+2)-u(t-2)]$；

(5) $f_5(t)=t\mathrm{e}^{-t}u(t)$；　　(6) $f_6(t)=\mathrm{sgn}(t)+u(-t+2)$。

1-5　粗略画出下列各函数(信号)的波形图，注意它们之间的区别。有条件的可用

MATLAB实现。

(1) $f_1(t)=\sin(\pi t)u(t)$；　　(2) $f_2(t)=\sin\left[\pi\left(t-\dfrac{1}{2}\right)\right]u(t)$；

(3) $f_3(t)=\sin(\pi t)u\left(t-\dfrac{1}{2}\right)$；　　(4) $f_4(t)=\sin\pi\left(t-\dfrac{1}{2}\right)u\left(t-\dfrac{1}{2}\right)$。

1-6　写出题1-6图的各波形的函数表达式。

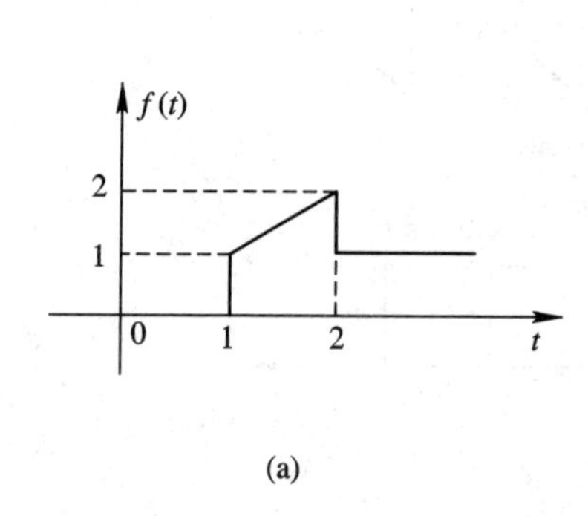

(a)

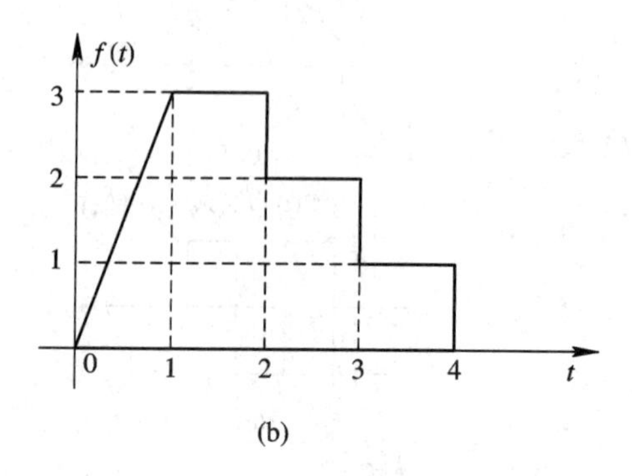

(b)

题1-6图

1-7　应用冲激信号的抽样特性，求下列表示式的函数值。

(1) $\int_{-\infty}^{\infty} f(t-t_0)\delta(t)\mathrm{d}t$；　　(2) $\int_{-10}^{10}(t^3+4)\delta(1-t)\mathrm{d}t$；

(3) $\int_{-\infty}^{\infty}\delta(t-t_0)u\left(t-\dfrac{t_0}{2}\right)\mathrm{d}t$；　　(4) $\int_{-\infty}^{\infty}\delta(t-t_0)u(t-2t_0)\mathrm{d}t$；

(5) $\int_{-\infty}^{\infty} f(t_0-t)\delta(t-t_0)\mathrm{d}t$；　　(6) $\int_{-\infty}^{\infty}(\sin t+t)\delta\left(t-\dfrac{\pi}{6}\right)\mathrm{d}t$；

(7) $\int_{-1}^{1}(t^2-3t+1)\delta(t-2)\mathrm{d}t$；　　(8) $\int_{-\infty}^{\infty} f(t_0-t)\delta(t)\mathrm{d}t$；

(9) $\int_{-1}^{5}\left(t^2-t+\cos\dfrac{\pi}{2}t\right)[\delta(t-2)]\mathrm{d}t$；　　(10) $\int_{-\infty}^{\infty}(\mathrm{e}^{-t}+t)\delta(t+2)\mathrm{d}t$；

(11) $\int_{-3}^{3}(3t-2)[\delta(t)+\delta(t-2)]\mathrm{d}t$。

1-8　$f(t)$的波形如题1-8图所示，画出$f\left(-\dfrac{t}{3}+1\right)$的波形。

1-9　已知$f(2t-3)$的波形如题1-9图所示，画出$f(t)$的波形。

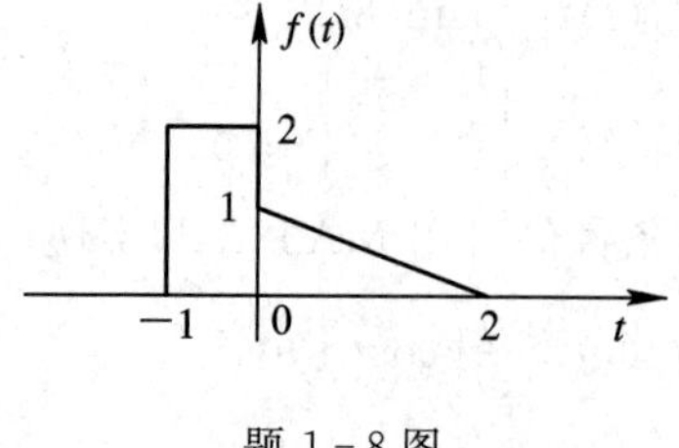

题1-8图

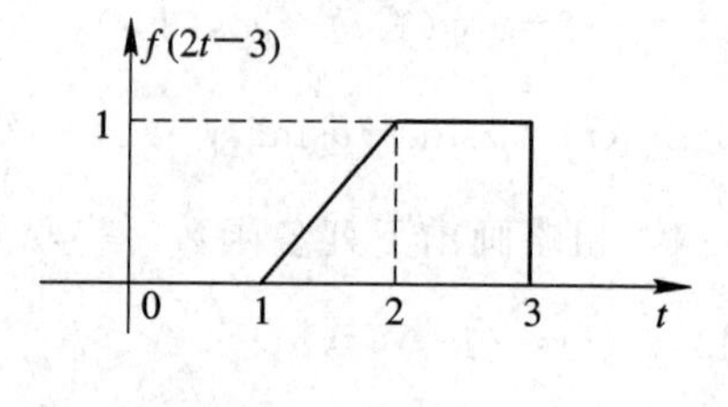

题1-9图

1-10　(1) $f_1(t)$的波形如题1-10(1)图所示，画出$y_1(t)=f_1{}'(t)$的波形。

(2) $f_2(t)$的波形如题1-10(2)图所示，画出$y_2(t)=\int_{-\infty}^{t} f_2(\tau)\mathrm{d}\tau$的波形。

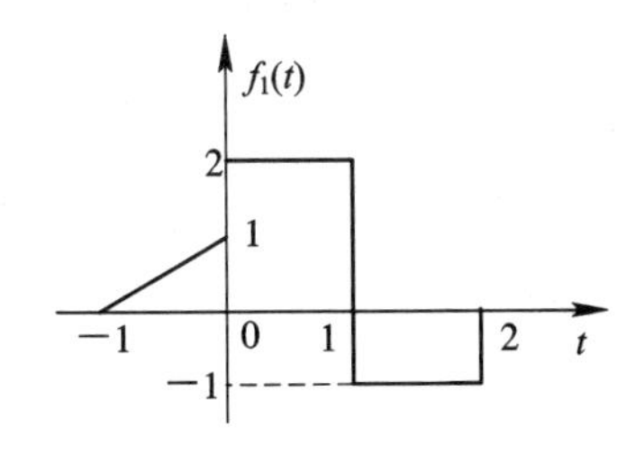

题 1-10(1)图

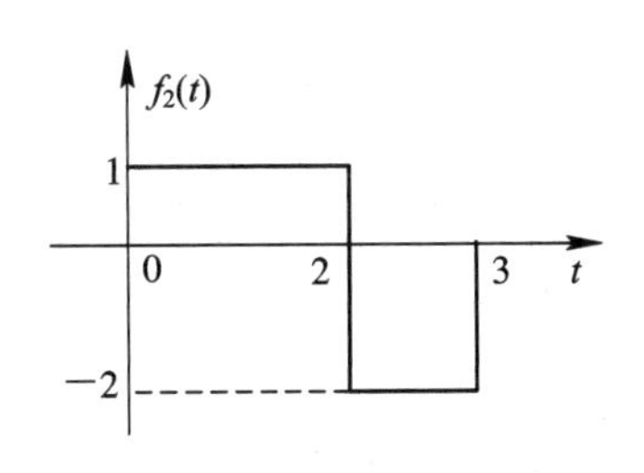

题 1-10(2)图

1-11　已知信号 $f(t)$ 的波形如题 1-11 图所示，

(1) 求积分 $y_1(t)=\int_{-\infty}^{t} f(2-\tau)\mathrm{d}\tau$，并画出波形；

(2) 求微分 $y_2(t)=\dfrac{\mathrm{d}}{\mathrm{d}t}[f(6-2t)]$，并画出波形。

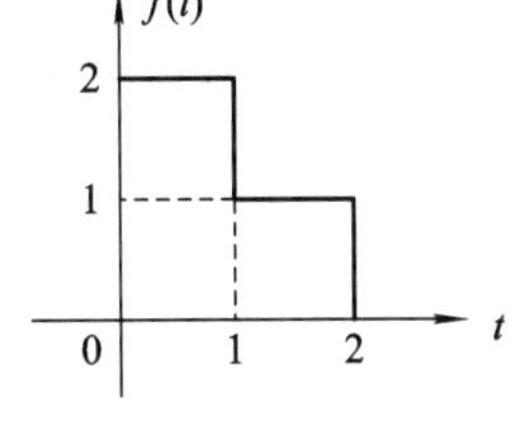

题 1-11 图

1-12　已知信号 $f(t)$ 的波形如题 1-12 图所示，试画出下列函数的波形。

(1) $f(2t)$；

(2) $f(2t)u(t)$；

(3) $f(t-3)$；

(4) $f(t-3)u(t)$；

(5) $f(t-3)u(t-3)$；

(6) $f(t+2)$。

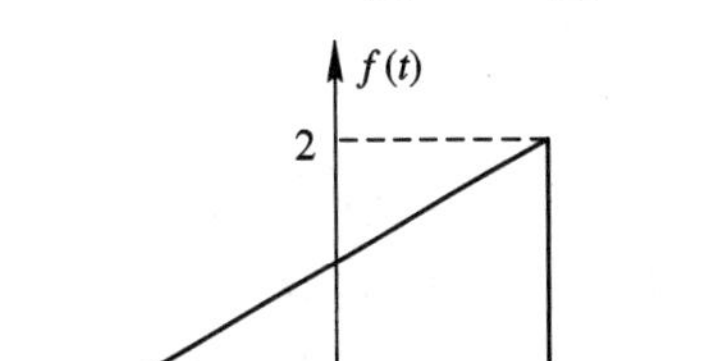

题 1-12 图

1-13　若实常数 $a>0$，试根据冲激函数的性质证明

$$\int_{-\infty}^{\infty}\delta(at-t_0)f(t)\mathrm{d}t=\frac{1}{a}f\left(\frac{t_0}{a}\right)$$

1-14　粗略绘出题 1-14 图所示各波形的偶分量与奇分量。

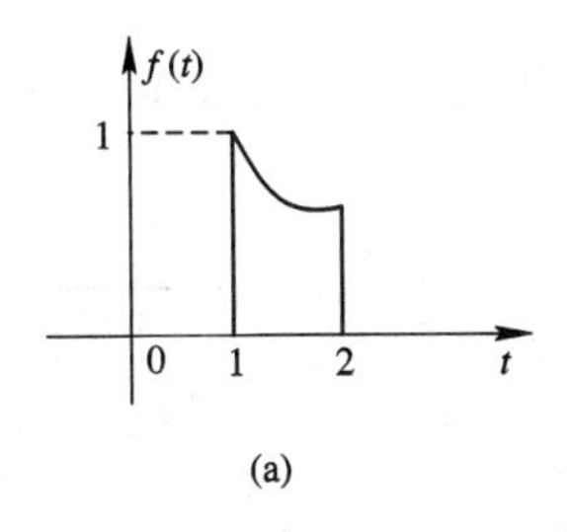

(a)

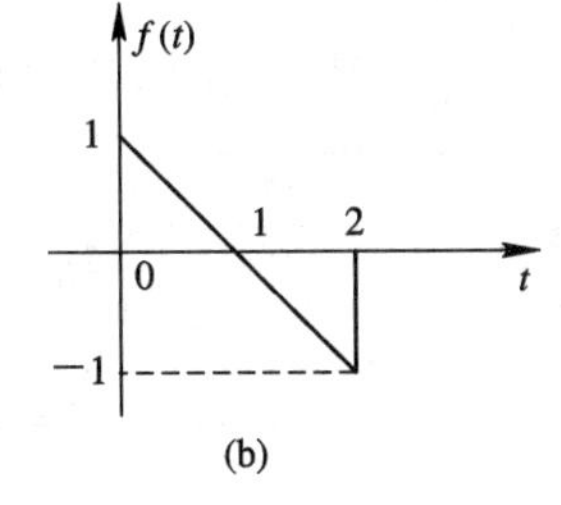

(b)

题 1-14 图

1-15　绘出下列各时间函数的波形图，注意它们的区别。

(1) $t[u(t)-u(t-2)]$；　　(2) $tu(t-1)$；

(3) $t[u(t)-u(t-1)]-u(t-1)$；　　(4) $(t-1)u(t-1)$；

(5) $-(t-1)[u(t)-u(t-1)]$；　　(6) $t[u(t-2)-u(t-3)]$；

(7) $(t-2)[u(t-2)-u(t-3)]$。

1-16　绘出下列各时间函数的波形图。

(1) $te^{-t}u(t)$；　　(2) $\mathrm{e}^{-(t-1)}[u(t-1)-u(t-2)]$；

(3) $[1+\cos(\pi t)][u(t-1)-u(t-2)]$；

(4) $u(t)-2u(t-1)+u(t-2)$；

(5) $\mathrm{Sa}[a(t-t_0)]$；

(6) $\dfrac{\mathrm{d}}{\mathrm{d}t}[\mathrm{e}^{-t}\sin t u(t)]$。

1-17　系统的初始状态、激励、响应分别记为 $x(0_-)$，$f(t)$，$y(t)$，若它们之间具有如下关系，试判断哪些是线性系统，哪些是非线性系统；哪些是时变系统，哪些是时不变系统。

(1) $y(t)=ax(0_-)+bf(t)\quad t\geqslant 0$；

(2) $y(t)=ax^2(0_-)+3t^2f(t)\quad t\geqslant 0$；

(3) $y(t)=x(0_-)\sin 5t+tf(t)\quad t\geqslant 0$；

(4) $y(t)=x(0_-)+f(t)\dfrac{\mathrm{d}}{\mathrm{d}t}f(t)\quad t\geqslant 0$；

(5) $y(t)=3x(0_-)+2\int_0^t f(\tau)\mathrm{d}\tau\quad t\geqslant 0$；

(6) $y(t)=x(0_-)\cdot\dfrac{\mathrm{d}f(t)}{\mathrm{d}t}\quad t\geqslant 0$。

1-18　判断下列系统是否为线性、时不变、因果系统。

(1) $\dfrac{\mathrm{d}}{\mathrm{d}t}y(t)+a_0y(t)=b_0f(t)+b_1\dfrac{\mathrm{d}}{\mathrm{d}t}f(t)$；

(2) $y(t)=f(t)u(t)$；

(3) $y(t)=\sin[f(t)]u(t)$；

(4) $y(t)=f(1-t)$；

(5) $y(t)=2f(3t)$；

(6) $y(t)+y^2(t)=f(t)$。

1-19　试判断数学模型如下的各系统的因果性、线性性、时不变性。

(1) $\dfrac{\mathrm{d}^2}{\mathrm{d}t^2}y(t)+3\dfrac{\mathrm{d}}{\mathrm{d}t}y(t)+2y(t)=f(t)$；

(2) $y(t)=f(t-1)+f(1-t)$；

(3) $y(t)=\int_{-\infty}^{3t}f(\tau)\mathrm{d}\tau$；

(4) $y(t)=\begin{cases}0 & t<0\\ f(t)+f(t-1) & t\geqslant 0\end{cases}$；

(5) $y(t)=f(t+1)$。

1-20　如题1-20(a)图所示的系统中，若开平方运算产生的是正的平方根。

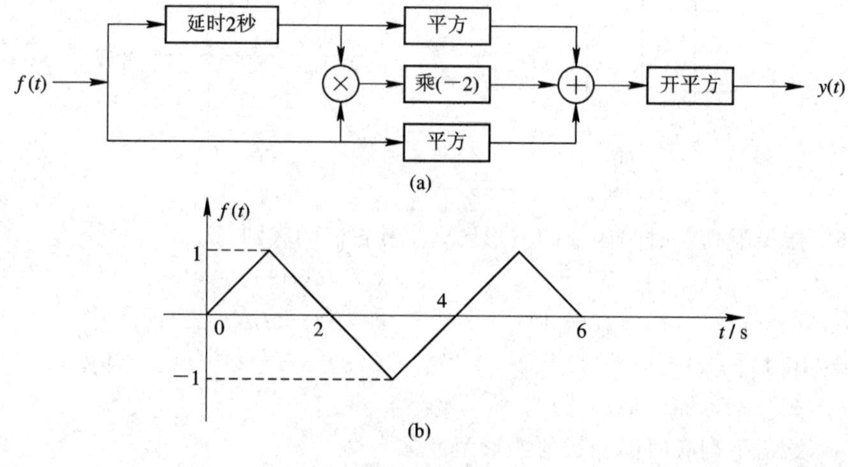

题1-20图

(1) 计算 $y(t)$与 $f(t)$之间的显函数关系式。

(2) 该系统是线性的吗？

(3) 该系统是时不变的吗？

(4) 当 $f(t)$如题 1-20(b)图所示时，画出 $y(t)$的波形。

1-21　已知某线性时不变系统，在相同初始条件下，当激励为 $f(t)$时，其作响应为 $y_1(t)=[2e^{-3t}+\sin(2t)]u(t)$；当激励为 $2f(t)$时，其作响应为 $y_2(t)=[e^{-3t}+2\sin(2t)]u(t)$。求：(1) 初始条件不变，当激励为 $f(t-t_0)$时的全响应 $y_3(t)$，t_0 为大于零的实常数；

(2) 初始条件增大 1 倍，当激励为 $0.5f(t)$时的全响应 $y_4(t)$。

1-22　某线性时不变系统，已知若 $x_1(0_-)=2$，$x_2(0_-)=3$，$f(t)=u(t)$时，$y_1(t)=(4e^{-t}+5e^{-2t})u(t)$；若 $x_1(0_-)=2$，$x_2(0_-)=3$，$f(t)=2u(t)$时，$y_2(t)=(5e^{-t}-3e^{-2t})u(t)$。试计算：

(1) $x_1(0_-)=2$，$x_2(0_-)=3$，$f(t)=0$ 时的响应 $y_3(t)$；

(2) $x_1(0_-)=0$，$x_2(0_-)=0$，$f(t)=u(t)-u(t-1)$时的响应 $y_4(t)$。

1-23　某线性时不变系统，已知当 $x_1(0_-)=1$，$x_2(0_-)=2$，$f_1(t)=u(t)$时，输出 $y_1(t)=(6e^{-2t}-5e^{-3t})u(t)$；若初始状态不变，$f_2(t)=3u(t)$时，输出 $y_2(t)=(8e^{-2t}-7e^{-3t})u(t)$。试计算：

(1) $x_1(0_-)=1$，$x_2(0_-)=2$，$f_3(t)=0$ 时的响应 $y_3(t)$；

(2) $x_1(0_-)=0$，$x_2(0_-)=0$，$f_4(t)=2u(t)$时的响应 $y_4(t)$。

1-24　选择填空题：

(1) 下列方程所描述的系统中，只有______才是线性时不变系统(其中，$f(t)$为激励，$y(t)$为响应)。

A) $y(t)=\int_{-\infty}^{3t} f(\tau)\mathrm{d}\tau$　　　　B) $y(t)=f(t-1)+f(1-t)$

C) $y(t)=\begin{cases}0 & t<0\\ f(t) & t\geqslant 0\end{cases}$　　　　D) $y(t)=f(t-1)+f(t+1)$

(2) 信号 $f(t)=|A\sin 4t+B\cos 7t|$的周期为______，其中 A、B 为实数。

A) 2π　　　　B) π

C) 11π　　　　D) ∞(非周期函数)

(3) 某 LTI 连续系统的初始状态不为零，设当激励为 $f(t)$时，响应为 $y(t)$，则当激励增大一倍为$2f(t)$ 时，其响应______。

A) 也增大一倍为 $2y(t)$　　　　B) 也增大但比 $2y(t)$小

C) 保持不变，仍为 $y(t)$　　　　D) 发生变化，但以上答案均不正确

1-25　某无初始储能的 LTI 系统，当激励 $f_1(t)=u(t)$时，响应 $y_1(t)=e^{-at}u(t)$，试求：

(1) 激励为 $f_2(t)=\delta(t)$时的响应 $y_2(t)$；

(2) 当激励为斜坡函数 $f_3(t)=tu(t)$时的响应 $y_3(t)$。

第 2 章　连续时间信号和系统的时域分析

描述连续时间 LTI 系统的数学模型是常系数线性微分方程，系统分析的任务之一是对给定的系统模型与输入信号求系统的响应。时域分析法不涉及变换，直接求解系统的微分方程，分析计算全部在时间范围内进行。这种方法比较直观，物理概念清楚，是基本的系统分析方法。

本章时域分析方法重点介绍利用系统的冲激响应与激励的卷积积分，求解任意信号通过系统的零状态响应。这是时域求解零状态响应的重要方法。

卷积积分有清楚的物理概念，并且可以利用计算机进行数值计算，在三大变换中的卷积定理更是联系时域分析与变域分析的纽带。用卷积计算系统响应要涉及到系统的冲激响应、转移算子等概念。我们先从系统数学模型的建立入手，逐步引入在时域分析中要涉及的零状态响应、零输入响应，冲激响应及卷积计算等。

2.1　LTI 系统的数学模型与传输算子

要分析 LTI 系统，首要任务是建立 LTI 系统的数学模型，然后再讨论分析方法。

2.1.1　建立 LTI 系统的数学模型

有两类建立系统模型的方法，一是输入-输出描述法，二是状态变量描述法。本章只讨论输入-输出描述法。用这种描述法，连续时间 LTI 系统的数学模型是常系数线性微分方程；离散时间 LTI 系统的数学模型是常系数线性差分方程(将在第 5 章讨论)。

由具体电路模型可以讨论系统数学模型的建立。

例 2.1－1　如图 2.1－1 所示的 *RLC* 串联电路，$e(t)$为激励信号，响应为 $i(t)$，试写出其微分方程。

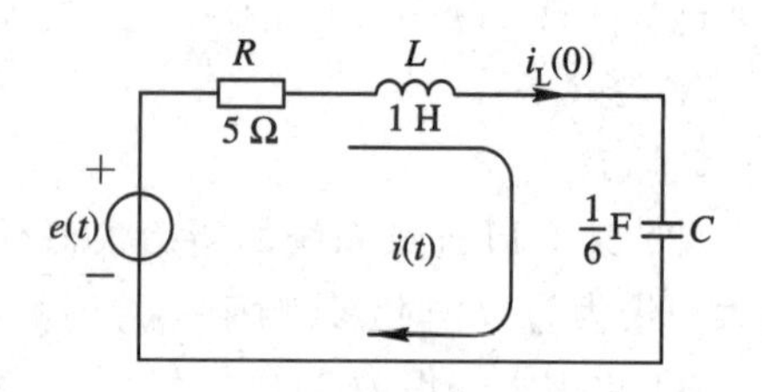

图 2.1－1　*RLC* 串联电路

解　这是有两个独立动态元件的二阶系统，利用 KVL 定理列回路方程，可得

$$Ri(t)+L\frac{\mathrm{d}}{\mathrm{d}t}i(t)+\frac{1}{C}\int_{-\infty}^{t}i(\tau)\mathrm{d}\tau=e(t)$$

上式是一个微、积分方程，对方程两边求导，并代入系数，整理为

$$\frac{\mathrm{d}^2}{\mathrm{d}t^2}i(t)+5\frac{\mathrm{d}}{\mathrm{d}t}i(t)+6i(t)=\frac{\mathrm{d}}{\mathrm{d}t}e(t)$$

这是二阶系统的数学模型——二阶线性微分方程。

一般有 n 个独立动态元件组成的系统是 n 阶系统，可以由 n 阶微分方程描述(或 n 个一阶微分方程组描述)。还可以从另一个角度判断一般电路系统的阶数：系统的阶数等于

独立的电容电压 $v_C(t)$与独立的电感电流 $i_L(t)$的个数之和。其中独立 $v_C(t)$是不能用其他 $v_C(t)$(可含电源)表示的；独立 $i_L(t)$是不能用其他 $i_L(t)$(可含电源)表示的。

例 2.1-2 如图 2.1-2 所示电路，判断系统阶数。

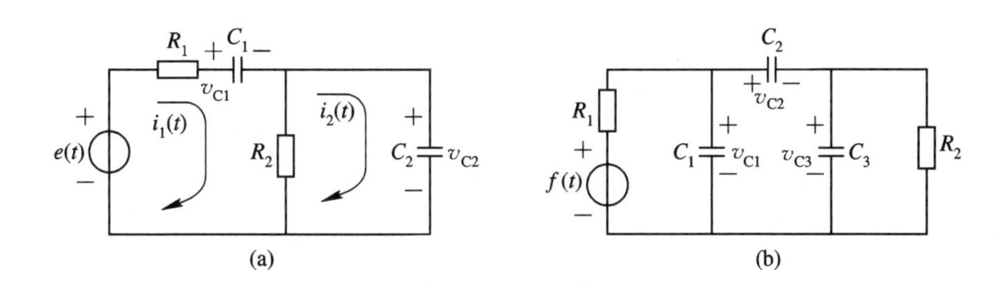

图 2.1-2 例 2.1-2 电路

解 (1) 列电路(a)的 KVL 方程：$R_1 i_1(t)+v_{C1}(t)+v_{C2}(t)=e(t)$，$v_{C2}(t)=v_{R2}(t)$，有两个独立的 $v_C(t)$，所以该系统是二阶系统。

(2) 列电路(b)的 KVL 方程：$v_{C1}(t)=v_{C2}(t)+v_{C3}(t)$，是通过其他 $v_C(t)$表示的，是非独立的 $v_C(t)$；但 $v_{C2}(t)\neq v_{C3}(t)$，有两个独立的 $v_C(t)$，所以该系统也是二阶系统。

2.1.2 用算子符号表示微分方程

n 阶 LTI 系统的数学模型是 n 阶线性常系数微分方程，一般表示为

$$\begin{aligned}&\frac{\mathrm{d}^n}{\mathrm{d}t^n}y(t)+a_{n-1}\frac{\mathrm{d}^{n-1}}{\mathrm{d}t^{n-1}}y(t)+\cdots+a_1\frac{\mathrm{d}}{\mathrm{d}t}y(t)+a_0y(t)\\&=b_m\frac{\mathrm{d}^m}{\mathrm{d}t^m}f(t)+b_{m-1}\frac{\mathrm{d}^{m-1}}{\mathrm{d}t^{m-1}}f(t)+\cdots+b_1\frac{\mathrm{d}}{\mathrm{d}t}f(t)+b_0f(t)\end{aligned}\tag{2.1-1}$$

式(2.1-1)的一般形式书写起来不方便，为了形式上简洁，可以将微、积分方程中的微、积分运算用算子符号 p 与 $1/p$ 表示，由此得到的方程称为算子方程。

微分算子

$$p=\frac{\mathrm{d}}{\mathrm{d}t},\quad px=\frac{\mathrm{d}}{\mathrm{d}t}x\tag{2.1-2}$$

$$p^n=\frac{\mathrm{d}^n}{\mathrm{d}t^n},\quad p^nx=\frac{\mathrm{d}^n}{\mathrm{d}t^n}x\tag{2.1-3}$$

积分算子

$$\frac{1}{p}=\int_{-\infty}^{t}(\,)\mathrm{d}\tau,\quad \frac{1}{p}x=\int_{-\infty}^{t}x\mathrm{d}\tau\tag{2.1-4}$$

这样，例 2.1-1 电路的微分方程可以表示为

$$p^2i(t)+5pi(t)+6i(t)=pe(t)$$

式(2.1-1)的 n 阶线性微分方程可以用算子表示为

$$\begin{aligned}&p^ny(t)+a_{n-1}p^{n-1}y(t)+\cdots+a_1py(t)+a_0y(t)\\&=b_mp^mf(t)+b_{m-1}p^{m-1}f(t)+\cdots+b_1pf(t)+b_0f(t)\end{aligned}\tag{2.1-5}$$

式(2.1-5)是算子方程。算子方程中的每一项表示的是运算关系，而不是代数运算。不过模仿代数运算，可以将式(2.1-5)写为

$$(p^n + a_{n-1}p^{n-1} + \cdots + a_1 p + a_0)y(t)$$
$$= (b_m p^m + b_{m-1}p^{m-1} + \cdots + b_1 p + b_0)f(t) \tag{2.1-6}$$

式(2.1-6)是 n 阶线性微分方程的算子方程。在这里，利用了提取公因子的代数运算规则。若再令

$$D(p) = p^n + a_{n-1}p^{n-1} + \cdots + a_1 p + a_n \tag{2.1-7a}$$
$$N(p) = b_m p^m + b_{n-1}p^{m-1} + \cdots + b_1 p + b_0 \tag{2.1-7b}$$

称 $D(p)$、$N(p)$分别为分母、分子算子多项式，则式(2.1-6)可简化为

$$D(p)y(t) = N(p)f(t) \tag{2.1-8}$$

式(2.1-8)还可以进一步改写为

$$y(t) = \frac{N(p)}{D(p)}f(t) \tag{2.1-9}$$

式中，分母多项式 $D(p)$表示对输出 $y(t)$的运算关系，分子多项式 $N(p)$表示对输入 $f(t)$的运算关系，而不是两个多项式相除的简单代数关系。

算子表示的是微、积分运算，因此代数运算规则不能简单照搬，下面具体讨论算子的运算规则。

(1) 可进行类似代数运算的因式分解或因式相乘展开。

$$(p+a)(p+b)x = [p^2 + (a+b)p + ab]x \tag{2.1-10}$$

证

$$\begin{aligned}(p+a)(p+b)x &= \left(\frac{\mathrm{d}}{\mathrm{d}t} + a\right)\left(\frac{\mathrm{d}}{\mathrm{d}t} + b\right)x = \left(\frac{\mathrm{d}}{\mathrm{d}t} + a\right)\left(\frac{\mathrm{d}x}{\mathrm{d}t} + bx\right)\\ &= \frac{\mathrm{d}}{\mathrm{d}t}\left(\frac{\mathrm{d}x}{\mathrm{d}t} + bx\right) + a\left(\frac{\mathrm{d}x}{\mathrm{d}t} + bx\right)\\ &= \frac{\mathrm{d}^2 x}{\mathrm{d}t^2} + b\frac{\mathrm{d}x}{\mathrm{d}t} + a\frac{\mathrm{d}x}{\mathrm{d}t} + abx\\ &= [p^2 + (a+b)p + ab]x\end{aligned}$$

这样例 2.1-1 的算子方程$(p^2+5p+6)i(t)=pe(t)$还可以表示为

$$(p+2)(p+3)i(t) = pe(t)$$

(2) 算子方程左、右两端的算子符号 p 不能随便消去。由$\frac{\mathrm{d}x}{\mathrm{d}t}=\frac{\mathrm{d}y}{\mathrm{d}t}$，解出 $x=y+C$ 而不是 $x=y$,两者相差一个任意常数 C，所以不能由 $px=py$ 得到 $x=y$，即 $px=py$，但 $x\neq y$。这一结论可推广到一般的算子方程：

$$D(p)x = D(p)y, \quad 但\ x \neq y$$

(3) p、$1/p$ 位置不能互换。

$$p \cdot \frac{1}{p}x \neq \frac{1}{p} \cdot px$$

因为

$$p \cdot \frac{1}{p}x = \frac{\mathrm{d}}{\mathrm{d}t}\int_{-\infty}^{t} x(\tau)\mathrm{d}\tau = x(t)$$

所以

$$p \cdot \frac{1}{p}x = x \tag{2.1-11}$$

而

$$\frac{1}{p}\cdot px=\int_{-\infty}^{t}\left[\frac{\mathrm{d}}{\mathrm{d}\tau}x(\tau)\right]\mathrm{d}\tau=x(t)-x(-\infty)\neq x(t)$$

因此

$$\frac{1}{p}\cdot px\neq x \tag{2.1-12}$$

式(2.1-11)和式(2.1-12)分别说明，形式上先“除”后“乘”即先积分后微分的运算次序，算子可消去；形式上先“乘”后“除”即先微分后积分的运算次序，算子不可消去。

2.1.3 用算子电路建立系统数学模型

利用算子电路建立系统数学模型比较方便，这种方法简称算子法。它是先将电路中所有动态元件用算子符号表示，得到算子电路；再利用广义的电路定律，建立系统的算子方程；最后将算子方程转换为微分方程。电感的算子表示可由其电压电流关系得到，因为

$$v_{\mathrm{L}}(t)=L\frac{\mathrm{d}}{\mathrm{d}t}i_{\mathrm{L}}(t)=Lpi_{\mathrm{L}}(t) \tag{2.1-13}$$

式中，Lp 是电感算子符号，若理解为广义的电感感抗，则式(2.1-13)满足广义欧姆定律。

同理，由电容上的电压电流关系得到

$$v_{\mathrm{C}}(t)=\frac{1}{C}\int_{-\infty}^{t}i_{\mathrm{C}}(\tau)\mathrm{d}\tau=\frac{1}{Cp}i_{\mathrm{C}}(t) \tag{2.1-14}$$

式中，$\frac{1}{Cp}$是电容算子符号，若理解为广义的电容容抗，则式(2.1-14)也满足广义欧姆定律。

将动态元件用算子符号表示，可以得到满足广义电路定律的算子电路。下面举例说明由算子电路列写系统的微分方程的方法。

例 2.1-3 如图 2.1-1 所示 RLC 串联电路，输入为 $e(t)$，输出为电流 $i(t)$，用算子法列出算子方程与微分方程。

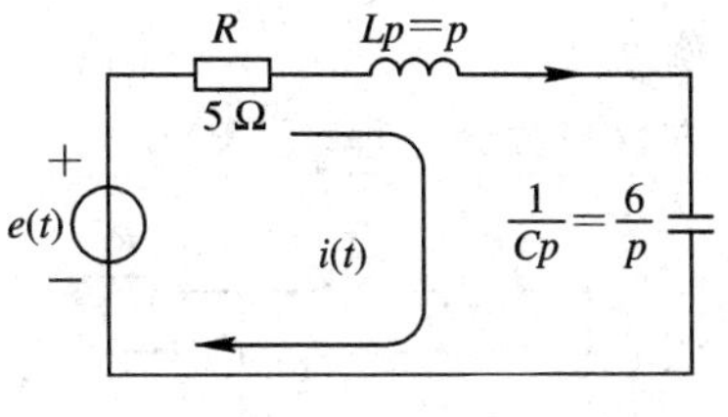

解 将图 2.1-1 中的电感、电容用算子符号表示，得到算子电路如图 2.1-3 所示，利用广义的 KVL，列出算子方程式

图 2.1-3 例 2.1-3 的算子电路

$$\left(5+p+\frac{6}{p}\right)i(t)=e(t)$$

两边同时作微分运算(“前乘”p)，得算子方程

$$(p^{2}+5p+6)i(t)=pe(t)$$

由上面的算子方程写出微分方程为

$$\frac{\mathrm{d}^{2}}{\mathrm{d}t^{2}}i(t)+5\frac{\mathrm{d}}{\mathrm{d}t}i(t)+6i(t)=\frac{\mathrm{d}}{\mathrm{d}t}e(t)$$

结果与例 2.1-1 相同。

例 2.1-4 如图 2.1-4(a)电路，$f(t)$为激励信号，响应为 $i_{2}(t)$，试用算子法求其算子方程与微分方程。

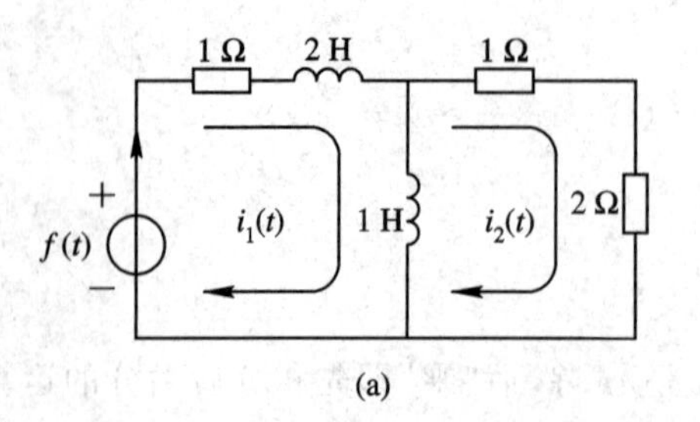

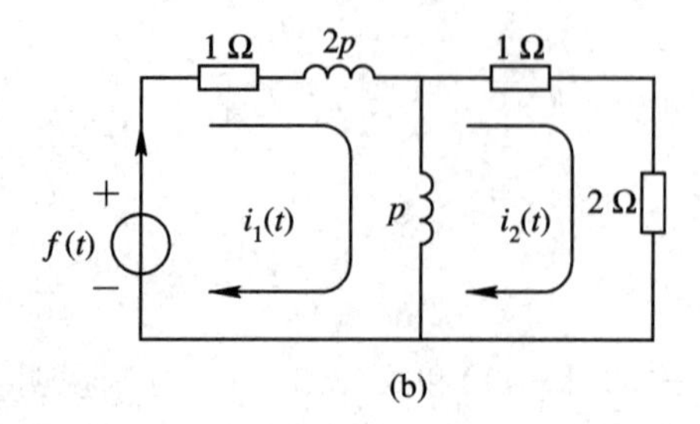

图 2.1-4　例 2.1-4 电路与算子电路

解　将图 2.1-4(a)中的电感用算子符号表示，如图 2.1-4(b)所示，利用广义网孔法列出两个算子方程

$$\begin{cases}(3p+1)i_1(t)-pi_2(t)=f(t)\\-pi_1(t)+(p+3)i_2(t)=0\end{cases}$$

利用克莱姆法则，解出

$$i_2(t)=\frac{\begin{vmatrix}3p+1 & f(t)\\-p & 0\end{vmatrix}}{\begin{vmatrix}3p+1 & -p\\-p & p+3\end{vmatrix}}=\frac{pf(t)}{(2p^2+10p+3)}=\frac{1}{2}\frac{pf(t)}{p^2+5p+3/2}$$

由式(2.1-7)与式(2.1-8)，可写成

$$(p^2+5p+3/2)i_2(t)=0.5pf(t)$$

微分方程为

$$\frac{d^2}{dt^2}i_2(t)+5\frac{d}{dt}i_2(t)+1.5i_2(t)=0.5\frac{d}{dt}f(t)$$

也可以写成

$$i_2''(t)+5i_2'(t)+1.5i_2(t)=0.5f'(t)$$

例 2.1-5　如图 2.1-5(a)所示电路输入为 $e(t)$，输出为 $i_1(t)$、$i_2(t)$，用算子法求其算子方程与微分方程。已知 $L_1=1$ H，$L_2=2$ H，$R_1=2$ Ω，$R_2=1$ Ω，$C=1$ F。

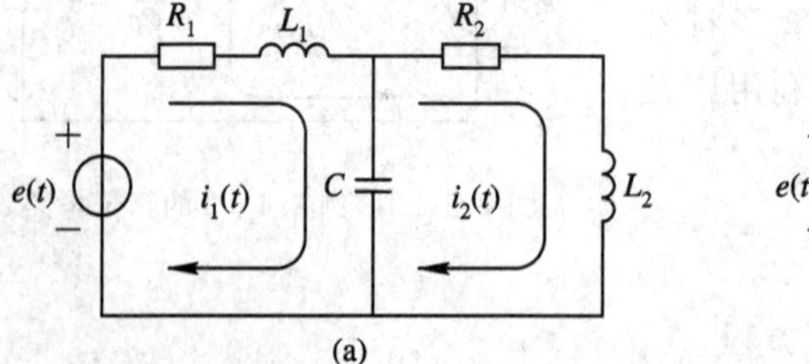

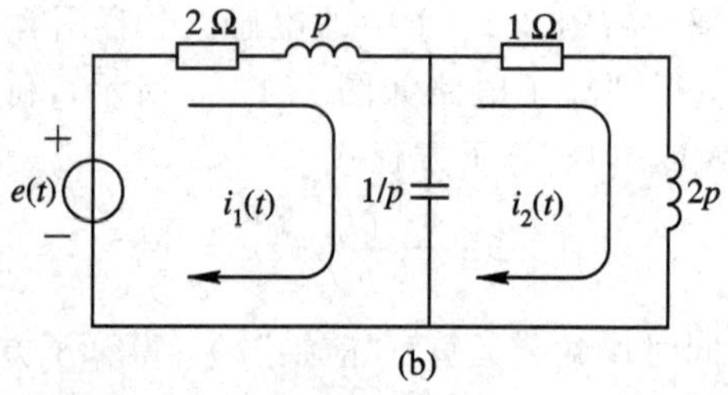

图 2.1-5　例 2.1-5 电路与算子电路

解　将图 2.1-5(a)中的电感、电容分别用算子符号表示如图 2.1-5(b)所示，利用广义网孔法，列算子方程组

$$\begin{cases}\left(p+\dfrac{1}{p}+2\right)i_1(t)-\dfrac{1}{p}i_2(t)=e(t)\\-\dfrac{1}{p}i_1(t)+\left(2p+\dfrac{1}{p}+1\right)i_2(t)=0\end{cases}$$

为避免在运算过程中出现 p/p 因子，可先在上面的方程组两边同时作微分运算，即"前乘"p(当分子分母同时出现 p 时可约)，得到

$$\begin{cases}(p^2+2p+1)i_1(t)-i_2(t)=pe(t)\\ -i_1(t)+(2p^2+p+1)i_2(t)=0\end{cases}$$

利用克莱姆法则，解出

$$i_1(t)=\frac{\begin{vmatrix}pe(t) & -1\\ 0 & 2p^2+p+1\end{vmatrix}}{\begin{vmatrix}p^2+2p+1 & -1\\ -1 & 2p^2+p+1\end{vmatrix}}=\frac{p(2p^2+p+1)e(t)}{p(2p^3+5p^2+5p+3)}$$

$$=\frac{2p^2+p+1}{2p^3+5p^2+5p+3}e(t)$$

由式(2.1-7)与式(2.1-8)，可得

$$(2p^3+5p^2+5p+3)i_1(t)=(2p^2+p+1)e(t)$$

微分方程为

$$2\frac{\mathrm{d}^3}{\mathrm{d}t^3}i_1(t)+5\frac{\mathrm{d}^2}{\mathrm{d}t^2}i_1(t)+5\frac{\mathrm{d}}{\mathrm{d}t}i_1(t)+3i_1(t)=2\frac{\mathrm{d}^2}{\mathrm{d}t^2}e(t)+\frac{\mathrm{d}}{\mathrm{d}t}e(t)+e(t)$$

用相同的方法，可以得到

$$i_2(t)=\frac{\begin{vmatrix}p^2+2p+1 & pe(t)\\ -1 & 0\end{vmatrix}}{\begin{vmatrix}p^2+2p+1 & -1\\ -1 & 2p^2+p+1\end{vmatrix}}=\frac{pe(t)}{(2p^4+5p^3+5p^2+3p+1)-1}$$

$$=\frac{pe(t)}{p(2p^3+5p^2+5p+3)}=\frac{e(t)}{2p^3+5p^2+5p+3}$$

$$(2p^3+5p^2+5p+3)i_2(t)=e(t)$$

微分方程为

$$2\frac{\mathrm{d}^3}{\mathrm{d}t^3}i_2(t)+5\frac{\mathrm{d}^2}{\mathrm{d}t^2}i_2(t)+5\frac{\mathrm{d}}{\mathrm{d}t}i_2(t)+3i_2(t)=e(t)$$

2.1.4 传输(转移)算子 $H(p)$

由式(2.1-9)有

$$y(t)=\frac{N(p)}{D(p)}f(t)$$

我们定义传输(转移)算子 $H(p)$ 为

$$H(p)=\frac{N(p)}{D(p)} \tag{2.1-15}$$

这样，系统的输出可以表示为

$$y(t)=H(p)f(t) \tag{2.1-16}$$

再次强调 $H(p)f(t)$ 仅是系统运算关系的另一种表示形式，而绝不是 $H(p)$ 与 $f(t)$ 相乘。

例 2.1-6 求例 2.1-1 激励为 $e(t)$，响应为 $i(t)$ 的系统传输算子 $H(p)$。

解 例 2.1-1 的算子方程为

$$(p+2)(p+3)i(t) = pe(t)$$

则由

$$i(t) = \frac{p}{(p+2)(p+3)}e(t)$$

得到

$$H(p) = \frac{p}{(p+2)(p+3)}$$

例 2.1-7 求例 2.1-4 激励为 $f(t)$，响应为 $i_2(t)$的系统传输算子 $H(p)$。

解 例 2.1-2 的算子方程为

$$\left(p^2+5p+\frac{3}{2}\right)i_2(t) = 0.5pf(t)$$

则由

$$i_2(t) = \frac{0.5p}{p^2+5p+3/2}f(t)$$

得到

$$H(p) = \frac{0.5p}{p^2+5p+3/2}$$

例 2.1-8 求例 2.1-5 激励为 $e(t)$，响应为 $i_1(t)$时的系统传输算子 $H_1(p)$；激励为 $f(t)$，响应为 $i_2(t)$时的系统传输算子 $H_2(p)$。

解 由

$$i_1(t) = \frac{2p^2+p+1}{2p^3+5p^2+5p+3}e(t)$$

$$i_2(t) = \frac{1}{2p^3+5p^2+5p+3}e(t)$$

可得

$$H_1(p) = \frac{2p^2+p+1}{2p^3+5p^2+5p+3}$$

$$H_2(p) = \frac{1}{2p^3+5p^2+5p+3}$$

我们注意到此例 $H_1(p)$与 $H_2(p)$的分母多项式相同。由 $H(p)$的定义，不难看出系统传输算子的分母多项式是系统的特征多项式。它仅与系统的结构、参数有关，与激励以及激励加入的端口无关。所以同一系统，系统的结构、参数一定，无论激励以及激励加入的端口如何改变，其传输算子的分母多项式都不会改变。

2.2 LTI 因果系统的零输入响应

LTI 因果系统时域分析的重要任务之一是求解 LTI 系统的响应。LTI 系统的响应可以分解为零输入响应和零状态响应。本节讨论零输入响应时域求解方法。

2.2.1 零输入响应

零输入响应与激励无关，其数学模型是齐次微分方程。将 $f(t)=0$ 代入式(2.1-8)的

算子方程，得到

$$D(p)y(t)=0 \tag{2.2-1}$$

式(2.2-1)中 $D(p)$ 是系统的特征多项式，$D(p)=0$ 是系统的特征方程，使 $D(p)=0$ 的值是特征方程的根，称为系统的特征根。

一般 n 阶齐次微分方程所给的初始条件是零输入响应的标准初始条件 $y_{zi}(0)$，$y_{zi}'(0)$，…，$y_{zi}^{(n-1)}(0)$。该标准初始条件可简记为 $y_{zi}^{(k)}(0)$ ($k=0,1,2,\cdots,n-1$)或$\{y_{zi}^{(k)}(0)\}$。为强调零输入响应是由系统换路前储能引起的换路后系统响应，初始条件中的 0 可加下标用 0_+ 表示为 $y_{zi}(0_+)$，$y_{zi}'(0_+)$，…，$y_{zi}^{(n-1)}(0_+)$或$\{y_{zi}^{(k)}(0_+)\}$。为了减少符号，书写简便，零输入响应的初始条件还可记为$\{y^{(k)}(0)\}$或$\{y^{(k)}(0_+)\}$，且

$$y^{(k)}(0)=y^{(k)}(0_+)=y_{zi}^{(k)}(0_+)\qquad(k=0,1,2,\cdots,n-1) \tag{2.2-2}$$

式(2.2-2)表明，除非特别说明，本书所给初始条件是零输入初始条件。

下面，先讨论一阶系统零输入响应求解的一般方法，再讨论二阶系统零输入响应求解的一般方法，最后是 n 阶系统零输入响应求解的一般方法。

一阶齐次微分方程为

$$\begin{cases}(p-\lambda)y(t)=0\\ y(0)\end{cases} \tag{2.2-3}$$

由系统的特征方程 $p-\lambda=0$，得特征根 $p=\lambda$，其解(零输入响应)的一般形式为

$$y(t)=y(0)\mathrm{e}^{\lambda t}\qquad t>0 \tag{2.2-4}$$

由式(2.2-4)可知，此时解的一般模式取决于特征根 λ，而解的系数由初始条件确定。

二阶齐次微分方程的一般算子形式为

$$\begin{cases}(p^2+a_1p+a_0)y(t)=0\\ y(0),\ y'(0)\end{cases} \tag{2.2-5}$$

由 $p^2+a_1p+a_0=(p-\lambda_1)(p-\lambda_2)=0$，得到二阶系统的两个特征根 λ_1、λ_2。与一阶齐次微分方程相同，二阶齐次微分方程解的模式取决于两个特征根 λ_1、λ_2，其表达式为

$$y(t)=C_1\mathrm{e}^{\lambda_1 t}+C_2\mathrm{e}^{\lambda_2 t}\qquad t>0 \tag{2.2-6}$$

式中，系数 C_1、C_2 由两个初始条件 $y(0)$、$y'(0)$确定。

$$\begin{cases}y(0)=C_1+C_2\\ y'(0)=\lambda_1C_1+\lambda_2C_2\end{cases} \tag{2.2-7}$$

解此方程组，求出 C_1、C_2，从而确定了二阶系统的零输入响应。

以上是二阶系统特征根不同的情况，如果 $p^2+a_1p+a_0=(p-\lambda)^2=0$，特征根相同，则是二阶重根，此时二阶齐次微分方程解的形式为

$$y(t)=C_1\mathrm{e}^{\lambda t}+C_2t\mathrm{e}^{\lambda t}\qquad t>0 \tag{2.2-8}$$

系数 C_1、C_2 仍由两个初始条件 $y(0)$，$y'(0)$确定

$$\begin{cases}y(0)=C_1\\ y'(0)=\lambda C_1+C_2\end{cases}$$

n 阶齐次微分方程的算子形式为

$$\begin{cases}(p^n+a_{n-1}p^{n-1}+\cdots+a_1p+a_0)y(t)=0\\ y(0),\ y'(0),\ y''(0),\ \cdots,\ y^{(n-1)}(0)\end{cases} \tag{2.2-9}$$

由特征方程

$$D(p) = p^n + a_{n-1}p^{n-1} + \cdots + a_1 p + a_0 = (p-\lambda_1)(p-\lambda_2)\cdots(p-\lambda_n) = 0 \tag{2.2-10}$$

可以得到 n 个特征根 λ_1、λ_2、…、λ_n，n 阶齐次方程解的模式取决于这 n 个各不相同的特征根，表达式为

$$y(t) = C_1 e^{\lambda_1 t} + C_2 e^{\lambda_2 t} + \cdots + C_n e^{\lambda_n t} = \sum_{i=1}^{n} C_i e^{\lambda_i t} \qquad t > 0 \tag{2.2-11}$$

n 个系数 C_1、C_2、…、C_n 由 n 个初始条件 $y(0)$、$y'(0)$、$y''(0)$、…、$y^{(n-1)}(0)$确定。

$$\begin{cases} y(0) = C_1 + C_2 + \cdots + C_n \\ y'(0) = \lambda_1 C_1 + \lambda_2 C_2 + \cdots + \lambda_n C_n \\ \vdots \\ y^{(n-1)}(0) = \lambda_1^{n-1} C_1 + \lambda_2^{n-1} C_2 + \cdots + \lambda_n^{n-1} C_n \end{cases} \tag{2.2-12}$$

式(2.2-12)可用矩阵形式表示为

$$\begin{bmatrix} y(0) \\ y'(0) \\ \vdots \\ y^{(n-1)}(0) \end{bmatrix} = \begin{bmatrix} 1 & 1 & \cdots & 1 \\ \lambda_1 & \lambda_2 & \cdots & \lambda_n \\ \vdots & \vdots & & \vdots \\ \lambda_1^{n-1} & \lambda_2^{n-1} & \cdots & \lambda_n^{n-1} \end{bmatrix} \begin{bmatrix} C_1 \\ C_2 \\ \cdots \\ C_n \end{bmatrix} \tag{2.2-13}$$

常数 C_1、…、C_n 可用克莱姆法则解得，或用逆矩阵表示为

$$\begin{bmatrix} C_1 \\ C_2 \\ \vdots \\ C_n \end{bmatrix} = \begin{bmatrix} 1 & 1 & \cdots & 1 \\ \lambda_1 & \lambda_2 & \cdots & \lambda_n \\ \vdots & \vdots & & \vdots \\ \lambda_1^{n-1} & \lambda_2^{n-1} & \cdots & \lambda_n^{n-1} \end{bmatrix}^{-1} \begin{bmatrix} y(0) \\ y'(0) \\ \vdots \\ y^{(n-1)}(0) \end{bmatrix} \tag{2.2-14}$$

若 n 阶系统的特征方程为

$$D(p) = (p-\lambda_1)^k (p-\lambda_{k+1})\cdots(p-\lambda_n) = 0 \tag{2.2-15}$$

则此时 λ_1 为 k 重根，其余均为单根。重根 λ_1 对应齐次解的一般形式为

$$(C_1 + C_2 t + \cdots + C_k t^{k-1}) e^{\lambda_1 t} \tag{2.2-16}$$

当只有一个特征根 λ_1 为 k 重根时，齐次通解 $y_{zi}(t)$的一般形式为

$$y_{zi}(t) = (C_1 + C_2 t + \cdots + C_k t^{k-1}) e^{\lambda_1 t} + \sum_{i=k+1}^{n} C_i e^{\lambda_i t} \tag{2.2-17}$$

若还有其他特征根是重根的，处理方法与 λ_1 为重根时相同。有重根时求解系数的 n 个方程不再是线性方程，虽无法用矩阵表示，但仍可据此方法得到零输入响应的 n 个系数。

例 2.2-1 已知系统的传输算子 $H(p) = \dfrac{2p}{(p+3)(p+4)}$，初始条件 $y_{zi}(0)=1$，$y_{zi}'(0)=2$，试求系统的零输入响应。

解 $H(p) = \dfrac{2p}{(p+3)(p+4)}$，特征根 $\lambda_1 = -3$，$\lambda_2 = -4$

由式(2.2-6)，零输入响应形式为

$$y_{zi}(t) = C_1 e^{-3t} + C_2 e^{-4t} \quad t > 0$$

将特征根及初始条件 $y(0)=1$，$y'(0)=2$ 代入式(2.2-7)

$$\begin{cases}1=C_1+C_2\\2=-3C_1-4C_2\end{cases}\quad 解出\quad \begin{cases}C_1=6\\C_2=-5\end{cases}$$

最后
$$y_{zi}(t)=6e^{-3t}-5e^{-4t}\quad t>0$$

例 2.2-2 已知电路如图 2.2-1 所示，开关 K 在 $t=0$ 时闭合，初始条件 $i_2(0)=0$，$i_2'(0)=-1$ A/s。求零输入响应 $i_2(t)$。

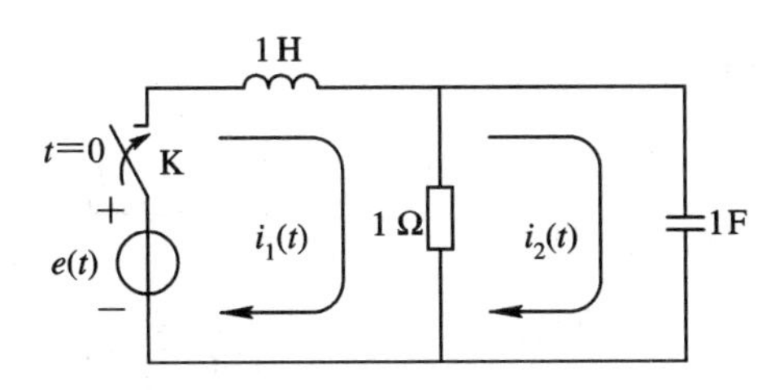

图 2.2-1 例 2.2-2 电路

解 先求 $e(t)\to i_2(t)$ 时的 $H(p)$

$$\begin{cases}(p+1)i_1-i_2=e(t)\\-i_1+\left(\dfrac{1}{p}+1\right)i_2=0\end{cases}\Rightarrow\begin{cases}(p+1)i_1-i_2=e(t)\\-pi_1+(p+1)i_2=0\end{cases}$$

$$i_2=\frac{\begin{vmatrix}p+1 & e(t)\\-p & 0\end{vmatrix}}{\begin{vmatrix}p+1 & -1\\-p & p+1\end{vmatrix}}=\frac{pe(t)}{p^2+p+1}$$

$$H(p)=\frac{p}{p^2+p+1}$$

$$D(p)=p^2+p+1=\left(p+\frac{1}{2}-j\frac{\sqrt{3}}{2}\right)\left(p+\frac{1}{2}+j\frac{\sqrt{3}}{2}\right)$$

$$i_{2zi}(t)=C_1e^{\left(-\frac{1}{2}+j\frac{\sqrt{3}}{2}\right)t}+C_2e^{-\left(\frac{1}{2}+j\frac{\sqrt{3}}{2}\right)t}$$

代初始条件

$$\begin{cases}i_2(0)=C_1+C_2=0\\i_2'(0)=\left(-\dfrac{1}{2}+j\dfrac{\sqrt{3}}{2}\right)C_1-\left(\dfrac{1}{2}+j\dfrac{\sqrt{3}}{2}\right)C_2=-1\end{cases}$$

解出 $C_1=-\dfrac{1}{j\sqrt{3}}$，$C_2=\dfrac{1}{j\sqrt{3}}$，则

$$\begin{aligned}i_{2zi}(t)&=-\frac{1}{j\sqrt{3}}e^{\left(-\frac{1}{2}+j\frac{\sqrt{3}}{2}\right)t}+\frac{1}{j\sqrt{3}}e^{-\left(\frac{1}{2}+j\frac{\sqrt{3}}{2}\right)t}=-\frac{2}{\sqrt{3}}e^{-\frac{1}{2}t}\frac{e^{j\frac{\sqrt{3}}{2}t}-e^{-j\frac{\sqrt{3}}{2}t}}{j2}\\&=-\frac{2}{\sqrt{3}}e^{-\frac{1}{2}t}\sin\frac{\sqrt{3}}{2}t\qquad t>0\end{aligned}$$

2.2.2 初始条件标准化

n 阶电路系统的储能情况，通常由 n 个独立储能元件的初始状态 $\{x_k(0_-)\}$ 表示。在求

零输入响应时，需要把这样的初始状态，即非标准初始条件转变为所需要的零输入响应标准初始条件 $y_{zi}^{(k)}(0_+)(k=0, 1, 2, \cdots, n-1)$，这个过程就叫做零输入响应初始条件标准化，简称初始条件标准化。

利用系统储能元件上的初始状态一般不会突变，即$\{x_k(0_-)\}=\{x_k(0_+)\}$，以及借助换路后 0_+ 瞬间的电路方程，可以将系统的非标准初始条件转变为标准化初始条件。举例说明初始条件如何标准化。

例 2.2-3 已知电路如图 2.2-2，且$i_L(0_-)=1$ A，$v_C(0_-)=10$ V，求 $i_{zi}(t)$。

解 先求 $f(t)\to i(t)$的 $H(p)$。

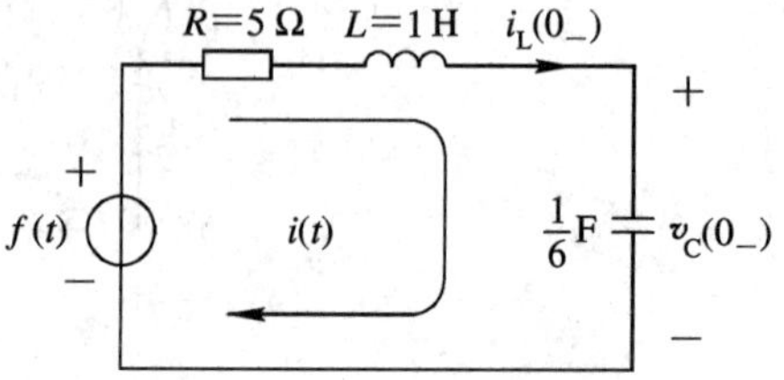

$$\left(p+5+\frac{6}{p}\right)i(t)=f(t)$$

$$(p^2+5p+6)i(t)=pf(t)$$

$$i(t)=\frac{pf(t)}{p^2+5p+6}$$

$$H(p)=\frac{p}{(p+2)(p+3)}$$

图 2.2-2 例 2.2-3 电路

$$D(p)=(p+2)(p+3),\quad \lambda_1=-2,\quad \lambda_2=-3$$

$$i_{zi}(t)=C_1e^{-2t}+C_2e^{-3t}\qquad t>0$$

标准初始条件应为 $i_{zi}(0_+)$与 $i'_{zi}(0_+)$，这就需要将两个已知的非标准初始条件 $i_L(0_-)$、$v_C(0_-)$转变为标准初始条件 $i_{zi}(0_+)$、$i'_{zi}(0_+)$。此电路中的电感电流及电容电压不会突变，即有 $v_C(0_-)=v_C(0_+)=10$ V、$i_L(0_-)=i_L(0_+)$。又因为 $i(t)=i_L(t)$，所以可得到 $i_L(0_+)=i_{zi}(0_+)=1$ A(标准初始条件之一)；而 $i'_{zi}(0_+)$就需要由 0_+ 电路及非标准初始条件解出。列电路方程为

$$5i(t)+\frac{\mathrm{d}i(t)}{\mathrm{d}t}+v_C(t)=f(t)$$

将 $t=0_+$及 $f(t)=0$ 代入上式，得

$$5i_{zi}(0_+)+i'_{zi}(0_+)+v_C(0_+)=0$$

将 $i_{zi}(0_+)=1$、$v_C(0_+)=10$ 代入上式，有

$$5+i'_{zi}(0_+)+10=0$$

由上式解得 $i'_{zi}(0_+)=-15$ A/s(标准初始条件之二)。由标准初始条件得到方程组

$$\begin{cases}C_1+C_2=1\\-2C_1-3C_2=-15\end{cases}\qquad 解出\qquad \begin{cases}C_1=-12\\C_2=13\end{cases}$$

代入 $i_{zi}(t)$得到

$$i_{zi}(t)=-12e^{-2t}+13e^{-3t}\quad t>0$$

例 2.2-4 电路如图 2.2-3 所示，已知 $i_L(0_-)=1$ A，$v_C(0_-)=1$ V，求 $i_{2zi}(0_+)$，$i'_{2zi}(0_+)$，$i_{2zi}(t)$。

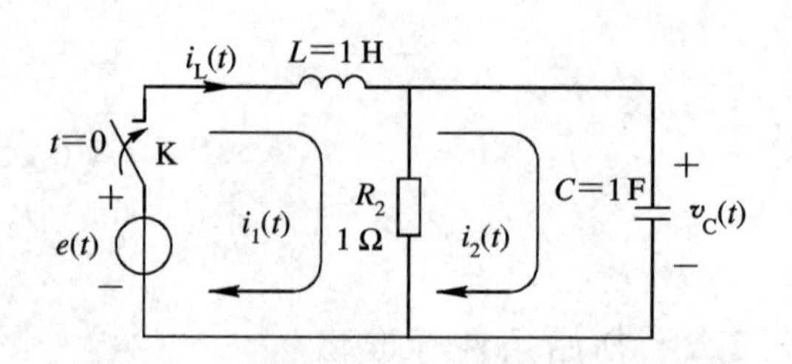

图 2.2-3 例 2.2-4 电路

解 此题也有非标准化初始条件转化为标准化初始条件的问题。由网孔 KVL 方程组：

$$\begin{cases} L\dfrac{\mathrm{d}}{\mathrm{d}t}i_1 + R(i_1 - i_2) = e(t) \\ -R(i_1 - i_2) + v_C(t) = 0 \end{cases}$$

将 $e(t)=0$、$t=0_+$、$i_1=i_L$ 以及 R、L、C 参数值代入，得到

$$i_1'(0_+) + i_1(0_+) - i_2(0_+) = 0 \tag{A}$$

$$-i_1(0_+) + i_2(0_+) + v_C(0_+) = 0 \tag{B}$$

由式(B)，$i_2(0_+)=i_1(0_+)-v_C(0_+)=0$，代入式(A)

$$i_1'(0_+) + i_1(0_+) = 0 \Rightarrow i_1'(0_+) = -i_1(0_+) = -1\ \mathrm{A/s}$$

对式(B)求导

$$-i_1'(0_+) + i_2'(0_+) + v_C'(0_+) = 0$$

因为 $C\dfrac{\mathrm{d}v_C}{\mathrm{d}t}\big|_{t=0_+}=i_2(0_+)=0 \to v_C'(0_+)=0$，代入上式

$$i_2'(0_+) = i_1'(0_+) - v_C'(0_+) = i_1'(0_+) = -1\ \mathrm{A/s}$$

得到标准化初始条件：$\begin{cases} i_2(0)=0 \\ i_2'=-1\ \mathrm{A/s} \end{cases}$，与例 2.2-2 的标准化初始条件相同，解得结果相同，不再重复。

以上初始条件标准化是电容电压及电感电流不会突变的一般情况，对电容电压及电感电流有突变(电容电流或电感电压有冲激信号时)的特例，可利用电荷守恒与磁链守恒定理进行标准化的工作，有兴趣的读者可参阅有关书籍。

2.3 LTI 因果系统的零状态响应

本节讨论零状态响应时域求解方法。用时域方法求解零状态响应，首先要知道系统的单位冲激响应。我们先讨论系统的单位冲激响应求解。

2.3.1 单位冲激响应 $h(t)$

输入为单位冲激信号 $\delta(t)$时，系统的零状态响应定义为单位冲激响应，简称冲激响应，记为 $h(t)$，如图 2.3-1 所示。

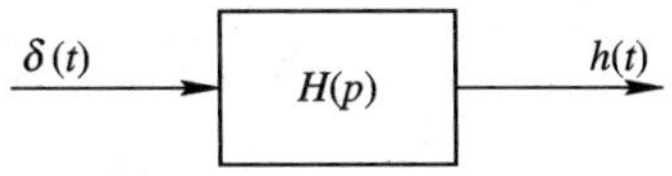

$h(t)$由传输算子表示为

$$h(t) = H(p)\delta(t) \tag{2.3-1a}$$

或记为

$$\delta(t) \to h(t) \tag{2.3-1b}$$

$\delta(t)$ → $H(p)$ → $h(t)$

图 2.3-1 单位冲激响应

n 阶线性系统的传输算子为

$$H(p) = \frac{b_m p^m + b_{m-1}p^{m-1} + \cdots + b_1 p + b_0}{p^n + a_{n-1}p^{n-1} + \cdots + a_1 p + a_0} = \frac{N(p)}{D(p)} \tag{2.3-2}$$

为分析简便，更突出求解单位冲激响应的基本方法，假设 $H(p)$的分母多项式 $D(p)$均为单根，将分母多项式 $D(p)$分解，并代入式(2.3-1a)，得到

$$h(t) = \frac{N(p)}{(p-\lambda_1)(p-\lambda_2)\cdots(p-\lambda_n)}\delta(t)$$

将其展开为部分分式之和

$$h(t)=\left[\frac{A_1}{p-\lambda_1}+\frac{A_2}{p-\lambda_2}+\cdots+\frac{A_n}{p-\lambda_n}\right]\delta(t)$$

$$=\frac{A_1}{p-\lambda_1}\delta(t)+\frac{A_2}{p-\lambda_2}\delta(t)+\cdots+\frac{A_n}{p-\lambda_n}\delta(t) \tag{2.3-3a}$$

$$=\sum_{i=1}^{n}\frac{A_i}{p-\lambda_i}\delta(t)=\sum_{i=1}^{n}h_i(t) \tag{2.3-3b}$$

式中

$$h_i(t)=\frac{A_i}{p-\lambda_i}\delta(t) \tag{2.3-3c}$$

式(2.3-3a)中的系数 $A_1 \sim A_n$ 由待定系数法确定，上式表明一个 n 阶系统可以分解为 n 个一阶子系统之和。首先讨论一阶系统的单位冲激响应的一般表示，再将结果推广至高阶系统。式(2.3-3c)是一阶子系统的单位冲激响应的算子表示。由式(2.3-3c)分别得到一阶系统的算子方程及微分方程为

$$(p-\lambda_i)h_i(t)=A_i\delta(t) \tag{2.3-4a}$$

$$\frac{\mathrm{d}h_i(t)}{\mathrm{d}t}-\lambda_i h_i(t)=A_i\delta(t) \tag{2.3-4b}$$

对式(2.3-4b)的微分方程求解，先在式(2.3-4b)的等式两边同时乘以 $\mathrm{e}^{-\lambda_i t}$，即

$$\mathrm{e}^{-\lambda_i t}\frac{\mathrm{d}h_i(t)}{\mathrm{d}t}-\lambda_i h_i(t)\mathrm{e}^{-\lambda_i t}=A_i\delta(t)\mathrm{e}^{-\lambda_i t}$$

上式左边正是 $h_i(t)\mathrm{e}^{-\lambda_i t}$ 的全微分，即

$$\frac{\mathrm{d}}{\mathrm{d}t}[\mathrm{e}^{-\lambda_i t}h_i(t)]=[\mathrm{e}^{-\lambda_i t}h_i(t)]'=A_i\delta(t)$$

对上式两边同时积分

$$\int_{0_-}^{t}[\mathrm{e}^{-\lambda_i \tau}h_i(\tau)]'\mathrm{d}\tau=A_i\int_{0_-}^{t}\delta(\tau)\mathrm{d}\tau$$

$$\mathrm{e}^{-\lambda_i \tau}h_i(\tau)\Big|_{0_-}^{t}=A_i u(t)$$

$$\mathrm{e}^{-\lambda_i t}h_i(t)-h_i(0_-)=A_i u(t)$$

由于因果系统的 $h_i(0_-)=0$，因此一阶子系统冲激响应的一般项为

$$H_i(p)=\frac{A_i}{p-\lambda_i}\rightarrow h_i(t)=A_i\mathrm{e}^{\lambda_i t}u(t) \tag{2.3-5}$$

代入式(2.3-3b)，得到 n 阶系统的单位冲激响应为

$$h(t)=\sum_{i=1}^{n}h_i(t)=[A_1\mathrm{e}^{\lambda_1 t}+A_2\mathrm{e}^{\lambda_2 t}+\cdots+A_n\mathrm{e}^{\lambda_n t}]\,u(t)$$

$$=\sum_{i=1}^{n}A_i\mathrm{e}^{\lambda_i t}u(t) \tag{2.3-6}$$

例 2.3-1 求例 2.1-6 系统单位冲激响应 $h(t)$。

解 例 2.1-6 的传输函数由待定系数法分解为

$$H(p)=\frac{p}{(p+2)(p+3)}=\frac{-2}{p+2}+\frac{3}{p+3}$$

利用式(2.3-5)，可得

$$h(t)=(3\mathrm{e}^{-3t}-2\mathrm{e}^{-2t})u(t)$$

例 2.3-2 如图 2.3-2 所示电路，输入为电流源 $i(t)$，输出为电容电压 $v_C(t)$，试求系统的冲激响应 $h(t)$。

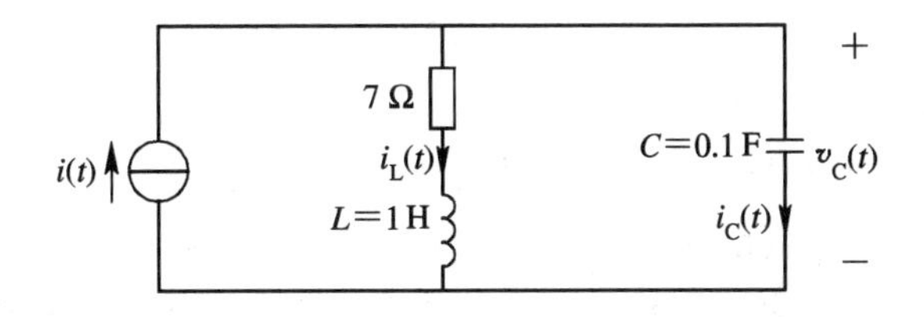

图 2.3-2 例 2.3-2 电路

解 由广义 KCL 列算子节点方程

$$i_L(t)+i_C(t)=i(t)$$

$$\frac{v_C(t)}{p+7}+0.1pv_C(t)=i(t)$$

$$v_C(t)\left[\frac{1}{p+7}+0.1p\right]=i(t)$$

$$v_C(t)=\frac{10(p+7)}{p^2+7p+10}i(t)$$

$$H(p)=\frac{10(p+7)}{p^2+7p+10}=\frac{10(p+7)}{(p+2)(p+5)}$$

$$=\frac{k_1}{p+2}+\frac{k_2}{p+5}=\frac{50/3}{p+2}-\frac{20/3}{p+5}$$

$$h(t)=\left(\frac{50}{3}e^{-2t}-\frac{20}{3}e^{-5t}\right)u(t)$$

表 2-1 列出了部分 $H(p)$ 与其对应的 $h(t)$，可以直接应用。

表 2-1 $H(p)$ 所对应的 $h(t)$

$H_i(p)$	$A/(p-\lambda)$	Ap	A	$A_{12}/(p-\lambda)^2$
$h_i(t)$	$Ae^{\lambda t}u(t)$	$A\delta'(t)$	$A\delta(t)$	$A_{12}te^{\lambda t}u(t)$

2.3.2 系统的零状态响应 $y_{zs}(t)$

当系统的初始状态(储能)为零时，仅由激励 $f(t)$ 引起的响应是零状态响应 $y_{zs}(t)$。利用系统的单位冲激响应以及 LTI 系统的时不变性、比例性以及积分特性，我们可以得到因果系统的零状态响应 $y_{zs}(t)$。

根据 LTI 系统的时不变性，当输入移位 τ 时，$\delta(t)\to h(t)$ 输出也移位 τ，可以得到

$$\delta(t-\tau)\to h(t-\tau) \tag{2.3-7}$$

根据 LTI 系统的比例性，当输入乘以强度因子 $f(\tau)$ 时，输出也乘以强度因子 $f(\tau)$，又得到

$$f(\tau)\delta(t-\tau)\to f(\tau)h(t-\tau) \tag{2.3-8}$$

再利用 LTI 系统的积分特性，若输入信号是原信号的积分，输出信号亦是原信号的积分，最后得到

$$\int_{-\infty}^{t} f(\tau)\delta(t-\tau)\mathrm{d}\tau \rightarrow \int_{-\infty}^{t} f(\tau)h(t-\tau)\mathrm{d}\tau \Rightarrow f(t) \rightarrow y_{zs}(t)$$

即

$$y_{zs}(t) = \int_{-\infty}^{t} f(\tau)h(t-\tau)\mathrm{d}\tau \tag{2.3-9}$$

式(2.3-9)得到的正是因果系统的零状态响应 $y_{zs}(t)$。我们注意到，这种求解响应的方法与以往求解微分方程不同，故称之为时域法；又由于式(2.3-9)是数学卷积运算的一种形式，因此也称卷积法。当已知 $f(t)$、$h(t)$时，系统的零状态响应可用式(2.3-9)的卷积计算。卷积计算时，积分变量为 τ，t 仅是参变量，具体计算时按常数处理。

卷积计算的具体步骤：第一步是变量转换，将 $f(t)$变为 $f(\tau)$，$h(t)$变为 $h(t-\tau)$；第二步是将 $f(\tau)$与 $h(t-\tau)$两个函数相乘；第三步确定积分上、下限，也就是找到 $f(\tau)h(t-\tau)$相乘后的非零值区间；最后，对 $f(\tau)h(t-\tau)$积分得出零状态响应 $y_{zs}(t)$。

例 2.3-3 如图 2.3-3 所示电路，已知激励$f(t)=u(t)$，用时域法求 $i(t)$。

解

$$(pL+R)i(t)=f(t)$$

$$i(t)=\frac{f(t)}{pL+R}$$

$$H(p)=\frac{1}{p+1}$$

$$h(t)=\mathrm{e}^{-t}u(t)$$

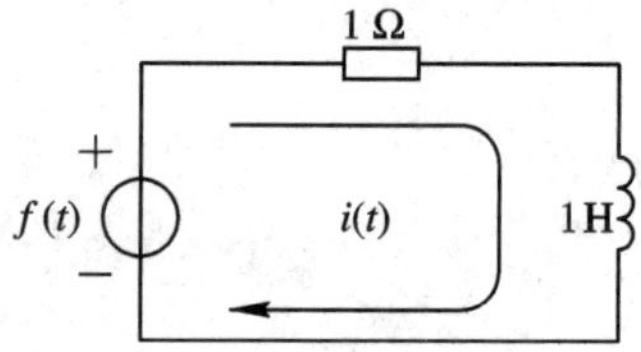

图 2.3-3 例 2.3-3 电路

将 $f(t)$、$h(t)$代入式(2.3-9)得

$$\begin{aligned} i(t) &= \int_{-\infty}^{t} f(\tau)h(t-\tau)\mathrm{d}\tau = \int_{-\infty}^{t} u(\tau)\mathrm{e}^{-(t-\tau)}u(t-\tau)\mathrm{d}\tau \\ &= \int_{-\infty}^{t} \mathrm{e}^{-(t-\tau)}u(\tau)u(t-\tau)\mathrm{d}\tau = \int_{0}^{t} \mathrm{e}^{-(t-\tau)}\mathrm{d}\tau\, u(t) \\ &= \mathrm{e}^{-t}\mathrm{e}^{\tau}\Big|_{0}^{t}u(t) = \mathrm{e}^{-t}(\mathrm{e}^{t}-1)u(t) = (1-\mathrm{e}^{-t})u(t) \end{aligned}$$

从以上求解过程，可以看到时域法是利用系统的冲激响应，借助卷积积分来完成系统的零状态响应求解。

2.4 卷积及其性质

卷积积分是时域分析的基本方法，为加深对时域分析的理解，有必要对卷积做进一步的讨论。

2.4.1 卷积

卷积积分指的是两个具有相同自变量 t 的函数 $f_1(t)$与 $f_2(t)$相卷积后成为第三个相同自变量 t 的函数 $y(t)$。这个关系表示为

$$y(t) = f_1(t) * f_2(t) = \int_{-\infty}^{\infty} f_1(\tau)f_2(t-\tau)\mathrm{d}\tau \tag{2.4-1}$$

式(2.4-1)是卷积的一般形式，与 2.3 节式(2.3-9)公式比较，若令 $f_1(\tau)=f(\tau)$，$f_2(t-\tau)=h(t-\tau)$，则变量置换、相乘、积分等运算相同，仅积分限不同。下面说明两者不同的原因，即当 $f_1(t)$、$f_2(t)$受到某种限制时，由卷积的一般公式可以得到一些特例的表示式。

设 $f_1(t)$为因果信号，即 $f_1(t)=f_1(t)u(t)$，而 $f_2(t)$不受此限，则有

$$
\begin{aligned}
f_1(t) * f_2(t) &= \int_{-\infty}^{\infty} f_1(\tau)u(\tau)f_2(t-\tau)\mathrm{d}\tau \\
&= \int_{0}^{\infty} f_1(\tau)f_2(t-\tau)\mathrm{d}\tau
\end{aligned}
\tag{2.4-2}
$$

此式是在因果信号条件下卷积的特例。

再设 $f_2(t)$为因果信号，即 $f_2(t)=f_2(t)u(t)$，但 $f_1(t)$不受此限，则

$$
f_1(t) * f_2(t) = \int_{-\infty}^{\infty} f_1(\tau)f_2(t-\tau)u(t-\tau)\mathrm{d}\tau = \int_{-\infty}^{t} f_1(\tau)f_2(t-\tau)\mathrm{d}\tau
$$

此式与式(2.3-9)相同，是在因果系统条件下卷积的特例。

最后设 $f_1(t)$、$f_2(t)$均为因果信号，即 $f_1(t)=f_1(t)u(t)$，$f_2(t)=f_2(t)u(t)$，将上面的结果代入式(2.4-1)，不难得到

$$
f_1(t) * f_2(t) = \int_{0}^{t} f_1(\tau)f_2(t-\tau)\mathrm{d}\tau \qquad t>0 \tag{2.4-3}
$$

式(2.4-3)是在因果信号、因果系统条件下卷积公式的特例。

2.4.2 任意函数与 $\delta(t)$、$u(t)$卷积

(1) $f(t) * \delta(t)=f(t)$ (2.4-4)

证

$$
\begin{aligned}
f(t) * \delta(t) &= \int_{-\infty}^{\infty} f(\tau)\delta(t-\tau)\mathrm{d}\tau \\
&= f(t)\int_{-\infty}^{\infty} \delta(t-\tau)\mathrm{d}\tau = f(t)
\end{aligned}
$$

从 $f(t)$与 $\delta(t)$卷积结果可知 $\delta(t)$是卷积的单位元。

(2) $f(t) * \delta(t-t_1)=f(t-t_1)$ (2.4-5)

证

$$
\begin{aligned}
f(t) * \delta(t-t_1) &= \int_{-\infty}^{\infty} f(\tau)\delta(t-\tau-t_1)\mathrm{d}\tau \\
&= f(t-t_1)\int_{-\infty}^{\infty} \delta(t-\tau-t_1)\mathrm{d}\tau \\
&= f(t-t_1)
\end{aligned}
$$

由式(2.4-5)可知,任意函数与 $\delta(t-t_1)$卷积,相当于该信号通过一个延时(移位)器,如图 2.4-1 所示。

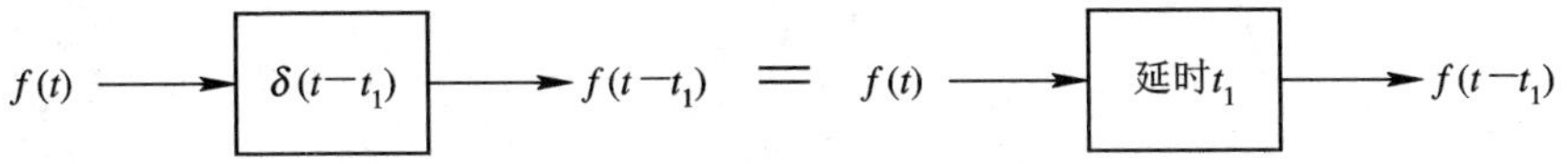

$f(t)$ → [$\delta(t-t_1)$] → $f(t-t_1)$ = $f(t)$ → [延时t_1] → $f(t-t_1)$

图 2.4-1

(3) $f(t) * u(t) = \int_{-\infty}^{t} f(\tau)\mathrm{d}\tau$ (2.4-6)

由式(2.4-6)可知，任意函数与 $u(t)$卷积，相当于信号通过一个积分器，如图 2.4-2 所示。

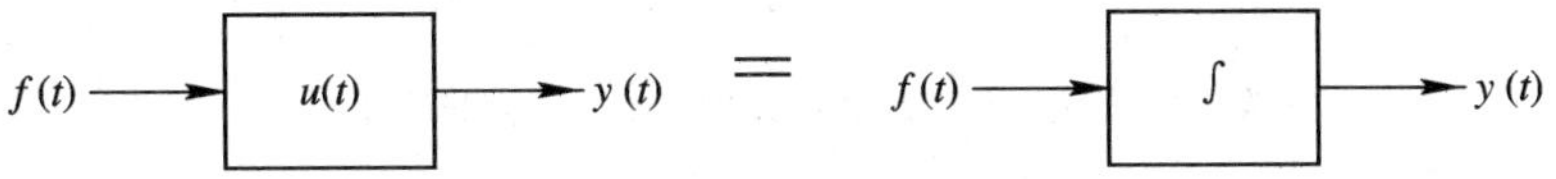

$f(t)$ → [$u(t)$] → $y(t)$ = $f(t)$ → [$\int$] → $y(t)$

图 2.4-2

特别的，若 $f(t)$是因果信号，则

$$y(t) = f(t)u(t) * u(t) = \int_{0}^{t} f(\tau)\mathrm{d}\tau \quad t > 0 \tag{2.4-7}$$

由式(2.4-7)可知，任意因果信号与 $u(t)$卷积，相当于信号通过下限为 0 的积分器，如图 2.4-3 所示。

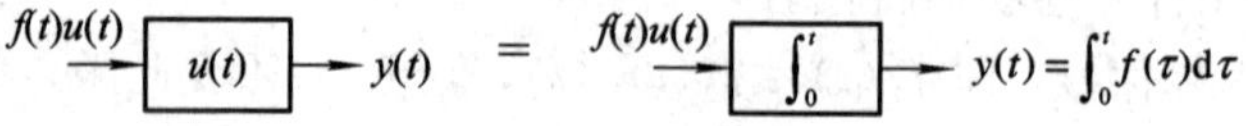

$f(t)u(t)$ → $u(t)$ → $y(t)$ = $f(t)u(t)$ → $\int_0^t$ → $y(t)=\int_0^t f(\tau)\mathrm{d}\tau$

图 2.4-3 任意因果信号与 $u(t)$卷积

2.4.3 卷积的性质

1. 时移

$$\begin{aligned} f(t-t_0-t_1) &= f_1(t-t_0) * f_2(t-t_1) \\ &= f_1(t-t_1) * f_2(t-t_0) \\ &= f_1(t-t_0-t_1) * f_2(t) \\ &= f_1(t) * f_2(t-t_0-t_1) \end{aligned} \tag{2.4-8}$$

证 $$f_1(t-t_0) * f_2(t-t_1) = \int_{-\infty}^{\infty} f_1(\tau-t_0) f_2(t-\tau-t_1)\mathrm{d}\tau$$

令 $\tau-t_0=x$，代入上式，得

$$\begin{aligned} f_1(t-t_0) * f_2(t-t_1) &= \int_{-\infty}^{\infty} f_1(x) f_2(t-x-t_0-t_1)\mathrm{d}x \\ &= f_1(t) * f_2(t-t_0-t_1) \end{aligned}$$

同理可证式(2.4-8)的其他形式。当 $f_1(t)$、$f_2(t)$、$f_3(t)$分别满足可积条件时，一些代数性质也适合卷积运算。

2. 交换律

$$f_1(t) * f_2(t) = f_2(t) * f_1(t) \tag{2.4-9}$$

证 $$\begin{aligned} f_1(t) * f_2(t) &= \int_{-\infty}^{\infty} f_1(\tau) f_2(t-\tau)\mathrm{d}\tau \quad (\text{令 } t-\tau = x, \mathrm{d}\tau = -\mathrm{d}x) \\ &= \int_{-\infty}^{\infty} f_2(x) f_1(t-x)\mathrm{d}x \quad (\text{再令 } x = \tau) \\ &= \int_{-\infty}^{\infty} f_2(\tau) f_1(t-\tau)\mathrm{d}\tau \end{aligned}$$

$f_2(t) * f_1(t)$也称为卷积的第二种形式，式(2.4-9)实际应用意义如图 2.4-4 所示。

图 2.4-4 交换律的实用意义(激励与系统的作用可互换)

3. 分配律

$$f_1(t) * [f_2(t) + f_3(t)] = f_1(t) * f_2(t) + f_1(t) * f_3(t) \tag{2.4-10}$$

证

$$\begin{aligned} f_1(t) * [f_2(t) + f_3(t)] &= \int_{-\infty}^{\infty} f_1(\tau)[f_2(t-\tau) + f_3(t-\tau)]\mathrm{d}\tau \\ &= \int_{-\infty}^{\infty} f_1(\tau) f_2(t-\tau)\mathrm{d}\tau + \int_{-\infty}^{\infty} f_1(\tau) f_3(t-\tau)\mathrm{d}\tau \\ &= f_1(t) * f_2(t) + f_1(t) * f_3(t) \end{aligned}$$

式(2.4－10)实际应用意义如图 2.4－5 所示。

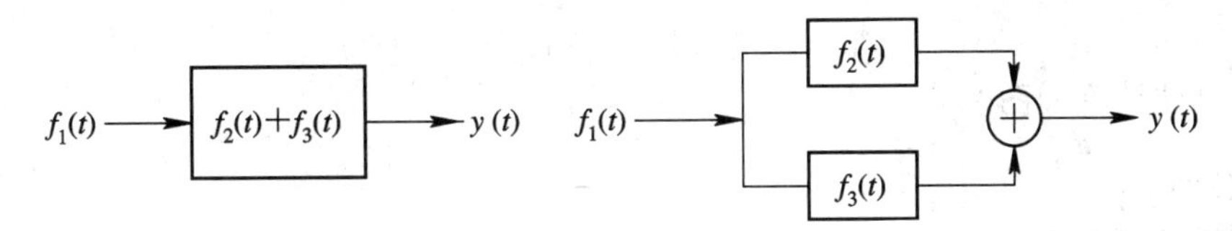

图 2.4－5　分配律的实用意义(并联系统的冲激响应等于各子系统冲激响应之和)

4. 结合律

$$f_1(t) * [f_2(t) * f_3(t)] = [f_1(t) * f_2(t)] * f_3(t) \tag{2.4-11}$$

证

$$\begin{aligned} [f_1(t) * f_2(t)] * f_3(t) &= \int_{-\infty}^{\infty} \left[\int_{-\infty}^{\infty} f_1(\lambda) f_2(\tau-\lambda)\mathrm{d}\lambda\right] f_3(t-\tau)\mathrm{d}\tau \\ &= \int_{-\infty}^{\infty} f_1(\lambda) \left[\int_{-\infty}^{\infty} f_2(\tau-\lambda) f_3(t-\lambda)\mathrm{d}\tau\right]\mathrm{d}\lambda \end{aligned}$$

令 $\tau-\lambda=x$，$\tau=\lambda+x$，$\mathrm{d}\tau=\mathrm{d}x$，代入上式

$$\int_{-\infty}^{\infty} f_1(\lambda)\left[\int_{-\infty}^{\infty} f_2(x) f_3(t-\lambda-x)\mathrm{d}x\right]\mathrm{d}\lambda = f_1(t) * [f_2(t) * f_3(t)]$$

式(2.4－11)实际应用意义如图 2.4－6 所示。

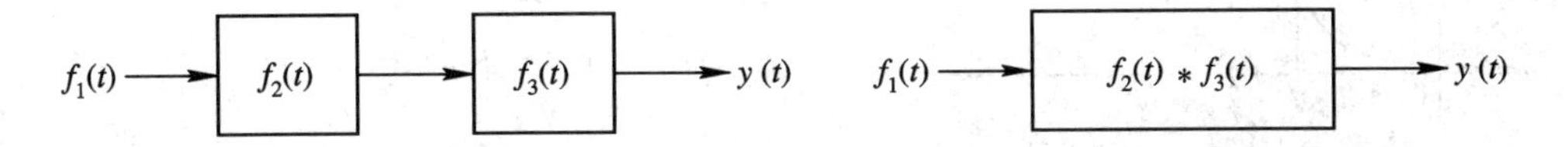

图 2.4－6　结合律的实用意义(级联系统的冲激响应等于各子系统冲激响应的卷积)

2.4.4 卷积的图解法

卷积的图解法是计算卷积的基本方法，优点是可以直观确定积分限、积分条件，并且作图方便。图解法具体步骤为

(1) $f(t)\to f(\tau)$，函数图形不变，仅 $t\to\tau$。

(2) $h(t)\to h(t-\tau)$，它包括两部分运算：

① 折叠 $h(t)\to h(\tau)\to h(-\tau)$；

② 移位 $\begin{cases} t<0 & \text{左移} \\ t>0 & \text{右移} \end{cases}$，$t$ 是 $h(-\tau)$ 与 $h(t-\tau)$ 之间的“距离”。

(3) 将折叠移位后的 $h(t-\tau)$ 与 $f(\tau)$ 相乘。

(4) 求 $h(t-\tau)$ 与 $f(\tau)$ 相乘后其非零值区的积分(面积)。

举例说明图解法的具体应用方法。

例 2.4-1 $f(t)$、$h(t)$ 如图 2.4-7 所示，求 $y(t)=f(t)*h(t)$。

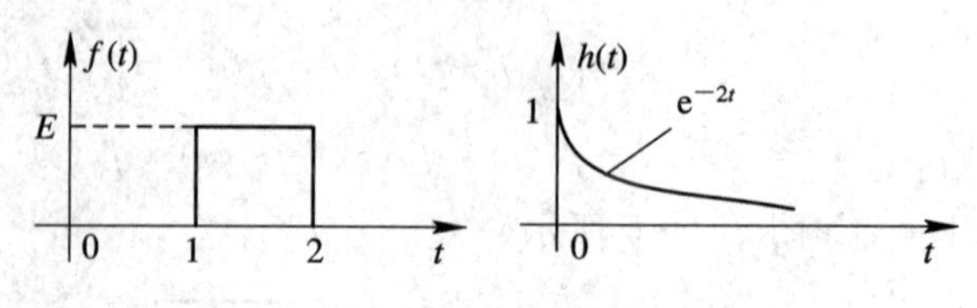

图 2.4-7 例 2.4-1 的 $f(t)$、$h(t)$

解 具体计算如图 2.4-8 所示。

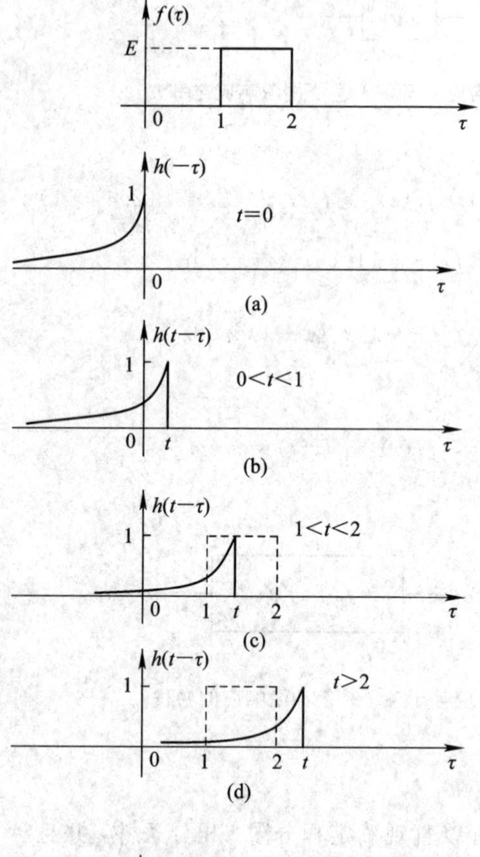

(a) 将 $h(-\tau)(t=0)$ 的端点0标注为 t，
$f(t)*h(t)=0$

(b) 当 $0<t<1$ 时，$h(t-\tau)$ 与 $f(\tau)$ 非零值区不重叠，
$h(t-\tau)\cdot f(\tau)=0$，所以
$f(t)*h(t)$

(c) 当 $1<t<2$ 时，$h(t-\tau)$ 与 $f(\tau)$ 非零值区重叠的区间为 $0\sim t$，所以

$$f(t)*h(t)=\int_0^t E\mathrm{e}^{-2(t-\tau)}\mathrm{d}\tau=\frac{E}{2}[1-\mathrm{e}^{-2(t-1)}]$$

(d) 当 $t>2$ 时，$h(t-\tau)$ 与 $f(\tau)$ 非零值区重叠的区间为 $1\sim 2$，所以

$$f(t)*h(t)=\int_1^2 E\mathrm{e}^{-2(t-\tau)}\mathrm{d}\tau=\frac{E}{2}[\mathrm{e}^{-2(t-2)}-\mathrm{e}^{-2(t-1)}]$$

(e) 最后，得到 $y(t)$ 如图所示。

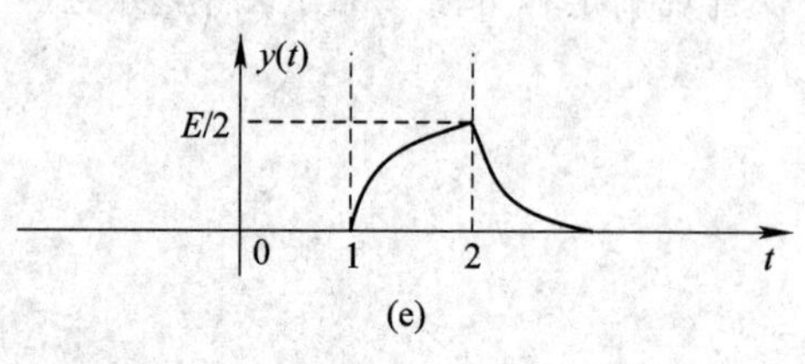

$$y(t)=\begin{cases}\frac{E}{2}[1-\mathrm{e}^{-2(t-1)}] & 1<t<2\\ \frac{E}{2}[\mathrm{e}^{-2(t-2)}-\mathrm{e}^{-2(t-1)}] & t>2\\ 0 & \text{其他}\end{cases}$$

或 $y(t)=\frac{E}{2}[1-\mathrm{e}^{-2(t-1)}][u(t-1)-u(t-2)]+\frac{E}{2}[\mathrm{e}^{-2(t-2)}-\mathrm{e}^{-2(t-1)}]u(t-2)$

$$=\frac{E}{2}[1-\mathrm{e}^{-2(t-1)}]u(t-1)-\frac{E}{2}[1-\mathrm{e}^{-2(t-2)}]u(t-2)$$

图 2.4-8 例 2.4-1 图解法示意图

第 2 种计算方法，如图 2.4-9 所示。

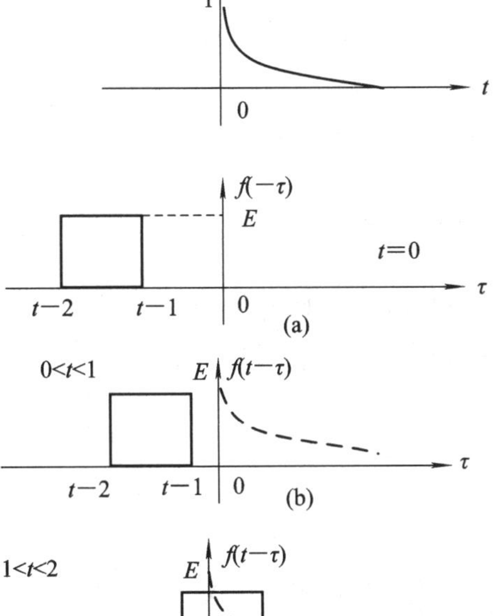

(a) 将$f(-\tau)(t=0)$的两个端点-2和-1分别标注为$t-2$与$t-1$。

(b) 当$0<t<1$时，$f(t-\tau)$与$h(\tau)$非零值区不重叠，$f(t-\tau)\cdot h(\tau)=0$，所以$f(t)*h(t)=0$。

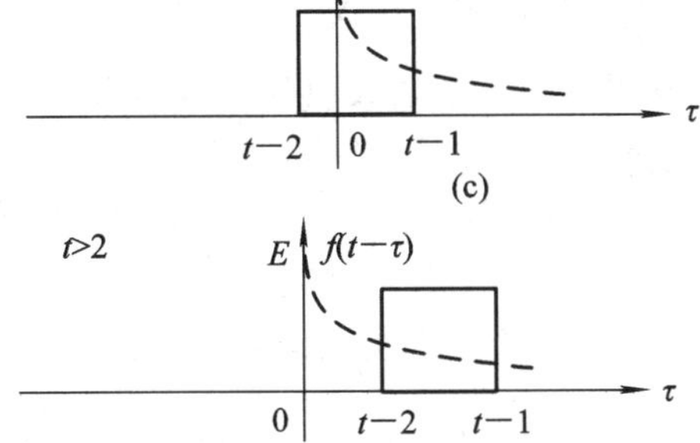

(c) 当$1<t<2$时，$f(t-\tau)$与$h(\tau)$非零值区重叠的区间为$0\sim t-1$，所以

$$f(t)*h(t)=\int_0^{t-1}Ee^{2\tau}\mathrm{d}\tau=\frac{E}{2}[1-e^{-2(t-1)}]$$

(d) 当$t>2$时，$f(t-\tau)$与$h(\tau)$非零值区重叠的区间为$t-2\sim t-1$，所以

$$f(t)*h(t)=\int_{t-2}^{t-1}Ee^{-2\tau}\mathrm{d}\tau=\frac{E}{2}[e^{-2(t-2)}-e^{-2(t-1)}]$$

最后，得到$y(t)$如图2.4-9(e)所示，与第1种方法相同。

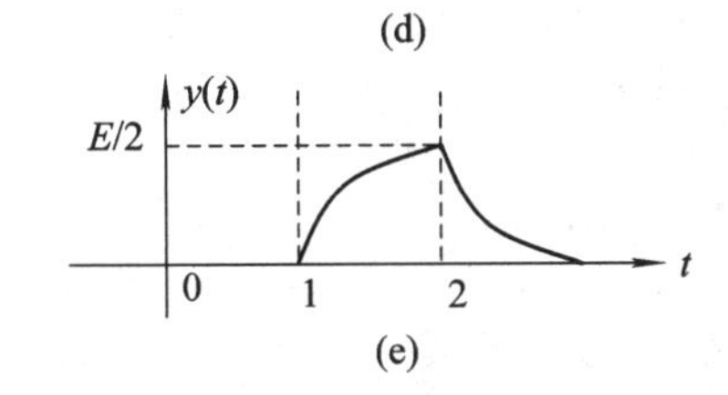

(e) $$y(t)=\begin{cases}\dfrac{E}{2}[1-e^{-2(t-1)}] & 1<t<2\\ \dfrac{E}{2}[e^{-2(t-2)}-e^{-2(t-1)}] & t>2\\ 0 & 其他\end{cases}$$

图 2.4-9　例 2.4-1 第 2 种图解法示意图

2.4.5　卷积的微分与积分性质

与信号的运算相似，卷积也有微分、积分性质，但与信号的微分、积分运算有所区别。

(1) 微分

$$\frac{\mathrm{d}}{\mathrm{d}t}[f_1(t)*f_2(t)]=\left[\frac{\mathrm{d}}{\mathrm{d}t}f_1(t)\right]*f_2(t)=f_1(t)*\left[\frac{\mathrm{d}}{\mathrm{d}t}f_2(t)\right]\qquad(2.4-12)$$

证

$$\frac{\mathrm{d}}{\mathrm{d}t}\left[\int_{-\infty}^{\infty}f_1(\tau)f_2(t-\tau)\mathrm{d}\tau\right]=\int_{-\infty}^{\infty}f_1(\tau)\left[\frac{\mathrm{d}}{\mathrm{d}t}f_2(t-\tau)\right]\mathrm{d}\tau$$

$$=f_1(t)*\left[\frac{\mathrm{d}}{\mathrm{d}t}f_2(t)\right]$$

由卷积的第二种形式，同理可证

$$\frac{d}{dt}[f_1(t) * f_2(t)] = \left[\frac{d}{dt}f_1(t)\right] * f_2(t)$$

式(2.4-12)表示对两个函数的卷积函数微分，等于对其中一个函数微分后再卷积。

(2) 积分

$$\begin{aligned}\int_{-\infty}^{t}[f_1(\lambda) * f_2(\lambda)]d\lambda &= f_1(t) * \int_{-\infty}^{t} f_2(\lambda)d\lambda \\ &= f_2(t) * \int_{-\infty}^{t} f_1(\lambda)d\lambda \end{aligned} \tag{2.4-13}$$

证

$$\begin{aligned}\int_{-\infty}^{t}[f_1(\lambda) * f_2(\lambda)]d\lambda &= \int_{-\infty}^{t}\left[\int_{-\infty}^{\infty} f_1(\tau)f_2(\lambda-\tau)d\tau\right]d\lambda \\ &= \int_{-\infty}^{\infty} f_1(\tau)\left[\int_{-\infty}^{t} f_2(\lambda-\tau)d\lambda\right]d\tau \\ &= f_1(t) * \int_{-\infty}^{t} f_2(\lambda)d\lambda\end{aligned}$$

由卷积的第二种形式同理可证

$$\int_{-\infty}^{t}[f_1(\lambda) * f_2(\lambda)]d\lambda = f_2(t) * \int_{-\infty}^{t} f_1(\lambda)d\lambda$$

式(2.4-13)表示对两个函数的卷积函数积分，等于对其中一个函数积分后再卷积。

应用类似的推导，可导出卷积的高阶导数和多重积分的运算规律。

(3) 微、积分性

若

$$y(t) = f_1(t) * f_2(t)$$

则

$$y^{(i)}(t) = f_1^{(j)}(t) * f_2^{(i-j)}(t) \tag{2.4-14}$$

其中，i、j 取正整数时为导数的阶次，i、j 取负整数时为重积分的阶次。特别地，

$$\begin{aligned}y(t) = f_1(t) * f_2(t) &= \frac{df_1(t)}{dt} * \int_{-\infty}^{t} f_2(\lambda)d\lambda \\ &= \frac{df_2(t)}{dt} * \int_{-\infty}^{t} f_1(\lambda)d\lambda\end{aligned} \tag{2.4-15}$$

证

$$\begin{aligned}\frac{df_1(t)}{dt} * \int_{-\infty}^{t} f_2(\lambda)d\lambda &= \frac{d}{dt}\left\{\int_{-\infty}^{\infty} f_1(\tau)\left[\int_{-\infty}^{t} f_2(\lambda-\tau)d\lambda\right]d\tau\right\} \\ &= \int_{-\infty}^{\infty} f_1(\tau)\left[\frac{d}{dt}\int_{-\infty}^{t} f_2(\lambda-\tau)d\lambda\right]d\tau \\ &= \int_{-\infty}^{\infty} f_1(\tau)f_2(t-\tau)d\tau \\ &= f_1(t) * f_2(t)\end{aligned}$$

利用式(2.4-15)的结果，可由 $f(t)$与 $h(t)$的卷积公式推出 $f'(t)$与阶跃响应$g(t)$的卷积公式，即

$$y(t) = f(t) * h(t) = f'(t) * \int_{-\infty}^{t} h(\lambda)d\lambda = f'(t) * g(t) \tag{2.4-16}$$

式中，$g(t)$是系统对单位阶跃信号的零状态响应，也简称单位阶跃响应。

根据需要不断利用这一性质，可以简化一些函数的卷积运算。

例 2.4-2　$f(t)$、$h(t)$如图 2.4-7 所示，用微、积分性质求 $y(t)=f(t)*h(t)$。

解

$$f'(t)=E[\delta(t-1)-\delta(t-2)]$$

$$g(t)=\int_{-\infty}^{t}\mathrm{e}^{-2\lambda}u(\lambda)\mathrm{d}\lambda=\frac{1}{2}(1-\mathrm{e}^{-2t})u(t)$$

$f'(t)$和 $g(t)$如图 2.4-10 所示。

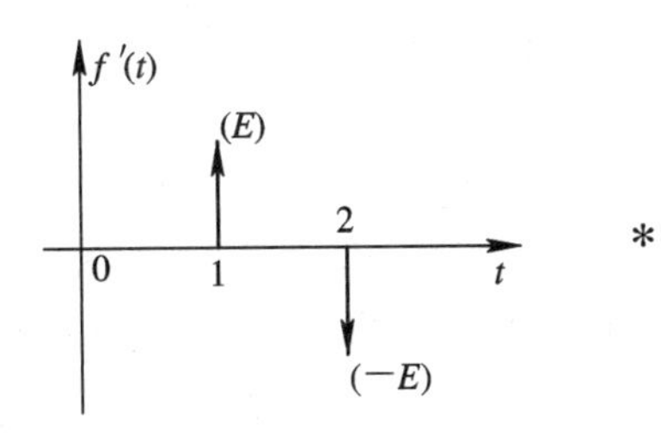

*

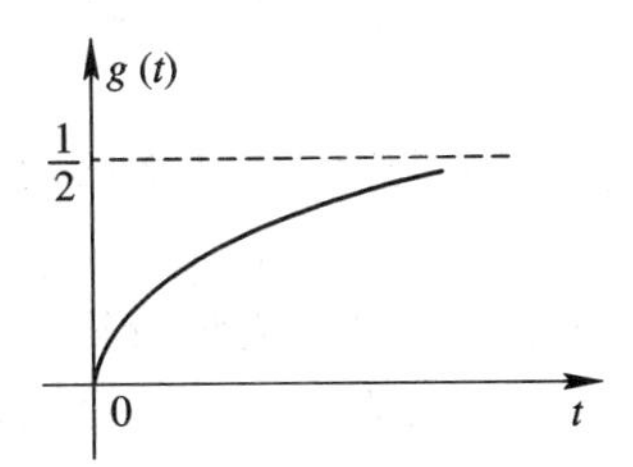

图 2.4-10　例 2.4-2 的 $f'(t)$和 $g(t)$

$$\begin{aligned}
y(t)&=f(t)*h(t)=f'(t)*g(t)\\
&=E[\delta(t-1)-\delta(t-2)]*\frac{1}{2}(1-\mathrm{e}^{-2t})u(t)\\
&=\frac{E}{2}(1-\mathrm{e}^{-2(t-1)})u(t-1)-\frac{E}{2}(1-\mathrm{e}^{-2(t-2)})u(t-2)\\
&=\frac{E}{2}(1-\mathrm{e}^{-2(t-1)})[u(t-1)-u(t-2)]+\frac{E}{2}(\mathrm{e}^{-2(t-2)}-\mathrm{e}^{-2(t-1)})u(t-2)\\
&=\begin{cases}\frac{E}{2}(1-\mathrm{e}^{-2(t-1)}) & 1<t<2\\ \frac{E}{2}(\mathrm{e}^{-2(t-2)}-\mathrm{e}^{-2(t-1)}) & t>2\\ 0 & \text{其他}\end{cases}
\end{aligned}$$

结果与例 2.4-1 相同。

2.5　LTI 因果系统的全响应及其经典方法求解

2.5.1　全响应

由前两节的分析可知，由系统的储能及激励可分别求出系统的零输入响应和零状态响应，系统的全响应 $y(t)$为两者之和，即

$$y(t)=y_{zi}(t)+y_{zs}(t) \tag{2.5-1}$$

$y(t)$对应的标准初始条件为$\{y^{(k)}(0_+)\}$。

利用线性系统的可分解性，可以将标准全响应初始条件$\{y^{(k)}(0_+)\}$分解为标准零状态初始条件及标准零输入初始条件，即

$$\{y^{(k)}(0_+)\}=\{y_{zs}^{(k)}(0_+)\}+\{y_{zi}^{(k)}(0_+)\} \tag{2.5-2}$$

其中，$\{y_{zs}^{(k)}(0_+)\}$、$\{y_{zi}^{(k)}(0_+)\}$分别是零状态标准初始条件、零输入标准初始条件。

当激励不为零时，亦可由 0_+ 等效电路及系统储能元件的初始状态$\{x_k(0_-)\}$求解出$\{y^{(k)}(0_+)\}$，进而求解完全响应 $y(t)$。但在求解具体电路问题时，全响应标准初始条件$\{y^{(k)}(0_+)\}$实际不易求得。因为它既有激励的作用，又要考虑系统储能的情况。不过，虽然$y_{zs}(t)$是待求变量，但在实际问题中不用$\{y_{zs}^{(k)}(0_+)\}$，也可由时域卷积方法求出 $y_{zs}(t)$，所以此时$\{y_{zs}^{(k)}(0_+)\}$并不是必要信息。当然，如有需要求得$\{y_{zs}^{(k)}(0_+)\}$。

若激励为零，则零状态响应 $y_{zs}(t)=0$，此时式(2.5-2)为

$$\{y^{(k)}(0_+)\}=\{y_{zi}^{(k)}(0_+)\} \tag{2.5-3}$$

为避免符号太多的困扰，再次约定在求解零输入响应时

$$\{y^{(k)}(0_+)\}=\{y_{zi}^{(k)}(0_+)\}=\{y^{(k)}(0)\} \tag{2.5-4}$$

即不特别指出的，本书微分方程所给定的初始条件均是用于求解零输入响应的。

请读者注意，尽管在具体电路中不难验证一般$\{y^{(k)}(0_-)\}\neq y_{zi}^{(k)}(0_+)$，但有部分教材、参考书给定的初始条件是$\{y^{(k)}(0_-)\}$，并直接用该初始条件求解零输入响应。

例 2.5-1 已知某线性系统的传输算子为 $H(p)=\dfrac{p+1}{p^2+2p+1}$，激励 $f(t)=u(t)$，初始条件 $y_{zi}(0)=1$，$y_{zi}'(0)=2$，求系统的全响应 $y(t)$。

解

$$H(p)=\frac{p+1}{p^2+2p+1}=\frac{p+1}{(p+1)^2}$$

由特征根及初始条件 $y_{zi}(0)=1$，$y_{zi}'(0)=2$，求得零输入响应为

$$\begin{aligned}
y_{zi}(t)&=(C_0+C_1t)e^{-t}u(t)\\
y_{zi}(0)&=1=C_0\\
y_{zi}'(0)&=-C_0+C_1=2，得\ C_1=3\\
y_{zi}(t)&=(1+3t)e^{-t}u(t)
\end{aligned}$$

在求零状态响应时，传输算子的分子、分母相同项可以相约。因为即使不约，该项的系数一定为零，所以传输算子

$$H(p)=\frac{p+1}{(p+1)^2}=\frac{1}{p+1}$$

得

$$h(t)=e^{-t}u(t)$$

零状态响应

$$y_{zs}(t)=f(t)*h(t)=u(t)*e^{-t}u(t)$$

利用例 2.3-3 的结果

$$y_{zs}(t)=(1-e^{-t})u(t)$$

全响应

$$\begin{aligned}
y(t)&=y_{zi}(t)+y_{zs}(t)\\
&=(1+3t)e^{-t}u(t)+(1-e^{-t})u(t)\\
&=(1+3te^{-t})u(t)
\end{aligned}$$

2.5.2 全响应的其他分解

全响应可分解为零输入响应与零状态响应外，还可以从其他角度出发，分解为不同分量。

从响应与系统或激励的关系可分为自然(由)响应与受(强)迫响应。其中由系统特征根决定模式的响应定义为自然(由)响应;与激励模式相同的响应定义为受(强)迫响应。显然,零输入响应是自然(由)响应;零状态响应是既有受(强)迫响应,也有自然(由)响应。

由于系统的特征根与自然(由)响应的关系,因此系统的特征根还有一个专业名称——系统的自然(由)频率。由这个定义可以比较自然(由)频率与一般周期信号振荡频率的区别。

从响应随时间 t 趋于无穷是否消失,响应还可分为瞬(暂)态响应与稳态响应。其中瞬(暂)态响应是响应中随着时间增长而消失的部分,稳态响应是响应中随时间增长不会消失的部分。例如 $e^{-t}u(t)$ 是瞬(暂)态响应,而 $3\sin\omega t\cdot u(t)$、$u(t)$ 是稳态响应。

例 2.5-2 试指出例 2.3-3 各响应分量及自然频率。

解

$$i(t)=(1-e^{-t})u(t)=\underbrace{\underset{\substack{\downarrow\\ \text{受迫、稳态}}}{u(t)}-\underset{\substack{\downarrow\\ \text{自然、瞬(暂)态}}}{e^{-t}u(t)}}_{\text{零状态响应}}$$

即例 2.3-3 响应 $i(t)$ 是零状态响应,其中的 $e^{-t}u(t)$ 是自然(由)响应、瞬(暂)态响应,$u(t)$ 是受(强)迫响应、稳态响应。自然频率=特征根 $\lambda=-1$。

例 2.5-3 试指出例 2.5-1 各响应分量及自然频率。

解

$$y(t)=\underbrace{(1+3t)e^{-t}u(t)}_{\text{零输入响应}}+\underbrace{(1-e^{-t})u(t)}_{\text{零状态响应}}=(\underset{\substack{\downarrow\\ \text{受迫、稳态}}}{1}+\underset{\substack{\downarrow\\ \text{自然、瞬(暂)态}}}{3te^{-t}})u(t)$$

即例 2.5-1 全响应 $y(t)$ 中的零输入响应

$$y_{zi}(t)=(1+3t)e^{-t}u(t)$$

零状态响应

$$y_{zs}(t)=(1-e^{-t})u(t)$$

$u(t)$ 是受(强)迫响应、稳态响应;$3te^{-t}u(t)$ 是自然(由)响应、瞬(暂)态响应。

自然频率=特征根 $\lambda=-1$

*2.5.3 经典法求解系统微分方程

下面简单回顾高等数学中求解线性微分方程的方法,并与本章的方法比较。

一般 n 阶 LTI 系统的微分方程可由式(2.1-1)表示为

$$\frac{d^n}{dt^n}y(t)+a_{n-1}\frac{d^{n-1}}{dt^{n-1}}y(t)+\cdots+a_1\frac{d}{dt}y(t)+a_0y(t)$$
$$=b_m\frac{d^m}{dt^m}f(t)+b_{m-1}\frac{d^{m-1}}{dt^{m-1}}f(t)+\cdots+b_1\frac{d}{dt}f(t)+b_0f(t)$$

初始条件为 $y(0_+)$,$y'(0_+)$,…,$y^{(n-1)}(0_+)$。

要注意,这时 $\{y^{(k)}(0_+)\}$ 是全响应标准初始条件。这是“高等数学”求解法与“信号与系统”时域法的区别。即在“信号与系统”给定的初始条件,一般仅是零输入初始条件,而在

“高等数学”给定的一般是全响应初始条件。所以此时的初始条件$\{y^{(k)}(0_+)\}$既与激励尚未加入系统时的系统储能有关，也与系统加入的激励有关，可以用于求解$t>0$后的微分方程完全解。

式(2.1-1)的特征方程为

$$p^n + a_{n-1}p^{n-1} + \cdots + a_1 p + a_0 = 0 \tag{2.5-5}$$

由特征方程，可求得特征根

$$(p-\lambda_1)(p-\lambda_2)\cdots(p-\lambda_n) = 0 \tag{2.5-6}$$

假设特征根均为单根λ_1，λ_2，…，λ_n，由其得到齐次通解$y_h(t)$的一般形式：

$$y_h(t) = \sum_{i=1}^{n} C_i e^{\lambda_i t} \tag{2.5-7}$$

式中λ_i为特征根。

若λ_1为k重根，其余均为单根，特征方程为

$$(p-\lambda_1)^k(p-\lambda_{k+1})\cdots(p-\lambda_n) = 0 \tag{2.5-8}$$

重根λ_1对应的齐次通解一般形式为

$$(C_1 + C_2 t + \cdots + C_k t^{k-1})e^{\lambda_1 t} \tag{2.5-9}$$

当只有一个特征根λ_1为k重根时，微分方程齐次通解$y_h(t)$的一般形式为

$$y_h(t) = (C_1 + C_2 t + \cdots + C_k t^{k-1})e^{\lambda_1 t} + \sum_{i=k+1}^{n} C_i e^{\lambda_i t} \tag{2.5-10}$$

若还有其他特征根是重根的，处理方法与λ_1为重根时相同。

微分方程特解的形式与激励形式相同，如表2-2所示，代入原方程中得到具体系数。微分方程的完全解由齐次通解与特解两部分组成，即完全解为

$$y(t) = y_h(t) + y_p(t) = \sum_{i=1}^{n} C_i e^{\lambda_i t} + y_p(t) \tag{2.5-11}$$

最后，由给定的n个初始条$\{y^{(k)}(0_+)\}$可以确定n个C_i系数。

表2-2　典型激励对应的特解

激　　励	特　　解
A(常数)	B(常数)
t^n	$C_1 t^n + C_2 t^{n-1} + \cdots + C_n t + C_{n+1}$
e^{at}	Ce^{at}
$\cos\omega t$	$C_1\cos\omega t + C_2\sin\omega t$
$\sin\omega t$	
$t^n e^{at}\cos\omega t$	$(C_1 t^n + C_2 t^{n-1} + \cdots + C_n t + C_{n+1})e^{at}\cos\omega t$
$t^n e^{at}\sin\omega t$	$+(D_1 t^n + D_2 t^{n-1} + \cdots + D_n t + D_{n+1})e^{at}\sin\omega t$

由齐次通解与特解求解微分方程的方法称为经典法，求得的完全解是系统的全响应。因为用经典法求解线性微分方程是高等数学的内容，本书不再赘述。

2.6 基于 MATLAB 的时域分析

2.6.1 求系统的冲激响应与阶跃响应

1. 计算例 2.3-1 冲激响应

```
clear;
b=[0 1 0];
a=[1 5 6];
sys=tf(b, a);
t=0: 0.1: 10;
y=impulse(sys, t);
plot(t, y);
axis([-0.2,4,-0.2,1.1]);
line([-0.2, 4],[0, 0]);
xlabel('时间(t)');
ylabel('h(t)');
title('例 2.3-1 的单位冲激响应');
```

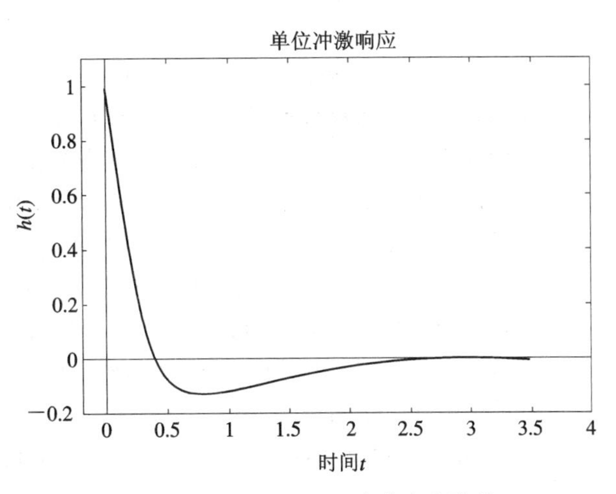

图 2.6-1　例 2.3-1 冲激响应波形

波形如图 2.6-1 所示。

2. 求例 2.3-3 系统阶跃响应的 MATLAB 程序

```
clear;
b=[1];
a=[1 1];
sys=tf(b, a);
t=0: 0.1: 10;
y=step(sys, t);
plot(t, y);
axis([-0.1,6,-0.1,1.1]);
line([0, 6], [0, 0]);
line([0, 0], [-0.1, 1.1]);
xlabel('时间(t)');
ylabel('y(t)');
title('单位阶跃响应')
```

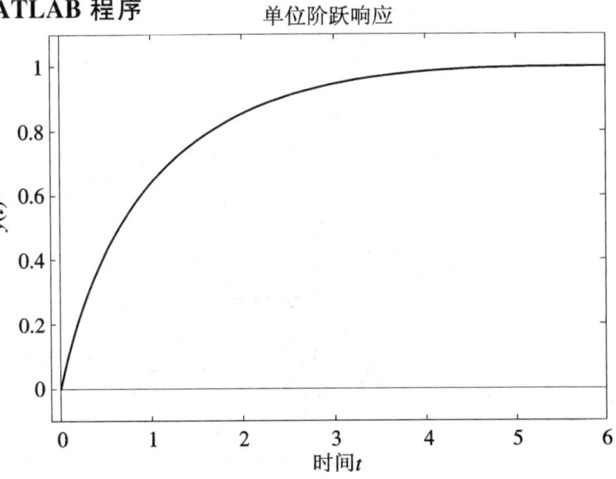

图 2.6-2　例 2.3-3 阶跃响应的波形

波形如图 2.6-2 所示。

2.6.2 利用扩展函数 convwthn 求时域卷积

例 2.6-1　门函数 $3[u(t+1)-u(t-2)]$与指数函数 $2e^{-2t}$卷积的 MATLAB 程序。

```
clear;
T=0.01;
t1=0; t2=3; t3=-2;
t4=2;
t5=t1: T: t2;                   %生成 t5 的时间向量
t6=t3: T: t4;                   %生成 t6 的时间向量
f1=2 * exp(-2 * t5);            %生成 f1 的样值向量
f2=3 * (stepfun(t6, -1)-stepfun(t6, 2));
[y, ty]=convwthn(f1, t1, f2, t2); y=y * T;
t=(t1+t3): T: (t2+t4);          %序列 y 非零样值的宽度
subplot(3, 1, 1);               %f1(t)的波形
plot(t5, f1); axis([(t1+t3), (t2+t4), min(f1), max(f1)+0.5]);
ylabel('f1(t)'); line([0, 0], [0, 2.5]);
title('例 2.6-1 卷积'); subplot(3, 1, 2);
plot(t6, f2); axis([(t1+t3), (t2+t4), min(f2), max(f2)+0.5]);
ylabel('f2(t)');
 subplot(3, 1, 3);              %y(t)的波形
plot(t, y);
axis([(t1+t3), (t2+t4), min(y), max(y)+0.5]); ylabel('y(t)')
```

波形如图 2.6-3 所示。

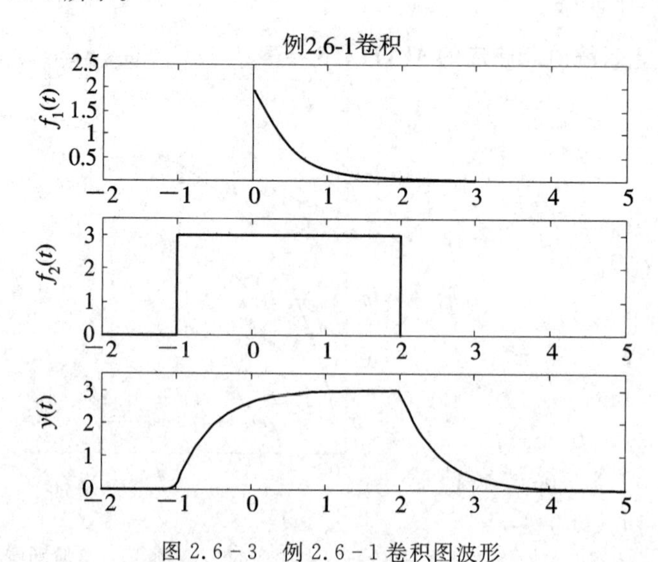

图 2.6-3　例 2.6-1 卷积图波形

例 2.6-2　门函数 $u(t+1)-u(t-2)$与门函数 $3[u(t)-u(t-2)]$卷积。

```
clear;
T=0.01; t1=-2; t2=3; t3=-1; t4=2;
t5=t1: T: t2;                              %生成 t5 的时间向量
t6=t3: T: t4;                              %生成 t6 的时间向量
```

```
f1=(stepfun(t5, -1)-stepfun(t5, 2));          %生成 f1 的样值向量
f2=3 * (stepfun(t6, 0)-stepfun(t6, 2));
[y, ty]=convwthn(f1, t1, f2, t2);
y=y * T; t=(t1+t3): T: (t2+t4);               %序列 y 非零样值的宽度
subplot(3, 1, 1);                             %f1(t)的波形
plot(t5, f1);
axis([(t1+t3), (t2+t4), min(f1), max(f1)+0.5]);
title('例 2.6-2 卷积');
ylabel('f1(t)');
subplot(3, 1, 2);                             %f2(t)的波形
plot(t6, f2);
axis([(t1+t3), (t2+t4), min(f2), max(f2)+0.5]);
ylabel('f2(t)');
subplot(3, 1, 3);                             %y(t)的波形
plot(t, y);
axis([(t1+t3), (t2+t4), min(y), max(y)+0.5]);
ylabel('y(t)');
扩展函数 convwthn
function[y, ny]= convwthn(x, nx, h, nh);
nys=nx(1)+nh(1);
nyf=nx(end)+nh(end);
y=conv(x, h);
ny=[nys: nyf];
```

波形如图 2.6-4 所示。

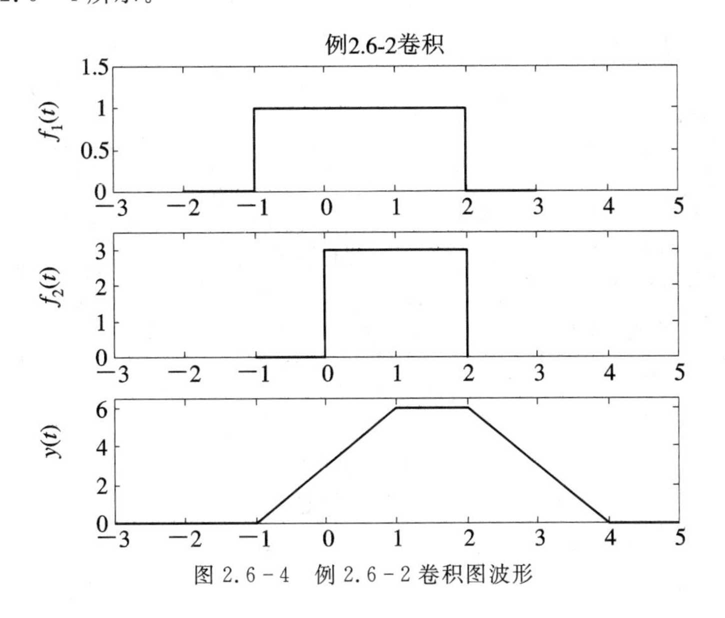

图 2.6-4　例 2.6-2 卷积图波形

2.6.3 响应时域求解的 MATLAB 程序

1. 求系统零状态响应的 MATLAB 程序

例 2.6-3 $y''(t)+y(t)=f(t)$；$y'(0_+)=y(0_+)=0$，$f(t)=\cos 2\pi$，求系统在正弦激励下零状态响应的 MATLAB 程序。

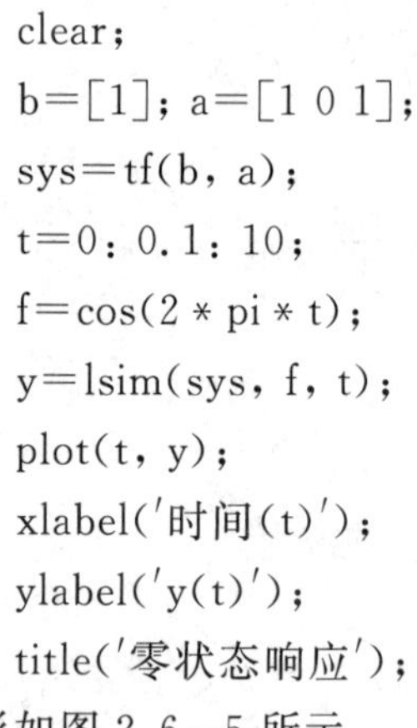

```
clear;
b=[1]; a=[1 0 1];
sys=tf(b, a);
t=0: 0.1: 10;
f=cos(2 * pi * t);
y=lsim(sys, f, t);
plot(t, y);
xlabel('时间(t)');
ylabel('y(t)');
title('零状态响应');
```

波形如图 2.6-5 所示。

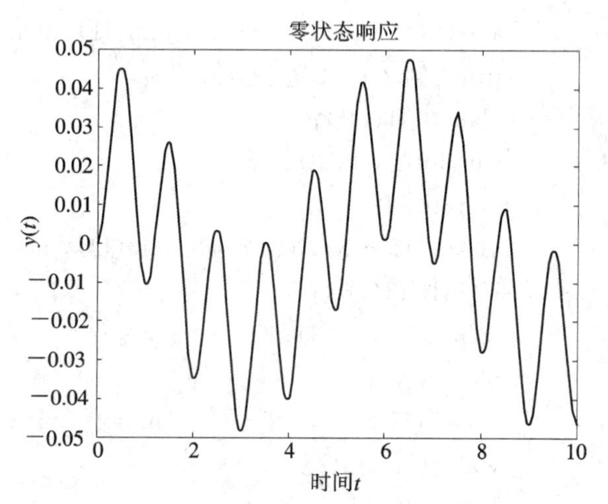

图 2.6-5 例 2.6-3 的零状态响应波形

2. 求系统全响应的 MATLAB 程序

例 2.6-4 $y''(t)+y(t)=f(t)$；$y'(0_+)=-1$，$y(0_+)=0$，$f(t)=\cos 2\pi$，求系统全响应的 MATLAB 程序。

```
clear;
b=[1]; a=[1 0 1];
[A B C D]=tf2ss(b, a);
sys=ss(A, B, C, D);
t=0: 0.1: 30;
f=cos(t);
zi=[-1 0];
y=lsim(sys, f, t, zi);
plot(t, y);
xlabel('时间(t)');
ylabel('y(t)');
title('系统的全响应');
line([0, 30], [0, 0]) ;
```

波形如图 2.6-6 所示。

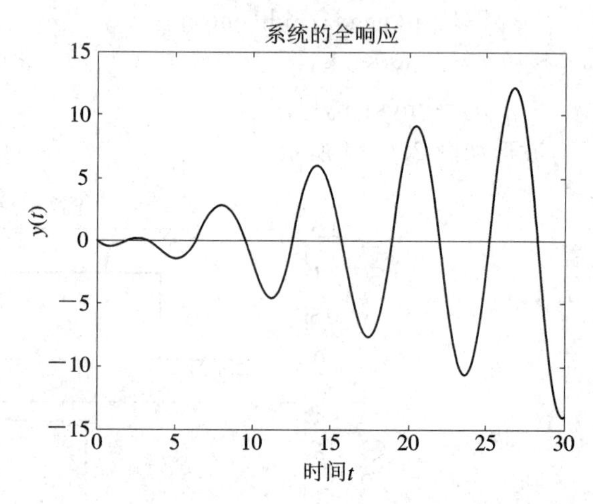

图 2.6-6 例 2.6-4 的全响应波形

习 题

2-1 写出下列算子方程的微分方程式。

(1) $(p+2)y(t)=(p+1)f(t)$；

(2) $y(t)=\frac{2p+1}{p+3}f(t)$；

(3) $(p+1)(p+2)y(t)=p(p+3)f(t)$。

2-2 对题 2-2 图所示电路分别列写出电压 $v_0(t)$的微分方程。

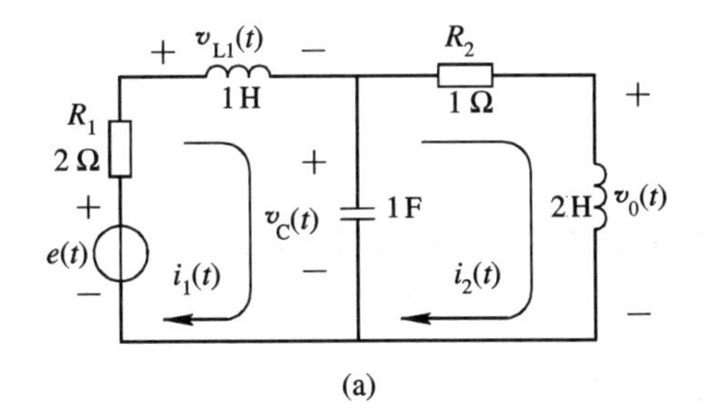

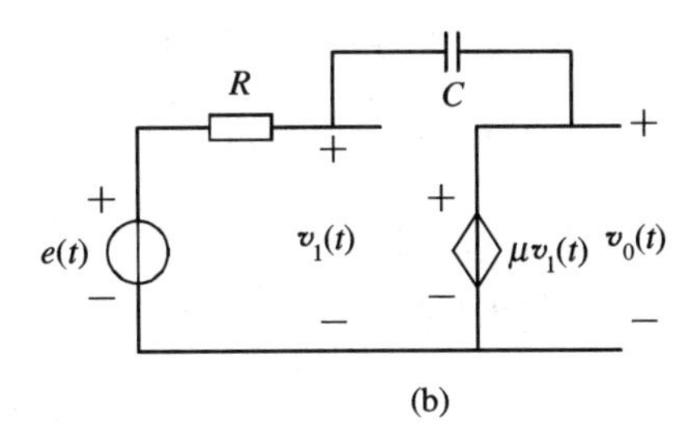

题 2-2 图

2-3 求题 2-3 图网络中的下列转移算子。

(1) $i_1(t)$与 $e(t)$；

(2) $i_2(t)$与 $e(t)$；

(3) $v_0(t)$与 $e(t)$。

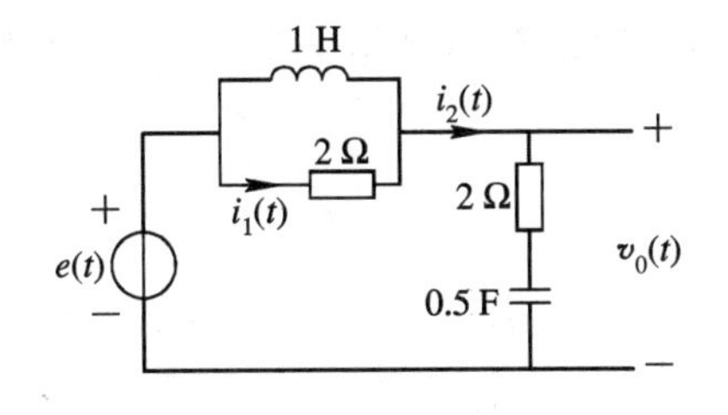

题 2-3 图

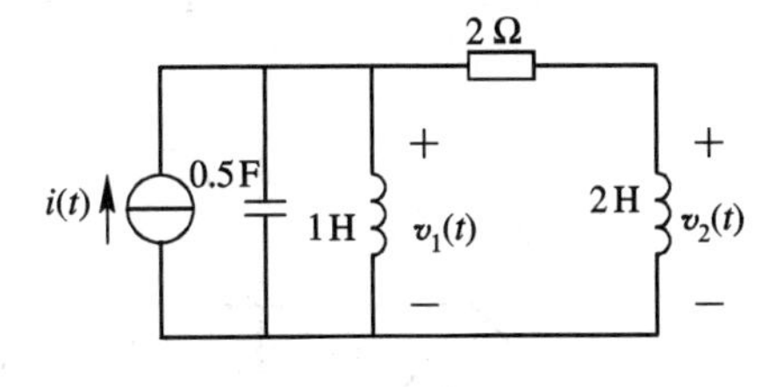

题 2-4 图

2-4 在题 2-4 图网络中，求电压 $v_1(t)$与 $v_2(t)$对电流源 $i(t)$的转移算子 $H_1(p)$与 $H_2(p)$。

2-5 利用已知初始条件解下列微分方程，有条件的可用 MATLAB 计算并作图。

(1) $(p^2+3p+2)y(t)=0$，$y(0)=1$，$y'(0)=0$；

(2) $(p+1)^2y(t)=0$，$y(0)=1$，$y'(0)=0$；

(3) $(p^2+9)y(t)=0$，$y(0)=2$，$y'(0)=1$。

2-6 已知系统的响应变量 $y(t)$与激励变量 $f(t)$之间的关系如下，求系统的零输入响应。

$$y(t)=\frac{p+1}{p^2+2p+2}f(t),\ y(0_-)=1,\ y'(0_-)=2$$

2-7 系统的微分方程如下，试求其单位冲激响应 $h(t)$。

(1) $\frac{d}{dt}y(t)+3y(t)=\frac{d}{dt}f(t)$；

(2) $\frac{d^3}{dt^3}y(t)+4\frac{d^2}{dt^2}y(t)+5\frac{d}{dt}y(t)+2y(t)=\frac{d^2}{dt^2}f(t)+2\frac{d}{dt}f(t)+f(t)$。

2-8　系统的微分方程如下，试求其单位冲激响应 $h(t)$。

(1) $(p^2+7p+12)y(t)=f(t)$；

(2) $(p^2+6p+9)y(t)=f(t)$；

(3) $y(t)=\frac{p+3}{p^2+3p+2}f(t)$。

2-9　求下列系统的全响应，有条件的可用 MATLAB 计算并作图。

(1) $(p^2+3p+2)y(t)=0$，$y_{zi}(0)=y_{zi}'(0)=1$；

(2) $(p^2+3p+2)y(t)=e^{-t}u(t)$，$y_{zi}(0)=y_{zi}'(0)=0$；

(3) $(p^2+3p+2)y(t)=e^{-t}u(t)$，$y_{zi}(0)=y_{zi}'(0)=1$。

2-10　系统输出 $y(t)$ 对输入 $f(t)$ 的转移算子为

$$H(p)=\frac{p+3}{p^2+3p+2}$$

且：(1) $f(t)=u(t)$，$y(0_-)=1$，$y'(0_-)=2$；

　(2) $f(t)=e^{-3t}u(t)$，$y(0_-)=1$，$y'(0_-)=2$。

试分别求其全响应，有条件的可用 MATLAB 计算并作图。

2-11　对题 2-11 图所示的各组函数，用图解的方法粗略画出 $f_1(t)$ 与 $f_2(t)$ 卷积的波形。

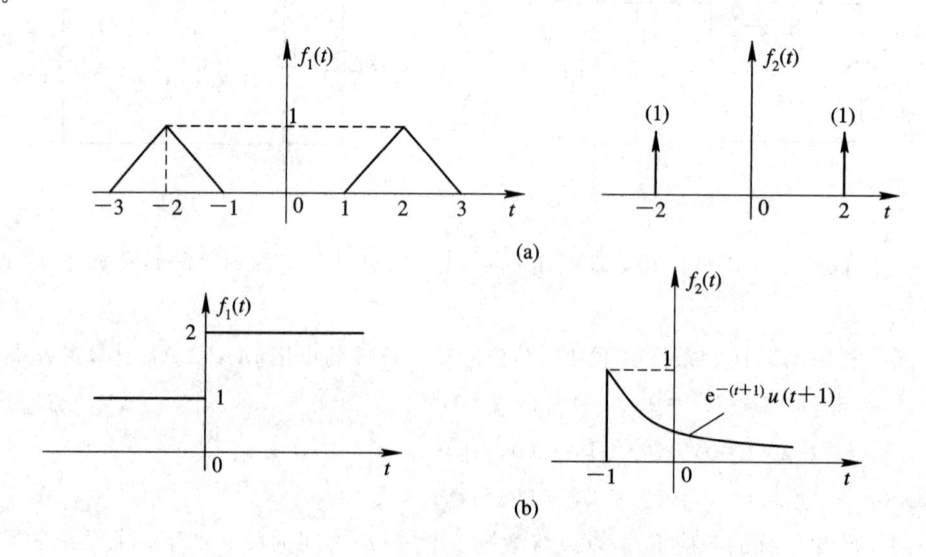

题 2-11 图

2-12　选择题。

(1) 信号 $f_1(t)$ 和 $f_2(t)$ 的波形如题 2-12(a) 图所示，设 $f(t)=f_1(t)*f_2(t)$，则 $f(3)$ 等于(　　)。

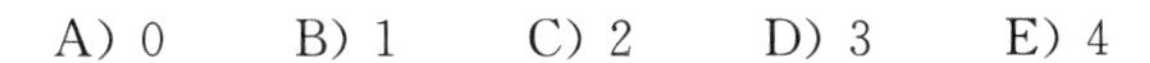

A) 0　　B) 1　　C) 2　　D) 3　　E) 4

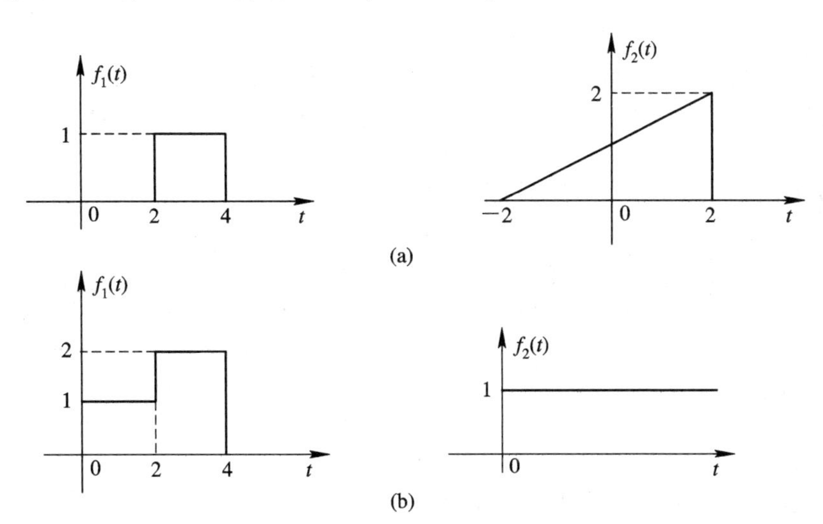

题 2-12 图

(2) 信号 $f_1(t)$和 $f_2(t)$的波形如题 2-12(b)图所示，设 $f(t)=f_1(t)*f_2(t)$，则 $f(3)$等于(　　)。

A) 1　　B) 2　　C) 3　　D) 4　　E) 5

(3) 已知 $f_1(t)=u(t+2)-u(t-1)$，$f_2(t)=u(t+1)-u(t)$，则 $f_1(t)*f_2(t)$的非零值区间为(　　)。

A) $[-2, 0]$　　B) $[-3, 1]$　　C) $[-1, 3]$　　D) $[2, 0]$　　E) $[-3, 2]$

2-13　已知 $f_1(t)$、$f_2(t)$如题 2-13 图所示，$f(t)=f_1(t)*f_2(t)$，求 $6<t<7$ 时的 $f(t)$，并绘图。

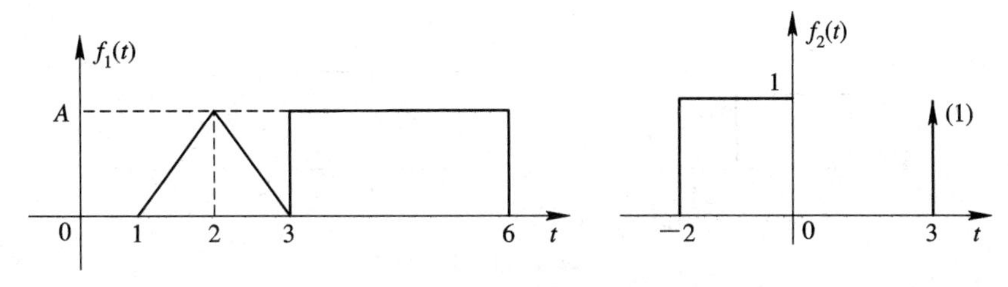

题 2-13 图

2-14　求下列函数的卷积积分 $f_1(t)*f_2(t)$，有条件的可用 MATLAB 计算并作图。

(1) $f_1(t)=u(t+2)$，$f_2(t)=u(t-3)$；

(2) $f_1(t)=u(t)-u(t-4)$，$f_2(t)=u(t)-u(t-2)$；

(3) $f_1(t)=u(t)-u(t-4)$，$f_2(t)=tu(t)$；

(4) $f_1(t)=e^{-2t}u(t)$，$f_2(t)=u(t)$。

2-15　求下列函数的卷积积分 $f_1(t)*f_2(t)$，有条件的可用 MATLAB 计算并作图。

(1) $f_1(t)=tu(t)$，$f_2(t)=u(t)$；

(2) $f_1(t)=f_2(t)=e^{-2t}u(t)$；

(3) $f_1(t)=\mathrm{e}^{-2t}u(t)$，$f_2(t)=\mathrm{e}^{-3t}u(t)$；

(4) $f_1(t)=\mathrm{e}^{-2t}u(t)$，$f_2(t)=tu(t)$。

2-16　已知系统激励 $f(t)$的波形如题 2-16(a)图所示，所产生的响应 $y(t)$的波形如题 2-16(b)图所示。试求激励 $f_1(t)$(波形如题 2-16(c)图所示)所产生的响应 $y_1(t)$的波形。

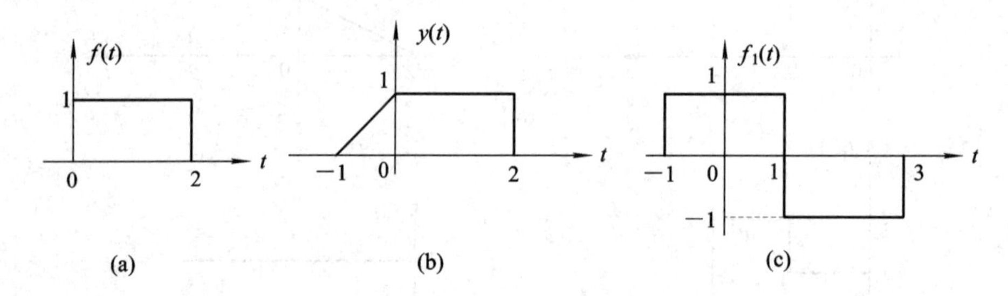

题 2-16 图

2-17　如题 2-17(a)、(b)图所示信号，求 $y(t)=f_1(t)*f_2(t)$，并画出 $y(t)$的波形。

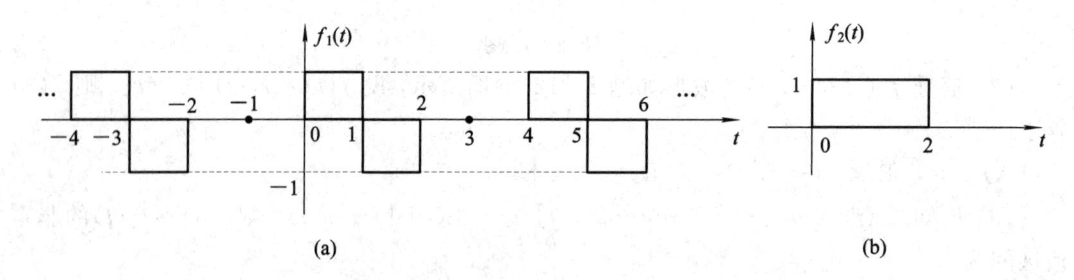

题 2-17 图

2-18　已知某线性时不变系统的一对激励和零状态响应波形如题 2-18 图所示。求该系统对另一激励 $f_1(t)=\sin\pi t[u(t)-u(t-1)]$的零状态响应。

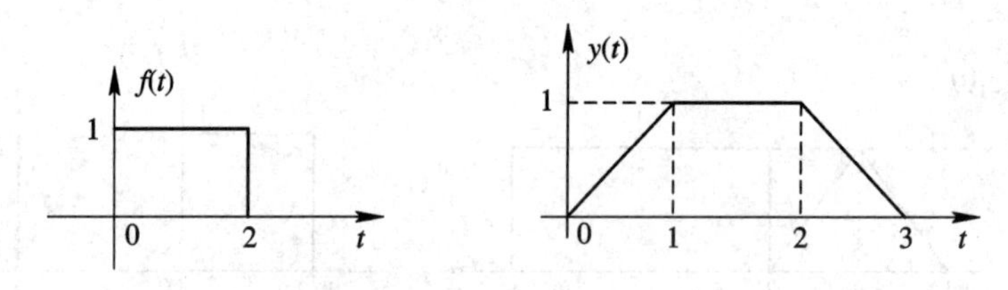

题 2-18 图

2-19　选择题。

(1) 零状态响应的模式由(　　)确定。零输入响应的模式由(　　)确定。

A) 初始状态　B) 系统参数　C) 初始状态和系统参数　D) 输入信号

(2) 系统单位冲激响应由(　　)决定。

A) 初始状态　B) 系统参数　C) 输入信号　D) 前述三者共同

2-20　系统的微分方程如下

$$\frac{\mathrm{d}^2}{\mathrm{d}t^2}y(t)+3\frac{\mathrm{d}}{\mathrm{d}t}y(t)+2y(t)=\frac{\mathrm{d}}{\mathrm{d}t}f(t)+3f(t)$$

若激励信号和初始状态为

(1) $f(t)=u(t)$，$y(0_-)=1$，$y'(0_-)=2$；

(2) $f(t)=\mathrm{e}^{-3t}u(t)$，$y(0_-)=1$，$y'(0_-)=2$。

试求其全响应，并分别指出零输入响应、零状态响应、自由响应、强迫响应分量、自然频率。

2-21　某线性非时变系统的单位阶跃响应 $g(t)=(2\mathrm{e}^{-2t}-1)u(t)$，求它的单位冲激响应 $h(t)$。

2-22　某 LTI 系统对输入 $e(t)=2\mathrm{e}^{-3t}u(t)$ 的零状态响应为 $y_{zs}(t)$，$\frac{\mathrm{d}}{\mathrm{d}t}e(t)$ 的零状态响应为 $-3y_{zs}(t)+\mathrm{e}^{-2t}u(t)$，求该系统的单位冲激响应。

2-23　已知某 LTI 系统对输入 $f(t)$ 的零状态响应

$$y_{zs}(t)=\int_{t-2}^{\infty}\mathrm{e}^{t-\tau}f(\tau-1)\mathrm{d}\tau$$

求该系统的单位冲激响应。

2-24　某 LTI 系统，其输出 $y(t)$ 与 $f(t)$ 的关系为 $y(t)=\int_{t}^{\infty}\mathrm{e}^{-2(\tau-t)}f(\tau-2)\mathrm{d}\tau$，试求系统的冲激响应 $h(t)$。

2-25　如题 2-25 图所示的系统中，各子系统的冲激响应为 $h_1(t)=\delta(t)+\delta(t-1)$，$h_2(t)=\delta(t-1)$，求系统的冲激响应 $h(t)$。

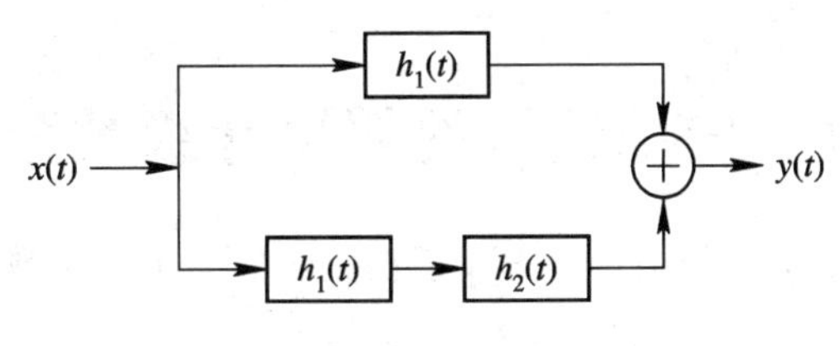

题 2-25 图

2-26　如题 2-26 图所示的系统中，各子系统的冲激响应为 $h_1(t)=\delta(t-1)$，$h_2(t)=u(t)-u(t-1)$，求系统的冲激响应 $h(t)$。

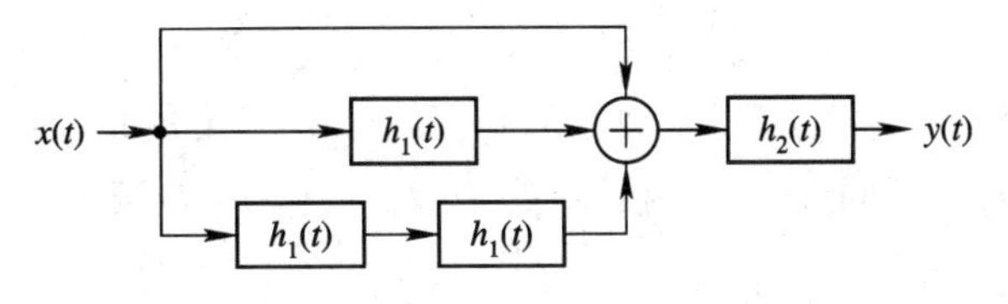

题 2-26 图

2-27　题 2-27 图所示系统是由几个子系统组成的，各子系统的冲激响应分别为 $h_1(t)=u(t)$（积分器），$h_2(t)=\delta(t-1)$（单位延时），$h_3(t)=-\delta(t)$（倒相器）。试求总的系统的冲激响应。

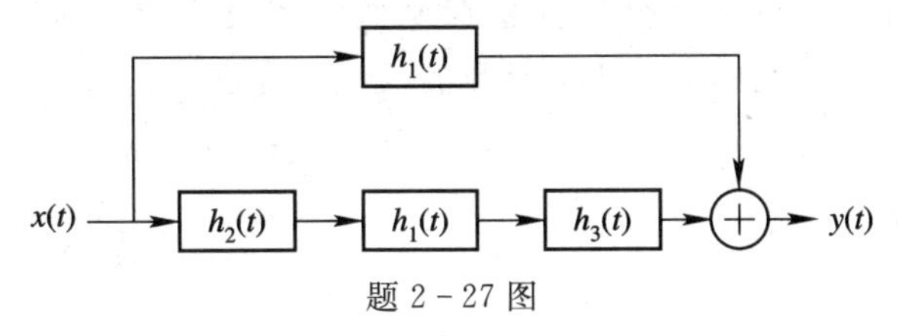

题 2-27 图

第3章 连续时间信号和系统的频域表示与分析

连续时间信号和系统的频域分析方法实际就是傅里叶分析方法[①]。

傅里叶分析法的创始人是法国数学家傅里叶，他对数学、科学以及当代生活的影响是不可估量的。傅里叶分析方法是信号分析与系统设计不可缺少的重要数学工具，也是其他变换方法的基础。20世纪60年代以来，随着计算机、数字集成电路技术的发展，傅里叶分析法也与时俱进，如快速傅里叶变换、加窗傅里叶变换等。目前信号处理最前沿、热门的课题之一的小波分析，也可说是傅里叶分析方法的重大发展和应用。

LTI系统分析的一个基本任务是求解系统对任意激励信号的响应，基本方法是将信号分解为多个基本信号元。频域分析是将正弦函数作为基本信号元，任意信号可以由不同频率的正弦函数表示。如果已知LTI系统对正弦信号的响应，利用LTI系统的叠加、比例与时不变性就可以得到任意信号的响应。除了求解系统的响应外，本章还将利用频域分析来讨论系统的频响、失真、滤波、采样、物理可实现(因果)性、相关、能量谱与功率谱等在工程应用中经常遇到的实际问题。

3.1 周期信号的傅里叶级数分析

在讨论周期信号的傅里叶级数前，先介绍正交函数与正交函数集的概念。

若两个函数$f_1(t)$、$f_2(t)$在区间(t_1, t_2)内满足

$$\begin{cases}\int_{t_1}^{t_2} f_1(t)f_2(t)\mathrm{d}t = 0 \\ \int_{t_1}^{t_2} f_i^2(t)\mathrm{d}t = k_i \quad i = 1, 2\end{cases} \tag{3.1-1}$$

则说这两个函数在区间(t_1, t_2)正交，或它们是区间(t_1, t_2)上的正交函数。

若函数集$\{f_i(t)\}$在区间(t_1, t_2)内且函数$f_1(t)$，…，$f_n(t)$满足

$$\begin{cases}\int_{t_1}^{t_2} f_i^2(t)\mathrm{d}t = k_i \quad i = 1, 2, \cdots, n \\ \int_{t_1}^{t_2} f_i(t)f_j(t)\mathrm{d}t = 0 \quad i \neq j, j = 1, 2, \cdots, n\end{cases} \tag{3.1-2}$$

则这个函数集就是正交函数集，当$k_i=1$时为归一化正交函数集。

满足一定条件的信号可以被分解为正交函数的线性组合。即任意信号$f(t)$在区间(t_1, t_2)内可由组成信号空间的n个正交函数的线性组合近似表示为

$$f(t) \approx c_1 f_1(t) + c_2 f_2(t) + \cdots + c_n f_n(t) \tag{3.1-3}$$

若正交函数集是完备的，则

---

① 本书中有时也将傅里叶称为傅氏，两者是一样的。

$$f(t) = c_1 f_1(t) + c_2 f_2(t) + \cdots + c_n f_n(t) \tag{3.1-4}$$

完备是指对于一个在区间(t_1, t_2)内的正交函数集中的所有函数，不可能另外再得到一个非零的函数在同一区间内和它们正交。即不存在这样一个函数 $x(t)$，使之能满足

$$\int_{t_1}^{t_2} x(t) f_i(t) \mathrm{d}t = 0 \quad i = 1, 2, \cdots$$

如果 $x(t)$在这个区间能与它们正交，则 $x(t)$本身必属于这个正交函数集。若不包括 $x(t)$，那么这个正交函数集也就不完备。

包含正、余弦函数的三角函数集是最重要的完备正交函数集。它具有以下优点：

(1) 三角函数是基本函数。

(2) 用三角函数表示信号，建立了时间与频率两个基本物理量之间的联系。

(3) 单频三角函数是简谐信号，简谐信号容易产生、传输、处理。

(4) 三角函数信号通过线性时不变系统后，仍为同频三角函数信号，仅幅度和相位有变化，计算更方便。

由于三角函数的上述优点，周期信号通常被表示(分解)为无穷多个正弦信号之和。利用欧拉公式还可以将三角函数表示为复指数函数，因此周期函数还可以展开成无穷多个复指数函数之和，其优点与三角函数级数相同。用这两种基本函数表示的级数，分别称为三角形式傅里叶级数和指数形式傅里叶级数。它们是傅里叶级数中两种不同的表达形式，也简称傅氏级数，其英文缩写为 FS。本节利用傅氏级数表示信号的方法，研究周期信号的频域特性，建立信号频谱的概念。

3.1.1 三角形式的傅里叶级数

周期信号是周而复始、无始无终的信号。其表示式为

$$f(t) = f(t+T) \tag{3.1-5}$$

式中，$f(t)$的基波周期 T 是满足式(3.1-5)的最小的非零正值，其倒数 $f_0=1/T$ 是信号的基波频率。若周期函数 $f(t)$满足狄里赫利条件：

(1) 在一周内连续或有有限个第一类间断点。

(2) 一周内函数的极值点是有限的。

(3) 一周内函数是绝对可积的，即

$$\int_{t_0}^{t_0+T} |f(t)| \mathrm{d}t < \infty$$

则 $f(t)$可以展开为三角形式的傅里叶级数

$$\begin{aligned} f(t) &= a_0 + a_1 \cos\omega_0 t + a_2 \cos 2\omega_0 t + \cdots + b_1 \sin\omega_0 t + b_2 \sin 2\omega_0 t + \cdots \\ &= a_0 + \sum_{n=1}^{\infty} [a_n \cos(n\omega_0 t) + b_n \sin(n\omega_0 t)] \end{aligned} \tag{3.1-6}$$

式中，

$$a_0 = \frac{1}{T}\int_{t_0}^{t_0+T} f(t) \mathrm{d}t \tag{3.1-7a}$$

$$a_n = \frac{2}{T}\int_{t_0}^{t_0+T} f(t)\cos(n\omega_0 t) \mathrm{d}t \tag{3.1-7b}$$

$$b_n = \frac{2}{T}\int_{t_0}^{t_0+T} f(t)\sin(n\omega_0 t)\mathrm{d}t \tag{3.1-7c}$$

式中，$\omega_0=2\pi/T$ 是基波角频率，有时也简称基波频率。一般取 $t_0=-T/2$。

利用三角函数的边角关系，还可以将一般三角形式化为标准的三角形式：

$$\begin{aligned}
f(t) &= a_0 + \sum_{n=1}^{\infty}\left[a_n\cos(n\omega_0 t) + b_n\sin(n\omega_0 t)\right] \\
&= a_0 + \sum_{n=1}^{\infty}\sqrt{a_n^2+b_n^2}\left(\frac{a_n}{\sqrt{a_n^2+b_n^2}}\cos n\omega_0 t - \frac{-b_n}{\sqrt{a_n^2+b_n^2}}\sin n\omega_0 t\right) \\
&= a_0 + \sum_{n=1}^{\infty} c_n(\cos\varphi_n\cos n\omega_0 t - \sin\varphi_n\sin n\omega_0 t) \\
&= a_0 + \sum_{n=1}^{\infty} c_n\cos(n\omega_0 t+\varphi_n) \\
&= \sum_{n=0}^{\infty} c_n\cos(n\omega_0 t+\varphi_n)
\end{aligned} \tag{3.1-8}$$

两种三角形式系数的关系为

$$\left.\begin{aligned}
&a_0 = c_0\cos\varphi_0,\quad c_0=|a_0|,\quad \varphi_0=\begin{cases}0 & a_0\geqslant 0\\ -\pi & a_0<0\end{cases} \\
&\left.\begin{aligned}
&c_n=\sqrt{a_n^2+b_n^2},\quad \varphi_n=-\arctan\frac{b_n}{a_n} \\
&\sin\varphi_n=\frac{-b_n}{\sqrt{a_n^2+b_n^2}},\quad \cos\varphi_n=\frac{a_n}{\sqrt{a_n^2+b_n^2}}
\end{aligned}\right\}\quad n=1,2,\cdots \\
&a_n=c_n\cos\varphi_n,\quad b_n=-c_n\sin\varphi_n
\end{aligned}\right\} \tag{3.1-9}$$

式(3.1-8)说明，任何满足狄里赫利条件的周期信号都可以表示为直流及其许多余弦分量之和。这些分量的频率是 $\omega_0=2\pi/T$ 的整数倍。通常称 ω_0 为基频或基波频率；$2\omega_0$ 为二次谐波频率，$3\omega_0$ 为三次谐波频率，…，$n\omega_0$ 为 n 次谐波频率；相应的 c_0 为直流振幅，c_1 为基波振幅，c_2 为二次谐波振幅，…，c_n 为 n 次谐波振幅；φ_1 为基波初相位，…，φ_n 为 n 次谐波初相位。即周期信号可以被分解为直流分量、基波分量以及各次谐波分量。各频率分量的振幅大小、相位的变化取决于信号的波形。c_n、φ_n 是频率 ω 的函数，它们从频率的角度反映了信号的特性。

式(3.1-8)的傅里叶级数准确地反映了周期信号分解的结果，但直观性差，要将各次谐波分量叠加起来更是费时费力。为了简单、直观地表示信号所包含主要频率分量的振幅、相位随频率变化的情况，人们借助频谱图来描述信号的频率及相位特性。周期信号的频谱图是以频率 ω 为自变量，描述 c_n 与 ω、φ_n 与 ω 之间关系的图形。一般由两部分组成：一是振幅图，是 $c_n\sim\omega$ 的线图，用来描述振幅与频率的关系，每条线的长度代表该频率振幅大小；二是相位图，是 $\varphi_n\sim\omega$ 的线图，用来描述相位与频率的关系，每条线的长度表示该频率相位的大小。

例 3.1-1 已知周期信号 $f(t)$ 如下，画出其频谱图。

$$f(t)=1+\sqrt{2}\cos(\omega_0 t)-\cos\left(2\omega_0 t+\frac{5\pi}{4}\right)+\sqrt{2}\sin(\omega_0 t)+\frac{1}{2}\sin(3\omega_0 t)$$

解 将 $f(t)$ 整理为标准形式

$$f(t)=1+2\cos\left(\omega_0 t-\frac{\pi}{4}\right)+\cos\left(2\omega_0 t+\frac{5\pi}{4}-\pi\right)+\frac{1}{2}\cos\left(3\omega_0 t-\frac{\pi}{2}\right)$$

$$=1+2\cos\left(\omega_0 t-\frac{\pi}{4}\right)+\cos\left(2\omega_0 t+\frac{\pi}{4}\right)+\frac{1}{2}\cos\left(3\omega_0 t-\frac{\pi}{2}\right)$$

振幅谱与相位谱如图 3.1-1 所示。

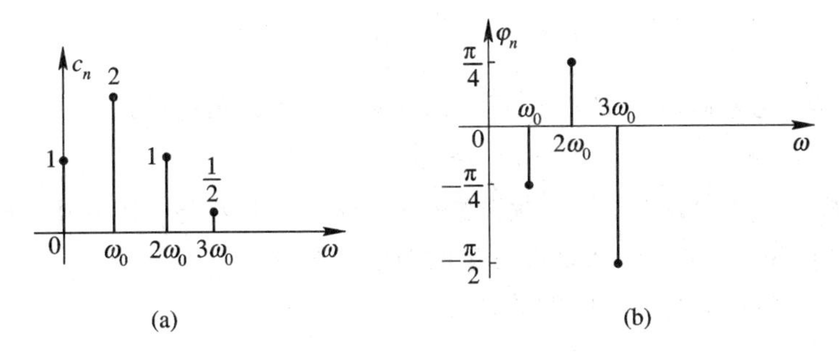

图 3.1-1　例 3.1-1 的频谱图

(a) 振幅图；(b) 相位图

画频谱图时要注意，先将展开式化为标准形式，且振幅 $c_n \geqslant 0$，φ_n 一般取值在 $-\pi\sim\pi$ 之间。

3.1.2　指数形式的傅里叶级数

利用欧拉公式

$$\left.\begin{aligned}\cos(n\omega_0 t)&=\frac{1}{2}(e^{jn\omega_0 t}+e^{-jn\omega_0 t})\\ \sin(n\omega_0 t)&=\frac{1}{j2}(e^{jn\omega_0 t}-e^{-jn\omega_0 t})\end{aligned}\right\} \tag{3.1-10}$$

$$e^{\pm jn\omega_0 t}=\cos(n\omega_0 t)\pm j\sin(n\omega_0 t)$$

可以将三角形式的傅里叶级数表示为复指数形式的傅里叶级数

$$f(t)=c_0\cos\varphi_0+\sum_{n=1}^{\infty}c_n\cos(n\omega_0 t+\varphi_n)$$

$$=c_0e^{j\varphi_0}+\sum_{n=1}^{\infty}\frac{c_n}{2}[e^{j(n\omega_0 t+\varphi_n)}+e^{-j(n\omega_0 t+\varphi_n)}]$$

$$=c_0e^{j\varphi_0}+\sum_{n=1}^{\infty}\frac{c_n}{2}e^{jn\omega_0 t}e^{j\varphi_n}+\sum_{n=1}^{\infty}\frac{c_n}{2}e^{-jn\omega_0 t}e^{-j\varphi_n}$$

$$=c_0e^{j\varphi_0}+\sum_{n=1}^{\infty}\frac{c_n}{2}e^{jn\omega_0 t}e^{j\varphi_n}+\sum_{n=-1}^{-\infty}\frac{c_{-n}}{2}e^{jn\omega_0 t}e^{-j\varphi_{-n}}$$

$$=c_0e^{j\varphi_0}+\sum_{n=1}^{\infty}\frac{c_n}{2}e^{jn\omega_0 t}e^{j\varphi_n}+\sum_{n=-\infty}^{-1}\frac{c_n}{2}e^{jn\omega_0 t}e^{j\varphi_n}$$

令 $c_0e^{j\varphi_0}=F_0$，$\frac{c_n}{2}e^{j\varphi_n}=F_n$，并代入上式，再将两个和式合并得到

$$f(t)=\sum_{n=-\infty}^{\infty}\frac{c_n}{2}e^{j\varphi_n}e^{jn\omega_0 t}=\sum_{n=-\infty}^{\infty}F(n\omega_0)e^{jn\omega_0 t}=\sum_{n=-\infty}^{\infty}F_ne^{jn\omega_0 t} \tag{3.1-11a}$$

其中系数

$$
\begin{aligned}
F(n\omega_0) &= \frac{c_n}{2}e^{j\varphi_n} = \frac{1}{2}c_n(\cos\varphi_n + j\ \sin\varphi_n) \\
&= \frac{1}{2}(a_n - jb_n) = \frac{1}{T}\int_{t_0}^{t_0+T} f(t)[\cos(n\omega_0 t) - j\sin(n\omega_0 t)]dt \\
&= \frac{1}{T}\int_{t_0}^{t_0+T} f(t)\ e^{-jn\omega_0 t}dt = F_n
\end{aligned}
\tag{3.1-11b}
$$

$F(n\omega_0)$是复常数，通常简写为 F_n。F_n 还可以表示成模和幅角的形式：

$$
F_n = |F_n|\ e^{j\varphi_n} \tag{3.1-12}
$$

三角函数标准形式中，c_n 是第 n 次谐波分量的振幅，但在指数形式中，F_n 要与相对应的第 $-n$ 项 F_{-n}合并，构成第 n 次谐波分量的振幅和相位。

指数形式与三角形式系数之间的关系为

$$
\left.
\begin{aligned}
&F_0 = a_0 = c_0 e^{j\varphi_0} \\
&F_n = |F_n|\ e^{j\varphi_n} = \frac{1}{2}(a_n - jb_n) = \frac{1}{2}c_n e^{j\varphi_n} \\
&F_{-n} = \frac{1}{2}(a_n + jb_n) = \frac{1}{2}c_n e^{-j\varphi_n} \\
&|F_n| = \frac{1}{2}c_n = |F_{-n}| = \frac{1}{2}\sqrt{a_n^2 + b_n^2} \\
&\varphi_n = -\arctan\frac{b_n}{a_n} \\
&F_n + F_{-n} = 2\ \mathrm{Re}[F_n] = a_n \\
&j(F_n - F_{-n}) = j2\ \mathrm{Im}[F_n] = b_n
\end{aligned}
\right\}
\tag{3.1-13}
$$

由于复指数引入了$-n$ 使得频谱有了负频率。工程应用中不存在负频率，这是将第 n 项谐波分量的三角形式写成两个复指数形式后出现的数学表示。同样，为了简单、直观地表示信号所包含的主要频率分量随频率变化的情况，我们可以画出指数形式的频谱图。与三角形式相同，频谱图一般由振幅图$|F_n|\sim\omega$ 及相位图 $\varphi_n\sim\omega$ 两部分组成。不过，指数形式的频谱是双边谱，即 ω 的取值范围是从$-\infty\sim\infty$，由式(3.1-13)及(3.1-9)不难推出 $|F_n|=\frac{c_n}{2}$是偶对称的，φ_n 是奇对称的。

例 3.1-1 的指数形式频谱图如图 3.1-2 所示。

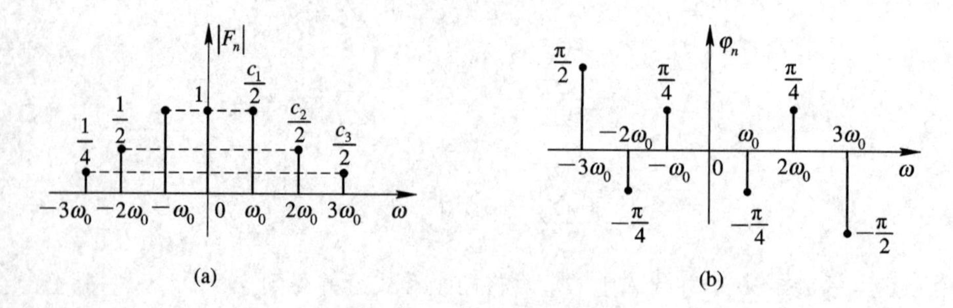

图 3.1-2　例 3.1-1 的频谱图

(a) 振幅图；(b) 相位图

3.1.3 周期矩形脉冲频谱

周期矩形脉冲是典型的周期信号，其频谱函数具有周期信号频谱的基本特点。通过分析周期矩形脉冲的频谱，可以了解周期信号频谱的一般规律。

例 3.1-2 周期矩形脉冲 $f(t)$的波形如图 3.1-3 所示，求周期矩形脉冲频谱。

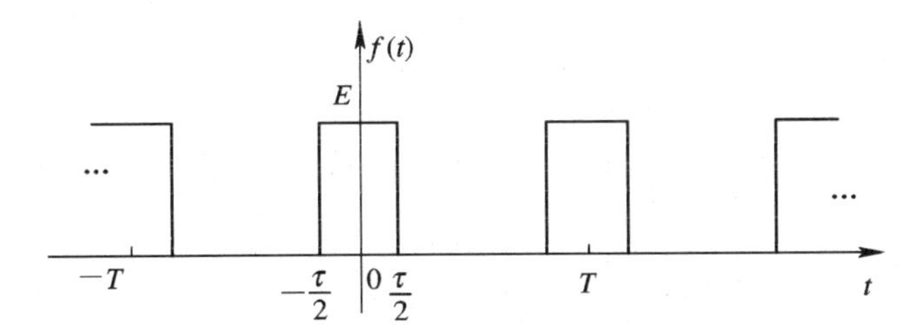

图 3.1-3 周期矩形脉冲 $f(t)$

解

$$f(t)=\begin{cases}E & -\dfrac{\tau}{2}<t<\dfrac{\tau}{2}\\ 0 & \text{其他}\end{cases}$$

其中，$\omega_0=2\pi/T$。

将 $f(t)$展开成指数形式傅里叶级数，由式(3.1-11b)得

$$\begin{aligned}F_n&=\frac{1}{T}\int_{-\tau/2}^{\tau/2}E\mathrm{e}^{-\mathrm{j}n\omega_0 t}\mathrm{d}t=\frac{E}{T}\cdot\frac{1}{-\mathrm{j}n\omega_0}\mathrm{e}^{-\mathrm{j}n\omega_0 t}\Bigg|_{-\frac{\tau}{2}}^{\frac{\tau}{2}}=\frac{E}{T}\cdot\frac{1}{n\omega_0}\frac{2}{\mathrm{j}2}(\mathrm{e}^{\mathrm{j}\frac{n\omega_0\tau}{2}}-\mathrm{e}^{-\mathrm{j}\frac{n\omega_0\tau}{2}})\\&=\frac{E}{T}\cdot\frac{2}{n\omega_0}\sin\left(\frac{n\omega_0\tau}{2}\right)=\frac{E\tau}{T}\cdot\mathrm{Sa}\left(\frac{n\omega_0\tau}{2}\right)\end{aligned}\tag{3.1-14}$$

$$f(t)=\sum_{n=-\infty}^{\infty}\frac{E\tau}{T}\mathrm{Sa}\left(\frac{n\omega_0\tau}{2}\right)\mathrm{e}^{\mathrm{j}n\omega_0 t}=\sum_{n=-\infty}^{\infty}|F_n|\mathrm{e}^{\mathrm{j}\varphi_n}\mathrm{e}^{\mathrm{j}n\omega_0 t}\tag{3.1-15}$$

式中，

$$|F_n|=\frac{E\tau}{T}\left|\mathrm{Sa}\left(\frac{n\omega_0\tau}{2}\right)\right|$$

使 $\mathrm{Sa}\left(\dfrac{n\omega_0\tau}{2}\right)=0$ 的 ω 是 F_n 的零点，由此解出 F_n 的零点为

$$\omega=\frac{2k\pi}{\tau}\quad(k=\pm1,\pm2,\cdots)\tag{3.1-16}$$

虽然 $\mathrm{Sa}\left(\dfrac{n\omega_0\tau}{2}\right)$是实数，但通过零点后，$\mathrm{Sa}\left(\dfrac{n\omega_0\tau}{2}\right)$有正、负的变化，使得 F_n 也有正、负变化。相应地，当 $F_n>0$ 时相位为 0，当 $F_n<0$ 时相位为$-\pi$($\mathrm{e}^{\mathrm{j}\pi}=\mathrm{e}^{-\mathrm{j}\pi}=-1$)。所以

$$|F_n|=\frac{E\tau}{T}\left|\mathrm{Sa}\left(\frac{n\omega_0\tau}{2}\right)\right|$$

$$\varphi_n=\begin{cases}0 & \dfrac{4k\pi}{\tau}<\omega<\dfrac{2(2k+1)\pi}{\tau}\\ -\pi & \dfrac{2(2k+1)\pi}{\tau}<\omega<\dfrac{4(k+1)\pi}{\tau}\end{cases}\tag{3.1-17}$$

其三角形式的傅里叶级数，由式(3.1-13)可得

$$
\left.\begin{aligned}
c_0 &= F_0 = \frac{E\tau}{T} \\
c_n &= 2\mid F_n \mid = \frac{2E\tau}{T}\left|\mathrm{Sa}\left(\frac{n\omega_0\tau}{2}\right)\right|
\end{aligned}\right\} \tag{3.1-18}
$$

$$
f(t) = \frac{E\tau}{T} + \frac{2E\tau}{T}\sum_{n=1}^{\infty}\mathrm{Sa}\left(\frac{n\omega_0\tau}{2}\right)\cos(n\omega_0 t) \tag{3.1-19}
$$

特别设 $T=5\tau$，$E=1$，$\tau=\frac{T}{5}$，代入式(3.1-18)得

$$
c_n = \frac{2}{5}\left|\mathrm{Sa}\left(\frac{n\pi}{5}\right)\right|
$$

其零点为

$$
\frac{2k\pi}{\tau} = \frac{2k\pi}{T/5} = 5k \cdot \frac{2\pi}{T} = 5n\omega_0
$$

即 $5\omega_0$、$10\omega_0$，…，且有

$$
\begin{aligned}
&c_0 = 0.2,\ c_1 = 0.37,\ c_2 = 0.3,\ c_3 = 0.2, \\
&c_4 = 0.1,\ c_5 = 0,\ c_6 = 0.06,\ c_7 = 0.086, \\
&c_8 = 0.075,\ c_9 = 0.04,\ c_{10} = 0, \\
&\cdots
\end{aligned}
$$

$T=5\tau$ 的三角形式与指数形式的振幅、相位谱如图 3.1-4 所示。

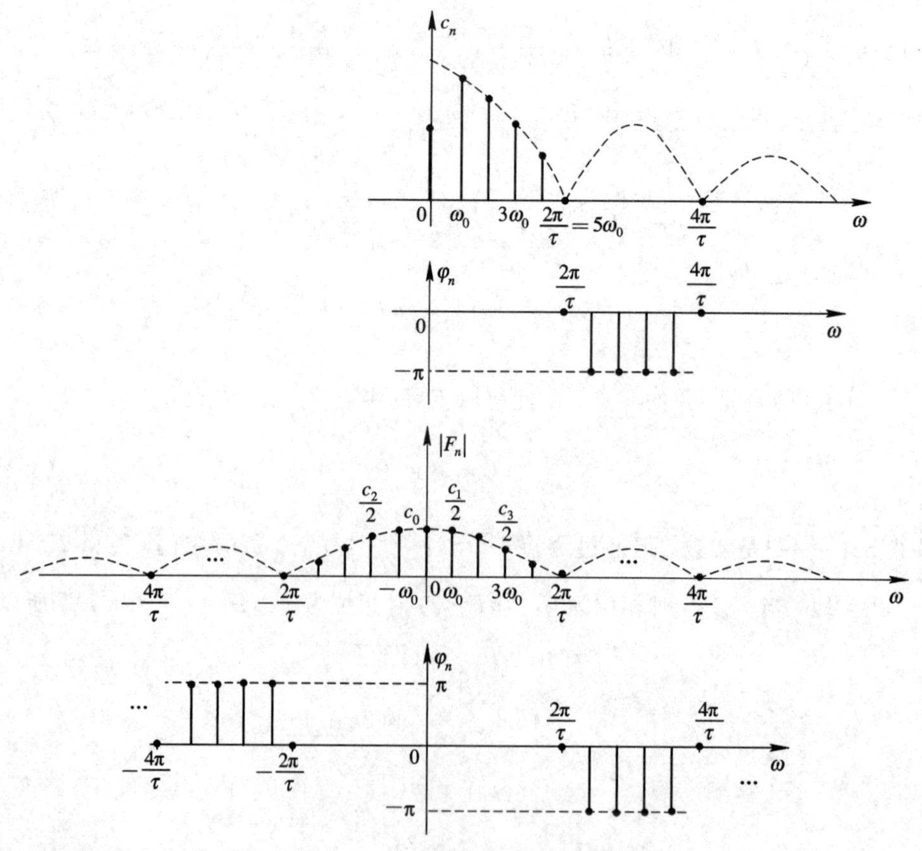

图 3.1-4　周期矩形信号的频谱

因为周期矩形信号频谱的相位只有 0、$-\pi$ 两种情况，对应的幅度只是正、负的变化，所以可将其幅度与相位谱画在一起，即复振幅频谱 $\dot{c}_n$（$c_n \geqslant 0$，但 $\dot{c}_n$ 包含了相位有 0 与 $-\pi$ 变化的情况）或 F_n，如图 3.1－5 所示。

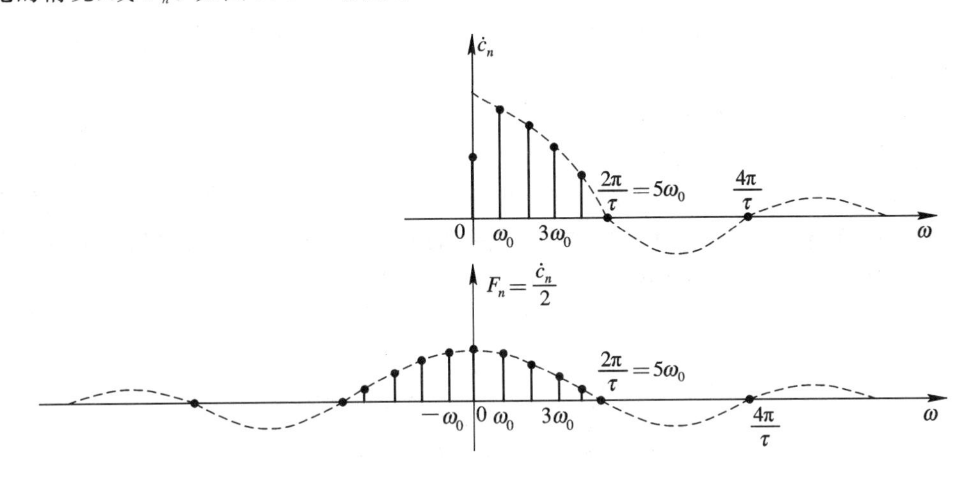

图 3.1－5　周期矩形信号的复振幅频谱

特别指出，除非相位谱只有 0、$-\pi$ 的情况，一般不能将振幅与相位表示在同一频谱图中。

3.1.4　周期 T 及脉冲宽度 τ 对频谱的影响

对图 3.1－5 作如下讨论：

(1) 频谱是离散的，频率间隔 $\omega_0=\frac{2\pi}{T}$。特别地，随着周期 T 的增加，离散谱线间隔 ω_0 减小；若 $T\to\infty$，$|F_n|\to 0$，$\omega_0\to 0$，离散谱将变为连续谱。

(2) 直流、基波及各次谐波分量的大小正比于脉冲幅度 E 及脉冲宽度 τ，反比于周期 T。各谐波幅度随 $\mathrm{Sa}\left(\frac{n\omega_0\tau}{2}\right)$ 的包络变化，$\omega=\frac{2k\pi}{\tau}$ 为零点($k=1, 2, \cdots$)。若 $\tau\to 0$，第一个零点 $\omega=\frac{2\pi}{\tau}\to\infty$。

(3) 频谱图中有无穷多根谱线，但主要能量集中在第一个零点 $\omega=\frac{2\pi}{\tau}$ 之间。实际应用时，通常把 $0\sim\frac{2\pi}{\tau}$ 的频率范围定义为矩形信号的频带宽度，记为 B_ω，于是

$$B_\omega=\frac{2\pi}{\tau}\tag{3.1-20}$$

或

$$B_f=\frac{1}{\tau}$$

B_ω 的单位是弧度/秒(rad/s)，B_f 的单位是赫兹(Hz)。

3.1.5　周期信号的频谱特点

以上虽然是对周期矩形信号的频谱分析，但其基本特性对所有周期信号适用，由此给

出周期信号频谱的一般特性如下：

(1) 离散性。谱线沿频率轴离散分布。谱线仅在 0、ω_0、$2\omega_0$、…基波的倍频(离散的)频率点上出现。

(2) 谐波性。各谱线等距分布，相邻谱线的距离等于基波频率。周期信号没有基波频率整数倍以外的频率分量。

(3) 收敛性。随着 $n\to\infty$，$|F_n|$或 c_n 趋于零。

傅氏级数是傅氏变换的特殊表示形式。从本质上讲，傅氏变换就是一个棱镜，它把一个信号函数分解为众多的频率分量。这些频率分量又可以重构原来的信号函数。这种变换是可逆的且保持能量不变。傅氏棱镜与自然棱镜的原理是一样的。不过自然棱镜是将自然光分解为多种颜色的光。两种棱镜的比较如图 3.1-6 所示。

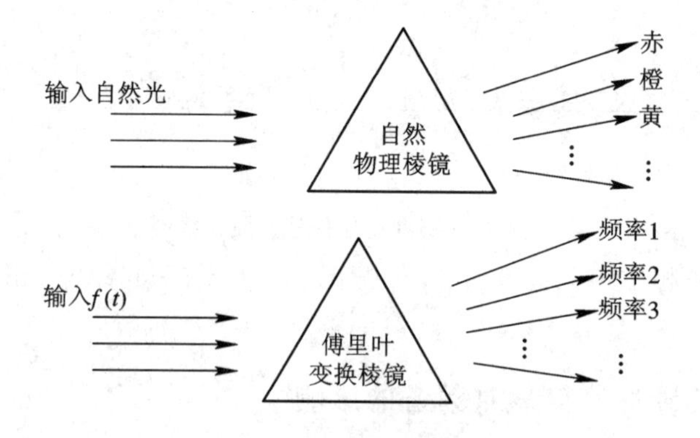

图 3.1-6　两种不同的棱镜

通常把函数(时间波形)的变换叫做波形的频谱。波形与波形的频谱是同样实际的。例如我们可以通过频谱分析仪观察或度量电信号波形的频谱。声波有频谱，图像有频谱，频谱与时域波形一样实际。

*3.2　周期信号的对称性

在将函数 $f(t)$展开为傅里叶级数时，如果实信号 $f(t)$的波形满足某些对称条件，那么其傅里叶级数中有些项将为零。利用这些对称条件，读者不必计算零系数项，并且其非零项的计算公式也可简化，起到事半功倍的效果。

3.2.1　信号对称性与傅里叶级数系数关系

波形的对称性有两类：一类是波形对原点或纵轴对称，即我们所熟悉的偶函数、奇函数。由这类对称条件可以判断级数中是否含有正、余弦(a_n、b_n)项的情况；另一类是波形在半周期有对称条件，这类条件决定了级数中含有偶次或奇次谐波的情况。下面具体讨论对称条件对傅里叶级数系数的影响。

1. 偶函数

偶函数的波形特点是对称纵轴，即满足 $f(t)=f(-t)$，如图 3.2-1 所示。

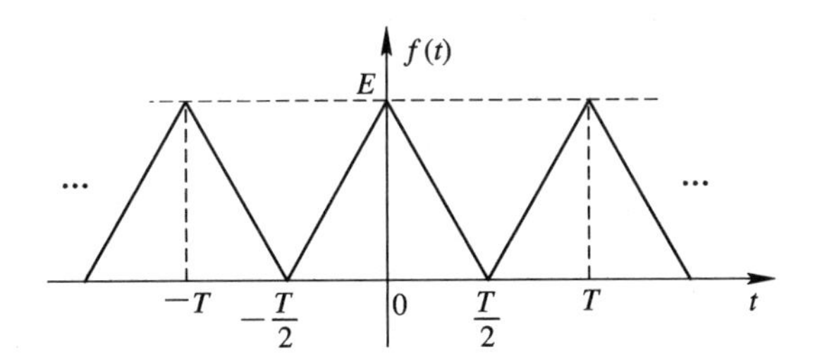

图 3.2-1　偶函数举例

因为 $f(t)\cos(n\omega_0 t)$ 是偶函数，$f(t)\sin(n\omega_0 t)$ 是奇函数，所以式(3.1-7)可改为

$$\begin{aligned} a_n &= \frac{2}{T}\int_{-T/2}^{T/2} f(t)\cos(n\omega_0 t)\,\mathrm{d}t = \frac{4}{T}\int_0^{T/2} f(t)\cos(n\omega_0 t)\,\mathrm{d}t \\ b_n &= \frac{2}{T}\int_{-T/2}^{T/2} f(t)\sin(n\omega_0 t)\,\mathrm{d}t = 0 \end{aligned} \tag{3.2-1}$$

与标准三角形式及指数形式的系数关系为

$$\left.\begin{aligned} &F_0 = a_0 = c_0 \\ &\dot{c}_n = a_n = 2F_n \\ &\varphi_n = -\arctan\frac{b_n}{a_n} = \begin{cases} 0 & a_n > 0 \\ -\pi & a_n < 0 \end{cases} \\ &F_n = F_{-n} = \frac{a_n}{2} \qquad n = 1, 2, \cdots \end{aligned}\right\} \tag{3.2-2}$$

因此，偶函数分解后只有余弦分量(直流 $a_0 \neq 0$)，没有正弦分量($b_n = 0$)。

$$f(t) = \sum_{n=0}^{\infty} a_n \cos(n\omega_0 t) \tag{3.2-3}$$

利用式(3.2-1)可求出如图 3.2-1 所示周期三角信号的傅氏系数 a_0、a_n，其傅氏级数为

$$\begin{aligned} f(t) &= \frac{E}{2} + \frac{4E}{\pi^2}\left[\cos(\omega_0 t) + \frac{1}{3^2}\cos(3\omega_0 t) + \frac{1}{5^2}\cos(5\omega_0 t) + \cdots\right] \\ &= \frac{E}{2} + \frac{4E}{\pi^2}\sum_{n=1}^{\infty}\frac{1}{n^2}\sin^2\left(\frac{n\pi}{2}\right)\cos(n\omega_0 t) \end{aligned}$$

2. 奇函数

奇函数的波形特点是对称于原点，即满足 $f(t) = -f(-t)$，如图 3.2-2 所示。

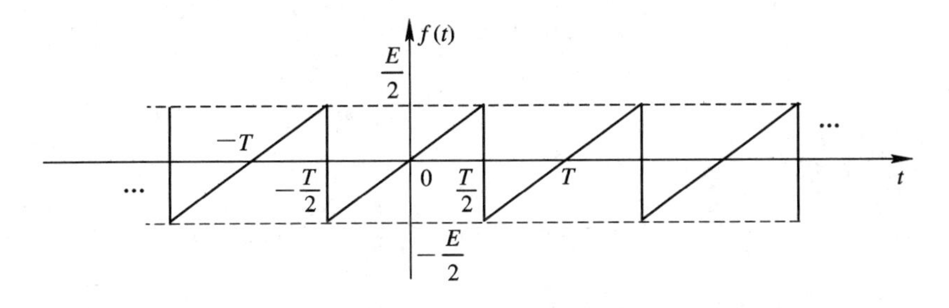

图 3.2-2　奇函数举例

因为 $f(t)\cos(n\omega_0 t)$是奇函数，$f(t)\sin(n\omega_0 t)$是偶函数，所以式(3.1-7)可改为

$$\left.\begin{aligned}a_n &= \frac{2}{T}\int_{-T/2}^{T/2} f(t)\cos(n\omega_0 t)\mathrm{d}t = 0\\ b_n &= \frac{2}{T}\int_{-T/2}^{T/2} f(t)\sin(n\omega_0 t)\mathrm{d}t = \frac{4}{T}\int_0^{T/2} f(t)\sin(n\omega_0 t)\mathrm{d}t\end{aligned}\right\} \tag{3.2-4}$$

与标准三角形式及指数形式的系数关系为

$$\left.\begin{aligned}&F_0 = a_0 = c_0 = 0\\ &\dot{c}_n = b_n = \mathrm{j}2F_n\\ &\varphi_n = -\arctan\frac{b_n}{a_n} = \begin{cases}-\pi/2 & b_n > 0\\ \pi/2 & b_n < 0\end{cases}\\ &F_n = -F_{-n} = -\mathrm{j}\,\frac{b_n}{2} \qquad n = 1, 2, \cdots\end{aligned}\right\} \tag{3.2-5}$$

因此，奇函数分解后只有正弦分量(直流 $a_0=0$)，没有余弦分量($a_n=0$)。

$$f(t) = \sum_{n=1}^{\infty} b_n \sin(n\omega_0 t) \tag{3.2-6}$$

利用式(3.2-4)可求出如图 3.2-2 所示周期锯齿波信号的傅氏系数 b_n，其傅氏级数为

$$\begin{aligned}f(t) &= \frac{E}{\pi}\left[\sin(\omega_0 t) - \frac{1}{2}\sin(2\omega_0 t) + \frac{1}{3}\sin(3\omega_0 t) - \frac{1}{4}\sin(4\omega_0 t) + \cdots\right]\\ &= \frac{E}{\pi}\sum_{n=1}^{\infty}(-1)^{n+1}\,\frac{1}{n}\sin(n\omega_0 t)\end{aligned}$$

3. 奇谐函数

奇谐函数的波形特点是任意半个周期的波形可由它前面半个周期的波形沿横轴反折得到，即$f(t)=-f\left(t\pm\dfrac{T}{2}\right)$，如图 3.2-3 所示。

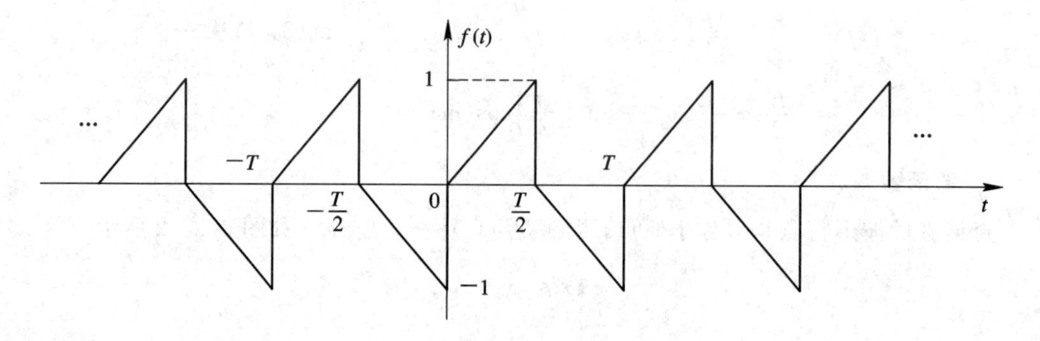

图 3.2-3　奇谐函数举例

由式(3.1-7)得

$$a_n = \frac{2}{T}\int_{-T/2}^{0} f(t)\cos(n\omega_0 t)\mathrm{d}t + \frac{2}{T}\int_0^{T/2} f(t)\cos(n\omega_0 t)\mathrm{d}t \tag{3.2-7}$$

将 $f(t)=-f\left(t+\dfrac{T}{2}\right)$代入第一个积分中，有

$$\frac{2}{T}\int_{-T/2}^{0}-f\left(t+\frac{T}{2}\right)\cos\left[n\omega_0\left(t+\frac{T}{2}-\frac{T}{2}\right)\right]\mathrm{d}t$$

$$=\frac{2}{T}\int_{-T/2}^{0}-f\left(t+\frac{T}{2}\right)\cos\left[n\omega_0\left(t+\frac{T}{2}\right)\right]\cos(n\pi)\ \mathrm{d}t$$

$$=-\cos(n\pi)\ \frac{2}{T}\int_{0}^{T/2}f(t)\cos(n\omega_0 t)\mathrm{d}t$$

再代入式(3.2-7)计算 a_n 的公式中

$$a_n=\frac{2}{T}\int_{0}^{T/2}f(t)\cos(n\omega_0 t)\mathrm{d}t-\cos(n\pi)\ \frac{2}{T}\int_{0}^{T/2}f(t)\cos(n\omega_0 t)\mathrm{d}t$$

$$=[1-\cos(n\pi)]\frac{2}{T}\int_{0}^{T/2}f(t)\cos(n\omega_0 t)\mathrm{d}t$$

$$=\begin{cases}0 & n\text{ 为偶}\\ \dfrac{4}{T}\displaystyle\int_{0}^{T/2}f(t)\cos(n\omega_0 t)\mathrm{d}t & n\text{ 为奇}\end{cases}\tag{3.2-8a}$$

同理可得

$$b_n=\begin{cases}0 & n\text{ 为偶}\\ \dfrac{4}{T}\displaystyle\int_{0}^{T/2}f(t)\sin(n\omega_0 t)\mathrm{d}t & n\text{ 为奇}\end{cases}\tag{3.2-8b}$$

奇谐函数只含有正、余弦波的奇次项，不含偶次项。

如图 3.2-4 所示，以奇谐函数为例，图解示意对称性对傅氏系数的影响。

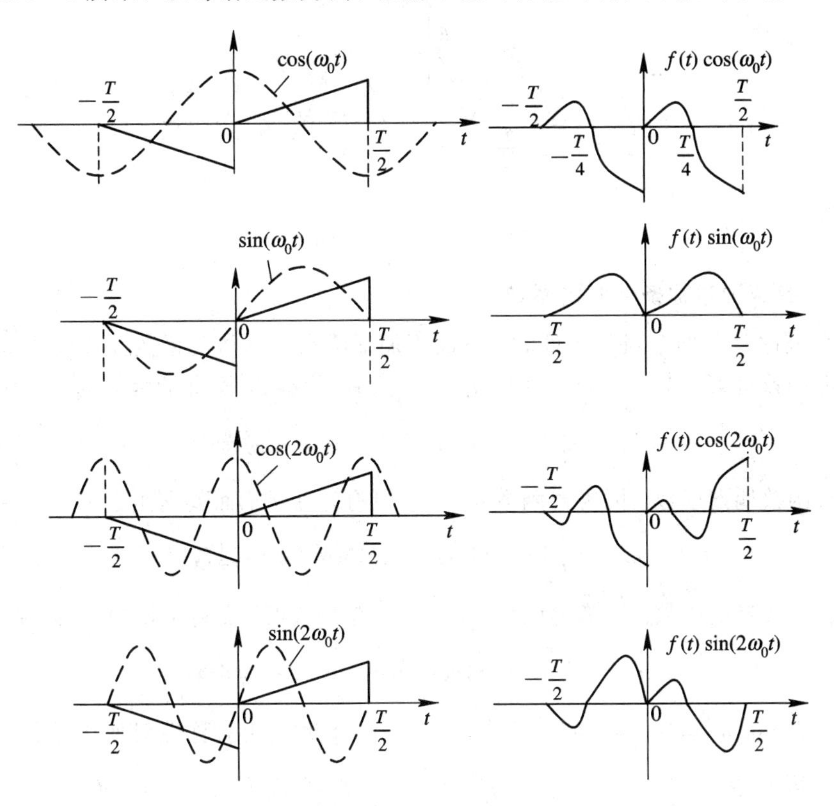

图 3.2-4　奇谐对称性对傅氏系数影响的图解示意

由图 3.2-4 可见在$-\frac{T}{2}\sim\frac{T}{2}$区间，$f(t)\cos(\omega_0 t)$、$f(t)\sin(\omega_0 t)$的面积不为零，而$f(t)\cos(2\omega_0 t)$、$f(t)\sin(2\omega_0 t)$的面积为零，因此系数 a_1、b_1 不为零，a_2、b_2 为零。

4. 偶谐函数

偶谐函数波形的实际周期是 $T_1=\frac{T}{2}$，即 $f(t)=f\left(t\pm\frac{T}{2}\right)$。最典型的偶谐函数是如图 3.2-5 所示的全波整流波形，因为仍以 T 为周期展开，所以其基波频率应是

$$\omega_1=\frac{2\pi}{T/2}=2\omega_0$$

又因为积分区间在$-\frac{T}{2}\sim\frac{T}{2}$，而$-\frac{T}{2}\sim 0$ 与 $0\sim\frac{T}{2}$波形相同，可以推得

$$a_n=\begin{cases}\frac{4}{T}\int_0^{T/2} f(t)\cos(n\omega_0 t)\mathrm{d}t & n\text{ 为偶}\\ 0 & n\text{ 为奇}\end{cases} \tag{3.2-9a}$$

$$b_n=\begin{cases}\frac{4}{T}\int_0^{T/2} f(t)\sin(n\omega_0 t)\mathrm{d}t & n\text{ 为偶}\\ 0 & n\text{ 为奇}\end{cases} \tag{3.2-9b}$$

偶谐函数以周期 T 展开后只含有基波 $\omega_0=2\pi/T$ 的偶次正、余弦分量，不含奇次项。

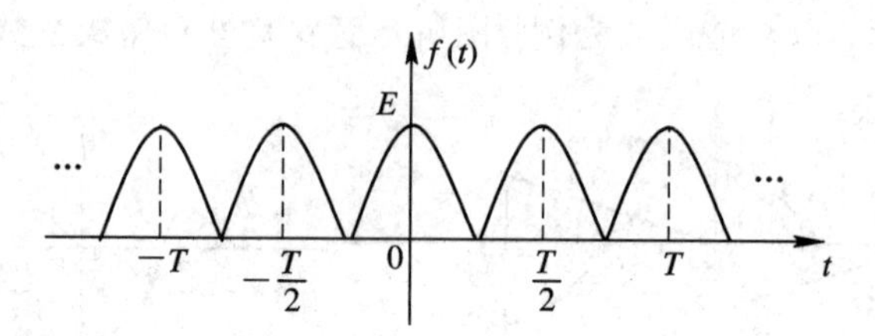

图 3.2-5　偶谐函数举例

5. $f(t)$有两种对称条件时的系数

当波形同时具备两个对称条件时，下面不加证明给出其傅氏系数计算公式。

(1) 奇函数奇谐函数。因为奇函数 $a_n=0$，只有正弦项，而奇谐函数的 $b_{2n}=0$，所以

$$b_n=\frac{8}{T}\int_0^{T/4} f(t)\sin(n\omega_0 t)\mathrm{d}t \quad n\text{ 为奇数} \tag{3.2-10}$$

(2) 奇函数偶谐函数。因为奇函数 $a_n=0$，只有正弦项，而偶谐函数的 $b_{2n+1}=0$，所以

$$b_n=\frac{8}{T}\int_0^{T/4} f(t)\sin(n\omega_0 t)\mathrm{d}t \quad n\text{ 为偶数} \tag{3.2-11}$$

(3) 偶函数奇谐函数。因为偶函数 $b_n=0$，只有余弦项，而奇谐函数的 $a_{2n}=0$，所以

$$a_n=\frac{8}{T}\int_0^{T/4} f(t)\cos(n\omega_0 t)\mathrm{d}t \quad n\text{ 为奇数} \tag{3.2-12}$$

如图 3.2-6 所示，以偶函数、奇谐函数为例，图解说明对称性对傅氏系数的影响。由图 3.2-6 可见在$-\frac{T}{2}\sim\frac{T}{2}$区间，$f(t)\cos(\omega_0 t)$的面积不为零，而 $f(t)\sin(\omega_0 t)$、$f(t)\cos(2\omega_0 t)$、$f(t)\sin(2\omega_0 t)$的面积为零，所以系数 a_1 不为零，b_1、b_2、a_2 为零。

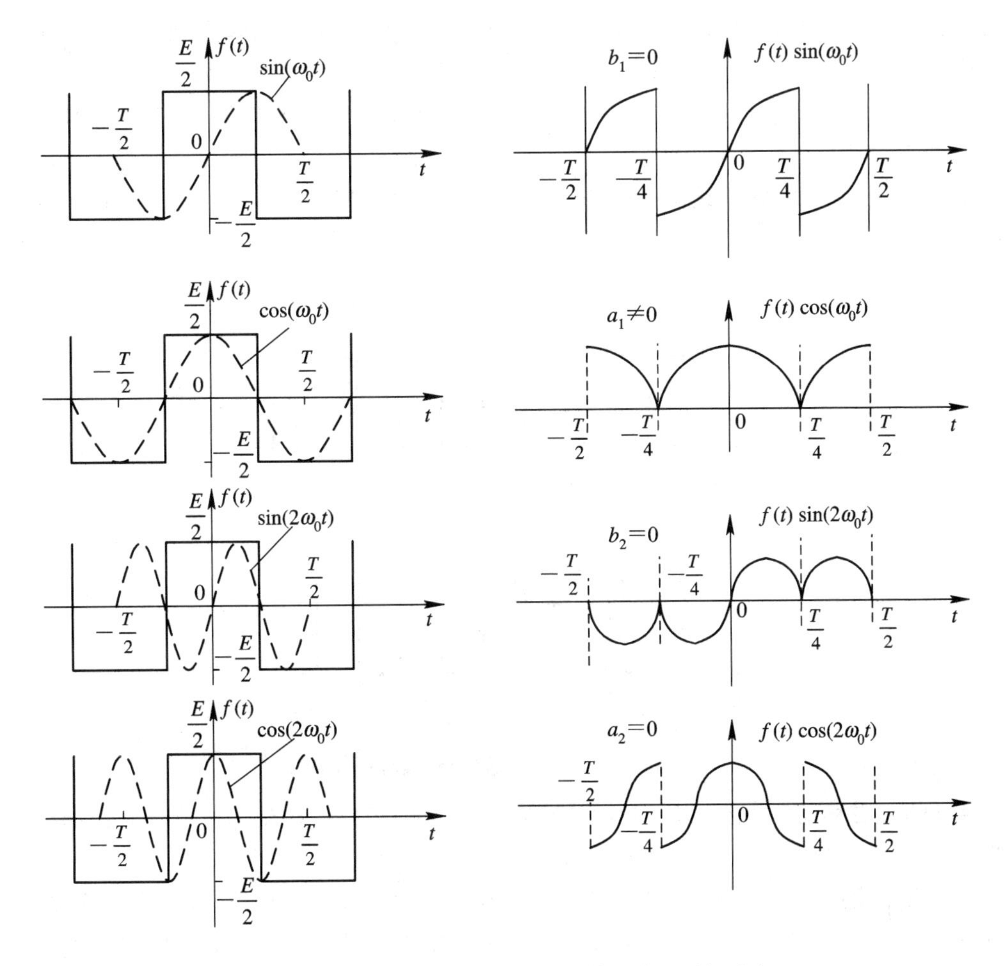

图 3.2－6　两个对称性对傅氏系数影响的图解示意

由式(3.2－11)可以求出图 3.2－6 中 $f(t)$的 a_0、a_n，其傅氏级数为

$$f(t)=\frac{2E}{\pi}\left[\cos(\omega_0 t)-\frac{1}{3}\cos(3\omega_0 t)+\frac{1}{5}\cos(5\omega_0 t)-\cdots\right]$$

$$=\frac{2E}{\pi}\sum_{n=1}^{\infty}\frac{1}{n}\sin\left(\frac{n\pi}{2}\right)\cos(n\omega_0 t)$$

(4) 偶函数偶谐函数。因为偶函数 $b_n=0$，只有余弦项，而偶谐函数的 $a_{2n+1}=0$，所以

$$a_n=\frac{8}{T}\int_0^{T/4}f(t)\cos(n\omega_0 t)\mathrm{d}t\qquad n\text{ 为偶数}\tag{3.2－13}$$

如图 3.2－5 所示的全波整流波形是偶函数偶谐函数，由式(3.2－13)可以求出 a_0、a_n。

其傅氏级数为

$$f(t)=\frac{2E}{\pi}+\frac{4E}{\pi}\left[\frac{1}{3}\cos(2\omega_0 t)-\frac{1}{15}\cos(4\omega_0 t)+\frac{1}{35}\cos(6\omega_0 t)-\cdots\right]$$

$$=\frac{2E}{\pi}+\frac{4E}{\pi}\sum_{n=1}^{\infty}(-1)^{n+1}\frac{1}{4n^2-1}\cos(2n\omega_0 t)$$

3.2.2　坐标轴的影响

有些波形虽不满足对称条件，但将横轴上、下移动，可使得“隐藏”的对称条件显现。

例如图 3.2-7(a)所示波形，直接观察不具备任何对称性。但如果将横轴向上移至$f(t)$的平均值$A/2$处，如图 3.2-7(b)所示，则$f(t')$显然是奇函数、奇谐函数，同时具备两个对称条件。由图 3.2-7 不难得到$f(t)=f(t')+A/2$，两者只相差平均值。所以一般将横轴移至$f(t)$的平均值处，更便于观察信号的对称性。同样图 3.2-1 所示的三角信号，将横轴移至$f(t)$的平均值处，它就是偶函数奇谐函数。除了有直流分量外，它只含有余弦的奇次项。

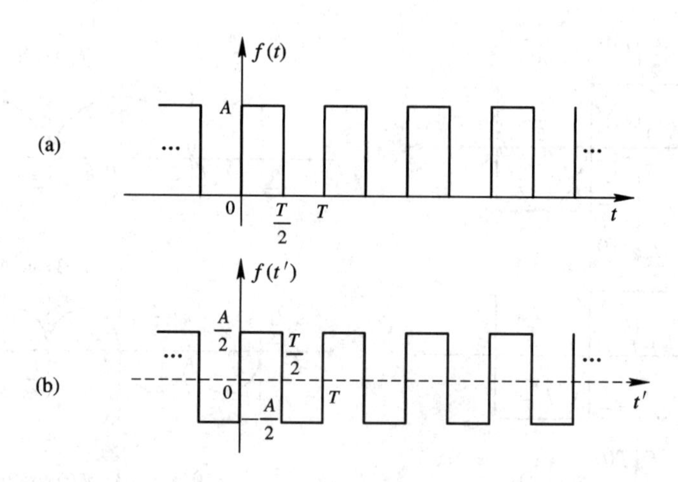

图 3.2-7　具有“隐蔽”对称条件的实例

纵轴的左右移动，不会改变$f(t)$的谐波分量c_n，但相位φ_n的改变，会使正弦与余弦分量变化。

在分析给定周期信号时，应先判断是否存在可简化运算的对称条件，包括“隐藏”的对称条件。若有对称条件，由以上讨论可知傅氏级数中的一些项必为零，要确定余下的非零系数，只需对半个甚至1/4个周期积分即可。表 3-1 列出了有对称条件时傅氏系数的计算公式。

表 3-1　对称条件与傅氏系数

序号	对称条件	傅氏系数(仅有不为零的系数)
1	偶函数	$a_n=\frac{4}{T}\int_0^{T/2}f(t)\cos(n\omega_0 t)\mathrm{d}t$　$a_0=\frac{2}{T}\int_0^{T/2}f(t)\mathrm{d}t$
2	奇函数	$b_n=\frac{4}{T}\int_0^{T/2}f(t)\sin(n\omega_0 t)\mathrm{d}t$
3	奇谐函数	$a_n=\frac{4}{T}\int_0^{T/2}f(t)\cos(n\omega_0 t)\mathrm{d}t$　n为奇数 $b_n=\frac{4}{T}\int_0^{T/2}f(t)\sin(n\omega_0 t)\mathrm{d}t$　n为奇数
4	偶谐函数	$a_n=\frac{4}{T}\int_0^{T/2}f(t)\cos(n\omega_0 t)\mathrm{d}t$　n为偶数　$a_0=\frac{2}{T}\int_0^{T/2}f(t)\mathrm{d}t$ $b_n=\frac{4}{T}\int_0^{T/2}f(t)\sin(n\omega_0 t)\mathrm{d}t$　n为偶数

续表

序号	对称条件	傅氏系数(仅有不为零的系数)
5	奇函数、奇谐函数	$b_n=\frac{8}{T}\int_0^{T/4}f(t)\sin(n\omega_0 t)\mathrm{d}t\quad n$ 为奇数
6	奇函数、偶谐函数	$b_n=\frac{8}{T}\int_0^{T/4}f(t)\sin(n\omega_0 t)\mathrm{d}t\quad n$ 为偶数
7	偶函数、奇谐函数	$a_n=\frac{8}{T}\int_0^{T/4}f(t)\cos(n\omega_0 t)\mathrm{d}t\quad n$ 为奇数
8	偶函数、偶谐函数	$a_n=\frac{8}{T}\int_0^{T/4}f(t)\cos(n\omega_0 t)\mathrm{d}t\quad n$ 为偶数 $\qquad a_0=\frac{4}{T}\int_0^{T/4}f(t)\mathrm{d}t$

3.3 非周期信号的频谱——傅里叶变换

3.3.1 从傅里叶级数到傅里叶变换

若将非周期信号看做是周期信号 $T\to\infty$ 的极限情况，非周期信号就可以表示为

$$\lim_{T\to\infty}f_T(t)=f(t)$$

以周期矩形脉冲为例，当 $T\to\infty$时，周期信号就变成单脉冲的非周期信号。由 3.1 节分析可知，随着周期 T 的增大，$|F_n|$变小，离散谱线间隔 ω_0 变窄；当 $T\to\infty$时，$|F_n|\to 0$，$\omega_0\to 0$ 时，离散谱变成连续谱。此时虽然$|F_n|\to 0$，但其频谱分布规律依然存在，它们之间的相对值仍有差别。为了描述这种振幅、相位随频率变化的相对关系，引入频谱密度函数。

已知周期函数的傅里叶级数为

$$f_T(t)=\sum_{n=-\infty}^{\infty}F_n\mathrm{e}^{\mathrm{j}n\omega_0 t}\tag{3.3-1}$$

式中，

$$F_n=F(n\omega_0)=\frac{1}{T}\int_{-T/2}^{T/2}f_T(t)\ \mathrm{e}^{-\mathrm{j}n\omega_0 t}\mathrm{d}t\tag{3.3-2}$$

对式(3.3-2)两边取极限，并乘以 T，使 F_n 不为零，得到

$$\lim_{T\to\infty}TF_n=\lim_{T\to\infty}\int_{-T/2}^{T/2}f_T(t)\mathrm{e}^{-\mathrm{j}n\omega_0 t}\mathrm{d}t\tag{3.3-3}$$

当 $T\to\infty$，周期信号 $f_T(t)$变成非周期信号 $f(t)$，离散频率 $n\omega_0$ 变为连续变量 ω；$|F_n|\to 0$，但 $TF_n=2\pi\frac{F_n}{\omega_0}$不为零，并将$\lim\limits_{T\to\infty}TF_n$ 记为$F(\mathrm{j}\omega)$或 $F(\omega)$，则式(3.3-3)变为

$$F(\mathrm{j}\omega)=\int_{-\infty}^{\infty}f(t)\mathrm{e}^{-\mathrm{j}\omega t}\mathrm{d}t\tag{3.3-4}$$

因为 $F(\mathrm{j}\omega)=\lim\limits_{T\to\infty}TF_n=\lim\limits_{\omega_0\to 0}2\pi\frac{F_n}{\omega_0}$是单位频带的频谱值，故为频谱密度函数，简称频谱函数。同样，$f_T(t)$的傅氏级数为

$$f_T(t)=\sum_{n=-\infty}^{\infty}\frac{1}{T}\left[\int_{-\frac{T}{2}}^{\frac{T}{2}}f_T(t)\mathrm{e}^{-\mathrm{j}n\omega_0 t}\mathrm{d}t\right]\mathrm{e}^{\mathrm{j}n\omega_0 t}$$

将 $T=\frac{2\pi}{\omega_0}$代入上式可得

$$f_T(t)=\sum_{n=-\infty}^{\infty}\frac{\omega_0}{2\pi}\left[\int_{-\frac{T}{2}}^{\frac{T}{2}}f_T(t)\mathrm{e}^{-\mathrm{j}n\omega_0 t}\mathrm{d}t\right]\mathrm{e}^{\mathrm{j}n\omega_0 t}$$

与前相似，在 $T\to\infty$的极限情况下，$f_T(t)\to f(t)$，$n\omega_0\to\omega$，$\sum_{n=-\infty}^{\infty}\to\int$，$\omega_0\to\mathrm{d}\omega$，上式变为

$$f(t)=\int_{-\infty}^{\infty}\frac{1}{2\pi}\left(\int_{-\infty}^{\infty}f(t)\mathrm{e}^{-\mathrm{j}\omega t}\mathrm{d}t\right)\mathrm{e}^{\mathrm{j}\omega t}\mathrm{d}\omega$$

把式(3.3-4)的结果代入上式，我们得到 $f(t)$的傅里叶积分表示

$$f(t)=\frac{1}{2\pi}\int_{-\infty}^{\infty}F(\mathrm{j}\omega)\mathrm{e}^{\mathrm{j}\omega t}\mathrm{d}\omega \tag{3.3-5}$$

式(3.3-5)表明非周期号可以分解为无穷多个复振幅为$\frac{F(\mathrm{j}\omega)}{2\pi}\mathrm{d}\omega$的复指数分量。$F(\mathrm{j}\omega)$还可表示为

$$F(\mathrm{j}\omega)=|F(\omega)|\mathrm{e}^{\mathrm{j}\varphi(\omega)} \tag{3.3-6}$$

式中，$|F(\omega)|$是振幅谱密度函数，简称振幅谱；$\varphi(\omega)$是相位谱密度函数，简称相位谱。一般把式(3.3-4)与式(3.3-5)叫做傅里叶变换对，其中式(3.3-4)为傅里叶变换，式(3.3-5)为傅里叶反变换。傅里叶变换对关系也常用下述符号表示

$$\left.\begin{aligned}F(\mathrm{j}\omega)&=\mathscr{F}[f(t)]\\ f(t)&=\mathscr{F}^{-1}[F(\omega)]\end{aligned}\right\} \tag{3.3-7}$$

或

$$f(t)\leftrightarrow F(\mathrm{j}\omega) \tag{3.3-8}$$

傅里叶变换也简称傅氏变换，用英文缩写 FT 或 $\mathscr{F}$表示；傅里叶反变换用英文缩写 IFT 或 $\mathscr{F}^{-1}$表示。若 $f(t)$为因果信号，则傅里叶变换式为

$$F(\mathrm{j}\omega)=\int_{0}^{\infty}f(t)\mathrm{e}^{-\mathrm{j}\omega t}\mathrm{d}t \tag{3.3-9}$$

反变换同式(3.3-5)。

式(3.3-8)表示 $F(\mathrm{j}\omega)$与 $f(t)$具有一一对应关系，$F(\mathrm{j}\omega)$是 $f(t)$的频谱密度函数，而 $f(t)$是 $F(\mathrm{j}\omega)$的原函数。

特别有

$$\left.\begin{aligned}F(0)&=\int_{-\infty}^{\infty}f(t)\mathrm{d}t\\ f(0)&=\frac{1}{2\pi}\int_{-\infty}^{\infty}F(\omega)\mathrm{d}\omega\end{aligned}\right\} \tag{3.3-10}$$

由傅里叶变换的推导过程表明，信号傅里叶变换存在的条件与傅氏级数存在条件基本相同，不同之处是时间范围由一个周期变为无限区间。傅里叶变换存在的充分条件是无限区间内函数绝对可积，即

$$\int_{-\infty}^{\infty}|f(t)|\mathrm{d}t<\infty \tag{3.3-11}$$

信号的时间函数 $f(t)$和它的傅氏变换即频谱 $F(\omega)$是同一信号的两种不同的表现形式。不过，$f(t)$显示了时间信息而隐藏了频率信息；$F(\omega)$显示了频率信息而隐藏了时间信息。

3.3.2 常用函数的傅里叶变换对

1. 单边指数函数

(1) 单边因果指数函数

$$f(t) = \mathrm{e}^{-at}u(t) \quad a > 0$$

$$F(\omega) = \int_{-\infty}^{\infty} \mathrm{e}^{-at}u(t)\mathrm{e}^{-\mathrm{j}\omega t}\,\mathrm{d}t = \int_{0}^{\infty} \mathrm{e}^{-(a+\mathrm{j}\omega)t}\,\mathrm{d}t$$

$$= \left.\frac{-\mathrm{e}^{-(a+\mathrm{j}\omega)t}}{a+\mathrm{j}\omega}\right|_0^{\infty} = \frac{1}{a+\mathrm{j}\omega} = \frac{1}{\sqrt{a^2+\omega^2}}\mathrm{e}^{-\mathrm{j}\arctan\frac{\omega}{a}}$$

即

$$\left.\begin{aligned} F(\omega) &= \frac{1}{a+\mathrm{j}\omega} \\ |F(\mathrm{j}\omega)| &= \frac{1}{\sqrt{a^2+\omega^2}} \end{aligned}\right\} \tag{3.3-12}$$

$$\varphi(\omega) = -\arctan\frac{\omega}{a}$$

单边因果指数函数的波形、振幅谱$|F(\mathrm{j}\omega)|$、相位谱$\varphi(\omega)$如图 3.3-1 所示。

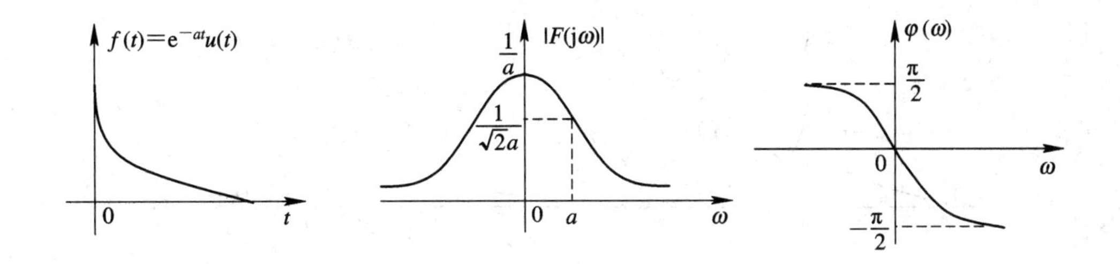

图 3.3-1 单边因果指数函数的波形、振幅谱、相位谱

(2) 单边非因果指数函数

$$f(t) = \mathrm{e}^{at}u(-t) \quad a > 0$$

$$F(\omega) = \int_{-\infty}^{\infty} \mathrm{e}^{at}u(-t)\mathrm{e}^{-\mathrm{j}\omega t}\,\mathrm{d}t = \int_{-\infty}^{0} \mathrm{e}^{(a-\mathrm{j}\omega)t}\,\mathrm{d}t$$

$$= \left.\frac{\mathrm{e}^{(a-\mathrm{j}\omega)t}}{a-\mathrm{j}\omega}\right|_{-\infty}^{0} = \frac{1}{a-\mathrm{j}\omega} = \frac{1}{\sqrt{a^2+\omega^2}}\mathrm{e}^{\mathrm{j}\arctan\frac{\omega}{a}}$$

即

$$\left.\begin{aligned} F(\omega) &= \frac{1}{a-\mathrm{j}\omega} \\ |F(\mathrm{j}\omega)| &= \frac{1}{\sqrt{a^2+\omega^2}} \\ \varphi(\omega) &= \arctan\frac{\omega}{a} \end{aligned}\right\} \tag{3.3-13}$$

单边非因果指数函数的波形、振幅谱$|F(\mathrm{j}\omega)|$、相位谱$\varphi(\omega)$如图 3.3-2 所示。

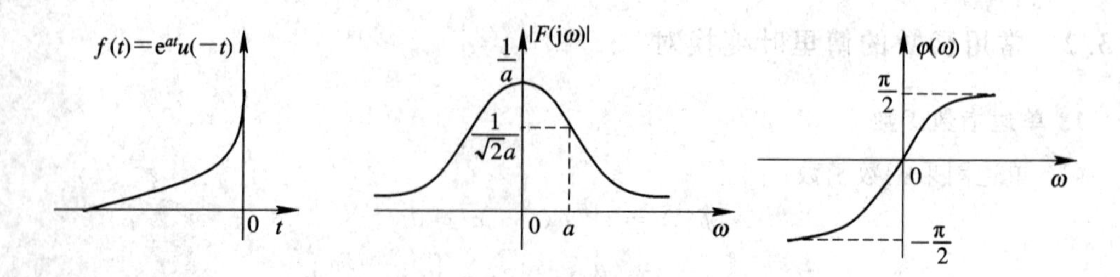

图 3.3-2　单边非因果指数函数的波形及其振幅、相位谱

2. 双边指数函数

$$f(t)=e^{-a|t|}\quad -\infty<t<\infty,\ a>0$$

或

$$f(t)=e^{at}u(-t)+e^{-at}u(t)$$

利用以上单边指数函数的变换结果有

$$F(\omega)=\frac{1}{a-j\omega}+\frac{1}{a+j\omega}=\frac{2a}{a^2+\omega^2}$$

即

$$\left.\begin{aligned}&|F(j\omega)|=F(\omega)=\frac{2a}{a^2+\omega^2}\\&\varphi(\omega)=0\end{aligned}\right\}\tag{3.3-14}$$

双边指数函数的波形、频谱 $F(j\omega)$ 如图 3.3-3 所示。

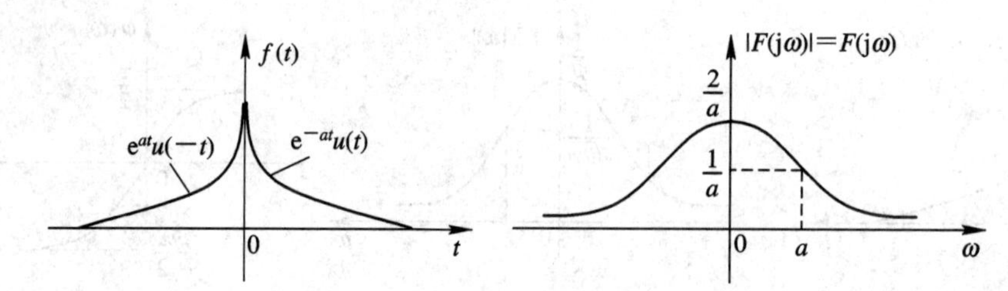

图 3.3-3　双边指数函数的波形、频谱

3. 符号函数

符号函数也称正负函数，记为 sgn(t)，表示式为

$$\mathrm{sgn}(t)=-u(-t)+u(t)=\begin{cases}1 & t>0\\-1 & t<0\end{cases}$$

显然，这个函数不满足绝对可积条件，不能用式(3.3-4)直接来求。我们可用以下极限形式表示 sng(t)函数

$$\mathrm{sng}(t)=\lim_{a\to 0}e^{-a|t|}\ \mathrm{sgn}(t)=\lim_{a\to 0}\left[e^{-at}u(t)-e^{at}u(-t)\right]$$

上式是两个单边指数函数的组合，利用前面的结果，并取极限可得

$$F(\omega)=\lim_{a\to 0}\left[\frac{1}{a+j\omega}-\frac{1}{a-j\omega}\right]=\frac{2}{j\omega}$$

$$\left.\begin{aligned}&|F(j\omega)|=\frac{2}{|\omega|}\\&\varphi(\omega)=\begin{cases}\pi/2 & \omega<0\\-\pi/2 & \omega>0\end{cases}\end{aligned}\right\}\tag{3.3-15}$$

符号函数的波形、振幅谱$|F(\mathrm{j}\omega)|$、相位谱$\varphi(\omega)$如图 3.3-4 所示。

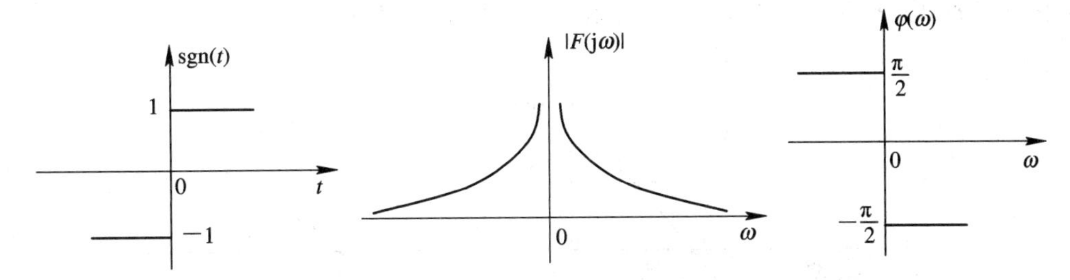

图 3.3-4　符号函数的波形及其振幅、相位谱

4. 门函数 $g_\tau(t)$

$g_\tau(t)$是宽度为τ，幅度为 1 的偶函数，也常常称为矩形脉冲信号，表示式为

$$f(t)=\left[u\left(t+\frac{\tau}{2}\right)-u\left(t-\frac{\tau}{2}\right)\right]=g_\tau(t)$$

$$F(\omega)=\int_{-\infty}^{\infty}g_\tau(t)\mathrm{e}^{-\mathrm{j}\omega t}\mathrm{d}t=\int_{-\tau/2}^{\tau/2}\mathrm{e}^{-\mathrm{j}\omega t}\mathrm{d}t$$

$$=\frac{2}{\omega}\sin\frac{\omega\tau}{2}=\tau\frac{\sin(\omega\tau/2)}{\omega\tau/2}=\tau\cdot\mathrm{Sa}\left(\frac{\omega\tau}{2}\right)$$

门函数的频谱函数、振幅谱、相位谱为

$$\left.\begin{aligned}&F(\omega)=\tau\cdot\mathrm{Sa}\left(\frac{\omega\tau}{2}\right)\\&|F(\omega)|=\tau\left|\mathrm{Sa}\left(\frac{\omega\tau}{2}\right)\right|\\&\varphi(\omega)=\begin{cases}0 & \dfrac{4n\pi}{\tau}<|\omega|<\dfrac{2(2n+1)\pi}{\tau}\\-\pi & \dfrac{2(2n+1)\pi}{\tau}<|\omega|<\dfrac{4(n+1)\pi}{\tau}\end{cases}\end{aligned}\right\}\tag{3.3-16}$$

门函数的波形、振幅谱$|F(\mathrm{j}\omega)|$、相位谱$\varphi(\omega)$如图 3.3-5 所示。

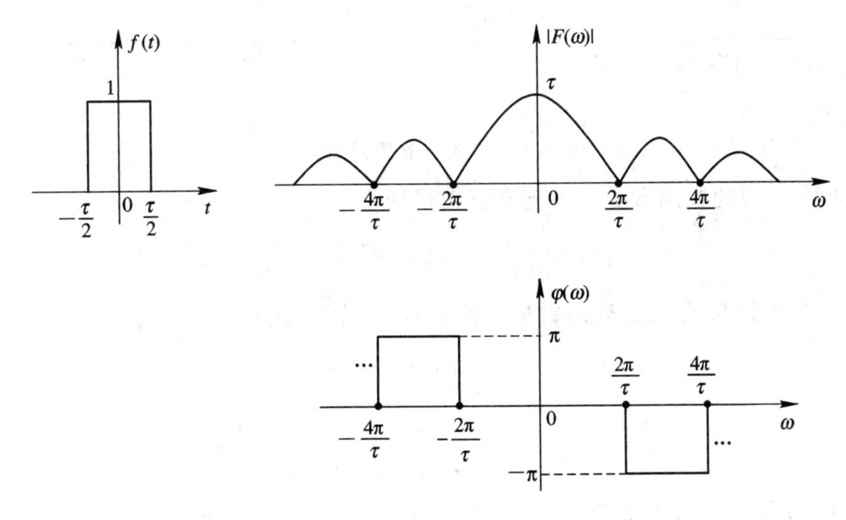

图 3.3-5　$g_\tau(t)$的波形及振幅、相位谱

由于 $F(\omega)$是实函数，其相位谱只有 0、$-\pi$ 两种情况，反映在 $F(\omega)$上是正、负的变化，因此其振幅、相位谱如图 3.3-6 所示，可由 $F(\omega)$来表示。

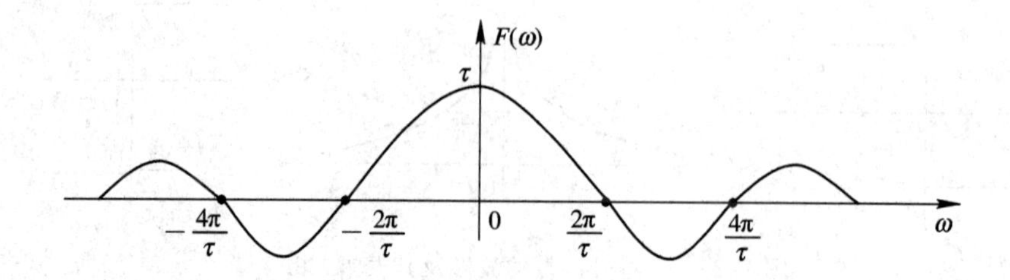

图 3.3-6 $g_\tau(t)$的频谱函数

由图 3.3-5 可见，门函数在时域中是时宽有限的信号，而它的频谱是按 $\mathrm{Sa}\left(\frac{\omega\tau}{2}\right)$的规律变化、无限频宽的频谱，但是信号主要能量集中在频谱函数的第一个零点之内，所以通常定义它的频带宽度为

$$B_\omega = \frac{2\pi}{\tau}\ (\text{弧度 / 秒}) \quad \text{或} \quad B_f = \frac{1}{\tau}\ (\text{赫兹}) \tag{3.3-17}$$

5. 冲激函数

时域冲激函数 $\delta(t)$的变换可由定义直接得到

$$F(\omega) = \int_{-\infty}^{\infty} \delta(t)\mathrm{e}^{-\mathrm{j}\omega t}\,\mathrm{d}t = 1 \tag{3.3-18}$$

由式(3.3-18)可知，时域冲激函数 $\delta(t)$频谱的所有频率分量均匀分布(为常数 1)，这样的频谱也称白色谱。冲激函数 $\delta(t)$、频谱函数如图 3.3-7 所示。

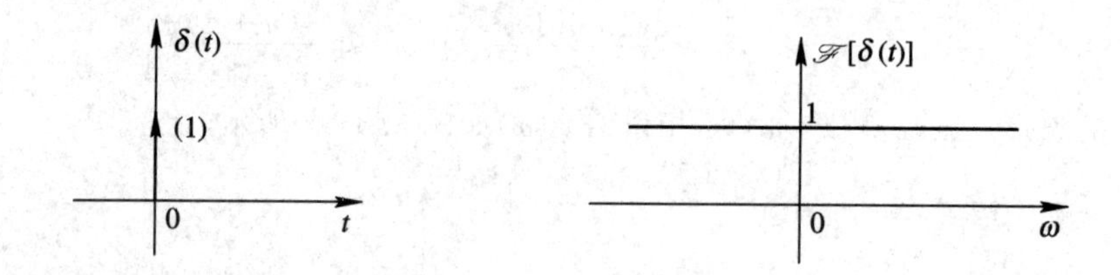

图 3.3-7 冲激函数及其频谱

频域冲激 $\delta(\omega)$的原函数亦可由定义直接得到

$$f(t) = \frac{1}{2\pi}\int_{-\infty}^{\infty} \delta(\omega)\ \mathrm{e}^{\mathrm{j}\omega t}\,\mathrm{d}\omega = \frac{1}{2\pi} \tag{3.3-19}$$

由式(3.3-19)可知频域冲激 $\delta(\omega)$的反变换是常数(直流分量)。

$$\frac{1}{2\pi} \leftrightarrow \delta(\omega)$$

或

$$1 \leftrightarrow 2\pi\delta(\omega) \tag{3.3-20}$$

频域冲激函数 $\delta(\omega)$、原函数如图 3.3-8 所示。

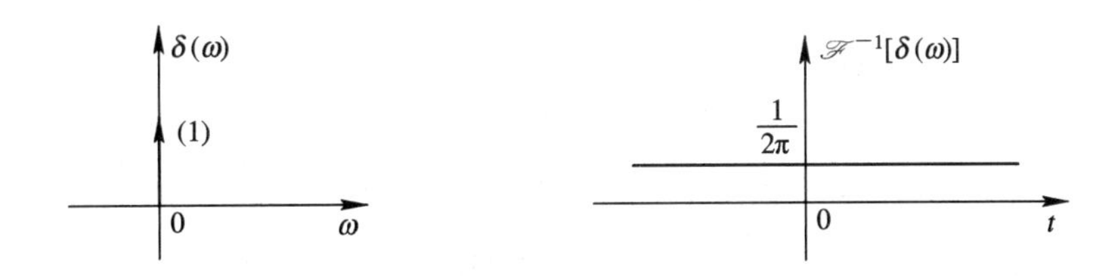

图 3.3-8　频域冲激函数 $\delta(\omega)$及其原函数

6. 阶跃函数 $u(t)$

阶跃函数虽不满足绝对可积条件，但 $u(t)$可以表示为

$$u(t)=\frac{1}{2}+\frac{1}{2}\ \mathrm{sgn}t$$

对上式两边取傅氏变换

$$\begin{aligned}\mathscr{F}[u(t)]&=\pi\delta(\omega)+\frac{1}{2}\cdot\frac{2}{\mathrm{j}\omega}\\&=\pi\delta(\omega)+\frac{1}{\mathrm{j}\omega}\\&=\pi\delta(\omega)+\frac{1}{|\omega|}\mathrm{e}^{-\mathrm{j}\frac{\pi}{2}\ \mathrm{sgn}\omega}\end{aligned}\tag{3.3-21}$$

阶跃函数的波形、振幅谱$|F(\mathrm{j}\omega)|$、相位谱 $\varphi(\omega)$如图 3.3-9 所示。

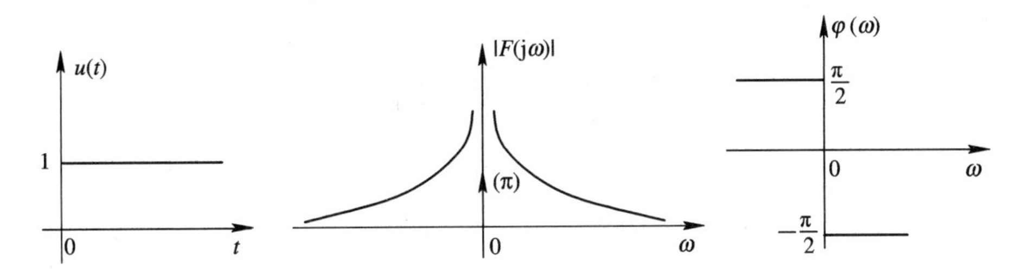

图 3.3-9　阶跃函数的波形以及振幅、相位谱

由以上常见信号傅氏变换可见，在引入奇异(冲激)函数概念之后，使得过去许多不满足式(3.3-11)条件的函数，如阶跃函数、周期函数等，都有了确切的频谱函数表示式。

3.3.3　傅里叶系数 F_n 与频谱函数 $F(\omega)$的关系

若 $f(t)$是从$-\frac{T}{2}\sim\frac{T}{2}$截取 $f_T(t)$一个周期得到的，则

$$F(\omega)=\int_{-T/2}^{T/2}f(t)\ \mathrm{e}^{-\mathrm{j}\omega t}\mathrm{d}t\tag{3.3-22}$$

傅氏级数的系数计算公式为

$$F_n=\frac{1}{T}\int_{-T/2}^{T/2}f_T(t)\mathrm{e}^{-\mathrm{j}n\omega_0 t}\mathrm{d}t\tag{3.3-23}$$

比较式(3.3-22)和式(3.3-23)，可见除了差一个系数$\frac{1}{T}$及标度 $n\omega_0$ 与 ω 不同之外，其余均相同，即有

$$F_n = \frac{1}{T} F(\omega) \bigg|_{\omega = n\omega_0} \tag{3.3-24}$$

式(3.3-24)说明，周期信号傅氏级数的系数 F_n 等于其一个周期的傅氏变换 $F(\omega)$ 在 $n\omega_0$ 频率点的值乘以$\frac{1}{T}$，我们可以利用这个关系求周期函数的傅氏级数系数。

例 3.3-1 求如图 3.3-10(a)所示周期矩形脉冲 $f_T(t)$ 的傅氏级数。

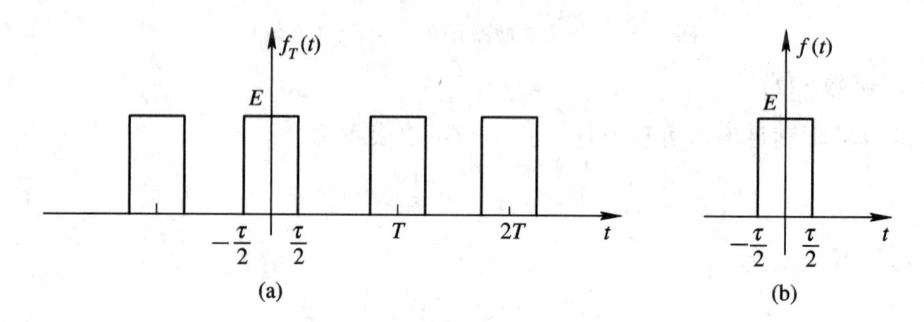

图 3.3-10

(a) 周期矩形脉冲 $f_T(t)$；(b) 矩形脉冲 $f(t)$

解 截取 $f_T(t)$ 从 $-\frac{T}{2} \sim \frac{T}{2}$ 的一段正是矩形脉冲信号，如图 3.3-10(b)所示。

$$f(t) = E\left[u\left(t + \frac{\tau}{2}\right) - u\left(t - \frac{\tau}{2}\right)\right]$$

对应的傅氏变换为

$$F(\omega) = E\tau \ \mathrm{Sa}\left(\frac{\omega\tau}{2}\right)$$

由式(3.3-24)得

$$F_n = \frac{1}{T} F(\omega) \bigg|_{\omega = n\omega_0} = \frac{E\tau}{T} \ \mathrm{Sa}\left(\frac{n\omega_0\tau}{2}\right)$$

最后，$f_T(t)$ 的傅氏级数为

$$f_T(t) = \frac{E\tau}{T} \sum_{n=-\infty}^{\infty} \mathrm{Sa}\left(\frac{n\omega_0\tau}{2}\right) \mathrm{e}^{\mathrm{j}n\omega_0 t}$$

3.4 傅里叶变换性质及定理

傅氏变换揭示了信号时间特性与频率特性之间的联系。信号可以在时域中用时间函数 $f(t)$ 表示，亦可以在频域中用频谱密度函数 $F(\omega)$ 表示；只要其中一个确定，另一个随之确定，两者是一一对应的。在实际的信号分析中，往往还需要对信号的时、频特性之间的对应关系、变换规律有更深入、具体的了解。例如我们希望清楚，当一个信号在时域中发生了某些变化后，会引起频域的什么变化，反之亦然。除了明白信号时、频之间的内在联系，我们也希望了解傅氏变换在工程中的应用以及是否能简化变换的运算，为此对傅氏变换基本性质及定理理解与掌握就显得非常重要。

1. 线性

若 $f_1(t)\leftrightarrow F_1(\omega)$，$f_2(t)\leftrightarrow F_2(\omega)$，则

$$af_1(t)+bf_2(t)\leftrightarrow aF_1(\omega)+bF_2(\omega) \tag{3.4-1}$$

式中，a、b 为任意常数。

证

$$\begin{aligned}\int_{-\infty}^{\infty}[af_1(t)+bf_2(t)]\mathrm{e}^{-\mathrm{j}\omega t}\,\mathrm{d}t &= a\int_{-\infty}^{\infty}f_1(t)\mathrm{e}^{-\mathrm{j}\omega t}\,\mathrm{d}t+b\int_{-\infty}^{\infty}f_2(t)\mathrm{e}^{-\mathrm{j}\omega t}\,\mathrm{d}t\\ &= aF_1(\omega)+bF_2(\omega)\end{aligned}$$

利用傅氏变换的线性特性，可以将待求信号分解为若干基本信号之和，如在上一节我们将阶跃信号分解为直流信号与符号函数之和。

2. 时延(时移、移位)性

若 $f(t)\leftrightarrow F(\omega)$，则

$$f_1(t)=f(t-t_0)\leftrightarrow F_1(\omega)=F(\omega)\mathrm{e}^{-\mathrm{j}\omega t_0} \tag{3.4-2}$$

证

$$\begin{aligned}\int_{-\infty}^{\infty}f(t-t_0)\mathrm{e}^{-\mathrm{j}\omega t}\,\mathrm{d}t &= \int_{-\infty}^{\infty}f(x)\mathrm{e}^{-\mathrm{j}\omega(x+t_0)}\,\mathrm{d}x\\ &= \mathrm{e}^{-\mathrm{j}\omega t_0}\int_{-\infty}^{\infty}f(x)\mathrm{e}^{-\mathrm{j}\omega x}\,\mathrm{d}x\\ &= F(\omega)\mathrm{e}^{-\mathrm{j}\omega t_0}\end{aligned}$$

时延(移位)性说明波形在时间轴上时延，不改变信号振幅频谱，仅使信号增加一线性相移 $-\omega t_0$。

例 3.4-1 求如图 3.4-1 所示信号 $f_1(t)$ 的频谱函数 $F_1(\omega)$，并作频谱图。

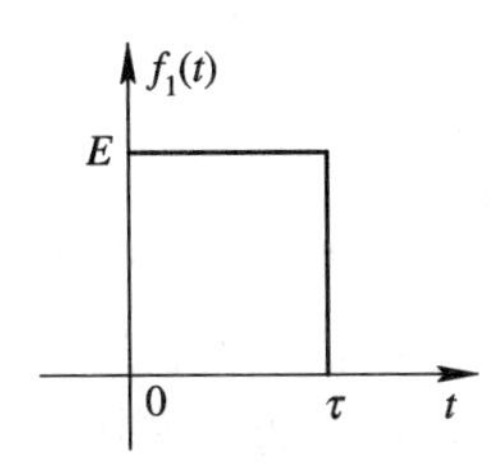

图 3.4-1 例 3.4-1 信号图

解 令门函数为 $f(t)$，$f_1(t)$ 与门函数的关系为

$$f_1(t)=Ef\left(t-\frac{\tau}{2}\right)$$

由门函数的变换

$$f(t)\leftrightarrow F(\omega)=\tau\,\mathrm{Sa}\left(\frac{\omega\tau}{2}\right)$$

再利用时移性，得到

$$F_1(\omega)=EF(\omega)\mathrm{e}^{-\mathrm{j}\omega t_0}=E\tau\,\mathrm{Sa}\left(\frac{\omega\tau}{2}\right)\mathrm{e}^{-\mathrm{j}\frac{\omega\tau}{2}}$$

$$|F_1(\omega)| = E|F(\omega)| = E\tau\left|\mathrm{Sa}\left(\frac{\omega\tau}{2}\right)\right|$$

$$\varphi_1(\omega) = \varphi(\omega) - \frac{\omega\tau}{2}$$

$f_1(t)$的振幅、相位频谱函数$|F_1(\omega)|$、$\varphi_1(\omega)$如图 3.4-2 所示。

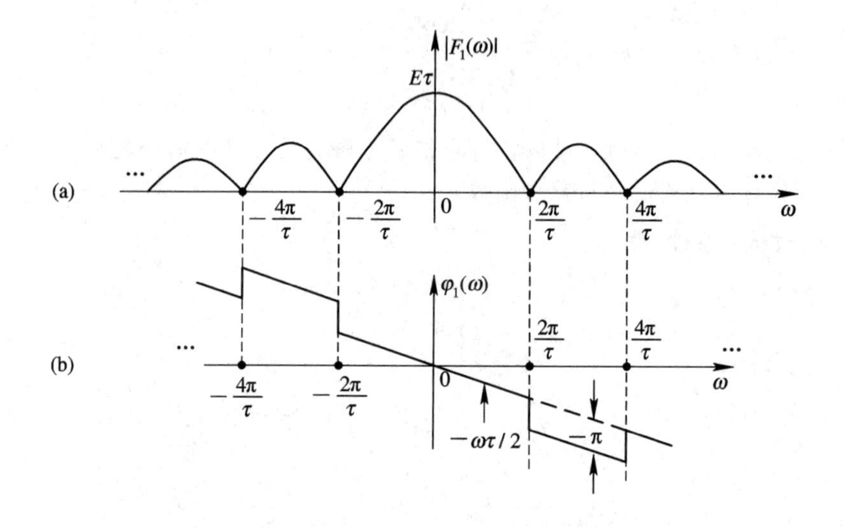

图 3.4-2 例 3.4-1 的振幅、相位频谱

3. 频移性

若 $f(t)\leftrightarrow F(\omega)$，则

$$f(t)e^{j\omega_0 t} \leftrightarrow F(\omega-\omega_0) \tag{3.4-3}$$

证

$$\int_{-\infty}^{\infty} f(t)e^{j\omega_0 t}e^{-j\omega t}\mathrm{d}t = \int_{-\infty}^{\infty} f(t)e^{-j(\omega-\omega_0)t}\mathrm{d}t = F(\omega-\omega_0)$$

频移特性表明信号在时域中与复因子 $e^{j\omega_0 t}$相乘，则在频域中将使整个频谱搬移 ω_0。

频移特性广泛应用在通信、电子、信息等领域的调制解调以及变频中，所以这一性质也称调制特性。一般调制是将频谱在 $\omega=0$ 附近的信号 $f(t)$乘以 $e^{j\omega_0 t}$，使其频谱搬移到 $\omega=\omega_0$ 附近。反之，解调是将频谱在 $\omega=\omega_0$ 附近的高频信号 $f(t)$乘以 $e^{-j\omega_0 t}$，使其频谱搬移到 $\omega=0$ 附近。变频是将频谱在 $\omega=\omega_c$ 附近的信号 $f(t)$乘以 $e^{j\omega_0 t}$，使其频谱搬移到 $\omega=\omega_c-\omega_0$ 附近。

实际调制解调的载波(本振)信号是正、余弦信号，借助欧拉公式正、余弦信号可以分别表示为

$$\cos(\omega_0 t) = \frac{e^{j\omega_0 t}+e^{-j\omega_0 t}}{2},\quad \sin(\omega_0 t) = \frac{e^{j\omega_0 t}-e^{-j\omega_0 t}}{j2}$$

这样，若有 $f(t)\leftrightarrow F(\omega)$，则

$$f(t)\cos(\omega_0 t) \leftrightarrow \frac{1}{2}[F(\omega-\omega_0)+F(\omega+\omega_0)] \tag{3.4-4}$$

$$f(t)\sin(\omega_0 t) \leftrightarrow \frac{1}{j2}[F(\omega-\omega_0)-F(\omega+\omega_0)] \tag{3.4-5}$$

例 3.4-2 求 $f(t)=\cos(\omega_0 t)u(t)$的频谱函数。

解 已知

$$u(t) \leftrightarrow \pi\delta(\omega)+\frac{1}{\mathrm{j}\omega}$$

利用调频性

$$\begin{aligned}\cos(\omega_0 t)u(t) &\leftrightarrow \frac{\pi}{2}[\delta(\omega+\omega_0)+\delta(\omega-\omega_0)]+\frac{1}{2\mathrm{j}(\omega+\omega_0)}+\frac{1}{2\mathrm{j}(\omega-\omega_0)}\\ &=\frac{\pi}{2}[\delta(\omega+\omega_0)+\delta(\omega-\omega_0)]+\frac{\mathrm{j}\omega}{\omega_0^2-\omega^2}\end{aligned}$$

$f(t)$的波形以及频谱如图 3.4-3 所示。

同理可得

$$\sin(\omega_0 t)u(t) \leftrightarrow \frac{\pi}{\mathrm{j}2}[\delta(\omega-\omega_0)-\delta(\omega+\omega_0)]+\frac{\omega_0}{\omega_0^2-\omega^2}$$

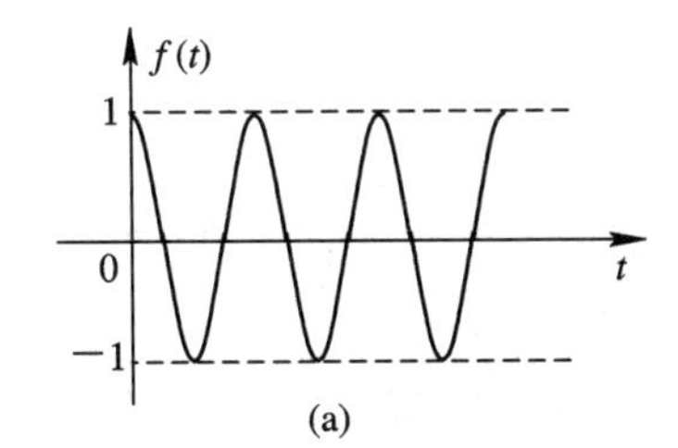

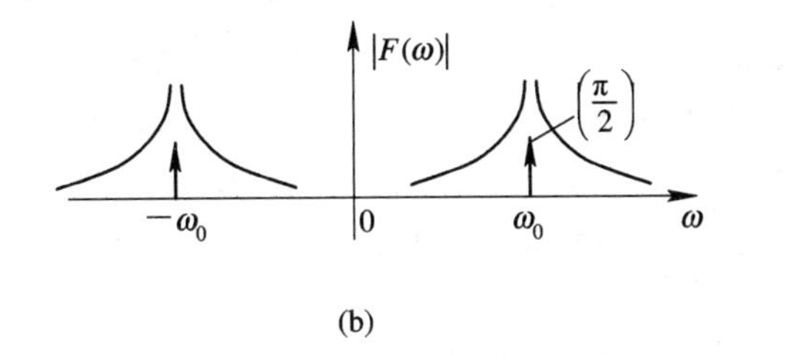

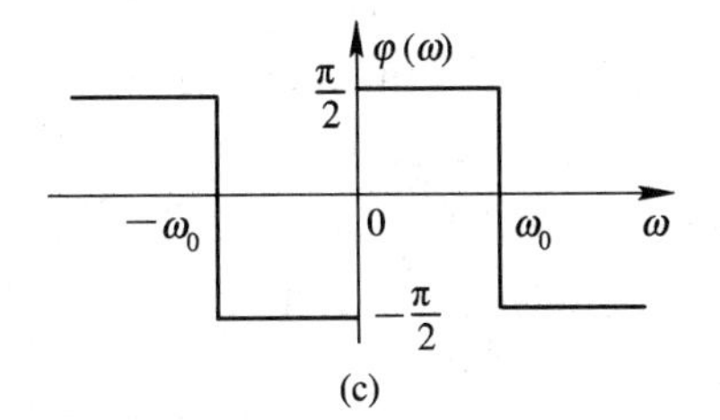

图 3.4-3 例 3.4-2 的波形及振幅、相位频谱

例 3.4-3 求如图 3.4-4 所示 $f(t)$的 $F(\omega)$并作图。

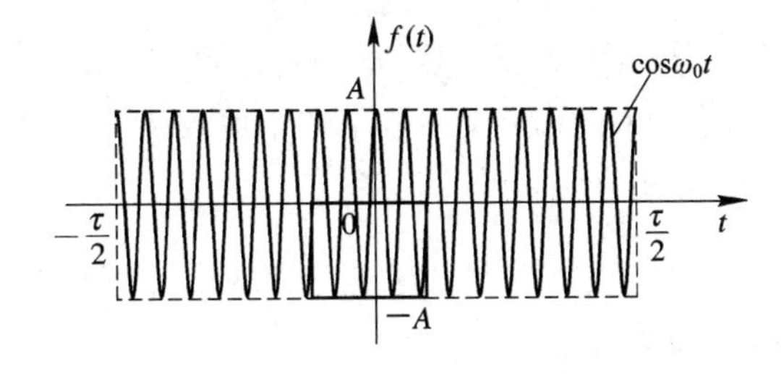

图 3.4-4 例 3.4-3 的 $f(t)$

解 令 $f_1(t)=Ag_\tau(t)$，则

$$F_1(\omega)=A\tau\ \mathrm{Sa}\left(\frac{\omega\tau}{2}\right)$$

而

$$f(t) = f_1(t)\cos(\omega_0 t)$$

由调制特性，得

$$F(\omega) = \frac{1}{2}[F_1(\omega - \omega_0) + F_1(\omega + \omega_0)]$$

$$= \frac{A\tau}{2}\left[\mathrm{Sa}\,\frac{(\omega - \omega_0)\tau}{2} + \mathrm{Sa}\,\frac{(\omega + \omega_0)\tau}{2}\right]$$

如果 $\omega_0 \gg 2\pi/\tau$，$F_1(\omega)$以及 $F(\omega)$如图 3.4-5 所示。

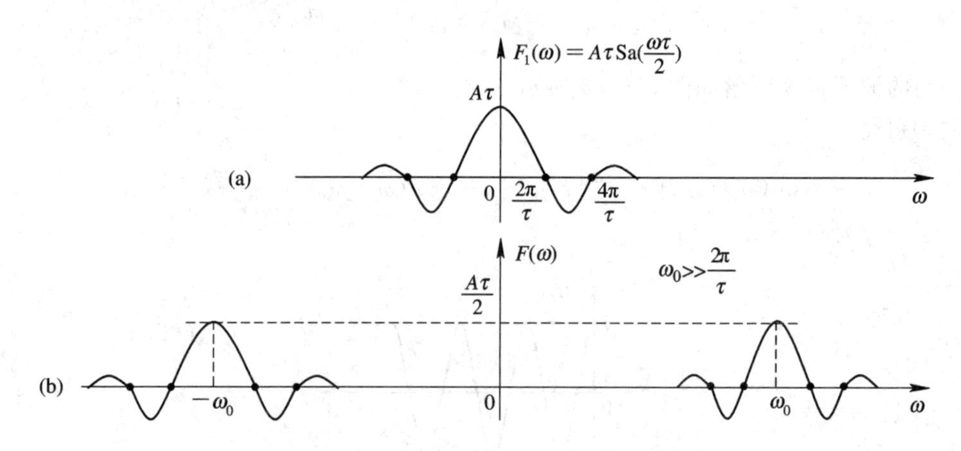

图 3.4-5　例 3.4-3 的 $F_1(\omega)$以及 $F(\omega)$

在无线通信中，为使信号能以电磁波的形式有效辐射出去，必须把在 $\omega=0$ 附近的低频信号频谱移至所需的较高频率 ω_0 附近，这称之为调制。上例是信号调制(频谱搬移)的典型实例。通常 $f_1(t)$被称为调制信号，$\cos(\omega_0 t)$为载波信号，$f(t)=f_1(t)\cos(\omega_0 t)$为已调信号。调制的原理如图 3.4-6 所示，若已调信号等于例 3.4-3 信号 $f(t)$，由图 3.4-5 可见，调制信号的频谱集中在 $\omega=0$ 的低频端，而已调信号的频谱集中在载频 ω_0 附近。

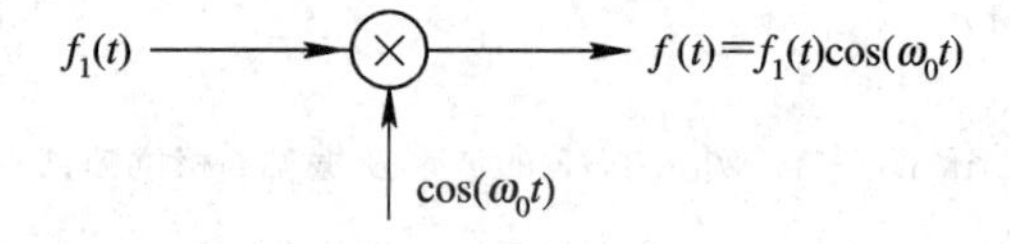

图 3.4-6　调制原理图

在接收端将已调信号 $f(t)$恢复为原信号 $f_1(t)$的过程为解调。一种同步解调的原理框图如图 3.4-7(a)所示。图中的 $\cos(\omega_0 t)$为接收端的本地载波信号(通常称本振信号)，与发送端的载波信号同频同相。其中

$$f_0(t) = [f_1(t)\cos(\omega_0 t)]\cos(\omega_0 t) = \frac{1}{2}[f_1(t) + f_1(t)\cos(2\omega_0 t)]$$

利用线性与频移特性，对应的频谱函数为

$$F_0(\omega) = \frac{1}{2}F_1(\omega) + \frac{1}{4}F_1(\omega - 2\omega_0) + \frac{1}{4}F_1(\omega + 2\omega_0)$$

仍以例 3.4-3 的 $f_1(t)$、$f(t)$为例，$f_0(t)$的频谱 $F_0(\omega)$如图 3.4-7(b)所示。利用一个低通滤波器(在 3.7 节介绍)，滤除 $2\omega_0$ 附近的频率分量，即可提取 $f_1(t)$，实现解调。

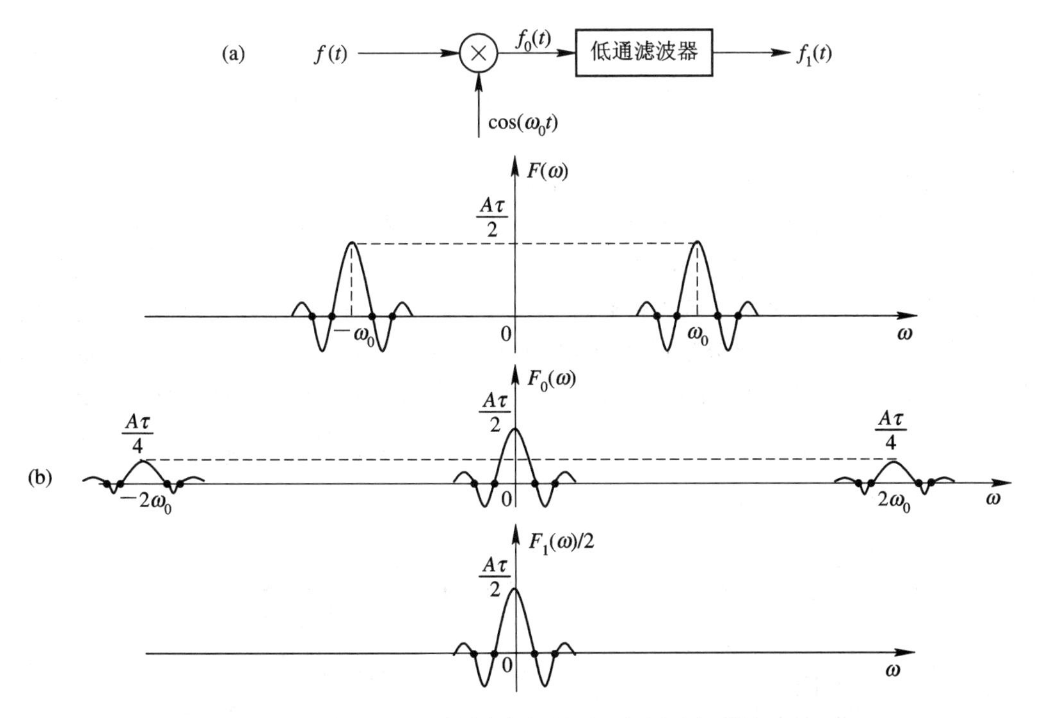

图 3.4-7 一种同步解调的原理框图及频谱图

在通信系统中调制也广泛应用在多路复用技术上，即不同的信号频谱通过调制，可移至不同的载波频率上，在同一信道上发送而互不干扰，实现“频分多路”复用。

以上讨论的是频移特性在调制解调中的一些具体应用，调制解调理论及各种实现调制解调电路是后续课程的内容，已超出本课程范围，不再讨论。

4. 尺度变换

若 $f(t)\leftrightarrow F(\omega)$，则

$$f(at) \leftrightarrow \frac{1}{|a|}F\left(\frac{\omega}{a}\right) \qquad a\neq 0 \tag{3.4-6}$$

证

$$\mathscr{F}[f(at)] = \int_{-\infty}^{\infty} f(at)\mathrm{e}^{-\mathrm{j}\omega t}\,\mathrm{d}t$$

当 $a>0$ 时，令 $at=x$，则 $\mathrm{d}t=\frac{1}{a}\mathrm{d}x$，$t=\frac{x}{a}$，代入上式

$$\mathscr{F}[f(at)] = \frac{1}{a}\int_{-\infty}^{\infty} f(x)\mathrm{e}^{-\mathrm{j}\frac{\omega}{a}x}\,\mathrm{d}x = \frac{1}{a}F\left(\frac{\omega}{a}\right)$$

当 $a<0$ 时，令 $at=x$，则 $\mathrm{d}t=\frac{1}{a}\mathrm{d}x$，$t=\frac{x}{a}$，代入上式

$$\mathscr{F}[f(at)] = \frac{1}{a}\int_{\infty}^{-\infty} f(x)\mathrm{e}^{-\mathrm{j}\frac{\omega}{a}x}\,\mathrm{d}x \quad \text{（再令 } x=t \text{ 且积分上、下限互换）}$$

$$= \frac{-1}{a}\int_{-\infty}^{\infty} f(t)\ \mathrm{e}^{-\mathrm{j}\frac{\omega}{a}t}\,\mathrm{d}t = \frac{1}{|a|}F\left(\frac{\omega}{a}\right)$$

综合 $a>0$、$a<0$ 两种情况，尺度变换特性表示为

$$f(at) \leftrightarrow \frac{1}{|a|}F\left(\frac{\omega}{a}\right)$$

特别地，当 $a=-1$ 时，得到 $f(t)$ 的折叠函数 $f(-t)$，其频谱亦为原频谱的折叠，即

$$f(-t) \leftrightarrow F(-\omega)$$

尺度特性说明，信号在时域中压缩，在频域中就扩展；反之，信号在时域中扩展，在频域中就一定压缩。即信号的脉宽与频宽成反比。一般时宽有限的信号，其频宽无限，反之亦然。由于信号在时域压缩(扩展)时，其能量成比例地减少(增加)，因此其频谱幅度要相应乘以系数 $1/|a|$。也可以理解为信号波形压缩(扩展)a 倍，信号随时间变化加快(慢)a 倍，所以信号所包含的频率分量增加(减少)a 倍，频谱展宽(压缩)a 倍。又因能量守恒原理，各频率分量的大小减小(增加)a 倍。图 3.4-8 表示了矩形脉冲及频谱的展缩情况。

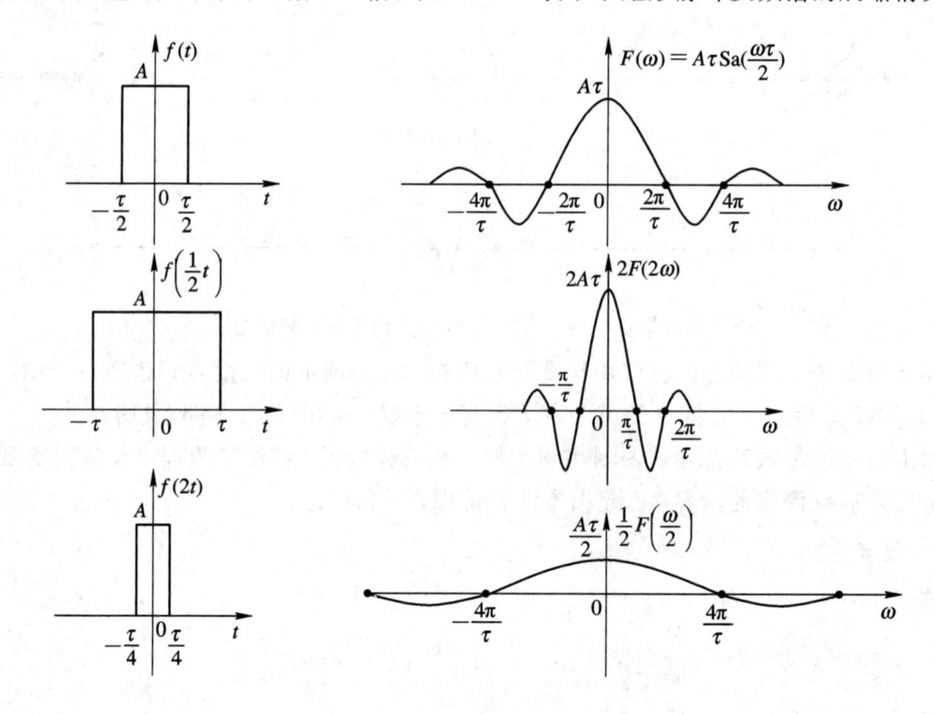

图 3.4-8 矩形脉冲及频谱的展缩

5. 时域微分特性

若 $f(t) \leftrightarrow F(\omega)$，则

$$\frac{\mathrm{d}f(t)}{\mathrm{d}t} \leftrightarrow \mathrm{j}\omega F(\omega) \tag{3.4-7}$$

证

$$\frac{\mathrm{d}f(t)}{\mathrm{d}t} = \frac{1}{2\pi}\frac{\mathrm{d}}{\mathrm{d}t}\int_{-\infty}^{\infty}F(\omega)\mathrm{e}^{\mathrm{j}\omega t}\mathrm{d}\omega \quad \text{（交换微、积分次序）}$$

$$=\frac{1}{2\pi}\int_{-\infty}^{\infty}F(\omega)\left(\frac{\mathrm{d}}{\mathrm{d}t}\mathrm{e}^{\mathrm{j}\omega t}\right)\mathrm{d}\omega = \frac{1}{2\pi}\int_{-\infty}^{\infty}\mathrm{j}\omega F(\omega)\mathrm{e}^{\mathrm{j}\omega t}\mathrm{d}\omega$$

所以

$$\frac{\mathrm{d}f(t)}{\mathrm{d}t} \leftrightarrow \mathrm{j}\omega F(\omega)$$

同理，可推广到高阶导数的傅里叶变换

$$\frac{\mathrm{d}^n f(t)}{\mathrm{d}t^n} \leftrightarrow (\mathrm{j}\omega)^n F(\omega) \tag{3.4-8}$$

式中，$\mathrm{j}\omega$ 是微分因子。

6. 时域积分特性

若 $f(t) \leftrightarrow F(\omega)$，则

$$y(t) = \int_{-\infty}^{t} f(\tau)\mathrm{d}\tau \leftrightarrow Y(\omega) = \pi F(0)\delta(\omega) + \frac{1}{\mathrm{j}\omega}F(\omega) \tag{3.4-9}$$

特别地，当 $F(0)=0$ 时

$$y(t) = \int_{-\infty}^{t} f(\tau)\mathrm{d}\tau \leftrightarrow Y(\omega) = \frac{1}{\mathrm{j}\omega}F(\omega) \tag{3.4-10}$$

证

$$\begin{aligned}
\mathscr{F}[y(t)] &= \int_{-\infty}^{\infty}\left(\int_{-\infty}^{t} f(\tau)\mathrm{d}\tau\right)\mathrm{e}^{-\mathrm{j}\omega t}\mathrm{d}t \\
&= \int_{-\infty}^{\infty}\left[\int_{-\infty}^{\infty} f(\tau)u(t-\tau)\mathrm{d}\tau\right]\mathrm{e}^{-\mathrm{j}\omega t}\mathrm{d}t \quad \text{（交换积分次序）} \\
&= \int_{-\infty}^{\infty} f(\tau)\left[\int_{-\infty}^{\infty} u(t-\tau)\mathrm{e}^{-\mathrm{j}\omega t}\mathrm{d}t\right]\mathrm{d}\tau \quad \text{（利用 } u(t) \text{ 的变换及时延特性）} \\
&= \int_{-\infty}^{\infty} f(\tau)\left[\pi\delta(\omega) + \frac{1}{\mathrm{j}\omega}\right]\mathrm{e}^{-\mathrm{j}\omega\tau}\mathrm{d}\tau \\
&= \int_{-\infty}^{\infty} f(\tau)\pi\delta(\omega)\mathrm{e}^{-\mathrm{j}\omega\tau}\mathrm{d}\tau + \int_{-\infty}^{\infty} f(\tau)\frac{1}{\mathrm{j}\omega}\mathrm{e}^{-\mathrm{j}\omega\tau}\mathrm{d}\tau \\
&= \pi\delta(\omega)\int_{-\infty}^{\infty} f(\tau)\mathrm{d}\tau + \frac{1}{\mathrm{j}\omega}F(\omega) \\
&= \pi F(0)\delta(\omega) + \frac{1}{\mathrm{j}\omega}F(\omega)
\end{aligned}$$

显然，当 $F(0)=0$ 时，有

$$\int_{-\infty}^{t} f(\tau)\mathrm{d}\tau \leftrightarrow \frac{1}{\mathrm{j}\omega}F(\omega)$$

因为 $\pi F(0)\delta(\omega)$ 是 $y(t)$ 直流分量（平衡值）的变换，所以从时域波形看，当 $y(t)$ 是无限区间可积（$\int_{-\infty}^{\infty} y(t)\mathrm{d}t < \infty$）时，其无限区间的平均值为零，说明 $Y(\omega)$ 无冲激项，即 $F(0)=0$。

利用积分特性可以简化由折线组成的信号频谱的求解。

例 3.4-4 求如图 3.4-9(a)所示 $f(t)$ 的频谱函数 $F(\omega)$。

解

$$f(t) = \begin{cases} E\left(1 - \dfrac{2}{\tau}\mid t \mid\right) & \mid t \mid < \dfrac{\tau}{2} \\ 0 & \mid t \mid > \dfrac{\tau}{2} \end{cases}$$

$$f_1(t) = f'(t) = \begin{cases} \dfrac{2E}{\tau} & -\dfrac{\tau}{2} < t < 0 \\ -\dfrac{2E}{\tau} & 0 < t < \dfrac{\tau}{2} \end{cases}$$

对 $f(t)$求导，得 $f_1(t)=f'(t)$如图 3.4 - 9(b)所示。

$$F_1(\omega) = E\ \mathrm{Sa}\,\frac{\omega\tau}{4}\left(\mathrm{e}^{\mathrm{j}\frac{\omega\tau}{4}} - \mathrm{e}^{-\mathrm{j}\frac{\omega\tau}{4}}\right) = \mathrm{j}2E\ \mathrm{Sa}\left(\frac{\omega\tau}{4}\right)\sin\left(\frac{\omega\tau}{4}\right)$$

再对 $f_1(t)$求导，得 $f_2(t)=f''(t)$如图 3.4 - 9(c)所示。

$$f_2(t) = f''(t) = \frac{2E}{\tau}\left[\delta\left(t+\frac{\tau}{2}\right) - 2\delta(t) + \delta\left(t-\frac{\tau}{2}\right)\right]$$

$$\begin{aligned} F_2(\omega) &= \frac{2E}{\tau}\left(\mathrm{e}^{\mathrm{j}\frac{\omega\tau}{2}} + \mathrm{e}^{-\mathrm{j}\frac{\omega\tau}{2}} - 2\right) \\ &= \frac{2E}{\tau}\left(2\cos\frac{\omega\tau}{2} - 2\right) \\ &= \frac{4E}{\tau}\left(\cos\frac{\omega\tau}{2} - 1\right) \\ &= -\frac{8E}{\tau}\sin^2\left(\frac{\omega\tau}{4}\right) \end{aligned}$$

因为

$$F_1(0) = F_2(0) = 0$$

最后

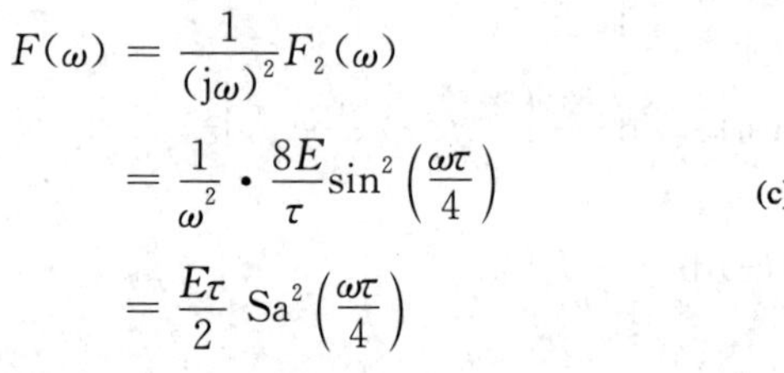

$$\begin{aligned} F(\omega) &= \frac{1}{(\mathrm{j}\omega)^2}F_2(\omega) \\ &= \frac{1}{\omega^2}\cdot\frac{8E}{\tau}\sin^2\left(\frac{\omega\tau}{4}\right) \\ &= \frac{E\tau}{2}\ \mathrm{Sa}^2\left(\frac{\omega\tau}{4}\right) \end{aligned}$$

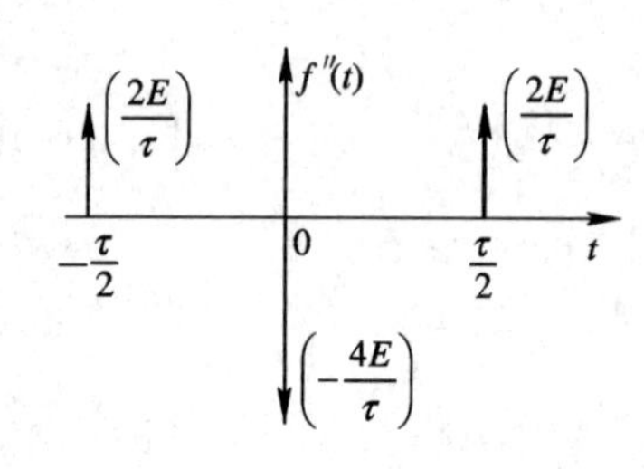

图 3.4 - 9　例 3.4 - 4

读者可以思考，为何说解此题利用的是积分特性而不是微分特性。

7. 频域微分特性

若 $f(t) \leftrightarrow F(\omega)$，则

$$\frac{\mathrm{d}F(\omega)}{\mathrm{d}\omega} \leftrightarrow (-\mathrm{j}t)f(t) \tag{3.4 - 11}$$

一般频域微分特性的实用形式为

$$tf(t) \leftrightarrow \mathrm{j}\,\frac{\mathrm{d}F(\omega)}{\mathrm{d}\omega} \tag{3.4 - 12}$$

频域微分特性对频谱函数的高阶导数亦成立

$$\frac{\mathrm{d}^n F(\omega)}{\mathrm{d}\omega^n} \leftrightarrow (-\mathrm{j}t)^n f(t) \tag{3.4 - 13}$$

或

$$t^n f(t) \leftrightarrow \mathrm{j}^n\,\frac{\mathrm{d}^n F(\omega)}{\mathrm{d}\omega^n} \tag{3.4 - 14}$$

证
$$\frac{\mathrm{d}F(\omega)}{\mathrm{d}\omega}=\frac{\mathrm{d}}{\mathrm{d}\omega}\int_{-\infty}^{\infty}f(t)\mathrm{e}^{-\mathrm{j}\omega t}\mathrm{d}t \quad （交换微、积分次序）$$
$$=\int_{-\infty}^{\infty}f(t)\left(\frac{\mathrm{d}}{\mathrm{d}\omega}\mathrm{e}^{-\mathrm{j}\omega t}\right)\mathrm{d}t=\int_{-\infty}^{\infty}-\mathrm{j}tf(t)\mathrm{e}^{-\mathrm{j}\omega t}\mathrm{d}t$$
$$=\mathscr{F}[-\mathrm{j}tf(t)]$$

同理可证高阶导数

$$\frac{\mathrm{d}^nF(\omega)}{\mathrm{d}\omega^n}\leftrightarrow(-\mathrm{j}t)^nf(t)$$

或

$$t^nf(t)\leftrightarrow \mathrm{j}^n\frac{\mathrm{d}^nF(\omega)}{\mathrm{d}\omega^n}$$

例 3.4-5 求 $f(t)=t\mathrm{e}^{-at}u(t)(a>0)$的频谱函数 $F(\omega)$。

解 利用 $\mathrm{e}^{-at}u(t)\leftrightarrow\dfrac{1}{a+\mathrm{j}\omega}$，则

$$t\mathrm{e}^{-at}u(t)\leftrightarrow F(\omega)=\mathrm{j}\frac{\mathrm{d}}{\mathrm{d}\omega}\left(\frac{1}{a+\mathrm{j}\omega}\right)=\mathrm{j}\frac{-\mathrm{j}}{(a+\mathrm{j}\omega)^2}=\frac{1}{(a+\mathrm{j}\omega)^2}$$

8. 对称(偶)性

若 $f(t)\leftrightarrow F(\omega)$，则

$$F(t)\leftrightarrow 2\pi f(-\omega) \tag{3.4-15}$$

或

$$\frac{1}{2\pi}F(t)\leftrightarrow f(-\omega) \tag{3.4-16}$$

证

$$f(t)=\frac{1}{2\pi}\int_{-\infty}^{\infty}F(\omega)\mathrm{e}^{\mathrm{j}\omega t}\mathrm{d}\omega$$

则

$$f(-t)=\frac{1}{2\pi}\int_{-\infty}^{\infty}F(\omega)\mathrm{e}^{-\mathrm{j}\omega t}\mathrm{d}\omega$$

将上式中变量 t 与 ω 互换，两边同时乘以 2π，得到

$$2\pi f(-\omega)=\int_{-\infty}^{\infty}F(t)\mathrm{e}^{-\mathrm{j}\omega t}\mathrm{d}t=\mathscr{F}[F(t)]$$

所以

$$2\pi f(-\omega)\leftrightarrow F(t)$$

特别地，当 $f(t)$是 t 的偶函数时，那么

$$F(t)\leftrightarrow 2\pi f(-\omega)=2\pi f(\omega)$$

即有

$$f(\omega)\leftrightarrow\frac{1}{2\pi}F(t) \tag{3.4-17}$$

由式(3.4-17)看，在此条件下时域与频域是完全对称性关系。就是说，当 $f(t)$是偶函数时，如果 $f(t)$的频谱函数为 $F(\omega)$，则频谱为 $f(\omega)$的信号，其时域函数必为$\dfrac{F(t)}{2\pi}$。

例 3.4-6 已知 $F_1(\omega)$及波形如图 3.4-10 所示，利用对称性求 $f_1(t)$。

$$F_1(\omega)=\begin{cases}E\left(1-\dfrac{|\omega|}{\omega_1}\right) & |\omega|<\omega_1\\ 0 & |\omega|>\omega_1\end{cases}$$

解 比较图 3.4-10 的 $F_1(\omega)$ 与例 3.4-4 图 3.4-9(a)的 $f(t)$，可见两者变化规律相同，只是自变量及标定值不同，所以 $f(t)$ 是与 $F_1(\omega)$ 相似的对称三角波。由例 3.4-4 已知 $f(t)=\begin{cases} E\left(1-\dfrac{2}{\tau}|t|\right) & |t|<\dfrac{\tau}{2} \\ 0 & |t|>\dfrac{\tau}{2} \end{cases}$，再比较

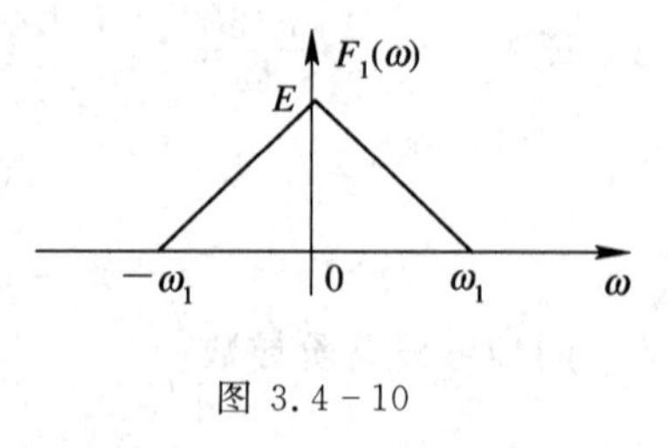

图 3.4-10

$F_1(\omega)$ 与 $f(t)$ 的表示式，只要将 $f(t)$ 中的 t 替换为 ω，$\tau/2$ 替换为 ω_1，就有 $F_1(\omega)=f(\omega)$。又已知 $f(t)$ 的傅里叶变换为 $F(\omega)=\dfrac{E\tau}{2}\mathrm{Sa}^2\left(\dfrac{\omega\tau}{4}\right)$，所以利用对称性，只要将 $F(\omega)$ 的 ω 替换为 t，$\tau/2$ 替换为 ω_1，就可方便地求出 $f_1(t)$（只差 $1/(2\pi)$ 系数），即

$$F(t) = E\omega_1\,\mathrm{Sa}^2\left(\frac{\omega_1 t}{2}\right)$$

$$f_1(t) = \frac{1}{2\pi}F(t) = \frac{E\omega_1}{2\pi}\,\mathrm{Sa}^2\left(\frac{\omega_1 t}{2}\right)$$

由例 3.4-6 可知，利用对称性可以由已知的一对傅氏变换对，方便地推出与之相关的另一对傅氏变换对，从而减少了大量的运算。

例 3.4-7 已知 $F_1(\omega)=E[u(\omega+\omega_0)-u(\omega-\omega_0)]$，利用对称性求 $f_1(t)$。

解 已知 $F_1(\omega)$ 波形如图 3.4-11 所示。且

$$f(t) = E[u(t+\tau)-u(t-\tau)]$$
$$\leftrightarrow F(\omega) = 2E\tau\cdot\mathrm{Sa}(\omega\tau)$$

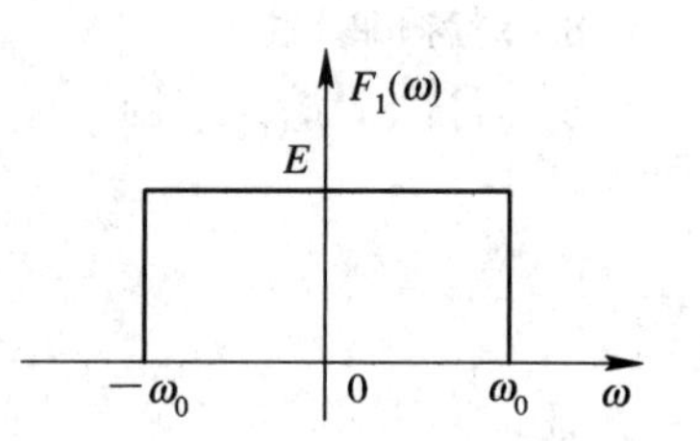

图 3.4-11 例 3.4-7 的 $F_1(\omega)$

则

$$F_1(\omega) = f(\omega) \quad (t\rightarrow\omega,\ \tau\rightarrow\omega_0) = E[u(\omega+\omega_0)-u(\omega-\omega_0)]$$

$$\leftrightarrow f_1(t) = \frac{1}{2\pi}F(t) \quad (\omega\rightarrow t,\ \tau\rightarrow\omega_0)$$

$$f_1(t) = \frac{1}{2\pi}2E\omega_0\cdot\mathrm{Sa}(\omega_0 t) = \frac{E\omega_0}{\pi}\mathrm{Sa}(\omega_0 t)$$

直接由定义亦不难验证此结果。利用对称性，还可以得到任意周期信号的傅氏变换。

例 3.4-8 求 $e^{j\omega_0 t}$ 的傅氏变换。

解 由时延特性，已知 $\delta(t+t_0)\leftrightarrow e^{j\omega t_0}$，且 $\delta(t+t_0)$ 不是偶函数。

利用对称性，将上式左边的 t 变换成 $-\omega$、右边的 ω 变换为 t，两边的 t_0 变换成 ω_0，并乘以系数 2π，我们得到另一对变换对

$$e^{j\omega_0 t}\leftrightarrow 2\pi\delta(-\omega+\omega_0) = 2\pi\delta(\omega-\omega_0) \tag{3.4-18}$$

利用这一结果，容易推导正、余弦周期函数的傅氏变换。

$$\cos\omega_0 t = \frac{1}{2}(e^{j\omega_0 t}+e^{-j\omega_0 t})\leftrightarrow\pi[\delta(\omega+\omega_0)+\delta(\omega-\omega_0)] \tag{3.4-19}$$

$$\sin\omega_0 t = \frac{1}{j2}(e^{j\omega_0 t}-e^{-j\omega_0 t})\leftrightarrow j\pi[\delta(\omega+\omega_0)-\delta(\omega-\omega_0)] \tag{3.4-20}$$

$\cos\omega_0 t$、$\sin\omega_0 t$ 的波形与频谱如图 3.4－12 所示。

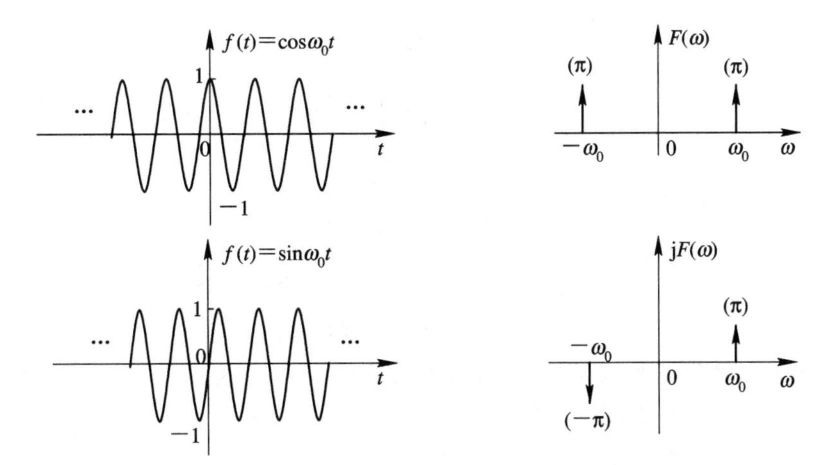

图 3.4－12　正、余弦信号与其频谱

由 $e^{j\omega_0 t}$ 的傅氏变换，可以推导任意周期函数的频谱函数为

$$f_T(t)=\sum_{n=-\infty}^{\infty}F_n e^{jn\omega_0 t}\leftrightarrow 2\pi\sum_{n=-\infty}^{\infty}F_n\delta(\omega-n\omega_0) \tag{3.4-21}$$

证

$$\begin{aligned}\mathscr{F}[f_T(t)]&=\mathscr{F}\left[\sum_{n=-\infty}^{\infty}F_n e^{jn\omega_0 t}\right]=\sum_{n=-\infty}^{\infty}\mathscr{F}[F_n e^{jn\omega_0 t}]\\&=\sum_{n=-\infty}^{\infty}F_n\mathscr{F}[e^{jn\omega_0 t}]=2\pi\sum_{n=-\infty}^{\infty}F_n\delta(\omega-n\omega_0)\end{aligned}$$

例 3.4－9　求周期冲激序列 $\delta_T(t)=\sum\limits_{n=-\infty}^{\infty}\delta(t-nT)$ 的傅氏变换。

解　先将周期冲激序列展开成傅氏级数

$$\delta_T(t)=\sum_{n=-\infty}^{\infty}F_n e^{jn\omega_0 t}$$

其中，$\omega_0=\dfrac{2\pi}{T}$。

$$F_n=\frac{1}{T}\int_{-T/2}^{T/2}\delta_T(t)e^{-jn\omega_0 t}dt=\frac{1}{T}\int_{-T/2}^{T/2}\delta(t)dt=\frac{1}{T}$$

F_n 如图 3.4－13(a)所示。即

$$\delta_T(t)=\frac{1}{T}\sum_{n=-\infty}^{\infty}e^{jn\omega_0 t}$$

再求这个级数的傅氏变换

$$\mathscr{F}\left[\frac{1}{T}\sum_{n=-\infty}^{\infty}e^{jn\omega_0 t}\right]=\frac{2\pi}{T}\sum_{n=-\infty}^{\infty}\delta(\omega-n\omega_0)=\omega_0\sum_{n=-\infty}^{\infty}\delta(\omega-n\omega_0) \tag{3.4-22}$$

$\delta_T(t)$的频谱函数如图 3.4－13(b)所示。可见，周期冲激序列的傅氏变换仍为周期冲激序列，其冲激强度为 ω_0。

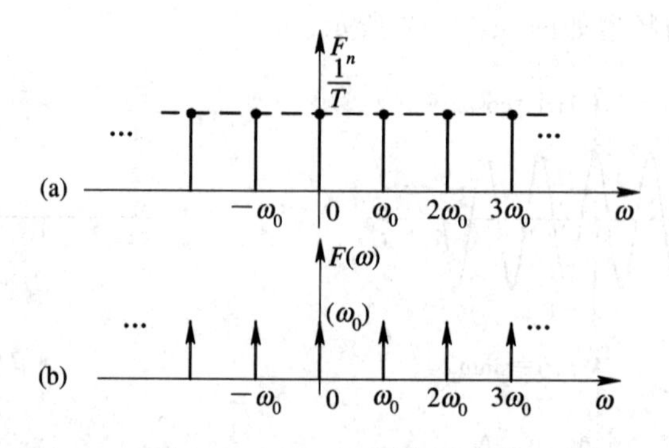

图 3.4-13 $\delta_T(t)$的频谱函数

由上例归纳求周期函数的傅氏变换(频谱函数)的一般步骤为：

(1) 将周期函数展开为傅氏级数；

(2) 对该傅氏级数求傅氏变换(频谱函数)。

9. 奇、偶、虚、实性

$f(t)$为实函数时，$F(\omega)$的模与幅角、实部与虚部表示形式为

$$F(\omega)=\int_{-\infty}^{\infty}f(t)\mathrm{e}^{-\mathrm{j}\omega t}\,\mathrm{d}t=\int_{-\infty}^{\infty}f(t)\cos\omega t\,\mathrm{d}t-\mathrm{j}\int_{-\infty}^{\infty}f(t)\sin\omega t\,\mathrm{d}t$$
$$=R(\omega)+\mathrm{j}X(\omega)=|F(\omega)|\,\mathrm{e}^{\mathrm{j}\varphi(\omega)}$$

同理类推：

$$f(-t)\leftrightarrow F(-\omega)=R(\omega)-\mathrm{j}X(\omega)=F^*(\omega)=|F(\omega)|\,\mathrm{e}^{-\mathrm{j}\varphi(\omega)} \tag{3.4-23}$$

其中

$$\left.\begin{aligned}R(\omega)&=\int_{-\infty}^{\infty}f(t)\cos\omega t\,\mathrm{d}t=R(-\omega)\\X(\omega)&=-\int_{-\infty}^{\infty}f(t)\sin\omega t\,\mathrm{d}t=-X(-\omega)\\|F(\omega)|&=\sqrt{R^2(\omega)+X^2(\omega)}=|F(-\omega)|\\\varphi(\omega)&=\arctan\frac{X(\omega)}{R(\omega)}=-\varphi(-\omega)\end{aligned}\right\} \tag{3.4-24}$$

由式(3.4-24)可知，$R(\omega)$、$|F(\omega)|$是ω的偶函数；$X(\omega)$、$\varphi(\omega)$是ω的奇函数。

(1) 特别地，若$f(t)$为实偶函数，则有

$$X(\omega)=-\int_{-\infty}^{\infty}f(t)\sin\omega t\,\mathrm{d}t=0$$
$$F(\omega)=R(\omega)=2\int_{0}^{\infty}f(t)\cos\omega t\,\mathrm{d}t \tag{3.4-25}$$

由式(3.4-25)可知，若$f(t)$是t的实偶函数，则$F(\omega)$必为ω的实偶函数。

(2) 特别地，若$f(t)$为实奇函数，则有

$$R(\omega)=\int_{-\infty}^{\infty}f(t)\cos\omega t\,\mathrm{d}t=0$$
$$F(\omega)=\mathrm{j}X(\omega)=-\mathrm{j}\int_{-\infty}^{\infty}f(t)\sin\omega t\,\mathrm{d}t \tag{3.4-26}$$

由式(3.4-26)可知，若$f(t)$是t的实奇函数，则$F(\omega)$必为ω的虚奇函数。

这一性质对判断傅氏变换对的正确与否有一定意义。例如 sgn(t)是实奇函数，其对应的傅氏变换$\frac{2}{\mathrm{j}\omega}$为虚奇函数；$g_\tau(t)$是实偶函数，其对应的傅氏变换 $\tau\,\mathrm{Sa}\left(\frac{\omega\tau}{2}\right)$也是实偶函数；$u(t)$是实非奇、非偶函数，其对应的傅氏变换 $\pi\delta(\omega)+\frac{1}{\mathrm{j}\omega}$既不是奇或偶函数，也不是实或虚函数。

10. 时域卷积定理

若 $f_1(t)\leftrightarrow F_1(\omega)$，$f_2(t)\leftrightarrow F_2(\omega)$，则

$$f_1(t)*f_2(t)\leftrightarrow F_1(\omega)F_2(\omega) \tag{3.4-27}$$

证

$$\begin{aligned}f_1(t)*f_2(t)&\leftrightarrow\int_{-\infty}^{\infty}\left[\int_{-\infty}^{\infty}f_1(\tau)f_2(t-\tau)\mathrm{d}\tau\right]\mathrm{e}^{-\mathrm{j}\omega t}\mathrm{d}t \quad \text{（交换积分次序）}\\&=\int_{-\infty}^{\infty}f_1(\tau)\left[\int_{-\infty}^{\infty}f_2(t-\tau)\mathrm{e}^{-\mathrm{j}\omega t}\mathrm{d}t\right]\mathrm{d}\tau \quad \text{（利用时延性）}\\&=\int_{-\infty}^{\infty}f_1(\tau)F_2(\omega)\mathrm{e}^{-\mathrm{j}\omega\tau}\mathrm{d}\tau=F_1(\omega)F_2(\omega)\end{aligned}$$

根据这个性质，两个时间函数的卷积运算变为两个频谱函数的相乘(代数)运算。由此可以用频域法求解信号通过系统的响应。

11. 频域卷积定理

若 $f_1(t)\leftrightarrow F_1(\omega)$，$f_2(t)\leftrightarrow F_2(\omega)$，则

$$f_1(t)f_2(t)\leftrightarrow\frac{1}{2\pi}F_1(\omega)*F_2(\omega) \tag{3.4-28}$$

证

$$\frac{1}{2\pi}F_1(\omega)*F_2(\omega)=\frac{1}{2\pi}\int_{-\infty}^{\infty}F_1(u)F_2(\omega-u)\mathrm{d}u$$

$$\begin{aligned}\leftrightarrow\frac{1}{2\pi}\int_{-\infty}^{\infty}\left[\frac{1}{2\pi}\int_{-\infty}^{\infty}F_1(u)F_2(\omega-u)\mathrm{d}u\right]\mathrm{e}^{\mathrm{j}\omega t}\mathrm{d}\omega&=\frac{1}{2\pi}\int_{-\infty}^{\infty}F_1(u)\left[\frac{1}{2\pi}\int_{-\infty}^{\infty}F_2(\omega-u)\mathrm{e}^{\mathrm{j}\omega t}\mathrm{d}\omega\right]\mathrm{d}u\\&=\frac{1}{2\pi}\int_{-\infty}^{\infty}F_1(u)f_2(t)\mathrm{e}^{\mathrm{j}ut}\mathrm{d}u=f_1(t)f_2(t)\end{aligned}$$

例 3.4-10 若已知 $f(t)$的频谱 $F(\omega)$如图 3.4-14(a)所示，试粗略画出 $f^2(t)$，$f^3(t)$

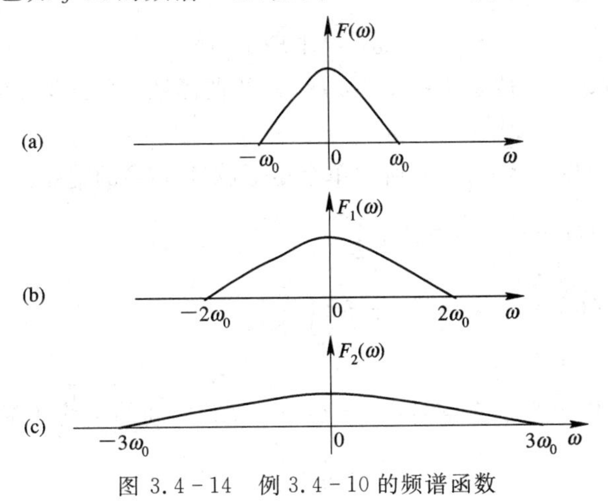

图 3.4-14 例 3.4-10 的频谱函数

的频谱图(不必精确，只指出频谱的范围，说明展宽情况)。

解 $$f_1(t)=f^2(t)\leftrightarrow\frac{1}{2\pi}F(\omega)*F(\omega)=F_1(\omega)$$

频谱展宽为原来的 2 倍。

$$f_2(t)=f^3(t)\leftrightarrow\frac{1}{2\pi}F_1(\omega)*F(\omega)=\frac{1}{(2\pi)^2}F(\omega)*F(\omega)*F(\omega)=F_2(\omega)$$

频谱展宽为原来的 3 倍。

$f^2(t)$，$f^3(t)$的频谱展宽情况如图 3.4-14(b)、(c)所示。

12. 帕斯瓦尔定理

帕斯瓦尔定理讨论的是信号频谱 $F(\omega)$与信号能量或功率的关系，并由此引入能量谱与功率谱的概念。

在第 1 章 1.2 节中定义了实能量信号在(∞，$-\infty$)区间的能量 E 为

$$E=\int_{-\infty}^{\infty}f^2(t)\mathrm{d}t \tag{3.4-29}$$

将用 $F(\omega)$表示的 $f(t)$代入式(3.4-29)，则

$$E=\int_{-\infty}^{\infty}f(t)\left[\frac{1}{2\pi}\int_{-\infty}^{\infty}F(\omega)\mathrm{e}^{\mathrm{j}\omega t}\mathrm{d}\omega\right]\mathrm{d}t$$

交换积分次序，得

$$E=\frac{1}{2\pi}\int_{-\infty}^{\infty}F(\omega)\left[\int_{-\infty}^{\infty}f(t)\ \mathrm{e}^{\mathrm{j}\omega t}\mathrm{d}t\right]\mathrm{d}\omega=\frac{1}{2\pi}\int_{-\infty}^{\infty}F(\omega)F(-\omega)\mathrm{d}\omega$$

由式(3.4-23)知道，$f(-t)\leftrightarrow F(-\omega)=F^*(\omega)$，所以上式中 $F(\omega)F(-\omega)=F(\omega)F^*(\omega)=|F(\omega)|^2$。

最后得

$$E=\int_{-\infty}^{\infty}f^2(t)\mathrm{d}t=\frac{1}{2\pi}\int_{-\infty}^{\infty}|F(\omega)|^2\mathrm{d}\omega=\int_{-\infty}^{\infty}|F(\omega)|^2\mathrm{d}f \tag{3.4-30}$$

式(3.4-30)是帕斯瓦尔定理或能量等式。帕斯瓦尔定理表明，尽管一般信号的时域表示与频域表示各不相同，但是它们的能量相等。

为了从频域角度研究信号能量，定义单位频率的信号能量$|F(\omega)|^2$ 为能量频谱密度函数 $\mathscr{E}(\omega)$，即

$$\mathscr{E}(\omega)=|F(\omega)|^2 \tag{3.4-31}$$

$\mathscr{E}(\omega)$也简称能量谱，单位是 J·s。$\mathscr{E}(\omega)$是 ω 的偶函数，只保留了信号的振幅信息，而无相位信息。

例 3.4-11 求如图 3.4-15(a)所示单个矩形脉冲 $f(t)$的能量谱 $\mathscr{E}(\omega)$并作图。

解 $$f(t)\leftrightarrow F(\omega)=\tau\mathrm{Sa}\,\frac{\omega\tau}{2}$$

$$\mathscr{E}(\omega)=|F(\omega)|^2=\tau^2\mathrm{Sa}^2\left(\frac{\omega\tau}{2}\right)$$

$\mathscr{E}(\omega)$如图 3.4-11(b)所示。

在第 1 章 1.2 节中定义了实信号在($-T/2\sim T/2$)区间的平均功率 P 为

$$P=\lim_{T\to\infty}\frac{1}{T}\int_{-T/2}^{T/2}f^2(t)\mathrm{d}t \tag{3.4-32}$$

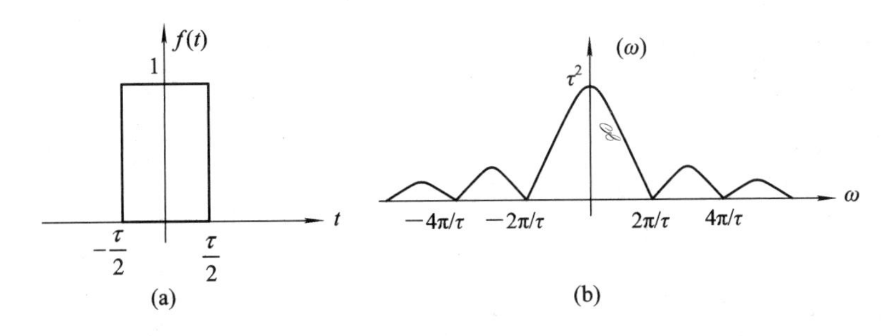

图 3.4-15　例 3.4-11 的 $f(t)$、$\mathscr{E}(\omega)$

将式(3.4-30)代入上式，得

$$P=\lim_{T\to\infty}\frac{1}{T}\int_{-T/2}^{T/2}f^2(t)\mathrm{d}t=\frac{1}{2\pi}\int_{-\infty}^{\infty}\lim_{T\to\infty}\frac{|F(\omega)|^2}{T}\mathrm{d}\omega=\int_{-\infty}^{\infty}\lim_{T\to\infty}\frac{|F(\omega)|^2}{T}\mathrm{d}f \tag{3.4-33}$$

类似能量谱，定义单位频率的信号功率为功率频谱密度函数 $\mathscr{P}(\omega)$，即

$$\mathscr{P}(\omega)=\lim_{T\to\infty}\frac{|F(\omega)|^2}{T} \tag{3.4-34}$$

$\mathscr{P}(\omega)$也简称功率谱，单位是 W·s。$\mathscr{P}(\omega)$是 ω 的偶函数，只保留了信号的振幅信息，而无相位信息。

当功率信号为周期信号时，其功率谱为

$$\mathscr{P}(\omega)=2\pi\sum_{n=-\infty}^{\infty}|F_n|^2\delta(\omega-n\omega_0) \tag{3.4-35}$$

例 3.4-12　求余弦信号 $f(t)=E\cos\omega_0 t$ 的功率谱。

解

$$f(t)=E\cos\omega_0 t=\frac{E}{2}(\mathrm{e}^{\mathrm{j}\omega_0 t}+\mathrm{e}^{-\mathrm{j}\omega_0 t}),\quad F_1=F_{-1}=\frac{E}{2}$$

$$\mathscr{P}(\omega)=2\pi\sum_{n=-1}^{1}|F_n|^2\delta(\omega-n\omega_0)=\frac{\pi}{2}E^2[\delta(\omega-\omega_0)+\delta(\omega+\omega_0)]$$

表 3-2 给出了傅氏变换的主要性质及定理。

表 3-2　傅氏变换性质(定理)

序号	名称	时域	复频域
1	线性	$af_1(t)+bf_2(t)$	$aF_1(\mathrm{j}\omega)+bF_2(\mathrm{j}\omega)$
2	延时	$f(t-t_0)$	$F(\mathrm{j}\omega)\mathrm{e}^{-\mathrm{j}\omega t_0}$
3	尺度	$f(at)$	$\frac{1}{\|a\|}F(\omega/a)$
4	频移性	$f(t)\mathrm{e}^{\mathrm{j}\omega_0 t}$	$F(\mathrm{j}\omega-\mathrm{j}\omega_0)$
5	时域微分	$\frac{\mathrm{d}f(t)}{\mathrm{d}t}$	$\mathrm{j}\omega F(\mathrm{j}\omega)$ $(\mathrm{j}\omega)^n F(\mathrm{j}\omega)$
6	时域积分	$\int_{-\infty}^{\infty}f(\tau)\mathrm{d}\tau$	$\frac{F(\mathrm{j}\omega)}{\mathrm{j}\omega}+\pi F(0)\delta(\omega)$

续表

序号	名称	时域	复频域
7	频域微分	$tf(t)$ $t^n f(t)$	$\mathrm{j}\,\dfrac{\mathrm{d}F(\omega)}{\mathrm{d}\omega}$ $\mathrm{j}^n\,\dfrac{\mathrm{d}^n F(\omega)}{\mathrm{d}\omega^n}$
8	对称性	$F(t)$	$2\pi f(-\omega)$
		$F(t)$为实偶函数	$2\pi f(\omega)$
9	时域卷积	$f_1(t)*f_2(t)$	$F_1(\omega)\,F_2(\omega)$
10	频域卷积	$f_1(t)\,f_2(t)$	$\dfrac{1}{2\pi}F_1(\omega)*F_2(\omega)$
11	帕斯瓦尔定理	$E=\int_{-\infty}^{\infty} f^2(t)\,\mathrm{d}t$	$E=\dfrac{1}{2\pi}\int_{-\infty}^{\infty}\lvert F(\omega)\rvert^2\,\mathrm{d}\omega$
		$P=\lim\limits_{T\to\infty}\dfrac{1}{T}\int_{-T/2}^{T/2} f^2(t)\,\mathrm{d}t$	$P=\dfrac{1}{2\pi}\int_{-\infty}^{\infty}\lim\limits_{T\to\infty}\dfrac{\lvert F(\omega)\rvert^2}{T}\mathrm{d}\omega$

3.5 LTI 系统的频域分析

我们已经讨论了两类分解复杂信号的方法，一类用冲激或阶跃信号作为时域信号元，将信号分解为无穷多冲激或阶跃之和；另一类用正弦或复指数信号作为频域信号元，将信号分解为无穷多不同频率分量之和。由这两类不同的信号分解方法，可导出两类不同求解响应的方法。在时域里，信号通过线性系统的响应，由激励与系统冲激响应卷积得到。而在频域里信号通过线性系统的响应是各频率分量响应之和。此外，利用傅氏变换还可以方便地分析系统的频率响应、系统带宽、波形失真、物理可实现等实际工程应用问题。

3.5.1 系统的频响函数

设激励是 $f(t)$，系统的单位冲激响应为 $h(t)$，若系统的初始状态为零，则系统的响应为

$$y(t)=y_{zs}(t)=f(t)*h(t) \tag{3.5-1}$$

对式(3.5-1)两边取傅里叶变换，由卷积定理可得

$$Y(\mathrm{j}\omega)=F(\mathrm{j}\omega)H(\mathrm{j}\omega) \tag{3.5-2}$$

其中，$H(\mathrm{j}\omega)$是系统单位冲激响应 $h(t)$的傅里叶变换。系统单位冲激响应 $h(t)$表征的是系统时域特性，而 $H(\mathrm{j}\omega)$表征的是系统频域特性。所以 $H(\mathrm{j}\omega)$称做系统频率响应函数，简称频响函数或系统函数。

式(3.5-2)还可以表示为

$$H(\mathrm{j}\omega)=\frac{Y(\mathrm{j}\omega)}{F(\mathrm{j}\omega)}=|H(\omega)|\mathrm{e}^{\mathrm{j}\varphi(\omega)} \tag{3.5-3}$$

式中，$|H(\omega)|$是系统的幅(模)频特性，$\varphi(\omega)$是系统的相频特性。式(3.5-3)表明，$H(\mathrm{j}\omega)$除了可由系统单位冲激响应$h(t)$求得，还可以由系统输出(零状态)的傅氏变换与输入傅氏变换表示。在实际应用中，稳定系统的频响函数才有意义，有关稳定系统的内容将在第四章介绍。

由系统不同的表示形式，可以用不同的方法得到系统函数。

1. 由微分方程求解

已知n阶 LTI 系统的微分方程的一般表示为

$$\begin{aligned}&\frac{\mathrm{d}^n y(t)}{\mathrm{d}t^n}+a_{n-1}\frac{\mathrm{d}^{n-1}y(t)}{\mathrm{d}t^{n-1}}+\cdots+a_1\frac{\mathrm{d}y(t)}{\mathrm{d}t}+a_0y(t)\\&=b_m\frac{\mathrm{d}^m f(t)}{\mathrm{d}t^m}+b_{m-1}\frac{\mathrm{d}^{m-1}f(t)}{\mathrm{d}t^{m-1}}+\cdots+b_1\frac{\mathrm{d}f(t)}{\mathrm{d}t}+b_0f(t)\end{aligned} \tag{3.5-4}$$

对式(3.5-4)两边取傅里叶变换，并利用微分性质

$$\begin{aligned}&[(\mathrm{j}\omega)^n+a_{n-1}(\mathrm{j}\omega)^{n-1}+\cdots+a_1(\mathrm{j}\omega)+a_0]Y(\mathrm{j}\omega)\\&=[b_m(\mathrm{j}\omega)^m+b_{m-1}(\mathrm{j}\omega)^{m-1}+\cdots+b_1(\mathrm{j}\omega)+b_0]F(\mathrm{j}\omega)\end{aligned} \tag{3.5-5}$$

由式(3.5-5)得到系统的频响函数为

$$H(\mathrm{j}\omega)=\frac{Y(\mathrm{j}\omega)}{F(\mathrm{j}\omega)}=\frac{b_m(\mathrm{j}\omega)^m+b_{m-1}(\mathrm{j}\omega)^{m-1}+\cdots+b_1(\mathrm{j}\omega)+b_0}{(\mathrm{j}\omega)^n+a_{n-1}(\mathrm{j}\omega)^{n-1}+\cdots+a_1(\mathrm{j}\omega)+a_0} \tag{3.5-6}$$

式(3.5-6)表明$H(\mathrm{j}\omega)$只与系统本身有关，与激励无关。

例 3.5-1 已知某系统的微分方程为$\dfrac{\mathrm{d}^2y(t)}{\mathrm{d}t^2}+3\dfrac{\mathrm{d}y(t)}{\mathrm{d}t}+2y(t)=\dfrac{\mathrm{d}f(t)}{\mathrm{d}t}+3f(t)$，求系统的函数$H(\mathrm{j}\omega)$。

解 对微分方程两边同时取傅氏变换，得到

$$[(\mathrm{j}\omega)^2+3(\mathrm{j}\omega)+2]Y(\mathrm{j}\omega)=[(\mathrm{j}\omega)+3]F(\mathrm{j}\omega)$$

$$H(\mathrm{j}\omega)=\frac{Y(\mathrm{j}\omega)}{F(\mathrm{j}\omega)}=\frac{(\mathrm{j}\omega)+3}{(\mathrm{j}\omega)^2+3(\mathrm{j}\omega)+2}$$

2. 由转移算子求解

已知稳定系统的转移算子，将其中的p用$\mathrm{j}\omega$替代，可以得到系统函数。

$$H(\mathrm{j}\omega)=H(p)\big|_{p=\mathrm{j}\omega} \tag{3.5-7}$$

例 3.5-2 已知某稳定系统的转移算子$H(p)=\dfrac{3p}{p^2+3p+2}$，求系统函数。

解

$$H(\mathrm{j}\omega)=\frac{3p}{p^2+3p+2}\bigg|_{p=\mathrm{j}\omega}=\frac{3\mathrm{j}\omega}{(\mathrm{j}\omega)^2+3\mathrm{j}\omega+2}$$

3. 由$h(t)$求解

先求出系统的冲激响应$h(t)$，然后对冲激响应$h(t)$求傅里叶变换。

例 3.5-3 已知系统的单位冲激响应$h(t)=5[u(t)-u(t-2)]$，求系统函数。

解 $$H(\mathrm{j}\omega)=5\left[\pi\delta(\omega)+\frac{1}{\mathrm{j}\omega}-\left(\pi\delta(\omega)+\frac{1}{\mathrm{j}\omega}\right)\mathrm{e}^{-\mathrm{j}2\omega}\right]=\frac{5}{\mathrm{j}\omega}(1-\mathrm{e}^{-\mathrm{j}2\omega})$$

例 3.5-4 求图 3.5-1 零阶保持电路的系统函数 $H(\mathrm{j}\omega)$。

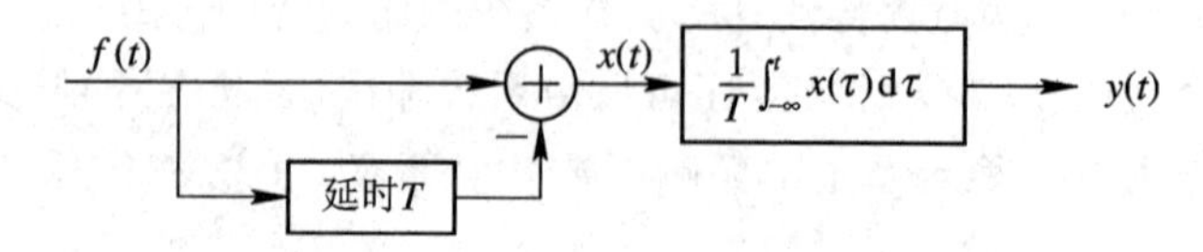

图 3.5-1 例 3.5-4 的零阶保持电路

解 方法(1) 先求出系统的单位冲激响应 $h(t)$，当零阶保持电路的 $f(t)=\delta(t)$时

$$x(t)=\delta(t)-\delta(t-T)$$

则
$$y(t)=\frac{1}{T}[u(t)-u(t-T)]=h(t)$$

对上式求傅氏变换，得到

$$H(\mathrm{j}\omega)=\mathscr{F}[h(t)]=\mathscr{F}\left[\frac{1}{T}[u(t)-u(t-T)]\right]$$

$$=\frac{1}{\mathrm{j}\omega T}(1-\mathrm{e}^{-\mathrm{j}\omega T})=\mathrm{Sa}\left(\frac{\omega T}{2}\right)\mathrm{e}^{-\mathrm{j}\frac{\omega T}{2}}$$

方法(2) 利用系统各部分的傅氏变换，第一部分是加法器，输出为

$$X(\mathrm{j}\omega)=F(\mathrm{j}\omega)(1-\mathrm{e}^{-\mathrm{j}\omega T})$$

第二部分是积分器，由上式 $X(\mathrm{j}0)=0$，输出 $Y(\mathrm{j}\omega)$为

$$Y(\mathrm{j}\omega)=\frac{1}{\mathrm{j}\omega T}X(\mathrm{j}\omega)=\frac{1}{\mathrm{j}\omega T}(1-\mathrm{e}^{-\mathrm{j}\omega T})F(\mathrm{j}\omega)$$

$$H(\mathrm{j}\omega)=\frac{Y(\mathrm{j}\omega)}{F(\mathrm{j}\omega)}=\frac{1}{\mathrm{j}\omega T}(1-\mathrm{e}^{-\mathrm{j}\omega T})=\mathrm{Sa}\left(\frac{\omega T}{2}\right)\mathrm{e}^{-\mathrm{j}\frac{\omega T}{2}}$$

两种方法结果相同。$h(t)$与$|H(\mathrm{j}\omega)|$如图 3.5-2 所示。

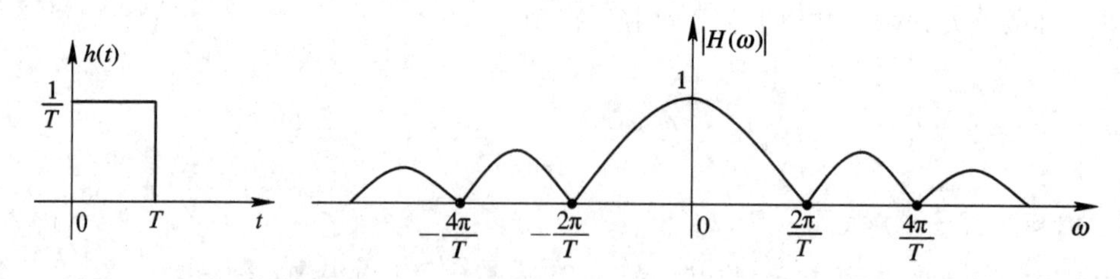

图 3.5-2 例 3.5-3 系统的 $h(t)$与 $H(\omega)$

4. 由频域电路系统求解

此法与 2.2 节的算子电路法相似，可以利用频域电路简化运算。无初始储能的动态元件时域与频域电压电流关系分别表示为

$$v_{\mathrm{L}}(t)=L\frac{\mathrm{d}}{\mathrm{d}t}i_{\mathrm{L}}(t)\leftrightarrow V_{\mathrm{L}}(\omega)=\mathrm{j}\omega L\cdot I_{\mathrm{L}}(\omega) \tag{3.5-8}$$

$$v_{\mathrm{C}}(t)=\frac{1}{C}\int_{-\infty}^{t}i_{\mathrm{C}}(\tau)\mathrm{d}\tau\leftrightarrow V_{\mathrm{C}}(\omega)=\frac{1}{\mathrm{j}\omega C}I_{\mathrm{C}}(\omega) \tag{3.5-9}$$

式(3.5-8)和式(3.5-9)中的 $\mathrm{j}\omega L$ 为频域的感抗值，是电感的频域表示；$\frac{1}{\mathrm{j}\omega C}$为频域的

容抗值，是电容的频域表示；两式右边的频域表示均满足频域(广义)欧姆定律。将电路中所有动态元件以及激励、响应用频域形式表示，得到频域电路；再利用频域(广义)的电路定律，用类似解直流或正弦稳态电路的方法求解 $H(\mathrm{j}\omega)$。我们举例说明由频域电路求解系统函数 $H(\mathrm{j}\omega)$ 的方法。

例 3.5-5 如图 3.5-3(a)所示电路，输入是激励电压 $f(t)$，输出是电容电压 $y(t)$，求系统函数 $H(\mathrm{j}\omega)$、系统为微分方程。

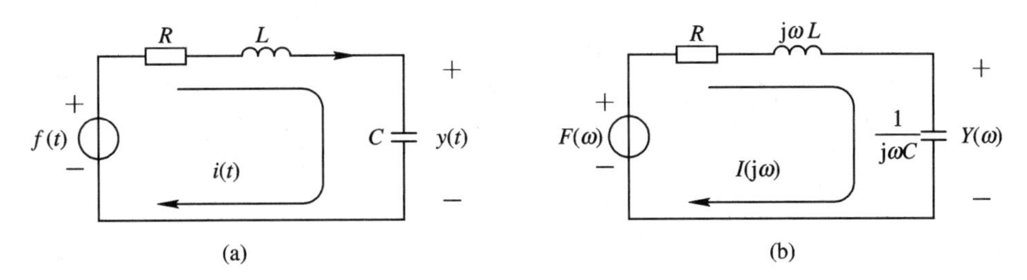

图 3.5-3 例 3.5-5 电路

解 频域电路如图 3.5-3(b)所示，列出方程

$$I(\mathrm{j}\omega)=\frac{F(\mathrm{j}\omega)}{R+\mathrm{j}\omega L+\dfrac{1}{\mathrm{j}\omega C}} \tag{A}$$

$$Y(\mathrm{j}\omega)=I(\mathrm{j}\omega)\frac{1}{\mathrm{j}\omega C} \tag{B}$$

将式(A)代入式(B)可得

$$Y(\mathrm{j}\omega)=\frac{\dfrac{1}{\mathrm{j}\omega C}}{R+\mathrm{j}\omega L+\dfrac{1}{\mathrm{j}\omega C}}F(\mathrm{j}\omega)$$

得系统函数

$$H(\mathrm{j}\omega)=\frac{Y(\mathrm{j}\omega)}{F(\mathrm{j}\omega)}=\frac{\dfrac{1}{\mathrm{j}\omega C}}{R+\mathrm{j}\omega L+\dfrac{1}{\mathrm{j}\omega C}}=\frac{1}{(\mathrm{j}\omega)^2LC+\mathrm{j}\omega RC+1}$$

系统的微分方程为

$$LC\frac{\mathrm{d}^2y(t)}{\mathrm{d}t^2}+RC\frac{\mathrm{d}y(t)}{\mathrm{d}t}+y(t)=f(t)$$

3.5.2 系统的频域分析

由卷积定理可以得到稳定系统频域分析法的基本框图表示，如图 3.5-4 所示。

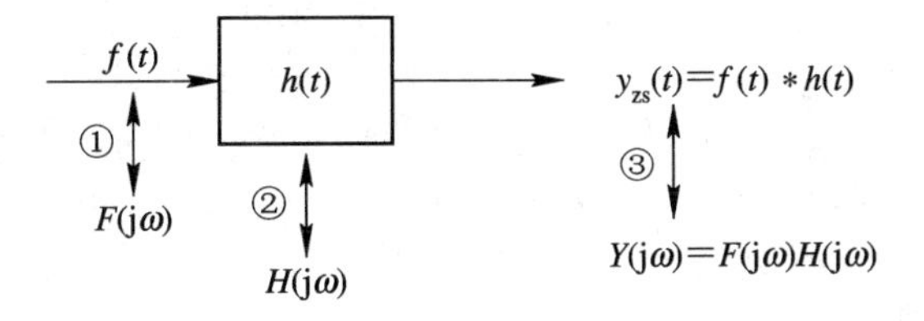

图 3.5-4 频域分析法基本框图

1. 周期正弦信号的响应

设激励信号

$$f(t)=\sin\omega_0 t\leftrightarrow F(\mathrm{j}\omega)=\mathrm{j}\pi[\delta(\omega+\omega_0)-\delta(\omega-\omega_0)]$$

当 $h(t)$ 为实函数

$$H(\mathrm{j}\omega)=|H(\omega)|\mathrm{e}^{\mathrm{j}\varphi(\omega)}$$

$$H(-\mathrm{j}\omega)=|H(\omega)|\mathrm{e}^{-\mathrm{j}\varphi(\omega)}=H^*(\omega)$$

其响应的频谱函数为

$$\begin{aligned}Y(\mathrm{j}\omega)&=F(\mathrm{j}\omega)H(\mathrm{j}\omega)=\mathrm{j}\pi H(\mathrm{j}\omega)[\delta(\omega+\omega_0)-\delta(\omega-\omega_0)]\\&=\mathrm{j}\pi[H(-\omega_0)\delta(\omega+\omega_0)-H(\omega_0)\delta(\omega-\omega_0)]\end{aligned}$$

响应为

$$\begin{aligned}y(t)&=\mathscr{F}^{-1}[Y(\mathrm{j}\omega)]=\frac{1}{2\pi}\int_{-\infty}^{\infty}Y(\mathrm{j}\omega)\mathrm{e}^{\mathrm{j}\omega t}\mathrm{d}\omega=\frac{\mathrm{j}}{2}|H(\omega_0)|[\mathrm{e}^{-\mathrm{j}\varphi(\omega_0)}\mathrm{e}^{-\mathrm{j}\omega_0 t}-\mathrm{e}^{\mathrm{j}\varphi(\omega_0)}\mathrm{e}^{\mathrm{j}\omega_0 t}]\\&=|H(\omega_0)|\frac{1}{\mathrm{j}2}[\mathrm{e}^{\mathrm{j}(\omega_0 t+\varphi(\omega_0))}-\mathrm{e}^{-\mathrm{j}(\omega_0 t+\varphi(\omega_0))}]\\&=|H(\omega_0)|\sin[\omega_0 t+\varphi(\omega_0)]\end{aligned}$$

比较输入 $f(t)$ 与输出 $y(t)$ 可见，正弦周期信号的响应仍是同频周期正弦信号，仅幅度、相位有所改变。这种响应是稳态响应，可以利用正弦稳态分析法计算。所以若正弦周期激励信号 $f(t)=A\sin(\omega_0 t+\varphi)$，通过系统函数为 $|H(\omega_0)|\mathrm{e}^{\mathrm{j}\varphi(\omega_0)}$ 的系统后，其响应可以直接表示为

$$y(t)=A|H(\omega_0)|\sin[\omega_0 t+\varphi(\omega_0)+\varphi] \tag{3.5-10}$$

例 3.5-6 已知某系统函数为 $H(\mathrm{j}\omega)=\dfrac{1}{a+\mathrm{j}\omega}=|H(\omega)|\mathrm{e}^{\mathrm{j}\varphi(\omega)}$，求激励 $f(t)=\sin(\omega_0 t)$ 的响应。

解

$$H(\mathrm{j}\omega_0)=\frac{1}{a+\mathrm{j}\omega_0}=\frac{1}{\sqrt{a^2+\omega_0^2}}\mathrm{e}^{-\mathrm{j}\arctan\frac{\omega_0}{a}}=|H(\omega_0)|\mathrm{e}^{\mathrm{j}\varphi(\omega_0)}$$

$$y(t)=\frac{1}{\sqrt{a^2+\omega_0^2}}\sin\left(\omega_0 t-\arctan\frac{\omega_0}{a}\right)$$

2. 周期非正弦信号的响应

稳定系统对周期信号的响应是稳态响应，所以周期非正弦信号响应可以利用周期正弦信号的响应求解方法。不同之处是要先利用傅氏级数将周期非正弦信号分解为许多周期正弦信号之和，再分别对每个正弦分量求响应，最后叠加得到周期非正弦信号的响应。即

$$f_T(t)=a_0+\sum_{n=1}^{\infty}c_n\cos(n\omega_0 t+\varphi_n) \tag{3.5-11}$$

第 n 次谐波的响应为

$$y_n(t)=Y_n\cos(n\omega_0 t+\varphi_{yn})$$

式中，

$$Y_n=c_n|H(n\omega_0)|,\quad \varphi_{yn}=\varphi_n+\varphi(n\omega_0) \tag{3.5-12}$$

最后总响应

$$y_T(t)=\sum_{n=0}^{\infty}Y_n\cos(n\omega_0 t+\varphi_{yn})$$

归纳解决周期非正弦信号通过线性系统响应求解的计算步骤为：

（1）将激励 $f_T(t)$ 分解为无穷多个正弦分量之和——展开为傅氏级数。

（2）求出系统函数 $H(\mathrm{j}\omega)=\{H(0),\ H(\omega_0),\ H(2\omega_0),\ \cdots\}$。

（3）利用正弦稳态分析法计算第 n 次谐波的响应为

$$y_n(t) = Y_n\cos(n\omega_0 t + \varphi_{yn})$$

（4）各谐波分量的瞬时值相加

$$y_T(t) = y_0(t) + y_1(t) + y_2(t) + \cdots + y_n(t) + \cdots = \sum_{n=0}^{\infty} Y_n\cos(n\omega_0 t + \varphi_{yn})$$

实际处理时，可以根据 $f_T(t)$ 的收敛情况、系统带宽等因素，从第(2)步就只取有限项。

例 3.5－7 已知某系统频率特性 $H(\mathrm{j}\omega)=\dfrac{1}{\mathrm{j}\omega+1}$，激励信号 $f(t)=2+\cos t+\cos 3t$，试求系统的响应 $y(t)$。

解

$$H(\mathrm{j}\omega)\big|_{\omega=0} = 1$$

$$H(\mathrm{j}\omega)\big|_{\omega=1} = \frac{1}{\mathrm{j}+1} = \frac{1}{\sqrt{2}}\mathrm{e}^{-\mathrm{j}45^\circ}$$

$$H(\mathrm{j}\omega)\big|_{\omega=3} = \frac{1}{\mathrm{j}3+1} = \frac{1}{\sqrt{10}}\mathrm{e}^{-\mathrm{j}71.6^\circ}$$

$$y(t) = 2 + \frac{1}{\sqrt{2}}\cos(t-45^\circ) + \frac{1}{\sqrt{10}}\cos(3t-71.6^\circ)$$

3. 非周期信号的响应

非周期信号通过线性系统的响应可以利用卷积定理，先求输入信号的傅氏变换及系统的频响，再将两者相乘得到输出的傅氏变换，最后经反变换得到时域响应。

例 3.5－8 已知系统函数 $H(\mathrm{j}\omega)=\dfrac{\mathrm{j}\omega+3}{(\mathrm{j}\omega+1)(\mathrm{j}\omega+2)}$，激励 $f(t)=\mathrm{e}^{-3t}u(t)$，求响应 $y(t)$。

解

$$f(t) = \mathrm{e}^{-3t}u(t) \leftrightarrow F(\mathrm{j}\omega) = \frac{1}{\mathrm{j}\omega+3}$$

$$y(t) \leftrightarrow Y(\mathrm{j}\omega) = F(\mathrm{j}\omega)H(\mathrm{j}\omega)$$

$$Y(\mathrm{j}\omega) = \frac{1}{(\mathrm{j}\omega+1)(\mathrm{j}\omega+2)} = \frac{1}{\mathrm{j}\omega+1} - \frac{1}{\mathrm{j}\omega+2}$$

$$y(t) = \mathscr{F}^{-1}[Y(\mathrm{j}\omega)] = (\mathrm{e}^{-t} - \mathrm{e}^{-2t})u(t)$$

由例 3.5－8 我们看到利用频域分析法解决了系统的零状态响应求解。优点是时域的卷积运算变为频域的代数运算，代价是正、反两次傅氏变换。还可以看到，与周期信号的稳态响应不同，这里是由非周期信号产生的响应，必有瞬态响应。

3.6 无失真传输系统

在信号传输过程中，为了不丢失信息，系统应该不失真地传输信号。人们也称无失真传输系统为理想传输系统。信号失真有以下两类。

一类是线性失真，它包括两方面。一是振幅失真：系统对信号中各频率分量的幅度产生不同程度的衰减(放大)，使各频率分量之间的相对振幅关系发生了变化。二是相位失真：系统对信号中各频率分量产生的相移与频率不成正比，使各频率分量在时间轴上的相对位置发生了变化。这两种失真都不会使信号产生新的频率分量。另一类是非线性失真，是由信号通过非线性系统产生的，特点是信号通过系统后产生了新的频率分量。

工程设计中针对不同的实际应用，对系统有不同的要求。对传输系统一般要求不失真，但在对信号处理时失真往往是必要的。在通信、电子技术中失真的应用也十分广泛，如各类调制技术就是利用非线性系统，产生所需要的频率分量；而滤波是提取所需要的频率分量，衰减其余部分。本节从时域、频域两个方面讨论线性系统所具有的线性失真，即振幅、相位失真。

所谓无失真传输是信号通过系统的输出波形与输入相比，只有幅度大小及时延的不同而形状不变，如图 3.6-1 所示。

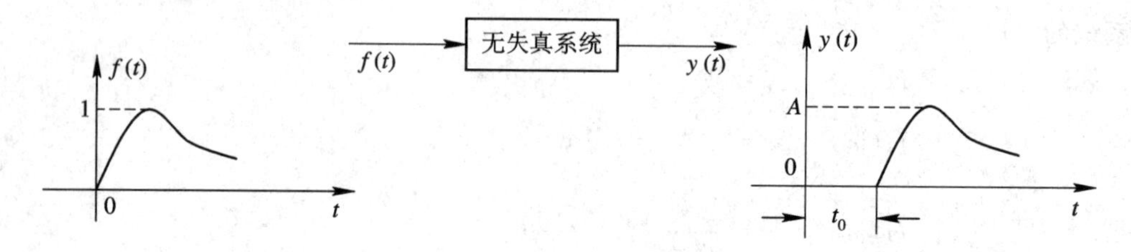

图 3.6-1 无失真传输

设激励信号为 $f(t)$，响应为 $y(t)$，则系统无失真时，输出信号应为

$$y(t) = Af(t-t_0) \tag{3.6-1}$$

式中，A 是系统的增益，t_0 是延迟时间，A 与 t_0 均为实常数。

由式(3.6-1)得到理想传输系统的时域不失真条件：一是幅度乘以 A 倍，二是波形滞后 t_0。又因为 $y(t)=f(t)*h(t)$，式(3.6-1)还可表示为

$$y(t) = f(t) * A\delta(t-t_0) \tag{3.6-2}$$

所以无失真传输系统的单位冲激响应为

$$h(t) = A\delta(t-t_0) \tag{3.6-3}$$

对式(3.6-3)两边取傅氏变换，可得

$$\mathscr{F}[h(t)] = H(\mathrm{j}\omega) = A\mathrm{e}^{-\mathrm{j}\omega t_0} = |H(\mathrm{j}\omega)|\mathrm{e}^{\mathrm{j}\varphi(\omega)} \tag{3.6-4}$$

式中，$|H(\mathrm{j}\omega)|=A$，$\varphi(\omega)=-\omega t_0$，对应的幅频及相频特性如图 3.6-2 所示。

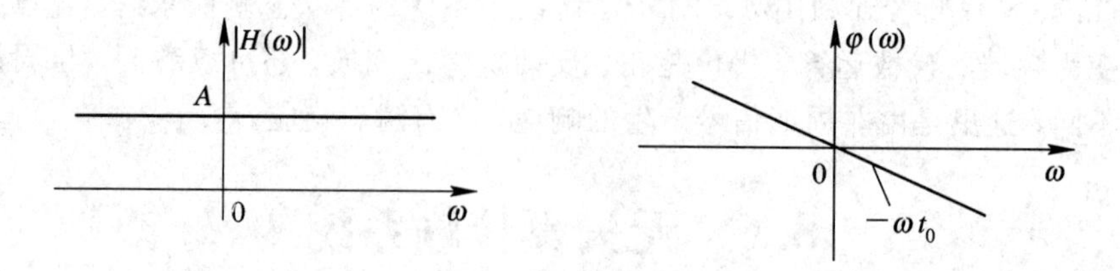

图 3.6-2 无失真传输系统的幅频及相频特性

式(3.6-4)是理想传输系统的频域不失真条件。它要求系统具有无限宽的均匀带宽，幅频特性在全频域内为常数；相移与频率成正比，即相频特性是通过原点的直线。图 3.6-3 是无失真传输与有相位失真波形的比较。

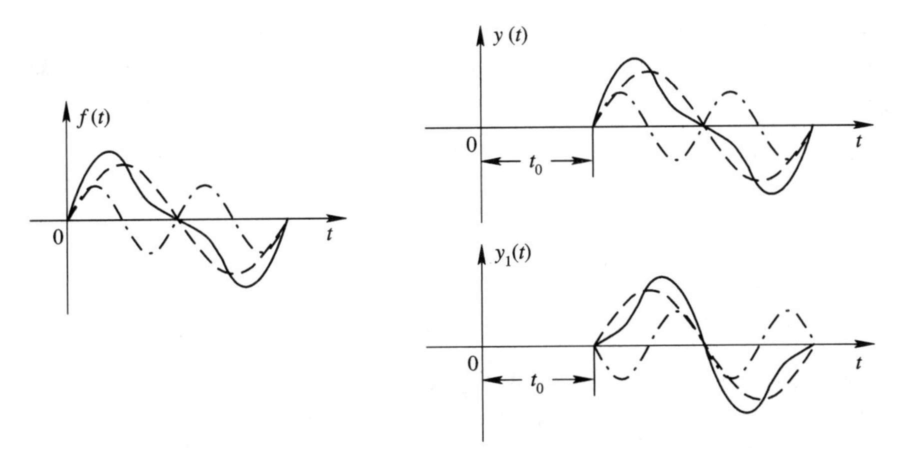

图 3.6－3　无失真传输与有相位失真的波形

由图 3.6－3 可见，信号通过无失真传输系统的延迟时间与相位特性的斜率有关。实际应用中相频特性也常用“群时延”表示。群时延定义为

$$\tau=-\frac{\mathrm{d}\varphi(\omega)}{\mathrm{d}\omega} \tag{3.6-5}$$

由式(3.6－4)与式(3.6－5)不难推得信号传输不产生相位失真的条件是群时延为常数。

例 3.6－1　已知某系统的振幅、相位特性如图 3.6－4 所示，输入为 $x(t)$，输出为 $y(t)$。求：

(1) 给定输入 $x_1(t)=2\cos 10\pi t+\sin 12\pi t$ 及 $x_2(t)=2\cos 10\pi t+\sin 26\pi t$ 时的输出 $y_1(t)$、$y_2(t)$；

(2) $y_1(t)$、$y_2(t)$ 有无失真？若有指出为何种失真。

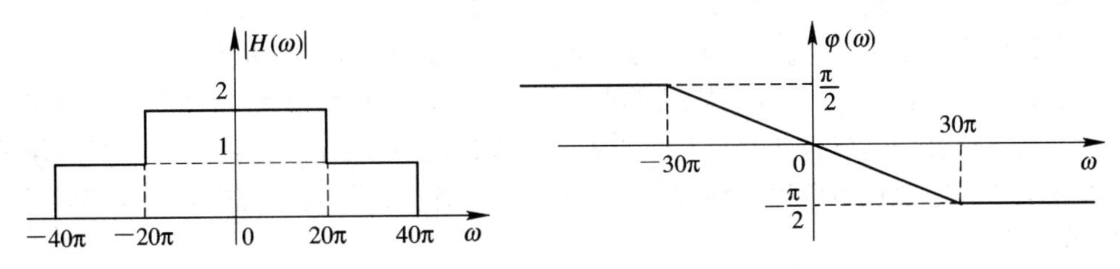

图 3.6－4　例 3.6－1 传输系统的幅频及相频特性

解　由图 3.6－4 可知该系统的振幅、相位函数为

$$|H(\omega)|=\begin{cases}2 & |\omega|<20\pi\\ 1 & 20\pi<|\omega|<40\pi\\ 0 & \text{其他}\end{cases}$$

$$\varphi(\omega)=\begin{cases}-\dfrac{\pi}{2} & \omega>30\pi\\ -\dfrac{\omega}{60} & |\omega|<30\pi\\ \dfrac{\pi}{2} & \omega<-30\pi\end{cases}$$

由振幅、相位函数可知信号频率在 $0\leqslant\omega\leqslant 20\pi$ 范围内，系统增益为 $A=2$；信号频率在 $20\pi\leqslant\omega\leqslant 40\pi$ 范围内，系统增益 $A=1$；信号频率 $\omega>40\pi$，系统增益 $A=0$。信号频率在

$\omega\leqslant 30\pi$ 范围内，系统相移与频率成正比，其时延 $t_0=1/60$；信号频率 $\omega>30\pi$ 后，系统相移与频率不成正比，均为 $\pi/2$。由无失真传输条件，可知输入信号在 $0\leqslant\omega\leqslant 20\pi$ 或 $20\leqslant\omega\leqslant 30\pi$ 范围内，输出信号无失真。

利用周期非正弦信号响应求解方法可得激励为 $x_1(t)$、$x_2(t)$ 时的响应为

$$\begin{aligned}y_1(t) &= 2[2\cos 10\pi(t-t_0)+\sin 12\pi(t-t_0)]\\ &= 2\left[2\cos\left(10\pi t-\frac{10\pi}{60}\right)+\sin\left(12\pi t-\frac{12\pi}{60}\right)\right]\\ &= 4\cos\left(10\pi t-\frac{\pi}{6}\right)+2\sin\left(12\pi t-\frac{\pi}{5}\right)\end{aligned}$$

输入信号在 $0\leqslant\omega\leqslant 20\pi$ 范围内，输出信号无失真。

$$y_2(t)=4\cos\left(10\pi t-\frac{\pi}{6}\right)+\sin\left(26\pi t-\frac{13\pi}{30}\right)\neq kx(t-t_0)$$

输入信号在 $0\leqslant\omega\leqslant 30\pi$ 范围内，输出有振幅失真。

从这个例题我们看到，在实际应用时，虽然系统不满足全频域无失真传输要求，但在一定的条件及范围内可以近似无失真传输或线性。这表明系统可以具有分段无失真或线性，这种方法在工程中经常用到。

*3.7 理想低通滤波器与物理可实现系统

经典滤波的概念往往与选频有关，因为在许多实际应用中，系统需要保留信号的部分频率分量，抑制另一部分频率分量，用以提取所需信号。例如要从电视机天线接收的所有信号中选出所需要频道的信号，就要利用滤波器。现代滤波的概念更加广泛，凡是信号频谱经过系统后发生了改变，都可以认为是滤波。本书所涉及的滤波是经典滤波。

有各种各样的滤波器，最典型的有通带振幅为 1，阻带振幅为 0 的理想滤波器。如理想低通、理想高通、理想带通、理想带阻滤波器等，其振幅特性如图 3.7-1 所示。理想滤波器的特点是对信号中要保留的频率分量直通，而将其余部分衰减到零。本节通过频域分析法分析典型信号通过理想低通的响应，讨论脉冲响应建立时间与系统带宽的关系，系统的可实现等问题。

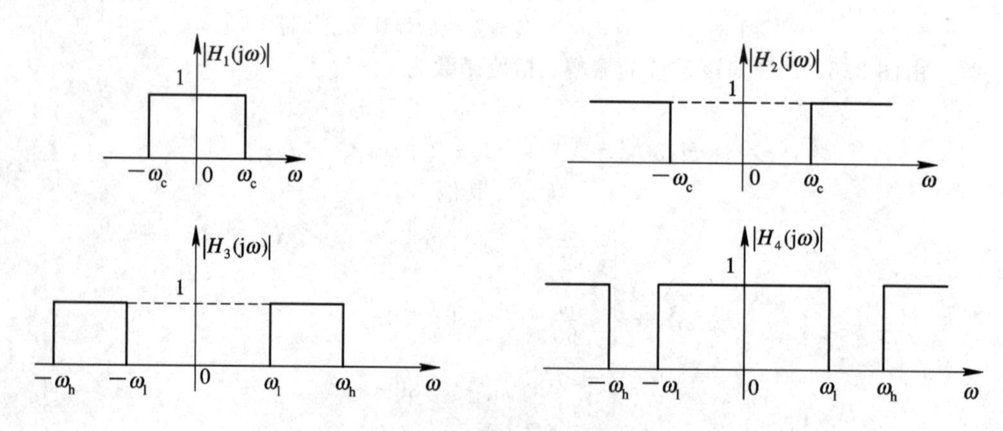

图 3.7-1 理想滤波器的幅频特性

3.7.1 理想低通滤波器及其冲激响应

理想低通滤波器的频率特性如图 3.7-2 所示，传递函数为

$$H(\mathrm{j}\omega)=|H(\mathrm{j}\omega)|\mathrm{e}^{\mathrm{j}\varphi(\omega)}=\begin{cases}\mathrm{e}^{-\mathrm{j}\omega t_0} & |\omega|<\omega_c\\ 0 & |\omega|>\omega_c\end{cases}\tag{3.7-1}$$

式中，ω_c 是通带截止频率，$-t_0$ 是相位特性斜率。

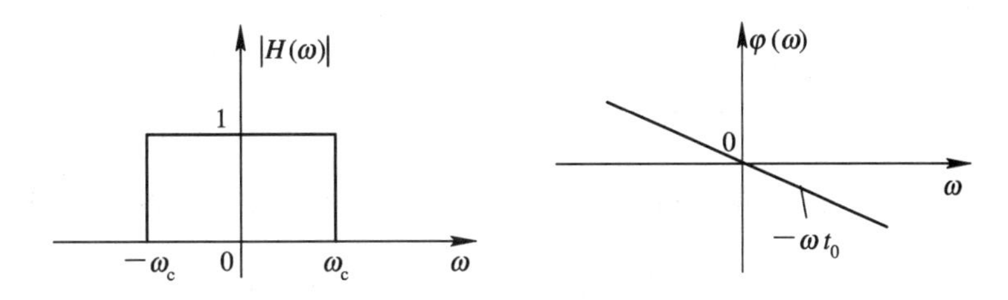

图 3.7-2 理想低通滤波器的频率特性

这样的理想低通滤波器的频带宽度等于通带截止频率 ω_c，它对激励信号低于 ω_c 的频率分量可以无失真传输(幅度均匀放大，时延为 t_0)，而高于 ω_c 的频率分量则被完全抑制。

理想低通的单位冲激响应为

$$\begin{aligned}h(t)&=\frac{1}{2\pi}\int_{-\omega_c}^{\omega_c}\mathrm{e}^{-\mathrm{j}\omega t_0}\mathrm{e}^{\mathrm{j}\omega t}\mathrm{d}\omega=\frac{1}{2\pi}\frac{1}{\mathrm{j}(t-t_0)}\mathrm{e}^{\mathrm{j}\omega(t-t_0)}\Big|_{-\omega_c}^{\omega_c}\\&=\frac{\omega_c}{\pi}\mathrm{Sa}[\omega_c(t-t_0)]\end{aligned}\tag{3.7-2}$$

理想低通的输入与单位冲激响应如图 3.7-3 所示。

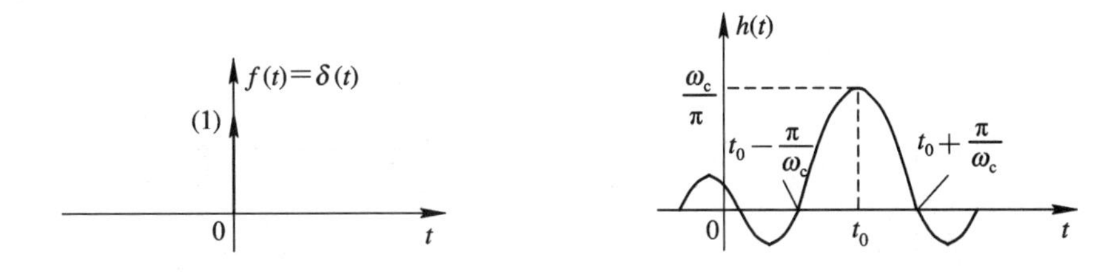

图 3.7-3 理想低通滤波器的输入与单位冲激响应

由图 3.7-3 可见，对在 $t=0$ 时刻加入的激励，其响应的最大值出现在 t_0 处，说明响应建立需要时间。由图 3.7-3 还可见，响应不仅延时了 t_0，并在响应脉冲建立的前后出现了起伏振荡。从理论上讲，振荡一直延伸到 $\pm\infty$ 处。这是由信号的幅度失真造成的，因为相当一部分的高频分量被完全抑制了。$t<0$ 时有响应出现表明系统是非因果的，而违背了因果律的系统是物理不可实现的。

3.7.2 理想低通滤波器的阶跃响应

我们以阶跃信号为典型信号，讨论其通过理想低通的响应，是因为阶跃信号的前沿很陡，含有丰富的高频分量。分析阶跃响应所得到的脉冲建立时间与通带的关系，与实际情况基本一致，具有典型的应用价值。

理想低通的阶跃响应 $g(t)$ 为

$$g(t)=h(t)*u(t)=\int_{-\infty}^{t}h(\tau)\mathrm{d}\tau=\int_{-\infty}^{t}\frac{\omega_c}{\pi}\mathrm{Sa}[\omega_c(\tau-t_0)]\mathrm{d}\tau$$

做变量代换，令 $\omega_c(\tau-t_0)=x$，当 $\tau=t$，$x=\omega_c(t-t_0)$；当 $\tau=-\infty$，$x=-\infty$；代入上式

$$g(t)=\frac{1}{\pi}\int_{-\infty}^{\omega_c(t-t_0)}\frac{\sin\omega_c(\tau-t_0)}{\omega_c(\tau-t_0)}\mathrm{d}\omega_c(\tau-t_0)$$

注意到，此时积分上限为 $\omega_c(t-t_0)$，令 $\omega_c(t-t_0)=y$，则阶跃响应 $g(t)$ 可表示为积分上限 y 的函数

$$g(y)=\frac{1}{\pi}\int_{-\infty}^{y}\frac{\sin x}{x}\mathrm{d}x \tag{3.7-3}$$

式中，$\mathrm{Si}(y)=\int_{-\infty}^{y}\frac{\sin x}{x}\mathrm{d}x$ 为正弦积分，有标准表格或曲线可查 $\mathrm{Si}(y)$ 的值，$\mathrm{Si}(y)$ 曲线如图 3.7-4 所示。由图可见，当 $y\to\pm\infty$ 时，$\mathrm{Si}(y)$ 在 0、π 处起伏振荡；则 $\frac{1}{\pi}\mathrm{Si}(y)$ 就会在 0、1 处起伏振荡；又因为 $y=\omega_c(t-t_0)$，当 $t=0$ 时，$y=-\omega_c t_0<0$，所以若以 t 为自变量，$\mathrm{Si}(y)$ 波形右移。

注意到

$$g(0)=\frac{1}{\pi}\int_{-\infty}^{0}\frac{\sin x}{x}\mathrm{d}x=\frac{1}{\pi}\cdot\frac{\pi}{2}=\frac{1}{2}$$

由 $y=\omega_c(t-t_0)=0$，解出 $t=t_0$，即

$$g(t_0)=\frac{1}{2}$$

最后得到理想低通的阶跃响应 $g(t)$ 如图 3.7-5 所示。

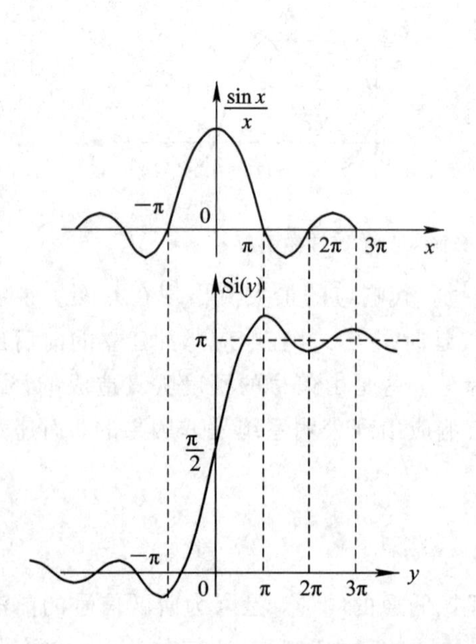

图 3.7-4　$\frac{\sin x}{x}$ 与 $\mathrm{Si}(x)$ 曲线

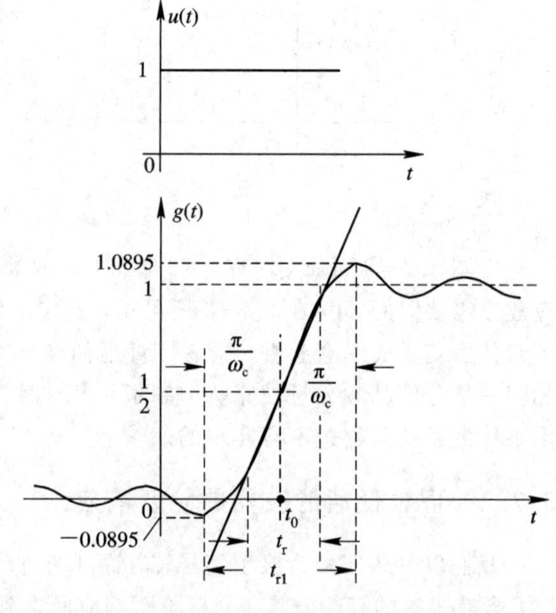

图 3.7-5　理想低通的阶跃响应

从图 3.7-5$g(t)$波形看，由于理想低通抑制了信号的高频分量以及它在通带内的线性相移，输出波形与输入波形相比发生了畸变。

(1) 响应 $g(t)$时间滞后。若以 $g(t)=1/2$ 作为响应的开始时间，则由以上分析已知此时为 t_0，即响应延时了 t_0，这正是线性相移的斜率。

(2) 响应 $g(t)$建立需要时间(脉冲上升时间)。若定义 $g(t)$在 $t=t_0$ 处斜率的倒数为响应建立时间 t_r，则

$$t_r=\frac{1}{\left.\frac{d}{dt}g(t)\right|_{t=t_0}}=\frac{1}{\left.\frac{d}{dt}\left\{\frac{1}{\pi}[\mathrm{Si}\omega_c(t-t_0)]\right\}\right|_{t=t_0}}=\frac{1}{\omega_c/\pi}=\frac{\pi}{\omega_c} \tag{3.7-4a}$$

若取 $g(t)$从最小值上升到最大值为响应建立时间 t_{r1}，由图 3.7-4 可得

$$t_{r1}=\frac{2\pi}{\omega_c}=\frac{1}{B_f}=\frac{1}{f_c} \tag{3.7-4b}$$

式(3.7-4)的两种表示都说明响应建立时间与通带带宽成反比，通带越宽响应上升时间越短，反之亦然。一般滤波器的响应建立时间与通带带宽的乘积是常数，例如以上所分析的理想低通的 $t_r f_c=0.5$。

(3) $t<0$ 有输出。由图 3.7-5 再次看到输出波形的起伏振荡延伸到了 $t<0$ 的时间区域。注意到激励是 $t=0$ 时刻加入的，$t<0$ 时有响应出现说明系统是非因果的。

(4) 吉布斯现象。响应中的正弦积分 $\mathrm{Si}(y)$，最大峰值点在 $y=\pi$处，最小峰值点在 $y=-\pi$处，且

$$\mathrm{Si}(y)\big|_{y=\pi}=1.8514$$

由式(3.7-3)可推得

$$\begin{aligned}g(y)_{\max}&=g(\pi)=\frac{1}{\pi}\int_{-\infty}^{0}\frac{\sin x}{x}dx+\frac{1}{\pi}\int_{0}^{\pi}\frac{\sin x}{x}dx\\&=\frac{1}{2}+\frac{1.8514}{\pi}\approx 1.0895\end{aligned}$$

$$g(y)_{\min}=g(-\pi)=\frac{1}{\pi}\int_{-\infty}^{0}\frac{\sin x}{x}dx-\frac{1}{\pi}\int_{-\pi}^{0}\frac{\sin x}{x}dx$$

因为$\frac{\sin x}{x}$是偶函数，$-\pi\sim0$ 与 $0\sim\pi$的积分值相等，所以有

$$g(y)_{\min}=g(-\pi)=\frac{1}{2}-\frac{1}{\pi}\int_{0}^{\pi}\frac{\sin x}{x}dx=\frac{1}{2}-\frac{1.8514}{\pi}\approx-0.0895$$

如图 3.7-4 所示，在 $t=t_0+\frac{\pi}{\omega_C}$ $(y=\pi)$处有近 9%的上冲，在 $t=t_0-\frac{\pi}{\omega_C}$ $(y=-\pi)$处有近 9%负的上冲。

从频域角度看，理想滤波器就像一个“矩形窗”。“矩形窗”的宽度不同，截取信号频谱的频率分量就不同。利用矩形窗滤取信号频谱时，在时域的不连续点处会出现上冲。增加 ω_c可以使响应的上升时间减少，但却无法改变近 9%的上冲值，这就是吉布斯现象。例如图 3.7-6 所示，两种不同带宽的理想低通，对同一矩形脉冲的响应，其上冲值相同。这表明理想滤波器带宽增加，可以改善均方误差，减少输出建立时间，但其最大误差不会改变。只有改用其他形式的窗函数提取信号频谱时，有可能消除上冲，改善其最大误差。

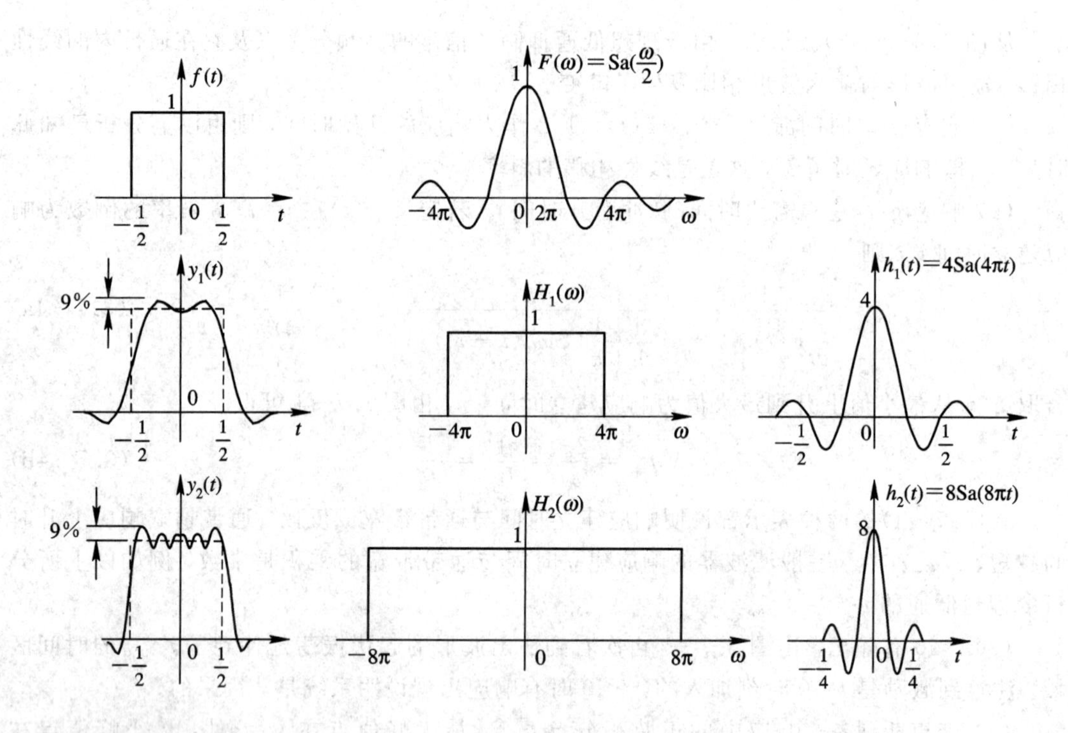

图 3.7-6　不同带宽的理想低通对矩形脉冲的响应

下面通过实例讨论实际的低通滤波器。

例 3.7-1　电路系统及激励 $f(t)=u(t)$ 如图 3.7-7 所示，用频域法求解系统频响函数及系统响应 $y(t)$，并绘出系统的频响特性。

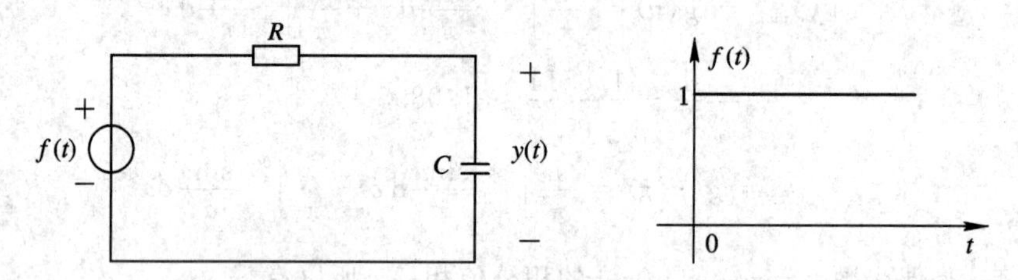

图 3.7-7　例 3.7-2 电路系统及激励

解　先求解系统函数

$$H(\mathrm{j}\omega)=\frac{\frac{1}{\mathrm{j}\omega C}}{R+\frac{1}{\mathrm{j}\omega C}}=\frac{1}{1+\mathrm{j}\omega RC}$$

$$|H(\mathrm{j}\omega)|=\frac{1}{\sqrt{1+(\omega RC)^2}}=\frac{1}{\sqrt{1+(\omega/\omega_{\mathrm{c}})^2}}$$

$$\varphi(\omega)=-\arctan(\omega RC)=-\arctan\left(\frac{\omega}{\omega_{\mathrm{c}}}\right)$$

式中，$\omega_{\mathrm{c}}=\frac{1}{RC}$，其幅频、相频特性如图 3.7-8 所示。由图可见该系统是一低通滤波器。幅频特性与理想特性最大的区别是逐步衰减趋于零，没有间断点。

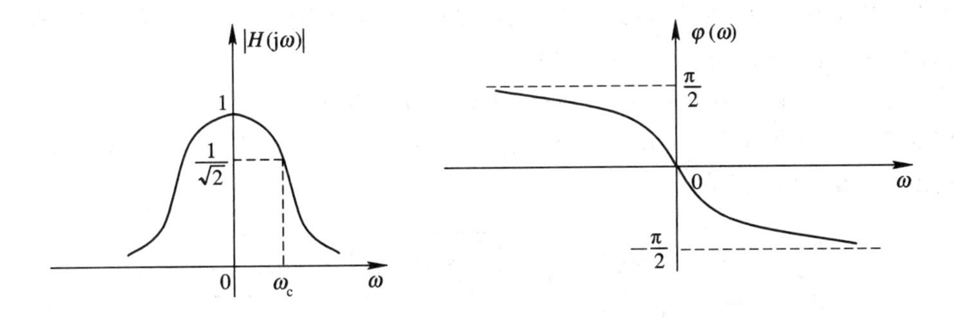

图 3.7-8　例 3.7-1 电路系统频率特性

再求系统输出响应 $y(t)$

$$F(\mathrm{j}\omega) = \pi\delta(\omega) + \frac{1}{\mathrm{j}\omega}$$

$$\begin{aligned} Y(\mathrm{j}\omega) &= F(\mathrm{j}\omega)H(\mathrm{j}\omega) = \left[\pi\delta(\omega) + \frac{1}{\mathrm{j}\omega}\right]\frac{1}{1+\mathrm{j}\omega RC} \\ &= \frac{1}{1+\mathrm{j}\omega RC}\pi\delta(\omega) + \frac{1}{\mathrm{j}\omega}\cdot\frac{1}{1+\mathrm{j}\omega RC} \\ &= \pi\delta(\omega) + \frac{1}{\mathrm{j}\omega} - \frac{1}{\mathrm{j}\omega + \frac{1}{RC}} \end{aligned}$$

$$y(t) = (1 - \mathrm{e}^{-\frac{t}{RC}})u(t)$$

系统响应如图 3.7-9 所示。由图 3.7-9 可见，响应 $y(t)$ 与激励 $f(t)$ 不同的是，在 $t=0$ 时，$f(t)$ 没有跳变为 1，而是经过一段上升过程，随着时间趋于无穷才达到 1。

通常响应 $y(t)$ 上升到幅度的 0.9 时，误差已满足工程需要。因此可以定义响应 $y(t)$ 从 0 上升到0.9 的时间 t_r 为系统响应的上升时间。将此代入到输出 $y(t)$ 公式中

$$y(t_r) = 1 - \mathrm{e}^{-\frac{t_r}{RC}} = 0.9 \tag{3.7-5}$$

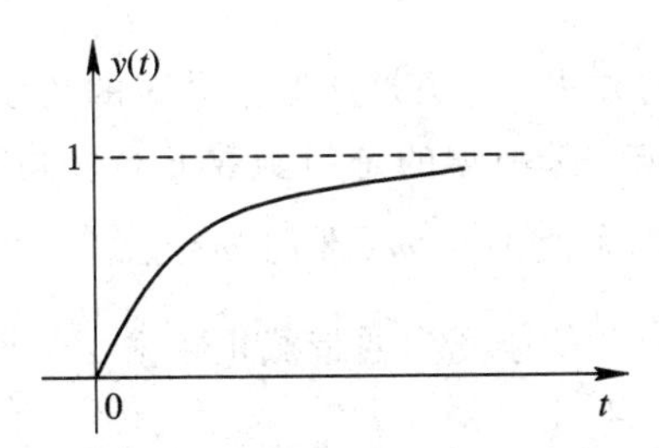

图 3.7-9　例 3.7-1 电路系统输出响应

由式(3.7-5)解出

$$t_r = RC\ \ln 10 \tag{3.7-6}$$

可见，t_r 正比 RC，RC 是该系统的时常数。若将 t_r 与 3 分贝截止频率相乘，有

$$t_r \cdot f_c = RC\ \ln 10 \cdot \frac{1}{2\pi RC} = \frac{\ln 10}{2\pi} \approx 0.36 \tag{3.7-7}$$

式(3.7-7)再一次说明，响应上升时间与系统带宽的乘积是常数，并与系统参数的具

体值无关。这虽然是由一阶电路推导的结论，却是普遍适用的。大多数系统响应建立（上升）的时间与带宽的乘积在0.3～0.5之间。

除了滤波，实际应用中还可能遇到补偿（逆）滤波的问题，举例说明。

例 3.7－2 如图3.7－10所示系统，信号 $f(t)$ 经零阶保持电路输出为 $y(t)$，求使系统最终输出为 $f(t)$ 的 $H_0(\mathrm{j}\omega)$。

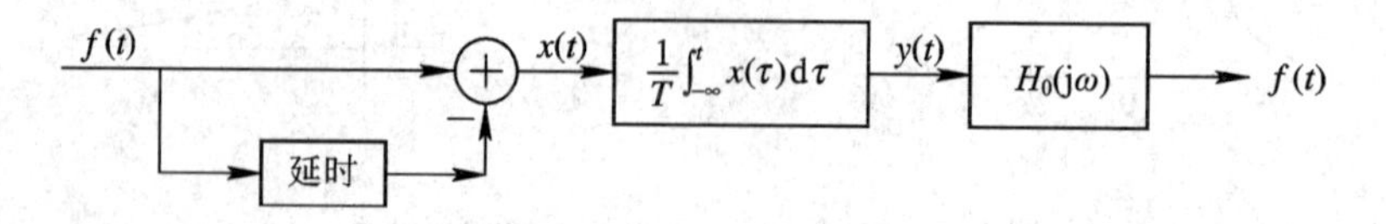

图 3.7－10 例3.7－2的反滤波系统

解 由例3.5－4已求出系统的零阶保持电路部分的系统函数为

$$H_1(\mathrm{j}\omega)=\frac{Y(\mathrm{j}\omega)}{F(\mathrm{j}\omega)}=\mathrm{Sa}\left(\frac{\omega T}{2}\right)\mathrm{e}^{-\mathrm{j}\frac{\omega T}{2}}$$

整个系统的系统函数为

$$H(\mathrm{j}\omega)=H_1(\mathrm{j}\omega)H_0(\mathrm{j}\omega)=\frac{Y(\mathrm{j}\omega)F(\mathrm{j}\omega)}{F(\mathrm{j}\omega)Y(\mathrm{j}\omega)}=1$$

所以

$$H_0(\mathrm{j}\omega)=\frac{F(\mathrm{j}\omega)}{Y(\mathrm{j}\omega)}=\frac{1}{H_1(\mathrm{j}\omega)}=\frac{1}{\mathrm{Sa}\left(\frac{\omega T}{2}\right)\mathrm{e}^{-\mathrm{j}\frac{\omega T}{2}}}=\frac{\mathrm{e}^{\mathrm{j}\frac{\omega T}{2}}}{\mathrm{Sa}\left(\frac{\omega T}{2}\right)}$$

如果认为本例的 $H_1(\mathrm{j}\omega)$ 是滤波器，则 $H_0(\mathrm{j}\omega)=\dfrac{1}{H_1(\mathrm{j}\omega)}$ 可认为是补偿（逆）滤波器。

3.7.3 频带宽度

实际系统（滤波器）或信号的频带宽度（简称带宽）是描述系统（滤波器）或信号的重要指标之一。

介绍两类定义频带宽度的方法。一类是从振幅衰减的角度定义频带宽度：例如频谱响函数的第 n（一般 $n=1$）个零点，最典型的是门函数 $g_\tau(t)$ 的频响，其频带宽度一般为 $2\pi/\tau$（第1个零点），或者是振幅最大值的 $1/m$（常用 $m=\sqrt{2}$）。以低通为例，若 $|H(\omega)|_{\max}=|H(0)|=1$，定义衰减等于 $1/\sqrt{2}$ 的频率为通带截止频率 ω_c，即 $|H(\omega_c)|=\dfrac{1}{\sqrt{2}}|H(0)|$；而幅度衰减不低于 $1/\sqrt{2}$ 的频率范围为通带。即认为该系统能通过信号中 $\omega<\omega_c$ 的频率分量，而抑制 $\omega>\omega_c$ 的频率分量。

另一类是从能量的角度定义频带宽度。若以低通零频的归一化幅度 $|H(0)|=1$ 为基准，定义能量的对数衰减为

$$10\lg\left[\left|\frac{H(\omega)}{H(0)}\right|\right]^2=10\lg|H(\omega)|^2 \tag{3.7-8}$$

特别地，将 $\omega=\omega_c$ 处信号振幅是零频的 $1/\sqrt{2}$ 代入式(3.7－8)，得到信号能量减半的对数衰减为

$$10\lg\left[\frac{|H(\omega_c)|}{|H(0)|}\right]^2 = 10\lg\left[\frac{1}{\sqrt{2}}\right]^2 = 10\lg\frac{1}{2} = -3\ \text{dB}$$

由式(3.7-8)得到的信号能量减半的频率是滤波器的 3 dB 带宽截止角频率，因此称其为该滤波器的 3 dB 带宽。例 3.7-1 的 ω_c 是该滤波器的 3 dB 带宽，又因为 $\omega_c = 1/(RC) = 2\pi f_c$，所以 f_c 为该系统的 3 dB 截止频率。这种以能量下降 3 dB 的频率间隔作带宽，适用于有一主峰的滤波器，如图 3.7-11 所示(设主峰在 0 频处)。

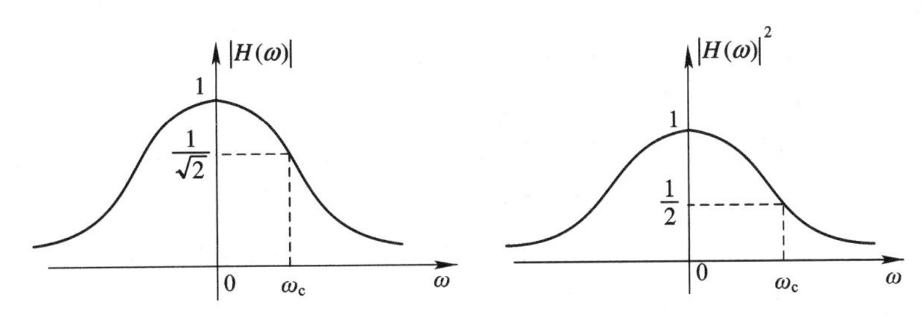

图 3.7-11　3 dB 带宽的系统

3.7.4　物理可实现系统

通过对理想低通滤波器的时域特性分析，可知理想低通滤波器是物理不可实现的系统。LTI 系统是否为物理可实现，时域与频域都有判断准则。LTI 系统是物理可实现的，时域准则是系统的单位冲激响应满足因果性，即

$$h(t) = 0,\ t < 0 \tag{3.7-9}$$

若系统的幅度函数 $|H(\omega)|$ 满足平方可积，即

$$\int_{-\infty}^{\infty} |H(\omega)|^2 \mathrm{d}\omega < \infty \tag{3.7-10}$$

由佩利-维纳给出的频域准则为：物理可实现系统的必要条件是

$$\int_{-\infty}^{\infty} \frac{|\ln|H(\omega)||}{1+\omega^2} \mathrm{d}\omega < \infty \tag{3.7-11}$$

幅度函数不满足这个准则的，其系统必为非因果的。这个准则既限制因果系统的幅度函数不能在某一频带内为零，也限制幅度特性衰减不能太快。因为当 $|H(\omega)|$ 在 $\omega_1 < \omega < \omega_2$ 为零时，使式(3.7-11)积分不收敛，即

$$\int_{-\infty}^{\infty} \frac{|\ln|H(\omega)||}{1+\omega^2} \mathrm{d}\omega \to \infty$$

所以准则只允许在某些不连续频率点的幅值为零，但不允许某个频带的幅值为零，并且一些幅度特性衰减太快的系统函数(如例 3.7-3)也是物理不可实现的。

例 3.7-3　讨论具有钟形幅度特性的系统的物理可实现性。

解　系统的钟形幅度特性为 $|H(\omega)| = \mathrm{e}^{-\omega^2}$，对模平方函数积分有

$$\int_{-\infty}^{\infty} |H(\omega)|^2 \mathrm{d}\omega = \int_{-\infty}^{\infty} \mathrm{e}^{-2\omega^2} \mathrm{d}\omega = 2\int_{0}^{\infty} \mathrm{e}^{-2\omega^2} \mathrm{d}\omega = \sqrt{\frac{\pi}{2}} < \infty$$

满足平方可积，代入式(3.7-11)佩利-维纳准则有

$$\int_{-\infty}^{\infty}\frac{|\ln|H(\omega)||}{1+\omega^2}\mathrm{d}\omega=\int_{-\infty}^{\infty}\frac{|\ln \mathrm{e}^{-\omega^2}|}{1+\omega^2}\mathrm{d}\omega=\int_{-\infty}^{\infty}\frac{\omega^2}{1+\omega^2}\mathrm{d}\omega$$

$$=\lim_{B\to\infty}\int_{-B}^{B}\left(1-\frac{1}{1+\omega^2}\right)\mathrm{d}\omega=\lim_{B\to\infty}(\omega-\arctan\omega)\Big|_{-B}^{B}$$

$$=\lim_{B\to\infty}2(B-\arctan B)=2\left(\lim_{B\to\infty}B-\frac{\pi}{2}\right)$$

显然积分不收敛，是物理不可实现的系统。

由佩利一维纳准则可以推知，所有的理想滤波器都是物理不可实现的。研究它们的意义在于：所有可实现系统，总是按照一定的规律去逼近理想滤波器。逼近的数学模型不同，可以得到不同的滤波器。如巴特瓦思滤波器、切比雪夫滤波器等，都是以一定的方式逼近理想滤波器的设计方法。所以只要实际滤波器以某种方式逼近理想滤波器的方法存在，就不失讨论理想滤波器的意义。而由有理多项式函数构成的幅度特性都是满足佩利一维纳准则的。当然，并非满足该准则的幅度特性，加上任意的相位特性就可以构成物理可实现系统。幅度准则只是一个物理可实现系统的必要条件，还必须有合适的相位特性与之匹配。合适的幅频与相频特性可由希尔伯特变换解决，有兴趣的读者可参考有关资料。

3.8 时域采样与恢复(插值)

时域采样是用数字技术处理连续信号的重要环节。采样就是利用“采样器”，从连续信号中“抽取”信号的离散样值，如图 3.8-1 所示。

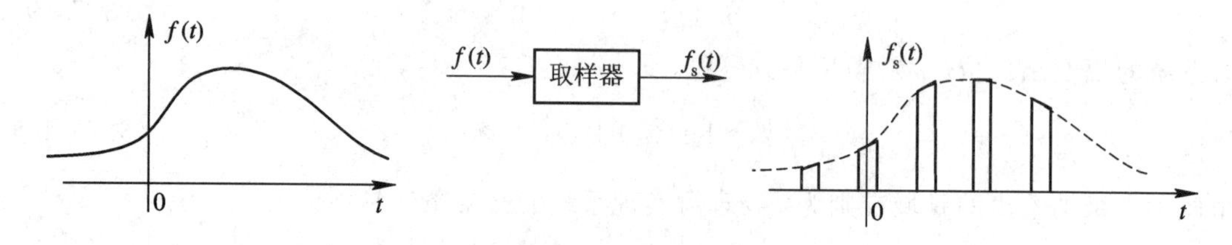

图 3.8-1 信号的采样

这种离散的样值函数通常称为“采样”信号。采样信号是离散信号，一般用 $f_s(t)$表示。采样信号在时间上离散化了，但它还不是数字信号，还需经量化编码转变为数字信号。所以数字信号是时间离散化、样值量化的信号。本书中若不特别指明，离散信号与数字信号通用。

离散信号是在不连续的点上有确定值的信号。这些不连续的间隔可以是均匀的，也可以是不均匀的，本书所讨论的间隔是均匀的。离散信号可以是实际存在的信号，如医院人口出生统计等，也可以是对连续时间信号的采样。

在这节中首先讨论对连续信号的采样以及采样信号的频谱，然后讨论在什么条件下，采样信号能保留原连续信号的全部信息，以及如何从采样信号中恢复原信号。从若干样本值恢复信号，与做实验曲线有些相似。实验中一般只能测出若干点上的实验值，将这些实验值用光滑曲线连起来就是实验曲线，但取多少点合适？点取少了会把一些重要变化漏掉，点取多了使实验工作量太大，只有合适的点数才能保证实验结果正确。与此相似，适当的采样率是信号恢复的重要条件，也是采样定理解决的问题。

3.8.1 时域采样

最简单的采样器如图 3.8-2(a)所示，是一个电子开关。开关接通，信号通过，开关断开，信号被短路。而这个电子开关的作用，可以用一个如图 3.8-2(b)所示的乘法器等效，图中的 $p(t)$是周期性开关函数。当 $p(t)$为零时，乘法器输出为零，等效为开关断开，信号通不过去，反之亦然。这样采样信号 $f_s(t)$可表示为

$$f_s(t)=f(t)p(t) \tag{3.8-1}$$

式中，$p(t)$是周期为 T 的开关函数，相应的采样频率 $f_s=1/T$，$\omega_s=2\pi f_s=2\pi/T$。

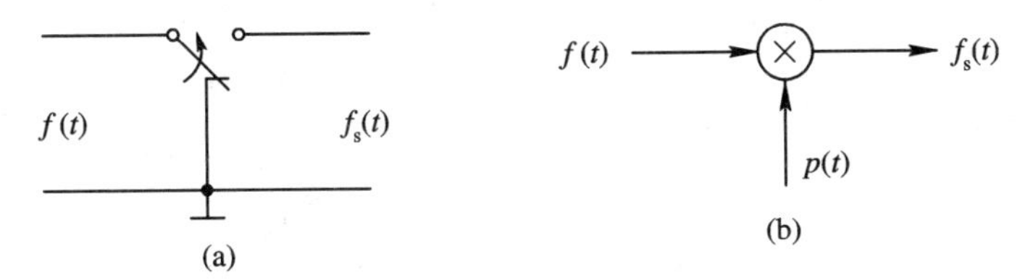

图 3.8-2 采样器与等效模型

经过采样，连续信号 $f(t)$变为离散信号 $f_s(t)$，下面讨论采样信号 $f_s(t)$的频谱函数 $F_s(\omega)$，以及它与原信号频谱 $F(\omega)$的关系。周期开关函数 $p(t)$的傅氏级数为

$$p(t)=\sum_{n=-\infty}^{\infty}P_n e^{jn\omega_s t}$$

对上式取傅氏变换，得到周期开关函数 $p(t)$的频谱为

$$\begin{aligned}P(\omega)&=\mathscr{F}[p(t)]=\mathscr{F}\Big[\sum_{n=-\infty}^{\infty}P_n e^{jn\omega_s t}\Big]\\&=\sum_{n=-\infty}^{\infty}P_n\mathscr{F}[e^{jn\omega_s t}]=2\pi\sum_{n=-\infty}^{\infty}P_n\delta(\omega-n\omega_s)\end{aligned} \tag{3.8-2}$$

由式(3.8-2)$p(t)$的频谱可求采样信号 $f_s(t)$的频谱。因为 $f_s(t)$是 $f(t)$与 $p(t)$的相乘，由频域卷积定理可知，其频谱应为两者的卷积，有

$$f_s(t)\leftrightarrow F_s(\omega)=\frac{1}{2\pi}F(\omega)*P(\omega)$$

将式(3.8-2)代入上式，得到

$$\begin{aligned}F_s(\omega)&=\frac{1}{2\pi}F(\omega)*2\pi\sum_{n=-\infty}^{\infty}P_n\delta(\omega-n\omega_s)\\&=\sum_{n=-\infty}^{\infty}P_nF(\omega-n\omega_s)\end{aligned} \tag{3.8-3}$$

式(3.8-3)表明，时域采样信号频谱 $F_s(\omega)$是原信号频谱 $F(\omega)$以采样角频率 ω_s 为间隔的周期重复，其中 P_n 为加权系数。

当开关函数 $p(t)$是周期冲激序列时也称理想采样，此时

$$p(t)=\delta_T(t)=\sum_{n=-\infty}^{\infty}\delta(t-nT) \tag{3.8-4}$$

$$P_n=\frac{1}{T}\int_{-T/2}^{T/2}\delta(t)e^{-jn\omega_s t}dt=\frac{1}{T} \tag{3.8-5}$$

把式(3.8-5)代入式(3.8-3)可得

$$F_s(\omega)=\sum_{n=-\infty}^{\infty}P_nF(\omega-n\omega_s)=\frac{1}{T}\sum_{n=-\infty}^{\infty}F(\omega-n\omega_s)$$
$$=\frac{1}{T}[\cdots+F(\omega+\omega_s)+F(\omega)+F(\omega-\omega_s)+\cdots] \tag{3.8-6}$$

式(3.8－6)表示，理想采样的频谱 $F_s(\omega)$是原信号频谱 $F(\omega)$的加权周期重复，其中周期为 ω_s，加权系数是常数 $1/T$。理想采样信号与频谱如图 3.8－3 所示。如果从调制的角度分析式(3.8－6)，可以认为式中的 $F(\omega)$是基带频谱，而 $F(\omega\pm\omega_s)$是一次谐波调制频谱，$F(\omega\pm2\omega_s)$是二次谐波调制频谱，以此类推。这样，理想采样的频谱 $F_s(\omega)$就是由基带频谱与各次谐波调制频谱组成的。

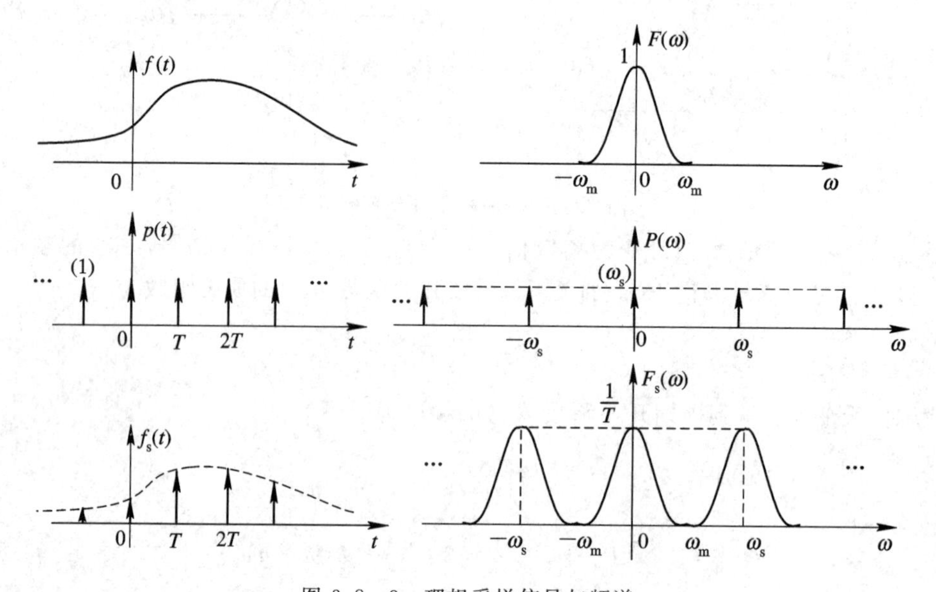

图 3.8－3　理想采样信号与频谱

周期冲激采样可以认为是周期矩形采样 $\tau\to0$ 的极限情况，采样后信号频谱是原频谱的周期重复且幅度一样，所以也称理想采样。实际的采样信号都有一定的脉冲宽度，不过当 τ 相对采样周期 T 足够小时，可以近似认为是理想采样。

3.8.2　采样定理

由对理想采样信号频谱 $F_s(\omega)$的讨论可以知道，$F_s(\omega)$是原信号频谱 $F(\omega)$的周期重复，重复的间隔为 ω_s。假设 $F(\omega)$是带限信号，由图 3.8－4 可见不同的 ω_s 对 $F_s(\omega)$的影响不同。当 $\omega_s\geqslant2\omega_m$ 时，基带频谱与各次谐波频谱彼此是不重叠的，$F_s(\omega)$是 $F(\omega)$无混叠的周期延拓，基带频谱保留了原信号的全部信息；可用一个理想低通(虚线框)提取出基带频谱，从而恢复 $f(t)$；而当 $\omega_s<2\omega_m$ 时，$F_s(\omega)$的基带频谱与谐波频谱有混叠，无法提取基带频谱，也就不可能不失真恢复原信号 $f(t)$。

通过以上的图解过程可以说明采样定理：一个频谱受限信号 $f(t)$的最高频率为 f_m，则 $f(t)$可以用不大于 $T=1/(2f_m)$的时间间隔的采样值惟一地确定。

采样定理表明了在什么条件下，采样信号能够保留原信号的全部信息。这就是

$$T=\frac{1}{f_s}\leqslant\frac{1}{2f_m} \tag{3.8-7}$$

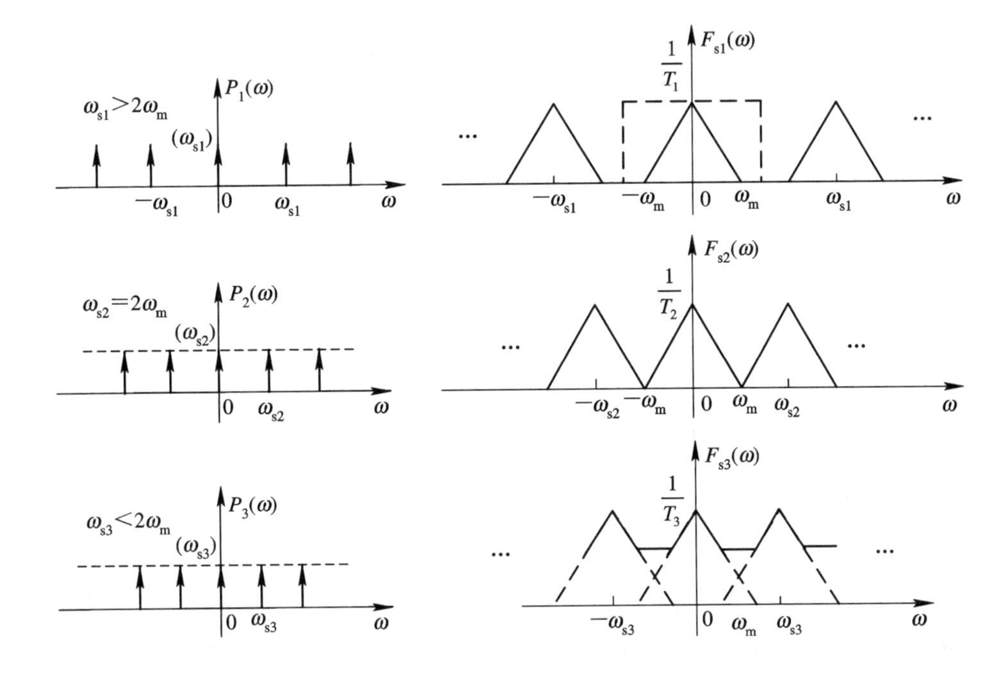

图 3.8－4　采样频率不同时的频谱

或

$$\omega_s \geqslant 2\omega_m$$

$$\omega_m \leqslant \frac{\omega_s}{2} \tag{3.8-8}$$

通常把允许的最低采样频率 $f_s=2f_m$ 定义为奈奎斯特频率；允许的最大采样间隔 $T=\frac{\pi}{\omega_m}=\frac{1}{2f_m}$ 定义为奈奎斯特间隔。

采样频率的一半 $\omega_s/2$ 也称为折叠频率，因为它像一面反光镜，信号的最高频率一旦超过它，就会反射回来，造成频谱的混叠。

例 3.8－1　确定信号 $f(t)=\mathrm{Sa}(50\pi t)$的奈奎斯特频率。

解　$f(t)=\mathrm{Sa}(50\pi t)$，利用对称性可得

$$F(\mathrm{j}\omega)=\frac{1}{50}g_{100\pi}(\omega)$$

这是最高角频率为 $\omega_m=50\pi$ rad/s 的矩形频谱，信号的最高频率 $f_m=25$ Hz，所以 $f(t)$的奈奎斯特频率 $f_s=50$ Hz。

采样定理解决了在什么条件下，采样信号能够保留原信号全部信息的问题。下面的问题是如何从采样信号中恢复原来的连续信号？从工程实现的角度，可以利用低通滤波器提取原信号的频谱，从数学的角度称做函数的插值。

3.8.3　原信号的恢复

由图 3.8－4 无混叠的 $F_s(\omega)$中提取原信号 $f(t)$的频谱 $F(\omega)$，可以用一矩形频谱函数(理想低通)与 $F_s(\omega)$相乘，如图 3.8－5 所示。

$$F_s(\omega)H(\omega)=F(\omega) \tag{3.8-9}$$

式中
$$H(\omega)=\begin{cases}T & |\omega|<\omega_c \\ 0 & |\omega|>\omega_c\end{cases} \tag{3.8-10}$$

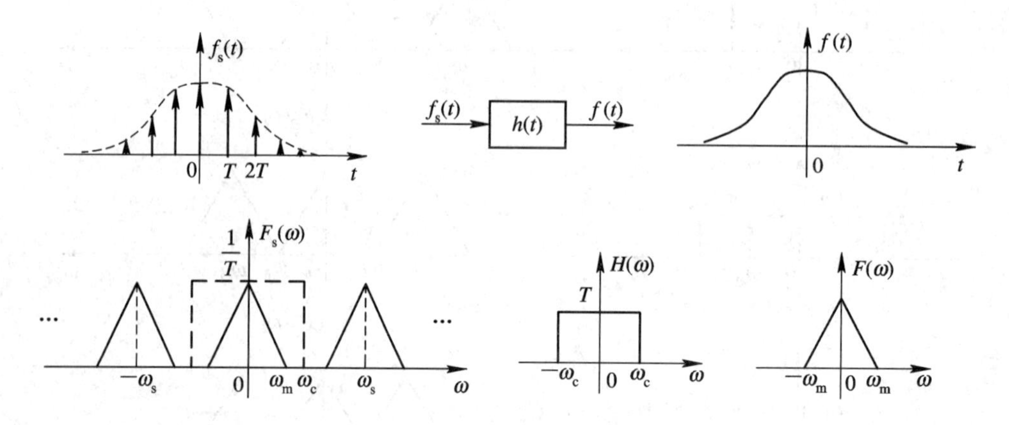

图 3.8-5　由理想低通恢复原信号的过程

$H(\omega)$是理想低通滤波器，可以从满足采样定理的$f_s(t)$中恢复原信号，其中低通的截止频率应满足：

$$\omega_m\leqslant\omega_c\leqslant\omega_s-\omega_m \tag{3.8-11}$$

在理想采样情况下

$$f_s(t)=\sum_{n=-\infty}^{\infty}f(nT)\delta(t-nT)$$

恢复信号可由卷积定理推得

$$f(t)=f_s(t)*h(t) \tag{3.8-12}$$

$H(\omega)$的反变换为

$$h(t)=\mathscr{F}^{-1}[H(\omega)]=\frac{T\omega_c}{\pi}\mathrm{Sa}(\omega_c t) \tag{3.8-13}$$

把式(3.8-13)代入式(3.8-12)，得到

$$\begin{aligned}f(t)&=f_s(t)*h(t)=\left[\sum_{n=-\infty}^{\infty}f(nT)\delta(t-nT)\right]*\frac{T\omega_c}{\pi}\mathrm{Sa}(\omega_c t)\\&=\sum_{n=-\infty}^{\infty}\frac{T\omega_c}{\pi}f(nT)\,\mathrm{Sa}[\omega_c(t-nT)]\end{aligned} \tag{3.8-14}$$

式中，$\mathrm{Sa}[\omega_c(t-nT)]$是抽样函数，也称内插函数。

若将$T=1/(2f_m)$，$\omega_s=2\omega_m$，$\omega_c=\omega_m$代入式(3.8-14)，则

$$f(t)=\sum_{n=-\infty}^{\infty}f(nT)\,\mathrm{Sa}(\omega_m t-n\pi) \tag{3.8-15}$$

式(3.8-15)说明，$f(t)$可由无穷多个加权系数为$f(nT)$的抽样(内插)函数之和恢复。在采样点nT上，只有峰值为$f(nT)$的采样函数不为零，使得采样点上$f(t)\big|_{t=nT}=f(nT)$；而采样点之间的$f(t)$由各加权内插函数延伸叠加形成。信号的恢复如图 3.8-6 所示。

由理想滤波器的分析可知，理想低通是物理不可实现的非因果系统。而一般实际非理想低通的幅频特性进入截止区后又不够陡直，如图 3.8-7 所示。所以除了原信号的频谱分

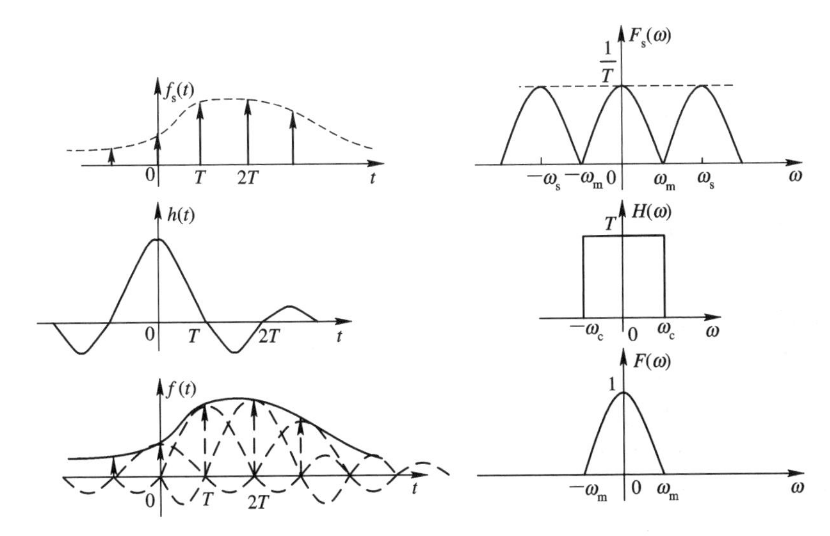

图 3.8-6　信号的恢复

量外，采样信号经过实际低通滤波器后，还会有相邻部分的频率分量，使重建信号与原信号有差别。解决的方法是提高采样频率 f_s 或用更高阶(性能更好)的滤波器。

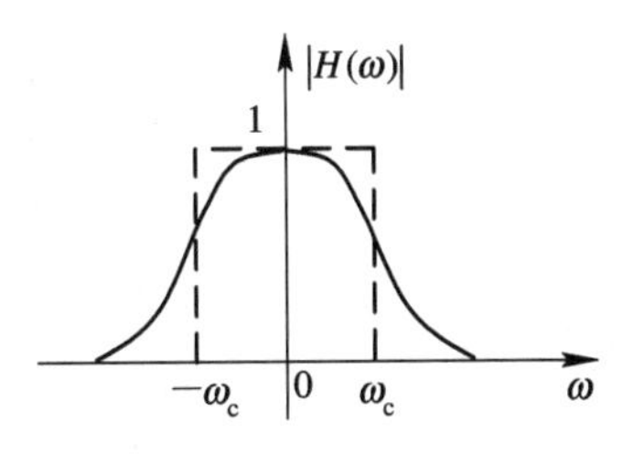

图 3.8-7　实际滤波器频响

另外，实际信号的频谱也不会是严格的带限信号，只是随着频率升高，振幅 $|F(\omega)|$ 很快衰减而已。这就是说，一般采样后的频谱总会有重叠部分，即使利用理想低通也不可能完全恢复原信号。通常认为信号有一定的有效带宽，在实际工作中可采用预滤波，这样使某个有效的频率以外的分量可以忽略不计，这在工程上是允许的。因此只要 ω_s 足够高，滤波器特性又足够好，保证在一定精度条件下，原信号的恢复是可能的。

3.9　基于 MATLAB 的频域分析

3.9.1　周期信号的傅里叶级数展开与合成

1. 周期方波的频谱

例 3.9-1　将 $f(t)$ 是基频为 50 Hz 的方波展开为傅里叶级数。

MATLAB 程序：

```
clear
N=5000; T=0.01;
n=1: 8 * N;
D=2 * pi/(N * T);
f=square(2 * pi * n * T);
%产生方波
F=T * fftshift(fft(f));
```

```
k=floor(-(8*N-1)/2:8*N/2);
subplot(2,1,1);
plot(n*T,f);
axis([0,10,-1.5,1.5]);
ylabel('f(t)');
line([-1,50],[0,0]);
line([0,0],[-6.1,4.1]);
subplot(2,1,2);
plot(k*D,abs(F));
ylabel('幅频');
axis([-1000,1000,-10,300]);
```

波形如图 3.9-1 所示。

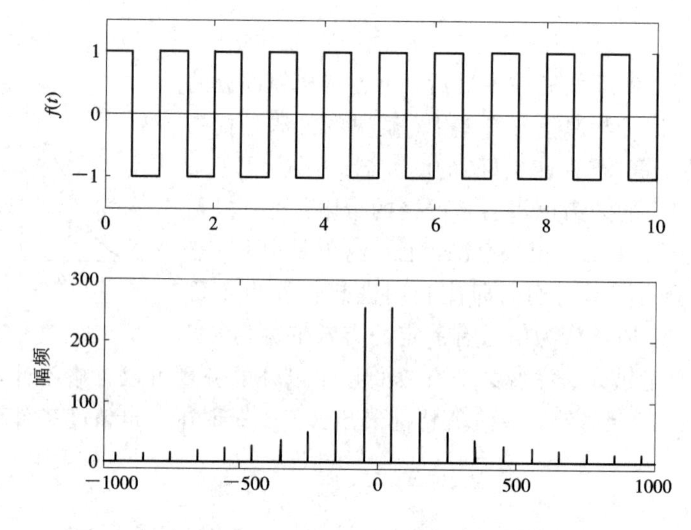

图 3.9-1　例 3.9-1 的 $f(t)$与其傅里叶级数幅频特性

2. 傅里叶级数逼近

例 3.9-2　傅里叶级数逼近宽度为 1，高度为 1，周期为 2 的正方波。

MATLAB 程序：

```
clear;
clf;
t=-2:0.001:2;                          %信号的抽样点
N=20; cO=0.5;
f1=cO*ones(1,length(t));               %计算抽样上的直流分量
for n=1:N                              %偶次谐波为零
f1=f1+cos(pi*n*t)*sinc(n/2);
end;
plot(t,f1);
axis([-2 2 -0.2 1.2]);
```

波形如图 3.9－2 所示。

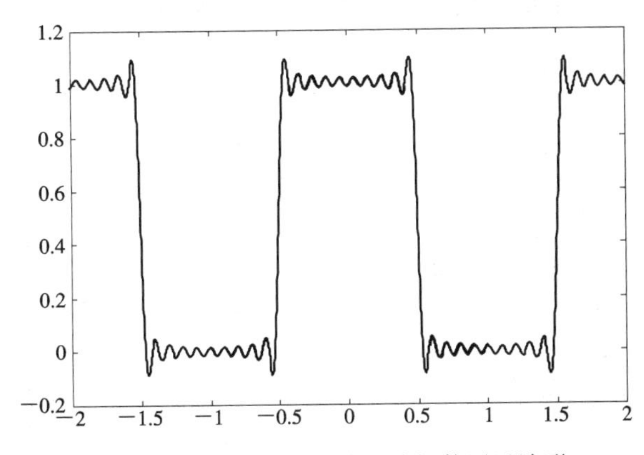

图 3.9－2　例 3.9－2 傅里叶级数逼近波形

3. 正弦信号的叠加合成

例 3.9－3　用正弦信号的叠加近似合成一频率为 50 Hz，幅值为 3 的方波。

MATLAB 程序：

```
clear;
fs=10000;
t=[0: 1/fs: 0.1]; f0=50;
sum=0; subplot(211); for n=1: 2: 9;
plot(t, 4/pi * 1/n * sin(2 * pi * n * f0 * t), 'k');
title('信号叠加前');
hold on; end
subplot(212); for n=1: 2: 9;
sum=sum+4/pi * 1/n * sin(2 * pi * n * f0 * t);
end;
plot(t, sum, 'k'); title('信号叠加后');
```

波形如图 3.9－3 所示。

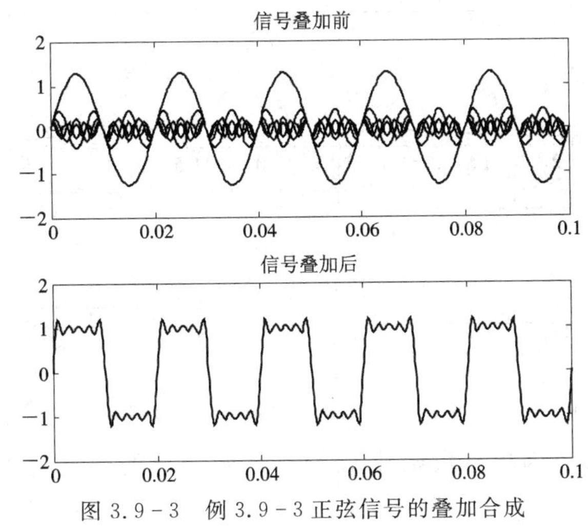

图 3.9－3　例 3.9－3 正弦信号的叠加合成

3.9.2 常用信号傅里叶正、反变换 MATLAB 程序

例 3.9-4 单边因果指数函数 $f(t)=e^{-at}u(t)$ 的傅里叶变换 $F(j\omega)$ MATLAB 程序。

```
clear;
N=500; T=0.1; n=1: N;
D=2 * pi/(N * T);
f=exp(-0.1 * n * T); subplot(3, 1, 1);
plot(n * T, f); axis([-1, 50, -0.1, 1.2]);
ylabel('f(t)');
line([-1, 50], [0, 0]);
line([0, 0], [-0.1, 1.2]);
F=T * fftshift(fft(f));
k=floor(-(N-1)/2: N/2);
subplot(3, 1, 2);
plot(k * D, abs(F));
ylabel('幅频');
axis([-2, 2, -0.1, 10]);
subplot(3, 1, 3);
plot(k * D, angle(F));
ylabel('相频');
axis([-2, 2, -2, 2]);
```

波形如图 3.9-4 所示。

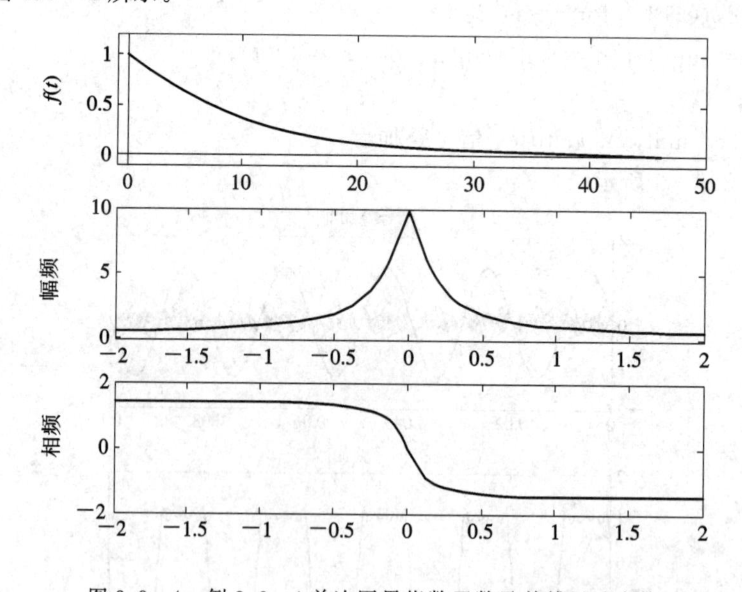

图 3.9-4 例 3.9-4 单边因果指数函数及其傅里叶变换

例 3.9-5 单边非因果指数函数 $f(t)=e^{at}u(-t)$ 的傅里叶变换 $F(j\omega)$ MATLAB 程序。

```
clear;
N=-500; T=0.1; n=-1: -1: N;
D=2 * pi/(N * T);
f=exp(0.1 * n * T);
subplot(3, 1, 1);
plot(n * T, f);
axis([-50, 1, -0.1, 1.2]);
ylabel('f(t)');
line([-50, 1], [0, 0]);
line([0, 0], [-0.1, 1.2]);
F=T * fftshift(fft(f));
k=floor(-(-N-1)/2: -N/2);
subplot(3, 1, 2);
plot(k * D, abs(F));
ylabel('幅频');
axis([-2, 2, -0.1, 10]);
subplot(3, 1, 3);
plot(k * D, angle(F));
ylabel('相频');
axis([-2, 2, -2, 2]);
```

波形如图 3.9-5 所示。

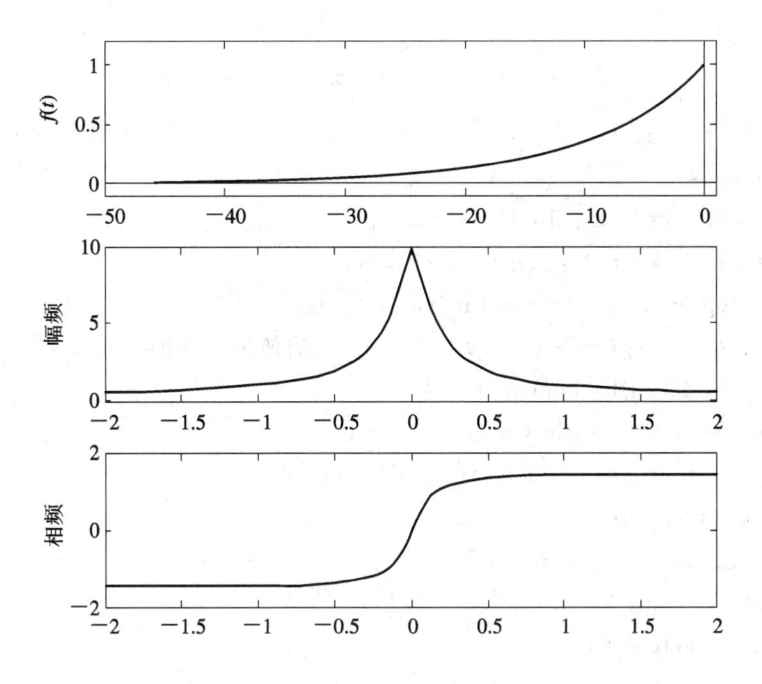

图 3.9-5　例 3.9-5 单边非因果指数函数及其傅里叶变换

例 3.9-6 双边指数函数 $e^{-2|t|}$ 的傅里叶变换 MATLAB 程序。

```
clear;
syms t v;
F=fourier(exp(-2*abs(t)));
subplot(2, 1, 1); ezplot(exp(-2*abs(t)));
subplot(2, 1, 2); ezplot(F);
```

波形如图 3.9-6 所示。

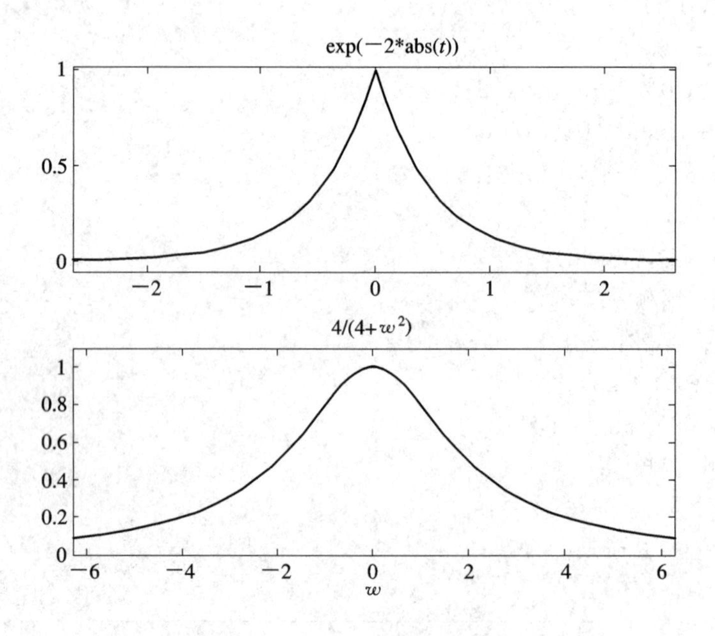

图 3.9-6 例 3.9-6 双边指数函数及其傅里叶函数

例 3.9-7 门函数 $f(t)=g_2(t)=u(t+1)-u(t-1)$ 的傅里叶变换 MATLAB 程序。

```
clear;
T=0.02; t=-10: T: 10; N=200;
W=4*pi; k=-N: N; w=k*W/N;
f1=stepfun(t, -1)-stepfun(t, 1); %f(t)
F=T*f1*exp(-j*t'*w);        %f(t)的傅里叶变换
F1=abs(F); P1=angle(F);
subplot(3, 1, 1); plot(t, f1);
axis([-3, 3, -0.1, 1.2]); ylabel('f(t)');
xlabel('t'); title('f(t)'); grid;
subplot(3, 1, 2); plot(w, F1);
axis([-3*pi, 3*pi, -0.01, 2.1]);
grid; ylabel('振幅');
subplot(3, 1, 3); plot(w, P1*180/pi);
```

```
grid; axis([-3 * pi, 3 * pi, -180, 180]);
xlabel('w'); ylabel('相位(度)');
```

波形如图 3.9-7 所示。

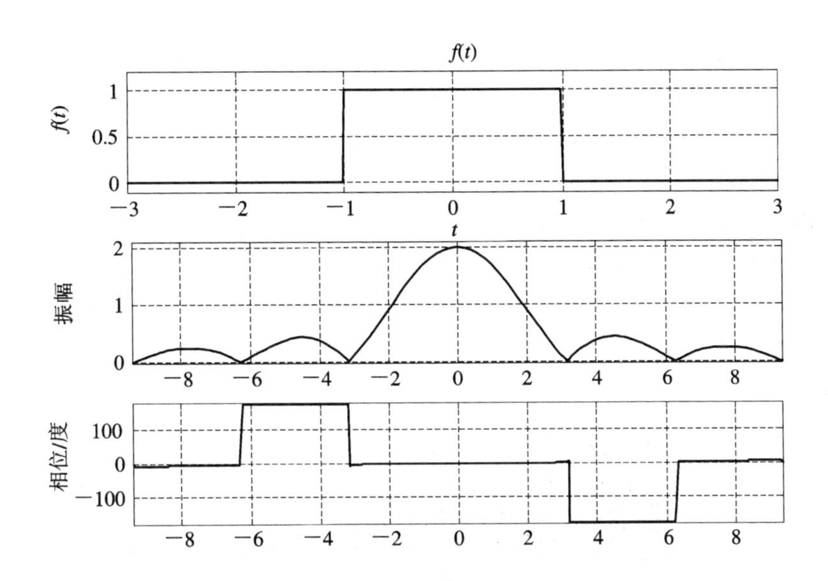

图 3.9-7　例 3.9-7 门函数及其傅里叶变换

例 3.9-8　非正弦周期信号频谱 MATLAB 程序。

```
Clear;
N=5000; T=0.1;
n=1: N;
D=2 * pi/(N * T);
f=-1+2 * sin(0.2 * pi * n * T)-3 * cos(pi * n * T);
F=T * fftshift(fft(f));
k=floor(-(N-1)/2:N/2);
subplot(2, 1, 1);
plot(n * T, f);
axis([-1,50,-6.1,4.1]);
ylabel('f(t)');
line([-1, 50], [0, 0]);
line([0,0], [-6.1,4.1]);
subplot(2, 1, 2);
plot(k * D, abs(F));
ylabel('幅频');
axis([-6, 6, -0.1, 800]);
```

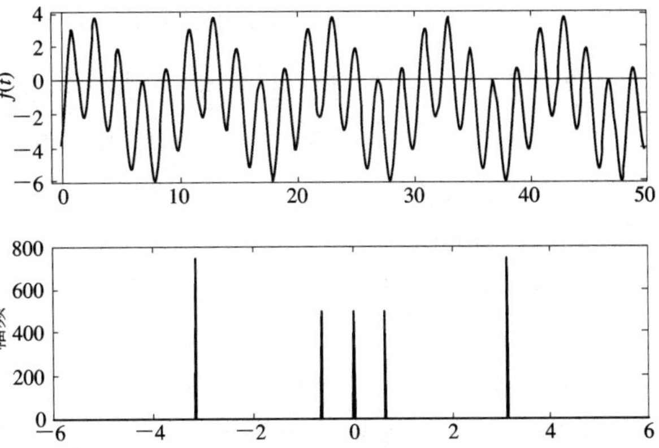

图 3.9-8　例 3.9-8 非正弦周期信号频谱

波形如图 3.9-8 所示。

例 3.9-9 正弦周期信号频谱 MATLAB 程序。

```
clear;
N=5000; T=0.1; n=1: N;
D=2 * pi/(N * T); f=sin(5 * n * T);
F=T * fftshift(fft(f)); k=floor(-(N-1)/2: N/2);
subplot(3, 1, 1); plot(n * T, f);
axis([-1, 50, -1.1, 1.1]); ylabel('f(t)');
line([-1, 50], [0, 0]); line([0, 0], [-1.1, 1.1]);
subplot(3, 1, 2); plot(k * D, abs(F)); ylabel('振幅');
axis([-8, 8, -0.1, 300]);
subplot(3, 1, 3);
plot(k * D, angle(F)); ylabel('相位'); axis([-8, 8, -2, 2]);
```

波形如图 3.9-9 所示。

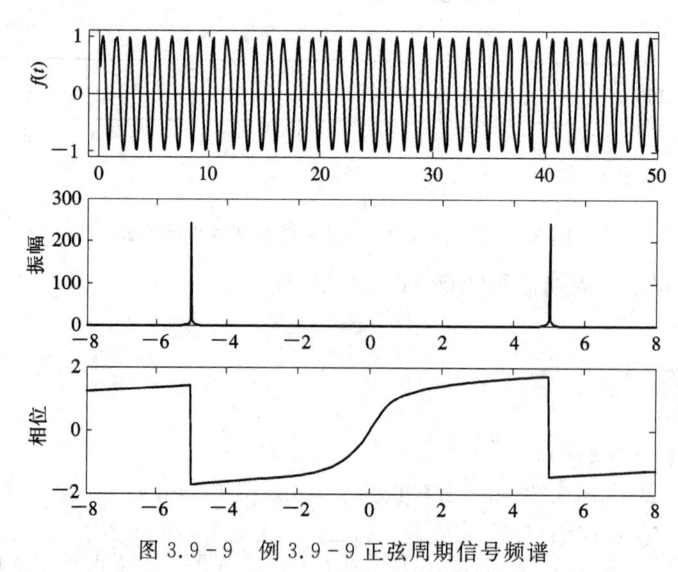

图 3.9-9 例 3.9-9 正弦周期信号频谱

例 3.9-10 $F(\mathrm{j}\omega)=\dfrac{1}{1+\omega^2}$的傅里叶反变换 MATLAB 程序。

```
clear;
syms w t
   ifourier(1/(1+w^2), t)
```

结果如下：

```
ans =
1/2 * exp(-t) * Heaviside(t)+1/2 * exp(t) * Heaviside(-t)
```

其中，Heaviside(t)为阶跃函数 $u(t)$。

3.9.3 傅里叶变换性质的 MATLAB 程序

以门函数 $g_2(t)=u(t+1)-u(t-1)$为例，傅里叶变换时延、尺度、频移的 MATLAB 程序。

例 3.9-11　时延 $f_1(t)=f(t-1)=g_2(t-1)=u(t)-u(t-2)$的傅里叶变换 MATLAB 程序。

```
clear;
T=0.02; t=-10: T: 10; N=200;
W=4*pi; k=-N: N; w=k*W/N;
f1=stepfun(t, 0)-stepfun(t, 2);            %f(t)
F=T*f1*exp(-j*t'*w);                        %f(t)的傅里叶变换
F1=abs(F); P1=angle(F);
subplot(3, 1, 1); plot(t, f1);
axis([-2, 2, -0.1, 1.2]);
ylabel('f(t)');
xlabel('t'); title('f(t)'); grid;
subplot(3, 1, 2); plot(w, F1);
axis([-3*pi, 3*pi, -0.01, 2.1]);
grid; ylabel('振幅');
subplot(3, 1, 3);
plot(w, P1*180/pi);
grid; axis([-3*pi, 3*pi, -180, 180]);
xlabel('w'); ylabel('相位(度)');
```

波形如图 3.9-10 所示。

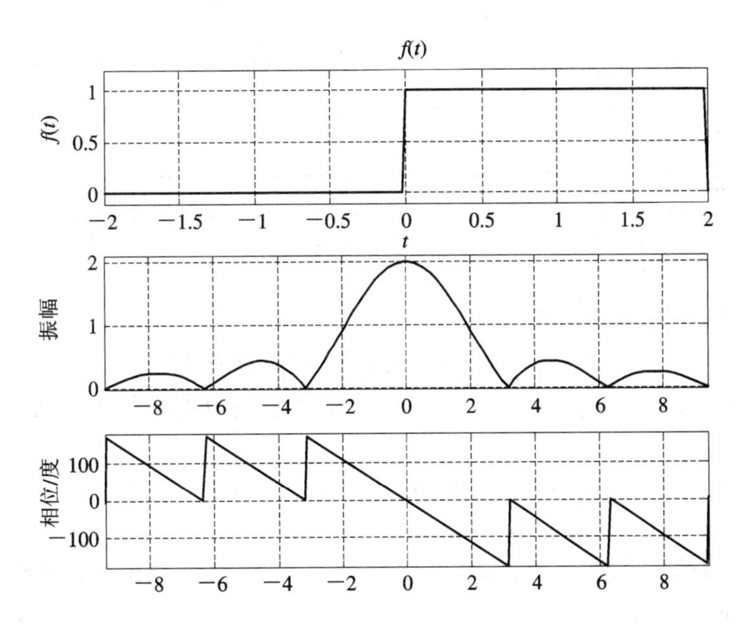

图 3.9-10　例 3.9-11 门函数时延的频谱

例 3.9-12　$f_2(t)=g_1(t)=u(t+1/2)-u(t-1/2)$的傅里叶变换 MATLAB 程序。

```
clear;
```

```
T=0.02; t=-10: T: 10; N=200; W=4*pi; k=-N: N; w=k*W/N;
f1=stepfun(t, -0.5)-stepfun(t, 0.5);          %f(t)
F=T*f1*exp(-j*t'*w);                          %f(t)的傅里叶变换
F1=abs(F); P1=angle(F); subplot(3, 1, 1); plot(t, f1);
axis([-3, 3, -0.1, 1.2]); ylabel('f(t)'); xlabel('t');
title('f(t)'); grid;
subplot(3, 1, 2); plot(w, F1); axis([-3*pi, 3*pi, -0.01, 1.1]);
grid; ylabel('振幅');
subplot(3, 1, 3); plot(w, P1*180/pi); grid;
axis([-3*pi, 3*pi, -180, 180]);
xlabel('w'); ylabel('相位(度)');
```

波形如图 3.9-11 所示。

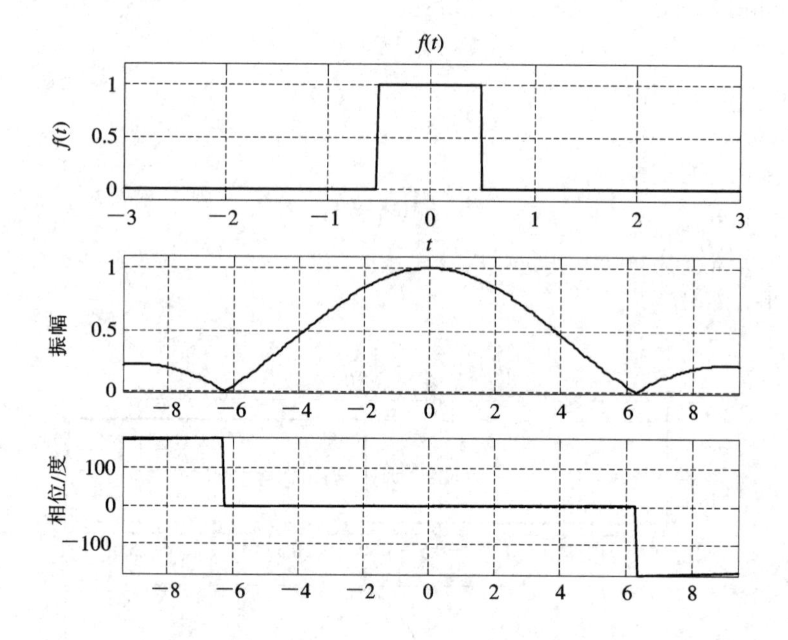

图 3.9-11　例 3.9-12 门函数压缩的频谱

例 3.9-13　$f_3(t)=g_4(t)=u(t+2)-u(t-2)$的傅里叶变换 MATLAB 程序。

```
clear;
T=0.02; t=-10: T: 10; N=200; W=4*pi; k=-N: N; w=k*W/N;
f1=stepfun(t, -2)-stepfun(t, 2);          %f(t)
F=T*f1*exp(-j*t'*w);                      %f(t)的傅里叶变换
F1=abs(F); P1=angle(F);
subplot(3, 1, 1); plot(t, f1);
axis([-3, 3, -0.1, 1.2]); ylabel('f(t)');
xlabel('t'); title('f(t)'); grid;
```

```
subplot(3, 1, 2); plot(w, F1);
axis([-3 * pi, 3 * pi, -0.01, 4.1]);
grid; ylabel('振幅');
subplot(3, 1, 3); plot(w, P1 * 180/pi); grid;
axis([-3 * pi, 3 * pi, -180, 180]);
xlabel('w'); ylabel('相位(度)');
```

波形如图 3.9-12 所示。

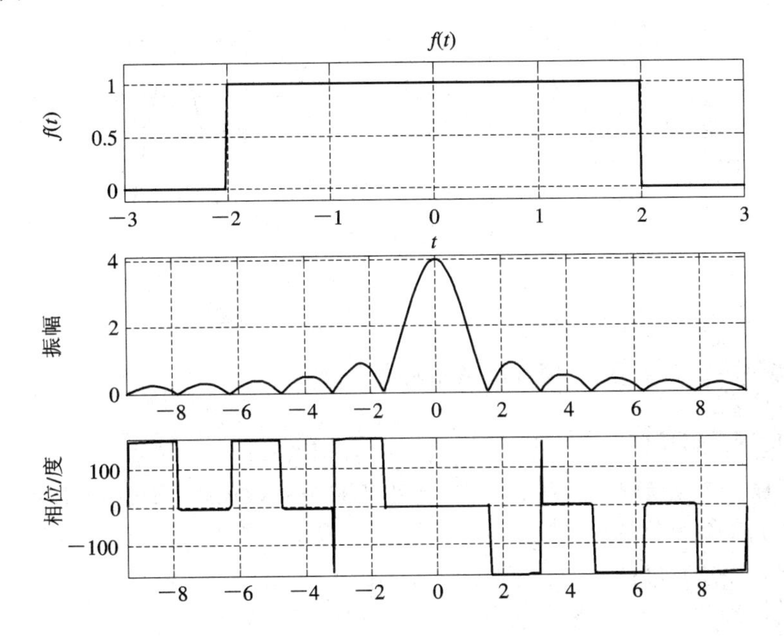

图 3.9-12 例 3.9-13 门函数扩展的频谱

例 3.9-14 $f_4(t)=g_4(t)\cos\omega_0 t=[u(t+2)-u(t-2)]\cos\omega_0 t$ 的傅里叶变换 MATLAB 程序。

```
clear;
T=0.02; t=-10: T: 10;
N=200; W=4 * pi; k=-N: N; w=k * W/N;
f1=(stepfun(t, -2)-stepfun(t, 2)) * cos(2 * pi * t);    %f(t)
F=T * f1 * exp(-j * t' * w);            %f(t)的傅里叶变换
F1=abs(F);
subplot(2, 1, 1); plot(t, f1); axis([-4, 4, -1.2, 1.2]);
ylabel('f(t)');
xlabel('t'); title('f(t)'); grid;
subplot(2, 1, 2); plot(w, F1);
axis([-3 * pi, 3 * pi, -0.01, 2.1]);
grid; ylabel('振幅');
```

波形如图 3.9-13 所示。

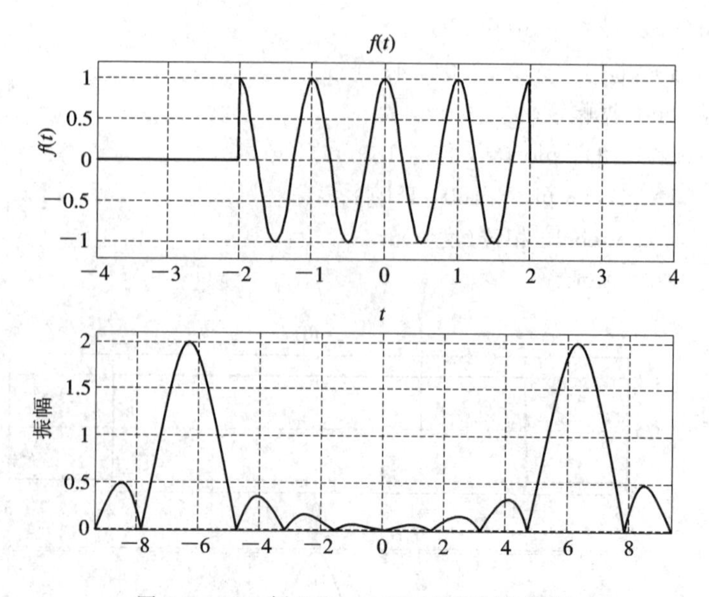

图 3.9-13　例 3.9-14 门函数调制的频谱

3.9.4　时域采样与恢复的 MATLAB 程序

1. 信号时域采样

例 3.9-15　正弦信号的采样(采样频率小于奈奎斯特频率)MATLAB 程序。

```
clear; clf;
t=0:0.0005:1;
f=8;
xa=cos(2*pi*f*t);
subplot(2, 1, 1);
plot(t, xa);grid;
xlabel('t, sec');
ylabel('幅值');
title('连续信号 x(t)');
axis([0 1 -1.2 1.2])
subplot(2, 1, 2);
T=0.0625; n=0:T:1;
xs=cos(2*pi*f*n);
k=0:length(n)-1;
stem(k, xs);
xlabel('n, sec');
ylabel('幅值');
title('离散信号 x(n)');
axis([0, 16, -1.2 1.2]); grid;
```

波形如图 3.9-14 所示。

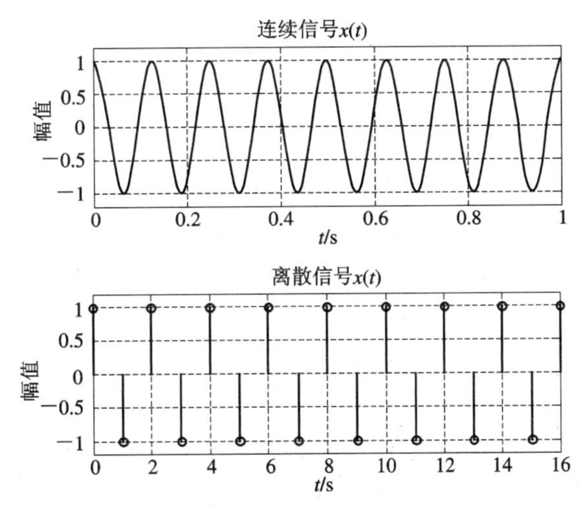

图 3.9-14 例 3.9-15 正弦信号的采样
（采样频率小于奈奎斯特频率）

2. 信号时域恢复

例 3.9-16 信号时域恢复(采样频率等于奈奎斯特频率)的 MATLAB 程序：

```
clear;clf;
T=0.0625;f=8;n=(0:T:1)';
xs=cos(2*pi*f*n);
t=linspace(-0.5, 1.5, 500)';
ya=sinc((1/T)*t(:, ones(size(n)))-(1/T)*n(:, ones(size(t)))')*xs;
plot(n, xs, 'o', t, ya);grid;
xlabel('时间, sec');
ylabel('幅值');
title('恢复连续信号 y_{a}(t)');
axis([0 1 -1.3 1.2]);
```

波形如图 3.9-15 所示。

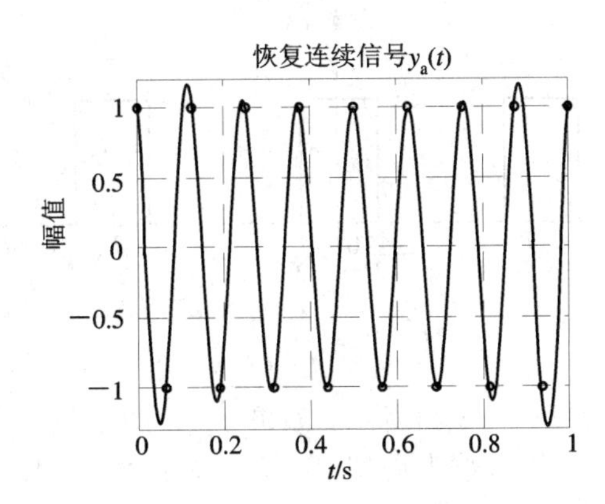

图 3.9-15 例 3.9-16 信号恢复(采样频率等于奈奎斯特频率)

习　题

3-1　选择题。

(1) 如题 3-1(a)图所示周期信号 $f(t)$，其傅氏系数中 F_0 等于(　　)。

A) 0　　B) 2　　C) 4　　D) 6　　E) 8

(2) 如题 3-1(b)图所示周期信号 $f(t)$，其傅氏系数中 F_0 等于(　　)。

A) 0　　B) 2　　C) 4　　D) 6　　E) 8

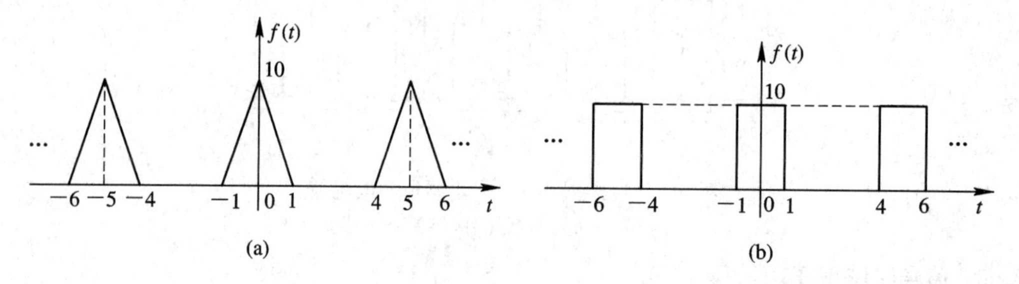

题 3-1 图

3-2　周期信号 $f(t)$ 的双边频谱如题 3-2 图所示，求 $f(t)$ 的三角函数表示式。

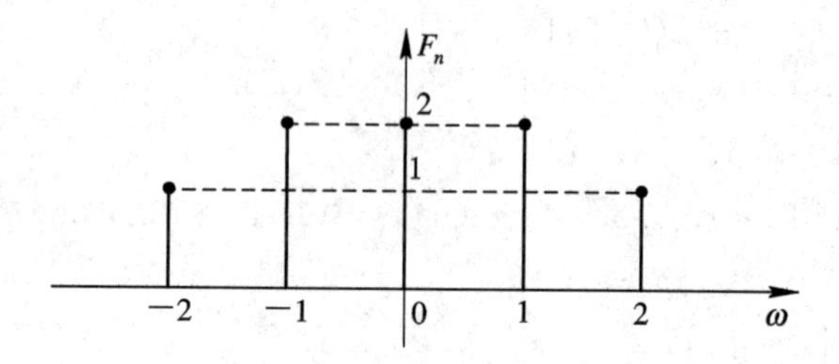

题 3-2 图

3-3　周期矩形信号如题 3-3 图所示，如果它的重复频率 $f=5$ kHz，脉宽 $\tau=20$ μs，幅度 $E=10$ V，求直流分量的大小，以及基波、二次、三次谐波振幅值。

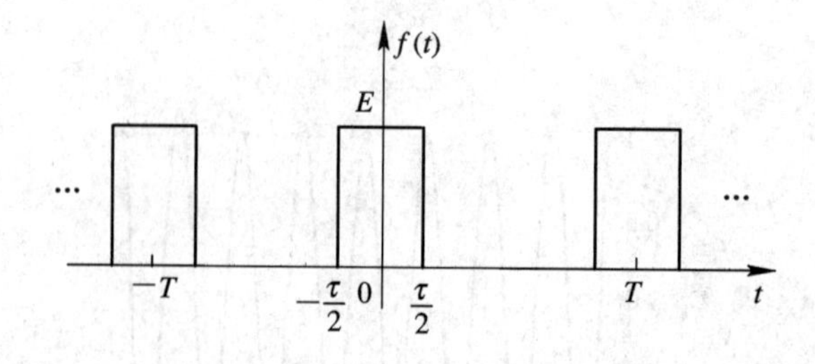

题 3-3 图

3-4　周期矩形信号如题 3-3 图所示，如果 $f_1(t)$ 的参数为周期 $T=1$ μs，脉宽 $\tau=0.5$ μs，幅度 $E=1$ V；$f_2(t)$ 的参数为周期 $T=3$ μs，脉宽 $\tau=1.5$ μs，幅度 $E=3$ V，分别求：

(1) $f_1(t)$ 的谱线间隔和带宽(第一个零点位置)，频率单位以 kHz 表示；

(2) $f_2(t)$的谱线间隔和带宽(第一个零点位置)，频率单位以 kHz 表示；

(3) $f_1(t)$与 $f_2(t)$的基波幅度之比。

3 - 5　试求题 3 - 5 图所示周期信号的傅里叶级数$\left(\omega_0=\dfrac{2\pi}{T}\right)$。

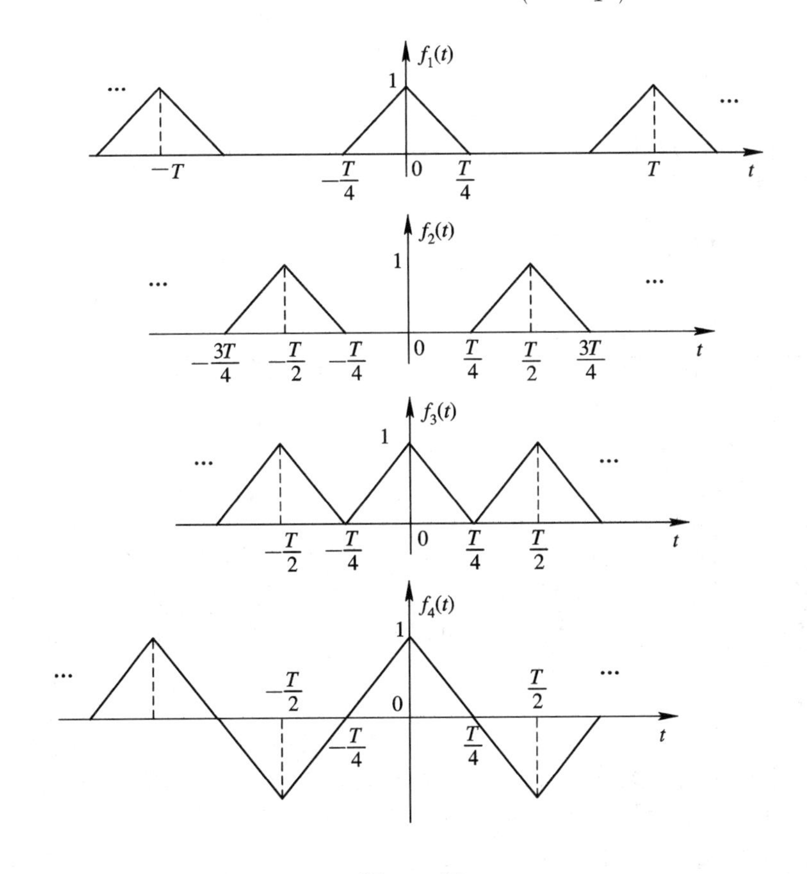

题 3 - 5 图

提示：先观察 $f_1(t)$与 $f_2(t)$、$f_3(t)$、$f_4(t)$的关系，再利用 $f_1(t)$的傅里叶级数，求 $f_2(t)$、$f_3(t)$、$f_4(t)$的傅里叶级数，可以减少计算量。

3 - 6　试求题 3 - 6 图所示半波整流余弦脉冲的傅里叶系数，并画出其频谱草图$\left(\omega_0=\dfrac{2\pi}{T}\right)$。

3 - 7　试求题 3 - 7 图所示半波整流正弦脉冲的傅里叶级数$\left(\omega_0=\dfrac{2\pi}{T}\right)$。

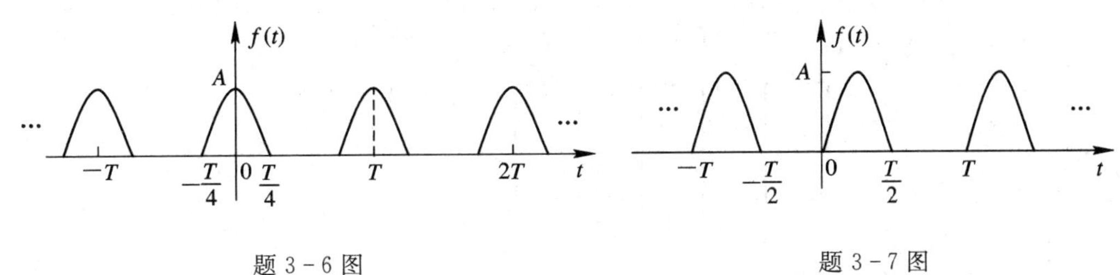

题 3 - 6 图　　　　题 3 - 7 图

3 - 8　求题 3 - 8 图所示周期性锯齿形信号的频谱函数。

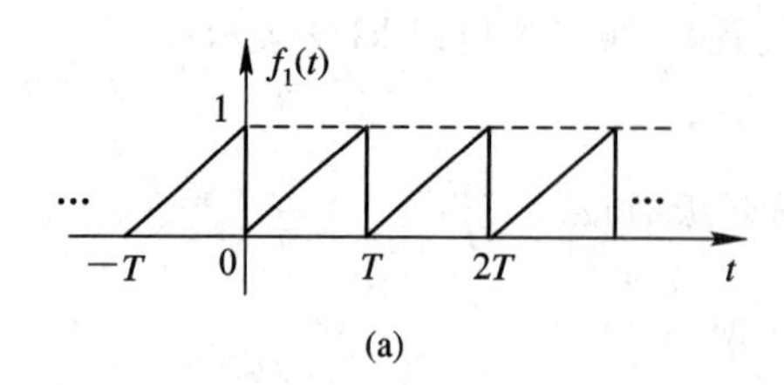

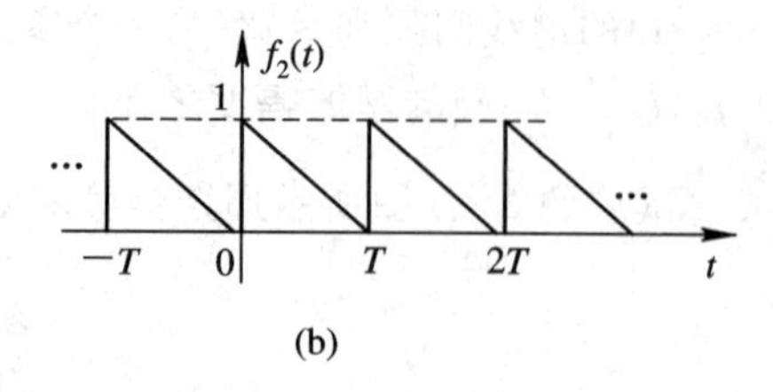

题 3-8 图

3-9　利用信号的对称性，不用计算傅氏级数的系数，定性判断题 3-9 图所示各信号所含的频率分量。

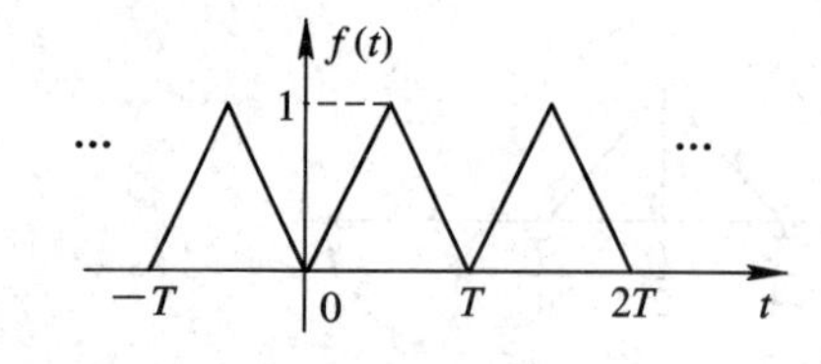

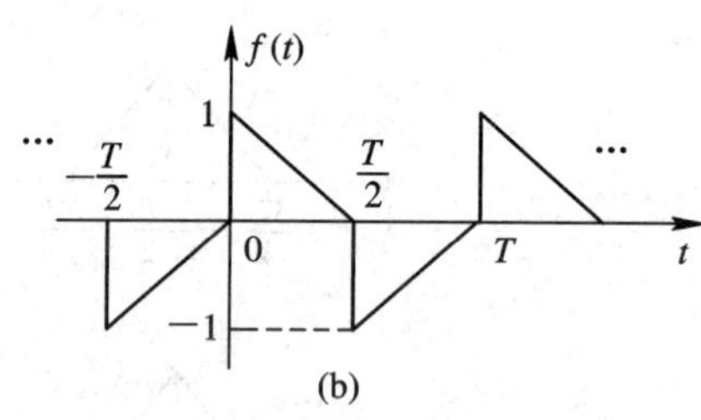

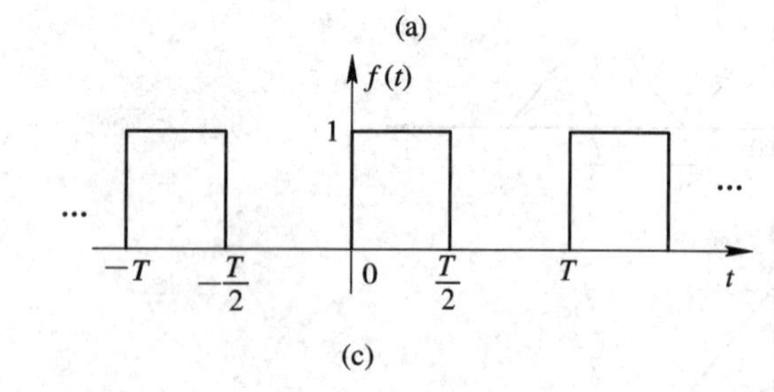

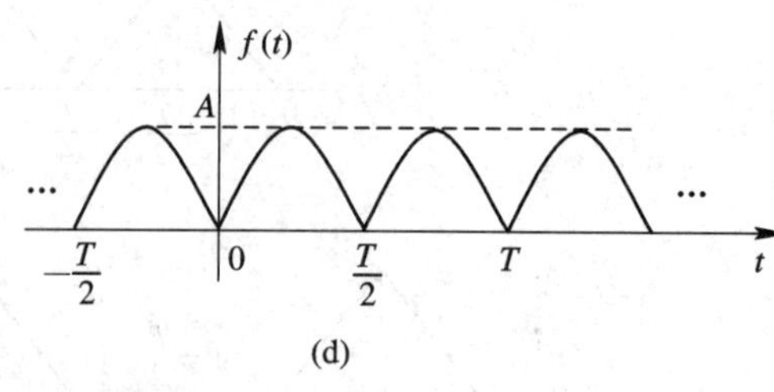

题 3-9 图

3-10　已知周期函数 $f(t)$ 在 $0 \sim T/4$ 的波形如题 3-10 图所示，根据下列要求绘出 $f(t)$ 在 $-T \sim T$ 的波形。

(1) $f_1(t)$是偶函数，只含偶谐波；

(2) $f_2(t)$是偶函数，只含奇谐波；

(3) $f_3(t)$是偶函数，含有奇、偶谐波；

(4) $f_4(t)$是奇函数，只含偶谐波；

(5) $f_5(t)$是奇函数，只含奇谐波；

(6) $f_6(t)$是奇函数，含有奇、偶谐波。

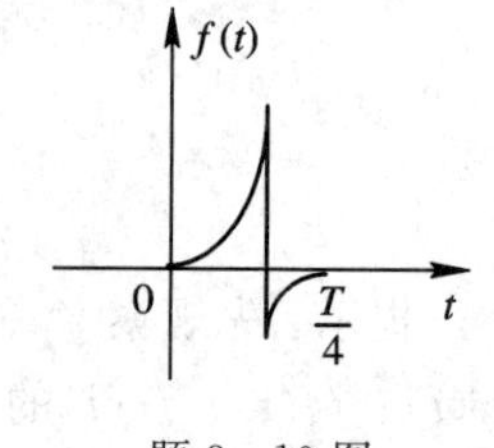

题 3-10 图

3-11　信号波形如题 3-11 图所示，波形参数为 $\tau=5\ \mu s$，$T=2\tau$，设计适当的电路，能否分别从中提取以下频率分量50 kHz、100 kHz、150 kHz、200 kHz、300 kHz、400 kHz。

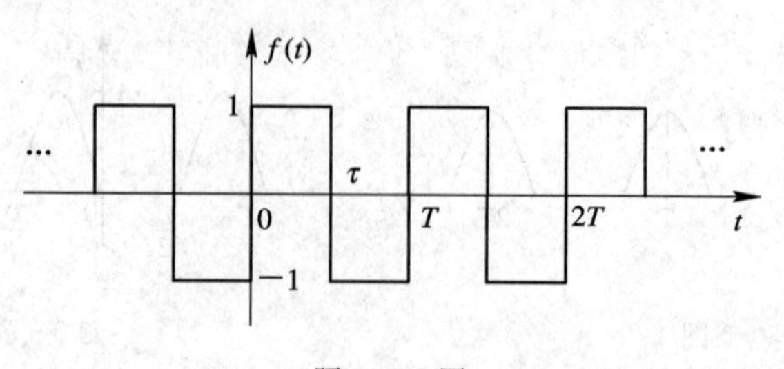

题 3-11 图

3-12　试求题3-12图所示函数的傅里叶变换，有条件的可用MATLAB计算并作图。

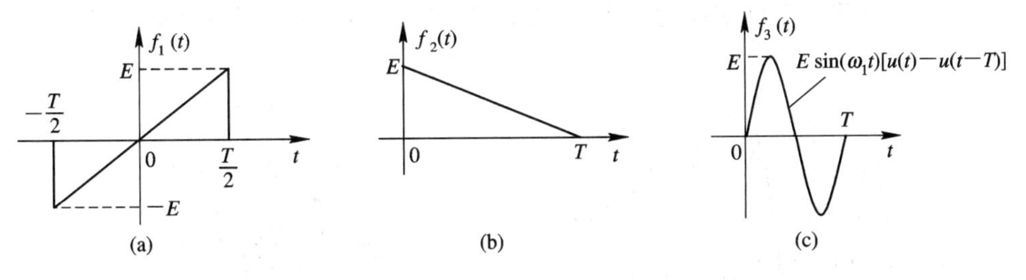

题3-12图

3-13　试求题3-13图所示信号的傅里叶变换（$\tau=2\tau_1$）。

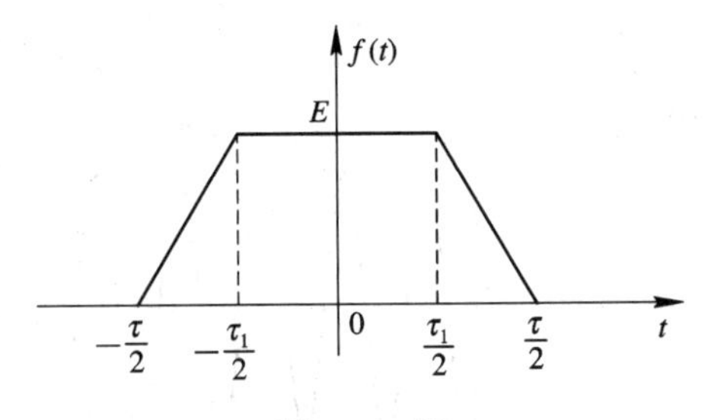

题3-13图

3-14　设 $f(t)\leftrightarrow F(\mathrm{j}\omega)$，试证：

(1) $\int_{-\infty}^{\infty} f(t)\mathrm{d}t = F(0)$；

(2) $\int_{-\infty}^{\infty} F(\omega)\mathrm{d}\omega = 2\pi f(0)$。

并解释其结果。

3-15　试利用傅里叶变换的性质，求题3-15图所示各信号的频谱函数。

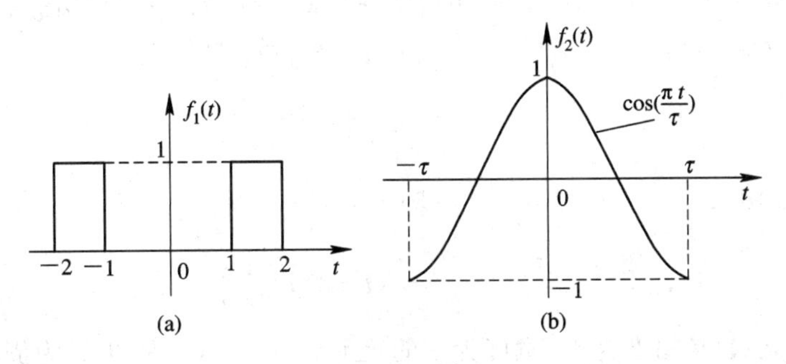

题3-15图

3-16　若题3-16图(a)所示信号 $f(t)$ 的傅里叶变换为 $F(\omega)=R(\omega)+\mathrm{j}X(\omega)$，求题

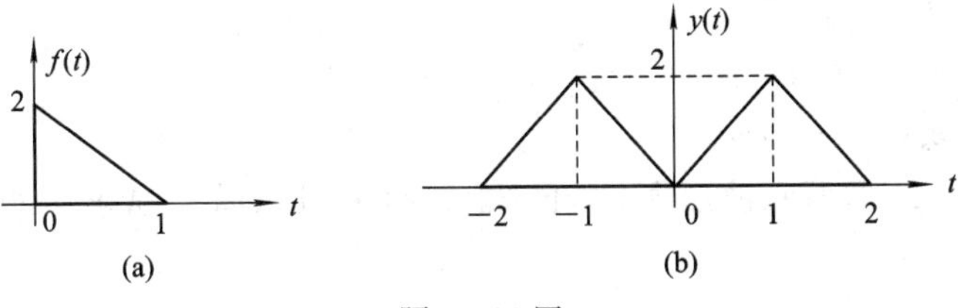

题3-16图

3-16 图(b)所示信号 $y(t)$的傅里叶变换 $Y(\omega)$。

3-17 试利用傅里叶变换的性质，求题 3-17 图所示各波形的傅里叶变换。

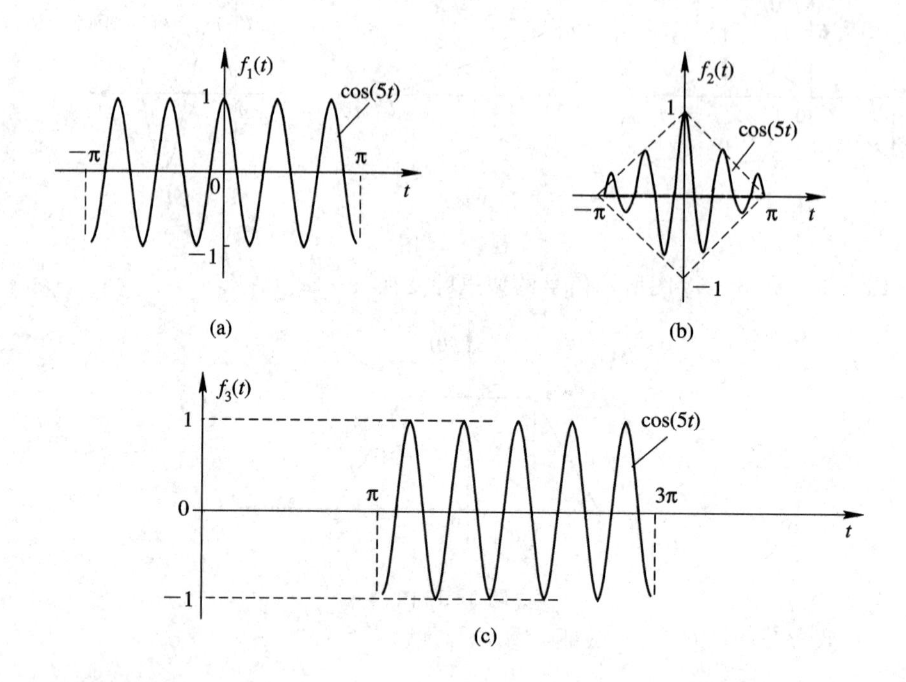

题 3-17 图

3-18 试求下列函数的傅里叶变换，有条件的可用 MATLAB 计算并作图。

(1) $f_1(t)=\mathrm{e}^{-5t}u(t)$； (2) $f_2(t)=\mathrm{Sa}(5t)$；

(3) $f_3(t)=\mathrm{e}^{-2|t|}$； (4) $f_4(t)=t\mathrm{e}^{-5t}u(t)$。

3-19 已知 $f(t)\leftrightarrow F(\mathrm{j}\omega)$，试利用傅里叶变换的性质，求下列函数的傅里叶变换。

(1) $(t-6)f(t-3)$； (2) $(t-2)f(t)\mathrm{e}^{\mathrm{j}\omega_0(t-3)}$；

(3) $t\dfrac{\mathrm{d}}{\mathrm{d}t}f(t)$； (4) $\dfrac{\mathrm{d}}{\mathrm{d}t}f(t)\cdot\mathrm{e}^{-\mathrm{j}\omega_0 t}$；

(5) $\int_{-\infty}^{t+5}f(x)\mathrm{d}x$； (6) $tf(2t)$；

(7) $(1-t)f(t-1)$； (8) $(t-2)f\left(\dfrac{t}{2}\right)$。

3-20 若 $g_\tau(t)$是幅度为 1，宽度为 τ 的矩形脉冲，$\delta_T(t)$是以 T 为周期的冲激序列，试求下列函数的傅里叶变换：

(1) $\left(1+\cos\dfrac{2\pi}{T}t\right)g_\tau(t)$；

(2) $\delta_T(t)*[g_\tau(t)\cos\omega_1 t]$；

(3) $[\delta_T(t)*g_\tau(t)]\cdot\cos\omega_1 t$。

3-21 题 3-21 图所示波形中，若已知 $f_1(t)\leftrightarrow F_1(\mathrm{j}\omega)$，试求 $f_2(t)$、$f_3(t)$的傅里叶变换。

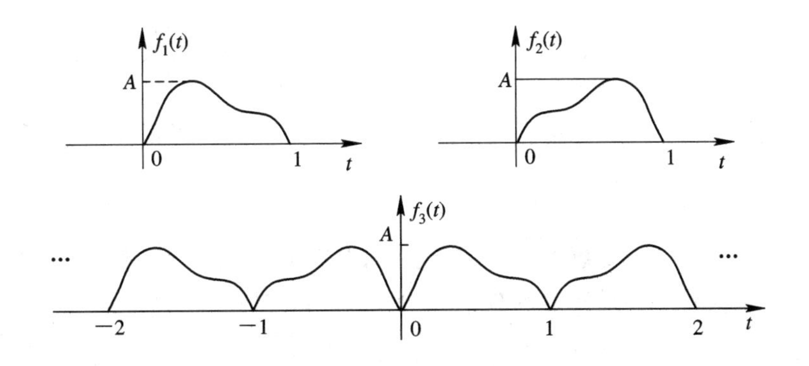

题 3－21 图

3－22　求题 3－22 图所示信号的频谱函数。

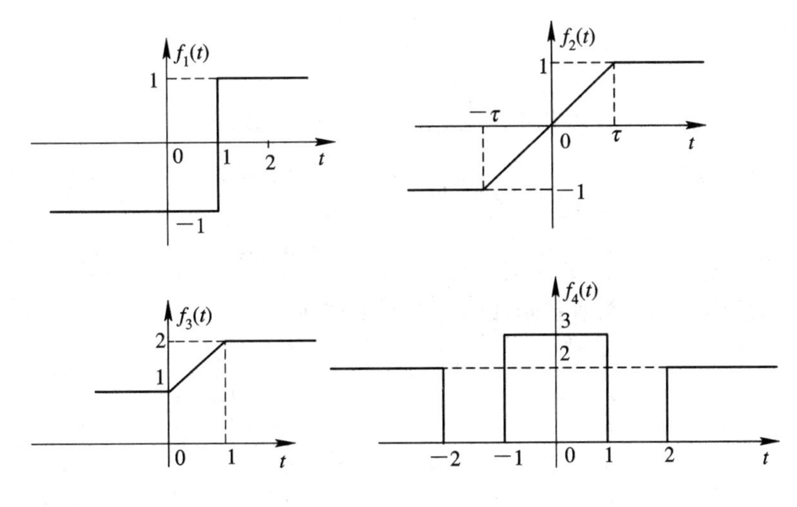

题 3－22 图

3－23　选择题：

(1) 已知信号 $f(t)$的傅里叶变换为 $F(\mathrm{j}\omega)$，则 $f(t)*f(2t)$的频谱函数等于(　　)。

A) $\dfrac{1}{2}F\left(\dfrac{\mathrm{j}\omega}{2}\right)F(\mathrm{j}\omega)$　　B) $\dfrac{1}{2}F(\mathrm{j}\omega)F(\mathrm{j}2\omega)$

C) $F\left(\dfrac{\mathrm{j}\omega}{2}\right)F(\mathrm{j}2\omega)$　　D) $2F\left(\dfrac{\mathrm{j}\omega}{2}\right)F(\mathrm{j}2\omega)$　　E) $2F(\omega)F(\mathrm{j}2\omega)$

(2) 已知信号 $f(t)$的傅里叶变换为 $F(\mathrm{j}\omega)$，则 $f\left(\dfrac{t}{2}\right)*f(2t)$的频谱函数等于(　　)。

A) $\dfrac{1}{2}F\left(\dfrac{\mathrm{j}\omega}{2}\right)F(\mathrm{j}\omega)$　　B) $\dfrac{1}{2}F(\mathrm{j}\omega)F(\mathrm{j}2\omega)$

C) $F\left(\dfrac{\mathrm{j}\omega}{2}\right)F(\mathrm{j}2\omega)$　　D) $2F\left(\dfrac{\mathrm{j}\omega}{2}\right)F(\mathrm{j}2\omega)$

E) $2F(\mathrm{j}\omega)F(\mathrm{j}2\omega)$

3－24　已知信号 $f(t)$的频谱函数 $F(\mathrm{j}\omega)$如题 3－29 图所示，求 t 为零时的函数值 $f(0)$。

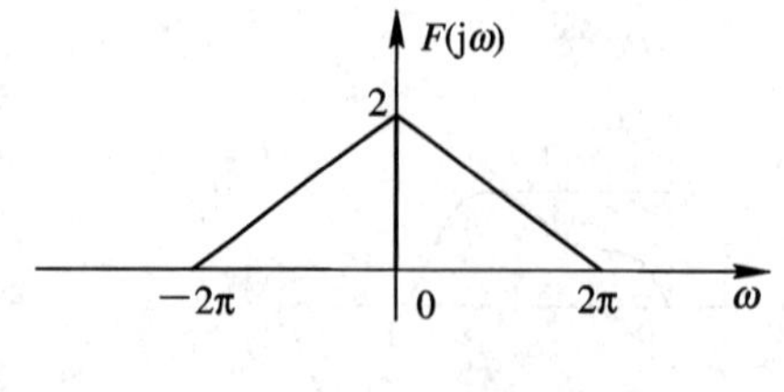

题 3-24 图

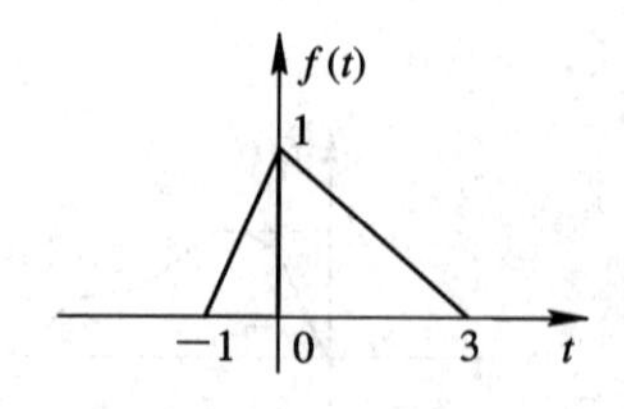

题 3-25 图

3-25　已知信号 $f(t)$ 如题 3-25 图所示，求其频谱函数 $F(\mathrm{j}\omega)$ 中的直流分量 $F(0)$。

3-26　已知函数 $f(t)$ 的频谱函数 $F(\omega)$ 如题 3-26 图所示，试计算 $f(t)$。

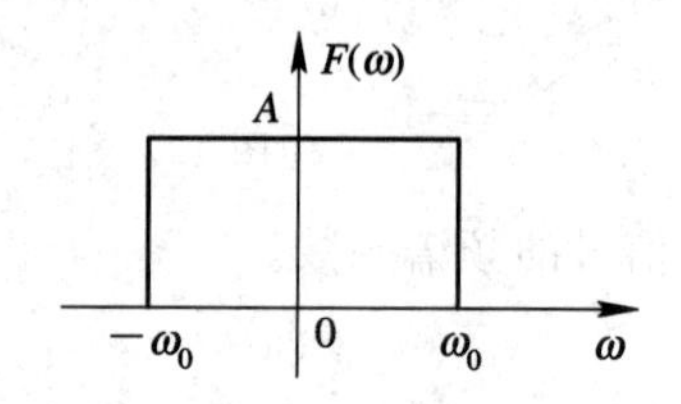

题 3-26 图

3-27　试求下列函数的傅里叶逆变换，有条件的可用 MATLAB 计算并作图。

(1) $F_1(\mathrm{j}\omega)=6\pi\delta(\omega)+\dfrac{5}{(\mathrm{j}\omega-2)(\mathrm{j}\omega+3)}$；　(2) $F_2(\mathrm{j}\omega)=\dfrac{3}{(5+\mathrm{j}\omega)^2+3^2}$；

(3) $F_3(\mathrm{j}\omega)=\dfrac{1}{(\mathrm{j}\omega+8)^2}$；　(4) $F_4(\mathrm{j}\omega)=\dfrac{1}{2}\ \mathrm{Sa}^2\left(\dfrac{\omega}{8}\right)$。

3-28　试求题 3-22 图所示函数的傅里叶逆变换。

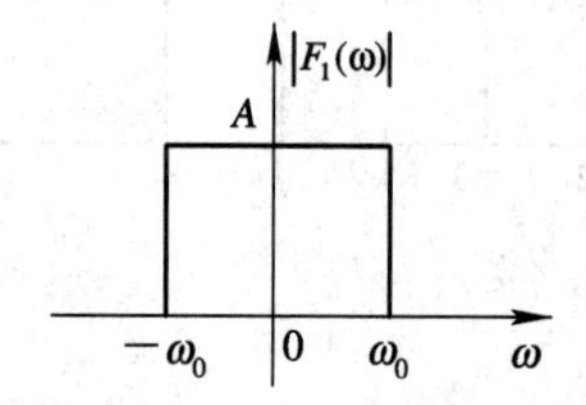

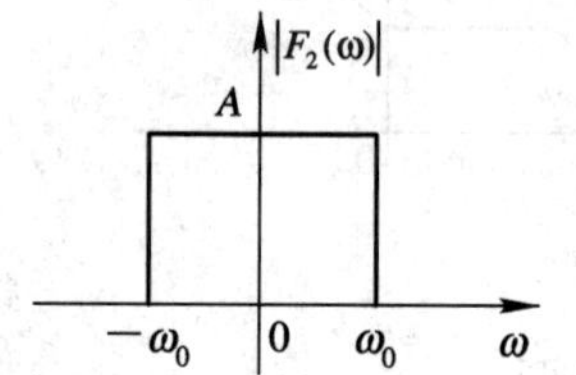

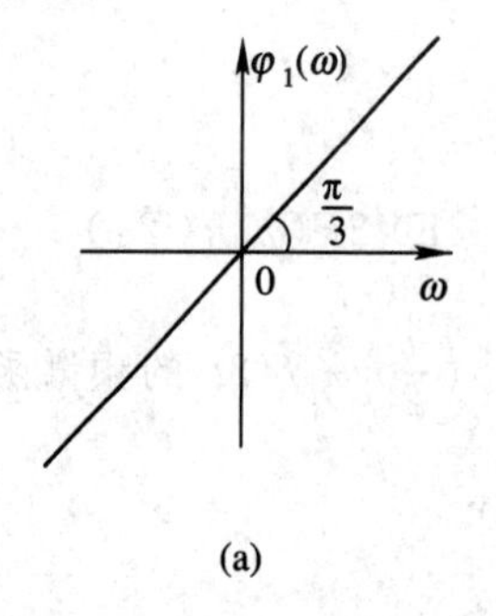

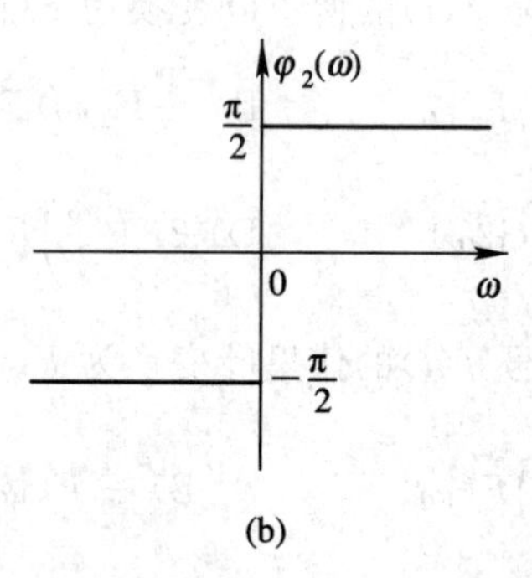

题 3-28 图

3-29　利用傅里叶变换的对偶性质，求下列频谱函数的傅里叶逆变换。

(1) $F(\mathrm{j}\omega)=\delta(\omega-\omega_0)$；

(2) $F(\mathrm{j}\omega)=2u(\omega)$；

(3) $F(\mathrm{j}\omega)=u(\omega+\omega_0)-u(\omega-\omega_0)$。

3-30　试计算 $\mathscr{F}\left\{\dfrac{\sin t}{t}\right\}$，并利用该结果证明：

$$\int_0^{\infty}\frac{\sin x}{x}\mathrm{d}x=\int_{-\infty}^{0}\frac{\sin x}{x}\mathrm{d}x=\frac{\pi}{2}$$

3-31　试利用能量定理计算积分：

$$\int_{-\infty}^{\infty}\mathrm{Sa}^2(ax)\mathrm{d}x$$

3-32　若系统频率特性 $H(\mathrm{j}\omega)=\dfrac{1}{\mathrm{j}\omega+1}$，试求下列各激励信号系统的响应 $y(t)$。

(1) $f(t)=\sin t+\sin(3t)$；

(2) $f(t)=\mathrm{e}^{-2t}\mu(t)$。

3-33　设系统的微分方程为

$$\frac{\mathrm{d}^2}{\mathrm{d}t^2}y(t)+3\frac{\mathrm{d}}{\mathrm{d}t}y(t)+2y(t)=\frac{\mathrm{d}^2}{\mathrm{d}t^2}f(t)+4\frac{\mathrm{d}}{\mathrm{d}t}f(t)+5f(t)$$

若输入 $f(t)=\mathrm{e}^{-3t}u(t)$，试用傅里叶分析法求响应。

3-34　试求题 3-34 图所示系统的频率特性 $H(\mathrm{j}\omega)$，其中 $f(t)$为激励，$y(t)$为响应。为了使系统能无失真地传输信号，

(1) 图(a)中的 R_1、R_2 应如何选择？

(2) 图(b)中的 R_1、C_1、R_2、C_2 应如何选择？

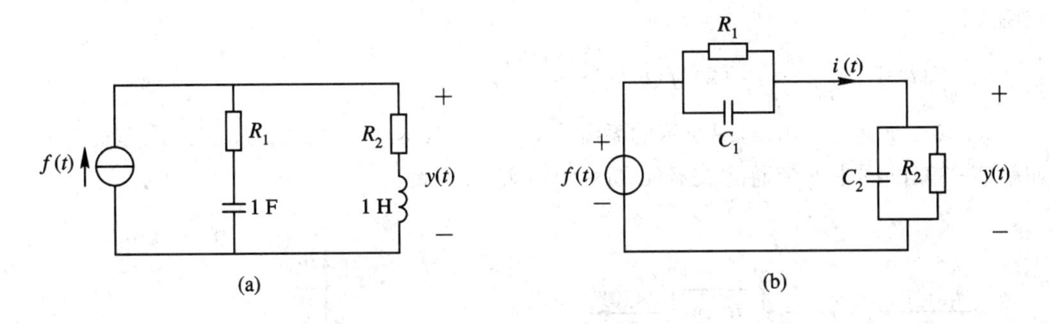

题 3-34 图

3-35　某线性非时变系统的频率响应 $H(\mathrm{j}\omega)=\begin{cases}\mathrm{e}^{-\mathrm{j}3\omega} & |\omega|<6\ \mathrm{rad/s}\\ 0 & |\omega|>6\ \mathrm{rad/s}\end{cases}$，若系统的输入激励 $f(t)=\dfrac{\sin 4t}{t}\cos 6t$，求系统的输出响应 $y(t)$。

3-36　若滤波器的频率特性如题 3-36 图，当输入 $f(t)=\dfrac{\sin(4\pi t)}{\pi t}$时，求输出$y(t)$。

3-37　滤波器的频率特性如题 3-37 图，当输入 $f(t)$波形如题 3-36 图时，求输出 $y(t)$。

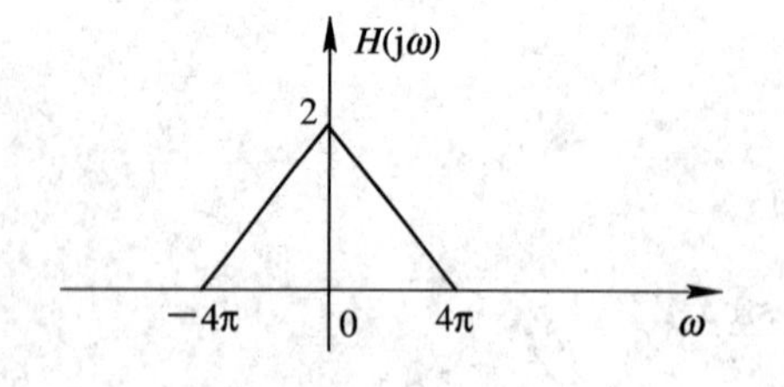

题 3-36 图

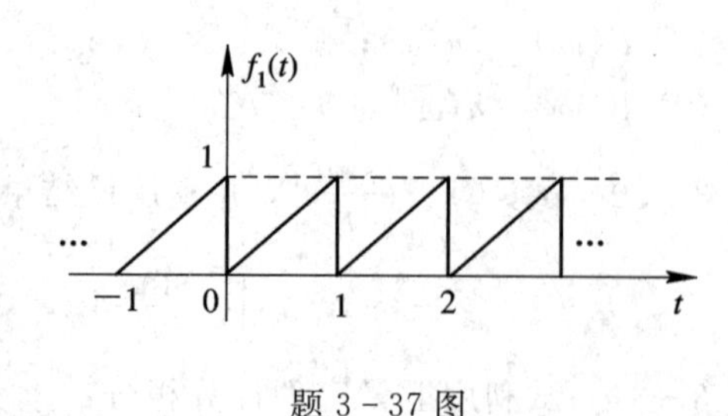

题 3-37 图

3-38　如题 3-38 图所示系统，其中

$$f_1(t)=\sum_{n=-\infty}^{\infty}e^{jnt}\qquad(-\infty<t<\infty)$$

$$f_2(t)=\cos t\qquad(-\infty<t<\infty)$$

$$H(j\omega)=\begin{cases}e^{-j\pi\omega/3} & |\omega|<1.5\text{ rad/s}\\ 0 & |\omega|>1.5\text{ rad/s}\end{cases}$$

求系统的输出响应 $y(t)$。

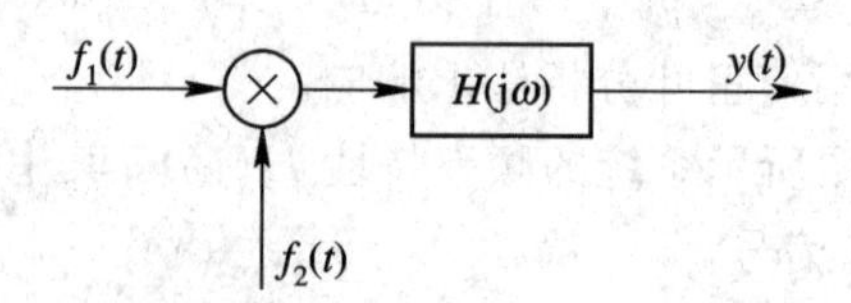

题 3-38 图

3-39　低通滤波器频率特性为 $H(j\omega)=u(\omega+\pi)-u(\omega-\pi)$，当输入为下列信号时，求响应。

(1) $f(t)=\dfrac{\sin(\pi t)}{\pi t}$；　(2) $f(t)=\dfrac{\sin(4\pi t)}{\pi t}$。

3-40　如题 3-40(a)图所示的系统中，$f_1(t)=\cos t$，$f_2(t)=\cos(10t)$，$H(j\omega)$是曲线如题 3-39(b)图中的带通滤波器($\varphi(\omega)=0$)，试求 $y(t)$。

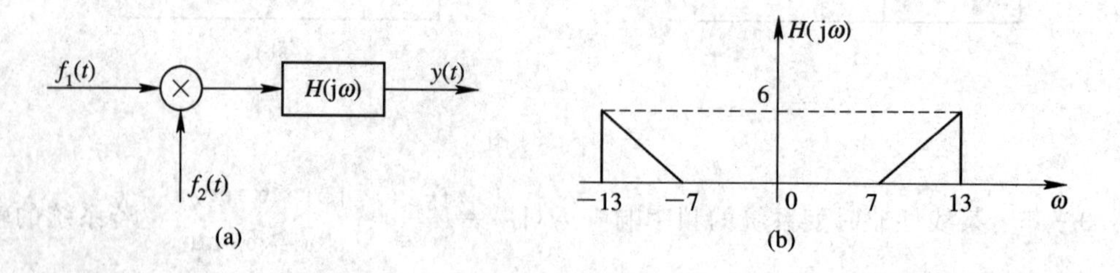

题 3-40 图

3-41　已知理想低通的系统函数为 $H(j\omega)=\begin{cases}1 & |\omega|<2\pi/\tau\\ 0 & |\omega|>2\pi/\tau\end{cases}$，激励信号的傅氏变换为 $F(j\omega)=\tau\,\mathrm{Sa}\left(\dfrac{\omega\tau}{2}\right)$，求该理想低通的响应 $y(t)$。

3-42　如题 3-42 图所示系统，$H_1(j\omega)$为理想低通，其频响特性为

$$H_1(\mathrm{j}\omega)=\begin{cases}\mathrm{e}^{-\mathrm{j}\omega t_0} & |\omega|<1\\ 0 & |\omega|>1\end{cases}$$

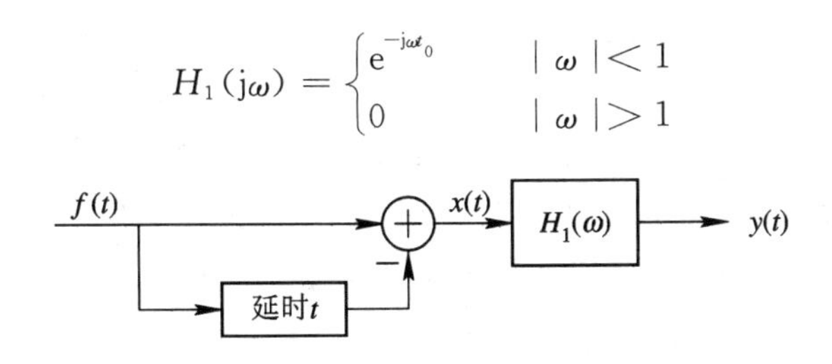

题 3 - 42 图

分别求：(1) $f(t)=u(t)$；(2) $f(t)=\dfrac{2\sin(t/2)}{t}$时的响应 $y(t)$。

3 - 43　求如题 3 - 43 图所示电路的系统函数 $H(\omega)=V_2(\omega)/V_1(\omega)$，并判断该电路具有低通、高通还是带通滤波特性。其中 $R=1\ \Omega$，$L=1\ \mathrm{H}$，$C=1\ \mathrm{F}$。

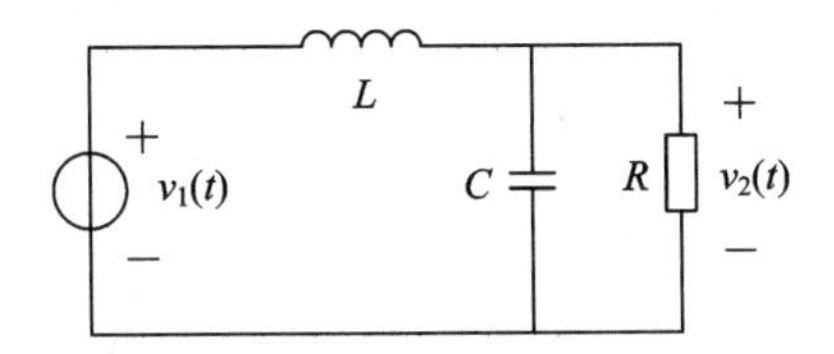

题 3 - 43 图

3 - 44　如题 3 - 44 图所示理想带通系统的频响特性，求其冲激响应，该系统是否物理可实现？

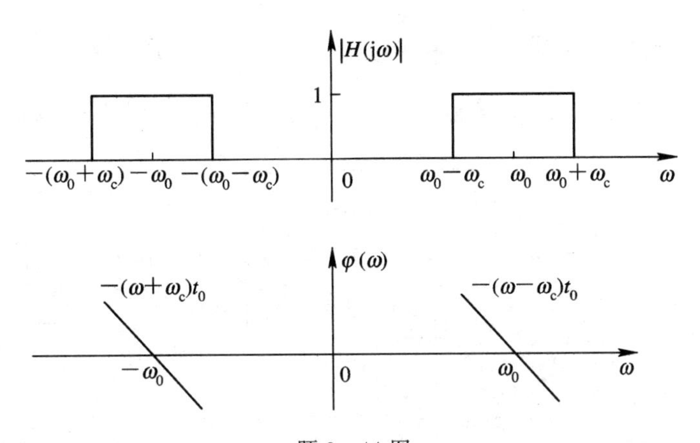

题 3 - 44 图

3 - 45　求如题 3 - 45 图所示 $f(t)$的频谱函数 $F(\mathrm{j}\omega)$，并粗略估计其频带宽度。

3 - 46　已知某系统的输入 $f(t)=u(t)$时，输出为 $y(t)=2u(t+2)$，判断系统是否为无失真传输系统？是否为物理可实现系统？

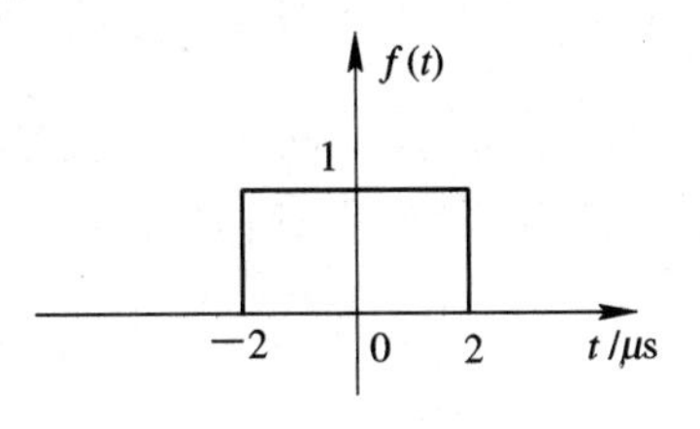

题 3 - 45 图

3 - 47　试确定下列信号不失真均匀抽样的奈奎斯特频率与奈奎斯特间隔。

(1) $\mathrm{Sa}(100t)$；

(2) $\mathrm{Sa}^2(100t)$；

(3) $\mathrm{Sa}(100t)+\mathrm{Sa}(50t)$；

(4) $\mathrm{Sa}(100t)+\mathrm{Sa}^2(60t)$。

3-48　今对三个正弦信号 $f_1(t)=\cos(2\pi t)$，$f_2(t)=-\cos(6\pi t)$，$f_3(t)=\cos(10\pi t)$进行理想采样，采样频率为 $\omega_s=8\pi$，求三个采样输出序列，比较这个结果。画出波形及采样点位置并解释频谱混叠现象，有条件的可用 MATLAB 计算并作图。

3-49　连续信号 $x(t)=\cos(2\pi f_0 t+\varphi)$，式中 $f_0=20$ Hz，$\varphi=\pi/2$。

(1) 求出 $x(t)$的周期；

(2) 用采样间隔 $T=0.02$ s 对 $x(t)$进行采样，写出采样信号 $x_s(t)$的表示式；

(3) 画出 $x_s(t)$对应的序列 $x(n)$，并求出 $x(n)$的周期，有条件的可用 MATLAB 计算并作图。

3-50　一个理想采样及恢复系统如题 3-50 图所示，采样频率为 $\omega_s=8\pi$，采样后经理想低通 $H(j\omega)$还原。今有两输入，$x_1(t)=\cos(2\pi t)$，$x_2(t)=\cos(5\pi t)$，问输出信号 $y_1(t)$，$y_2(t)$有没有失真？是什么失真？

$$H(j\omega)=\begin{cases}\dfrac{1}{4} & |\omega|<4\pi\\ 0 & |\omega|\geqslant 4\pi\end{cases}$$

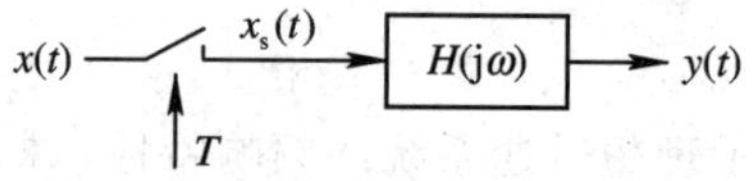

$x(t)$　$x_s(t)$　$H(j\omega)$　$y(t)$　T

题 3-50 图

3-51　已知信号 $f(t)$频谱 $F_A(j\omega)$如题 3-51 图(a)所示，画出信号经过题 3-51 图(b)所示系统时，B、C、D、E、F 各点频谱图。其中 $\delta_T(t)=\sum\limits_{n=-\infty}^{\infty}\delta(t-nT)$，$T=0.02$。

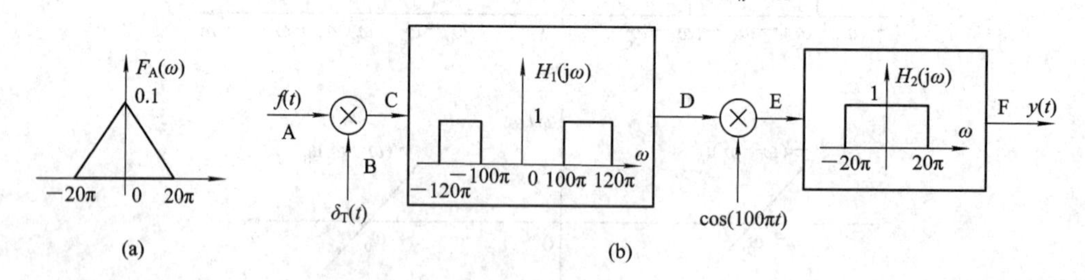

题 3-51 图

3-52　系统如题 3-52 图所示，$f_1(t)=\mathrm{Sa}(1000\pi t)$，$f_2(t)=\mathrm{Sa}(2000\pi t)$，$p(t)=\sum\limits_{n=-\infty}^{\infty}\delta(t-nT)$，$f(t)=f_1(t)f_2(t)$，$f_s(t)=p(t)f(t)$。

(1) 为从 $f_s(t)$无失真恢复 $f(t)$，求最大抽样间隔 $T_{\max}$；

(2) 当 $T=T_{\max}$时，画出 $f_s(t)$的幅度谱$|F_s(\omega)|$。

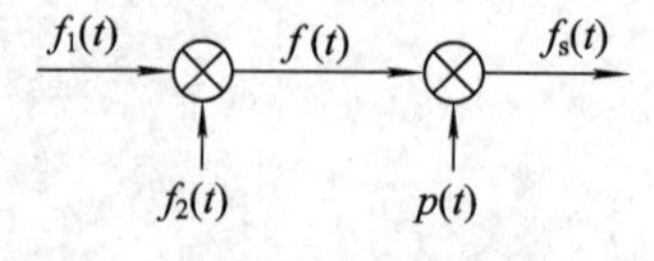

题 3-52 图

第 4 章　连续时间信号和系统的复频域表示与分析

拉普拉斯变换是连续时间系统复频域分析的数学工具，是信号系统理论的基石之一。拉普拉斯变换通常简称拉氏变换(英文缩写为 LT 或 $\mathscr{L}$)。

拉普拉斯变换与傅氏变换在信号系统分析中各具特色，各有千秋。两者都是将信号分解为基本信号元，傅氏变换的基本信号元是 $e^{j\omega t}$，而拉氏变换的基本信号元是 e^{st}。以傅氏变换为基础的频域分析法，将时域的微、积分运算转变为频域的代数运算，简化了运算；特别是在分析信号谐波分量、系统的频率响应、系统带宽、波形失真等实际问题时，物理概念清楚，有其独到之处。不过对一些不满足绝对可积条件的常用信号如 $u(t)$等，虽然其傅氏变换存在，但带有冲激项处理时不方便；尤其用傅氏变换分析系统响应时，系统初始状态在变换式中无法体现，只能求系统的零状态响应；另外，其反变换的复变函数积分计算也不容易。而拉氏变换具有以下优点：一是对信号要求不高，一般常见指数阶信号其变换存在；二是不但能将时域的微、积分运算转变为代数运算，而且既能求系统的零状态响应，也能求系统的零输入响应(初始条件“自动”引入)；三是有相对简单的反变换方法(英文缩写为 ILT 或 $\mathscr{L}^{-1}$)。尤其是利用系统函数的零、极点分布，可定性分析系统的时域特性、频率响应、稳定性等，是连续系统分析的重要方法。因此，虽然近年来随着计算机辅助设计技术的发展，拉氏变换在求解电路上的应用有所减少，但在连续 LTI 系统的分析中，仍具有重要作用。

4.1　拉普拉斯变换

考虑到一般实际应用的信号多为因果信号，本节先讨论因果信号的拉氏变换，再介绍一般信号(非因果)的拉氏变换。因果信号的拉氏变换也称单边拉氏变换。

4.1.1　单边拉普拉斯变换

1. 单边拉氏变换定义

因果信号的傅氏正、反变换为

$$F(j\omega)=\int_0^{\infty} f(t)e^{-j\omega t}dt$$

$$f(t)=\frac{1}{2\pi}\int_{-\infty}^{\infty} F(j\omega)e^{j\omega t}d\omega$$

傅氏变换处理某些信号不方便，主要原因是这类信号不收敛，例如阶跃信号 $u(t)$。为了使信号收敛，在进行变换时，让原信号 $f(t)$乘以 $e^{-\sigma t}$。选择合适的 σ，使得 $f(t)e^{-\sigma t}$是一个收敛速度足够快的信号，即有

$$f_1(t)=f(t)e^{-\sigma t}$$

式中，$e^{-\sigma t}$ 为收敛（衰减）因子，且 $f_1(t)$ 满足绝对可积条件。则

$$F_1(j\omega) = \int_0^{\infty} f(t)e^{-\sigma t}e^{-j\omega t}dt = \int_0^{\infty} f(t)e^{-(\sigma+j\omega)t}dt = F(\sigma+j\omega) \tag{4.1-1}$$

令 $\sigma+j\omega=s$，式(4.1-1)可表示为

$$F(s) = \int_0^{\infty} f(t)e^{-st}dt \tag{4.1-2}$$

$F_1(\omega)$ 的傅氏反变换为

$$f_1(t) = f(t)e^{-\sigma t} = \frac{1}{2\pi}\int_{-\infty}^{\infty} F_1(j\omega)e^{j\omega t}d\omega \tag{4.1-3}$$

式(4.1-3)两边同乘 $e^{\sigma t}$，$e^{\sigma t}$ 不是 ω 的函数，可放入积分号里，由此得到

$$f(t) = \frac{1}{2\pi}\int_{-\infty}^{\infty} F_1(j\omega)e^{(\sigma+j\omega)t}d\omega = \frac{1}{2\pi}\int_{-\infty}^{\infty} F(\sigma+j\omega)e^{(\sigma+j\omega)t}d\omega \tag{4.1-4}$$

已知 $s=\sigma+j\omega$，选定的 σ 为常量，$ds=d(\sigma+j\omega)=jd\omega$，代入式(4.1-4)且积分上、下限也做相应改变，式(4.1-4)可写作

$$f(t) = \frac{1}{j2\pi}\int_{\sigma-j\infty}^{\sigma+j\infty} F(s)e^{st}ds \tag{4.1-5}$$

因为 $e^{-\sigma t}$ 的作用，式(4.1-2)与式(4.1-5)是适合指数阶信号的变换。又由于式(4.1-2)中的 $f(t)$ 是 $t<0$ 时为零的因果信号，故称“单边”变换。将两式重新表示在一起，单边拉氏变换定义为

$$\left.\begin{aligned} F(s) &= \int_0^{\infty} f(t)e^{-st}dt \\ f(t) &= \frac{1}{j2\pi}\int_{\sigma-j\infty}^{\sigma+j\infty} F(s)e^{st}ds \end{aligned}\right\} \tag{4.1-6}$$

亦称 $s=\sigma+j\omega$ 为复频率，$F(s)$ 为像函数，$f(t)$ 为原函数。

像函数与原函数的关系还可以表示为

$$\left.\begin{aligned} & f(t)\leftrightarrow F(s) \\ & \mathscr{L}\{f(t)\} = F(s) \\ & \mathscr{L}^{-1}\{F(s)\} = f(t) \end{aligned}\right\} \tag{4.1-7}$$

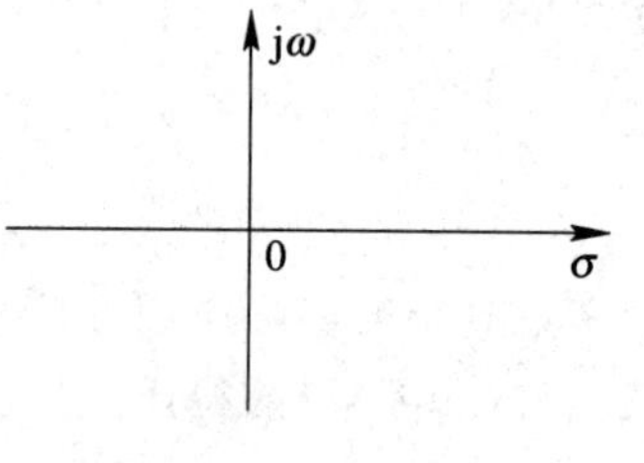

图 4.1-1　复平面

$s=\sigma+j\omega$ 可以用直角坐标的复平面（s 平面）表示，σ 是实轴，$j\omega$ 是虚轴，如图 4.1-1 所示。

由以上分析，并比较式(4.1-6)与式(3.3-5)，以及式(4.1-2)的推导，可见拉氏变换的基本信号元为 e^{st}。

虽然单边拉普拉斯变换存在条件比傅氏变换宽，不需要信号满足绝对可积，但对具体信号也有变换是否存在及在什么范围内变换存在的问题，这些问题可由单边拉氏变换收敛区解决。

2. 单边拉氏变换收敛区

收敛区是使 $f(t)e^{-\sigma t}$ 满足可积的 σ 取值范围，或是使 $f(t)$ 的单边拉氏变换存在的 σ 取值范围。

由式(4.1-3)的推导可见，因为 $e^{-\sigma t}$ 的作用，使得 $f(t)e^{-\sigma t}$ 在一定条件下收敛，即有

$$\lim_{t\to\infty} f(t)e^{-\sigma t} = 0 \quad (\sigma > \sigma_0) \tag{4.1-8}$$

式中，σ_0 叫做收敛坐标，是实轴上的一个点。穿过 σ_0 并与虚轴 $j\omega$ 平行的直线叫做收敛边界。收敛轴的右边为收敛区，收敛区不包括收敛轴。一旦 σ_0 确定，$f(t)$的拉氏变换的收敛区就确定了。

满足式(4.1-8)的信号，称为指数阶信号。因为这类信号若发散，借助指数信号的衰减可以被压下去。指数阶信号的单边拉氏变换一定存在，其收敛区由收敛坐标 σ_0 确定。σ_0 的取值与 $f(t)$有关，具体数值由式(4.1-8)计算。

以 $f(t)$随时间变化的趋势，收敛区的大致范围为：

(1) 若 $f(t)$是有限时宽的，则收敛区为全 s 平面，$\sigma_0=-\infty$。例如，单脉冲信号。

(2) $f(t)$的幅度是随时间衰减的，$\sigma_0<0$，例如单边指数信号 $e^{-at}u(t)(a>0)$的 $\sigma_0=-a$，其拉氏变换的收敛区如图 4.1-2(a)所示。

(3) $f(t)$的幅度是随时间不变的，$\sigma_0=0$，例如 $u(t)$、$\sin\omega_0 tu(t)$，其拉氏变换的收敛区如图4.1-2(b)所示。

(4) $f(t)$的幅度是随时间增长的，$\sigma_0>0$，例如 $e^{at}u(t)(a>0)$的 $\sigma_0=a$，其拉氏变换的收敛区如图4.1-2(c)所示。

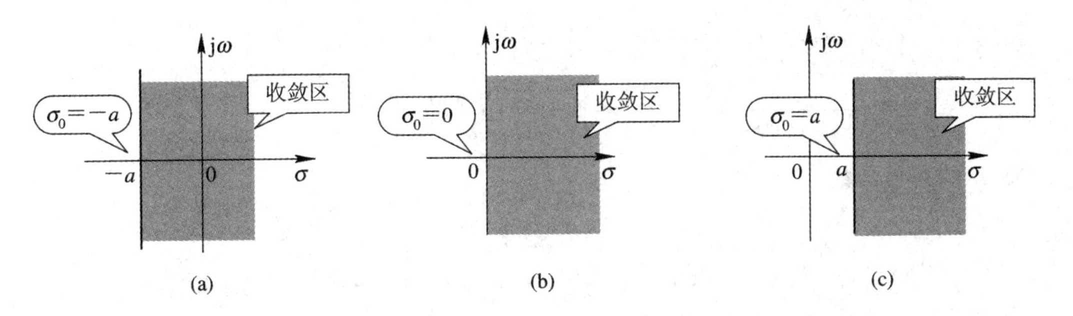

图 4.1-2　收敛区示意图

当 $\sigma_0<0$ 时，收敛区包含虚轴 $j\omega$，信号的傅氏变换存在；当 $\sigma_0>0$ 时收敛区不包含虚轴 $j\omega$，信号的傅氏变换不存在；当 $\sigma_0=0$ 时，收敛区虽不包含虚轴 $j\omega$，但信号的傅氏变换存在，不过有冲激项。

因为指数阶信号的单边拉氏变换一定存在，所以一般可以不标明收敛区。

4.1.2　常用函数的单边拉普拉斯变换

通过求常用函数的像函数，可以掌握求解单边拉氏变换的基本方法。

1. $F(s)=F(j\omega)|_{s=j\omega}$ 的函数

当拉氏变换的收敛区包括 $j\omega$ 轴，$F(s)$可由 $F(j\omega)$直接得到，仅将 $j\omega$ 换为 s，即

$$F(s) = F(j\omega)\,|_{s=j\omega} \tag{4.1-9}$$

例 4.1-1　已知 $f(t)=e^{-at}u(t)(a>0)$以及 $F(j\omega)=\dfrac{1}{a+j\omega}$，求 $f(t)$的拉氏变换。

解　$f(t)$的收敛域如图 4.1-2(a)所示，包括 $j\omega$ 轴，所以

$$e^{-at}u(t)\ (a>0) \leftrightarrow F(s)=F(j\omega)\big|_{s=j\omega}=\frac{1}{s+a}$$

2. t 的指数函数 $e^{at}u(t)$(a 为任意复常数)

$$e^{at}u(t) \leftrightarrow F(s)=\int_0^\infty e^{at}e^{-st}dt=\int_0^\infty e^{-(s-a)t}dt$$

$$=-\frac{1}{s-a}e^{-(s-a)t}\bigg|_0^\infty=\frac{1}{s-a} \tag{4.1-10}$$

利用式(4.1-10),可以推出以下常用信号的拉氏变换。

$$u(t)=e^{at}u(t)\big|_{a=0} \leftrightarrow \frac{1}{s}$$

$$\sin(\omega t)u(t)=\frac{1}{j2}(e^{j\omega t}-e^{-j\omega t})u(t) \leftrightarrow \frac{1}{j2}\left(\frac{1}{s-j\omega}-\frac{1}{s+j\omega}\right)=\frac{\omega}{s^2+\omega^2}$$

$$\cos(\omega t)u(t)=\frac{1}{2}(e^{j\omega t}+e^{-j\omega t})u(t) \leftrightarrow \frac{1}{2}\left(\frac{1}{s-j\omega}+\frac{1}{s+j\omega}\right)=\frac{s}{s^2+\omega^2}$$

$$e^{-at}\sin(\omega t)u(t)=\frac{1}{j2}(e^{(-a+j\omega)t}-e^{-(a+j\omega)t})u(t)$$

$$\leftrightarrow \frac{1}{j2}\left(\frac{1}{s+a-j\omega}-\frac{1}{s+a+j\omega}\right)=\frac{\omega}{(s+a)^2+\omega^2}$$

$$e^{-at}\cos(\omega t)u(t)=\frac{1}{2}(e^{(-a+j\omega)t}+e^{-(a+j\omega)t})u(t)$$

$$\leftrightarrow \frac{1}{2}\left(\frac{1}{s+a-j\omega}+\frac{1}{s+a+j\omega}\right)=\frac{s+a}{(s+a)^2+\omega^2}$$

3. t 的正幂函数

$$f(t)=t^n u(t)$$

$$t^n u(t) \leftrightarrow F(s)=\int_0^\infty t^n e^{-st}dt=-\frac{1}{s}t^n e^{-st}\bigg|_0^\infty+\frac{n}{s}\int_0^\infty t^{n-1}e^{-st}dt$$

$$=\frac{n}{s}\int_0^\infty t^{n-1}e^{-st}dt=\frac{n}{s}\mathscr{L}\{t^{n-1}u(t)\}$$

即

$$\mathscr{L}\{t^n u(t)\}=\frac{n}{s}\mathscr{L}\{t^{n-1}u(t)\}$$

依此类推,

$$\mathscr{L}\{t^n u(t)\}=\frac{n}{s}\mathscr{L}\{t^{n-1}u(t)\}=\frac{n}{s}\cdot\frac{n-1}{s}\mathscr{L}\{t^{n-2}u(t)\}$$

$$=\frac{n}{s}\cdot\frac{n-1}{s}\cdots\frac{2}{s}\cdot\frac{1}{s}\mathscr{L}\{t^{n-n}u(t)\}$$

$$=\frac{n}{s}\cdot\frac{n-1}{s}\cdots\frac{2}{s}\cdot\frac{1}{s}\cdot\frac{1}{s}$$

$$=\frac{n!}{s^{n+1}} \tag{4.1-11}$$

特别地,

$$n=1 \quad tu(t) \leftrightarrow \frac{1}{s^2}$$

$$n=2 \quad t^2u(t) \leftrightarrow \frac{2}{s^3}$$

$$n=3 \quad t^3u(t) \leftrightarrow \frac{6}{s^4}$$

表 4-1 列出了常用函数的单边拉氏变换。

表 4-1　常用函数单边拉氏变换

序号	$f(t)\quad t>0$	$F(s)=\mathscr{L}[f(t)]$
1	$\delta(t)$	1
2	$u(t)$	$\frac{1}{s}$
3	$e^{-at}u(t)$	$\frac{1}{s+a}$
4	$t^nu(t)$（n 为正整数）	$\frac{n!}{s^{n+1}}$
5	$\sin\omega tu(t)$	$\frac{\omega}{s^2+\omega^2}$
6	$\cos\omega tu(t)$	$\frac{s}{s^2+\omega^2}$
7	$e^{-at}\sin\omega tu(t)$	$\frac{\omega}{(s+a)^2+\omega^2}$
8	$e^{-at}\cos\omega tu(t)$	$\frac{s+a}{(s+a)^2+\omega^2}$
9	$te^{-at}u(t)$	$\frac{1}{(s+a)^2}$
10	$t^ne^{-at}u(t)$（n 为正整数）	$\frac{n!}{(s+a)^{n+1}}$
11	$t\sin\omega tu(t)$	$\frac{2\omega s}{(s^2+\omega^2)^2}$
12	$t\cos\omega tu(t)$	$\frac{s^2-\omega^2}{(s^2+\omega^2)^2}$
13	$\sinh atu(t)$	$\frac{a}{s^2-a^2}$
14	$\cosh atu(t)$	$\frac{s}{s^2-a^2}$

除了因果信号，一些非因果双边信号也存在拉氏变换，简称双边拉氏变换。下面讨论双边信号的拉氏变换。

4.1.3　双边拉普拉斯变换

1. 定义

先讨论 $e^{-\sigma t}$ 的作用。当 σ 一定时，若 $t>0$ 时 $e^{-\sigma t}$ 为收敛因子，则 $t<0$ 时 $e^{-\sigma t}$ 为发散因子，有

$$\lim_{t\to\infty} e^{-\sigma t} = 0 \qquad (\sigma > 0)$$

$$\lim_{t\to-\infty} e^{-\sigma t} \to \infty \quad (\sigma > 0)$$

但是，如果有函数在 $\sigma(\sigma_1<\sigma<\sigma_2)$ 给定的范围内，使得

$$\int_{-\infty}^{\infty} f(t)e^{-st}\,dt < \infty$$

则函数的双边拉氏变换存在，并记为

$$\left.\begin{aligned} F_B(s) &= \int_{-\infty}^{\infty} f(t)e^{-st}\,dt \quad \sigma_1 < \sigma < \sigma_2 \\ f(t) &= \frac{1}{j2\pi}\int_{\sigma-j\infty}^{\sigma+j\infty} F_B(s)\ e^{st}\,ds \end{aligned}\right\} \tag{4.1-12}$$

或

$$\left.\begin{aligned} & f(t) \leftrightarrow F_B(s) \\ & \mathscr{L}\{f(t)\} = F_B(s) \quad \sigma_1 < \sigma < \sigma_2 \\ & \mathscr{L}^{-1}\{F_B(s)\} = f(t) \end{aligned}\right\} \tag{4.1-13}$$

2. 双边拉氏变换的收敛区

双边拉氏变换收敛区是使 $f(t)e^{-\sigma t}$ 满足可积的 σ 取值范围，或是使 $f(t)$ 的双边拉氏变换存在的 σ 取值范围。

我们通过实例讨论双边拉氏变换存在的条件，即双边拉氏变换及收敛区。

例 4.1-2 已知函数 $f(t)=u(t)+e^t u(-t)$，试确定 $f(t)$ 双边拉氏变换及收敛区。

解 将积分分为两项

$$\int_{-\infty}^{\infty} f(t)e^{-\sigma t}\,dt = \underbrace{\int_{-\infty}^{0} e^{(1-\sigma)t}\,dt}_{①} + \underbrace{\int_{0}^{\infty} e^{-\sigma t}\,dt}_{②}$$

对第①项，只有 $1-\sigma>0$，即 $1>\sigma$ 时积分收敛；收敛区如图 4.1-3(a)的阴影部分。

对第②项，只有 $\sigma>0$ 时积分收敛，收敛区如图 4.1-3(b)的阴影部分，两项的公共收敛区为 $0<\sigma<1$。因此只有当 $0<\sigma<1$ 时，$\int_{-\infty}^{\infty} f(t)e^{-\sigma t}\,dt < \infty$，双边拉氏变换存在，$f(t)$ 波形与收敛区如图 4.1-4 所示。其双边拉氏变换为

$$F_B(s) = \int_{-\infty}^{\infty} f(t)e^{-st}\,dt = \int_{-\infty}^{0} e^{(1-s)t}\,dt + \int_{0}^{\infty} e^{-st}\,dt = \frac{1}{1-s} + \frac{1}{s} \quad (0 < \sigma < 1)$$

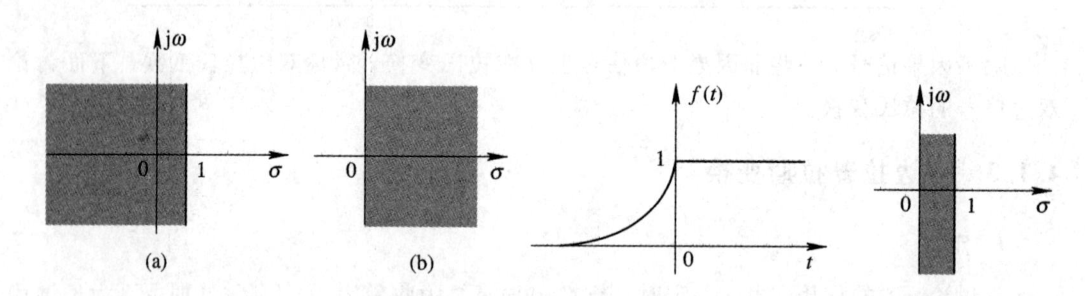

图 4.1-3 例 4.1-2①、②收敛区　　　　图 4.1-4 例 4.1-2 的 $f(t)$ 与收敛区

通常，双边拉氏变换有两个收敛边界，一个取决于 $t>0$ 的函数，是左边界，用 σ_1 表示；另一个取决于 $t<0$ 的函数，是右边界，以 σ_2 表示。若 $\sigma_1<\sigma_2$ 时，则 $t>0$ 与 $t<0$ 的变换有公共收敛区，双边拉氏变换存在。因此，双边拉氏变换的收敛区是 s 平面上 $\sigma_1<\sigma<\sigma_2$ 的带状区，如图 4.1-5 阴影部分。

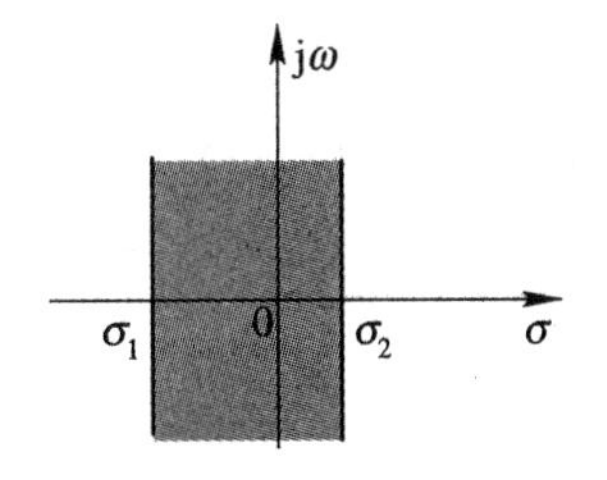

图 4.1-5　双边拉氏变换收敛区示意图

若 $\sigma_1\geqslant\sigma_2$ 时，$t>0$ 与 $t<0$ 函数的拉氏变换没有公共收敛区，双边拉氏变换不存在。

例 4.1-3　已知 $F_B(s)=\dfrac{1}{1-s}+\dfrac{1}{s}$，求所有可能的 $f(t)$。

解　因为 $F_B(s)$中的 s 不能等于 0、1，否则 $F_B(s)$不收敛。因此 $F_B(s)$的收敛区及对应的 $f(t)$有三种情况，分别为

(a) 收敛区 $0<\sigma<1$，对应双边信号 $f_1(t)=u(t)+e^tu(-t)$；

(b) 收敛区 $\sigma>1$，对应因果信号 $f_2(t)=(1-e^t)u(t)$；

(c) 收敛区 $\sigma<0$，对应非因果信号 $f_3(t)=(e^t-1)u(-t)$。

从以上分析可见，双边拉氏变换的收敛区必须标明，否则不能正确确定时域信号。

4.1.4　拉普拉斯变换与傅里叶变换的关系

本章开始，由傅氏变换引出了拉氏变换的概念，现在借助图 4.1-6，重新回顾双边拉氏变换、单边拉氏变换、傅氏变换的关系。

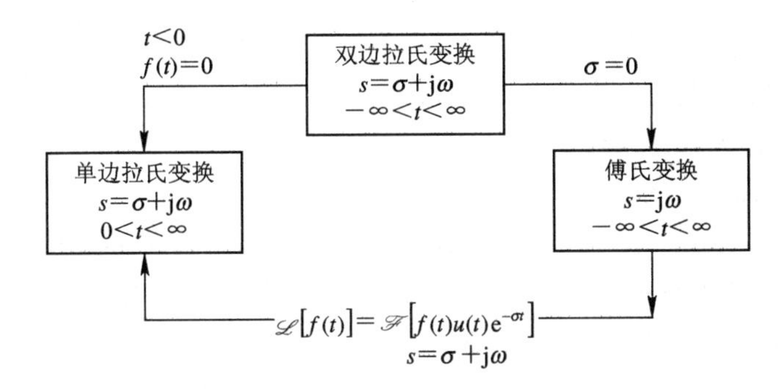

图 4.1-6　拉氏变换与傅氏变换的关系

由图可见拉氏变换与傅氏变换的联系与区别：傅氏变换是 $\sigma=0$ 的双边拉氏变换，或虚轴上的双边拉氏变换，是双边拉氏变换的特例；单边拉氏变换是 $t<0$，$f(t)=0$ 时的双边拉氏变换，或是 $f(t)u(t)e^{-\sigma t}$ 的傅氏变换；双边拉氏变换是傅氏变换在 s 平面上的推广，是复平面上的傅氏变换。

在实际工程应用中，信号通常都具有因果性，所以下面除特别说明外，本书的拉氏变换一般是指单边拉氏变换。

4.2　拉普拉斯变换的性质与定理

本节讨论单边拉氏变换的性质与定理。

1. 线性

若 $f_1(t) \leftrightarrow F_1(s)$，$f_2(t) \leftrightarrow F_2(s)$，则

$$af_1(t)+bf_2(t) \leftrightarrow aF_1(s)+bF_2(s) \qquad a、b\text{ 为任意常数} \tag{4.2-1}$$

证

$$\begin{aligned}\mathscr{L}[af_1(t)+bf_2(t)] &= \int_0^{\infty}[af_1(t)+bf_2(t)]\mathrm{e}^{-st}\mathrm{d}t \\ &= \int_0^{\infty}af_1(t)\mathrm{e}^{-st}\mathrm{d}t+\int_0^{\infty}bf_2(t)\mathrm{e}^{-st}\mathrm{d}t \\ &= aF_1(s)+bF_2(s)\end{aligned}$$

线性在实际应用中是用得最多、最灵活的性质之一。例如，

$$\cos\omega t u(t)=\frac{1}{2}(\mathrm{e}^{\mathrm{j}\omega t}+\mathrm{e}^{-\mathrm{j}\omega t})u(t) \leftrightarrow \frac{1}{2}\left(\frac{1}{s-\mathrm{j}\omega}+\frac{1}{s+\mathrm{j}\omega}\right)=\frac{s}{s^2+\omega^2}$$

2. 时延(位移、延时)特性

若 $f(t)u(t) \leftrightarrow F(s)$，则

$$f(t-t_0)u(t-t_0) \leftrightarrow F(s)\mathrm{e}^{-st_0} \tag{4.2-2}$$

证

$$\int_0^{\infty}f(t-t_0)u(t-t_0)\mathrm{e}^{-st}\mathrm{d}t=\int_{t_0}^{\infty}f(t-t_0)\mathrm{e}^{-st}\mathrm{d}t$$

令 $t-t_0=x$，$t=x+t_0$，代入上式得

$$\int_0^{\infty}f(x)\mathrm{e}^{-s(x+t_0)}\mathrm{d}x=\mathrm{e}^{-st_0}\int_0^{\infty}f(x)\mathrm{e}^{-sx}\mathrm{d}x=F(s)\mathrm{e}^{-st_0}$$

时延(位移)特性表明，波形在时间轴上向右平移 t_0，其拉氏变换应乘以位移因子 e^{-st_0}。适用时延特性的时延函数是 $f(t-t_0)u(t-t_0)$，而不是 $f(t-t_0)u(t)$。要注意区分 $f(t)u(t)$、$f(t-t_0)u(t)$、$f(t)u(t-t_0)$、$f(t-t_0)u(t-t_0)$的不同。

例 4.2-1 以 $f_1(t)=\sin\omega t u(t)$为例，画出 $f_1(t)$、$f_2(t)=\sin\omega(t-t_0)u(t)$、$f_3(t)=\sin\omega t u(t-t_0)$、$f_4(t)=\sin\omega(t-t_0)u(t-t_0)$的波形并分别求其拉氏变换。

解 $f_1(t)$、$f_2(t)$、$f_3(t)$、$f_4(t)$如图 4.2-1 所示。

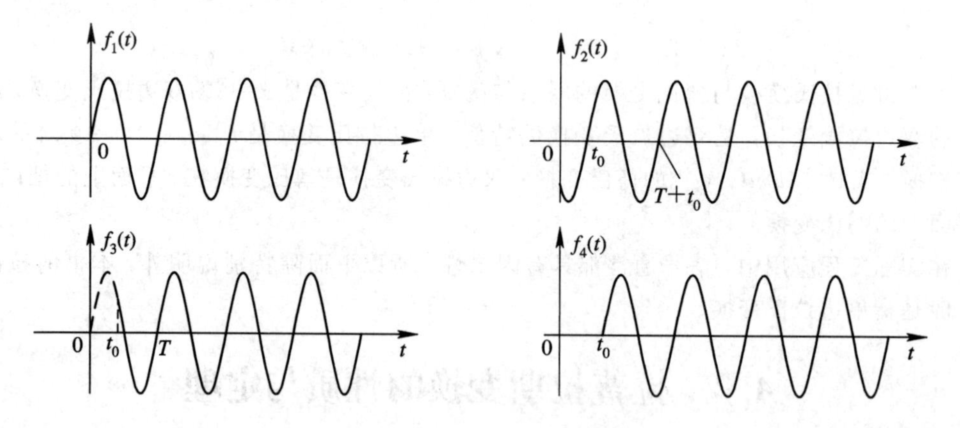

图 4.2-1 例 4.2-1 的波形图

可以直接用公式的是 $f_1(t)$、$f_4(t)$：

$$f_1(t) \leftrightarrow \frac{\omega}{s^2+\omega^2}$$

$$f_4(t) = f_1(t-t_0) \leftrightarrow \frac{\omega}{s^2+\omega^2}\mathrm{e}^{-st_0}$$

$f_2(t)$、$f_3(t)$经一定的变化后方可用性质。

$$f_2(t) = \sin\omega(t-t_0)u(t) = (\sin\omega t\cos\omega t_0 - \cos\omega t\sin\omega t_0)u(t)$$

$$F_2(s) = \frac{\omega\cos\omega t_0}{s^2+\omega^2} - \frac{s\cdot\sin\omega t_0}{s^2+\omega^2} = \frac{\omega\cos\omega t_0 - s\cdot\sin\omega t_0}{s^2+\omega^2}$$

$$\begin{aligned} f_3(t) &= \sin\omega t u(t-t_0) = \sin\omega(t-t_0+t_0)u(t-t_0) \\ &= [\sin\omega(t-t_0)\cos\omega t_0 + \cos\omega(t-t_0)\sin\omega t_0]u(t-t_0) \end{aligned}$$

$$F_3(s) = \frac{\omega\cos(\omega t_0)\mathrm{e}^{-st_0}}{s^2+\omega^2} + \frac{s\cdot\sin(\omega t_0)\mathrm{e}^{-st_0}}{s^2+\omega^2} = \frac{\omega\cos(\omega t_0)+s\cdot\sin(\omega t_0)}{s^2+\omega^2}\mathrm{e}^{-st_0}$$

例 4.2－2　$f(t)$如图 4.2－2 所示，求其像函数。

解　已知

$$f(t) = f_1(t) + f_2(t) \quad （利用线性）$$

其中，

$$f_1(t) = \mathrm{e}^{-t}[u(t)-u(t-1)]$$

$$f_2(t) = -f_1(t-1) \quad （时延）$$

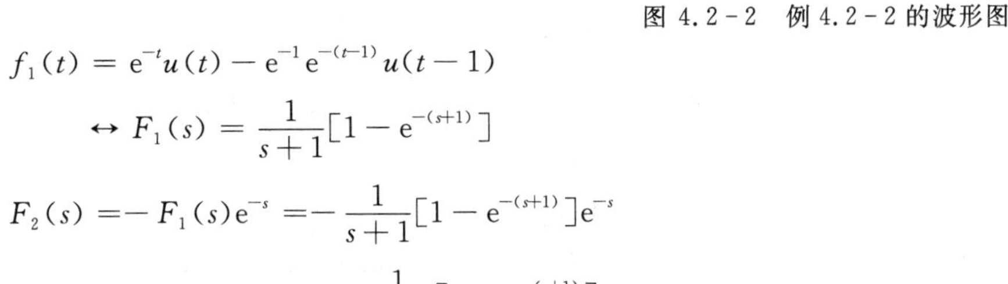

图 4.2－2　例 4.2－2 的波形图

则

$$f_1(t) = \mathrm{e}^{-t}u(t) - \mathrm{e}^{-1}\mathrm{e}^{-(t-1)}u(t-1)$$

$$\leftrightarrow F_1(s) = \frac{1}{s+1}[1-\mathrm{e}^{-(s+1)}]$$

$$F_2(s) = -F_1(s)\mathrm{e}^{-s} = -\frac{1}{s+1}[1-\mathrm{e}^{-(s+1)}]\mathrm{e}^{-s}$$

$$F(s) = F_1(s) + F_2(s) = \frac{1}{s+1}[1-\mathrm{e}^{-(s+1)}](1-\mathrm{e}^{-s})$$

例 4.2－3　求周期函数的单边拉普拉斯变换，或求图 4.2－3 所示单边“周期”函数的拉普拉斯变换。

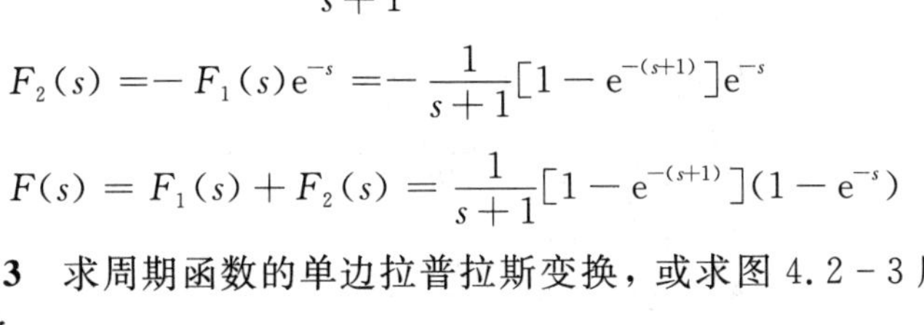

图 4.2－3　例 4.2－3 的单边“周期”函数

解　令 $f_1(t)$、$f_2(t)$、$f_3(t)$…分别表示 $f(t)$第一个周期、第二个周期、第三个周期、…的函数。

$$\begin{aligned} f(t) &= f_1(t) + f_2(t) + f_3(t) + \cdots \\ &= f_1(t) + f_1(t-T) + f_1(t-2T) + \cdots \end{aligned}$$

则

$$\begin{aligned}F(s) &= F_1(s)+F_2(s)+\cdots+F_n(s)+\cdots\\&= F_1(s)+F_1(s)e^{-sT}+F_1(s)e^{-2sT}+\cdots\\&= F_1(s)(1+e^{-sT}+e^{-2sT}+\cdots)=F_1(s)\sum_{n=0}^{\infty}e^{-nsT}\\&= F_1(s)\lim_{n\to\infty}\frac{1-e^{-nsT}}{1-e^{-sT}} \quad \text{当 } n\to\infty,\ e^{-nsT}\to 0 \ \text{(在收敛区中)}\\&= F_1(s)\frac{1}{1-e^{-sT}}\end{aligned}$$

令$\frac{1}{1-e^{-sT}}$为周期因子，由以上推导过程中可以得到周期函数的单边拉氏变换基本步骤为：

(1) 求 $f(t)$第一个周期的像函数 $f_1(t)\leftrightarrow F_1(s)$；

(2) 周期函数的单边拉氏变换等于函数第一个周期的像函数乘以周期因子$\frac{1}{1-e^{-sT}}$，即

$$F(s)=F_1(s)\frac{1}{1-e^{-sT}} \tag{4.2-3}$$

例 4.2-4 求如图 4.2-4(a)所示周期的半波整流波形的单边像函数。

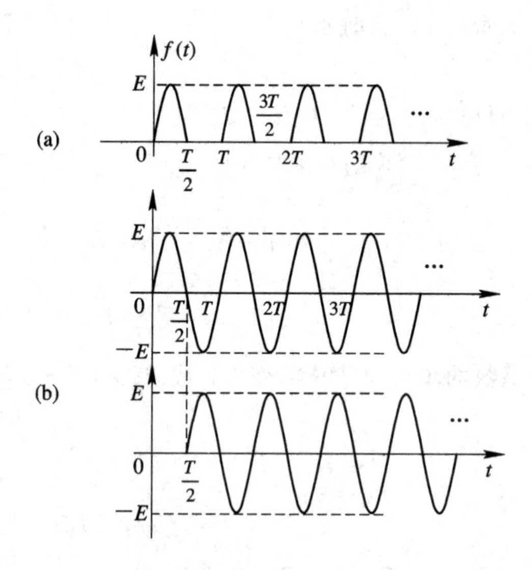

图 4.2-4 例 4.2-3 的波形

解 半波整流波形第一个周期的波形如图 4.2-4(b)所示，可由两个波形叠加，即

$$\begin{aligned}f_1(t) &= E\sin\omega t\left(u(t)-u\left(t-\frac{T}{2}\right)\right)\\&= E\sin\omega t\ u(t)+E\sin\omega\left(t-\frac{T}{2}\right)u\left(t-\frac{T}{2}\right)\end{aligned}$$

$$F_1(s)=\frac{E\omega}{s^2+\omega^2}+\frac{E\omega}{s^2+\omega^2}e^{-sT/2}=\frac{E\omega}{s^2+\omega^2}(1+e^{-sT/2})$$

$$
\begin{aligned}
F(s) &= F_1(s)\frac{1}{1-\mathrm{e}^{-sT}} = \frac{E\omega(1+\mathrm{e}^{-sT/2})}{(s^2+\omega^2)(1-\mathrm{e}^{-sT})} \\
&= \frac{E\omega(1+\mathrm{e}^{-sT/2})}{(s^2+\omega^2)(1-\mathrm{e}^{-sT/2})(1+\mathrm{e}^{-sT/2})} \\
&= \frac{E\omega}{(s^2+\omega^2)(1-\mathrm{e}^{-sT/2})}
\end{aligned}
$$

3. s 域平移

若 $f(t) \leftrightarrow F(s)$，则

$$
f(t)\mathrm{e}^{s_0 t} \leftrightarrow F(s-s_0) \tag{4.2-4}
$$

式中，s_0 为复常数。

证

$$
\begin{aligned}
\int_0^{\infty} f(t)\mathrm{e}^{s_0 t}\mathrm{e}^{-st}\mathrm{d}t &= \int_0^{\infty} f(t)\mathrm{e}^{-(s-s_0)t}\mathrm{d}t \\
&= F(s-s_0)
\end{aligned}
$$

例 4.2-5 已知 $f(t)=\mathrm{e}^{-at}\cos\omega_0 t u(t)$，求像函数 $F(s)$。

解 方法一：

$$
f_1(t) = \mathrm{e}^{-at}u(t) \leftrightarrow \frac{1}{s+a}
$$

$$
f(t) = f_1(t)\cos\omega_0 t = f_1(t)\frac{1}{2}(\mathrm{e}^{\mathrm{j}\omega_0 t}+\mathrm{e}^{-\mathrm{j}\omega_0 t}) = \frac{1}{2}f_1(t)\mathrm{e}^{\mathrm{j}\omega_0 t}+\frac{1}{2}f_1(t)\mathrm{e}^{-\mathrm{j}\omega_0 t}
$$

$$
F(s) = \frac{1}{2}\left[\frac{1}{s-\mathrm{j}\omega_0+a}+\frac{1}{s+\mathrm{j}\omega_0+a}\right] = \frac{s+a}{(s+a)^2+\omega_0^2}
$$

方法二：

$$
f_2(t) = \cos\omega_0 t u(t) \leftrightarrow F_2(s) = \frac{s}{s^2+\omega_0^2}
$$

$$
f(t) = f_2(t)\mathrm{e}^{-at} \leftrightarrow F(s) = F_2(s+a) = \frac{s+a}{(s+a)^2+\omega_0^2}
$$

例 4.2-6 已知 $f(t)$ 如图 4.2-5(a)所示，求 $F(s)$。

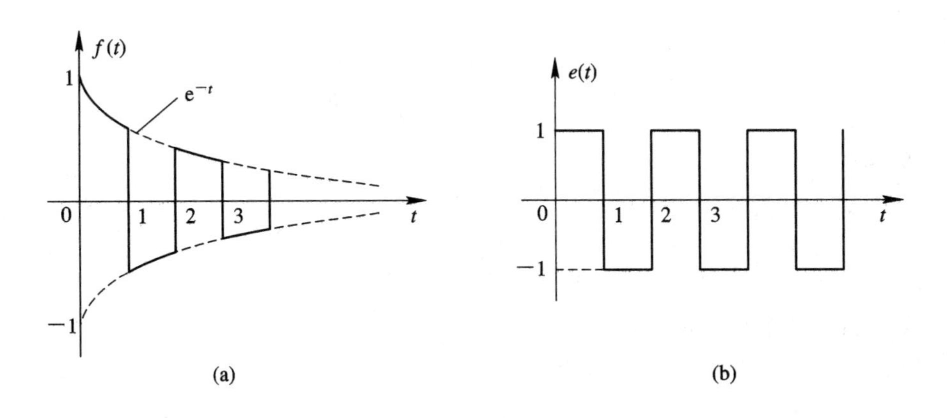

图 4.2-5 例 4.2-6 的波形

解 $f(t)=e(t)\mathrm{e}^{-t} \leftrightarrow F(s)=E(s+1)$，$e(t)$ 如图 4.2-5(b)。

$$e_1(t)=u(t)-2u(t-1)+u(t-2)\leftrightarrow E_1(s)=\frac{1}{s}(1-2\mathrm{e}^{-s}+\mathrm{e}^{-2s})$$

$$=\frac{1}{s}(1-\mathrm{e}^{-s})^2$$

$$E(s)=E_1(s)\frac{1}{1-\mathrm{e}^{-2s}}=\frac{1}{s}\frac{(1-\mathrm{e}^{-s})^2}{1-\mathrm{e}^{-2s}}=\frac{1-\mathrm{e}^{-s}}{s(1+\mathrm{e}^{-s})}$$

$$F(s)=E(s+1)=\frac{1-\mathrm{e}^{-(s+1)}}{(s+1)(1+\mathrm{e}^{-(s+1)})}$$

4. 尺度变换

若 $f(t)\leftrightarrow F(s)$，则

$$f(at)\leftrightarrow\frac{1}{a}F\left(\frac{s}{a}\right)\quad 其中\ a>0 \tag{4.2-5}$$

证 $$\mathscr{L}[f(at)]=\int_0^{\infty}f(at)\mathrm{e}^{-st}\mathrm{d}t$$

令 $at=x$，$t=\dfrac{x}{a}$，$\mathrm{d}t=\dfrac{1}{a}\mathrm{d}x$；$t=0\rightarrow x=0$，$t=\infty\rightarrow x=\infty$；代入上式得

$$\mathscr{L}[f(at)]=\frac{1}{a}\int_0^{\infty}f(x)\mathrm{e}^{-\frac{s}{a}x}\mathrm{d}x=\frac{1}{a}F\left(\frac{s}{a}\right)$$

例 4.2-7 已知 $f(t)\leftrightarrow F(s)$，求 $f_1(t)=\mathrm{e}^{-t/a}f(t/a)$的像函数 $F_1(s)$。

解 先频移

$$f_a(t)=\mathrm{e}^{-t}f(t)\leftrightarrow F_a(s)=F(s+1)$$

后尺度 $$f_1(t)=f_a\left(\frac{t}{a}\right)\leftrightarrow F_1(s)=aF_a(as)=aF(as+1)$$

例 4.2-8 求 $\delta(at)$、$u(at)$的像函数。

解 (1) 令 $f(t)=\delta(t)\leftrightarrow\int_{0_-}^{\infty}\delta(t)\mathrm{e}^{-st}\mathrm{d}t=\int_{0_-}^{\infty}\delta(t)\mathrm{d}t=1=F(s)$

$$\delta(at)=\frac{1}{a}\delta(t)\leftrightarrow\frac{1}{a}F(s/a)=\frac{1}{a}$$

(2) $u(t)\leftrightarrow\dfrac{1}{s}$

$$u(at)\leftrightarrow\frac{1}{a}\cdot\frac{1}{s/a}=\frac{1}{s}\leftrightarrow u(t)$$

5. 时域微分

若 $f(t)\leftrightarrow F(s)$，则

$$\frac{\mathrm{d}f(t)}{\mathrm{d}t}\leftrightarrow sF(s)-f(0) \tag{4.2-6}$$

式中，$f(0)$是 $f(t)$在 $t=0$ 时的值。

可以将式(4.2-6)推广到高阶导数：

$$\frac{\mathrm{d}^nf(t)}{\mathrm{d}t^n}\leftrightarrow s^nF(s)-s^{n-1}f(0)-s^{n-2}f'(0)-\cdots-f^{(n-1)}(0)$$

$$=s^nF(s)-\sum_{r=0}^{n-1}s^{n-r-1}f^{(r)}(0) \tag{4.2-7}$$

式中，$f(0)$以及 $f^{(r)}(0)$分别为 $t=0$ 时 $f(t)$以及$\left.\dfrac{\mathrm{d}^r f(t)}{\mathrm{d}t^r}\right|_{t=0}$时的值。

证

$$\mathscr{L}\left\{\frac{\mathrm{d}f(t)}{\mathrm{d}t}\right\}=\int_0^{\infty}\frac{\mathrm{d}f(t)}{\mathrm{d}t}\mathrm{e}^{-st}\mathrm{d}t=\int_0^{\infty}\mathrm{e}^{-st}\mathrm{d}f(t)$$

$$=\mathrm{e}^{-st}f(t)\big|_0^{\infty}+s\int_0^{\infty}f(t)\mathrm{e}^{-st}\mathrm{d}t$$

$$=sF(s)-f(0)$$

同理，令$\dfrac{\mathrm{d}f(t)}{\mathrm{d}t}=f_1(t)$，则

$$\mathscr{L}\left\{\frac{\mathrm{d}^2 f(t)}{\mathrm{d}t^2}\right\}=\int_0^{\infty}\frac{\mathrm{d}^2 f(t)}{\mathrm{d}t^2}\mathrm{e}^{-st}\mathrm{d}t=\int_0^{\infty}\frac{\mathrm{d}f_1(t)}{\mathrm{d}t}\mathrm{e}^{-st}\mathrm{d}t$$

$$=sF_1(s)-f_1(0)$$

$$=s[sF(s)-f(0)]-f_1(0)$$

$$=s^2F(s)-sf(0)-f'(0)$$

依此类推，可以得到高阶导数的 $\mathscr{L}$变换

$$\mathscr{L}\left\{\frac{\mathrm{d}^n f(t)}{\mathrm{d}t^n}\right\}=s^nF(s)-\sum_{r=0}^{n-1}s^{n-r-1}f^{(r)}(0)$$

特别地，当 $f(0)=f'(0)=f''(0)=\cdots=f^{(n-1)}(0)=0$ 时，式(4.2-6)和式(4.2-7)可分别化简为

$$\mathscr{L}\left\{\frac{\mathrm{d}f(t)}{\mathrm{d}t}\right\}=sF(s) \tag{4.2-8a}$$

$$\mathscr{L}\left\{\frac{\mathrm{d}^n f(t)}{\mathrm{d}t^n}\right\}=s^nF(s) \tag{4.2-8b}$$

式中，s 为微分因子。

不难证明，当初始条件为 $f^{(r)}(0_-)(r=0,1,\cdots,n-1)$时，式(4.2-6)和式(4.2-7)也满足，即

$$\mathscr{L}\left\{\frac{\mathrm{d}^n f(t)}{\mathrm{d}t^n}\right\}=s^nF(s)-\sum_{r=0}^{n-1}s^{n-r-1}f^{(r)}(0_-) \tag{4.2-9}$$

式中，$f(0_-)$以及 $f^{(r)}(0_-)$分别为 $t=0_-$时 $f(t)$以及$\left.\dfrac{\mathrm{d}^r f(t)}{\mathrm{d}t^r}\right|_{t=0_-}$的值。

6. 时域积分

若 $f(t)u(t)\leftrightarrow F(s)$，则

$$\int_{-\infty}^{t}f(\tau)\mathrm{d}\tau\, u(t)\leftrightarrow\frac{\int_{-\infty}^{0}f(\tau)\mathrm{d}\tau}{s}+\frac{F(s)}{s}=\frac{f^{(-1)}(0)}{s}+\frac{F(s)}{s} \tag{4.2-10}$$

式中，$f^{(-1)}(t)$表示积分运算，$\int_{-\infty}^{0}f(\tau)\mathrm{d}\tau=f^{(-1)}(0)$。

证

$$\int_{-\infty}^{t}f(\tau)\mathrm{d}\tau\cdot u(t)=\int_{-\infty}^{0}f(\tau)\mathrm{d}\tau\cdot u(t)+\int_{0}^{t}f(\tau)\mathrm{d}\tau\cdot u(t) \tag{4.2-11}$$

其中第一项的变换为

$$\int_{-\infty}^{0}f(\tau)\mathrm{d}\tau\cdot u(t)=f^{(-1)}(0)\cdot u(t)\leftrightarrow\frac{f^{(-1)}(0)}{s} \tag{4.2-12}$$

第二项的变换可利用分部积分

$$\begin{aligned}\mathscr{L}\left\{\left[\int_0^t f(\tau)\mathrm{d}\tau\right]u(t)\right\} &= \int_0^\infty \left[\int_0^t f(\tau)\mathrm{d}\tau\right]\mathrm{e}^{-st}\mathrm{d}t \\ &= \left[-\frac{\mathrm{e}^{-st}}{s}\int_0^t f(\tau)\mathrm{d}\tau\right]_0^\infty + \frac{1}{s}\int_0^\infty f(t)\mathrm{e}^{-st}\mathrm{d}t \\ &= \frac{1}{s}F(s)\end{aligned} \tag{4.2-13a}$$

或利用任意函数与阶跃卷积

$$\left[\int_0^t f(\tau)\mathrm{d}\tau\right]u(t) = f(t)u(t) * u(t) \leftrightarrow \frac{F(s)}{s} \tag{4.2-13b}$$

将式(4.2-11)和式(4.2-12)代入式(4.2-10)，得

$$\int_{-\infty}^t f(\tau)\mathrm{d}\tau = \int_{-\infty}^0 f(\tau)\mathrm{d}\tau + \int_0^t f(\tau)\mathrm{d}\tau \leftrightarrow \frac{f^{(-1)}(0)}{s} + \frac{F(s)}{s}$$

特别的，如果 $f(t)$为因果信号，则 $\int_{-\infty}^0 f(\tau)\mathrm{d}\tau = f^{(-1)}(0) = 0$ ，式(4.2-10)为

$$\int_0^t f(\tau)\mathrm{d}\tau \leftrightarrow \frac{F(s)}{s} \tag{4.2-14}$$

式中，$1/s$ 为积分因子。

不难证明，当初始条件为 $f^{(-1)}(0_-)$时式(4.2-10)也满足，即

$$\int_{-\infty}^t f(\tau)\mathrm{d}\tau u(t) \leftrightarrow \frac{f^{(-1)}(0_-)}{s} + \frac{F(s)}{s} \tag{4.2-15}$$

7. 复频域微分

若 $\mathscr{L}[f(t)]=F(s)$，则

$$tf(t) \leftrightarrow -\frac{\mathrm{d}F(s)}{\mathrm{d}s} \tag{4.2-16}$$

证

$$\begin{aligned}-\frac{\mathrm{d}F(s)}{\mathrm{d}s} &= -\frac{\mathrm{d}}{\mathrm{d}s}\int_0^\infty f(t)\mathrm{e}^{-st}\mathrm{d}t \quad \text{（变换运算次序）} \\ &= -\int_0^\infty f(t)\left[\frac{\mathrm{d}}{\mathrm{d}s}\mathrm{e}^{-st}\right]\mathrm{d}t \\ &= \int_0^\infty tf(t)\mathrm{e}^{-st}\mathrm{d}t \\ &= \mathscr{L}[tf(t)]\end{aligned}$$

可以推广至复频域的高阶导数

$$t^n f(t) \leftrightarrow (-1)^n \frac{\mathrm{d}^n F(s)}{\mathrm{d}s^n}$$

利用这一性质可证明 t 的正幂函数的像函数

$$u(t) \leftrightarrow \frac{1}{s}$$

$$tu(t) \leftrightarrow -\frac{\mathrm{d}}{\mathrm{d}s}\left(\frac{1}{s}\right) = \frac{1}{s^2}$$

$$t^2 u(t) \leftrightarrow -\frac{\mathrm{d}}{\mathrm{d}s}\left(\frac{1}{s^2}\right) = \frac{2}{s^3}$$

$$t^3u(t)\leftrightarrow -\frac{\mathrm{d}}{\mathrm{d}s}\left(\frac{2}{s^3}\right)=\frac{6}{s^4}$$

$$\vdots$$

8. 复频域积分

若 $\mathscr{L}[f(t)]=F(s)$ 且 $\lim\limits_{t\to\infty}\frac{1}{t}f(t)<\infty$，则

$$\frac{1}{t}f(t)\leftrightarrow\int_s^{\infty}F(s_1)\mathrm{d}s_1 \tag{4.2-17}$$

证
$$\begin{aligned}\int_s^{\infty}F(s_1)\mathrm{d}s_1&=\int_s^{\infty}\left[\int_0^{\infty}f(t)\mathrm{e}^{-s_1t}\mathrm{d}t\right]\mathrm{d}s_1\quad（变换积分次序）\\&=\int_0^{\infty}f(t)\left[\int_s^{\infty}\mathrm{e}^{-s_1t}\mathrm{d}s_1\right]\mathrm{d}t=\int_0^{\infty}f(t)\left[-\frac{1}{t}\mathrm{e}^{-s_1t}\right]\Big|_s^{\infty}\mathrm{d}t\\&=\int_0^{\infty}f(t)\,\frac{1}{t}\mathrm{e}^{-st}\,\mathrm{d}t=\mathscr{L}\left[\frac{1}{t}f(t)\right]\end{aligned}$$

复频域微分和复频域积分这两个性质可以用在一些非有理函数的正反变换上。

例 4.2-9 求 $\mathrm{Si}(x)$ 的像函数，其中 $\mathrm{Si}(x)=\int_0^x\frac{\sin t}{t}\mathrm{d}t$ 为正弦积分函数。

解 (1) 因为

$$\sin t\leftrightarrow\frac{1}{s^2+1}$$

(2) 利用复频域积分特性

$$\frac{\sin t}{t}\leftrightarrow\int_s^{\infty}\frac{1}{s^2+1}\mathrm{d}s=\arctan s\,\Big|_s^{\infty}=\frac{\pi}{2}-\arctan s=\mathrm{arccot}\,s=\arctan\frac{1}{s}$$

(3) 再利用时域积分性质

$$\int_0^x\frac{\sin t}{t}\mathrm{d}t\leftrightarrow\frac{1}{s}\arctan\frac{1}{s}$$

例 4.2-10 求 $\ln\frac{s^2}{s^2+9}$ 的原函数 $f(t)$。

解
$$F(s)=\ln\frac{s^2}{s^2+9}=\ln s^2-\ln(s^2+9)$$

$$F'(s)=\frac{2}{s}-\frac{2s}{s^2+9}\leftrightarrow(2-2\cos 3t)u(t)$$

因为

$$-\frac{\mathrm{d}F(s)}{\mathrm{d}s}\leftrightarrow-(2-2\cos 3t)u(t)=tf(t)$$

所以

$$f(t)=\frac{2(\cos 3t-1)}{t}u(t)$$

9. 初值定理

设有 $f(t)$、$f'(t)$，且 $\mathscr{L}[f(t)]$、$\mathscr{L}[f'(t)]$ 存在，则

$$f(0_+)=\lim_{t\to 0_+}f(t)=\lim_{s\to\infty}sF(s) \tag{4.2-18}$$

证　由式(4.2-9)的时域微分性质我们有

$$sF(s)-f(0_-)=\int_{0_-}^{\infty}\frac{\mathrm{d}f(t)}{\mathrm{d}t}\mathrm{e}^{-st}\mathrm{d}t=\int_{0_-}^{0_+}\mathrm{e}^{-st}\mathrm{d}f(t)+\int_{0_+}^{\infty}\frac{\mathrm{d}f(t)}{\mathrm{d}t}\mathrm{e}^{-st}\mathrm{d}t$$

$$=f(t)\mathrm{e}^{-st}\Big|_{0_-}^{0_+}+\frac{1}{s}\int_{0_-}^{0_+}f(t)\mathrm{e}^{-st}\mathrm{d}t+\int_{0_+}^{\infty}f'(t)\mathrm{e}^{-st}\mathrm{d}t$$

$$=f(0_+)-f(0_-)+\int_{0_+}^{\infty}f'(t)\mathrm{e}^{-st}\mathrm{d}t$$

比较等式左、右两边得

$$sF(s)=f(0_+)+\int_{0_+}^{\infty}f'(t)\mathrm{e}^{-st}\mathrm{d}t\quad(\text{两边取极限 } s\to\infty)$$

$$\lim_{s\to\infty}sF(s)=f(0_+)+\lim_{s\to\infty}\int_{0_+}^{\infty}f'(t)\mathrm{e}^{-st}\mathrm{d}t\quad(\text{交换积分与取极限次序})$$

$$=f(0_+)+\int_{0_+}^{\infty}f'(t)\left[\lim_{s\to\infty}\mathrm{e}^{-st}\right]\mathrm{d}t=f(0_+)$$

式(4.2-18)只适用 $f(t)$ 在原点处没有冲激的情况。若 $f(t)$ 在原点处有冲激 $A\delta(t)$，则 $\mathscr{F}[f(t)]=F(s)=A+F_1(s)$，式中 $F_1(s)$ 为真分式，那么初值定理要修正为 $f(0_+)=\lim\limits_{s\to\infty}sF_1(s)$。

例 4.2-11　已知 $F(s)=\dfrac{s^2}{s^2+9}$，求 $f(0_+)$、$f(t)$。

解

$$F(s)=\frac{s^2}{s^2+9}=1-\frac{9}{s^2+9}$$

$$F_1(s)=-\frac{9}{s^2+9}$$

$$f(0_+)=\lim_{s\to\infty}sF_1(s)=-\lim_{s\to\infty}\frac{9s}{s^2+9}=0$$

$$f(t)=\delta(t)-3\sin 3t\,u(t)$$

验证

$$f(0_+)=f(t)|_{t=0_+}=0$$

若不修正，$f(0_+)=\lim\limits_{s\to\infty}sF(s)=\lim\limits_{s\to\infty}\dfrac{s^3}{s^2+9}\to\infty$。

10. 终值定理

设有 $f(t)$、$f'(t)$，且 $\mathscr{L}\{f(t)\}$、$\mathscr{L}\{f'(t)\}$存在，则 $f(t)$ 的终值

$$f(\infty)=\lim_{t\to\infty}f(t)=\lim_{s\to 0}sF(s)\qquad(4.2-19)$$

终值适用的条件是 $sF(s)$ 的所有极点在 s 平面的左半面($F(s)$ 可有在原点处的单极点)。

证　利用上面的结果

$$sF(s)=f(0_+)+\int_{0_+}^{\infty}f'(t)\mathrm{e}^{-st}\mathrm{d}t$$

令 $s\to 0$，两边取极限得

$$\lim_{s\to 0}sF(s)=f(0_+)+\lim_{s\to 0}\int_{0_+}^{\infty}f'(t)\mathrm{e}^{-st}\mathrm{d}t\quad(\text{交换积分与取极限次序})$$

$$=f(0_+)+\int_{0_+}^{\infty}\left[\lim_{s\to 0}\mathrm{e}^{-st}\right]\mathrm{d}f(t)$$

$$=f(0_+)+f(t)\Big|_{0_+}^{\infty}=f(0_+)+f(\infty)-f(0_+)=f(\infty)$$

例 4.2-12 已知 $F(s)=\dfrac{1}{s(s+1)}$，求 $f(t)$、$f(0_+)$、$f(\infty)$。

解

$$f(0_+)=\lim_{s\to\infty}sF(s)=\lim_{s\to\infty}\frac{1}{(s+1)}=0$$

$$f(\infty)=\lim_{s\to0}sF(s)=\lim_{s\to0}\frac{1}{(s+1)}=1$$

$$f(t)=\mathscr{L}^{-1}\left\{\frac{1}{s(s+1)}\right\}=(1-\mathrm{e}^{-t})u(t)$$

验证

$$f(0_+)=f(t)\big|_{t=0}=0,\quad f(\infty)=f(t)\big|_{t=\infty}=1$$

11. 时域卷积定理

若 $f_1(t)\leftrightarrow F_1(s)$，$f_2(t)\leftrightarrow F_2(s)$，则

$$f_1(t)*f_2(t)\leftrightarrow F_1(s)F_2(s) \tag{4.2-20}$$

证 因为 $f_1(t)$、$f_2(t)$为有始函数，所以

$$\mathscr{L}\{f_1(t)*f_2(t)\}=\int_0^\infty\left[\int_{-\infty}^\infty f_1(\tau)u(\tau)f_2(t-\tau)u(t-\tau)\mathrm{d}\tau\right]\mathrm{e}^{-st}\,\mathrm{d}t$$

$$=\int_0^\infty\left[\int_0^\infty f_1(\tau)f_2(t-\tau)u(t-\tau)\mathrm{d}\tau\right]\mathrm{e}^{-st}\,\mathrm{d}t$$

交换积分次序

$$\mathscr{L}\{f_1(t)*f_2(t)\}=\int_0^\infty f_1(\tau)\left[\int_0^\infty f_2(t-\tau)u(t-\tau)\mathrm{e}^{-st}\,\mathrm{d}t\right]\mathrm{d}\tau$$

利用延时特性

$$\mathscr{L}\{f_1(t)*f_2(t)\}=\int_0^\infty f_1(\tau)F_2(s)\mathrm{e}^{-s\tau}\,\mathrm{d}\tau$$

$$=F_2(s)\int_0^\infty f_1(\tau)\mathrm{e}^{-s\tau}\,\mathrm{d}\tau$$

$$=F_2(s)F_1(s)$$

12. 复频域卷积定理

若 $f_1(t)\leftrightarrow F_1(s)$，$f_2(t)\leftrightarrow F_2(s)$，则

$$f_1(t)f_2(t)\leftrightarrow\frac{1}{\mathrm{j}2\pi}F_1(s)*F_2(s) \tag{4.2-21}$$

证

$$\frac{1}{\mathrm{j}2\pi}F_1(s)*F_2(s)=\frac{1}{\mathrm{j}2\pi}\int_{\sigma-\mathrm{j}\infty}^{\sigma+\mathrm{j}\infty}F_1(x)F_2(s-x)\mathrm{d}x$$

$$=\frac{1}{\mathrm{j}2\pi}\int_{\sigma-\mathrm{j}\infty}^{\sigma+\mathrm{j}\infty}F_1(x)\left[\int_0^\infty f_2(t)\mathrm{e}^{-st}\mathrm{e}^{xt}\,\mathrm{d}t\right]\mathrm{d}x$$

$$=\int_0^\infty f_2(t)\mathrm{e}^{-st}\left[\frac{1}{\mathrm{j}2\pi}\int_{\sigma-\mathrm{j}\infty}^{\sigma+\mathrm{j}\infty}F_1(x)\mathrm{e}^{xt}\,\mathrm{d}x\right]\mathrm{d}t$$

$$=\int_0^\infty f_1(t)f_2(t)\mathrm{e}^{-st}\,\mathrm{d}t$$

$$=\mathscr{L}\{f_1(t)f_2(t)\}$$

表 4-2 列出了拉氏变换的性质与定理。

表 4-2　拉氏变换性质(定理)

序号	名　称	时　域	复 频 域
1	线性	$af_1(t)+bf_2(t)$	$aF_1(s)+bF_2(s)$
2	延时	$f(t-t_0)u(t-t_0)$	$F(s)e^{-t_0 s}$
3	尺度	$f(at)$	$\frac{1}{a}F\left(\frac{s}{a}\right)$
4	s 域平移	$f(t)e^{s_0 t}$	$F(s-s_0)$
5	时域微分	$\frac{df(t)}{dt}$	$sF(s)-f(0)$ 或 $sF(s)-f(0_-)$
		$\frac{d^n f(t)}{dt^n}$	$s^n F(s)-\sum_{r=0}^{n-1}s^{n-r-1}f^{(r)}(0)$ 或 $s^n F(s)-\sum_{r=0}^{n-1}s^{n-r-1}f^{(r)}(0_-)$
6	时域积分	$\int_{-\infty}^{t}f(\tau)d\tau$	$\frac{f^{-1}(0)}{s}+\frac{F(s)}{s}$ 或 $\frac{f^{-1}(0_-)}{s}+\frac{F(s)}{s}$
7	复频域微分	$tf(t)$	$-\frac{dF(s)}{ds}$
		$t^n f(t)$	$(-1)^n\frac{d^n F(s)}{ds^n}$
8	复频域积分	$\frac{1}{t}f(t)$	$\int_s^{\infty}F(s_1)ds_1$
9	初值	$f(0_+)$	$\lim_{t\to 0_+}f(t)=\lim_{s\to\infty}sF(s)$
10	终值	$f(\infty)$	$\lim_{t\to\infty}f(t)=\lim_{s\to 0}sF(s)$
11	时域卷积	$f_1(t)*f_2(t)$	$F_1(s)F_2(s)$
12	复频域卷积	$f_1(t)f_2(t)$	$\frac{1}{j2\pi}F_1(s)*F_2(s)$

4.3　拉普拉斯反变换

拉普拉斯反(逆)变换是将像函数 $F(s)$ 变换为原函数 $f(t)$ 的运算，即

$$f(t)=\mathscr{L}^{-1}\{F(s)\}=\frac{1}{j2\pi}\int_{\sigma-j\infty}^{\sigma+j\infty}F(s)e^{st}ds$$

这个公式的被积函数是一个复变函数，其积分是沿着收敛区内的直线 $\sigma-j\infty\to\sigma+j\infty$ 进行的。这个积分可以用复变函数积分计算。但一般情况下计算函数比计算积分更容易，因此可以利用复变函数理论中的围线积分和留数定理求反变换。但当像函数为有理函数时，更简便的是代数方法，这种方法就是部分分式展开法，简称为“部分分式法”。本书只讨论拉氏反(逆)变换的部分分式法。

$F(s)$ 为 s 的有理函数时，一般形式可表示为

$$F(s)=\frac{B(s)}{A(s)}=\frac{b_m s^m+b_{m-1}s^{m-1}+\cdots+b_1 s+b_0}{s^n+a_{n-1}s^{n-1}+\cdots+a_1 s+a_0} \tag{4.3-1}$$

式中，a_i、b_i 为实常数，n、m 为正整数。

部分分式法的实质是利用拉氏变换的线性特性，先将 $F(s)$分解为若干如表 4-1 所示的简单函数之和，再分别对这些简单像函数求原函数。

将分母多项式表示为便于分解的形式

$$A(s)=(s-p_1)(s-p_2)\cdots(s-p_n) \tag{4.3-2}$$

式中，p_1，p_2，…，p_n 是 $A(s)=0$ 方程式的根，也称 $F(s)$的极点。

同样，分子多项式也可以表示为

$$B(s)=b_m(s-z_1)(s-z_2)\cdots(s-z_m) \tag{4.3-3}$$

式中，z_1，z_2，…，z_m 是 $B(s)=0$ 方程式的根，也称 $F(s)$的零点。

p_1，p_2，…，p_n 既可以是各不相同的单极点，也可能出现有相同的极点即有重极点；分母多项式的阶次一般高于分子多项式($m<n$)，但也有可能 $m\geqslant n$。下面分几种具体情况讨论 $F(s)$分解的不同形式。

4.3.1 $m<n$，$F(s)$均为单极点时的部分分式展开法

$$F(s)=\frac{B(s)}{(s-p_1)(s-p_2)\cdots(s-p_n)} \tag{4.3-4}$$

式中，p_1，p_2，…，p_n 为单极点，$F(s)$可分解为

$$F(s)=\frac{A_1}{s-p_1}+\frac{A_2}{s-p_2}+\cdots+\frac{A_n}{s-p_n}=\sum_{i=1}^{n}\frac{A_i}{s-p_i} \tag{4.3-5}$$

则

$$f(t)=A_1\mathrm{e}^{p_1 t}+A_2\mathrm{e}^{p_2 t}+\cdots+A_n\mathrm{e}^{p_n t}=\sum_{i=1}^{n}A_i\mathrm{e}^{p_i t}\quad t>0 \tag{4.3-6}$$

式(4.3-6)正是 $F(s)$的原函数，现在的任务就是要快速、准确地确定系数 A_1，A_2，…，A_n。在式(4.3-5)两边乘以$(s-p_1)$，则

$$\begin{aligned}(s-p_1)F(s)&=(s-p_1)\left(\frac{A_1}{s-p_1}+\frac{A_2}{s-p_2}+\cdots+\frac{A_n}{s-p_n}\right)\\&=A_1+(s-p_1)\frac{A_2}{s-p_2}+\cdots+(s-p_1)\frac{A_n}{s-p_n}\end{aligned} \tag{4.3-7}$$

再令 $s=p_1$，则式(4.3-7)右边除 A_1 外，其余各项均为零，由此得到第一个系数

$$A_1=(s-p_1)F(s)\big|_{s=p_1} \tag{4.3-8}$$

同样，在式(4.3-5)两边同乘$(s-p_2)$，然后令 $s=p_2$ 可得第二个系数

$$A_2=(s-p_2)F(s)\big|_{s=p_2} \tag{4.3-9}$$

以此类推，任一极点 p_i 对应的系数为

$$A_i=(s-p_i)F(s)\big|_{s=p_i} \tag{4.3-10}$$

例 4.3-1 已知像函数 $F(s)=\dfrac{10s^2+70s+100}{s^3+4s^2+3s}$，求原函数 $f(t)$。

解

$$F(s)=\frac{10(s+2)(s+5)}{s(s+1)(s+3)}=\frac{A_1}{s}+\frac{A_2}{s+1}+\frac{A_3}{s+3}$$

$$A_1 = sF(s)\big|_{s=0} = \frac{10\times 2\times 5}{1\times 3} = \frac{100}{3}$$

$$A_2 = (s+1)F(s)\big|_{s=-1} = \left.\frac{10(s+2)(s+5)}{s(s+3)}\right|_{s=-1}$$

$$= \frac{10(-1+2)(-1+5)}{-(-1+3)} = -20$$

$$A_3 = (s+3)F(s)\big|_{s=-3} = \left.\frac{10(s+2)(s+5)}{s(s+1)}\right|_{s=-3}$$

$$= \frac{10(-3+2)(-3+5)}{-3(-3+1)} = -\frac{10}{3}$$

$$f(t) = \left(\frac{100}{3} - 20e^{-t} - \frac{10}{3}e^{-3t}\right)u(t)$$

4.3.2 $m\geqslant n$，$F(s)$均为单极点时的部分分式展开法

当$m\geqslant n$时，利用长除法将分子多项式的高次项提出，对余下的真分式($m'<n$)部分处理同上。对提取的s^r部分($0\leqslant r\leqslant m-m'$)，利用微分性质：

$$\left.\begin{aligned} 1 &\leftrightarrow \delta(t) \\ s &\leftrightarrow \delta'(t) \\ s^2 &\leftrightarrow \delta''(t) \\ &\vdots \end{aligned}\right\} \tag{4.3-11}$$

例 4.3-2 已知像函数$F(s)=\dfrac{s^3+5s^2+9s+7}{s^2+3s+2}$，求原函数$f(t)$。

解

$$F(s) = s+2+F_1(s) = s+2+\frac{s+3}{(s+1)(s+2)}$$

$$= s+2+\frac{A_1}{s+1}+\frac{A_2}{s+2}$$

$$A_1 = (s+1)F_1(s)\big|_{s=-1} = \frac{-1+3}{-1+2} = 2$$

$$A_2 = (s+2)F_1(s)\big|_{s=-2} = \frac{-2+3}{-2+1} = -1$$

$$f(t) = \delta'(t) + 2\delta(t) + (2e^{-t} - e^{-2t})u(t)$$

例 4.3-3 已知像函数$F(s)=\dfrac{s}{s^2+2s+5}$，求原函数$f(t)$。

解 一般共轭复根可配成二次项的平方作为整体考虑，而不是分为两个单根。

$$F(s) = \frac{s}{s^2+2s+5} = \frac{s}{(s+1)^2+4} = \frac{(s+1)-1}{(s+1)^2+2^2}$$

$$= \frac{s+1}{(s+1)^2+2^2} - \frac{2\cdot 1/2}{(s+1)^2+2^2}$$

$$f(t) = e^{-t}\left(\cos 2t - \frac{1}{2}\sin 2t\right)u(t)$$

4.3.3 $m<n$，$F(s)$有重极点时的部分分式展开法

设

$$F(s)=\frac{B(s)}{A(s)}=\frac{B(s)}{(s-p_1)^k D(s)} \tag{4.3-12}$$

其中，$s=p_1$ 是 $F(s)$的 k 阶极点，由 $F(s)$可展开为

$$F(s)=\frac{A_{11}}{(s-p_1)^k}+\frac{A_{12}}{(s-p_1)^{k-1}}+\cdots+\frac{A_{1k}}{s-p_1}+\frac{E(s)}{D(s)} \tag{4.3-13}$$

式中，$\frac{E(s)}{D(s)}$是展开式中与极点 p_1 无关的部分。

面对式(4.3-13)，现在的任务是如何确定系数 A_{11}，…，A_{1k}。与前面求系数的方法相同，先在等式两边同乘$(s-p_1)^k$，有

$$(s-p_1)^k F(s)=A_{11}+A_{12}(s-p_1)+\cdots+A_{1k}(s-p_1)^{k-1}+(s-p_1)^k\frac{E(s)}{D(s)} \tag{4.3-14}$$

当 $s=p_1$ 时，右边只剩 A_{11}项，其余各项为零。所以

$$A_{11}=(s-p_1)^k F(s)\big|_{s=p_1} \tag{4.3-15}$$

其余各项系数是否能如法炮制。例如为求 A_{12}，在式(4.3-13)两边同乘$(s-p_1)^{k-1}$，得到

$$(s-p_1)^{k-1}F(s)=\frac{A_{11}}{s-p_1}+A_{12}+\cdots+A_{1k}(s-p_1)^{k-2}+(s-p_1)^{k-1}\frac{E(s)}{D(s)}$$

当 $s\to p_1$ 时，上式右边第一项$\frac{A_{11}}{s-p_1}\to\infty$，所以剩下的 $k-1$ 个系数不能再用此法。为了求解剩下的 $k-1$ 个系数，引入函数

$$\begin{aligned}F_1(s)&=(s-p_1)^k F(s)\\&=A_{11}+A_{12}(s-p_1)+\cdots+A_{1k}(s-p_1)^{k-1}+(s-p_1)^k\frac{E(s)}{D(s)}\end{aligned} \tag{4.3-16}$$

对式(4.3-16)两边求导

$$\frac{\mathrm{d}F_1(s)}{\mathrm{d}s}=A_{12}+2A_{13}(s-p_1)+\cdots+(k-1)A_{1k}(s-p_1)^{k-2}+\left[(s-p_1)^k\frac{E(s)}{D(s)}\right]' \tag{4.3-17}$$

令式(4.3-17)的 $s=p_1$，右边除了第一项外，其余各项均为 0，所以，

$$A_{12}=\frac{\mathrm{d}}{\mathrm{d}s}F_1(s)\bigg|_{s=p_1} \tag{4.3-18}$$

同理对式(4.3-17)再求导，可得

$$\frac{\mathrm{d}}{\mathrm{d}s}\left[\frac{\mathrm{d}F_1(s)}{\mathrm{d}s}\right]=2A_{13}+\cdots+(k-1)(k-2)A_{1k}(s-p_1)^{k-3}+\left[(s-p_1)^k\frac{E(s)}{D(s)}\right]'' \tag{4.3-19}$$

再令式(4.3-19)的 $s=p_1$，并解得

$$A_{13}=\frac{1}{2}\cdot\frac{\mathrm{d}^2F_1(s)}{\mathrm{d}s^2}\bigg|_{s=p_1} \tag{4.3-20}$$

类推重极点展开式一般项系数

$$A_{1i}=\frac{1}{(i-1)!}\cdot\frac{\mathrm{d}^{i-1}F_1(s)}{\mathrm{d}s^{i-1}}\bigg|_{s=p_1}\tag{4.3-21}$$

对剩下的$\dfrac{E(s)}{D(s)}$中若均为单极点，用前面单极点的处理方法展开，如还有重极点可用上面的方法处理。重极点反变换式中一般项为

$$\mathscr{L}^{-1}\left\{\frac{A}{(s-p_1)^k}\right\}=\frac{A}{(k-1)!}t^{k-1}\mathrm{e}^{p_1 t}\tag{4.3-22}$$

所以最后

$$\mathscr{L}^{-1}\{F(s)\}=\left[\frac{A_{11}}{(k-1)!}t^{k-1}+\frac{A_{12}}{(k-2)!}t^{k-2}+\cdots+A_{1(k-1)}t+A_{1k}\right]\mathrm{e}^{p_1 t}u(t)+\mathscr{L}^{-1}\left\{\frac{E(s)}{D(s)}\right\}$$

例 4.3-4　已知 $F(s)=\dfrac{s-2}{s^4+3s^3+3s^2+s}$，求原函数 $f(t)$。

解

$$F(s)=\frac{s-2}{s(s+1)^3}=\frac{A_{11}}{(s+1)^3}+\frac{A_{12}}{(s+1)^2}+\frac{A_{13}}{s+1}+\frac{A_4}{s}$$

$$A_{11}=(s+1)^3F(s)\big|_{s=-1}=\frac{s-2}{2}\bigg|_{s=-1}=3$$

$$A_{12}=\frac{\mathrm{d}}{\mathrm{d}s}[(s+1)^3F(s)]\big|_{s=-1}=\frac{\mathrm{d}}{\mathrm{d}s}F_1(s)\bigg|_{s=-1}=\frac{\mathrm{d}}{\mathrm{d}s}\left(\frac{s-2}{s}\right)\bigg|_{s=-1}$$

$$=\frac{s-(s-2)}{s^2}\bigg|_{s=-1}=2$$

$$A_{13}=\frac{1}{2}\frac{\mathrm{d}}{\mathrm{d}s}\left(\frac{2}{s^2}\right)\bigg|_{s=-1}=\frac{-2s}{s^4}\bigg|_{s=-1}=2$$

$$A_4=sF(s)\big|_{s=0}=-2$$

$$F(s)=\frac{s-2}{s(s+1)^3}=\frac{3}{(s+1)^3}+\frac{2}{(s+1)^2}+\frac{2}{s+1}-\frac{2}{s}$$

$$f(t)=\left[\left(\frac{3}{2}t^2+2t+2\right)\mathrm{e}^{-t}-2\right]u(t)$$

4.4　LTI 系统的拉普拉斯变换分析法

4.4.1　用拉普拉斯变换求解线性微分方程

用拉氏变换求解线性微分方程，可以把对时域求解微分方程的过程，转变为在复频域中求解代数方程的过程，再经拉氏反变换得到方程的时域解。下面以二阶常系数线性微分方程为例讨论用拉氏变换求解线性微分方程的一般方法，高阶微分方程求解方法类推。二阶常系数线性微分方程的一般形式为

$$\frac{\mathrm{d}^2}{\mathrm{d}t^2}y(t)+a_1\frac{\mathrm{d}}{\mathrm{d}t}y(t)+a_0y(t)=b_2\frac{\mathrm{d}^2}{\mathrm{d}t^2}f(t)+b_1\frac{\mathrm{d}}{\mathrm{d}t}f(t)+b_0f(t)\tag{4.4-1}$$

设 $f(t)$是因果激励，又已知零输入初始条件 $y(0)$、$y'(0)$，可利用拉氏变换求解式

(4.4－1)。对式(4.4－1)等式两边取拉氏变换，利用单边拉氏变换的微分性，得到

$$s^2Y(s)-sy(0)-y'(0)+a_1[sY(s)-y(0)]+a_0Y(s)$$
$$=b_2s^2F(s)+b_1sF(s)+b_0F(s)$$

整理上式为

$$(s^2+a_1s+a_0)Y(s)=(b_2s^2+b_1s+b_0)F(s)+sy(0)+y'(0)+a_0y(0)$$

$$Y(s)=\frac{b_2s^2+b_1s+b_0}{s^2+a_1s+a_0}F(s)+\frac{sy(0)+y'(0)+a_1y(0)}{s^2+a_1s+a_0} \tag{4.4-2}$$

1. 零状态响应

零状态响应是仅由激励引起的响应。当 $f(t)$是因果激励时，系统零输入初始条件为零($y(0)=y'(0)=0$)，则式(4.4－2)为

$$Y_{zs}(s)=\frac{b_2s^2+b_1s+b_0}{s^2+a_1s+a_0}F(s) \tag{4.4-3}$$

由式(4.4－3)得零状态响应为

$$y_{zs}(t)=\mathscr{L}^{-1}[Y_{zs}(s)] \tag{4.4-4}$$

例 4.4－1 已知$\frac{d^2}{dt^2}y(t)+3\frac{d}{dt}y(t)+2y(t)+2e^{-t}=0$，$y(0)=0$，$y'(0)=0$，求 $y(t)$。

解 因为 $y(0)=y'(0)=0$，所以是零状态响应。对方程两边取单边 $\mathscr{L}$有

$$s^2Y(s)+3sY(s)+2Y(s)+\frac{2}{s+1}=0$$

整理

$$(s^2+3s+2)Y(s)=-\frac{2}{s+1}$$

$$Y(s)=-\frac{2}{(s+1)(s^2+3s+2)}=\frac{A_{11}}{(s+1)^2}+\frac{A_{12}}{s+1}+\frac{A_3}{s+2}$$

$$A_{11}=\left.\frac{-2}{s+2}\right|_{s=-1}=-2,\ A_{12}=\left.\frac{d}{ds}\left(\frac{-2}{s+2}\right)\right|_{s=-1}=2$$

$$A_3=\left.\frac{-2}{(s+1)^2}\right|_{s=-2}=-2$$

$$Y(s)=\frac{-2}{(s+1)^2}+\frac{2}{s+1}-\frac{2}{s+2}$$

$$y_{zs}(t)=\mathscr{L}^{-1}\{Y(s)\}=[(2-2t)e^{-t}-2e^{-2t}]u(t)$$

2. 零输入响应

零输入响应是仅由系统初始储能引起的响应，由零输入初始条件 $y(0)$、$y'(0)$确定。此时激励 $f(t)=0$，式(4.4－2)变为

$$Y_{zi}(s)=\frac{sy(0)+y'(0)+a_1y(0)}{s^2+a_1s+a_0} \tag{4.4-5}$$

$$y_{zi}(t)=\mathscr{L}^{-1}[Y_{zi}(s)] \tag{4.4-6}$$

例 4.4－2 已知$\frac{d^2}{dt^2}y(t)+3\frac{d}{dt}y(t)+2y(t)=0$，零输入初始条件 $y(0)=1$，$y'(0)=2$，求 $y(t)$。

解 因为 $f(t)=0$ 是零输入响应，对方程两边取单边 $\mathscr{L}$ 有

$$s^2Y(s)-sy(0)-y'(0)+3[sY(s)-y(0)]+2Y(s)=0$$

代入 $y(0)$、$y'(0)$值，并整理

$$(s^2+3s+2)Y(s)-s-2-3=0$$

$$(s^2+3s+2)Y(s)=s+5$$

$$Y(s)=\frac{s+5}{s^2+3s+2}=\frac{A_1}{s+1}+\frac{A_2}{s+2}$$

$$A_1=\left.\frac{s+5}{s+2}\right|_{s=-1}=4,\ A_2=\left.\frac{s+5}{(s+1)}\right|_{s=-2}=-3$$

$$Y(s)=\frac{4}{s+1}-\frac{3}{s+2}$$

$$y_{zi}(t)=\mathscr{L}^{-1}\{Y(s)\}=[4e^{-t}-3e^{-2t}]u(t)$$

3. 全响应

利用拉氏变换，实际上不需要分别求零状态响应与零输入响应，因零输入初始条件 $y(0)$，$y'(0)$已“自动”引入，所以可直接求解微分方程的全响应。式(4.4-2)即为全响应的拉氏变换，所以

$$\begin{aligned}y(t)&=y_{zi}(t)+y_{zs}(t)\\&=\mathscr{L}^{-1}\Big[\underbrace{\frac{b_2s^2+b_1s+b_0}{s^2+a_1s+a_0}F(s)}_{Y_{zs}(s)}+\underbrace{\frac{sy(0)+y'(0)+a_1y(0)}{s^2+a_1s+a_0}}_{Y_{zi}(s)}\Big]\end{aligned}\tag{4.4-7}$$

例 4.4-3 已知 $\frac{d^2}{dt^2}y(t)+3\frac{d}{dt}y(t)+2y(t)+2e^{-t}=0$，零输入初始条件 $y(0)=1$，$y'(0)=2$，求 $y(t)$。

解 对方程两边取单边 $\mathscr{L}$，

$$s^2Y(s)-sy(0)-y'(0)+3[sY(s)-y(0)]+2Y(s)+\frac{2}{s+1}=0$$

代入 $y(0)$、$y'(0)$值，并整理

$$(s^2+3s+2)Y(s)-s-2-3+\frac{2}{s+1}=0$$

$$(s^2+3s+2)Y(s)=s+5-\frac{2}{s+1}$$

$$Y(s)=\frac{s^2+6s+3}{(s+1)^2(s+2)}=\frac{A_{11}}{(s+1)^2}+\frac{A_{12}}{s+1}+\frac{A_3}{s+2}$$

$$A_{11}=\left.\frac{s^2+6s+3}{s+2}\right|_{s=-1}=-2,\ A_{12}=\left.\frac{d}{ds}\left(\frac{s^2+6s+3}{s+2}\right)\right|_{s=-1}=6$$

$$A_3=\left.\frac{s^2+6s+3}{(s+1)^2}\right|_{s=-2}=-5$$

$$Y(s)=\frac{-2}{(s+1)^2}+\frac{6}{s+1}-\frac{5}{s+2}$$

$$y(t)=\mathscr{L}^{-1}\{Y(s)\}=[(6-2t)\mathrm{e}^{-t}-5\mathrm{e}^{-2t}]u(t)$$

由解此题过程可见：

(1) 时域中的微分方程求解，在复频域中为代数方程求解 $Y(s)$。

(2) 零输入响应初始条件 $y(0)$、$y'(0)$在变换中自动引入，其解为微分方程的完全解。

具体步骤：

(1) 由具体电路列出微积分方程(组)。

(2) 对微积分方程(组)取拉氏变换。

(3) 用代数方法解出 $Y(s)$或$\{Y_i(s)\}$。

(4) 求出 $y(t)=\mathscr{L}^{-1}\{Y(s)\}$。

例 4.4-4 已知

$$\begin{cases}\dfrac{\mathrm{d}y_1(t)}{\mathrm{d}t}+2y_1(t)-y_2(t)=f(t)\\[2ex]-y_1(t)+\dfrac{\mathrm{d}y_2(t)}{\mathrm{d}t}+2y_2(t)=0\end{cases}$$

且 $f(t)=1$，$y_1(0)=2$，$y_2(0)=1$，求响应 $y_1(t)$、$y_2(t)$。

解 对方程两边取单边拉氏变换，

$$\begin{cases}sY_1(s)-y_1(0)+2Y_1(s)-Y_2(s)=\dfrac{1}{s}\\[2ex]-Y_1(s)+sY_2(s)-y_2(0)+2Y_2(s)=0\end{cases}$$

代参数并整理

$$\begin{cases}(s+2)Y_1(s)-Y_2(s)=2+\dfrac{1}{s}\\[2ex]-Y_1(s)+(s+2)Y_2(s)=1\end{cases}$$

$$Y_1(s)=\frac{\begin{vmatrix}2+1/s & -1\\ 1 & s+2\end{vmatrix}}{\begin{vmatrix}2+s & -1\\ -1 & s+2\end{vmatrix}}=\frac{2s+6+2/s}{(s+2)^2-1}=\frac{2s^2+6s+2}{s(s^2+4s+3)}$$

$$=\frac{A_1}{s}+\frac{A_2}{s+1}+\frac{A_3}{s+3}$$

$$A_1=\left.\frac{2s^2+6s+2}{s^2+4s+3}\right|_{s=0}=\frac{2}{3}$$

$$A_2=\left.\frac{2s^2+6s+2}{s(s+3)}\right|_{s=-1}=1$$

$$A_3=\left.\frac{2s^2+6s+2}{s(s+1)}\right|_{s=-3}=\frac{1}{3}$$

所以

$$y_1(t)=\left(\frac{2}{3}+\mathrm{e}^{-t}+\frac{1}{3}\mathrm{e}^{-3t}\right)u(t)$$

$$Y_2(s)=\frac{\begin{vmatrix}2+s & 2+1/s\\ -1 & 1\end{vmatrix}}{\begin{vmatrix}2+s & -1\\ -1 & s+2\end{vmatrix}}=\frac{s+2+2+1/s}{(s+2)^2-1}=\frac{s^2+4s+1}{s(s^2+4s+3)}$$

$$=\frac{1}{3}\cdot\frac{1}{s}+\frac{1}{s+1}-\frac{1}{3}\frac{1}{s+3}$$

$$y_2(t)=\left(\frac{1}{3}+\mathrm{e}^{-t}-\frac{1}{3}\mathrm{e}^{-3t}\right)u(t)$$

或

$$y_2(t)=\frac{\mathrm{d}y_1(t)}{\mathrm{d}t}+2y_1(t)-u(t)$$

$$=(-\mathrm{e}^{-t}-\mathrm{e}^{-3t})u(t)+2\left(\frac{2}{3}+\mathrm{e}^{-t}+\frac{1}{3}\mathrm{e}^{-3t}\right)u(t)-u(t)$$

$$=\left(\frac{1}{3}+\mathrm{e}^{-t}-\frac{1}{3}\mathrm{e}^{-3t}\right)u(t)$$

4.4.2 s 域的网络模型——运算电路法

根据元件上的电压、电流关系列写电路系统的微、积分方程，然后对方程取拉氏变换的方法，在分析电路响应时有许多优点，但是对比较复杂的网络(多网孔、节点)，以及对初始条件的处理(需要标准化或等效)还有许多不便之处，我们可以用类似频域电路的方法，简化获得网络拉氏变换方程的过程，并且可以将 n 阶系统的初始状态 $\{x_k(0_-)\}$(其中 $k=1, 2, \cdots, n$)直接引入，充分体现拉氏变换的优越性，这种方法称为 s 域网络(电路)模型法或运算电路法。

1. 元件的 s 域模型

首先讨论无初始条件电阻、电感、电容的 s 域模型。此时 R、L、C 元件的时域电压电流关系为

$$\begin{cases}v_{\mathrm{R}}(t)=R\cdot i_{\mathrm{R}}(t)\\ v_{\mathrm{L}}(t)=L\cdot\dfrac{\mathrm{d}i_{\mathrm{L}}(t)}{\mathrm{d}t}\\ v_{\mathrm{C}}(t)=\dfrac{1}{C}\displaystyle\int_0^t i_{\mathrm{C}}(\tau)\mathrm{d}\tau\end{cases}\tag{4.4-8}$$

对上式进行拉氏变换，得到

$$\begin{cases}V_{\mathrm{R}}(s)=R\cdot I_{\mathrm{R}}(s)\\ V_{\mathrm{L}}(s)=Ls\cdot I_{\mathrm{L}}(s)\\ V_{\mathrm{C}}(s)=\dfrac{1}{Cs}\cdot I_{\mathrm{C}}(s)\end{cases}\tag{4.4-9}$$

由上式可见，如果认为 R、Ls、$1/Cs$ 是复频域阻抗，则 s 域的电压电流关系满足复频域(广义)的欧姆定律。这样就可以将原来的微、积分运算关系变为代数运算关系。式(4.4-9)所表示的电压电流关系可以用如图 4.4-1 所示的 s 域网络模型表示。

再考虑电感、电容具有初始条件的 s 域模型，此时 L、C 时域模型如图 4.4-2 所示，其电压电流关系为

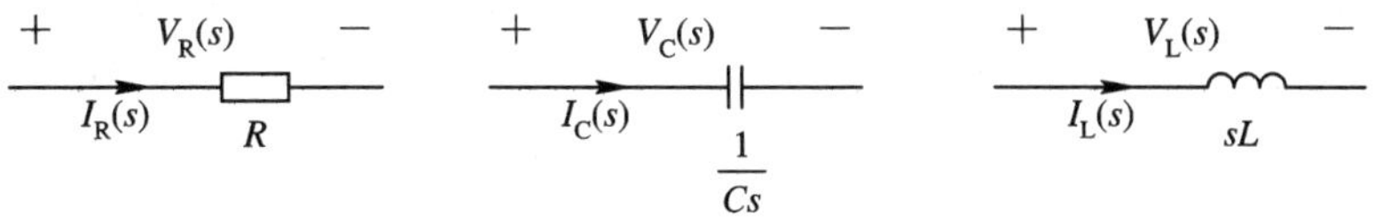

图 4.4-1　无初始条件元件的 s 域网络模型

$$
\begin{cases}
v_{\mathrm{L}}(t) = L \cdot \dfrac{\mathrm{d}i_{\mathrm{L}}(t)}{\mathrm{d}t} \\
v_{\mathrm{C}}(t) = \dfrac{1}{C}\displaystyle\int_{-\infty}^{t} i_{\mathrm{C}}(\tau)\mathrm{d}\tau
\end{cases}
\tag{4.4-10}
$$

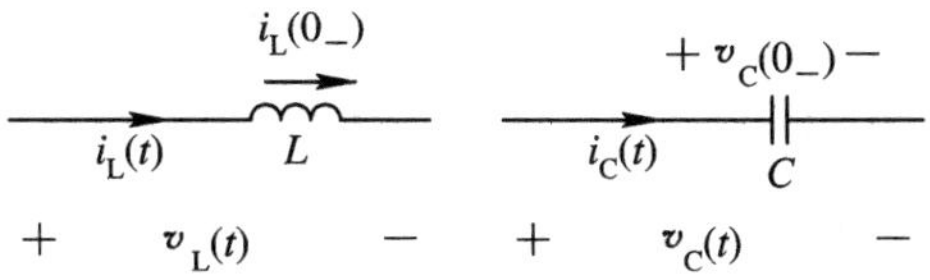

图 4.4-2　有初始条件元件的时域模型

分别对式(4.4-10)进行拉氏变换，得到

$$
\begin{cases}
V_{\mathrm{L}}(s) = Ls \cdot I_{\mathrm{L}}(s) - Li_{\mathrm{L}}(0_-) \\
V_{\mathrm{C}}(s) = \dfrac{1}{Cs}I_{\mathrm{C}}(s) + \dfrac{v_{\mathrm{C}}(0_-)}{s}
\end{cases}
\tag{4.4-11}
$$

上式所表示的电压电流关系，可以用如图 4.4-3 所示的 s 域网络模型表示。

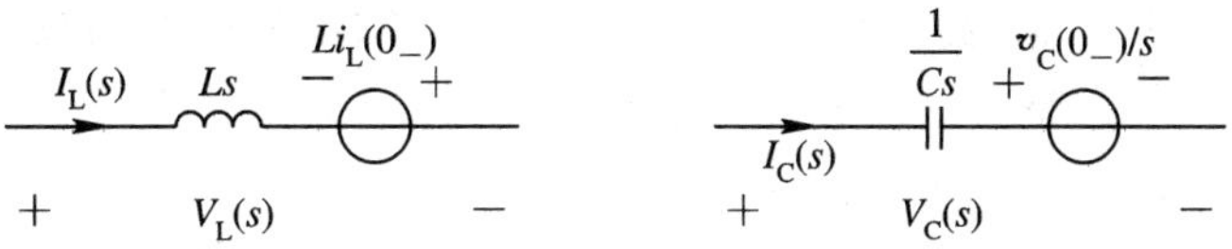

图 4.4-3　有初始条件元件的 s 域网络模型

由式(4.4-11)还可解出：

$$
\begin{cases}
I_{\mathrm{L}}(s) = \dfrac{1}{sL}V_{\mathrm{L}}(s) + \dfrac{i_{\mathrm{L}}(0_-)}{s} \\
I_{\mathrm{C}}(s) = CsV_{\mathrm{C}}(s) - Cv_{\mathrm{C}}(0_-)
\end{cases}
$$

所对应的 s 域网络模型如图 4.4-4 所示。

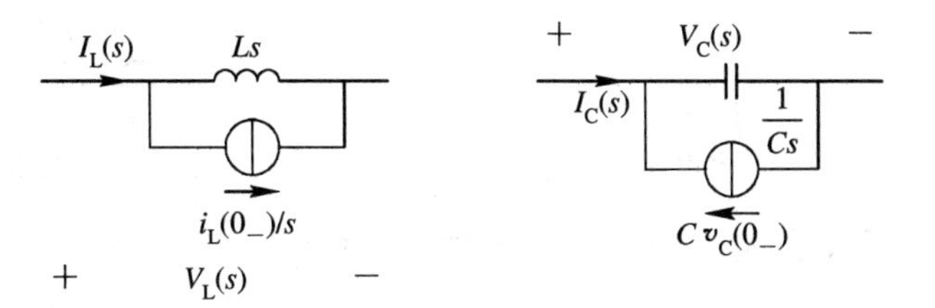

图 4.4-4　有初始条件元件的 s 域网络模型另一种形式

2. 网络 s 域等效模型及其响应求解

将网络中激励、响应以及所有元件分别用 s 域等效模型表示后，得到网络 s 域等效模

型（运算电路）。利用网络的 s 域等效模型，可以用类似求解直流电路的方法在 s 域求解响应，最后再经反变换得到所需的时域结果。举例说明用 s 域等效模型求解系统响应的方法。

例 4.4－5 电路如图 4.4－5 所示，激励为 $e(t)$，响应为 $i(t)$，求 s 域等效模型及响应的 s 域方程。

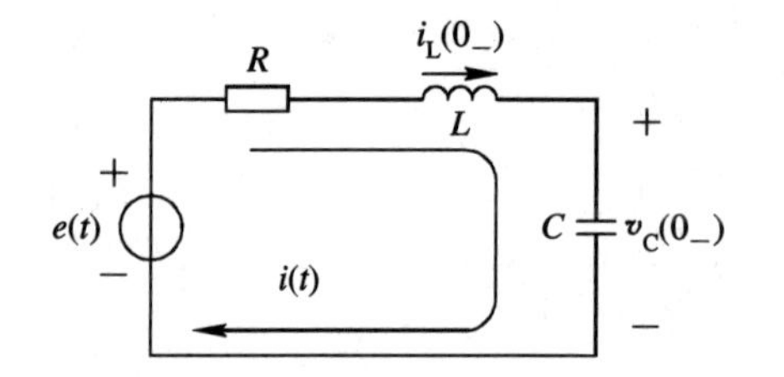

图 4.4－5 例 4.4－5 电路系统

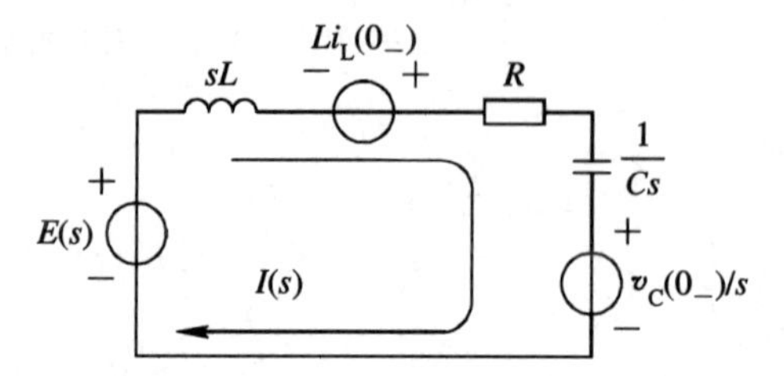

图 4.4－6 例 4.4－5 电路的 s 域网络模型

解 s 域等效模型(运算等效电路)如图 4.4－6 所示，列回路 KVL 方程：

$$\left(Ls+R+\frac{1}{Cs}\right)I(s)=E(s)+Li_{\mathrm{L}}(0_-)-\frac{v_{\mathrm{C}}(0_-)}{s}$$

解出

$$I(s)=\frac{E(s)+Li_{\mathrm{L}}(0_-)-v_{\mathrm{C}}(0_-)/s}{Ls+R+1/Cs}=\frac{E(s)+Li_{\mathrm{L}}(0_-)-v_{\mathrm{C}}(0_-)/s}{Z(s)}$$

其中，$Z(s)=Ls+R+\dfrac{1}{Cs}$为 s 域等效阻抗。

由上例可见，应用广义电路定律，列 s 域电路方程求解响应像函数与直流电路求解方法类似，计算简便。尤其是与用微分方程求解相比，初始状态可以等效为电源直接引入 s 域电路，从而不再需要初始条件标准化。

例 4.4－6 已知电路如图 4.4－7 所示，求 $i_{\mathrm{zi}}(t)$。其中：$R_1=0.2\ \Omega$，$R_2=1\ \Omega$，$C=1\ \mathrm{F}$，$L=0.5\ \mathrm{H}$；$v_{\mathrm{C}}(0_-)=-0.2\ \mathrm{V}$，$i_{\mathrm{L}}(0_-)=-1\ \mathrm{A}$。

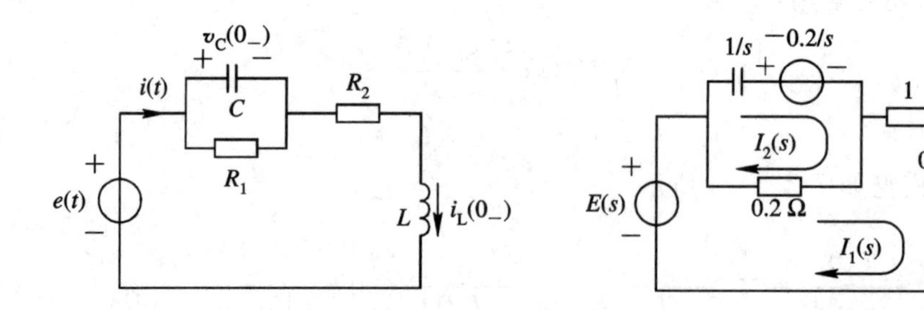

图 4.4－7 例 4.4－6 电路系统　　图 4.4－8 例 4.4－6 电路的 s 域网络模型

解 s 域等效模型如图 4.4－8 所示，列网孔方程式：

$$\begin{cases}(1.2+0.5s)I_1(s)-0.2I_2(s)=-\dfrac{1}{2}\\[2mm]-0.2I_1(s)+\left(0.2+\dfrac{1}{s}\right)I_2(s)=\dfrac{0.2}{s}\end{cases}$$

由行列式求解 $I_1(s)$为

$$I_1(s)=I(s)=\frac{\begin{vmatrix}-0.5 & -0.2\\ 0.2/s & 0.2+1/s\end{vmatrix}}{\begin{vmatrix}0.5s+1.2 & -0.2\\ -0.2 & 0.2+1/s\end{vmatrix}}$$

$$=\frac{-(0.5/s)-0.1+0.04/s}{0.5+(1.2/s)+0.1s+0.24-0.04}$$

$$=\frac{-0.1-0.46/s}{(1.2/s)+0.1s+0.7}$$

$$=\frac{-s-4.6}{s^2+7s+12}=\frac{A_1}{s+3}+\frac{A_2}{s+4}$$

$$A_1=\left.\frac{-s-4.6}{s+4}\right|_{s=-3}=-1.6$$

$$A_2=\left.\frac{-s-4.6}{s+3}\right|_{s=-4}=0.6$$

当激励为零时 $i_{zi}(t)$等于此时的 $i_1(t)$，所以

$$i_{zi}(t)=(0.6e^{-4t}-1.6e^{-3t})u(t)$$

例 4.4－7 电路如图 4.4－9 所示，已知 $e(t)=10\ \text{V}$；$v_C(0_-)=5\ \text{V}$，$i_L(0_-)=4\ \text{A}$，求 $i_1(t)$。

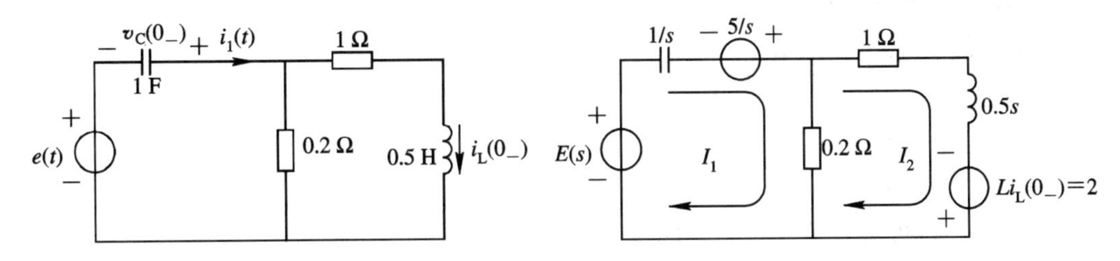

图 4.4－9　例 4.4－7 电路　　　　图 4.4－10　例 4.4－7 电路的 s 域网络模型

解　例 4.4－7 电路的 s 域等效模型如图 4.4－10 所示，列网孔 KVL 方程：

$$\begin{cases}\left(0.2+\dfrac{1}{s}\right)I_1(s)-0.2I_2(s)=E(s)+\dfrac{5}{s}=\dfrac{15}{s}\\ -0.2I_1(s)+(0.5s+1.2)I_2(s)=2\end{cases}$$

$$I_1(s)=\frac{\begin{vmatrix}15/s & -0.2\\ 2 & 0.5s+1.2\end{vmatrix}}{\begin{vmatrix}0.2+1/s & -0.2\\ -0.2 & 0.5s+1.2\end{vmatrix}}=\frac{79s+180}{s^2+7s+12}=\frac{A_1}{s+3}+\frac{A_2}{s+4}$$

$$A_1=\left.\frac{79s+180}{s+4}\right|_{s=-3}=-57$$

$$A_2=\left.\frac{79s+180}{s+3}\right|_{s=-4}=136$$

$$i_1(t) = (-57e^{-3t} + 136e^{-4t})u(t)$$

若要求计算零状态、零输入响应，可以先分别绘出与输入及初始状态有关的 s 域等效模型如图 4.4-11(a)、(b)所示，再列出各自 KVL 方程，具体求解留给读者完成。

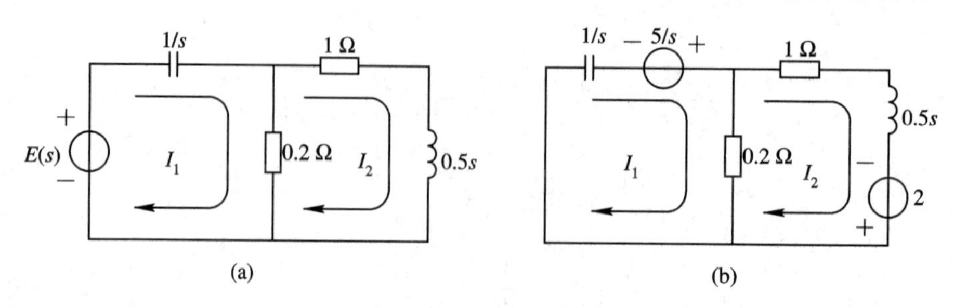

图 4.4-11　例 4.4-7 电路零状态、零输入的 s 域网络模型

4.5　系统函数与复频域分析法

输入、输出关系是系统分析的重要组成部分，系统函数体现的正是这种关系。在 s 域分析中，系统函数 $H(s)$的作用举足轻重，由它确定的零、极点，集中地反映了系统的时域与频域特性。它除了可以分析系统的时域特性，划分自然、受迫、瞬态、稳态响应分量外，还可以分析系统的频率响应特性、系统稳定以及作系统模拟(仿真)等实际问题。

4.5.1　系统函数 $H(s)$

系统函数在零状态下定义为

$$H(s) = \frac{Y_{zs}(s)}{F(s)} \tag{4.5-1}$$

系统函数也称转移函数、传输函数、传递函数。

由式(4.5-1)可得系统零状态响应像函数为

$$Y_{zs}(s) = F(s)H(s) \tag{4.5-2}$$

对式(4.5-2)取拉氏反变换得到系统的零状态响应为

$$y_{zs}(t) = \mathscr{L}^{-1}\{Y_{zs}(s)\} = \mathscr{L}^{-1}\{F(s)H(s)\} = f(t) * h(t) \tag{4.5-3}$$

特别的，激励为 $\delta(t)$时，系统零状态响应是单位冲激响应

$$f(t) = \delta(t) \leftrightarrow F(s) = 1$$

$$H(s) \leftrightarrow h(t) \tag{4.5-4}$$

式(4.5-4)表明系统函数与单位冲激响应 $h(t)$是一对拉氏变换对。

除了由 $h(t)$可以求得系统函数外，由系统的不同表示形式，也可以得到系统函数。

1. 微分方程

n 阶系统微分方程的一般形式为

$$\begin{aligned}&\frac{d^n}{dt^n}y(t) + a_{n-1}\frac{d^{n-1}}{dt^{n-1}}y(t) + \cdots + a_1\frac{d}{dt}y(t) + a_0y(t)\\ &= b_m\frac{d^m}{dt^m}f(t) + b_{m-1}\frac{d^{m-1}}{dt^{m-1}}f(t) + \cdots + b_1\frac{d}{dt}f(t) + b_0f(t)\end{aligned} \tag{4.5-5}$$

系统为零状态且 $f(t)$ 为因果信号时，对方程两边取变换，可得

$$(s^n + a_{n-1}s^{n-1} + \cdots + a_1 s + a_0)Y(s) = (b_m s^m + b_{m-1}s^{m-1} + \cdots + b_1 s + b_0)F(s)$$

$$H(s) = \frac{Y(s)}{F(s)} = \frac{b_m s^m + b_{m-1}s^{m-1} + \cdots + b_1 s + b_0}{s^n + a_{n-1}s^{n-1} + \cdots + a_1 s + a_0} \tag{4.5-6}$$

2. 电路系统

举例说明用 s 域等效模型，可以得到网络的系统函数。

例 4.5-1 如图 4.5-1(a)所示为一电路系统，图(b)为其 s 域等效电路，若输入为 $v_1(t)$，输出为 $v_2(t)$，试求系统函数 $H(s)$。

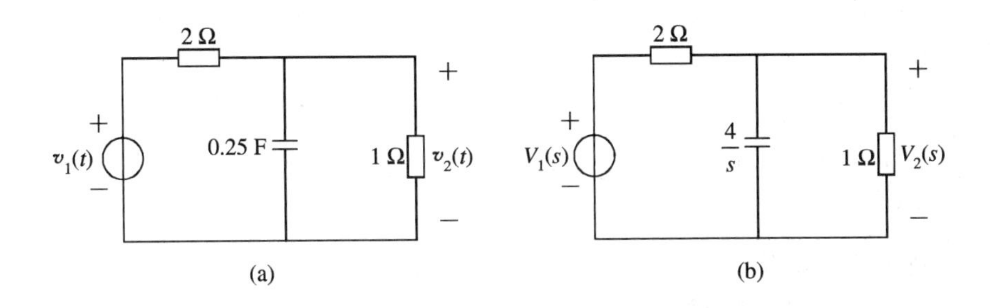

图 4.5-1 例 4.5-1 电路

解 利用广义分压公式，可得

$$H(s)=\frac{V_2(s)}{V_1(s)}=\frac{\frac{4/s}{4/s+1}}{2+\frac{4/s}{4/s+1}}=\frac{2}{s+6}$$

由输入、输出像函数 $F(s)$、$Y(s)$ 所处的端口，以及输入 $f(t)$、输出 $y(t)$ 的物理意义，$H(s)$ 有不同的含义，可以是 s 域(运算)阻抗，s 域(运算)导纳、电压、电流传输函数等。如上例的系统函数就是电压传输函数。

3. 转移算子

已知稳定系统的转移算子，将其中的 p 用 s 替代，可以得到系统函数。一般 n 阶系统的转移算子为

$$H(p) = \frac{b_m p^m + b_{m-1}p^{m-1} + \cdots + b_1 p + b_0}{p^n + a_{n-1}p^{n-1} + \cdots + a_1 p + a_0}$$

则由

$$H(p)\Big|_{p=s} = H(s) \tag{4.5-7}$$

可得系统函数为

$$H(s) = \frac{b_m s^m + b_{m-1}s^{m-1} + \cdots + b_1 s + b_0}{s^n + a_{n-1}s^{n-1} + \cdots + a_1 s + a_0}$$

4.5.2 系统函数的零、极点

分解系统函数的分子、分母多项式，可得

$$H(s)=\frac{N(s)}{D(s)}=b_m\frac{(s-z_1)(s-z_2)\cdots(s-z_m)}{(s-p_1)(s-p_2)\cdots(s-p_n)}=b_m\frac{\prod_{j=1}^{m}(s-z_j)}{\prod_{i=1}^{n}(s-p_i)} \qquad (4.5-8)$$

式(4.5-8)中，$H(s)$分母多项式$D(s)$的根$p_i(i=1, 2, \cdots, n)$是$H(s)$的极点，有n个；$H(s)$分子多项式$N(s)$的根$z_j(j=1, 2, \cdots, m)$是$H(s)$的零点，有m个。

若$H(s)$是实系数的有理函数，其零、极点一定是实数或共轭成对的复数。

例 4.5-2 已知某系统的系统函数如下，求系统的零、极点。

$$H(s)=\frac{N(s)}{D(s)}=\frac{s^3-2s^2+2s}{s^4+2s^3+5s^2+8s+4}$$

解

$$H(s)=\frac{s[(s-1)^2+1]}{(s+1)^2(s^2+4)}$$

$n=4$，极点为$p_1=-1$(二阶)，$p_3=\mathrm{j}2$，$p_4=-\mathrm{j}2$；

$m=3$，零点为$z_1=0$，$z_2=1+\mathrm{j}$，$z_3=1-\mathrm{j}$。

将系统函数的零、极点准确地标在s平面上，这样的图称零、极点图或零、极图，其中“•”表示零点，“×”表示极点。如例 4.5-2 的零、极点如图 4.5-2 所示。

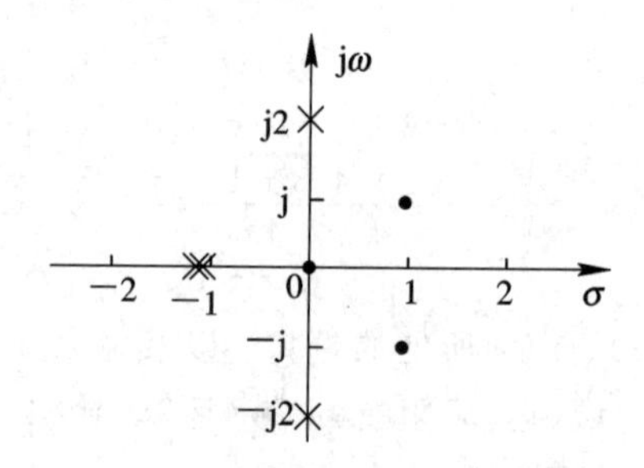

图 4.5-2 例 4.5-2 系统零、极点图

当系统函数的阶数较高时，通过因式分解的方法找到零、极点有时并不容易，借助 MATLAB 程序，可以方便地得到系统函数的零、极点图，详见 4.8 节。

4.5.3 零、极点分布与时域特性

$H(s)$与$h(t)$是一对拉氏变换对，所以只要知道$H(s)$在s平面上的零、极点分布情况，就可以知道系统冲激响应$h(t)$的变化规律。假设式(4.5-8)的所有极点均为单极点且$m<n$，利用部分分式展开

$$H(s)=b_m\frac{\prod_{j=1}^{m}(s-z_j)}{\prod_{i=1}^{n}(s-p_i)}=\sum_{i=1}^{n}\frac{A_i}{s-p_i} \qquad (4.5-9)$$

式中，$p_i=\sigma_i+\mathrm{j}\omega_i$。

式(4.5-9)对应的单位冲激响应为

$$h(t)=\sum_{i=1}^{n}A_i e^{p_i t}u(t)=\sum_{i=1}^{n}h_i(t) \tag{4.5-10}$$

$H(s)$由极点决定的各因子与$h(t)$的各分量一一对应。

以 jω 虚轴为界，将 s 平面分为左半平面与右半平面。由共轭极点 $p_i=\sigma_i+\mathrm{j}\omega_i$ 在 s 平面的位置讨论$h_i(t)$与$h(t)$的变化规律。

(1) $p_i=\sigma_i\pm\mathrm{j}\omega_i$ 为一阶(共轭)极点。

若 $\sigma_i>0$，极点在 s 平面的右半平面，$h_i(t)$随时间增长；$\sigma_i<0$，极点在 s 平面的左半平面，$h_i(t)$随时间衰减；$\sigma_i=0$，极点在 s 平面的原点($\omega_i=0$)或虚轴上，$h_i(t)$对应于阶跃或等幅振荡。

(2) $p_i=\sigma_i\pm\mathrm{j}\omega_i$ 为二阶或二阶以上共轭重极点。

$\sigma_i>0$ 或 $\sigma_i<0$ 时，$h_i(t)$随时间变化的总趋势同一阶情况；$\sigma_i=0$ 时，重极点在 S 平面的原点($\omega_i=0$)或虚轴上，$h_i(t)$对应于 t 的正幂函数或增幅振荡。

(3) 系统函数 $H(s)$的全部极点在左半平面($\sigma_i<0$)，$h(t)$随时间衰减趋于零；系统函数 $H(s)$有极点在虚轴及右半平面($\sigma_i\geqslant 0$)，$h(t)$不随时间消失。

从以上分析可知，由系统函数 $H(s)$极点在 s 平面上的位置，便可确定 $h(t)$的模式，判断单位冲激响应是随时间增长或衰减为零的信号，还是一个随时间等幅振荡或不变(阶跃)的信号，如图 4.5-3 所示。

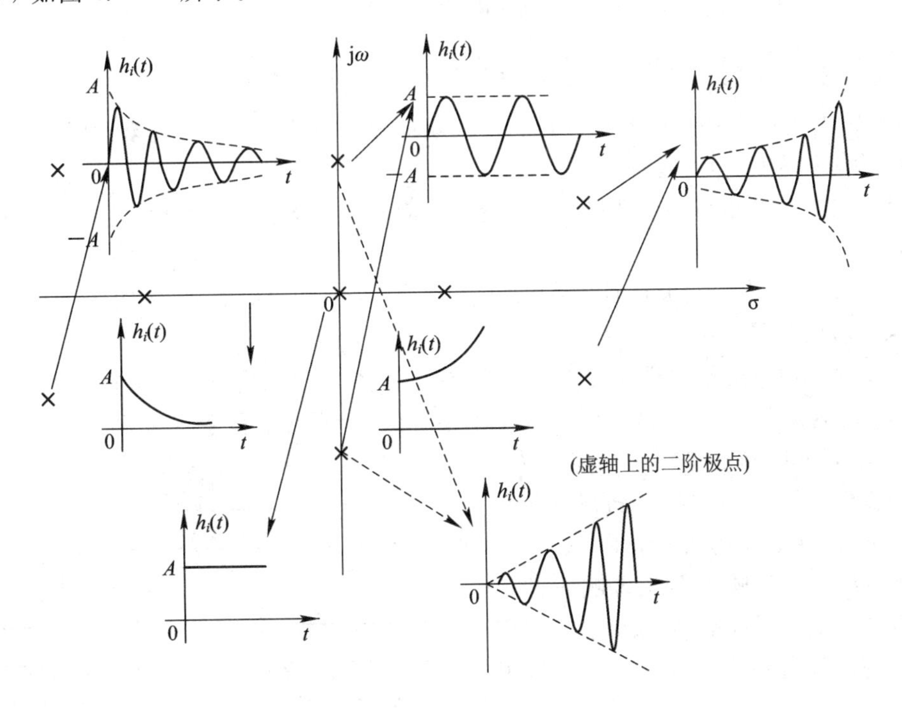

图 4.5-3 零、极点与单位冲激响应模式

4.5.4 零、极点与各响应分量

从 s 域出发，由激励的像函数 $F(s)$和系统函数 $H(s)$可以讨论零状态响应中的自然、受迫、瞬态、稳态分量等概念。

研究零状态响应像函数在 s 平面的零、极点分布，可以预见在给定激励下，系统零状态响应的时域模式。因为

$$y_{zs}(t)=\mathscr{L}^{-1}\{Y_{zs}(s)\}=\mathscr{L}^{-1}\{F(s)H(s)\}$$

显然 $Y_{zs}(s)$ 的零、极点由 $F(s)$、$H(s)$ 的零、极点共同决定，而 $F(s)$、$H(s)$ 可分别表示为

$$\left.\begin{aligned}F(s)&=A\frac{\prod\limits_{l=1}^{u}(s-z_l)}{\prod\limits_{k=1}^{v}(s-p_k)}\\H(s)&=b_m\frac{\prod\limits_{j=1}^{m}(s-z_j)}{\prod\limits_{i=1}^{n}(s-p_i)}\end{aligned}\right\}\tag{4.5-11}$$

为讨论方便，假设 $F(s)$、$H(s)$ 无相同极点且均为单极点，将 $Y_{zs}(s)$ 部分分式展开为

$$Y_{zs}(s)=\sum_{i=1}^{n}\frac{A_i}{s-p_i}+\sum_{k=1}^{v}\frac{A_k}{s-p_k}\tag{4.5-12}$$

不难看出，$Y_{zs}(s)$ 的极点由两部分组成，一部分是系统极点 p_i，另一部分是激励的极点 p_k，对式(4.5-12)的 $Y_{zs}(s)$ 取反变换，响应为

$$y_{zs}(t)=\sum_{i=1}^{n}A_i\mathrm{e}^{p_it}u(t)+\sum_{k=1}^{v}A_k\mathrm{e}^{p_kt}u(t)\tag{4.5-13}$$

式(4.5-12)右边第一项是由系统极点决定的响应称为自然响应；右边第二项是由激励极点决定的响应称为强迫(受迫)响应。

自然响应的模式由系统函数极点所确定，与激励形式无关。同样地，强迫响应的时间模式只取决于 $F(s)$ 的极点。

当 $F(s)$、$H(s)$ 有相同极点时，一般规定与 $H(s)$ 极点相对应的为自然响应，比 $H(s)$ 高阶的极点对应的为受迫响应。

在 2.2 节用时域分析法求系统零输入响应时，已知零输入响应的一般模式取决于系统的特征根。比较式(2.2-9)与式(4.5-6)，不难看出，特征根就是系统函数的极点。所以由 $H(s)$ 的极点，可以确定零输入响应 $y_{zi}(t)$ 的模式。显然，零输入响应也是自然响应。不过当 $H(s)$ 有零、极点相抵消时，被消去极点后的 $H(s)$ 只反映了零状态响应的信息，而不是零输入响应的全部信息。求零输入响应时，可借助算子方程得到系统所有极点。

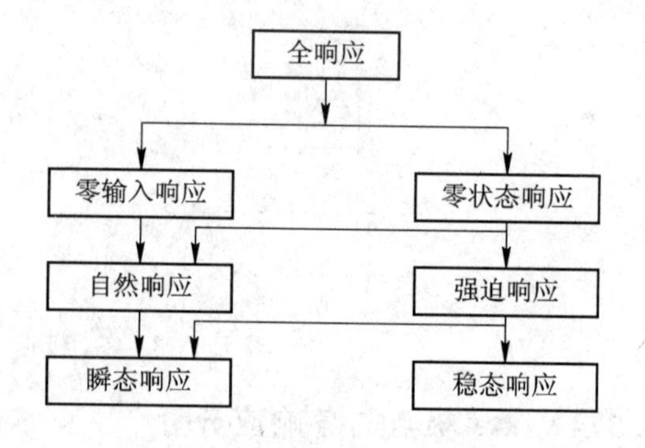

图 4.5-4　稳定系统各响应关系

由对零、极点分布与时域特性讨论可判断：s 左半平面极点对应系统的瞬态响应，虚轴及 s 右半平面的极点对应系统的稳态响应。图 4.5-4 给出了稳定系统各响应之间的关系。

例 4.5-3 已知 $H(s)=\frac{s}{s+a}$，$F(s)=\frac{1}{s+a}$，求响应 $y(t)$，并指出各响应分量。

解

$$Y(s)=F(s)H(s)=\frac{s}{(s+a)^2}=\frac{-a}{(s+a)^2}+\frac{1}{s+a}$$

$$y(t)=[-at\mathrm{e}^{-at}+\mathrm{e}^{-at}]u(t)$$

（$-at\mathrm{e}^{-at}$：强迫；e^{-at}：自然）

瞬态响应、零状态响应

4.5.5 零、极点分布与系统频域特性

由系统的零、极点分布不但可知系统时域响应的模式，也可以定性了解系统的频域特性。因为由稳定系统的 $H(s)$ 在 s 平面上的零、极点图，可以大致地描绘出系统的频响特性 $|H(\omega)|$ 和 $\varphi(\omega)$。

$$H(s)=b_m\frac{(s-z_1)\cdots(s-z_m)}{(s-p_1)\cdots(s-p_n)}=b_m\frac{\prod_{j=1}^{m}(s-z_j)}{\prod_{i=1}^{n}(s-p_i)} \tag{4.5-14}$$

取 $s=\mathrm{j}\omega$，即在 s 复平面中令 s 沿虚轴移动，得到

$$H(\mathrm{j}\omega)=H(s)\big|_{s=\mathrm{j}\omega}=b_m\frac{(\mathrm{j}\omega-z_1)\cdots(\mathrm{j}\omega-z_m)}{(\mathrm{j}\omega-p_1)\cdots(\mathrm{j}\omega-p_n)}=b_m\frac{\prod_{j=1}^{m}(\mathrm{j}\omega-z_j)}{\prod_{i=1}^{n}(\mathrm{j}\omega-p_i)} \tag{4.5-15}$$

对于任意零点 z_j 和极点 p_i，相应的复数因子(矢量）如图 4.5-5 所示都可以表示为零点与极点矢量

$$\mathrm{j}\omega-z_j=N_j\mathrm{e}^{\mathrm{j}\psi_j}$$

$$\mathrm{j}\omega-p_i=M_i\mathrm{e}^{\mathrm{j}\theta_i}$$

其中，N_j、M_i 分别是零、极点矢量的模；ψ_j、θ_i 分别是零、极点矢量与正实轴的夹角。则

$$H(\mathrm{j}\omega)=b_m\frac{N_1N_2\cdots N_m}{M_1M_2\cdots M_n}\mathrm{e}^{\mathrm{j}(\psi_1+\psi_2+\cdots+\psi_m-\theta_1-\theta_2-\cdots-\theta_n)}$$

$$=b_m\frac{\prod_{j=1}^{m}N_j}{\prod_{i=1}^{n}M_i}\mathrm{e}^{\mathrm{j}\left(\sum_{j=1}^{m}\psi_j-\sum_{i=1}^{n}\theta_i\right)}=|H(\omega)|\mathrm{e}^{\mathrm{j}\varphi(\omega)} \tag{4.5-16}$$

式中

$$|H(\omega)|=b_m\frac{\prod_{j=1}^{m}N_j}{\prod_{i=1}^{n}M_i}$$

$$\varphi(\omega)=\left(\sum_{j=1}^{m}\psi_j-\sum_{i=1}^{n}\theta_i\right)$$

由图 4.5-5 可见，随着 ω 变化，N_j、M_i 长短会变化，ψ_j、θ_i 也会变化。当 ω 从 $0\sim\infty$，

逐点由矢量图解法可以得到相应的$|H(\omega)|$，$\psi(\omega)$曲线，再由对称性可得到$-\infty\sim0$的幅频及相频特性。

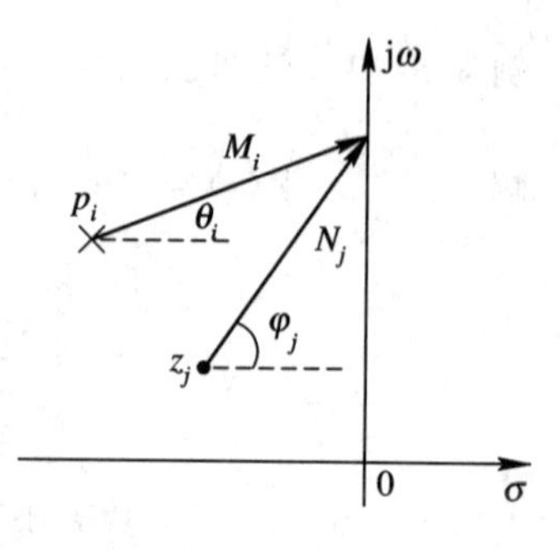

图 4.5-5 零点与极点矢量

例 4.5-4 用矢量作图法求如图 4.5-6 所示高通滤波器的幅频、相频特性。

解

$$H(s)=\frac{V_2(s)}{V_1(s)}=\frac{R}{R+\frac{1}{sC}}$$

$$=\frac{s}{s+\frac{1}{RC}}=\frac{s}{s+\alpha}$$

式中，$\alpha=1/(RC)$，零点$z_1=0$，极点$p_1=-1/(RC)$，零点与极点矢量如图 4.5-7 所示。

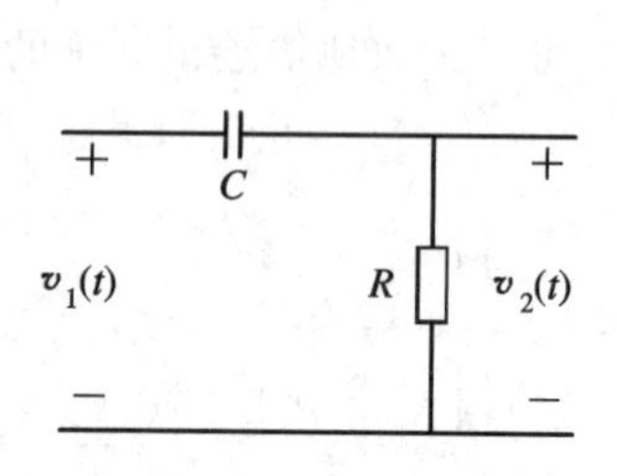

图 4.5-6 例 4.5-4 高通滤波器

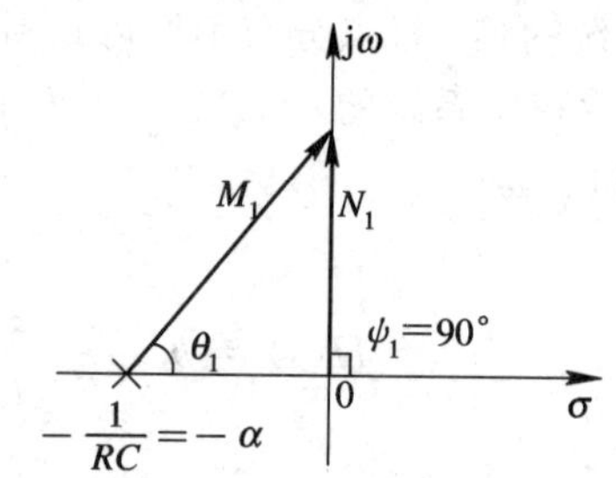

图 4.5-7 例 4.5-4 的零点与极点矢量

(1) 幅频特性$|H(\omega)|=N_1/M_1$。

当$\omega=0$时，$N_1=0$，所以$|H(\omega)|=0$；随着ω增大，N_1、M_1增大，且使$|H(\omega)|$增大；当$\omega\to\infty$时，$N_1\cong M_1$，使得$|H(\omega)|\cong1$。

(2) 相频特性$\varphi(\omega)=\psi_1-\theta_1$。其中：$\psi_1=\pi/2$，所以$\varphi(\omega)=\pi/2-\theta_1$。

当$\omega=0$时，$\theta_1=0$，$\varphi(\omega)=\pi/2$；随着ω增大，θ_1增大，且使得$\varphi(\omega)$减小；当$\omega\to\infty$时，$\theta_1\to\pi/2$，$\varphi(\omega)$趋于0。

(3) 由 3 dB 截止频率ω_c定义

$$20\lg|H(\omega_c)|=-3\text{ dB}$$

得到

$$|H(\omega_c)|=\frac{N}{M}=\frac{1}{\sqrt{2}}=\frac{\omega_c}{\sqrt{\omega_c^2+\alpha^2}}$$

解出

$$\omega_c=\alpha=\frac{1}{RC}$$

$$\varphi(\omega_c)=\frac{\pi}{2}-\arctan\frac{\omega_c}{\alpha}=\frac{\pi}{2}-\arctan1=\frac{\pi}{2}-\frac{\pi}{4}=\frac{\pi}{4}$$

幅频、相频特性如图 4.5-8 所示。

当系统函数零、极点数目不是很多，利用零、极点矢量作定性的频谱分析还是有其方便之处的。

为给出由零、极点定性绘出系统幅频特性及相频特性曲线的一般方法，先讨论零、极点在虚轴上对幅频、相频特性的影响。虚轴上零、极点对幅频、相频特性的影响表现为：当

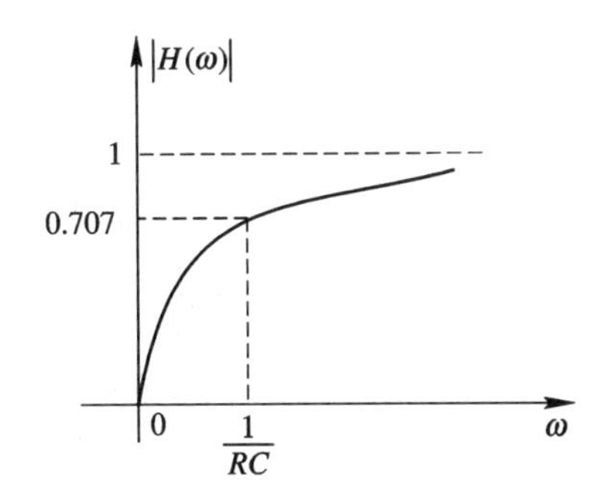

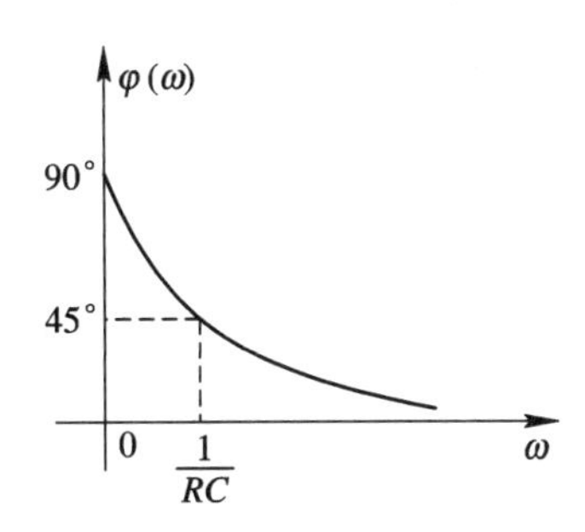

图 4.5－8　例 4.5－4 的频响特性

频率变化至零点时 $|H(\omega)||_{\omega=z_j}=0$；当频率变化至极点时 $|H(\omega)||_{\omega=p_i}=\infty$(非稳定系统)；当频率 ω 通过虚轴上的零、极点时相位会发生 $\pm180^\circ$ 突跳。

这种在虚轴上的零、极点情况是特例，而一般意义的零、极点通常表示为 $z_j=\alpha_j+\mathrm{j}\omega_j$，$p_i=\alpha_i+\mathrm{j}\omega_i$。其中 α_j、α_i 为零、极点的实部。当 α_j、α_i 很小时，零、极点靠近虚轴，此时由零、极点定性绘出的系统幅频特性及相频特性曲线具有以下特点：

(1) 幅频特性　在 $\omega=\omega_i$ 点，$M_i=|p_i|=|\alpha_i+\mathrm{j}\omega_i|$ 最小，$|H(\omega)||_{\omega=\omega_i}$ 出现峰值；在 $\omega=\omega_j$ 点，$N_j=|z_j|=|\alpha_j+\mathrm{j}\omega_j|$ 最小，$|H(\omega)||_{\omega=\omega_j}$ 出现谷值。

(2) 相频特性　在 $\omega=\omega_i$、$\omega=\omega_j$ 附近相位变化均加快。零、极点靠近虚轴时系统幅频特性及相频特性曲线如图 4.5－9 所示。

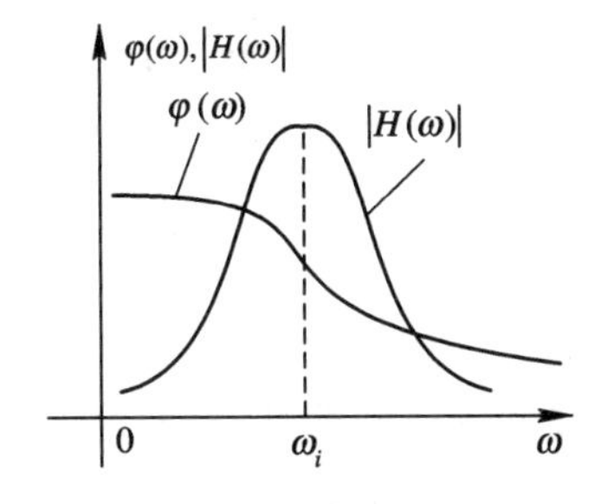

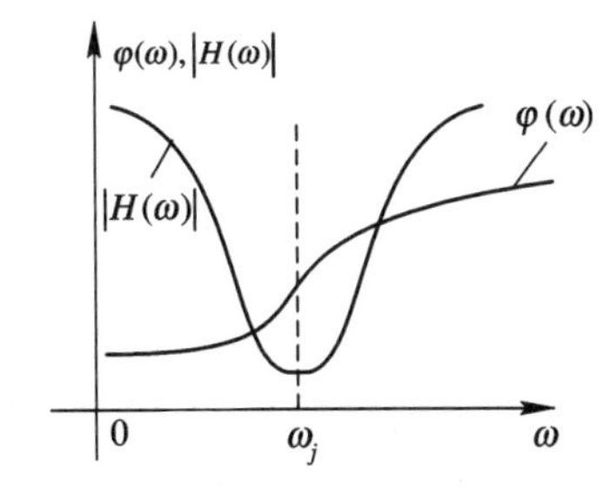

图 4.5－9　靠近虚轴的零、极点频响特性

在系统分析与设计时，幅频特性及相频特性曲线是十分有用的。但在实际应用中，用逐点矢量作图法准确地计算幅频、相频特性是很不容易的。尤其是零、极点数量较多的高阶系统，无论计算与作图都相当困难。利用 MATLAB 程序可以很方便地得到一般系统函数的频响特性，详见 4.8 节。

*4.5.6　全通系统与最小相移系统的零、极点分布

1. 全通系统

当系统幅频特性在整个频域内是常数时，其幅度特性可无失真传输，这样的系统称为全通系统。全通系统的特点是系统函数 $H(s)$ 的零、极点对 $\mathrm{j}\omega$ 轴成镜像对称，即零、极点个数相同($m=n$)，且零、极点矢量的大小相等($N_j=M_j$)。三阶全通系统零、极点分布示意图

如图 4.5－10 所示，不难看出由系统的零、极点图就可判断系统是否为全通系统。全通系统的幅频特性与相频特性分别为

$$|H(\mathrm{j}\omega)| = H_0 \frac{\prod_{j=1}^{m} N_j}{\prod_{j=1}^{m} M_j} = H_0 \qquad (4.5-17)$$

式中，H_0 为常数。

$$\varphi(\omega) = \sum_{j=1}^{m} \psi_j - \sum_{j=1}^{m} \theta_j \qquad (4.5-18)$$

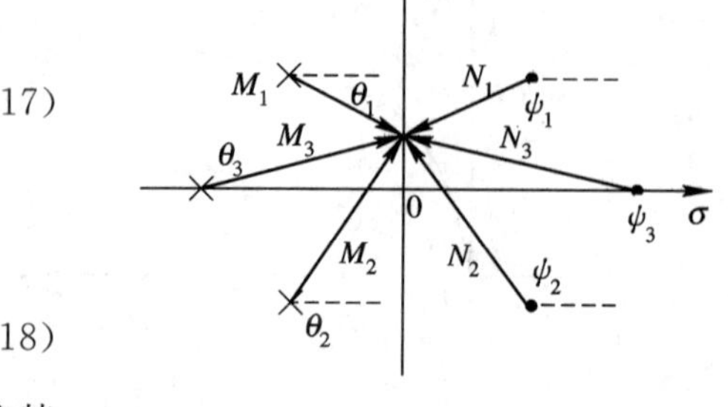

图 4.5－10　全通系统零、极点分布示意图

在实际应用中，正是利用全通系统的相位特性做相位校正网络或延时均衡器。

2. 最小相移系统

实际应用中，会遇到在幅频特性相同情况下，希望得到系统的相移(时延)最小，这样的系统称为最小相移系统。本书不加证明给出最小相移系统的条件为：全部零、极点在 s 平面的左半平面(零点可在 jω 轴上)，不满足这一条件的为非最小相移系统。图 4.5－11 是幅频特性相同，最小相移系统与非最小相移系统的零、极点分布示意图。

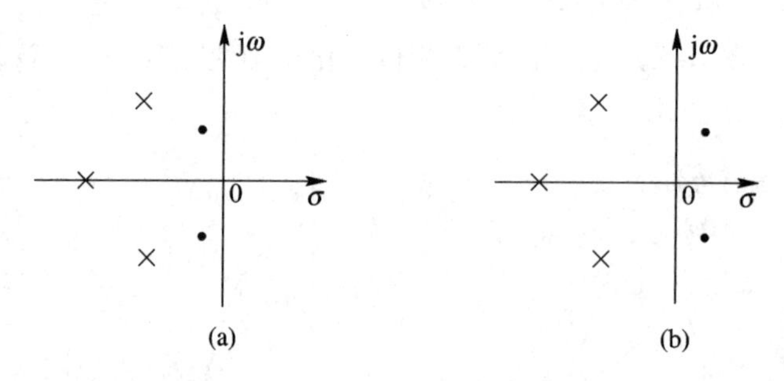

图 4.5－11　最小相移系统与非最小相移系统零、极点分布示意图

非最小相移系统可由全通系统与最小相移系统组成，组成图 4.5－11(b)非最小相移系统的最小相移系统与全通系统的零、极点分布示意图如图 4.5－12 所示。

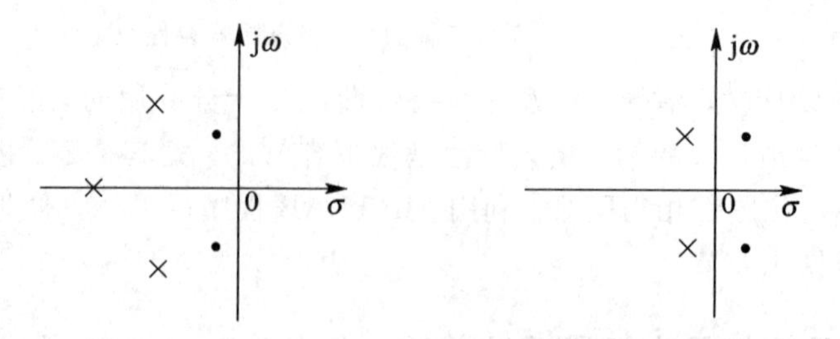

图 4.5－12　组成非最小相移系统的最小相移与全通系统零、极点分布示意图

4.6　连续时间系统的模拟及信号流图

在实际工作中，除了在理论上对线性系统进行数学分析外，往往还通过计算机模拟

(仿真)对系统的特性进行观察，以便直观了解各种激励对响应的影响以及参数对系统的影响。这种方法往往比繁冗的数学运算更具有实效。

4.6.1　连续时间系统的模拟(仿真)

用系统的观点来分析问题时，可以把系统看做一个“黑盒子”，不管其内部的具体结构、参数，所关心的只是输入-输出之间的转换关系，如图 4.6－1 所示。

$f(t)$ → T[ ] → $y(t)$

图 4.6－1　系统的输入-输出表示

通过实例可以证明，不同的结构和参数的系统可以具有相同的输入-输出关系。

例 4.6－1　分别求如图 4.6－2 所示 RL、RC 电路的系统函数。

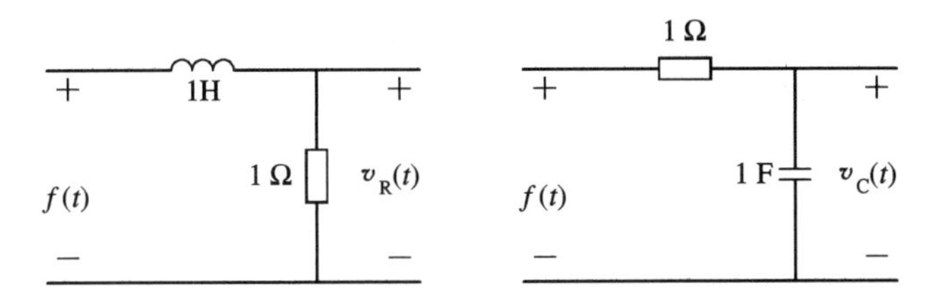

图 4.6－2　例 4.6－1 RL、RC 电路

解

$$H_1(s) = \frac{R}{sL+R} = \frac{1}{s+1}$$

$$H_2(s) = \frac{1/(sC)}{R+1/(sC)} = \frac{1}{s+1}$$

这是两个结构、参数不同的一阶系统，但由于它们传输函数相同，因此它们的输入-输出关系完全相同，数学模型都是一阶微分方程

$$y'(t) + y(t) = f(t)$$

n 阶 LTI 系统微分方程的一般形式为

$$\begin{aligned}&\frac{\mathrm{d}^n}{\mathrm{d}t^n}y(t) + a_{n-1}\frac{\mathrm{d}^{n-1}}{\mathrm{d}t^{n-1}}y(t) + \cdots + a_1\frac{\mathrm{d}}{\mathrm{d}t}y(t) + a_0 y(t)\\ &= b_m\frac{\mathrm{d}^m}{\mathrm{d}t^m}f(t) + b_{m-1}\frac{\mathrm{d}^{m-1}}{\mathrm{d}t^{m-1}}f(t) + \cdots + b_1\frac{\mathrm{d}}{\mathrm{d}t}f(t) + b_0 f(t)\end{aligned} \tag{4.6-1}$$

其系统函数为

$$H(s) = \frac{Y(s)}{F(s)} = \frac{b_m s^m + b_{m-1}s^{m-1} + \cdots + b_1 s + b_0}{s^n + a_{n-1}s^{n-1} + \cdots + a_1 s + a_0} \tag{4.6-2}$$

要对连续 LTI 系统进行模拟，就要对它的系统传输函数或微、积分方程进行模拟。从以上的例子知道具有相同输入-输出关系的系统，系统实现的结构、参数不是惟一的，为此可以选择实际容易实现的结构进行模拟。

用三种基本运算，就可对式(4.6－1)的运算关系作系统模拟。这三种基本运算是加法、标量乘法与积分。它们对应着三种基本模拟运算器件：加法器、标量乘法器、积分器。描述系统的输入-输出关系既可用数学方程描述，亦可由基本运算器组成的模拟图描述。基本运算模拟的加法器、标量乘法器、积分器有时域、复频域两种表示方法，所以一般模拟图既可用时域也可用复频域表示。因为复频域的系统函数是有理式，并且运算关系简单，因此实际系统模拟更常用复频域表示。先介绍基本运算的时域及复频域模拟。

1. 加法运算关系

$$\left.\begin{aligned} y(t) &= f_1(t) \pm f_2(t) \\ Y(s) &= F_1(s) \pm F_2(s) \end{aligned}\right\} \tag{4.6-3}$$

加法器如图 4.6-3 所示。

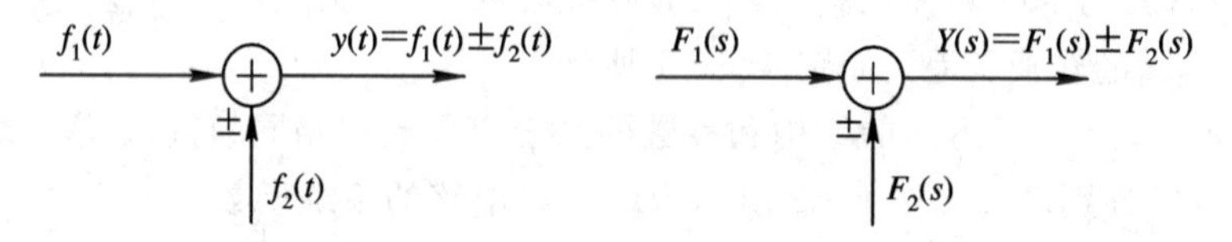

图 4.6-3　加法器

2. 标量乘法运算关系

$$\left.\begin{aligned} y(t) &= af(t) \\ Y(s) &= aF(s) \end{aligned}\right\} \tag{4.6-4}$$

标量乘法器如图 4.6-4 所示。

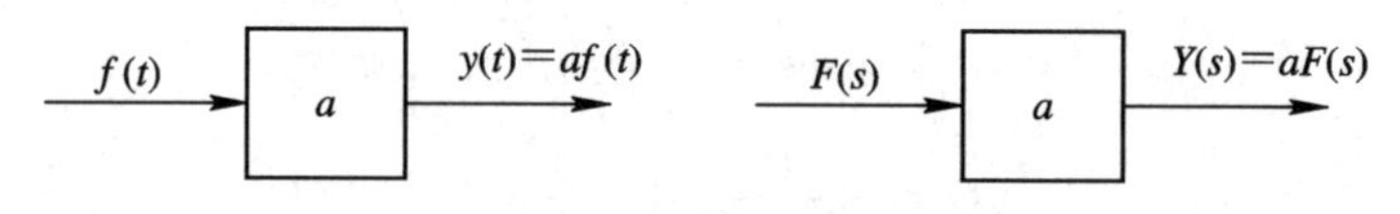

图 4.6-4　标量乘法器

3. 积分运算关系

$$\left.\begin{aligned} y(t) &= \int_0^t f(\tau)\mathrm{d}\tau \\ Y(s) &= \frac{1}{s}F(s) \end{aligned}\right\} \tag{4.6-5}$$

积分器如图 4.6-5 所示。

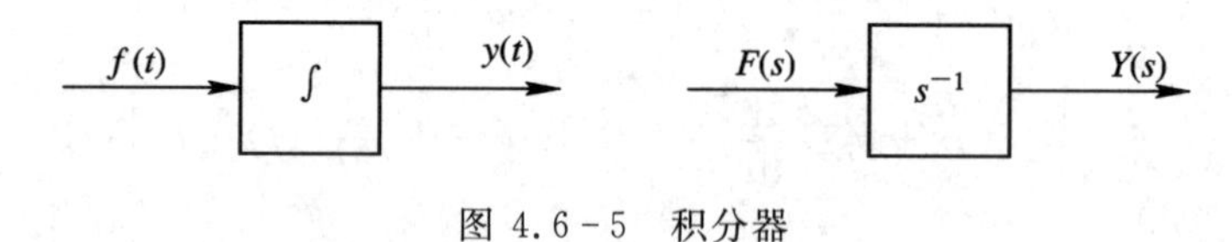

图 4.6-5　积分器

4.6.2　系统模拟的直接(卡尔曼)形式

1. 全极点系统模拟的直接形式

一阶系统的微分方程及系统函数表示

$$\left.\begin{aligned} y'(t) + a_0 y(t) &= f(t) \\ H(s) &= \frac{1}{s+a_0} \end{aligned}\right\} \tag{4.6-6}$$

将一阶线性系统的微分方程改写为

$$y'(t) = f(t) - a_0 y(t) \tag{4.6-7}$$

将 $y'(t)$作为积分器输入，得到用基本运算器组成的时域与复频域模拟图，如图4.6-6所示。

一阶系统模拟的方法可推广至全极点的二阶系统模拟，其微分方程及系统函数为

$$\left.\begin{aligned} y''(t)+a_1y'(t)+a_0y(t)&=f(t)\\ H(s)&=\frac{1}{s^2+a_1s+a_0}\end{aligned}\right\}\tag{4.6-8}$$

改写微分方程

$$y''(t)=f(t)-a_1y'(t)-a_0y(t)$$

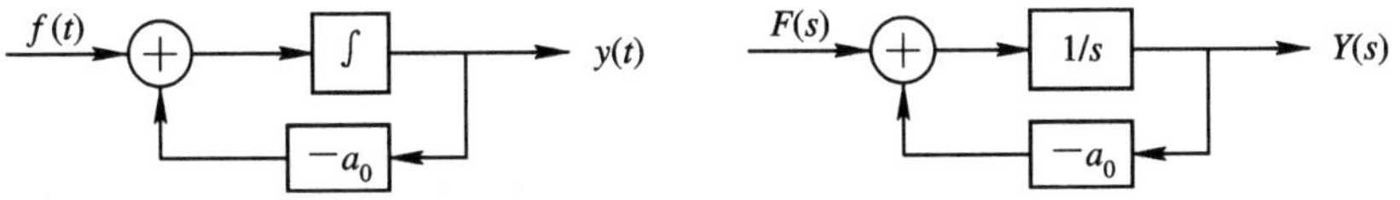

图 4.6-6　一阶系统模拟

积分器的输入为 $y''(t)$，经两次积分得到 $y(t)$，其模拟如图 4.6-7 所示。

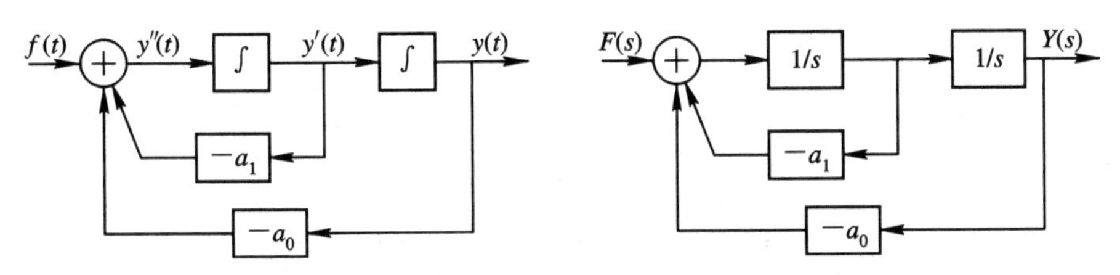

图 4.6-7　无零点二阶系统模拟

由二阶系统模拟可推广至全极点 n 阶系统，其微分方程及系统函数为

$$\left.\begin{aligned} y^{(n)}(t)+a_{n-1}y^{(n-1)}(t)+\cdots+a_1y'(t)+a_0y(t)&=f(t)\\ H(s)&=\frac{1}{s^n+a_{n-1}s^{n-1}+\cdots+a_1s+a_0}\end{aligned}\right\}\tag{4.6-9}$$

n 阶系统的模拟如图 4.6-8 所示。

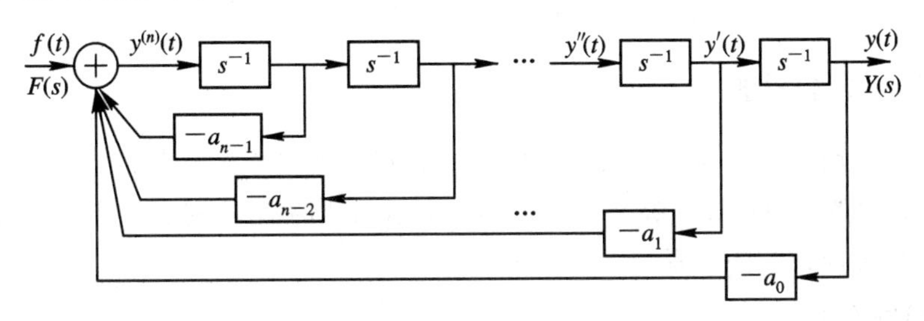

图 4.6-8　全极点 n 阶系统模拟

2. 一般系统模拟的直接(卡尔曼)形式

以上模拟实现了系统的极点，实际系统除了极点之外，一般还有零点。例如一般二阶系统的系统函数为

$$H(s)=\frac{b_2s^2+b_1s+b_0}{s^2+a_1s+a_0}$$

将上式改写为

$$H(s)=\frac{b_2+b_1s^{-1}+b_0s^{-2}}{1+a_1s^{-1}+a_0s^{-2}}\tag{4.6-10}$$

式(4.6-10)的模拟如图4.6-9所示。

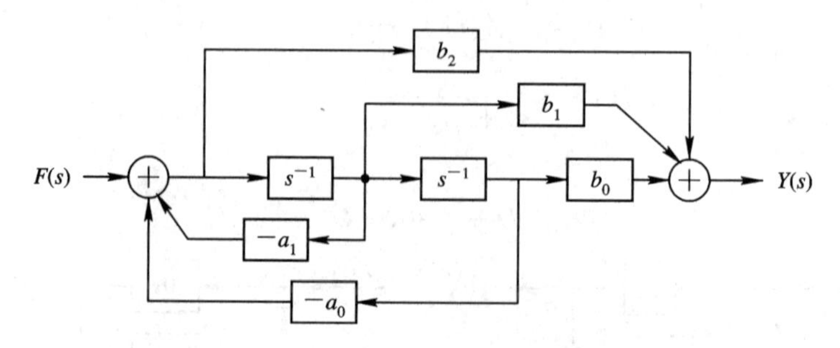

图4.6-9　一般二阶系统的模拟

利用MATLAB程序可以方便地将直接形式与并联形式互换，详见4.8.7节。

由一般二阶系统的模拟不难推广到n阶系统($m\leqslant n$)

$$H(s)=\frac{b_m s^m+b_{m-1}s^{m-1}+\cdots+b_1 s+b_0}{s^n+a_{n-1}s^{n-1}+\cdots+a_1 s+a_0}$$

一般n阶系统的模拟如图4.6-10所示。由图可见，一般n阶系统模拟有n个积分器。在系统模拟图中，系数$a_i=b_j=0$时为开路；$a_i=b_j=1$时为短路。

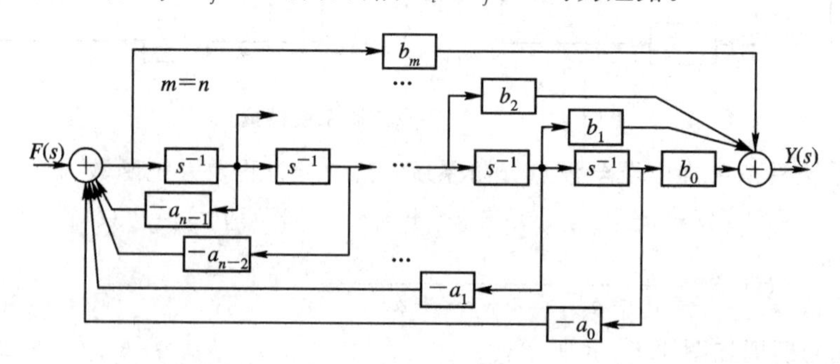

图4.6-10　一般n阶系统的模拟

4.6.3　其他形式的模拟

复杂系统往往由多个子系统组成，常见的组合形式有子系统的级联、并联、混联、反馈等。由于用方框图可以简化复杂系统的表示，突出系统的输入-输出关系，因此，通常用方框图表示子系统与系统的关系。

1. 级(串)联形式

级(串)联模拟实现方法是将$H(s)$分解为基本(一阶或二阶)节相乘。

$$H(s)=\frac{b_m(s+z_1)(s+z_2)\cdots(s+z_m)}{(s+p_1)(s+p_2)\cdots(s+p_n)}=H_1(s)H_2(s)\cdots H_n(s)=\prod_{i=1}^{n}H_i(s) \tag{4.6-11}$$

式中，$H_i(s)$是$H(s)$的子系统。也有将级联形式称为串联形式。式(4.6-11)表明级联的系统函数是各子系统函数的乘积，子系统的级联图如图4.6-11所示。

子系统的基本形式是由共轭极点(或两个实单极点)组成的二阶节，实单极点的一阶节是基本形式的特例。子系统模拟构成原则是系统内所有参数为实数。利用基本形式的模拟，再将各子系统级联起来，可得系统模拟图，称为级(串)联模拟图。

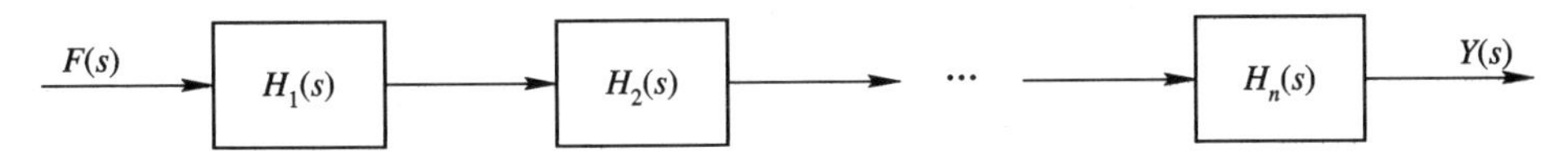

图 4.6-11　系统的级(串)联方框图

例 4.6-2　已知某系统函数为

$$H=\frac{s+3}{s^2+3s+2}$$

画出由一阶系统级联的模拟图。

解
$$H(s)=\frac{s+3}{(s+1)(s+2)}=\frac{s+3}{s+1}\cdot\frac{1}{s+2}=\frac{1}{s+1}\cdot\frac{s+3}{s+2}$$

一阶系统级联的模拟图如图 4.6-12 所示。

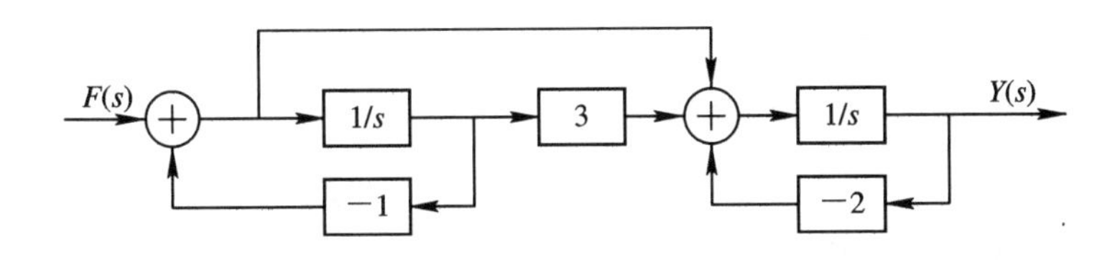

图 4.6-12　例 4.6-2 系统的级联模拟图

当系统阶数较高时，把直接形式的系统函数转变为级联形式的系统函数时，计算系统零、极点的工作量会很大，利用 MATLAB 程序可方便地将直接形式与级联形式互换，详见 4.8.7 节。

2. 并联模拟

并联模拟实现的方法是将系统分解为基本(一阶或二阶)节相加：

$$\begin{aligned}H(s)&=\frac{k_1}{s+p_1}+\frac{k_2}{s+p_2}+\cdots+\frac{k_n}{s+p_n}\\&=H_1(s)+H_2(s)+\cdots+H_n(s)\\&=\sum_{i=1}^{n}H_i(s)\end{aligned}\qquad(4.6-12)$$

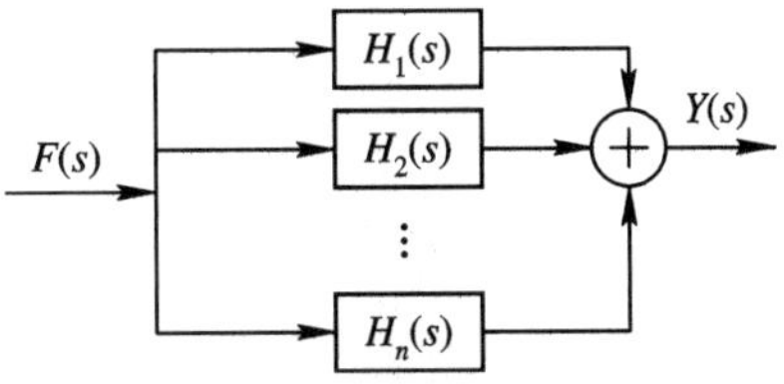

式中，$H_i(s)$是 $H(s)$的子系统。

图 4.6-13　系统的并联方框图

$H_i(s)$子系统模拟的基本形式同级联模拟相似。整个系统可以看成是 n 个子系统的叠加(并联)，其中每个子系统可按上面的子系统模拟，这种形式称为并联形式。子系统的并联图如图 4.6-13 所示。

例 4.6-3　已知某系统函数为

$$H(s)=\frac{s+3}{(s+1)(s+2)}$$

画出其并联模拟图。

解

$$H(s)=\frac{s+3}{(s+1)(s+2)}=\frac{2}{s+1}-\frac{1}{s+2}$$

系统的一阶并联模拟图如图 4.5 - 14 所示。

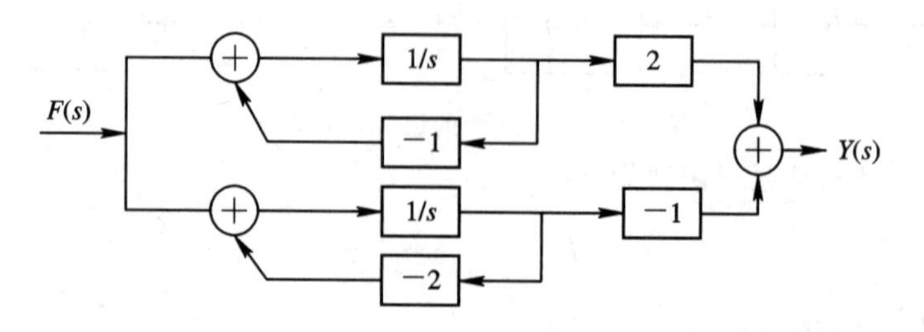

图 4.6 - 14　例 4.6 - 3 系统的并联模拟图

以上是系统的基本模拟方法。模拟方法的实现不同，调整的参数有所不同。例如，直接形式(卡尔曼)可调整的是微分方程的系数 a_i、b_j；级联形式可调整系统的极点与零点；并联形式可调整系统的极点与留数。通常可根据各种因素，选择适当模拟方式达到好的系统设计效果。

实际工作中还用以下常用的两种模拟方法。

3. 混联

混联系统的系统函数的计算要根据具体情况具体对待。如图 4.6 - 15 所示系统，图 4.6 - 15(a)的系统函数为

$$H(s) = H_1(s) + H_2(s)H_3(s) \tag{4.6-13}$$

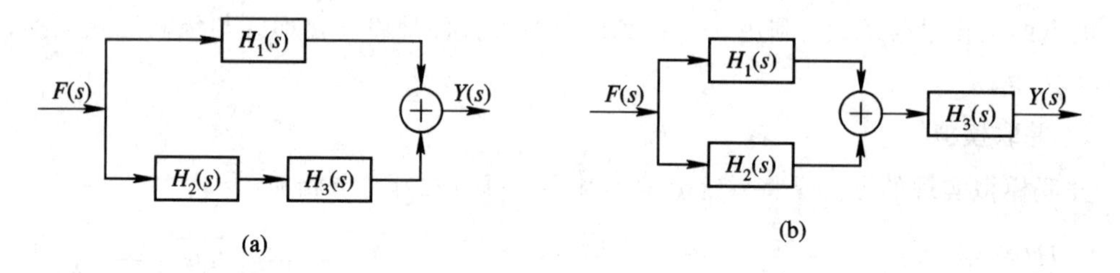

图 4.6 - 15　混联系统方框图

图 4.6 - 15(b)的系统函数为

$$H(s) = [H_1(s) + H_2(s)]H_3(s) \tag{4.6-14}$$

4. 反馈系统

反馈系统应用广泛，自动控制系统的基本结构就是反馈系统。最基本的反馈系统方框图如图 4.6 - 16 所示。由此图可见，信号的流通构成闭合回路，即反馈系统的输出信号又被引入到输入端，这种与输入相减的反馈称为负反馈，若是与输入相加的反馈则称为正反馈。通常为保证系统稳定，采用的都是负反馈，但正反馈在振荡电路中也有实际应用，根据实际需要可采用不同的反馈。由图 4.6 - 16 可见，除了输入外，输出也形成了对系统的控制。这种输出信号对控制作用有直接影响的反馈系统，也称为闭环系统，闭环系统的传递函数也称为闭环增益。相应地，若输出信号对控制作用没有影响的系统称为开环系统，开环部分的传递函数亦称其为开环增益。反馈(闭环)系统一般可由开环

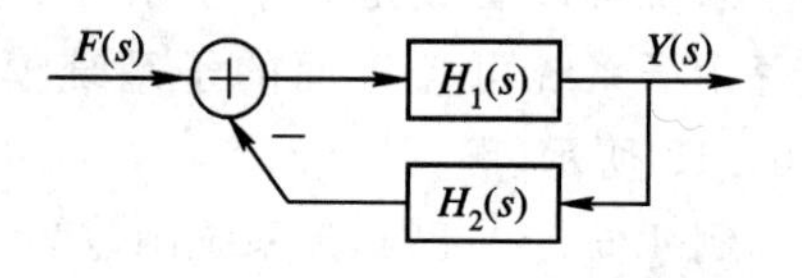

图 4.6 - 16　反馈系统方框图

系统与反馈两部分组成。图 4.6－16 中，除去反馈部分剩下的是开环系统，开环部分的传递函数为 $H_1(s)$，整个反馈系统的传递函数(闭环增益)为

$$H(s)=\frac{H_1(s)}{1+H_1(s)H_2(s)} \tag{4.6-15}$$

若给定图 4.6－16 中的 $H_1(s)$、$H_2(s)$，则利用 MATLAB 可以方便地求出整个反馈系统的传递函数(闭环增益)，详见 4.8.8 节。

4.6.4 连续系统的信号流图表示

在方框图中，系统函数可以由各子系统的系统函数与连接方式决定。在模拟图中，系统函数可以由各基本器件与连接方式决定。方框图和模拟图表示还不是最简形式，用信号流图可以将方框图与模拟图再加以简化。

信号流图是用节点与有向支路来描述系统。用流图表示系统的具体处理方法是：用带箭头的有向线段代替模拟图中的方框；线段的两个端点为节点，表示原方框的输入与输出；线段箭头的方向是信号传输的方向，原方框的传递系数(支路增益)直接标在箭头旁；有两个以上有向线段指向一个节点的，表示相加或相减(传递系数有负号)。

前面的方框图与模拟图都可以用信号流图表示，例如图 4.6－9 的信号流图如图 4.6－17 所示。

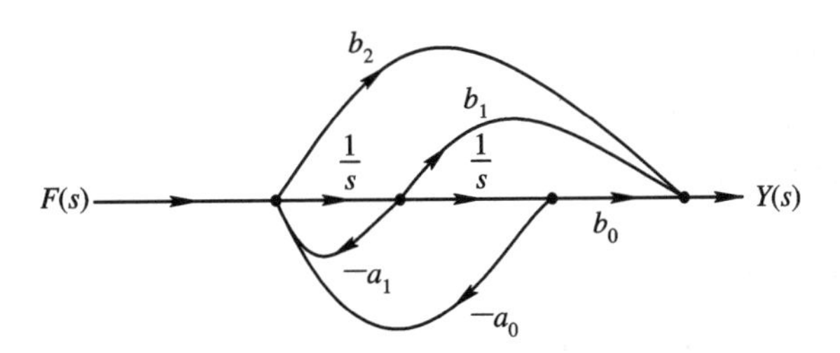

图 4.6－17　二阶系统模拟的信号流图

图 4.6－10 n 阶系统模拟的信号流图如图 4.6－18 所示。

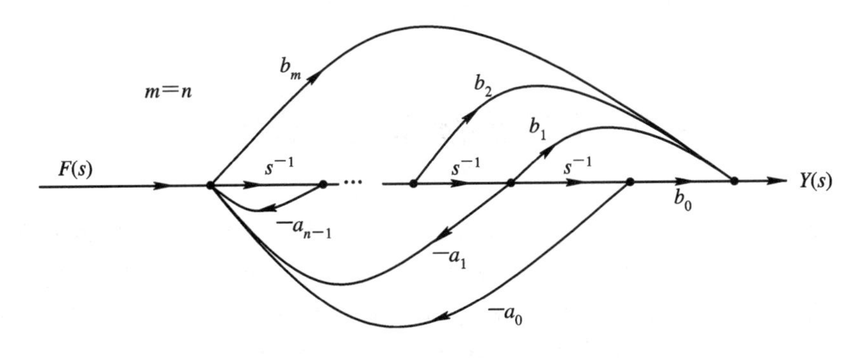

图 4.6－18　n 阶系统的信号流图

式(4.6－11)的信号流图如图 4.6－19 所示。

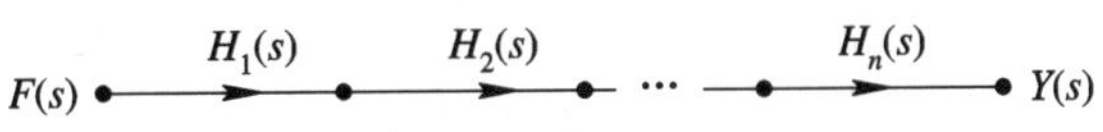

图 4.6－19　级联系统的信号流图

例 4.6-2 系统的信号流图如图 4.6-20 所示。

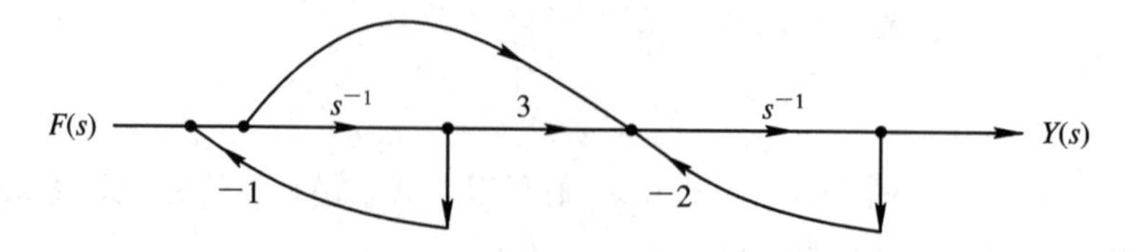

图 4.6-20 例 4.6-2 系统的级联模拟信号流图

式(4.6-12)的信号流图如图 4.6-21 所示。

例 4.6-3 系统的信号流图如图 4.6-22 所示。

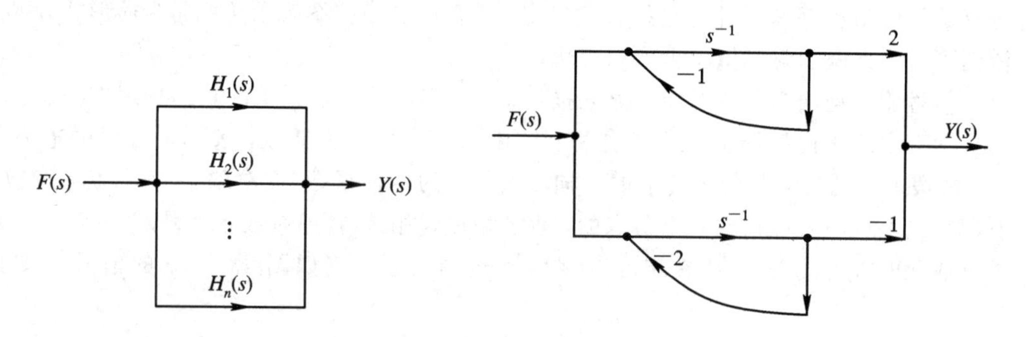

图 4.6-21 并联系统的信号流图

图 4.6-22 例 4.6-3 系统的并联信号流图

式(4.6-14)的信号流图如图 4.6-23 所示。

式(4.6-15)的信号流图如图 4.6-24 所示。

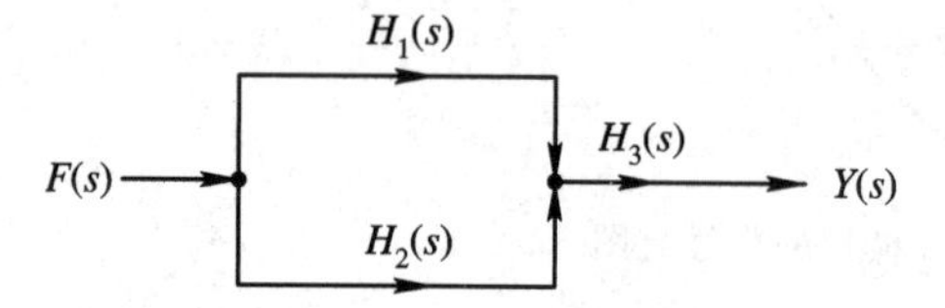

图 4.6-23 混合系统的信号流图

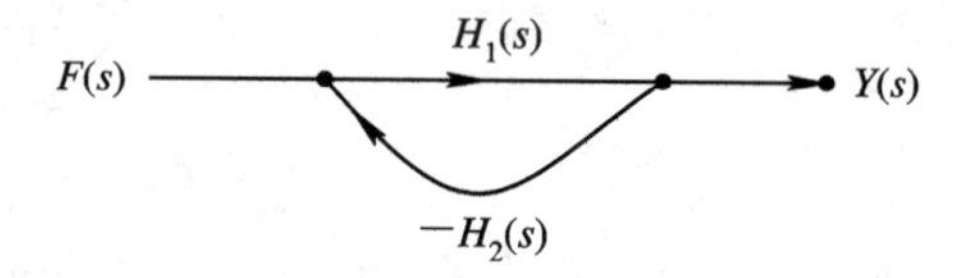

图 4.6-24 反馈系统的信号流图

4.7 LTI 连续系统的稳定性

稳定性是系统本身的性质之一，与激励信号无关。稳定系统也是一般系统设计的目标之一。由不同角度，有不同的稳定性定义形式。本书由输入-输出关系定义稳定系统为：有界输入产生有界输出(简称 BIBO)的系统。如果对有界激励，系统的响应无界，系统就是不稳定的。LTI 系统 BIBO 稳定的充分必要条件是单位冲激响应绝对可积：

$$\int_{-\infty}^{\infty} |h(t)| \mathrm{d}t \leqslant M \tag{4.7-1}$$

式中，M 为一有界的实数。满足式(4.7-1)中的 $h(t)$，一定是随时间衰减的函数，即 $\lim\limits_{t\to\infty} h(t)=0$。LTI 系统的系统函数与单位冲激响应集中表征了系统特性，稳定性也必在其中。因此既可由 $\lim\limits_{t\to\infty} h(t)$ 的不同情况，也可由 $H(s)$ 的极点分布，对系统稳定性分类。

4.7.1 系统稳定性分类

1. 稳定

由4.5节零、极点分析可知，若 $H(s)$ 的全部极点在 s 的左半平面(不含 $j\omega$ 轴)，则单位冲激响应满足

$$\lim_{t\to\infty} h(t) = 0 \tag{4.7-2}$$

系统稳定。

2. 不稳定

若 $H(s)$ 有极点落在右半平面，或者 $j\omega$ 轴、原点处有二阶以上的重极点，则单位冲激响应为

$$\lim_{t\to\infty} h(t) \to \infty \tag{4.7-3}$$

系统不稳定。

3. 边(临)界稳定

若 $H(s)$ 在原点或 $j\omega$ 轴上有一阶极点，虽然单位冲激响应 $\lim\limits_{t\to\infty} h(t)\neq 0$，但

$$|h(t)| < M, \quad 0 < t < \infty \tag{4.7-4}$$

例如纯 LC 网络，其单位冲激响应为无阻尼(等幅)的正弦振荡。因为边(临)界稳定是处在稳定与不稳定两种情况之间，所以称边(临)界稳定。为使分类简化，通常将其归为非稳定系统。

4.7.2 $H(s)$ 中 m、n 之间的限制

$$H(s)=\frac{N(s)}{D(s)}=\frac{b_m s^m+b_{m-1}s^{m-1}+\cdots+b_1 s+b_0}{a_n s^n+a_{n-1}s^{n-1}+\cdots+a_1 s+a_0}$$

当 $s\to\infty$ 时，

$$\lim_{s\to\infty} H(s) = \lim_{s\to\infty}\frac{b_m s^m+b_{m-1}s^{m-1}+\cdots+b_1 s+b_0}{a_n s^n+a_{n-1}s^{n-1}+\cdots+a_1 s+a_0} = \lim_{s\to\infty}\frac{b_m s^m}{a_n s^n} = \lim_{s\to\infty}\frac{b_m}{a_n}s^{m-n}$$

(1) 若 $m<n$，则 $\lim\limits_{s\to\infty}\dfrac{b_m}{a_n}s^{m-n}=0$。相当于在无穷远处有一个 $n-m$ 阶的零点，对系统稳定无影响。

(2) 若 $m>n$，则 $\lim\limits_{s\to\infty}\dfrac{b_m}{a_n}s^{m-n}=\infty$。相当于在无穷远处有一个 $m-n$ 阶的极点，系统不稳定。

例 4.7-1 已知系统函数 $H(s)$ 为系统的电压传输比，且 $m=n+1$，则

$$H(s) = \frac{b_m s^m+b_{m-1}s^{m-1}+\cdots+b_1 s+b_0}{a_n s^n+a_{n-1}s^{n-1}+\cdots+a_1 s+a_0}$$

$$= k_1 s + k_2 + \frac{N_1(s)}{D(s)} \qquad k_1、k_2 \text{ 为常数}$$

若激励 $f(t)=\sin(\omega t)u(t) \leftrightarrow F(s)=\dfrac{\omega}{s^2+\omega^2}$，响应中必有一项为

$$\frac{k_1 \omega s}{s^2+\omega^2} \leftrightarrow k_1 \omega \cos(\omega t) u(t)$$

这项响应的振幅正比 ω，当 $\omega \to \infty$ 时，虽然 $f(t)$ 的幅度有限，但响应幅度 $\to \infty$。

此例说明，当 $m=n+1$ 时，在一个端口接入的有限激励，可能引起另一个端口无限大的输出。所以为保证系统稳定，系统函数的分子最高次数 m 应小于等于分母最高次数 n。

4.7.3 稳定系统与系统函数分母多项式系数的关系

系统函数

$$H(s)=\frac{N(s)}{D(s)}$$

设

$$D(s)=a_n s^n + a_{n-1} s^{n-1} + \cdots + a_1 s + a_0 \tag{4.7-5}$$

稳定系统的极点应位于 s 平面的左半平面，因此 $D(s)$ 根的实部应为负值。它对应以下两种情况：

(1) 实数根，其因式为

$$(s+a) \qquad a>0 \tag{4.7-6}$$

(2) 共轭复根，其因式为

$$(s+\alpha+\mathrm{j}\beta)(s+\alpha-\mathrm{j}\beta)=(s+\alpha)^2+\beta^2=s^2+2\alpha s+\alpha^2+\beta^2=s^2+bs+c \tag{4.7-7}$$

式(4.7-7)表明复数根只能共轭成对出现，否则不能保证 b、c 为实数。又因为复数根的实部应为负值($\alpha>0$)，所以 b、c 必为正值。综上所述，将 $D(s)$ 分解后，只有 $(s+a)$、(s^2+bs+c) 两种情况，且 a、b、c 均为正值。这两类因式相乘后，得到的多项式系数必然为正值，并且系数为零值的可能性也受到了限制。由此我们可得到稳定系统与分母多项式 $D(s)$ 的系数关系：

(1) $D(s)$ 的系数 a_i 全部为正实数。

(2) $D(s)$ 多项式从最高次方项排列至最低次项无缺项。

以上是系统稳定的必要条件而非充分条件。如果给定 $H(s)$ 表示式，由此可对系统稳定性作出初步判断。由式(4.7-6)和式(4.7-7)不难证明，当系统为一阶与二阶时，所有系数 $a_i>0$ 是系统稳定的充分必要条件。

例 4.7-2 已知系统的 $H(s)$ 如下，试判断是否为稳定系统。

(1) $H_1(s)=\dfrac{s^2+2s+1}{s^3+4s^2-3s+2}$；

(2) $H_2(s)=\dfrac{s^3+s^2+s+2}{2s^3+7s+9}$；

(3) $H_3(s)=\dfrac{s^2+4s+2}{3s^3+s^2+2s+8}$。

解 (1) 分母有负系数所以为非稳定系统；

(2) $D(s)$ 中缺项，所以不是稳定系统；

(3) $D(s)$ 满足稳定系统的必要条件，是否稳定还需进一步分解检验。

对 $D(s)$ 进行分解

$$D(s)=3s^3+s^2+2s+8=(s^2-s+2)(3s+4)$$

可见 $D(s)$有一对正实部的共轭复根，所以系统(3)为非稳定系统。

例 4.7-3 如图 4.7-1 所示的反馈系统，讨论当 k 从零增长时系统稳定性变化。

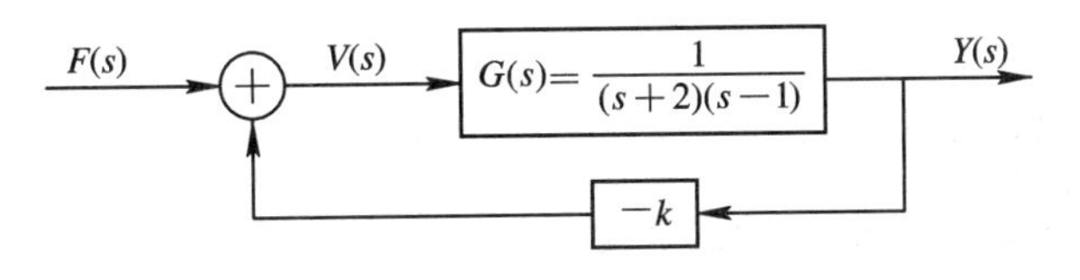

图 4.7-1 例 4.7-3 系统

解
$$Y(s)=V(s)G(s)$$

将 $V(s)=F(s)-kY(s)$代入上式，得

$$Y(s)=[F(s)-kY(s)]G(s)=F(s)G(s)-kY(s)G(s)$$

整理上式，得

$$Y(s)[1+kG(s)]=F(s)G(s)$$

由此得到

$$H(s)=\frac{Y(s)}{F(s)}=\frac{G(s)}{1+kG(s)}=\frac{1/[(s+2)(s-1)]}{1+k/[(s+2)(s-1)]}$$
$$=\frac{1}{(s+2)(s-1)+k}=\frac{1}{s^2+s+k-2}=\frac{1}{(s-p_1)(s-p_2)}$$

其中

$$p_{1,2}=\frac{-1\pm\sqrt{1-4(k-2)}}{2}=-\frac{1}{2}\pm\sqrt{\frac{9}{4}-k}$$

$$p_1=-\frac{1}{2}+\sqrt{\frac{9}{4}-k},\ p_2=-\frac{1}{2}-\sqrt{\frac{9}{4}-k}$$

代入具体值讨论：

$k=0$ 时，反馈支路开路，系统无负反馈，极点为 $p_1=1$，$p_2=-2$，系统不稳定；$k=2$ 时，系统加了反馈，极点为 $p_1=0$，$p_2=-1$，系统临界稳定；$k=9/4$ 时，系统进一步加大了反馈，极点为 $p_1=p_2=-1/2$，系统稳定；$k>9/4$，p_1、p_2 为具有负实部的共轭复根，系统稳定。k 不同极点的变化轨迹如图 4.7-2 所示。

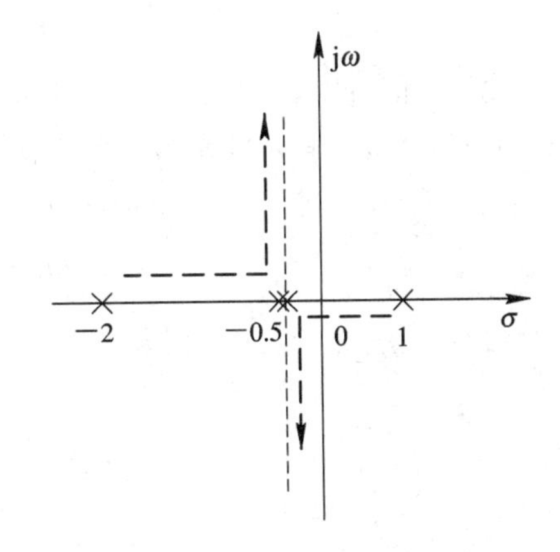

图 4.7-2 例 4.7-3 极点的变化轨迹

以上分析可知，$k>2$ 系统稳定，$k\leqslant 2$ 系统不稳定。可以推得一般结论：系统加负反馈可以增加系统的稳定性。

由二阶系统稳定的充分必要条件 $a_i>0$，亦可得到 $k>2$ 系统稳定的相同结论。

例 4.7-3 的系统具有反馈环路，也称闭环系统。若断开系统中的反馈支路，则系统为开环系统。通过以上分析知道，当 k 变化时，闭环系统特征方程的特征根(极点)会随之变化，系统的稳定性也会发生改变。随着闭环系统函数参数 k 的变化，其特征方程的特征根

(极点)在 s 平面移动的路径称根轨迹，如图 4.7-2 就是例4.7-3 系统的根轨迹图。由系统的根轨迹研究系统的稳定性，有其方便之处。但对有若干极点的复杂系统，作根轨迹图并非易事。借助 MATLAB 的程序，可以很方便地利用开环系统函数，作出闭环系统的根轨迹，详见 4.8.9 节。

4.7.4 罗斯稳定性准则

由上面的讨论已知，当 $H(s)$满足稳定系统必要条件时，为判断 $H(s)$极点具体位置，需要求分母多项式 $D(s)$的根。这项工作往往很繁，尤其求高阶系统的特征根不容易。实际上为了判断系统稳定性，不需要解出方程全部根的准确值，只要知道系统是否有正实部或零实部的特征根就可以了。1877 年罗斯提出一种不计算代数方程根的具体值，只判别具有正实部根数目的方法，可以用来判断系统是否稳定。

罗斯准则(判据)：若

$$D(s) = a_n s^n + a_{n-1} s^{n-1} + \cdots + a_1 s + a_0 \tag{4.7-8}$$

则 $D(s)$方程式的根全部位于 s 左半平面的充分必要条件是 $D(s)$多项式的全部系数 a_i 大于零、无缺项、罗斯阵列中第一列数字符号相同。

“罗斯阵列”排写如下：

$$\begin{array}{l|llll}
\text{第 1 行} & a_n & a_{n-2} & a_{n-4} & \cdots \\
\text{第 2 行} & a_{n-1} & a_{n-3} & a_{n-5} & \cdots \\
\text{第 3 行} & b_{n-1} & b_{n-3} & b_{n-5} & \cdots \\
\text{第 4 行} & c_{n-1} & c_{n-3} & c_{n-5} & \cdots \\
\text{第 5 行} & d_{n-1} & d_{n-3} & d_{n-5} & \cdots \\
\vdots & \vdots & \vdots & \vdots & \\
\text{第 } n+1 \text{ 行} & x_{n-1} & 0 & 0 & \cdots
\end{array}$$

其中，罗斯阵列前两行由 $D(s)$多项式的系数构成。第一行由最高次项系数 a_n 及逐次递减二阶的系数得到。其余排在第二行。第三行以后的系数按以下规律计算：

$$b_{n-1} = -\frac{1}{a_{n-1}}\begin{vmatrix} a_n & a_{n-2} \\ a_{n-1} & a_{n-3} \end{vmatrix}; \quad b_{n-3} = -\frac{1}{a_{n-1}}\begin{vmatrix} a_n & a_{n-4} \\ a_{n-1} & a_{n-5} \end{vmatrix}; \cdots$$

$$c_{n-1} = -\frac{1}{b_{n-1}}\begin{vmatrix} a_{n-1} & a_{n-3} \\ b_{n-1} & b_{n-3} \end{vmatrix}; \quad c_{n-3} = -\frac{1}{b_{n-1}}\begin{vmatrix} a_{n-1} & a_{n-5} \\ b_{n-1} & b_{n-5} \end{vmatrix}; \cdots$$

$$d_{n-1} = -\frac{1}{c_{n-1}}\begin{vmatrix} b_{n-1} & b_{n-3} \\ c_{n-1} & c_{n-3} \end{vmatrix}; \quad d_{n-3} = -\frac{1}{c_{n-1}}\begin{vmatrix} b_{n-1} & b_{n-5} \\ c_{n-1} & c_{n-5} \end{vmatrix}; \cdots$$

$$e_{n-1} = -\frac{1}{d_{n-1}}\begin{vmatrix} c_{n-1} & c_{n-3} \\ d_{n-1} & d_{n-3} \end{vmatrix}; \quad e_{n-3} = -\frac{1}{d_{n-1}}\begin{vmatrix} c_{n-1} & c_{n-5} \\ d_{n-1} & d_{n-5} \end{vmatrix}; \cdots$$

$$\vdots$$

依次类推，直至最后一行只剩下一项不为零，共得 $n+1$ 行。即 n 阶系统，罗斯阵列就有 $n+1$ 行。

如果第一列 a_n、a_{n-1}、b_{n-1}、c_{n-1}、d_{n-1}、e_{n-1}、…各元素数字有符号不相同，则符号改

变的次数就是方程具有正实部根的数目。

例 4.7-4 用罗斯准则判断下列方程是否具有正实部的根。

$$D(s) = 2s^4 + s^3 + 12s^2 + 8s + 2$$

解 全部系数大于零，无缺项；$n=4$，排出 $n+1=5$ 行。

罗斯阵列为：

$$\begin{array}{l|ccc}
\text{第 1 行} & 2 & 12 & 2 \\
\text{第 2 行} & 1 & 8 & 0 \\
\text{第 3 行} & -\begin{vmatrix} 2 & 12 \\ 1 & 8 \end{vmatrix} = -4 & -\begin{vmatrix} 2 & 2 \\ 1 & 0 \end{vmatrix} = 2 & 0 \\
\text{第 4 行} & \dfrac{1}{4}\begin{vmatrix} 1 & 8 \\ -4 & 2 \end{vmatrix} = 8.5 & \dfrac{1}{4}\begin{vmatrix} 1 & 0 \\ -4 & 0 \end{vmatrix} = 0 & 0 \\
\text{第 5 行} & -\dfrac{1}{8.5}\begin{vmatrix} -4 & 2 \\ 8.5 & 0 \end{vmatrix} = 2 & 0 & 0
\end{array}$$

第一列数字两次改变符号(从 $1\to-4$；$-4\to8.5$)，所以有两个正实部的根，为非稳定系统。

借助 MATLAB 程序，求出极点并作出系统函数的极点分布图，不难验证上面的结论。

4.8 基于 MATLAB 的复频域分析

4.8.1 拉氏变换的 MATLAB 程序

例 4.8-1 求信号 $e^{-3t}\sin 2t u(t)$ 拉氏变换的 MATLAB 程序。

```
clear;
syms t s
f=exp(-3*t)*sin(2*t);
F_s=laplace(f)
```

答案：

```
F_s=2/((s+3)^2+4)
```

4.8.2 拉氏反变换的 MATLAB 程序

例 4.8-2 求例 4.3-4 的拉氏反变换 MATLAB 程序及结果为

```
clear;
syms s t
F=(s-2)/(s^4+ 3*s^3+3* s^2+s)
f_t=ilaplace(F)
```

答案：

```
f_t=-2+3/2*t^2*exp(-t)+2*t*exp(-t)+2*exp(-t)
```

例 4.8-3 求例 4.3-2 的拉氏反变换 MATLAB 程序及结果为

```
clear;
```

```
syms s t
F=(s^3+5*s^2+9*s+7)/(s^2+3*s+2)
f_t=ilaplace(F)
```

答案：

```
f_t=Dirac(1, t)+2*Dirac(t)-exp(-2*t)+2*exp(-t)
```

4.8.3 部分分式展开的 MATLAB 程序

例 4.8-4 求例 4.3-2 部分分式展开的 MATLAB 程序及结果为

```
b=[1 5 9 7];            %分子系数
a=[0 1 3 2];            %分母系数
[r,p,k]=residue(b,a) %留数运算，其中 r 是系数，p 是极点，k 是直接项
```

答案：

```
r =-1
    2
p =-2
   -1
k =1    2
```

对应的 $F(s)=s+2-\frac{1}{s+2}+\frac{2}{s+1}$。

例 4.8-5 求例 4.3-4 部分分式展开的 MATLAB 程序及结果为

```
b=[0 0 0 1 -2];          %分子系数
a=[1 3 3 1 0];           %分母系数
[r,p,k]=residue(b,a)     %留数运算，其中 r 是系数，p 是极点，k 是直接项
```

答案：

```
r =   2.0000
      2.0000
      3.0000
     -2.0000
p =-1.0000
   -1.0000
   -1.0000
         0
```

对应的 $F(s)=\frac{2}{s+1}+\frac{2}{(s+1)^2}+\frac{3}{(s+1)^3}-\frac{2}{s}$。

例 4.8-6 求解例 4.4-1 零状态响应的 MATLAB 程序如下：

```
clear;
b=[1];a=[1 3 2];
[A B C D]=tf2ss(b,a);
sys=ss(A,B,C,D);
```

```
t=0:0.01:10;
f=-2*exp(-t);
zi=[0 0];
y=lsim(sys,f,t,zi);
plot(t,y);grid;
xlabel('时间(t)');
ylabel('y(t)');
title('系统的零状态响应');
```

结果如图 4.8-1 所示。

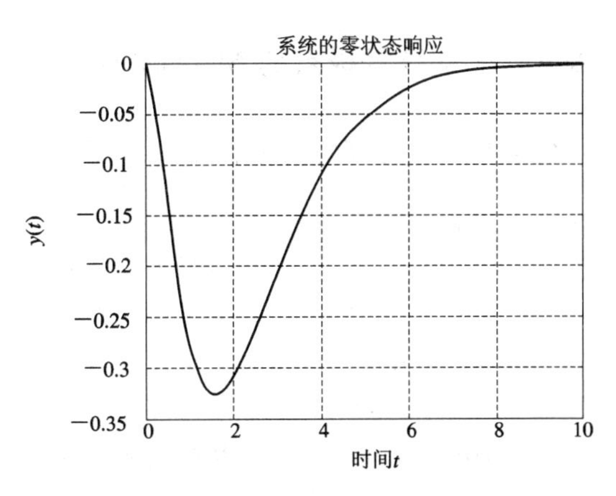

图 4.8-1 例 4.4-1 系统零状态响应

例 4.8-7 求解例 4.4-2 零输入响应的 MATLAB 程序如下：

```
clear;
b=[1];a=[1 3 2];
[A B C D]=tf2ss(b,a);
sys=ss(A,B,C,D);
t=0:0.01:10;
f=0*t;
zi=[2 1];
y=lsim(sys,f,t,zi);
plot(t,y);grid;
xlabel('时间(t)');
ylabel('y(t)');
title('系统的零输入响应');
```

结果如图 4.8-2 所示。

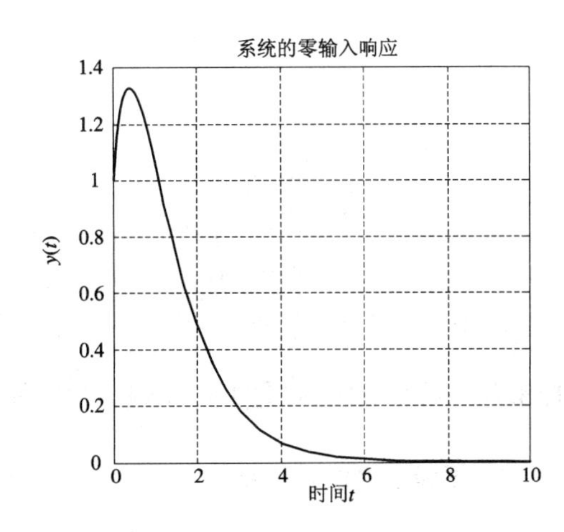

图 4.8-2 例 4.4-2 系统零输入响应

例 4.8-8 求解例 4.4-3 全响应的 MATLAB 程序如下：

```
clear;
b=[1];a=[1 3 2];
[A B C D]=tf2ss(b,a);
sys=ss(A,B,C,D);
t=0:0.01:10;
f=-2*exp(-t);
zi=[2 1];
y=lsim(sys,f,t,zi);
plot(t,y);grid;
xlabel('时间(t)'); ylabel('y(t)');
title('系统的全响应');
```

结果如图 4.8-3 所示。

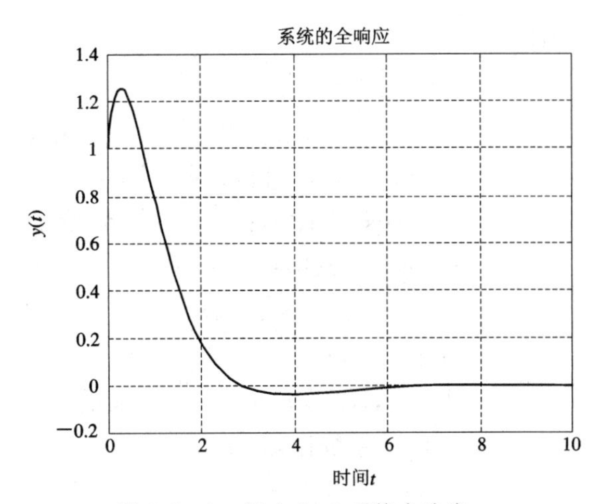

图 4.8-3 例 4.4-3 系统全响应

4.8.4 求系统零极点的 MATLAB 程序

例 4.8-9 计算例 4.5-2 $H(s)=\dfrac{s^3-2s^2+2s}{s^4+2s^3+5s^2+8s+4}$ 的零、极点并绘出零、极点图的 MATLAB 程序。

```
a=[1 2 5 8 4];   %分母多项式系数
b=[0 1 -2 2 0];%分子多项式系数
r1=roots(a)      %求极点
r2=roots(b)      %求零点
pzmap(b,a)       %系统的零、极点图
```

答案:

```
r1 =   0.0000+2.0000i
       0.0000-2.0000i
      -1.0000+0.0000i
      -1.0000-0.0000i
r2 =0
       1.0000+1.0000i
       1.0000-1.0000i
```

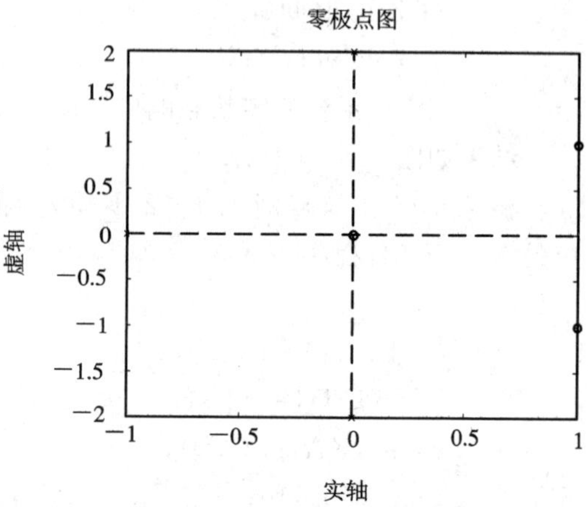

图 4.8-4 例 4.5-2 系统极、零点图

结果如图 4.8-4 所示。

4.8.5 系统频响作图的 MATLAB 程序

1. 振幅、相位频响特性

例 4.8-10 计算例 4.5-2 $H(s)=\dfrac{s^3-2s^2+2s}{s^4+2s^3+5s^2+8s+4}$ 的频响特性的 MATLAB 程序。

```
a=[1 2 5 8 4];                %分母多项式系数
b=[0 1 -2 2 0];               %分子多项式系数
w=logspace(-1,1);
h=freqs(b,a,w);               %系统频响
Hmag=abs(h);                  %振幅特性
Hpah=angle(h). * 180/pi;      %相位特性
subplot(2,1,1);               %作振幅图
plot(w,Hmag);title('H(s)频响');
ylabel('系统振幅');
subplot(2,1,2);               %作相位图
plot(w,Hpah);xlabel('频率');
ylabel('系统相位');
```

结果如图 4.8-5 所示。

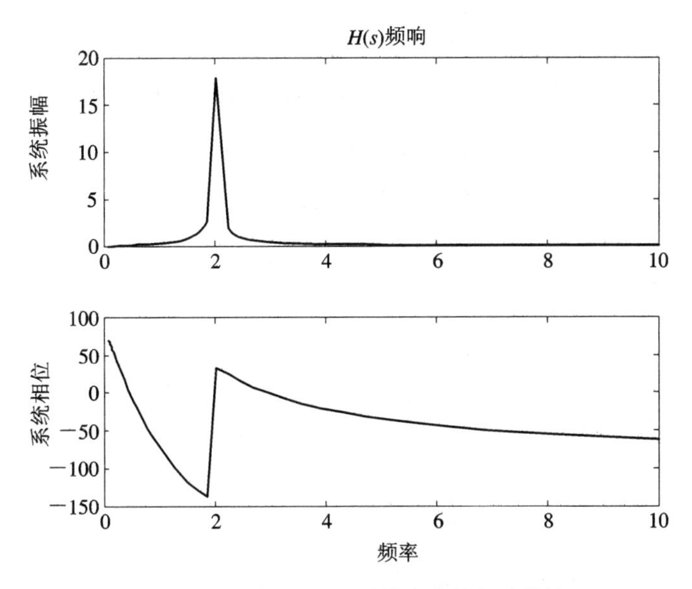

图 4.8-5　例 4.5-2 系统函数的频响特性

2. 对数坐标的频响特性

例 4.8-11　计算例 4.5-2 $H(s)=\dfrac{s^3-2s^2+2s}{s^4+2s^3+5s^2+8s+4}$ 的对数坐标频响特性的 MATLAB程序。

```
a=[1 2 5 8 4];              %分母多项式系数
b=[0 1 -2 2 0];             %分子多项式系数
freqs(b,a)                  %系统频响
```

结果如图 4.8-6 所示。

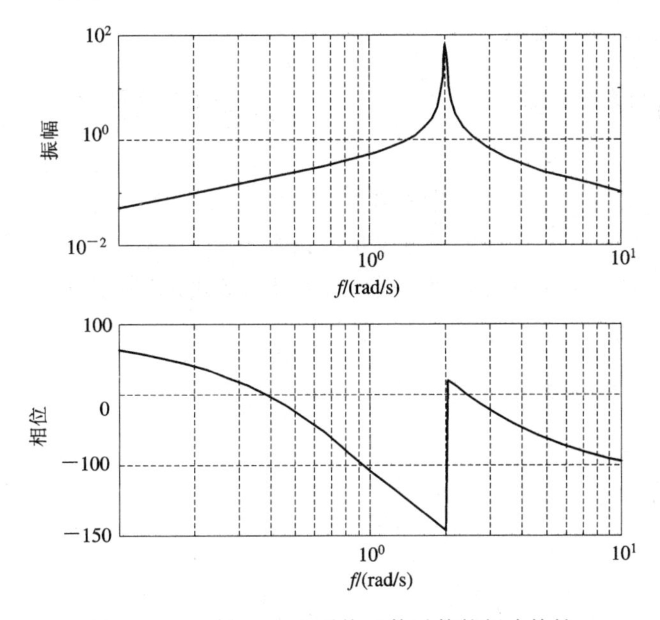

图 4.8-6　例 4.5-2 系统函数对数的频响特性

3. 波特图

例 4.8-12 计算例 4.5-2 $H(s)=\dfrac{s^3-2s^2+2s}{s^4+2s^3+5s^2+8s+4}$ 的波特图的 MATLAB 的程序为

```
a=[1 2 5 8 4];        %分母多项式系数
b=[0 1 -2 2 0];       %分子多项式系数
bode(b,a)             %系统波特图
```

结果如图 4.8-7 所示。

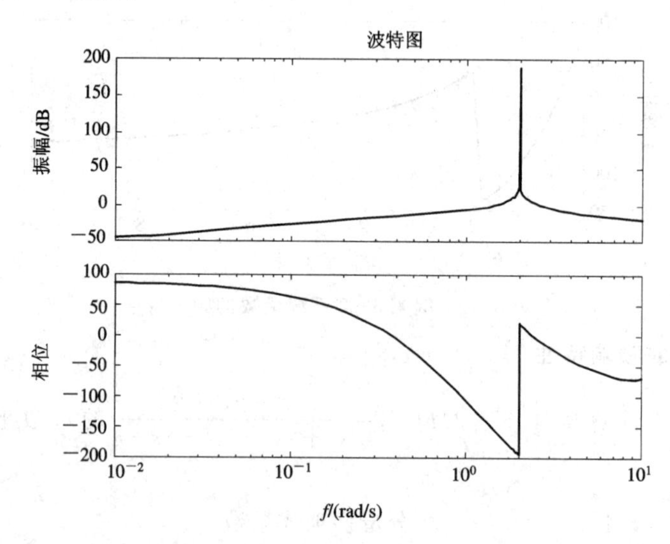

图 4.8-7 例 4.5-2 系统函数的波特图

4.8.6 系统模拟的 MATLAB 程序

1. 变直接形式为级联形式

例 4.8-13 将系统函数 $H(s)=\dfrac{s^2+2s}{s^3+8s^2+19s+12}$ 变为级联形式的 MATLAB 程序及结果为

```
b=[0 1 2 0];            %分子多项式系数
a=[1 8 19 12];          %分母多项式系数
[B,A,k]=tf2zp (b,a)     %变直接形式为级联形式，B为零点，A为极点，k为系数
```

答案：

```
B =    0
      -2
A =  -4.0000
     -3.0000
     -1.0000
k =    1
```

即级联形式的系统函数为 $H(s)=\dfrac{s(s+2)}{(s+1)(s+3)(s+4)}$。

2. 变直接形式为并联形式

例 4.8-14 将系统函数 $H(s)=\frac{s^2+2s}{s^3+8s^2+19s+12}$ 变为并联形式的 MATLAB 程序及结果为

```
b=[0 1 2 0];          %分子多项式系数
a=[1 8 19 12];        %分母多项式系数
[r,p,k]=residue (b,a)%r 是部分分式分子系数；p 是部分分式的极点；k 是直接项
```

答案：

```
r =   2.6667
     -1.5000
     -0.1667
p =-4.0000
     -3.0000
     -1.0000
k =[]
```

即并联形式的系统函数为

$$H(s)=\frac{2.6667}{s+4}-\frac{1.5}{s+3}-\frac{0.1667}{s+1}=\frac{8/3}{s+4}-\frac{1.5}{s+3}-\frac{1/6}{s+1}$$

3. 变级联形式为直接形式

例 4.8-15 $H(s)=\frac{s(s+2)}{(s+1)(s+3)(s+4)}$ 变为直接形式的 MATLAB 程序及结果为

```
B =[0;-2];
A =[-4; -3;-1];
k = [1];
[b,a]= zp2tf (B,A,k)
```

答案：

```
b = 0    1    2     0
a = 1    8    19    12
```

即变换后的系统函数为 $H(s)=\frac{s^2+2s}{s^3+8s^2+19s+12}$。

4. 变并联形式为直接形式

例 4.8-16 将系统函数 $H(s)=\frac{8/3}{s+4}-\frac{1.5}{s+3}-\frac{1/6}{s+1}$ 变为直接形式的 MATLAB 程序及结果为

```
r =[8/3;-1.5000;-1/6];
p =[-4.0000;-3.0000;-1.0000];
k = [];
[b,a]=residue (r,p,k) %r 是部分分式分子系数；p 是部分分式的极点；k 是直接项
```

答案：

```
b =1.0000    2.0000    0
```

a =1　8　19　12

即变换后的系统函数为 $H(s)=\dfrac{s^2+2s}{s^3+8s^2+19s+12}$。

4.8.7　反馈系统的 MATLAB 程序

例 4.8-17　已知某反馈系统的开环系统函数及反馈系统函数分别为 $H_1(s)=\dfrac{s^2+4s+3}{s^2+5s+1}$，$H_2(s)=\dfrac{2(s+3)}{s+1}$，利用 MATLAB 求闭环系统传递函数的程序与结果为

```
b1=[1 4 3];          %第一个子系统的分子系数;
a1=[1 5 1];          %第一个子系统的分母系数;
b2=[2 6];            %第二个子系统的分子系数;
a2=[1 1];            %第二个子系统的分母系数;
[b,a]=feedback(b1,a1,b2,a2)    %反馈系统的分子、分母系数;
```

答案：

```
b = 1    5    7    3
a = 3   20   36   19
```

即

$$H(s)=\frac{s^3+5s^2+7s+3}{3s^3+20s^2+36s+19}$$

4.8.8　根轨迹的 MATLAB 程序

例 4.8-18　已知某系统的开环传递函数为 $H(s)=\dfrac{2s^2+5s+1}{s^2+2s+3}$，绘制其根轨迹的 MATLAB 程序如下：

```
b =[2 5 1];       %开环分子多项式系数
a =[1 2 3];       %开环分母多项式系数
rlocus(b,a);      %根轨迹
title('例 4.8-18根轨迹')
```

根轨迹如图 4.8-8 所示。

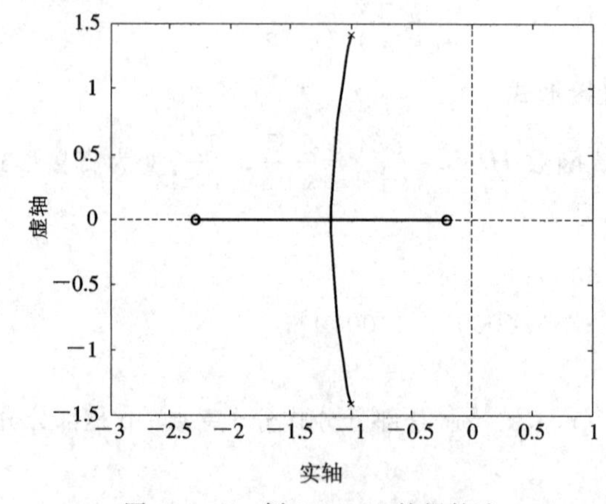

图 4.8-8　例 4.8-18 的根轨迹

习　　题

4-1　求下列函数的单边拉普拉斯变换，有条件的可用 MATLAB 验证。

(1) $f(t)=1-\mathrm{e}^{-at}$；　(2) $f(t)=\sin t+2\cos t$；

(3) $f(t)=t^2+2t$；　(4) $f(t)=2\delta(t)-3\mathrm{e}^{-7t}$；

(5) $f(t)=\cos^2\omega t$；　(6) $f(t)=\dfrac{1}{\beta-\alpha}(\mathrm{e}^{-\alpha t}-\mathrm{e}^{-\beta t})$；

(7) $f(t)=\cos(2\,t+45^\circ)u(t)$；　(8) $f(t)=\sin(\omega_1 t)\cos(\omega_2 t)u(t)$；

(9) $f(t)=1+6t+5\mathrm{e}^{-4t}$；　(10) $f(t)=\int_{0_-}^{t}\mathrm{e}^{-a\tau}\mathrm{d}\tau$。

4-2　求下列函数的单边拉氏变换，有条件的可用 MATLAB 验证。

(1) $f(t)=2\delta(t-t_0)+3\delta(t)$；　(2) $f(t)=u(t)-2u(t-1)+u(t-2)$；

(3) $f(t)=u(t+1)-u(t-1)$；　(4) $f(t)=tu(t-2)$。

4-3　求下列函数的单边拉氏变换，有条件的可用 MATLAB 验证。

(1) $f(t)=t\mathrm{e}^{-2t}$；　(2) $f(t)=\mathrm{e}^{-t}\sin 2t$；

(3) $f(t)=(1+2t)\mathrm{e}^{-t}$；　(4) $f(t)=\mathrm{e}^{-\beta t}(1-\cos\alpha t)$；

(5) $f(t)=\mathrm{e}^{-at}\sinh(\beta t)$；　(6) $f(t)=\mathrm{e}^{-(a+t)}\cos\omega t$；

(7) $f(t)=\mathrm{e}^{-t}[u(t)-u(t-2)]$；　(8) $f(t)=\mathrm{e}^{-t}\sin 2t\,u(t)$；

(9) $f(t)=t\mathrm{e}^{-at}\sin tu(t)$；　(10) $f(t)=\sin tu(t)+\mathrm{e}^{-t}\sin atu(t)$；

(11) $f(t)=\mathrm{e}^{-t}\cos\omega_0 tu(t)$；　(12) $f(t)=5t\mathrm{e}^{-3t}u(t)$。

4-4　已知 $f(t)\leftrightarrow F(s)$，求：

(1) $f_1(t)=\mathrm{e}^{-t/a}f(t/a)$的像函数 $F_1(s)$；　(2) $f_2(t)=\mathrm{e}^{-at}f(t/a)$的像函数 $F_2(s)$。

4-5　计算下列函数的单边拉氏变换。

(1) $f(t)=t\mathrm{e}^{-(t-2)}u(t-1)$；　(2) $f(t)=t\cos^3 3t$；　(3) $f(t)=t^2\cos 2t$；

(4) $f(t)=\dfrac{1-\mathrm{e}^{-at}}{t}$；　(5) $f(t)=\dfrac{\mathrm{e}^{-3t}-\mathrm{e}^{-5t}}{t}$；　(6) $f(t)=\dfrac{1}{t}\sin at$。

4-6　计算题 4-6 图所示各信号的拉氏变换。

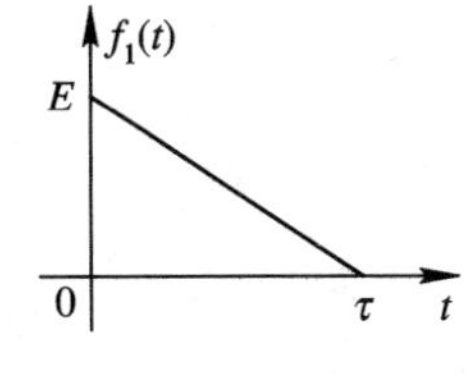

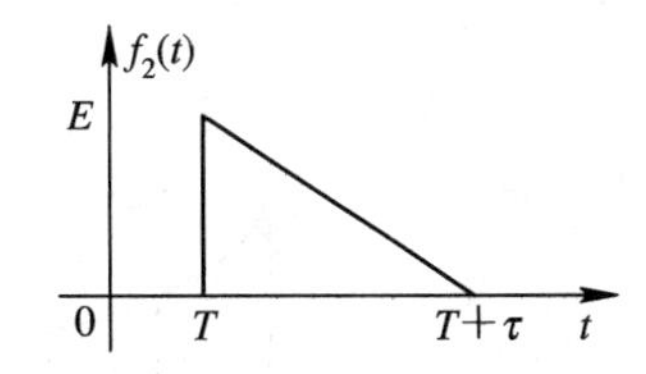

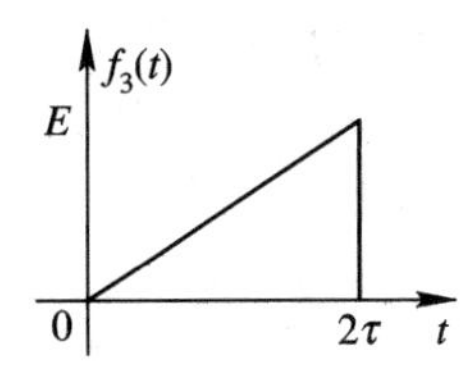

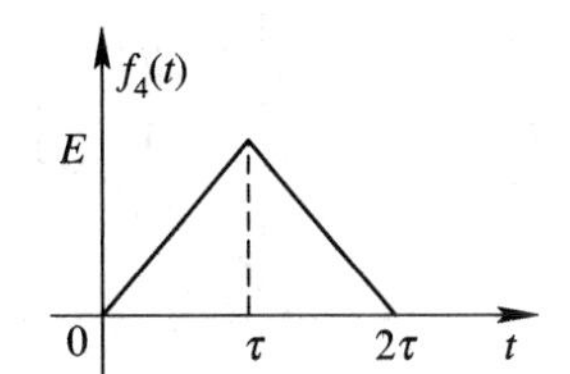

题 4-6 图

4－7　计算题 4－7 图所示信号的单边拉氏变换。

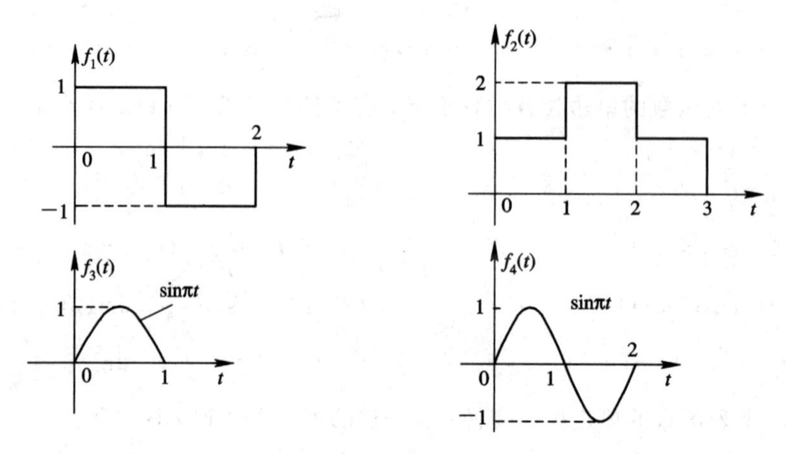

题 4－7 图

4－8　求题 4－8 图所示各信号的拉普拉斯变换。

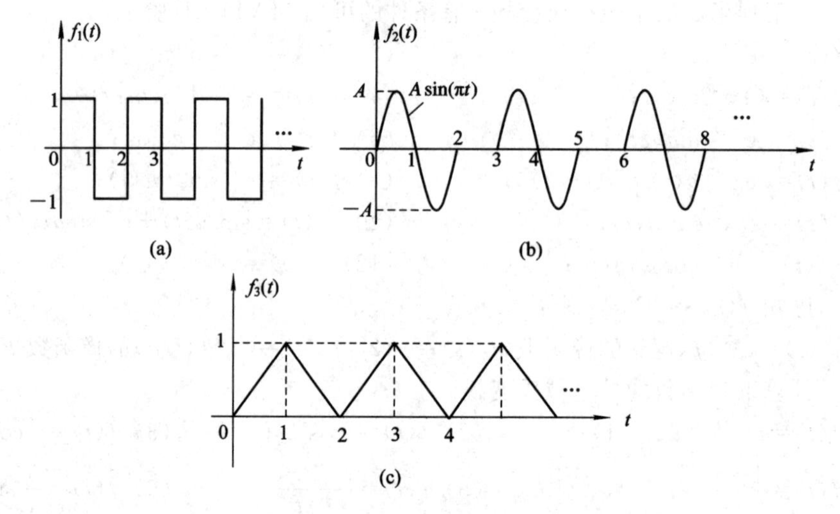

题 4－8 图

4－9　计算题 4－9 图所示信号的拉氏变换。

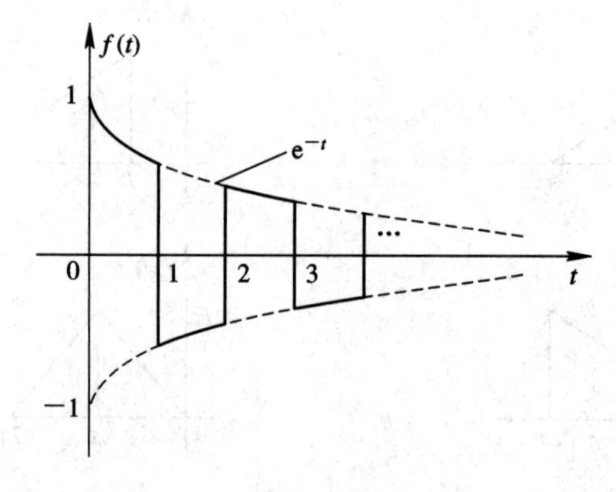

题 4－9 图

4-10　计算下列函数的单边拉普拉斯反变换，有条件的可用 MATLAB 验证。

(1) $F(s)=\dfrac{2s+5}{s^2+7s+12}$；　(2) $F(s)=\dfrac{2s+6}{s(s+2)}$；

(3) $F(s)=\dfrac{2s-1}{s^2-s-2}$；　(4) $F(s)=\dfrac{s+2}{s^2+2s+2}$；

(5) $F(s)=\dfrac{1-\mathrm{e}^{-4s}}{5s^2}$；　(6) $F(s)=\dfrac{1}{(s+a)^2+b^2}$；

(7) $F(s)=\dfrac{2(s^2+3)}{(s+2)(s^2+2s+5)}$；　(8) $F(s)=\dfrac{s^3+s^2+1}{(s+2)(s+1)}$；

(9) $F(s)=\dfrac{\mathrm{e}^{-s}+\mathrm{e}^{-2s}+1}{(s+2)(s+1)}$；　(10) $F(s)=\dfrac{\mathrm{e}^{-(s-1)}+2}{(s-1)^2+1}$；

(11) $F(s)=\dfrac{s^2+s+1}{s^2+1}$；　(12) $F(s)=\dfrac{s\mathrm{e}^{-s}+2s+9}{s(s^2+9)}$；

(13) $F(s)=\dfrac{s+1}{s(s^2+4)}$。

4-11　计算下列函数的单边拉普拉斯反变换，有条件的可用 MATLAB 验证。

(1) $F(s)=\dfrac{1}{s^3}$；　(2) $F(s)=\dfrac{1-\mathrm{e}^{-as}+\mathrm{e}^{-2as}}{s^2}$；

(3) $F(s)=\dfrac{s^2}{(s+1)^2}$；　(4) $F(s)=\dfrac{2}{(s+1)^2}$；

(5) $F(s)=\dfrac{3s}{(s+1)^2}$；　(6) $F(s)=\dfrac{s}{(s^2+a^2)^2}$。

4-12　计算下列函数的单边拉普拉斯反变换。

(1) $F(s)=\dfrac{1}{1+\mathrm{e}^{-s}}$；　(2) $F(s)=\dfrac{s(1-\mathrm{e}^{-s})}{s^2+\pi^2}$；

(3) $F(s)=\ln\dfrac{s}{s+9}$；　(4) $F(s)=\dfrac{1}{s(1+\mathrm{e}^{-s})}$。

4-13　试用时域卷积定理计算卷积 $\mathrm{e}^{-at}u(t)*\mathrm{e}^{-bt}u(t)$。

4-14　求下列 $F(s)$ 反变换的初值 $f(0_+)$ 与终值 $f(\infty)$：

(1) $F(s)=\dfrac{s+6}{(s+2)(s+3)}$；

(2) $F(s)=\dfrac{s+3}{(s+1)^2(s+2)}$；

(3) $F(s)=\dfrac{1}{(s+1)^3}$。

4-15　若 $f(t)\leftrightarrow F(s)$，$F(s)=\dfrac{b_m(s-1)}{s(s+1)}$，且 $f(\infty)=10$，求 b_m。

4-16　如已知的系统函数 $H(s)=\dfrac{2s+3}{s^2+2s+5}$，计算输入 $f(t)=u(t)$时，零状态响应的初值 $y_{zs}(0_+)$和终值 $y_{zs}(\infty)$。

4-17　直接用拉氏变换求解下列微分方程。

(1) $y''(t)+3y'(t)+2y(t)=2\mathrm{e}^{-t}u(t)$　$y(0)=1$，$y'(0)=2$

(2) $\begin{cases} y_1'(t)+y_1(t)+2y_2(t)=120\delta(t) \\ -2y_1(t)+y_2'(t)+5y_2(t)=0 \end{cases}$　$y_1(0)=y_2(0)=0$

4-18　某线性系统的微分方程为 $y''(t)+5y'(t)+6y(t)=3f(t)$。

(1) 输入 $f(t)=u(t)$，$y(0)=1$，$y'(0)=-1$；

(2) 输入 $f(t)=\mathrm{e}^{-t}u(t)$，$y(0)=0$，$y'(0)=1$。

试计算系统全响应 $y(t)$。

4-19　某线性时不变系统输入单位阶跃信号时的阶跃响应 $g(t)=(1-\mathrm{e}^{-2t})u(t)$，求使输出为 $y_{zs}(t)=(1-\mathrm{e}^{-2t}+t\mathrm{e}^{-2t})u(t)$ 的输入信号 $f(t)$。

4-20　某线性时不变系统，输入 $f(t)=\mathrm{e}^{-t}u(t)$ 时，输出 $y_{zs}(t)=(\mathrm{e}^{-t}-\mathrm{e}^{-2t}+\mathrm{e}^{-3t})u(t)$，试求系统的单位冲激响应 $h(t)$。

4-21　某线性时不变系统在相同的初始条件下，输入为 $f_1(t)=\delta(t)$ 时，完全响应为 $y_1(t)=\delta(t)+\mathrm{e}^{-t}u(t)$；输入为 $f_2(t)=u(t)$ 时，完全响应 $y_2(t)=3\mathrm{e}^{-t}u(t)$；求在相同的初始条件下，输入为下列信号时的完全响应：

(1) $f_3(t)=\mathrm{e}^{-2t}u(t)$；

(2) $f_4(t)=tu(t-1)$。

4-22　某系统的系统方程为 $y''(t)+5y'(t)+6y(t)=f''(t)+3f'(t)+2f(t)$，$f(t)=(1-\mathrm{e}^{-t})u(t)$ 时，全响应 $y(t)=\left(4\mathrm{e}^{-2t}-\dfrac{4}{3}\mathrm{e}^{-3t}+\dfrac{1}{3}\right)$，$t\geqslant 0$，试计算系统零输入响应的初始条件 $y(0)$，$y'(0)$。

4-23　如题4-23图所示电路，在 $t=0$ 以前已处于稳定状态。开关由“1”扳到“2”，计算电容电压 $v_C(t)$。

4-24　如题4-24图所示电路，在 $t=0$ 以前已处于稳定状态。开关由“1”扳到“2”，计算电感电压 $v_L(t)$。

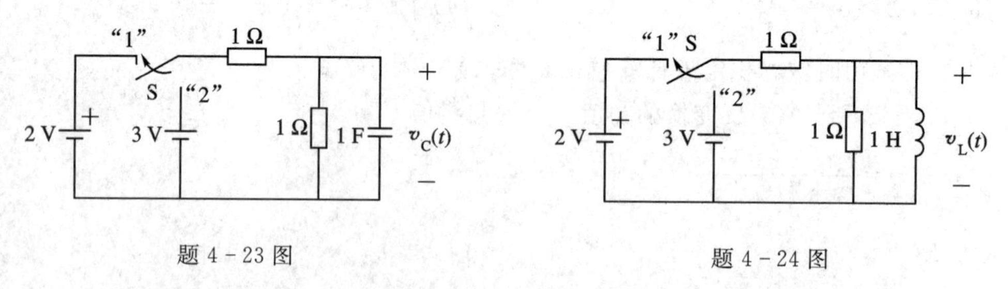

题4-23图　　题4-24图

4-25　计算如题4-25图所示电路在下列情况下 $v_L(t)$ 的零状态分量，其中，$f(t)=u(t)$。

(1) $L=0.1$ H，$C=0.1$ F，$R=0.5$ Ω；(2) $L=0.1$ H，$C=0.1$ F，$R=\dfrac{1}{1.2}$ Ω。

4-26　某电压放大器电路如题4-26图所示，输入端阻抗为无穷大，输出端阻抗为零。输出 $v_0(t)$ 与差分输入 $v_1(t)$ 和 $v_2(t)$ 之间满足关系式 $v_0(t)=A[v_2(t)-v_1(t)]$，求系统传输函数 $H(s)=\dfrac{V_0(s)}{V_1(s)}$。

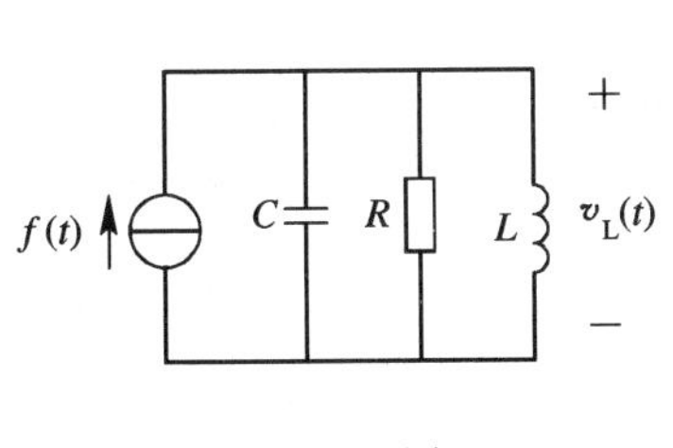

题 4-25 图

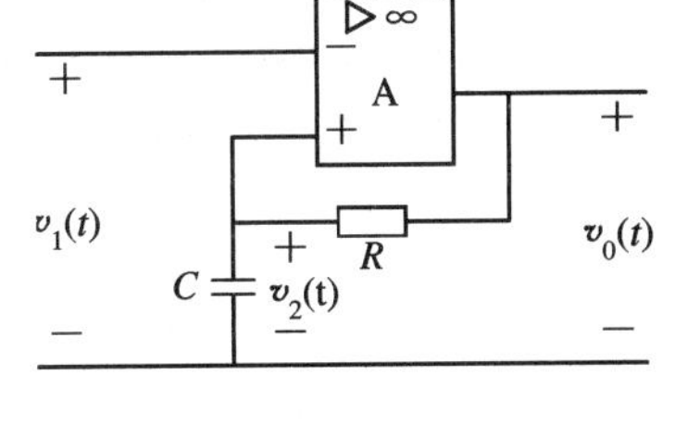

题 4-26 图

4-27　如题 4-27 图所示电路，已知在 $t<0$ 时电路处于稳态。开关 S 在 $t=0$ 瞬间断开，试求换路后 s 域等效电路以及电感电压 $v_L(t)$。

4-28　如题 4-28 图所示电路，已知在 $t<0$ 时电路处于稳态。开关 S_1 和 S_2 在 $t=0$ 瞬间断开，试求换路后的输出电压 $v_2(t)$及电流 $i_2(t)$。

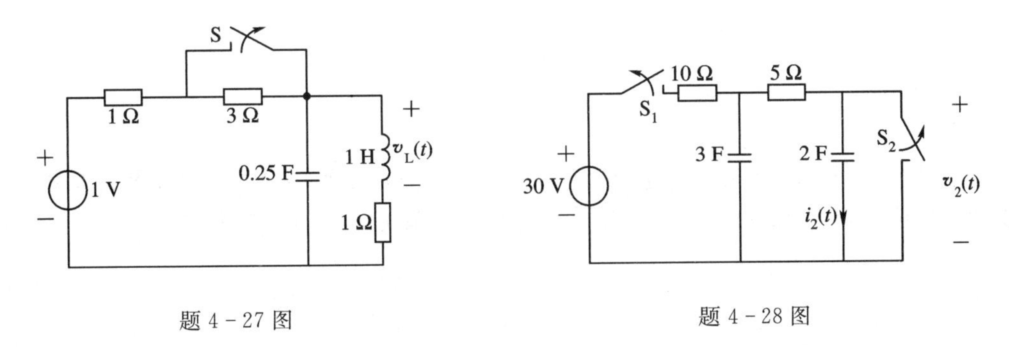

题 4-27 图　　　　题 4-28 图

4-29　题 4-29 图所示为一集成运放电路。

(1) 计算系统传输函数 $H(s)$；

(2) 计算单位阶跃响应 $g(t)$。

4-30　求题 4-30 图所示网络的电压转移函数，在 s 平面示出其零极点分布，若激励信号 $v_1(t)$为冲激函数 $\delta(t)$，求响应 $v_2(t)$。

4-31　某系统的系统函数 $H(s)$的零极点如题 4-31 图所示。已知该系统函数 $s\to\infty$ 的极限$\lim\limits_{s\to\infty}H(s)=-1$，试求激励 $f(t)=e^{-t}u(t)$时系统的零状态响应。

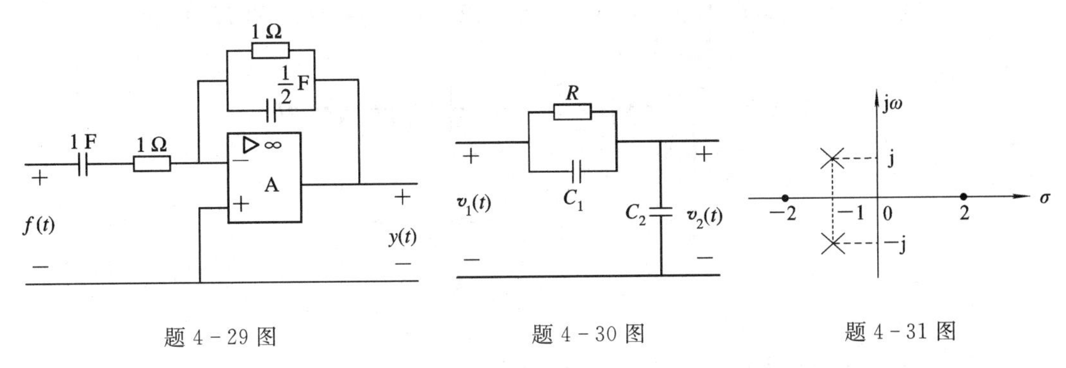

题 4-29 图　　　　题 4-30 图　　　　题 4-31 图

4-32　题 4-32 图所示出某系统的零极图，且 $h(0)=1$，试计算单位冲激响应，有条件的用 MATLAB 作系统频响。

4－33　某系统的零极图如题4－33图所示，且单位冲激响应 $h(t)$ 的初值 $h(0_+)=5$。

(1) 试写出该系统的系统函数 $H(s)$；

(2) 判断是否为全通或最小相位系统。有条件的用 MATLAB 作系统频响。

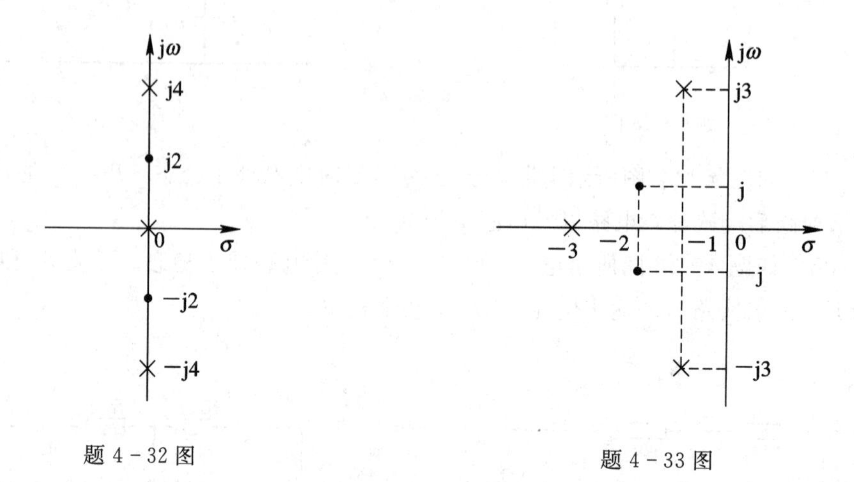

题4－32图　　　　题4－33图

4－34　两个系统的零极图如题4－34图所示，判断是否为全通或最小相位系统。若是非最小相位系统，绘出可组成最小相移系统与全通系统的零、极点图。

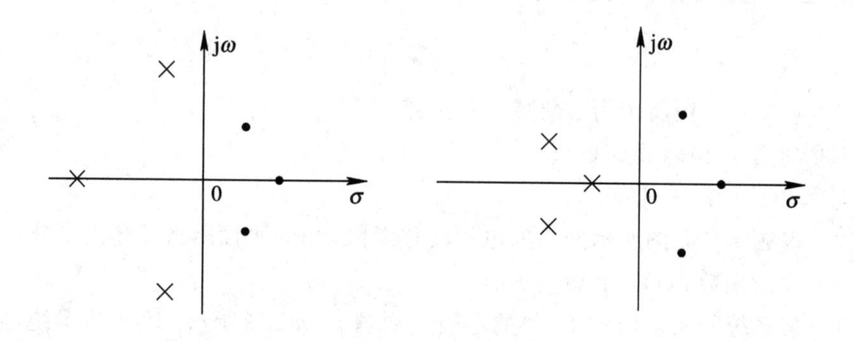

题4－34图

4－35　已知系统模拟图如题4－35图所示，求 $\omega=\sqrt{3}$ rad/s 时的 $H(\mathrm{j}\omega)$ 值。

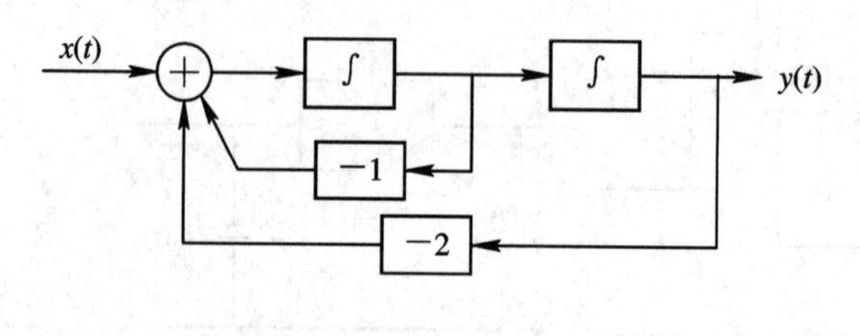

题4－35图

4－36　已知系统模拟图如题4－36图所示，求 $\omega=\sqrt{3}$ rad/s 时的 $H(\mathrm{j}\omega)$ 值。

4－37　如题4－37图所示理想放大器系统，试求：

(1) 系统传输函数 $H(s)=\dfrac{V_2(s)}{V_1(s)}$;

(2) 零极点分布图;

(3) 粗略画出系统幅频特性图。

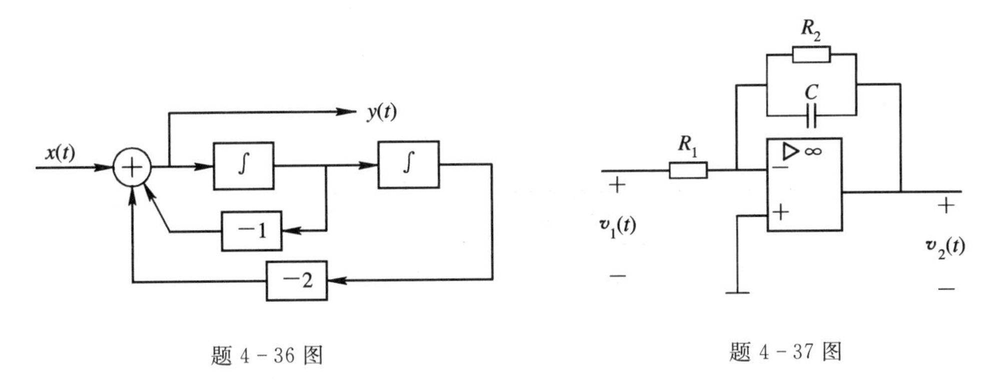

题 4-36 图　　　　题 4-37 图

4-38　已知系统的系统函数为 $F(s)=\dfrac{s^3}{(s+1)(s+2)(s+3)}$,试分别用级联、并联和直接形式画出系统模拟图及流图。

4-39　已知系统函数如下,分别画出直接型、级联型、并联型模拟图及流图。

(1) $H(s)=\dfrac{5(s+1)}{s(s+2)(s+5)}$;

(2) $H(s)=\dfrac{2s+3}{(s+2)^2(s+3)}$;

(3) $H(s)=\dfrac{5s^2+s+1}{s^3+s^2+s}$。

4-40　已知系统的模拟图如题 4-40 图所示,若 $f(t)=u(t)$,试求系统的零状态响应 $y(t)$。

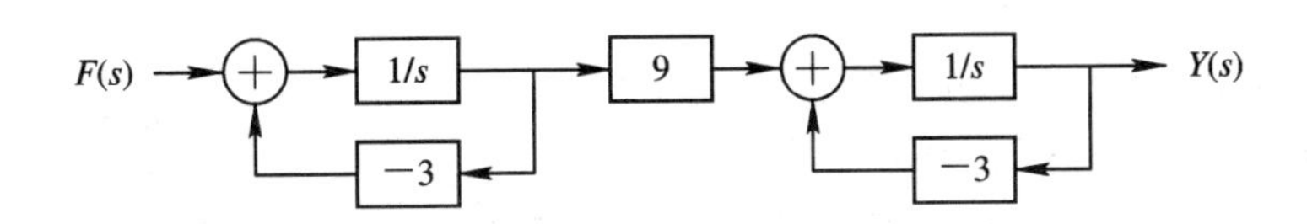

题 4-40 图

4-41　某系统如题 4-41 图所示,试计算其系统函数 $H(s)=\dfrac{Y(s)}{F(s)}$。

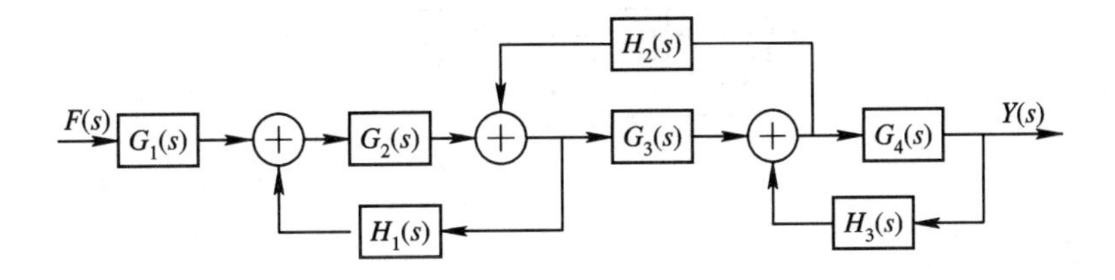

题 4-41 图

4 - 42　试计算如题 4 - 42 图所示各系统的系统函数 $H(s)=\dfrac{Y(s)}{F(s)}$。

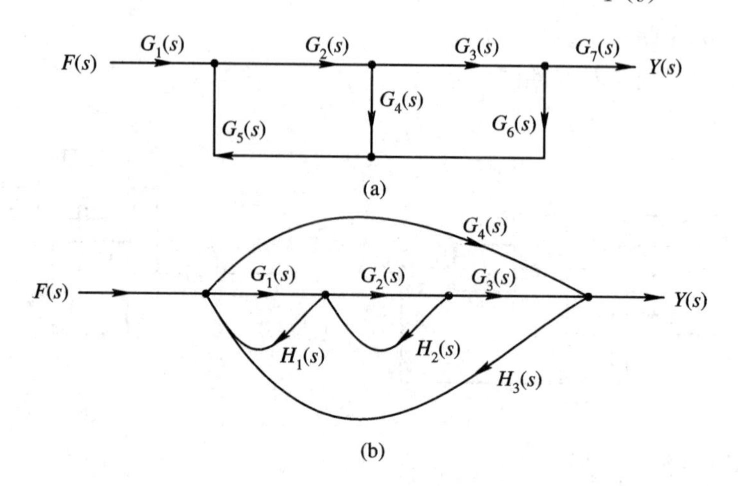

题 4 - 42 图

4 - 43　先计算题 4 - 43 图所示系统的 $H(s)=\dfrac{Y(s)}{F(s)}$，再作系统的模拟图(任选一种形式)。

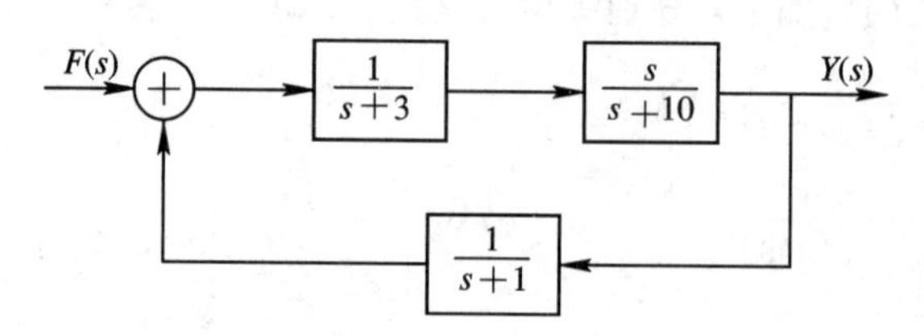

题 4 - 43 图

4 - 44　试应用罗斯准则，确定下列多项式是否有位于右半开平面的根。

(1) $D(s)=s^5+s^4+20s^2+s+2$；

(2) $D(s)=s^4+s^3+s^2+10s+10$；

(3) $D(s)=8s^4+2s^3+2s^2+s+5$。

4 - 45　某反馈系统如题 4 - 45 图所示，试判断在下列情况下使系统稳定的 k 的取值范围。

$$H_1(s)=\frac{s}{(s+2)^2},\ H_2(s)=k,\ \beta(s)=1$$

题 4 - 45 图

4 - 46　某反馈系统如题 4 - 46 图所示，在 $y(t)=2f(t)$ 的情况下试求：

(1) $G(s)$；

(2) 若 $G(s)$ 是稳定系统的系统函数，确定 k 的取值范围。

4－47 某反馈系统如题 4－47 图所示，试求：

(1) 系统函数 $H(s)=\frac{Y(s)}{F(s)}$；

(2) 确定使系统稳定的 k 的取值范围；

(3) 临界稳定时的系统冲激响应 $h(t)$。

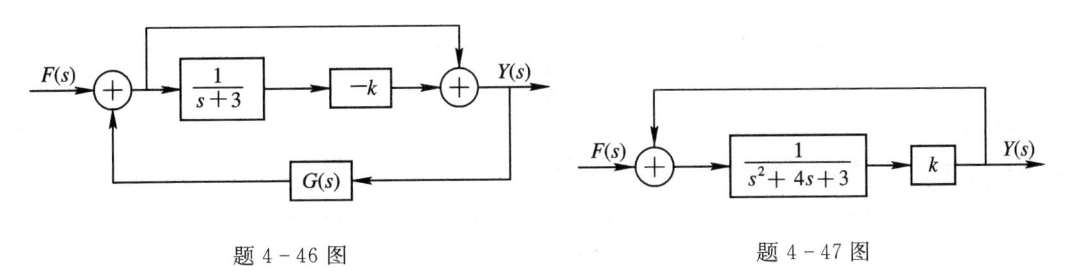

题 4－46 图　　　　题 4－47 图

4－48 某反馈系统如题 4－48 图所示，试求：

(1) 系统函数 $H(s)=\frac{Y(s)}{F(s)}$；

(2) 确定使系统稳定的 k 的取值范围；

(3) 临界稳定时的系统冲激响应 $h(t)$。

4－49 某反馈系统如题 4－49 图所示，$kv_2(t)$是受控源。试求：

(1) 系统函数 $H(s)=\frac{V_0(s)}{V_1(s)}$；

(2) 确定使系统稳定的 k 的取值范围。

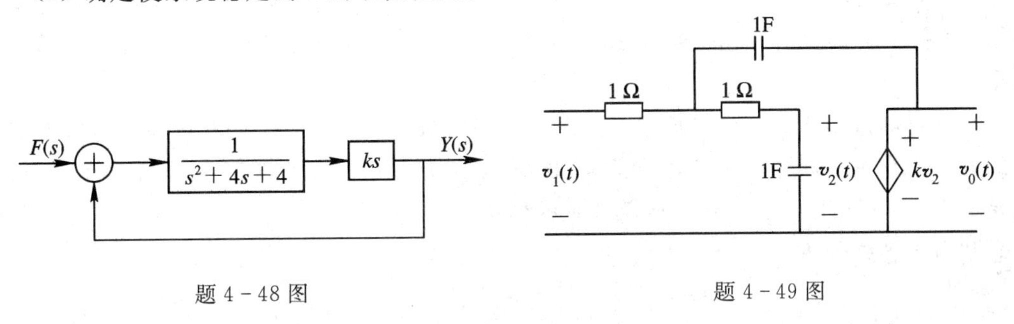

题 4－48 图　　　　题 4－49 图

4－50 电路如题 4－50 图所示，确定使系统稳定工作放大器的放大系数 A 的取值范围。设放大器的输入阻抗为无限大，输出阻抗为零。

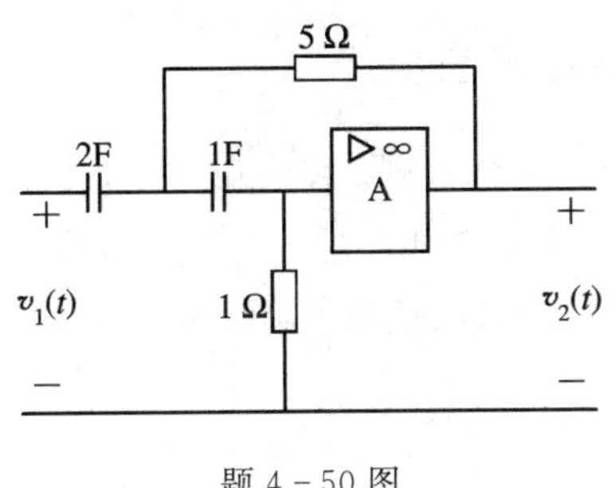

题 4－50 图

第5章 离散时间系统的时域分析

随着计算机科学技术的迅猛发展及广泛应用，在信号系统分析中，有关离散系统(主要是数字信号处理系统)的理论与应用越来越重要，并已自成体系。与连续时间系统相比，离散系统的主要优点有：

(1) 精度高。离散系统的精度高，更确切地说是精度可控制，因为精度取决于系统的字长(位数)。字长越长，精度越高。根据实际情况适当改变字长，可以获得所要求的精度。

(2) 灵活。数字处理系统的性能主要由各乘法器的系数决定。只要改变乘法器的系数，系统的性能就改变了，这对一些自适应系统尤为合适。

(3) 稳定性和可靠性好。离散系统的基本运算是加、乘法，采用的是二进制(非1即0)，所以工作稳定，受环境影响小，抗干扰能力强，且数据可以存储。

(4) 集成化程度高，体积小，重量轻，功耗低，功能强，成本越来越低。

由于以上优点，离散系统在通信、交通、航空航天、生物医学、地震、遥感等方面得到了广泛应用，使得“数字化”正不动声色地渗透到社会及人们日常生活的方方面面。面对数字化的浪潮，有人提出了“数字地球”、“数字化世界”的概念，甚至有人认为离散系统可代替连续系统。不过，实际遇到的待处理信号如声音、图像等都是连续信号，在利用数字系统处理前，要经过A/D转换，处理后往往还要再经D/A转换为听得清的声音和看得懂的图像。这样的转换及前后相关部分通常必有连续系统，所以连续信号处理也有学习研究的必要。

本书对离散系统的分析采用了与连续系统平行分析的方法，这一方面是由于习惯认识上的方便，另一方面是可将连续系统的一些方法、概念直接用于离散系统，而勿需再从头开始讨论。要指出的是，实际上离散系统的理论早已形成严密体系，能够独立地建立各种概念和引出各种分析方法。

5.1 离散序列与基本运算

5.1.1 离散时间信号——序列的描述

离散信号可以从模拟信号中采样得到，样值用 $f(n)$ 表示(表示在离散时间点 nT 上的样值)。也可以由离散信号或由系统内部产生，在处理过程中只要知道样值的先后顺序即可，所以可以用序列来表示离散的时间信号。设样本空间是 f，表示一个集合，第 n 个样本值为 $f(n)$，即

$$\begin{aligned} f &= \{f(n)\} \qquad -\infty < n < \infty \\ &= \{\cdots, f(-2), f(-1), f(0), f(1), f(2), \cdots\} \end{aligned} \tag{5.1-1}$$

为简便起见，常用一般项 $f(n)$ 表示序列，称为序列 $f(n)$。

例如

$$f_1(n) = \begin{bmatrix} 1 & \frac{1}{2} & \frac{1}{4} & \frac{1}{8} & \cdots \end{bmatrix} = \left(\frac{1}{2}\right)^n \qquad n \geqslant 0$$
$$\uparrow$$

其中，小箭头表示 $n=0$ 时所对应的样值。

$$f_2(n) = \begin{cases} 3 & n=-1 \\ 5 & n=0 \\ 2 & n=1 \\ 2 & n=2 \end{cases} \quad \text{或} \quad f_2(n) = [3 \quad \underset{\uparrow}{5} \quad 2 \quad 2]$$

还可以用谱线状图形表示离散时间信号，如图5.1-1 表示的 $f_1(n)$。离散序列与系统分析中，通常用 $x(n)$ 而不是 $f(n)$ 表示输入，因此从这往后，将更多地使用 $x(n)$。

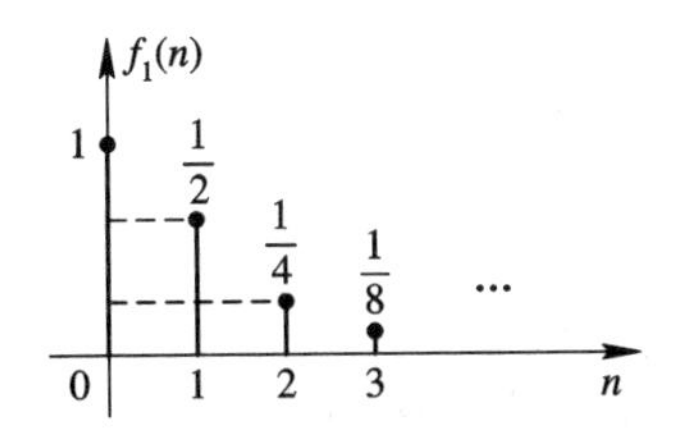

图 5.1-1　$f_1(n)$ 的谱线状图形

5.1.2　常用典型序列

1. 单位脉冲序列

单位脉冲序列也称单位样值序列，用 $\delta(n)$ 表示，定义为

$$\delta(n) = \begin{cases} 1 & n=0 \\ 0 & n \neq 0 \end{cases} \tag{5.1-2}$$

单位脉冲序列 $\delta(n)$ 如图 5.1-2 所示。

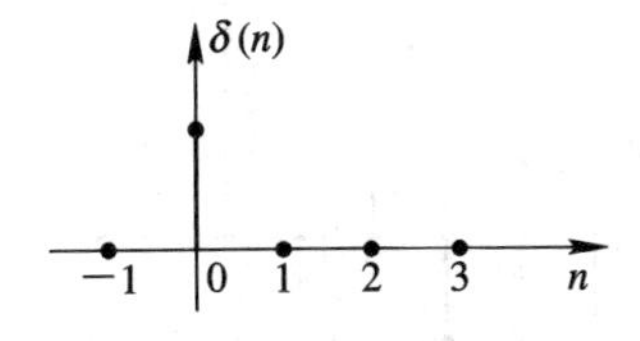

图 5.1-2　单位脉冲序列

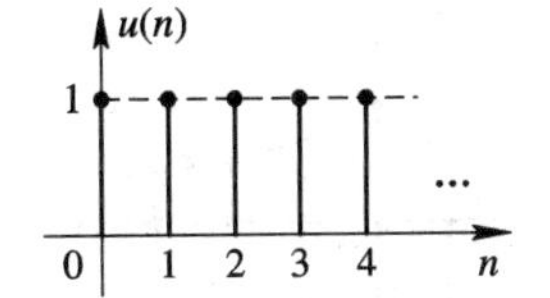

图 5.1-3　单位阶跃序列

2. 单位阶跃序列

单位阶跃序列用 $u(n)$ 表示，定义为

$$u(n) = \begin{cases} 1 & n \geqslant 0 \\ 0 & n < 0 \end{cases} \tag{5.1-3}$$

单位阶跃序列 $u(n)$ 如图 5.1-3 所示。

还可用 $\delta(n)$ 表示 $u(n)$，即

$$u(n) = \sum_{m=0}^{\infty} \delta(n-m) = \delta(n) + \delta(n-1) + \delta(n-2) + \cdots \tag{5.1-4}$$

亦可用 $u(n)$表示 $\delta(n)$，即

$$\delta(n)=u(n)-u(n-1) \tag{5.1-5}$$

3. 单位矩形序列

单位矩形序列用 $R_N(n)$表示，定义为

$$R_N(n)=\begin{cases}1 & 0\leqslant n\leqslant N-1\\ 0 & n<0,\ n\geqslant N\end{cases}$$

$R_4(n)$如图 5.1-4 所示。

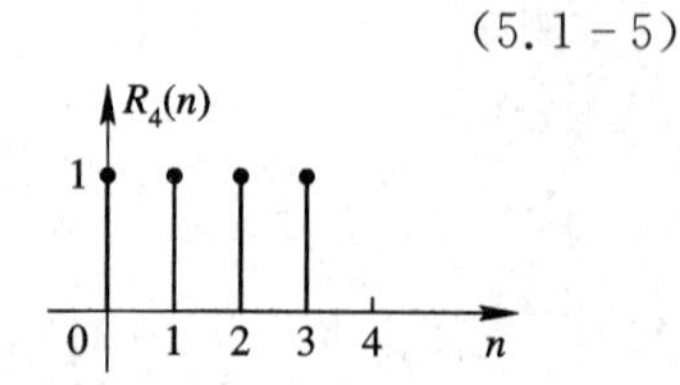

图 5.1-4　单位矩形序列

亦可用 $\delta(n)$、$u(n)$表示 $R_N(n)$，即

$$R_N(n)=u(n)-u(n-N)=\sum_{m=0}^{N-1}\delta(n-m)$$

4. 斜变序列

斜变序列是包络为线性变化的序列，表示式为

$$x(n)=nu(n)$$

如图 5.1-5 所示。

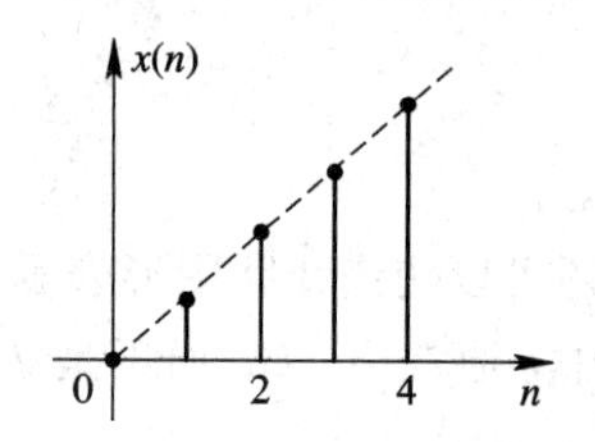

图 5.1-5　斜变序列

5. 实指数序列

实指数序列 a^n 是包络为指数函数的序列。$|a|>1$，序列发散；$|a|<1$，序列收敛；$a<0$，序列正、负摆动。实指数序列的四种波形如图 5.1-6 所示。

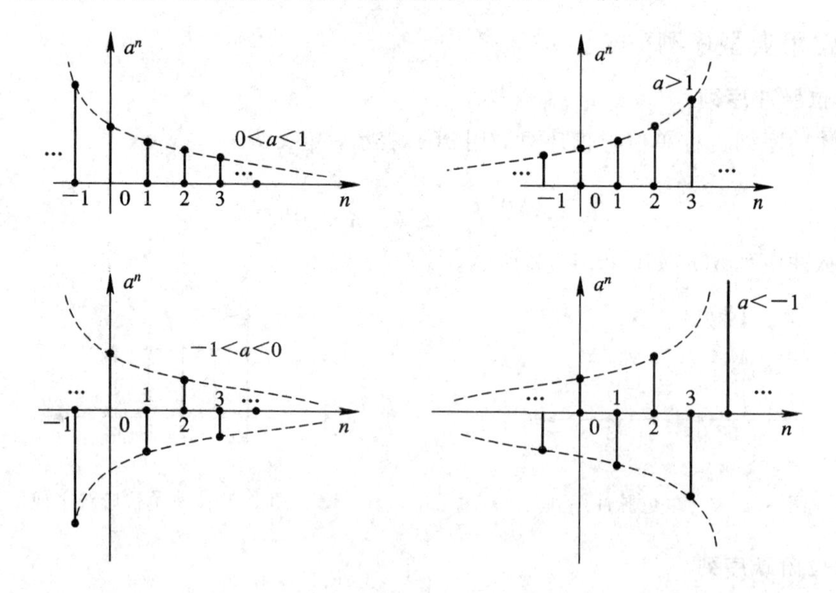

图 5.1-6　实指数序列的四种波形

6. 正弦型序列

正弦型序列是包络为正、余弦变化的序列。

如 $\sin n\theta_0$，$\cos n\theta_0$，若 $\theta_0=\frac{\pi}{5}$，$N=\frac{2\pi}{\pi/5}=10$，即每 10 点重复一次正、余弦变化，如图 5.1-7 所示。

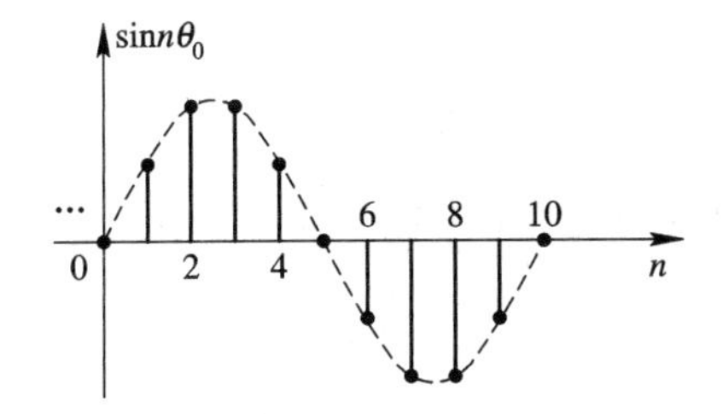

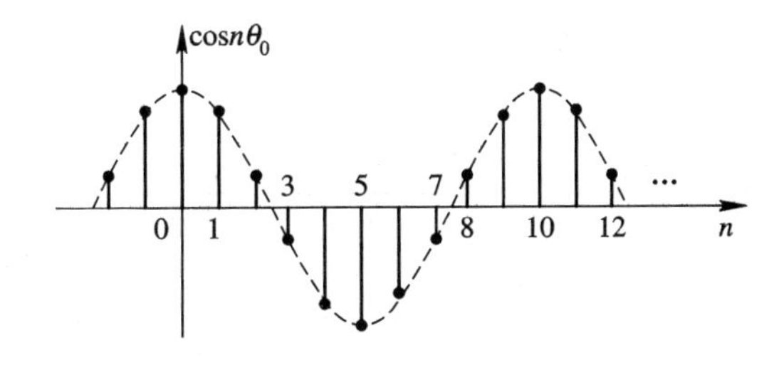

图 5.1-7　正弦型序列

正弦型序列一般表示为

$$x(n)=A\cos(n\theta_0+\varphi_n)$$

对模拟正弦型信号采样可以得到正弦型序列，如

$$x_a(t)=\sin\omega_0 t$$

$$x(n)=x_a(nT)=\sin n\omega_0 T=\sin n\theta_0$$

式中，$\theta_0=\omega_0 T$，是数字域频率（T 为采样周期）。

数字域频率相当于模拟域频率对采样频率取归一化值，即

$$\theta=\omega T=\frac{\omega}{f_s}$$

7. 复指数序列

$$x(n)=e^{(\sigma+j\theta_0)n}=e^{\sigma n}e^{j\theta_0 n}=e^{\sigma n}(\cos n\theta_0+j\sin n\theta_0)$$

$$=|x(n)|e^{j\varphi(n)}$$

其中，$|x(n)|=e^{\sigma n}$，$\varphi(n)=n\theta_0$。

***8. 周期序列**

$$\tilde{x}(n)=x(n+N)\qquad -\infty<n<\infty$$

则 $\tilde{x}(n)$为周期序列，周期为 N 点。

对模拟周期信号采样得到的序列，未必是周期序列。例如模拟正弦型采样信号一般表示为

$$x(n)=A\cos(n\theta_0+\varphi_n)=A\cos\left(2\pi\frac{n\theta_0}{2\pi}+\varphi_n\right)$$

式中，$\frac{2\pi}{\theta_0}=\frac{2\pi}{\omega_0 T}=\frac{2\pi f_s}{\omega_0}=\frac{f_s}{f_0}$，$f_s$为采样频率，$f_0$ 为模拟周期信号频率。

可由以下条件判断 $x(n)$是否为周期序列：

(1) $\frac{2\pi}{\theta_0}=N$，N 为整数，则 $x(n)$是周期序列，周期为 N。

例如 $\sin n\theta_0$，若 $\theta_0=\frac{\pi}{5}$，$N=\frac{2\pi}{\pi/5}=10$，如图 5.1-7 所示。

(2) $\frac{2\pi}{\theta_0}=S=\frac{N}{L}$，$L$、$N$ 为不可约正整数，则 $x(n)$是周期序列，周期为 N。

例如 $\sin n\theta_0$，若 $\theta_0=8\pi/3$，$N=3$，如图 5.1-8 所示。

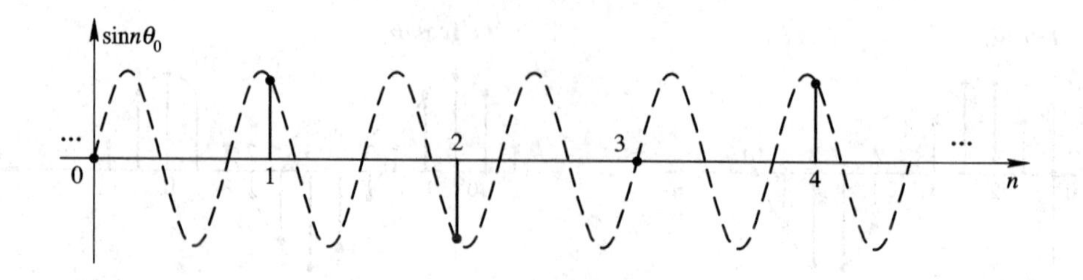

图 5.1-8　sin(8nπ/3)

(3) $\dfrac{2\pi}{\theta_0}$为无理数，则 $x(n)=A\cos(n\theta_0+\varphi_n)$不是周期序列。

例如 $\sin n\theta_0$，若 $\theta_0=4$，$2\pi/\theta_0=\pi/2$ 为无理数，将 $n=0, 1, 2, 3, 4, 5, \cdots$分别代入 $\sin n\theta_0$，得到[0 0.2474 0.47943 0.68164 0.84147 0.94898 …]，是非周期序列。

↑

9. 任意序列的取样脉冲表示

序列取样脉冲表示为

$$x(m)\delta(n-m)=\begin{cases}x(n) & m=n\\ 0 & m\neq n\end{cases}$$

任意序列可以用其取样脉冲序列的加权和表示为

$$x(n)=\sum_{m=-\infty}^{\infty}x(m)\delta(n-m)\qquad(5.1-6)$$

式中，…，$x(-1)$，$x(0)$，$x(1)$，…为加权系数。常见序列的 MATLAB 程序见 5.7.1 节。

10. 序列的能量

若序列绝对可和，定义离散序列的能量为

$$E=\sum_{n=-\infty}^{\infty}|x(n)|^2\qquad(5.1-7)$$

可以利用 MATLAB 计算有限项序列的能量，详见第 5.7.4 节。

5.1.3 序列的运算

1. 相加

$$z(n)=x(n)+y(n)\qquad(5.1-8)$$

$z(n)$是两个序列 $x(n)$和 $y(n)$对应项相加形成的序列。

2. 相乘

$$z(n)=x(n)\cdot y(n)\qquad(5.1-9)$$

$z(n)$是两个序列 $x(n)$和 $y(n)$对应项相乘形成的序列。

标量相乘

$$z(n)=ax(n)\qquad(5.1-10)$$

$z(n)$是 $x(n)$每项乘以常数 a 形成的序列。

3. 时移(时延、移序、移位、位移)

$$z(n)=x(n-m)\qquad m>0 \tag{5.1-11}$$

$z(n)$是原序列 $x(n)$每项右移 m 位形成的序列。

$$z(n)=x(n+m)\qquad m>0 \tag{5.1-12}$$

$z(n)$是原序列 $x(n)$每项左移 m 位形成的序列。

如图 5.1-9 所示是 $x(n)$、$x(n-1)$、$x(n+1)$序列的移序图。

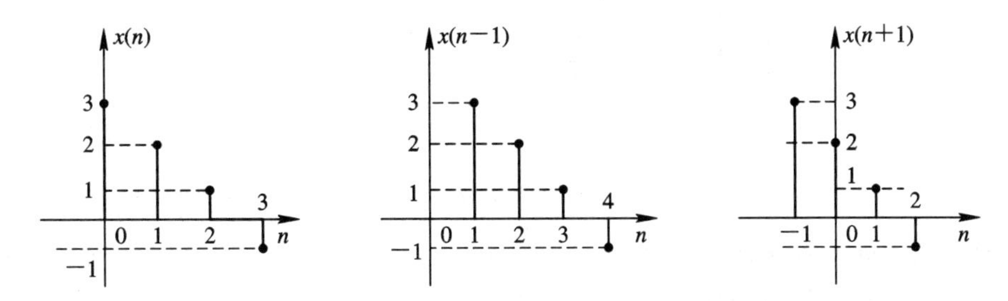

图 5.1-9　序列的移序

例 5.1-1　已知 $x(n)=[0.5\quad \underset{\uparrow}{1.5}\quad 1\quad -0.5]$，求 $y(n)=x(n)+2x(n)x(n-2)$。

解

$$x(n-2)=[\underset{\uparrow}{0}\quad 0.5\quad 1.5\quad 1\quad -0.5]$$

$$2x(n)x(n-2)=\begin{cases}0.5\times1\times2=1 & n=1\\ 1.5\times2\times(-0.5)=-1.5 & n=2\end{cases}$$

$$y(n)=x(n)+2x(n)x(n-2)=[0.5\quad \underset{\uparrow}{1.5}\quad 2\quad -2]$$

4. 折叠及其位移

$$y(n)=x(-n) \tag{5.1-13}$$

$y(n)$是以纵轴为对称轴翻转 180°形成的序列。

折叠位移序列

$$z(n)=x(-n\pm m) \tag{5.1-14}$$

$z(n)$是由 $x(-n)$向右或向左移 m 位形成的序列。

折叠序列与折叠位移序列如图 5.1-10 所示。

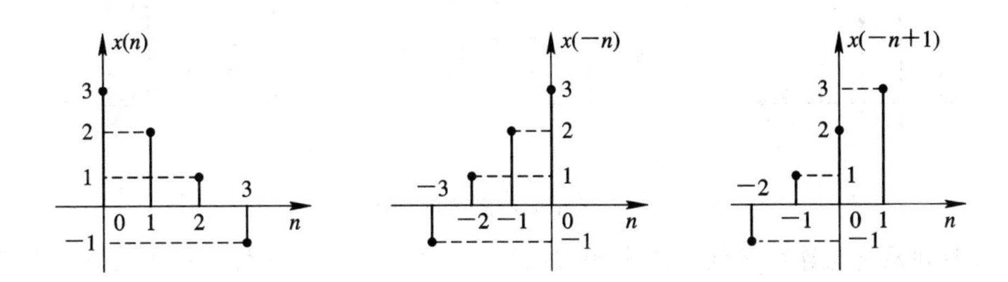

图 5.1-10　序列的折叠位移

5. 尺度变换

$y(n)=x(mn)$，这是 $x(n)$ 序列每隔 m 点取一点形成的，即时间轴 n 压缩至原来的 $1/m$。例如 $m=2$ 时，如图 5.1-11 所示。

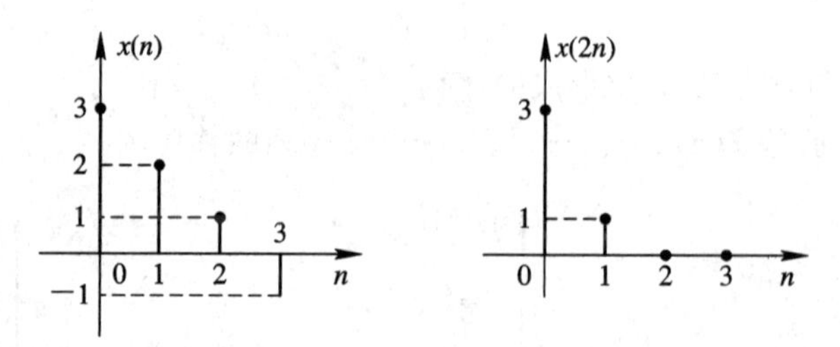

图 5.1-11 序列的压缩

$y(n)=x(n/m)$，这是 $x(n)$ 序列每一点加 $m-1$ 个零值点形成的，即时间轴 n 扩展至原来的 m 倍。例如 $m=2$ 时，如图 5.1-12 所示。

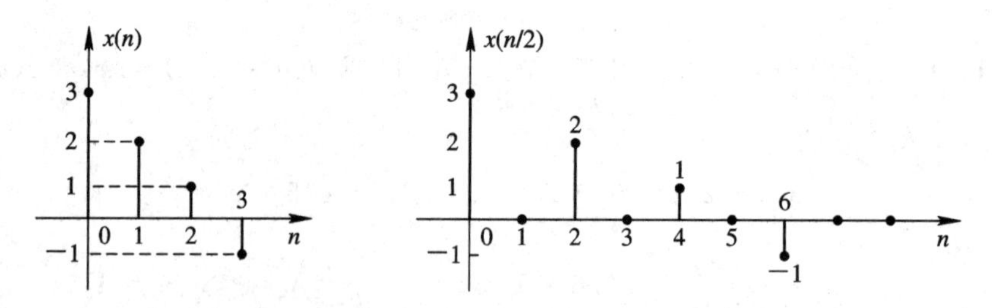

图 5.1-12 序列的扩展

借助 MATLAB 可实现序列的运算，详见 5.7.2 节。

5.2 LTI 离散时间系统的数学模型及其求解方法

离散时间系统的作用是将输入序列转变为输出序列，系统的功能是完成将输入 $x(n)$ 转变为输出 $y(n)$ 的运算，记为

$$y(n)=\mathrm{T}[x(n)] \tag{5.2-1}$$

离散时间系统的作用如图 5.2-1 所示。

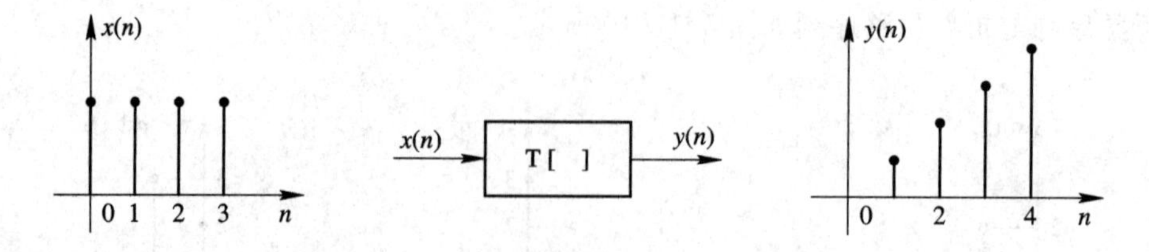

图 5.2-1 离散时间系统的作用示意图

离散时间系统与连续时间系统有相似的分类，如线性、非线性和时变、非时变等。运算关系 T[ ]满足不同条件，对应着不同的系统。本书只讨论“线性非时(移)变离散系统”，即 LTI 离散系统。

5.2.1 LTI 离散系统

与连续 LTI 系统相同，LTI 离散系统应满足可分解、线性（叠加、比例）以及非时变特性。离散系统的线性与非时变特性的示意图分别如图 5.2-2 和图 5.2-3 所示。

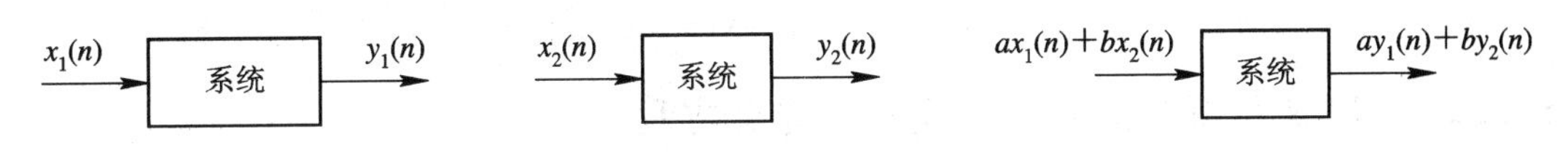

图 5.2-2　系统的线性

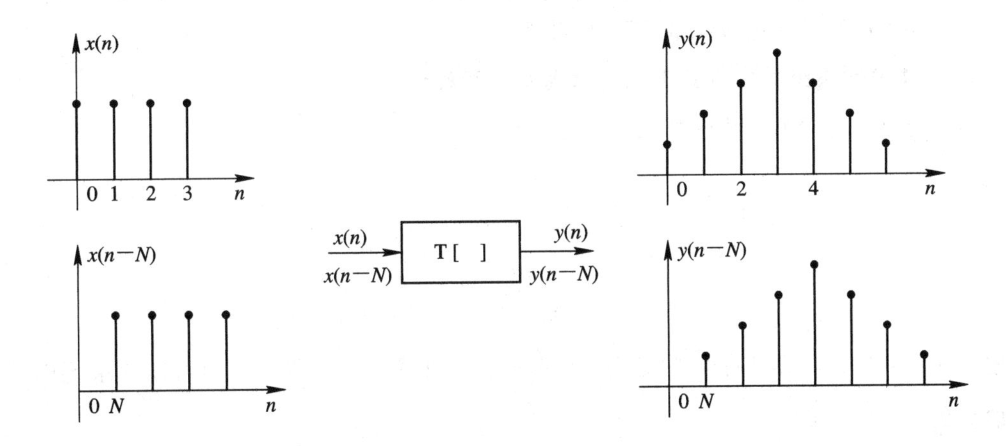

图 5.2-3　系统的非时变性

下面通过具体例题讨论离散系统的线性非时变特性。

例 5.2-1　判断下列系统是否为线性系统。

(1) $y(n)=\mathrm{T}[x(n)]=ax(n)+b$；

(2) $y(n)=\mathrm{T}[x(n)]=\sin\left(\theta_0 n+\dfrac{\pi}{4}\right)x(n)$。

解　(1)

$$\mathrm{T}[x_1(n)]=ax_1(n)+b=y_1(n)$$

$$\mathrm{T}[x_2(n)]=ax_2(n)+b=y_2(n)$$

$$\begin{aligned}\mathrm{T}[x_1(n)+x_2(n)]&=a[x_1(n)+x_2(n)]+b\\&=ax_1(n)+ax_2(n)+b\\&\neq y_1(n)+y_2(n)\end{aligned}$$

所以是非线性系统。

(2)

$$y_1(n)=\mathrm{T}[x_1(n)]=\sin\left(\theta_0 n+\frac{\pi}{4}\right)x_1(n)$$

$$y_2(n)=\mathrm{T}[x_2(n)]=\sin\left(\theta_0 n+\frac{\pi}{4}\right)x_2(n)$$

$$\begin{aligned}\mathrm{T}[x_1(n)+x_2(n)]&=\sin\left(\theta_0 n+\frac{\pi}{4}\right)[x_1(n)+x_2(n)]\\&=\sin\left(\theta_0 n+\frac{\pi}{4}\right)x_1(n)+\sin\left(\theta_0 n+\frac{\pi}{4}\right)x_2(n)\\&=y_1(n)+y_2(n)\end{aligned}$$

所以是线性系统。

例 5.2-2 判断下列系统是否为非时变系统。

(1) $y(n)=\mathrm{T}[x(n)]=ax(n)+b$；

(2) $y(n)=\mathrm{T}[x(n)]=nx(n)$。

解 (1) $\mathrm{T}[x(n-n_0)]=ax(n-n_0)+b=y(n-n_0)$，是非时变系统；

(2) $\mathrm{T}[x(n-n_0)]=nx(n-n_0)\neq y(n-n_0)=(n-n_0)x(n-n_0)$，是时变系统。

5.2.2 LTI 离散系统的数学模型——差分方程

LTI 离散系统的基本运算有延时(移序)、乘法、加法，基本运算可以由基本运算单元实现，由基本运算单元可以构成 LTI 离散系统。

1. LTI 离散系统基本运算单元的框图及流图表示

(1) 延时器的框图及流图如图 5.2-4 所示。

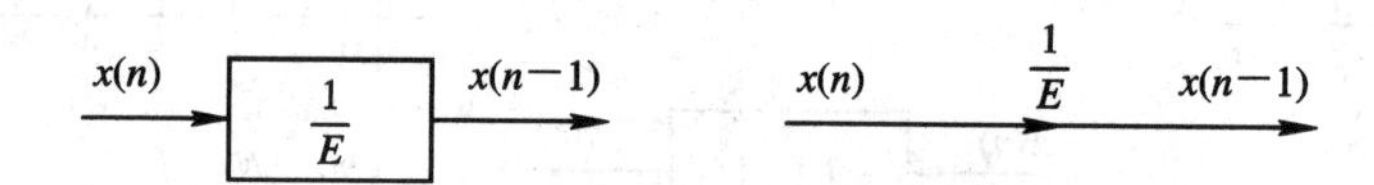

图 5.2-4 延时器框图及流图表示

图中，$\frac{1}{E}$是单位延时器，有时亦用 D、T 表示。离散系统延时器的作用与连续系统中的积分器相当。

(2) 加法器的框图及流图如图 5.2-5 所示。

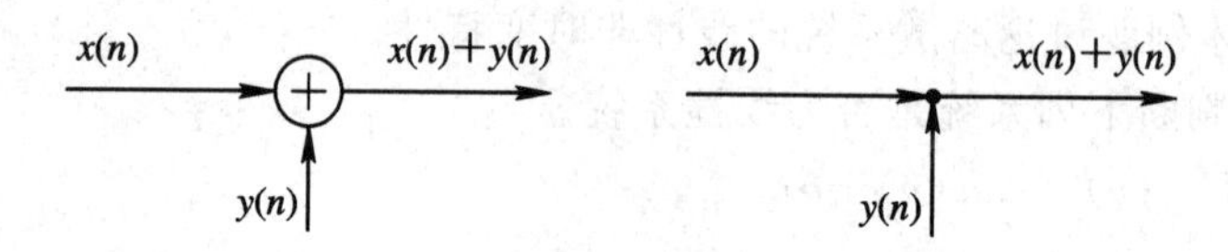

图 5.2-5 加法器框图及流图表示

(3) 乘法器的框图及流图如图 5.2-6 所示。

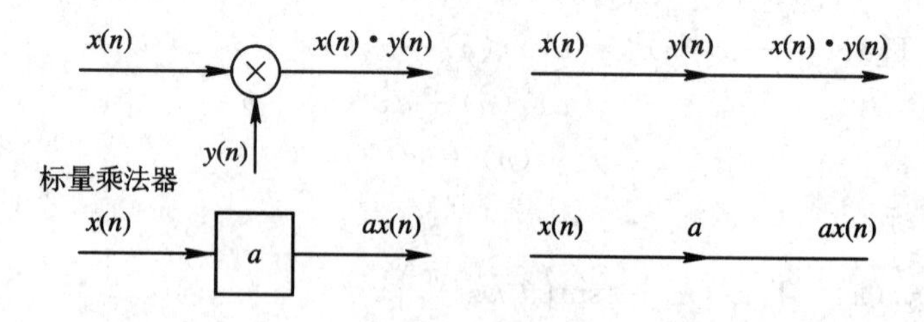

图 5.2-6 乘法器框图及流图表示

利用离散系统的基本运算单元，可以构成任意 LTI 离散系统。

2. LTI 离散系统的差分方程

线性时不变连续系统是由常系数微分方程描述的，而线性时不变离散系统是由常系数差分方程描述的。在差分方程中构成方程的各项包含有未知离散变量的 $y(n)$，以及 $y(n+1)$，$y(n+2)$，…，$y(n-1)$，$y(n-2)$，…。下面举例说明系统差分方程的建立。

例 5.2-3 系统方框如图 5.2-7 所示，写出其差分方程。

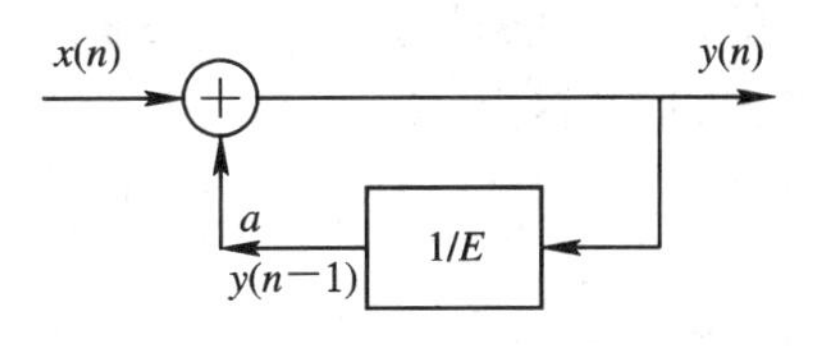

图 5.2-7 例 5.2-3 离散时间系统

解

$$y(n)=ay(n-1)+x(n)$$

或 $$y(n)-ay(n-1)=x(n) \quad (5.2-2)$$

式(5.2-2)左边由未知序列 $y(n)$ 及其移位序列 $y(n-1)$ 构成，因为仅差一个移位序列，所以是一阶差分方程。若还包括未知序列的移位项$y(n-2)$，…，$y(n-N)$，则构成 N 阶差分方程。

未知(待求)序列变量序号最高与最低值之差是差分方程阶数；各未知序列序号以递减方式给出 $y(n)$，$y(n-1)$，$y(n-2)$，…，$y(n-N)$，称为后向形式差分方程。一般因果系统用后向形式比较方便。各未知序列序号以递增方式给出 $y(n)$，$y(n+1)$，$y(n+2)$，…，$y(n+N)$，称为前向形式差分方程。在状态变量分析中习惯用前向形式。

例 5.2-4 系统如图 5.2-8 所示，写出其差分方程。

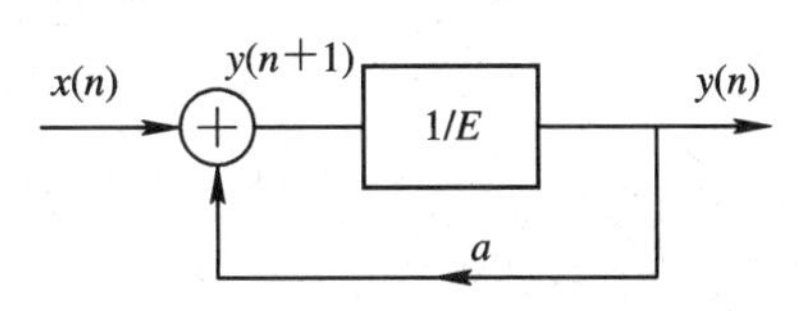

图 5.2-8 例 5.2-4 离散时间系统

解

$$y(n+1)=ay(n)+x(n)$$

或 $$y(n)=\frac{1}{a}[y(n+1)-x(n)] \quad (5.2-3)$$

这是一阶前向差分方程，与后向差分方程形式相比较，仅是输出信号的输出端不同。前者是从延时器的输入端取出，后者是从延时器的输出端取出。

当系统的阶数不高，并且激励不复杂时，用迭代(递推)法我们可以求解差分方程。

例 5.2-5 已知 $y(n)=ay(n-1)+x(n)$，且 $y(n)=0$，$n<0$，$x(n)=\delta(n)$，求 $y(n)$。

解

$$y(0)=ay(-1)+x(0)=\delta(n)=1$$

$$y(1)=ay(0)+x(1)=a$$

$$y(2)=ay(1)+x(2)=a^2$$

$$\vdots$$

最后 $$y(n)=a^n u(n)$$

3. 数学模型的建立及求解方法

下面由具体例题讨论离散系统数学模型的建立。

例 5.2-6 电路如图 5.2-9 所示，已知边界条件 $v(0)=E$，$v(N)=0$，求第 n 个节点电压 $v(n)$的差分方程。

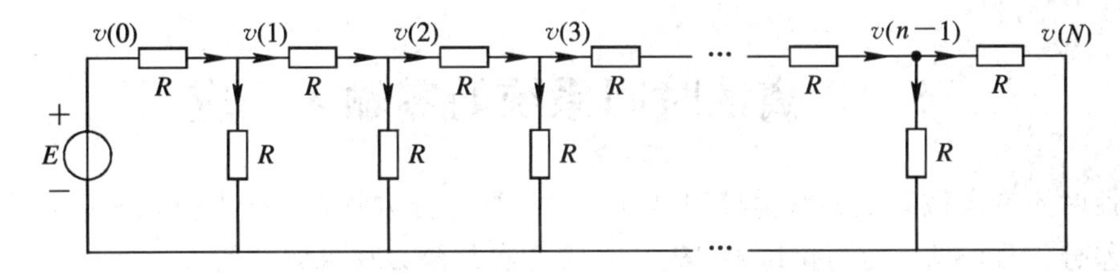

图 5.2-9 例 5.2-6 离散时间系统

解　与任意节点 $v(n-1)$ 关联的电路如图5.2-10所示，由此对任意节点 $v(n-1)$ 可列节点KCL方程为

$$\frac{v(n-2)-v(n-1)}{R}=\frac{v(n-1)}{R}+\frac{v(n-1)-v(n)}{R}$$

整理得到

$$v(n-2)=3v(n-1)-v(n)$$
$$v(n)-3v(n-1)+v(n-2)=0$$

上式是一个二阶后向差分方程，借助两个边界条件可求解出 $v(n)$。这里 n 代表电路图中节点的顺序。

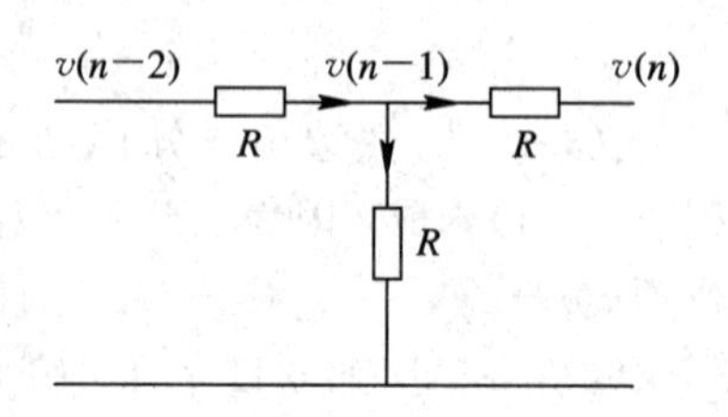

图 5.2-10　例 5.2-6 任意节点电路

前面所讨论差分方程的自变量取的都是时间，此例说明差分方程描述的离散系统不仅限于时间系统。本书将自变量取为时间只是习惯上的方便，实际上差分方程的应用遍及许多领域。

N 阶LTI离散系统的数学模型是常系数 N 阶线性差分方程，它的一般形式是

$$\begin{aligned}&a_0y(n)+a_1y(n-1)+\cdots+a_Ny(n-N)\\&=b_0x(n)+b_1x(n-1)+\cdots+b_Mx(n-M)\end{aligned}$$

或

$$\sum_{k=0}^{N}a_ky(n-k)=\sum_{r=0}^{M}b_rx(n-r)\tag{5.2-4}$$

为处理方便，若不特别指明，一般默认待求量序号最高项的系数为 $1(a_0=1)$。

5.2.3　线性差分方程的求解方法

一般差分方程的求解方法有下列四种：

(1) 递推(迭代)法。此法直观简便，但往往不易得到一般项的解析式(闭式或封闭解答)，它一般为数值解，如例5.2-5。

(2) 时域法。此法与连续系统的时域法相同，分别求解离散系统的零输入响应与零状态响应，完全响应为二者之和。其中零输入响应是齐次差分方程的解，零状态响应可由卷积的方法求得，这也是本章的重点。

(3) 时域经典法。此法与微分方程求解相同，分别求差分方程的齐次通解与特解，二者之和为完全解，再代入边界条件后确定完全解的待定系数。

(4) 变域法。此法与连续系统的拉氏变换法相似，离散系统可利用 $\mathscr{Z}$ 变换求解响应，优点是可简化求解过程。这种方法将在第六章讨论。

5.3　离散时间系统的零输入响应

线性时不变离散系统的数学模型是常系数线性差分方程，系统零输入响应是常系数线性齐次差分方程的解。为简化讨论，先从一阶齐次差分方程求解开始。

5.3.1 一阶线性时不变离散系统的零输入响应

一阶线性时不变离散系统的齐次差分方程的一般形式为

$$\begin{cases} y(n)-ay(n-1)=0 \\ y(0)=C \end{cases} \tag{5.3-1}$$

将差分方程改写为

$$y(n)=ay(n-1)$$

用递推(迭代)法，$y(n)$仅与前一时刻 $y(n-1)$有关，以 $y(0)$为起点：

$$y(1)=ay(0)$$

$$y(2)=ay(1)=a^2y(0)$$

$$y(3)=ay(2)=a^3y(0)$$

$$\vdots$$

当 $n\geqslant 0$ 时，齐次方程解为

$$y(n)=y(0)a^n=Ca^n \tag{5.3-2}$$

由式(5.3-2)可见，$y(n)$是一个公比为 a 的几何级数，其中 C 取决于初始条件 $y(0)$，这是式(5.3-1)一阶系统的零输入响应。

利用递推(迭代)法的结果，我们可以直接写出一阶差分方程解的一般形式。因为一阶差分方程的特征方程为

$$\alpha-a=0 \tag{5.3-3}$$

由特征方程解出其特征根

$$\alpha=a$$

与齐次微分方程相似，得到特征根 a 后，就得到一阶差分方程齐次解的一般模式为 $C(a)^n$，其中 C 由初始条件 $y(0)$决定。

5.3.2 N 阶线性时不变离散系统的零输入响应

有了一阶齐次差分方程解的一般方法，将其推广至 N 阶齐次差分方程，我们有

$$\begin{cases} y(n+N)+a_{N-1}y(n+N-1)+\cdots+a_1y(n+1)+a_0y(n)=0 \\ y(0),\ y(1),\ \cdots,\ y(N-1) \end{cases} \tag{5.3-4}$$

N 阶齐次差分方程的特征方程

$$\alpha^N+a_{N-1}\alpha^{N-1}+\cdots+a_1\alpha+a_0=0 \tag{5.3-5}$$

(1) 当特征根均为单根时，特征方程可以分解为

$$(\alpha-\alpha_1)(\alpha-\alpha_2)\cdots(\alpha-\alpha_N)=0 \tag{5.3-6}$$

利用一阶齐次差分方程解的一般形式，由特征方程可类推得

$$\alpha-\alpha_1=0\text{，解得 }y_1(n)=C_1\alpha_1^n$$

$$\alpha-\alpha_2=0\text{，解得 }y_2(n)=C_2\alpha_2^n$$

$$\vdots$$

$$\alpha-\alpha_N=0\text{，解得 }y_N(n)=C_N\alpha_N^n$$

N 阶线性齐次差分方程的解是这 N 个线性无关解的线性组合，即

$$y(n) = C_1\alpha_1^n + C_2\alpha_2^n + \cdots + C_N\alpha_N^n \tag{5.3-7}$$

式中，C_1，C_2，…，C_N 由 $y(0)$，$y(1)$，…，$y(N-1)$等 N 个边界条件确定。

$$\begin{aligned} y(0) &= C_1 + C_2 + \cdots + C_N \\ y(1) &= C_1\alpha_1 + C_2\alpha_2 + \cdots + C_N\alpha_N \\ &\vdots \\ y(N-1) &= C_1\alpha_1^{N-1} + C_2\alpha_2^{N-1} + \cdots + C_N\alpha_N^{N-1} \end{aligned} \tag{5.3-8}$$

写为矩阵形式

$$\begin{bmatrix} y(0) \\ y(1) \\ \vdots \\ y(N-1) \end{bmatrix} = \begin{bmatrix} 1 & 1 & \cdots & 1 \\ \alpha_1 & \alpha_2 & \cdots & \alpha_N \\ \vdots & \vdots & & \vdots \\ \alpha_1^{N-1} & \alpha_2^{N-1} & \cdots & \alpha_N^{N-1} \end{bmatrix} \begin{bmatrix} C_1 \\ C_2 \\ \vdots \\ C_N \end{bmatrix} \tag{5.3-9}$$

即

$$[\boldsymbol{Y}] = [\boldsymbol{V}][\boldsymbol{C}] \tag{5.3-10}$$

其系数解为

$$[\boldsymbol{C}] = [\boldsymbol{V}]^{-1}[\boldsymbol{Y}] \tag{5.3-11}$$

(2) 当特征方程中 α_1 是 m 阶重根时，其特征方程为

$$(\alpha - \alpha_1)^m(\alpha - \alpha_{m+1})\cdots(\alpha - \alpha_N) = 0 \tag{5.3-12}$$

式中，$(\alpha-\alpha_1)^m$ 对应的解为$(C_1+C_2n+\cdots+C_mn^{m-1})\alpha_1^n$，此时零输入解的模式为

$$y(n) = (C_1 + C_2n + \cdots + C_mn^{m-1})\alpha_1^n + C_{m+1}\alpha_{m+1}^n + \cdots + C_N\alpha_N^n \tag{5.3-13}$$

式中，C_1，C_2，…，C_N 由 $y(0)$，$y(1)$，…，$y(N-1)$等 N 个边界条件确定。

例 5.3-1 已知某离散系统的差分方程

$$y(n) + 6y(n-1) + 12y(n-2) + 8y(n-3) = 0$$

且 $y(0)=0$，$y(1)=-2$，$y(2)=2$，求零输入响应 $y(n)$。

解 这是三阶差分方程，其特征方程为

$$\alpha^3 + 6\alpha^2 + 12\alpha + 8 = 0$$

$(\alpha+2)^3=0$，$\alpha=-2$ 是三重根，$y(n)$的模式为

$$y(n) = (C_1 + C_2n + C_3n^2)(-2)^n$$

代入边界条件

$$\begin{cases} y(0) = C_1 = 0 \\ y(1) = (C_2 + C_3)(-2) = -2 \\ y(2) = (2C_2 + 4C_3)(-2)^2 = 2 \end{cases} \quad \text{整理：} \begin{cases} C_1 = 0 \\ C_2 + C_3 = 1 \\ C_2 + 2C_3 = \dfrac{1}{4} \end{cases}$$

解出

$$C_2 = \frac{7}{4}, \quad C_3 = -\frac{3}{4}$$

最后得到

$$y(n) = \frac{1}{4}(7n - 3n^2)(-2)^n \quad n \geqslant 0$$

(3) 与连续时间系统类似，对实系数的特征方程，若有复根必为共轭成对出现，形成振荡(增、减、等幅)序列。一般共轭复根既可当单根处理，最后整理成实序列，亦可看做整

体因子。

因为

$$a+\mathrm{j}b=\sqrt{a^2+b^2}\mathrm{e}^{\mathrm{j}\arctan\frac{b}{a}}=r\mathrm{e}^{\mathrm{j}\varphi}$$

$$a-\mathrm{j}b=\sqrt{a^2+b^2}\mathrm{e}^{-\mathrm{j}\arctan\frac{b}{a}}=r\mathrm{e}^{-\mathrm{j}\varphi}$$

$$r\mathrm{e}^{\mathrm{j}\varphi}+r\mathrm{e}^{-\mathrm{j}\varphi}=2r\cos\varphi$$

所以解的一般形式为

$$r^n(A\cos n\varphi+B\sin n\varphi) \tag{5.3-14}$$

代入初始条件可以计算系数 A、B。

例 5.3-2 已知某系统差分方程

$$y(n)-2y(n-1)+2y(n-2)-2y(n-3)+y(n-4)=0$$

且 $y(1)=1$，$y(2)=0$，$y(3)=1$，$y(5)=1$，求 $y(n)$。

解 这是四阶差分方程，其特征方程为

$$\alpha^4-2\alpha^3+2\alpha^2-2\alpha+1=0$$

$$(\alpha-1)^2(\alpha^2+1)=0$$

特征根

$$\alpha_1=1\ (\text{二阶}),\quad \alpha_3=\mathrm{j},\quad \alpha_4=-\mathrm{j}$$

方法一：

$$y(n)=(C_1+C_2n)(1)^n+C_3\mathrm{j}^n+C_4(-\mathrm{j})^n$$

代入边界条件

$$y(1)=C_1+C_2+\mathrm{j}C_3-\mathrm{j}C_4=1 \tag{A}$$

$$y(2)=C_1+2C_2-C_3-C_4=0 \tag{B}$$

$$y(3)=C_1+3C_2-\mathrm{j}C_3+\mathrm{j}C_4=1 \tag{C}$$

$$y(5)=C_1+5C_2+\mathrm{j}C_3-\mathrm{j}C_4=1 \tag{D}$$

由式(A)－式(D)得

$$-4C_2=0,\quad C_2=0$$

由式(A)＋式(C)得

$$2C_1=2,\quad C_1=1$$

代入式(C)，得 $C_3=C_4$。由式(B)解出

$$C_3=C_4=\frac{1}{2}$$

$$y(n)=1+\frac{1}{2}(\mathrm{j})^n+\frac{1}{2}(-\mathrm{j})^n$$

$$=1+\frac{1}{2}(\mathrm{e}^{\mathrm{j}\frac{n\pi}{2}}+\mathrm{e}^{-\mathrm{j}\frac{n\pi}{2}})$$

$$=1+\cos\frac{n\pi}{2},\quad n\geqslant 1$$

方法二：

$$\mathrm{j}=\mathrm{e}^{\mathrm{j}\frac{\pi}{2}}=\mathrm{e}^{\mathrm{j}\varphi},\ -\mathrm{j}=\mathrm{e}^{-\mathrm{j}\frac{\pi}{2}}=\mathrm{e}^{-\mathrm{j}\varphi}$$

比较式(5.3-14)，此题共轭复根对应的 $r=1$，$\varphi=\frac{\pi}{2}$，所以

$$y(n) = C_1 + C_2 n + A\cos\frac{n\pi}{2} + B\sin\frac{n\pi}{2}$$

$$y(1) = C_1 + C_2 + B = 1 \tag{A'}$$

$$y(2) = C_1 + 2C_2 - A = 0 \tag{B'}$$

$$y(3) = C_1 + 3C_2 - B = 1 \tag{C'}$$

$$y(5) = C_1 + 5C_2 + B = 1 \tag{D'}$$

由式(D′)－式(A′)得

$$4C_2=0, \quad C_2=0$$

由式(D′)－式(C′)得

$$2B=0, \quad B=0$$

分别代入式(A′)、式(B′)，解出 $C_1=1$，$A=1$，则

$$y(n) = 1 + \cos\frac{n\pi}{2} \qquad n \geqslant 1$$

结果同方法一。由此例还可见，N 阶差分方程的 N 个边界条件可以不按顺序给出。

5.4 离散时间系统的零状态响应

与连续时间系统相似，用时域法求离散系统的零状态响应，必须知道离散系统的单位脉冲响应 $h(n)$。通常既可用迭代法求单位脉冲响应，也可以用转移算子法求单位脉冲响应。由于迭代法的局限性，我们重点讨论由转移算子法求单位脉冲响应，为此先讨论离散系统的转移(传输)算子。

5.4.1 离散系统的转移(传输)算子

类似连续时间系统的微分算子，离散系统也可用移序算子表示。由此可得到差分方程的移序算子方程，由算子方程的基本形式可得出对应的转移算子 $H(E)$。

移序(离散)算子定义：

(1) 超前算子 E

$$x(n+1) = Ex[n]$$

$$x(n+m) = E^m x[n] \tag{5.4-1}$$

(2) 滞后算子$\frac{1}{E}$

$$x(n-1) = \frac{1}{E}[x(n)]$$

$$x(n-m) = \frac{1}{E^m}[x(n)] \tag{5.4-2}$$

N 阶前向差分方程的一般形式为

$$\begin{aligned} &y(n+N) + a_{N-1}y(n+N-1) + \cdots + a_1 y(n+1) + a_0 y(n) \\ &= b_M x(n+M) + b_{M-1}x(n+M-1) + \cdots + b_1 x(n+1) + b_0 x(n) \end{aligned} \tag{5.4-3}$$

用算子表示为

$$
\begin{aligned}
&(E^N + a_{N-1}E^{N-1} + \cdots + a_1E + a_0)y(n) \\
&= (b_ME^M + b_{M-1}E^{M-1} + \cdots + b_1E + b_0)x(n)
\end{aligned}
$$

可以改写为

$$
y(n) = \frac{b_ME^M + b_{M-1}E^{M-1} + \cdots + b_1E + b_0}{E^N + a_{N-1}E^{N-1} + \cdots + a_1E + a_0}x(n) \tag{5.4-4}
$$

定义转移(传输)算子

$$
H(E) = \frac{b_ME^M + b_{M-1}E^{M-1} + \cdots + b_1E + b_0}{E^N + a_{N-1}E^{N-1} + \cdots + a_1E + a_0} = \frac{N(E)}{D(E)} \tag{5.4-5}
$$

与连续时间系统相同，$H(E)$的分子、分母算子多项式表示运算关系，不是简单的代数关系，不可随便约去。与连续时间系统的$H(p)$不同，$H(E)$表示的系统既可以是因果系统，也可以是非因果系统。如图 5.4－1 所示为$H(E)=E$ 的简单非因果系统。

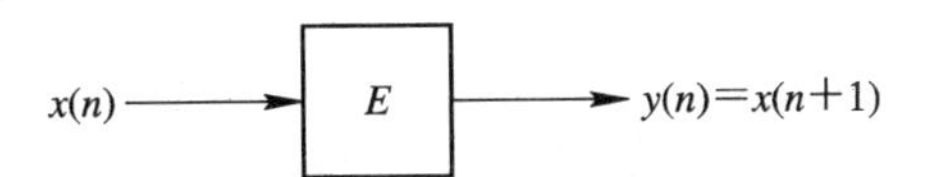

图 5.4－1　简单非因果离散时间系统

从时间关系看，该系统的响应出现在激励前，所以是非因果系统。

5.4.2　单位脉冲响应 $h(n)$

由 $\delta(n)$产生的系统零状态响应定义为单位脉冲响应，记为 $h(n)$。有若干求系统的单位脉冲响应的方法，先讨论两种常用方法。

1. 迭代法

由具体例题介绍用迭代法求单位脉冲响应的方法。

例 5.4－1　已知某系统的差分方程为

$$
y(n) - \frac{1}{2}y(n-1) = x(n)
$$

利用迭代法求 $h(n)$。

解　当 $x(n)=\delta(n)$时，$y(n)=h(n)$，且因果系统的 $h(-1)=0$，所以有

$$
h(n) - \frac{1}{2}h(n-1) = \delta(n)
$$

$$
h(0) = \frac{1}{2}h(-1) + \delta(n) = 1
$$

$$
h(1) = \frac{1}{2}h(0) = \frac{1}{2}
$$

$$
h(2) = \frac{1}{2}h(1) = \left(\frac{1}{2}\right)^2
$$

$$
\vdots
$$

一般项：

$$
h(n) = \left(\frac{1}{2}\right)^n u(n)
$$

当系统的阶数较高时，用迭代法不容易得到 $h(n)$ 的一般项表示式，可以把 $\delta(n)$ 等效为起始条件，将问题转化为求解齐次方程(零输入)的解。这种方法称为转移(传输)算子法。

2. 转移算子法

已知 N 阶系统的传输算子为

$$H(E)=\frac{b_M E^M+b_{M-1}E^{M-1}+\cdots+b_1E+b_0}{E^N+a_{N-1}E^{N-1}+\cdots+a_1E+a_0}=\frac{N(E)}{D(E)}$$

设 $H(E)$ 的分母多项式 $D(E)$ 均为单根，即

$$\begin{aligned}D(E)&=E^N+a_{N-1}E^{N-1}+\cdots+a_1E+a_0\\&=(E-\alpha_1)(E-\alpha_2)\cdots(E-\alpha_N)\end{aligned}$$

将 $H(E)$ 部分分式展开，有

$$\begin{aligned}H(E)&=\frac{A_1}{E-\alpha_1}+\frac{A_2}{E-\alpha_2}+\cdots+\frac{A_N}{E-\alpha_N}=\sum_{i=1}^{N}\frac{A_i}{E-\alpha_i}\\&=H_1(E)+H_2(E)+\cdots+H_N(E)=\sum_{i=1}^{N}H_i(E)\end{aligned}\tag{5.4-6}$$

则

$$h(n)=H(E)\delta(n)=\sum_{i=1}^{N}\frac{A_i}{E-\alpha_i}\delta(n)=\sum_{i=1}^{N}h_i(n)\tag{5.4-7}$$

式(5.4-7)中任一子系统的传输算子为

$$H_i(E)=\frac{A_i}{E-\alpha_i}\tag{5.4-8}$$

由此得到任一子系统差分方程，并对其中任一子系统的传输算子求 $h_i(n)$

$$h_i(n)=\frac{A_i}{E-\alpha_i}\delta(n)\tag{5.4-9}$$

$$h_i(n+1)-\alpha_i h_i(n)=A_i\delta(n)\tag{5.4-10}$$

将式(5.4-10)的激励等效为初始条件，把问题转化为求解齐次方程(零输入)的解。由于因果系统的 $h_i(-1)=0$，令 $n=-1$，代入式(5.4-10)，得

$$h_i(0)-\alpha_i h_i(-1)=A_i\delta(-1)=0$$

解出 $h_i(0)=0$。

再令 $n=0$，代入式(5.4-10)得

$$h_i(1)-\alpha_i h_i(0)=A_i\delta(n)=A_i$$

解出 $h_i(1)=A_i$，即为等效的初始条件。

因为齐次方程解的形式为 $h_i(n)=C\alpha_i^n$，代入等效边界条件 $h_i(1)=C\alpha_i=A_i$，解出 $C=\frac{A_i}{\alpha_i}$，由此得出 $h_i(n)$ 的一般形式为

$$h_i(n)=A_i\alpha_i^{n-1}=A_i\alpha_i^{n-1}u(n-1)\qquad n\geqslant 1\tag{5.4-11}$$

将式(5.4-11)代入式(5.4-7)，得到 $h(n)$ 的一般形式为

$$h(n)=\sum_{i=1}^{N}A_i\alpha_i^{n-1}u(n-1)\tag{5.4-12}$$

若将 $H(E)$ 展开为

$$H(E)=\frac{A_1E}{E-\alpha_1}+\frac{A_2E}{E-\alpha_2}+\cdots+\frac{A_NE}{E-\alpha_N}=\sum_{i=1}^{N}\frac{A_iE}{E-\alpha_i}$$

$$=H_1(E)+H_2(E)+\cdots+H_N(E)=\sum_{i=1}^{N}H_i(E) \tag{5.4-13}$$

$$H_i(E)=\frac{A_iE}{E-\alpha_i}=A_i\left(1+\frac{\alpha_i}{E-\alpha_i}\right) \tag{5.4-14}$$

对应的 $h_i(n)$ 为

$$h_i(n)=A_i\left(1+\frac{\alpha_i}{E-\alpha_i}\right)\delta(n)=A_i\delta(n)+A_i\frac{\alpha_i}{E-\alpha_i}\delta(n)$$

将式(5.4-11)的结果代入上式，得到

$$h_i(n)=A_i[\delta(n)+\alpha_i\alpha_i^{n-1}u(n-1)]=A_i\alpha_i^n u(n)$$

再将新的 $h_i(n)$ 代入式(5.4-7)，$h(n)$ 的一般形式为

$$h(n)=\sum_{i=1}^{N}A_i\alpha_i^n u(n) \tag{5.4-15}$$

例 5.4-2 已知某系统的差分方程为

$$y(n)-5y(n-1)+6y(n-2)=x(n)-3x(n-2)$$

求系统的脉冲响应 $h(n)$。

解 方程同时移序 2 个位序

$$(E^2-5E+6)y(n)=(E^2-3)x(n)$$

$$H(E)=\frac{E^2-3}{E^2-5E+6}=\frac{E^2-3}{(E-2)(E-3)}$$

$$=1+\frac{5E-9}{(E-2)(E-3)}=1-\frac{1}{E-2}+\frac{6}{E-3}$$

$$h(n)=\delta(n)-2^{n-1}u(n-1)+6\cdot 3^{n-1}u(n-1)$$

$$=\delta(n)+(2\times 3^n-2^{n-1})u(n-1)$$

对应不同的转移算子，有不同的 $h(n)$ 序列与之对应，如表 5-1 所示。

表 5-1 $H(E)$ 对应的 $h(n)$

	$H(E)$	$h(n)$
1	A	$A\delta(n)$
2	$\frac{A}{E-\alpha}$	$A\alpha^{n-1}u(n-1)$
3	$\frac{A}{E-e^{\lambda T}}$	$Ae^{\lambda(n-1)T}u(n-1)$
4	$\frac{AE}{E-\alpha}$	$A\alpha^n u(n)$
5	$\frac{AE}{(E-\alpha)^2}$	$An\alpha^{n-1}u(n)$
6	$\frac{AE^{k+1}}{(E-\alpha)^{k+1}}$	$A\frac{1}{k!}(n+1)(n+2)\cdots(n+k)\alpha^n u(n)$
7	$A\frac{E}{E-\alpha}+A^*\frac{E}{E-\alpha^*}$	$2re^{\lambda nT}\cos(\beta nT+\theta)u(n)$ （注：$A=re^{j\theta}$，$\alpha=e^{(\lambda+j\beta)T}$）

5.4.3 零状态响应

已知任意离散信号可表示为 $x(n)=\sum_{m=-\infty}^{\infty}x(m)\delta(n-m)$，并且 $\delta(n)\rightarrow h(n)$，那么与连续时间系统的时域分析法相同，基于离散 LTI 系统的线性与时不变特性，可以用时域方法求解系统的零状态响应。因为

$$\delta(n)\rightarrow h(n)$$

由时不变性

$$\delta(n-m)\rightarrow h(n-m)$$

再由比例性

$$x(m)\delta(n-m)\rightarrow x(m)h(n-m)$$

最后由叠加性

$$x(n)=\sum_{m=-\infty}^{\infty}x(m)\delta(n-m)\rightarrow y_{zs}(n)=\sum_{m=-\infty}^{\infty}x(m)h(n-m) \quad (5.4-16)$$

式(5.4-16)的右边是离散 LTI 系统的零状态响应，也是离散序列卷积公式。因为离散序列卷积是求和运算，所以有称其为卷积和也有称其为卷和的。

利用变量代换，卷积的另一种形式为

$$y_{zs}(n)=\sum_{m=-\infty}^{\infty}h(m)x(n-m) \quad (5.4-17)$$

离散序列的卷积公式可以简写为

$$y_{zs}(n)=x(n)*h(n)=h(n)*x(n) \quad (5.4-18)$$

以上推导表明，离散系统的时域分析法是利用单位脉冲响应，通过卷积完成系统的零状态响应求解，而不是求解差分方程。

5.5 离散序列卷积(和)

离散序列卷积的一般表达形式为

$$x_1(n)*x_2(n)=\sum_{m=-\infty}^{\infty}x_1(m)x_2(n-m) \quad (5.5-1)$$

若令 $x_1(n)=x(n)$，$x_2(n)=h(n)$，正是求解零状态响应的式(5.4-16)。

5.5.1 卷积的性质

(1) 当 $x_1(n)$、$x_2(n)$、$x_3(n)$分别满足可和条件，卷积具有以下代数性质：

离散序列的卷积与连续信号的卷积有平行相似的性质与运算关系，这里我们不加证明地给出结论。

交换律

$$\begin{aligned}x_1(n)*x_2(n)&=\sum_{m=-\infty}^{\infty}x_1(m)x_2(n-m)=\sum_{m=-\infty}^{\infty}x_2(m)x_1(n-m)\\&=x_2(n)*x_1(n)\end{aligned} \quad (5.5-2)$$

分配律

$$x_1(n) * [x_2(n) + x_3(n)] = x_1(n) * x_2(n) + x_1(n) * x_3(n) \tag{5.5-3}$$

结合律

$$\begin{aligned} x_1(n) * x_2(n) * x_3(n) &= x_1(n) * [x_2(n) * x_3(n)] \\ &= [x_1(n) * x_2(n)] * x_3(n) \\ &= x_2(n) * [x_3(n) * x_1(n)] \end{aligned} \tag{5.5-4}$$

(2) 任意序列与$\delta(n)$卷积

$$\delta(n) * x(n) = x(n) \tag{5.5-5}$$

$$\delta(n-m) * x(n) = x(n-m) \tag{5.5-6}$$

(3) 任意因果序列与$u(n)$卷积

$$u(n) * x(n) = \sum_{m=0}^{n} x(m) \tag{5.5-7a}$$

任意序列与$u(n)$卷积

$$u(n) * x(n) = \sum_{m=-\infty}^{n} x(m) \tag{5.5-7b}$$

(4) 卷积的移序

$$E[x_1(n) * x_2(n)] = E[x_1(n)] * x_2(n) = x_1(n) * E[x_2(n)] \tag{5.5-8}$$

$$\frac{1}{E}[x_1(n) * x_2(n)] = \frac{1}{E}[x_1(n)] * x_2(n) = x_1(n) * \frac{1}{E}[x_2(n)] \tag{5.5-9}$$

5.5.2 卷积的运算

离散序列卷积计算的基本方法有图解法，其步骤与连续信号的卷积相似，可以分为4步计算：① 两个序列变量置换；② 任选其中一个序列折叠位移；③ 两个序列相乘；④ 对相乘后的非零值序列求和。

例 5.5-1 已知 $x(n)=R_N(n)$，$h(n)=a^n u(n)$，求 $y_{zs}(n)$，其中，$0<a<1$。

解 让 $h(n)$折叠位移，则

$$y_{zs}(n) = x(n) * h(n) = \sum_{m=-\infty}^{\infty} [u(m) - u(m-N)]a^{n-m}u(n-m)$$

当 $n<0$ 时，

$$y_{zs}(n) = 0$$

当 $0\leqslant n<N-1$ 时，

$$y_{zs}(n) = \sum_{m=0}^{n} a^{n-m} = a^n \sum_{m=0}^{n} a^{-m} = a^n \frac{1-a^{-(n+1)}}{1-a^{-1}} = \frac{a^n - a^{-1}}{1-a^{-1}}$$

当 $n\geqslant N-1$ 时，

$$y_{zs}(n) = \sum_{m=0}^{N-1} a^{n-m} = a^n \sum_{m=0}^{N-1} a^{-m} = a^n \frac{1-a^{-N}}{1-a^{-1}} = \frac{a^n - a^{n-N}}{1-a^{-1}}$$

$$y_{zs}(n) = \begin{cases} \dfrac{a^n - a^{-1}}{1-a^{-1}} & 0 \leqslant n < N-1 \\[2ex] \dfrac{a^n - a^{n-N}}{1-a^{-1}} & n \geqslant N-1 \end{cases}$$

求解过程与结果如图 5.5-1 所示。

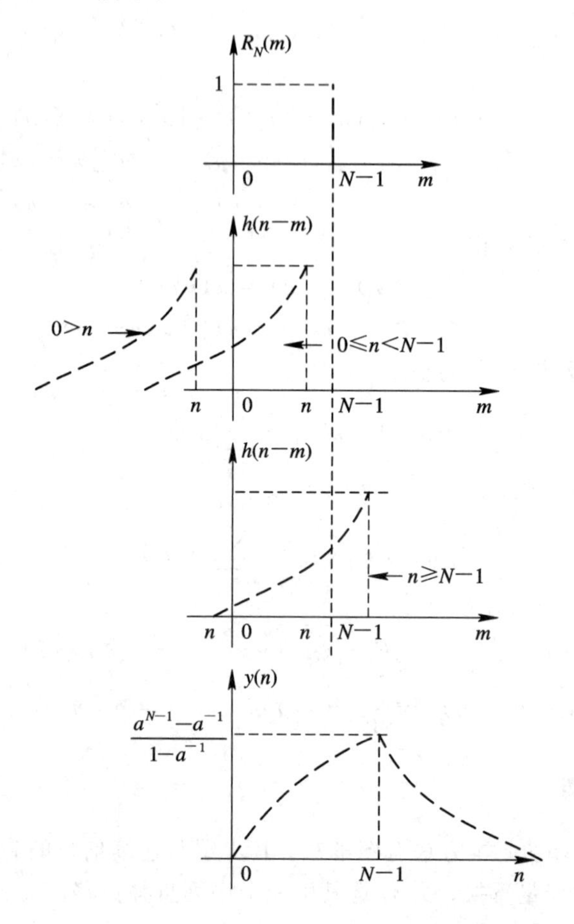

图 5.5-1　例 5.5-1 求解过程与结果

当两个有限长序列卷积时，可用简单的竖式相乘对位相加法。下面举例说明竖式相乘对位相加法。

例 5.5-2　已知 $x(n)=[\underset{\uparrow}{1}\quad 2\quad 3]$，$h(n)=[\underset{\uparrow}{3}\quad 2\quad 1]$，求 $y(n)$。

解　将两个序列的样值分成两行排列，逐位竖式相乘得到(三行)：

$x(n)$	1	2	3		
$h(n)$	3	2	1		
	3	6	9		
		2	4	6	
			1	2	3
$y(n)$	3	8	14	8	3

按从左到右的顺序逐项将竖式相乘的乘积对位相加，结果是 $y(n)$。

$$y(n)=[\underset{\uparrow}{3}\quad 8\quad 14\quad 8\quad 3]$$

也可以

$x(n)$			1	2	3
$h(n)$			3	2	1
			1	2	3
		2	4	6	
	3	6	9		
$y(n)$	3	8	14	8	3

也可用 MATLAB 计算 $x(n)$与 $h(n)$的卷积。计算例 5.5-2 卷积的 MATLAB 程序与结果为

```
x=[1,2,3];
h=[3,2,1];
conv(x,h)      % 卷积计算
ans =
   3     8     14     8     3
```

为了计算方便，将常用因果序列卷积(和)结果列于表 5-2。

表 5-2 卷 积 和

序号	$x_1(n)$	$x_2(n)$	$x_1(n) * x_2(n)=x_2(n) * x_1(n)$
1	$\delta(n)$	$x(n)$	$x(n)$
2	$u(n)$	$x(n)u(n)$	$\sum_{m=0}^{n} x(m)$
3	$a^n u(n)$	$u(n)$	$\frac{1-a^{n+1}}{1-a}u(n)$
4	$u(n)$	$u(n)$	$(n+1)u(n)$
5	$a^n u(n)$	$a^n u(n)$	$(n+1)a^n u(n)$
6	$a^n u(n)$	$nu(n)$	$\left[\frac{n}{1-a}+\frac{a(a^n-1)}{(1-a)^2}\right]u(n)$
7	$a_1^n u(n)$	$a_2^n u(n)$	$\frac{a_1^{n+1}-a_2^{n+1}}{a_1-a_2}u(n)$

5.6 离散时间系统的完全响应与系统特性

5.6.1 系统完全响应的时域求解方法

由前面的分析可知离散时间系统的全响应 $y(n)$可分为零输入响应与零状态响应，即

$$y(n) = y_{zi}(n) + y_{zs}(n) \tag{5.6-1}$$

例 5.6-1 已知系统的差分方程 $y(n)-0.9y(n-1)=0.05u(n)$，边界条件 $y(-1)=0$，求系统的全响应。

解 (1) 激励 $x(n)=0.05u(n)$ 在 $n=0$ 时接入，且 $y(-1)=0$，所以为零状态，其解为零状态响应。

系统的转移算子为

$$H(E) = \frac{E}{E-0.9}$$

单位脉冲响应

$$h(n) = 0.9^n u(n)$$

响应为

$$y_{zs}(n) = (0.9)^n u(n) * 0.05u(n)$$

查表 5-2 的第 3 条，可得

$$y_{zs}(n) = 0.05\frac{1-(0.9)^{n+1}}{1-0.9} = 0.5[1-0.9(0.9)^n]$$

$$= 0.5 - 0.45(0.9)^n \qquad n \geqslant 0$$

例 5.6-2 已知系统的差分方程 $y(n)-0.9y(n-1)=0.05u(n)$，边界条件 $y(-1)=1$，求系统的全响应。

解 此题与上题除边界条件不同外，其余都相同，可分别求其零状态与零输入响应。零状态响应方程与解同上题

$$y_{zs}(n) = 0.5 - 0.45(0.9)^n \qquad n \geqslant 0$$

由 $y_{zi}(n)-0.9y_{zi}(n-1)=0$，得零输入响应的一般表示

$$y_{zi}(n) = C(0.9)^n$$

代入初始条件

$$y_{zi}(-1) = C(0.9)^{-1} = 1$$

解出 $C=0.9$，则

$$y_{zi}(n) = 0.9(0.9)^n$$

全响应

$$y(n) = y_{zs}(n) + y_{zi}(n) = 0.5 + 0.45(0.9)^n \qquad n \geqslant 0$$

借助 MATLAB 可求解系统的零输入、零状态及全响应，详见 5.7.5 节。

5.6.2 用经典法求解完全响应

这是与微分方程经典法类似的解法，即先求齐次通解 $y_c(n)$，然后求特解。特解形式与激励模式一样，完全解的形式确定后，再利用边界条件求任意常数。

一般 N 阶差分方程应给出 N 个边界条件以确定 N 个任意常数 $C_1, C_2, \cdots, C_N$。当考虑特征方程无重根情况时，差分方程的齐次通解为

$$y_c(n) = C_1\alpha_1^n + C_2\alpha_2^n + \cdots + C_N\alpha_N^n \tag{5.6-2}$$

差分方程的特解 $y_p(n)$ 由 $x(n)$ 的形式确定，常见特解形式有

(1) 激励为多项式序列 $x(n)=n^k$ 时，则特解形式亦为多项式

$$y_p(n) = D_0 + D_1 n + D_2 n^2 + \cdots + D_k n^k \tag{5.6-3}$$

(2) 激励为指数序列 $x(n)=a^n$ 时，则特解形式亦为指数序列

$$y_p(n) = Da^n \tag{5.6-4}$$

最后，差分方程的完全解

$$y(n) = y_c(n) + y_p(n) = C_1\alpha_1^n + C_2\alpha_2^n + \cdots + C_N\alpha_N^n + y_p(n) \tag{5.6-5}$$

引入边界条件

$$\begin{cases} y(0) = C_1 + C_2 + \cdots + C_N + y_p(0) \\ y(1) = C_1\alpha_1 + C_2\alpha_2 + \cdots + C_N\alpha_N + y_p(1) \\ \quad\vdots \\ y(N-1) = C_1\alpha_1^{N-1} + C_2\alpha_2^{N-1} + \cdots + C_N\alpha_N^{N-1} + y_p(N-1) \end{cases} \tag{5.6-6}$$

将 $y_p(0)\sim y_p(N-1)$ 移至左边，且写成矩阵形式

$$\begin{bmatrix} y(0)-y_p(0) \\ y(1)-y_p(1) \\ \vdots \\ y(N-1)-y_p(N-1) \end{bmatrix} = \begin{bmatrix} 1 & 1 & \cdots & 1 \\ \alpha_1 & \alpha_2 & \cdots & \alpha_N \\ \vdots & \vdots & & \vdots \\ \alpha_1^{N-1} & \alpha_2^{N-1} & \cdots & \alpha_N^{N-1} \end{bmatrix} \begin{bmatrix} C_1 \\ C_2 \\ \vdots \\ C_N \end{bmatrix} \tag{5.6-7}$$

上式可简化为

$$[\boldsymbol{y}(k) - \boldsymbol{y}_p(k)] = [\boldsymbol{V}][\boldsymbol{C}] \tag{5.6-8}$$

式中，k 为边界条件的序位。

借助范德蒙特逆阵可求得 $\boldsymbol{C}$ 矩阵的一般表示形式

$$\boldsymbol{C} = \boldsymbol{V}^{-1}[\boldsymbol{y}(k) - \boldsymbol{y}_p(k)] \tag{5.6-9}$$

则 N 阶差分方程的全响应应为

$$y(n) = \sum_{i=1}^{N} C_i\alpha_i^n + y_p(n) \tag{5.6-10}$$

其中，C_i 由式(5.6-9)所确定。

同理可推得特征方程有一 m 阶重根时，差分方程的齐次通解为

$$y_c(n) = (C_1 + C_2 n + \cdots + C_m n^{m-1})\alpha_1^n + \sum_{i=m+1}^{N} C_i\alpha_i^n \tag{5.6-11}$$

则完全解为

$$y(n) = (C_1 + C_2 n + \cdots + C_m n^{m-1})\alpha_1^n + \sum_{i=m+1}^{N} C_i\alpha_i^n + y_p(n) \tag{5.6-12}$$

例 5.6-3 $y(n)-2y(n-1)=4$，$y(0)=0$，用经典法求 $y(n)$。

解 (1) 齐次解

$$(E-2)y(n) = 0,\ y_c(n) = C2^n$$

(2) 特解 $y_p(n)=A$，代入原方程得

$$A - 2A = 4,\ A = -4$$

(3) 完全解

$$y(n) = C2^n - 4$$

代入边界条件

$$y(0) = C2^0 - 4 = 0,\ C = 4$$

$$y(n)=4(2^n-1) \quad n\geqslant 0$$

例 5.6-4 已知 $y(n)+2y(n-1)=x(n)-x(n-1)$，其中，$x(n)=n^2$，$y(-1)=-1$，用经典法求 $y(n)$。

解 齐次解

$$(E+2)y(n)=0$$

特征方程为 $E+2=0$，齐次通解为 $y_c=C(-2)^n$。

特解 $x(n)=n^2$，

由 $x(n)-x(n-1)=n^2-(n-1)^2=2n-1$，特解形式为 D_1n+D_0，其中 D_1、D_0 为待定系数。

代入原差分方程

$$D_1n+D_0+2[D_1(n-1)+D_0]=2n-1$$

整理得

$$3D_1n+3D_0-2D_1=2n-1$$

比较同次项系数

$$\begin{cases}3D_1=2\\3D_0-2D_1=-1\end{cases}\Rightarrow\begin{cases}D_1=\dfrac{2}{3}\\D_0=\dfrac{1}{9}\end{cases}$$

完全解

$$y(n)=C(-2)^n+\frac{2}{3}n+\frac{1}{9}$$

代入边界条件

$$y(-1)=C(-2)^{-1}-\frac{2}{3}+\frac{1}{9}=-1$$

$$-\frac{1}{2}C=\frac{2}{3}-\frac{1}{9}-1,\quad C=\frac{8}{9}$$

或由 $y(n)+2y(n-1)=2n-1$ 将 $n=0$ 代入

$$y(0)+2y(-1)=-1,y(0)=-1 \quad \text{再代到完全解}$$

$$y(0)=C+1/9,\quad C=8/9$$

$$y(n)=\frac{8}{9}(-2)^n+\frac{2}{3}n+\frac{1}{9}\quad n\geqslant 0$$

5.6.3 系统完全响应分解

与连续系统相同，完全响应可按不同的分解方式，分解为零状态响应、零输入响应、自由响应、强迫响应、瞬态响应和稳态响应。

若完全响应分解为零状态响应，零输入响应，由所给定的边界值可分为零输入边界 $[\boldsymbol{y}_{zi}(k)]$、零状态边界 $[\boldsymbol{y}_{zs}(k)]$ 两部分。

$$[\boldsymbol{y}(k)]=[\boldsymbol{y}_{zi}(k)]+[\boldsymbol{y}_{zs}(k)] \tag{5.6-13}$$

在零输入情况下，$\boldsymbol{y}_p(k)=0$，所以

$$[\boldsymbol{C}_{zi}]=[\boldsymbol{V}]^{-1}[\boldsymbol{y}_{zi}(k)] \tag{5.6-14}$$

在零状态情况下

$$[\boldsymbol{C}_{zs}] = [\boldsymbol{V}]^{-1}[\boldsymbol{y}_{zs}(k) - \boldsymbol{y}_{p}(k)] = [\boldsymbol{V}]^{-1}[\boldsymbol{y}(k) - \boldsymbol{y}_{zi}(k) - \boldsymbol{y}_{p}(k)] \quad (5.6-15)$$

而系数

$$[\boldsymbol{C}] = [\boldsymbol{C}_{zs}] + [\boldsymbol{C}_{zi}]$$

从而有

$$\text{完全响应} = \begin{cases} \text{零输入响应 } y_{zi}(n) = \sum_{k=1}^{N} C_{zik}\alpha_k^n \\ \text{零状态响应 } y_{zs}(n) = \sum_{k=1}^{N} C_{zsk}\alpha_k^n + y_p(n) \end{cases}$$

$$= \begin{cases} \sum_{k=1}^{N} (C_{zsk} + C_{zik})\alpha_k^n \\ y_p(n) \end{cases} = \begin{cases} \sum_{k=1}^{N} C_k\alpha_k^n & \text{自然响应} \\ y_p(n) & \text{强迫响应} \end{cases} \quad (5.6-16)$$

同样，完全响应中不随 n 增长而消失的分量为稳态响应，随 n 增长而消失的分量为瞬态响应。

要指出的是以上分析中边界条件可不按序号 0，1，2，…，$N-1$ 给出，只要是 N 阶方程有 N 个边界条件即可。$n=n_0$ 时接入激励，对因果系统零状态是指

$$y(n_0-1) = y(n_0-2) = \cdots = y(n_0-N) = 0$$

特别地，若 $n_0=0$，则

$$y(-1) = y(-2) = \cdots = y(-N) = 0$$

系统的全响应边界条件中一般包含两部分：一部分为系统零输入时的边界条件，另一部分为系统零状态时的边界条件。应根据给定的情况正确判断所给定的边界条件。

例 5.6－5 已知系统的差分方程 $y(n)-0.9y(n-1)=0.05u(n)$，边界条件 $y(-1)=1$，用经典法求系统的完全响应，并指出各响应分量。

解 齐次解

$$y_c(n) = C(0.9)^n \qquad n \geqslant 0$$

特解

$$y_p(n) = D \qquad n \geqslant 0$$

代入原方程

$$D - 0.9D = 0.05$$

$$D = 0.5$$

完全解为

$$y(n) = C(0.9)^n + 0.5$$

再解出完全边界条件。由 $y(0)-0.9y(-1)=0.05$，解得 $y(0)=0.95$，代入完全解

$$y(0) = 0.5 + C = 0.95$$

$$C = 0.45$$

所以完全解为

$$y(n) = [0.45(0.9)^n + 0.5]u(n)$$

其中，$0.45(0.9)^n$ 为自由响应，瞬态响应；$0.5u(n)$为强迫响应，稳态响应。

此题与例 5.6-2 相同，所以

$$y_{zs}(n)=[0.5-0.45(0.9)^n]u(n)$$

$$y_{zi}(n)=0.9(0.9)^n$$

5.6.4 系统特性

单位脉冲响应 $h(n)$表征了系统本身的性能，所以在时域分析中，由系统的单位脉冲响应 $h(n)$，可判断离散时间系统的因果稳定性。

具有因果性的系统，其输出是激励的结果，激励是响应的原因。由于输出变化发生在输入变化之后，因此 $y(n)$只取决于此时及以前的激励 $x(n)$，$x(n-1)$，… 离散 LTI 系统具有因果性的充分必要条件为

$$h(n)=0 \quad n<0 \tag{5.6-17}$$

或

$$h(n)=h(n)u(n) \tag{5.6-18}$$

与连续系统相同，具有 BIBO 稳定性的离散系统是输入信号有界输出必为有界的系统。离散 LTI 系统稳定的充分必要条件为单位脉冲响应满足绝对可和，即

$$\sum_{n=-\infty}^{\infty}|h(n)|<\infty \tag{5.6-19}$$

由因果、稳定系统的条件，离散 LTI 系统同时具有因果稳定性的充分必要条件为

$$\sum_{n=-\infty}^{\infty}|h(n)|<\infty \quad 且 \quad h(n)=h(n)u(n) \tag{5.6-20}$$

例 5.6-6 已知单位脉冲响应 $h(n)=a^n u(n)$，判断系统的因果稳定性。

解 因为 $n<0$ 时，$h(n)=0$，所以是因果系统；且有

$$\sum_{n=-\infty}^{\infty}|h(n)|=\sum_{n=0}^{\infty}|a|^n=1+|a|+|a|^2+\cdots$$

$$=\lim_{n\to\infty}\frac{1-|a|^n}{1-|a|}=\begin{cases}\dfrac{1}{1-|a|} & |a|<1\\ \infty & |a|\geqslant 1\end{cases}$$

因此，当$|a|<1$ 时系统稳定，$|a|\geqslant 1$ 时系统不稳定。

5.7 基于 MATLAB 的离散时域分析

5.7.1 序列的 MATLAB 程序

1. 单位脉冲序列的产生

例 5.7-1 单位脉冲序列的 MATLAB 程序如下：

```
clear;
ns=-2; nf=7; np=0;
[x, n]=impseq(np, ns, nf);
stem(n, x, 'filled');
```

```
title('单位脉冲序列');
xlabel('n'); ylabel('x(n)');
```

单位脉冲序列的波形如图 5.7－1 所示。

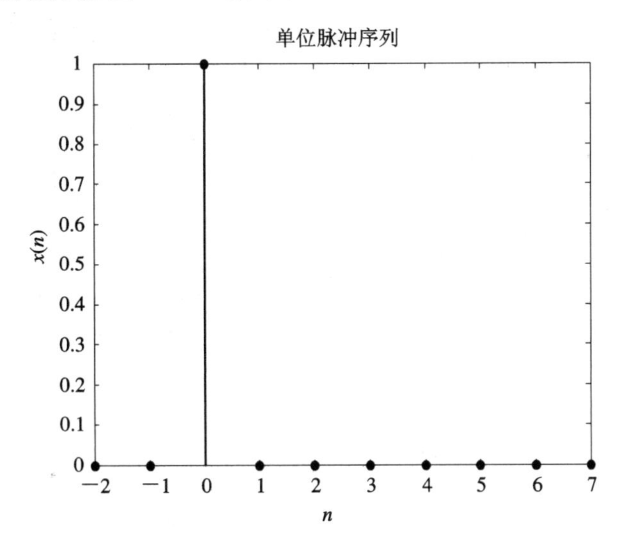

图 5.7－1 单位脉冲序列图

2. 单位阶跃序列的产生

例 5.7－2 单位阶跃序列的 MATLAB 程序如下：

```
clear;
ns=-2; nf=7; np=0;
[x, n]=stepseq(np, ns, nf);
stem(n, x, 'filled');
title ('单位阶跃序列');
xlabel('n'); ylabel('x(n)');
```

单位阶跃序列波形如图 5.7－2 所示。

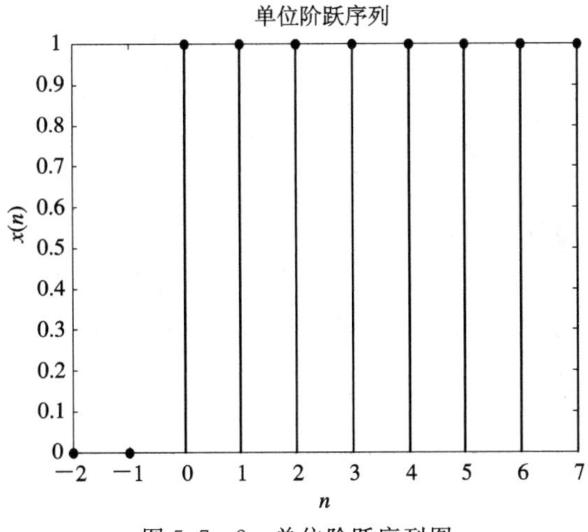

图 5.7－2 单位阶跃序列图

3. 矩形序列的产生

例 5.7-3 矩形序列的 MATLAB 程序如下：

```
clear;
ns=-2; nf=8; np=0;
np1=4; n= ns: nf;
x=stepseq(np, ns, nf)
  - stepseq(np1, ns, nf);
stem(n, x);
title ('矩形序列 R4(n)');
xlabel('n');
ylabel('R4(n)');
```

矩形序列波形如图 5.7-3 所示。

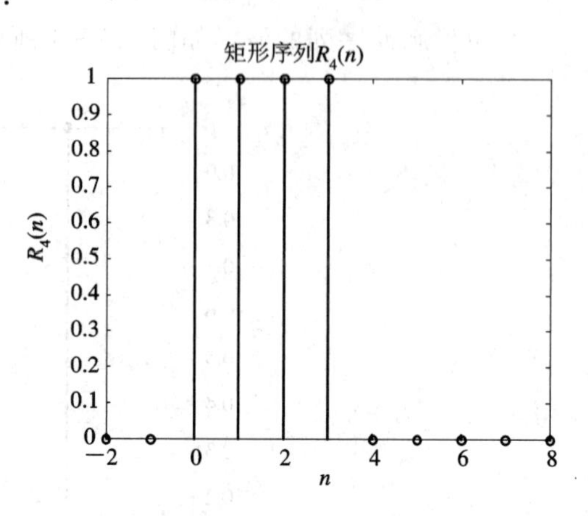

图 5.7-3 单位矩形序列图

4. 斜变序列的产生

例 5.7-4 斜变序列的 MATLAB 程序如下：

```
clear;
n=0: 10;
a=1
x=n. * a;
stem(n, x);
title ('单位斜变序列 x(n)');
xlabel('n');
ylabel('x(n)');
```

斜变序列波形如图 5.7-4 所示。

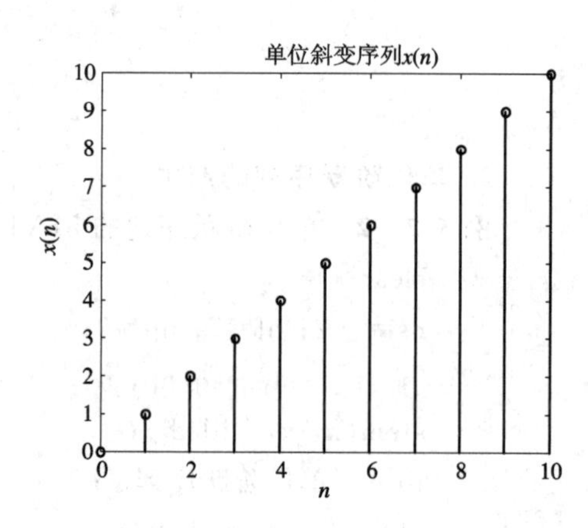

图 5.7-4 单位斜变序列图

5. 实指数序列的产生

例 5.7-5 实指数序列的 MATLAB 程序如下：

```
n=0: 10;
a1=0.5; a2=-0.5; a3=1.2; a4=-1.2;
x1=a1.^n; x2=a2.^n;
x3=a3.^n; x4=a4.^n;
subplot(2, 2, 1), stem(n, x1);
title ('实指数序列(0<a1<1)');
xlabel('n'); ylabel('x1(n)');
subplot(2, 2, 2), stem(n, x2);
title ('实指数序列(-1<a2<0)');
line([0, 10], [0, 0]);
xlabel('n'); ylabel('x1(n)');
subplot(2, 2, 3), stem(n, x3);
title ('实指数序列(1<a3)');
```

```
    xlabel('n');
    ylabel('x1(n)');
    subplot(2, 2, 4), stem(n, x4);
    line([0, 10], [0, 0]);
    title ('实指数序列(a4<-1)');
    xlabel('n');
    ylabel('x1(n)');
```

实指数序列波形如图 5.7-5 所示。

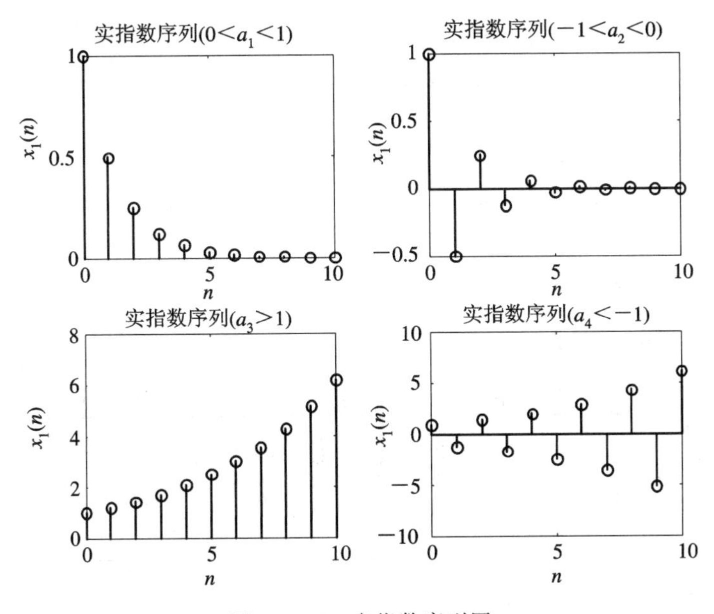

图 5.7-5 实指数序列图

6. 正弦型序列的产生

例 5.7-6 正弦型序列的 MATLAB 程序如下：

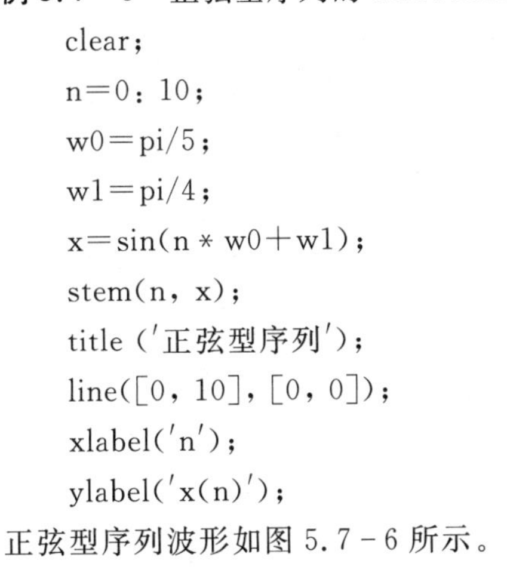

```
    clear;
    n=0: 10;
    w0=pi/5;
    w1=pi/4;
    x=sin(n * w0+w1);
    stem(n, x);
    title ('正弦型序列');
    line([0, 10], [0, 0]);
    xlabel('n');
    ylabel('x(n)');
```

正弦型序列波形如图 5.7-6 所示。

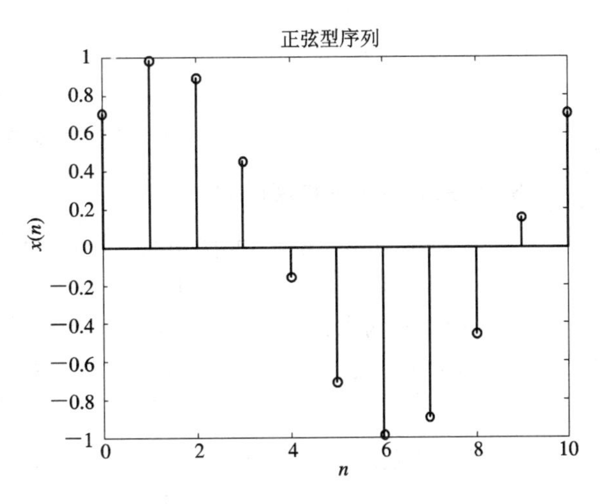

图 5.7-6 正弦型序列图

7. 复指数序列的产生

例 5.7-7 复指数序列的 MATLAB 程序如下：

```
clear; n=0: 10;
delta=-0.2; w1=0.7;
x=exp((delta+j * w1) * n);
subplot(2, 1, 1), stem(n, real(x));
line([0, 10], [0, 0]);
title ('复指数序列');
ylabel('复指数序列的实部');
subplot(2, 1, 2), stem(n, imag(x));
line([0, 10], [0, 0]);
ylabel('复指数序列的虚部'); xlabel('n');
```

复指数序列波形如图 5.7-7 所示。

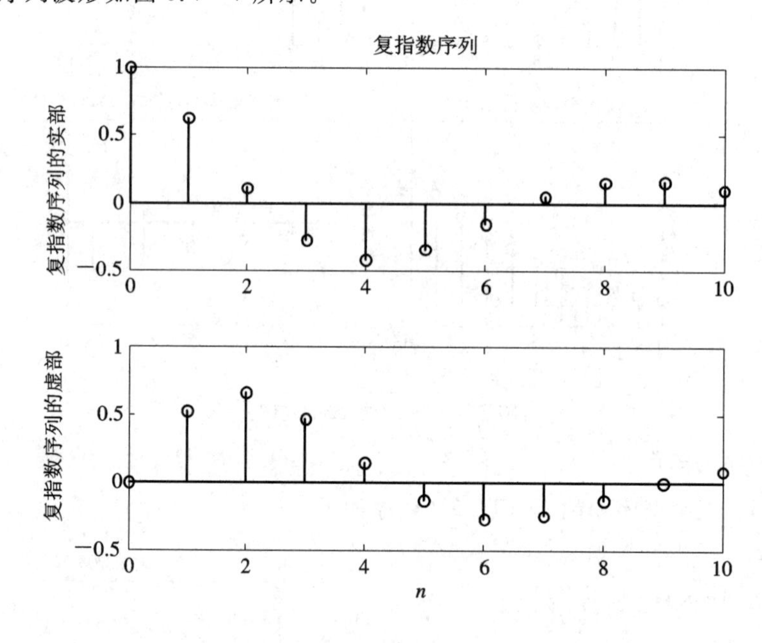

图 5.7-7　复指数序列图

8. 任意脉冲序列扩展函数

```
function[x, n]= impseq(np, ns, nf);
if ns>np|ns>nf|np>nf;
error('输入位置参数不满足 ns<=np<=nf');
else n=[ns: nf]; x=[(n-np)==0];
end
```

9. 任意阶跃序列扩展函数

```
function[x, n]= stepseq(np, ns, nf);
n=[ ns: nf]; x=[(n-np)>=0];
```

5.7.2 序列运算的 MATLAB 扩展程序

1. 序列加法扩展函数

```
function [y, n]=seqadd(x1, n1, x2, n2);
n=min(min(n1), min(n2)): max(max(n1), max(n2));
y1=zeros(1, length(n)); y2=y1;
y1(find((n>=min(n1))&(n<=max(n1))==1))=x1;
y2(find((n>=min(n2))&(n<=max(n2))==1))=x2;
y=y1+y2;
```

2. 序列乘法扩展函数

```
function [y, n]=seqmult(x1, n1, x2, n2);
n=min(min(n1), min(n2)): max(max(n1), max(n2));
y1=zeros(1, length(n)); y2=y1;
y1(find((n>=min(n1))&(n<=max(n1))==1))=x1;
y2(find((n>=min(n2))&(n<=max(n2))==1))=x2;
y=y1. * y2;
```

3. 序列移序扩展函数

```
function[y, ny]= seqshift(x, nx, k);
y=x; ny=nx+k;
```

4. 序列折叠扩展函数

```
function[y, ny]= seqfold(x, nx);
y=fliplr(x); ny=-fliplr(nx);
```

5. 序列卷积扩展函数

```
function[y, ny]=convwthn(x, nx, h, nh);
nys=nx(1)+nh(1); nyf=nx(end)+ nh(end);
y=conv(x, h); ny=[nys: nyf];
```

5.7.3 序列运算的 MATLAB 程序

例 5.7-8 计算例 5.5-1 的 MATLAB 程序如下：

```
clear;
x=[0.5, 1.5 , 1, -0.5]; n0=-1: 2; a=2;
[x1, n1]=seqshift(x, n0, 2);          %移位
[ym1, n]= seqmult(x1, n1, x, n0);     %序列相乘
ym=a * ym1;                           %序列倍乘
[ya, n]= seqadd(ym, n, x, n0);        %序列相加
subplot(4, 1, 1); stem(n0, x); ylabel('x');
axis([min(n), max(n), min(x), max(x)]);
```

```
line([min(n), max(n)], [0, 0]);
subplot(4, 1, 2); stem(n1, x1); ylabel('x1');
line([min(n), max(n)], [0, 0]);
axis([min(n), max(n), min(x1), max(x1)]);
subplot(4, 1, 3); stem(n, ym);
axis([min(n), max(n), min(ym), max(ym)]); ylabel('ym=2x(x1');
line([min(n), max(n)], [0, 0]);
subplot(4, 1, 4); stem(n, ya); xlabel('n'); ylabel('ya=x+ym');
axis([min(n), max(n), min(ya), max(ya)]);
line([min(n), max(n)], [0, 0]);
```

例 5.5-1 波形如图 5.7-8 所示。

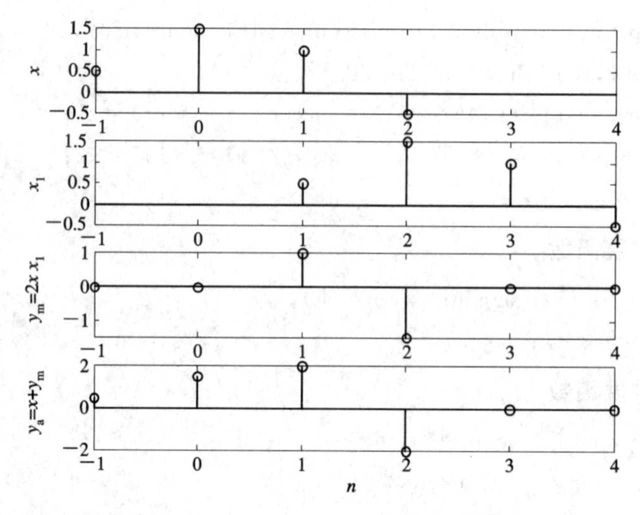

图 5.7-8 例 5.5-1 输入序列与输出序列图

例 5.7-9 计算序列 $x=[0, 1, \underset{\uparrow}{3}, 3, 4, 3, 2, 1]$向右移序 2 位的MATLAB 程序如下：

```
clear;
x=[0, 1, 3, 3, 4, 3, 2, 1]; nx=-2; k=2;
[y, ny]= seqshift(x, nx, k)
nf1=nx+length(x)-1; nf2=ny+length(y)-1;
n=min(min(nx), min(ny)): max(max(nf1), max(nf2));
x1=zeros(1, length(n)); y1=x1;
x1(find((n>= nx)&(n<= nf1)==1))=x;
y1(find((n>=ny)&(n<= nf2)==1))=y;
subplot(2, 1, 1); stem(n, x1); xlabel('n'); ylabel('x');
subplot(2, 1, 2); stem(n, y1);
xlabel('n'); ylabel('y=x(n-k)');
```

波形如图 5.7-9 所示。

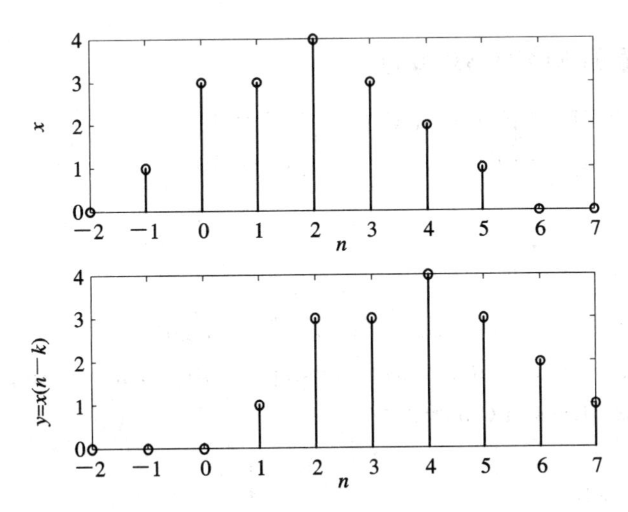

图 5.7-9　例 5.7-9 序列移序图

例 5.7-10　计算序列 $x=[0, 1, \underset{\uparrow}{3}, 3, 4, 3, 2, 1]$折叠的 MATLAB 程序如下：

```
clear;
x=[0, 1, 3, 3, 4, 3, 2, 1]; nx=-2;
[y, ny]=seqfold(x, nx)
nx1=nx+length(x)-1;            %x 的终点
ny1=ny-length(y)+1;            %y 的起点
n=min(min(nx), min(ny1)): max(max(nx1), max(ny)); %y 的位置向量
y1=zeros(1, length(n)); y2=y1;
y1(find((n>= nx)&(n<= nx1)==1))=x;
y2(find((n>=ny1)&(n<= ny)==1))=y;
subplot(2, 1, 1); stem(n, y1); xlabel('n'); ylabel('x(n)');
subplot(2, 1, 2); stem(n, y2); xlabel('n'); ylabel('y(n)=x(-n)');
```

波形如图 5.7-10 所示。

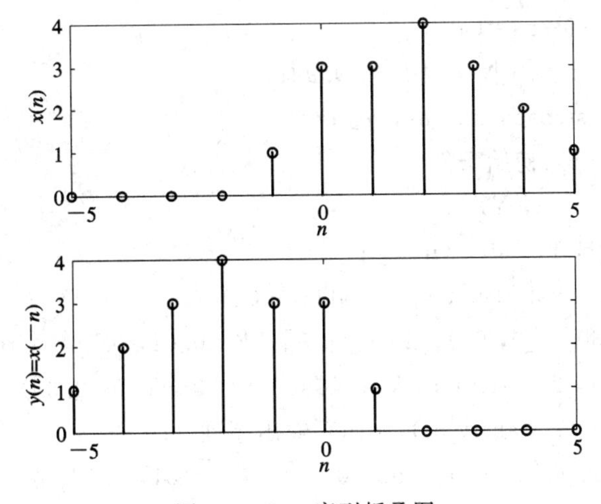

图 5.7-10　序列折叠图

5.7.4 序列能量的 MATLAB 程序

例 5.7-11 计算序列能量的 MATLAB 程序如下：

$x(n)=n[u(n)-u(n-8)]-10e^{-0.3(n-10)}[u(n-10)-u(n-16)]$ $0\leqslant n\leqslant 20$ 能量的 MATLAB 程序：

```
clear;
n=[0: 20];
x1=n. *(stepseq(0, 0, 20)- stepseq(8, 0, 20));
x2=10*exp(-0.3*(n-10)). *(stepseq(10, 0, 20)- stepseq(16, 0, 20))
x=x1-x2; E=sum(abs(x).^2)
```

答案

```
E = 355.5810
```

5.7.5 系统响应求解的 MATLAB 程序

1. 单位脉冲响应 $h(n)$

例 5.7-12 计算并绘出例 5.4-2 单位脉冲响应 $h(n)$的波形(前 6 项)。程序如下：

```
clear;
a=[1, -5, 6]; b=[1, 0, -3];
h=impz(b, a, 0: 5)
stem(h);
axis([-1, 6, min(h), max(h)]);
```

例 5.4-2 波形如图 5.7-11 所示。

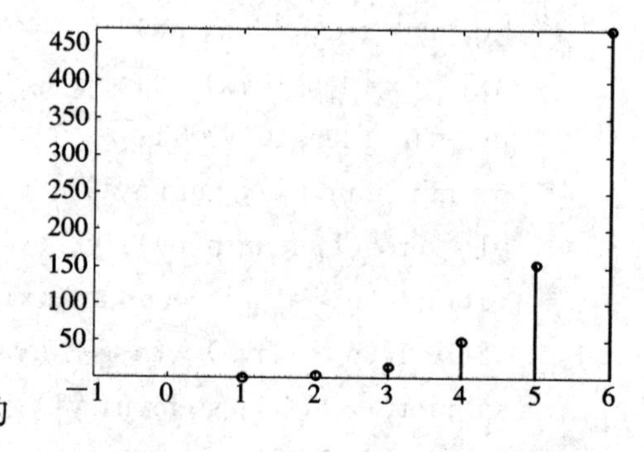

图 5.7-11 例 5.4-2 单位脉冲响应图

2. 零状态响应

例 5.7-13 计算例 5.6-1 零状态响应的 MATLAB 程序如下：

```
clear;
nf=30; np=0; ns=0;
n=[0: 30]; b=[1]; a=[1, -0.9];
x=0.05. * stepseq(np, ns, nf);
Y=[0];     %初始条件
y=filter(b, a, x, Y)
subplot(2, 1, 1); stem(n, x);
axis([-2 30 -0.01 0.06]); ylabel('x(n)');
line([-2, 30], [0, 0]); line([0, 0] , [-0.01, 0.06]); title('输入序列');
subplot(2, 1, 2); stem(n, y); axis([-2 30 -0.01 0.6]);
ylabel('y(n)'); xlabel('n'); title('输出序列');
line([-2, 30], [0, 0]); line([0, 0] , [-0.01, 1.1]);
```

例 5.6-1 波形如图 5.7-12 所示。

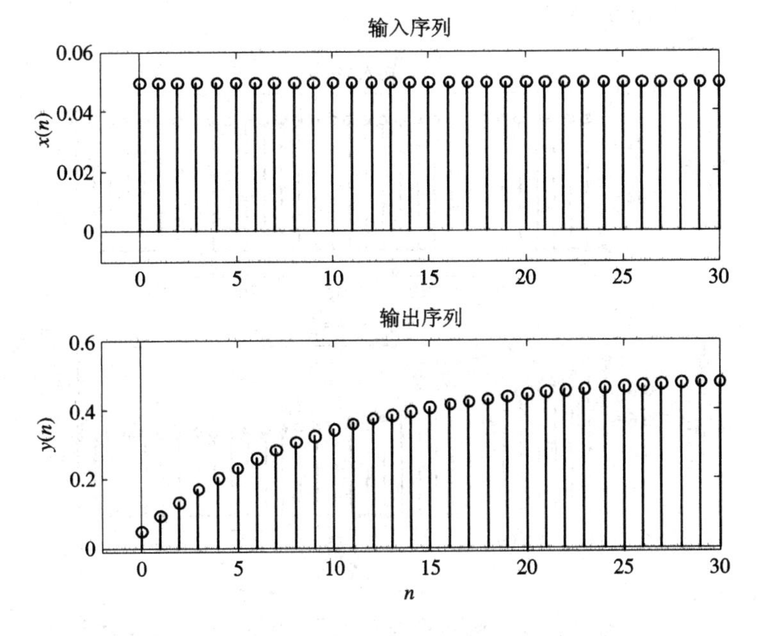

图 5.7-12　例 5.6-1 输入序列与输出序列图

3. 全响应

例 5.7-14　计算例 5.6-2 全响应的 MATLAB 程序如下：

```
clear;
nf=30; np=0; ns=-1;
n=-1: 30; b=[1];
a=[1, -0.9];
x=0.05. * stepseq(np, ns, nf);
Y=[1];        %初始条件
y=filter(b, a, x, Y)
subplot(2, 1, 1);
stem(n, x); ylabel('x(n)');
axis([-2 30 -0.01 0.06]);
line([-2, 30], [0, 0]);
line([0, 0] , [-0.01, 0.06]);
title('输入序列');
subplot(2, 1, 2);
stem(n, y);
axis([-2 30 -0.1 1.1]);
ylabel('y(n)'); xlabel('n');
line([-2, 30], [0, 0]);
line([0, 0] , [-0.1, 1.1]);
title('输出序列');
```

例 5.6－2 波形如图 5.7－13 所示。

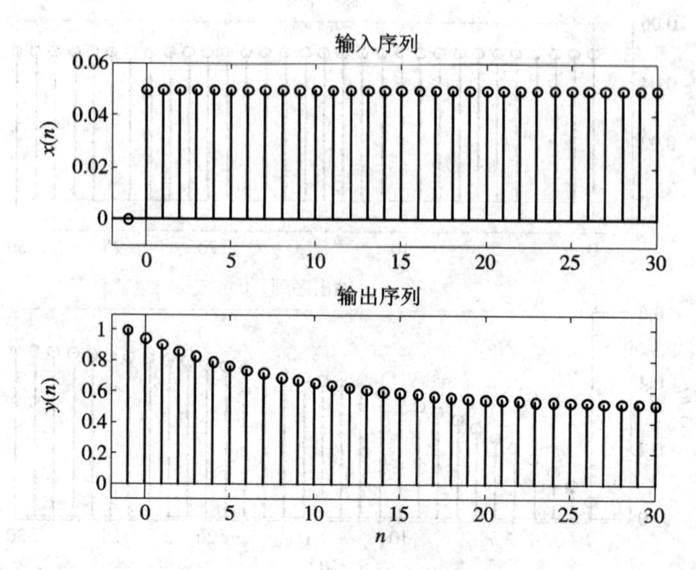

图 5.7－13　例 5.6－2 输入序列与输出序列图

例 5.7－15　例 5.6－4 输入为 $2n-1$、计算前 22 点、图示前 8 点(均包括 $y(-1)$)的 MATLAB 程序与结果如下：

```
clear;
nf=20; np=0; ns=-1;
n=-1: 20; b=[1, 0]; a=[1, 2];
Y=[-1];
x= 2. * n. * stepseq(np, ns, nf)- stepseq(np, ns, nf);
y=filter(b, a, x, Y)
subplot(2, 1, 1); stem(n, x);
ylabel('x');
title('输入序列');
axis([-2, 6, -1, 12]);
subplot(2, 1, 2); stem(n, y);
xlabel('n');
ylabel('y');
title('输出序列');
axis([-1, 6, -25, 62]);
```

答案

```
y = -1        1       -1       5      -5      17
    -25       61      -109     233    -449    917
   -1813      3649    -7273    14573  -29117  58265
 -116497   233029   -466021   932081
```

例 5.6－4 波形如图 5.7－14 所示。

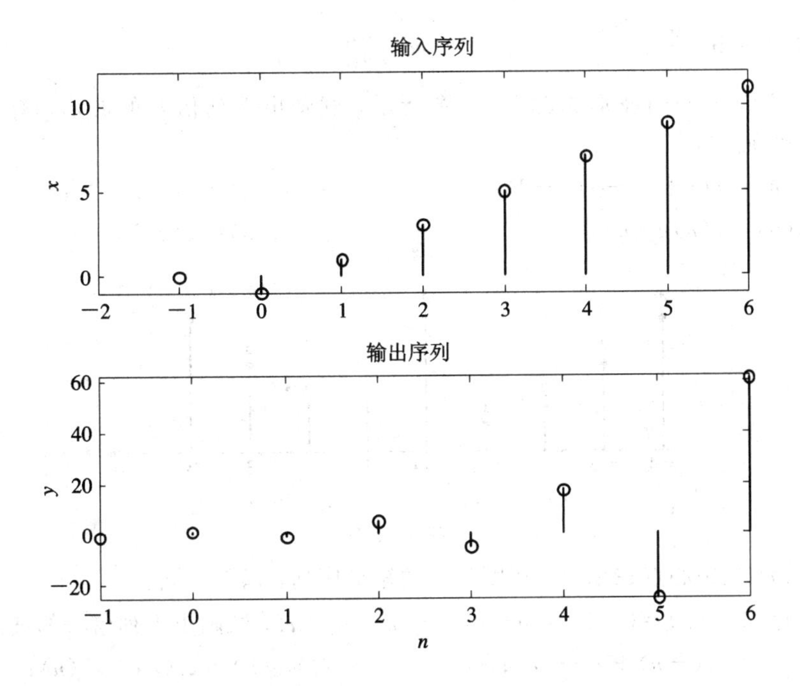

图 5.7-14　例 5.6-4 输入序列与输出序列图

习　题

5-1　用 $\delta(n)$加权和的形式写出题 5-1 图所示图形的表示式。

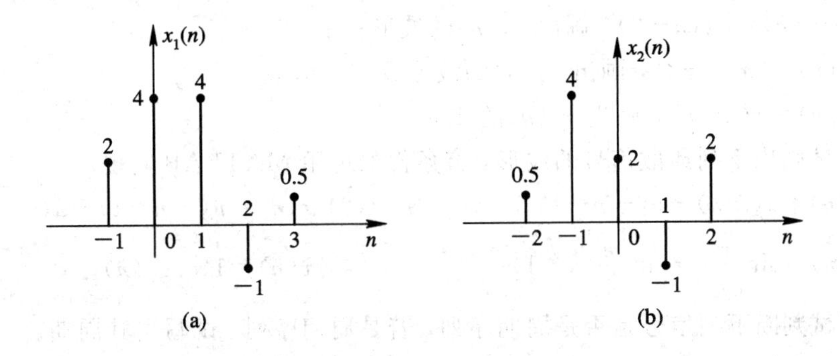

题 5-1 图

5-2　分别画出以下各序列的图形。

(1) $x(n)=\left(\frac{1}{2}\right)^{n}u(n)$；　(2) $x(n)=(2)^{n}u(n)$；

(3) $x(n)=\left(-\frac{1}{2}\right)^{n}u(n)$；　(4) $x(n)=(-2)^{n}u(n)$；

(5) $x(n)=\left(\frac{1}{2}\right)^{n+1}u(n+1)$；　(6) $x(n)=[2, 1, \underset{\uparrow}{-3}, 2, 3, -2, 1]$。

5-3　分别画出以下各序列的图形，有条件的可用 MATLAB 实现。

(1) $x(n)=nu(n)$；　(2) $x(n)=-nu(-n)$；

(3) $x(n)=\sin\frac{n\pi}{5}$；　　　(4) $x(n)=\cos\left(\frac{n\pi}{10}-\frac{\pi}{5}\right)$。

5-4　已知 $x(n)$ 的波形如题 5-4 图所示，试画出下列信号的波形，有条件的可用 MATLAB 实现。

(1) $y_1(n)=x(n+2)+x(n-2)$；　　　(2) $y_2(n)=x(-n+2)$；

(3) $y_3(n)=x(n)g_5(n)$；　　　(4) $y_4(n)=x(2n)$。

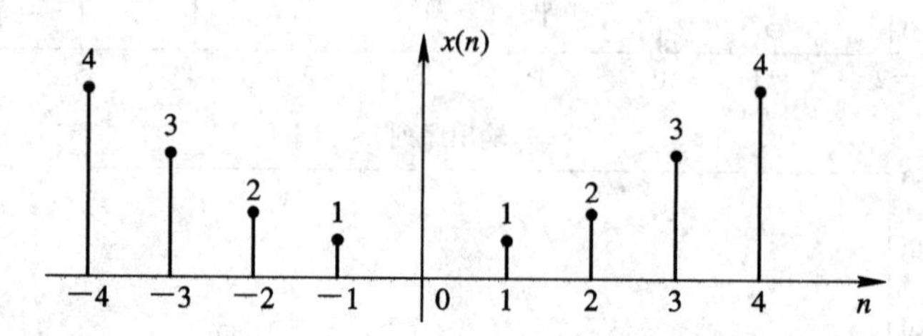

题 5-4 图

注：$g_5(n)$ 是中心点在原点，宽度为 5 的矩形序列，以下类同。

5-5　已知 $x_1(n)=(-1)^n u(n-1)$，$x_2(n)=g_5(n)$，试画出下列信号的波形。

(1) $y_1(n)=x_1(-n)+x_2(-n)$；　　　(2) $y_2(n)=x_1(n)+x_2(n)$；

(3) $y_3(n)=x_1(n)\cdot x_2(n)$；　　　(4) $y_4(n)=x_1(n)\cdot x_2(2n)$。

5-6　已知 $x(n)=\begin{cases}2n+5 & -4\leqslant n\leqslant -1\\ 6 & 0\leqslant n\leqslant 4\\ 0 & \text{其他}\end{cases}$

(1) 画出 $x(n)$ 的波形；

(2) 令 $x_1(n)=2x(n-2)$，画出 $x_1(n)$ 的波形；

(3) $x_2(n)=2x(n+2)$，画出 $x_2(n)$ 的波形；

(4) $x_3(n)=x(2-n)$，画出 $x_3(n)$ 的波形。

5-7　试画出下列离散信号的波形，有条件的可用 MATLAB 实现。

(1) $x(n)=u(-n)-u(-n+1)$；　　　(2) $x(n)=u(-n-1)-u(-n)$；

(3) $x(n)=\sin\frac{\pi}{2}n-\sin\frac{\pi}{2}(n-1)$；　　　(4) $x(n)=1^n-g_7(n)$。

5-8　试判断下列信号是否是周期序列，若是周期序列，试写出其周期。

(1) $x(n)=\cos\frac{2\pi}{3}n+\sin\frac{3\pi}{5}n$；

(2) $x(n)=\cos\left(\frac{8\pi}{7}n+2\right)$；

(3) $x(n)=\sin^2\left(\frac{\pi}{8}n\right)$；

(4) $x(n)=\cos\frac{n}{4}\cdot\sin\left(\frac{\pi}{4}n\right)$；

(5) $x(n)=2\cos\left(\frac{\pi}{4}n\right)+\sin\left(\frac{\pi}{8}n\right)-2\cos\left(\frac{\pi}{6}n\right)$；

(6) $x(n)=e^{j\left(\frac{n}{3}+\pi\right)}$。

5-9　下列四个离散信号中，只有(　　　　)是周期序列。其周期 N 为多少?

A) $\sin 100n$；　　　　B) e^{j2n}；

C) $\cos\pi n+\sin 30n$；　　　　D) $e^{j\frac{2\pi}{3}n}-e^{j\frac{4\pi}{5}n}$。

5-10　下列四个等式中，只有(　　　　)是正确的。

A) $\delta(n)=u(-n)-u(-n+1)$；　　　　B) $\delta(n)=u(-n)-u(-n-1)$；

C) $u(n)=n\sum_{m=-\infty}^{\infty}\delta(n-m)$；　　　　D) $u(-n)=\sum_{m=-\infty}^{0}\delta(n+m)$。

5-11　试判断下列四个信号中，哪些是相同的信号(　　　　)。

A) $f(n)=\sum_{m=-2}^{2}\delta(n-m)$；　　　　B) $f(n)=u(n+2)-u(n-3)$；

C) $f(n)=u(2-n)-u(-3-n)$；　　　　D) $f(n)=g_5(n)$。

5-12　求下列各序列和。

(1) $\sum_{m=-\infty}^{\infty}\delta(n-m)$；　　　　(2) $\sum_{m=0}^{\infty}\delta(n-m)$；

(3) $\sum_{m=0}^{n}u(n-m)$；　　　　(4) $\sum_{n=-\infty}^{\infty}\sin\left(\frac{n\pi}{4}\right)\delta(n-2)$。

5-13　已知序列 $x(n)=[1, 2, 3, 4]$，试求：

(1) $y_1(n)=2x(n)-x(n/2)$；并画出 $y_1(n)$的波形。

(2) $y_2(n)=x(n/2-2)$；并画出 $y_2(n)$的波形。

5-14　试写出题 5-14 图所示系统的差分方程，指出其阶数(其中 D 为向右移一位的延迟器)。

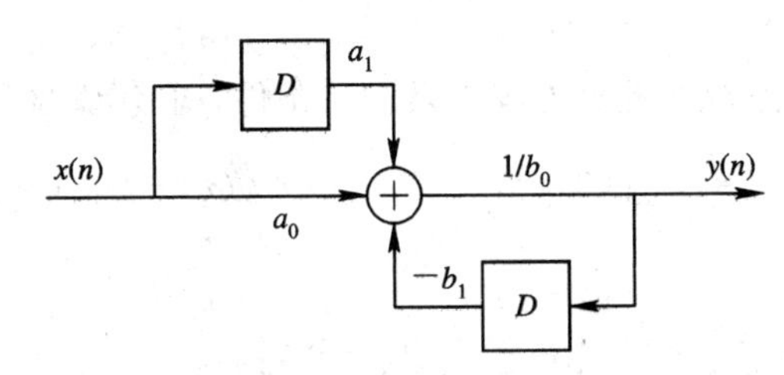

题 5-14 图

5-15　试写出题 5-15 图所示系统的差分方程，指出其阶数(其中 D 为向右移一位的延迟器)。

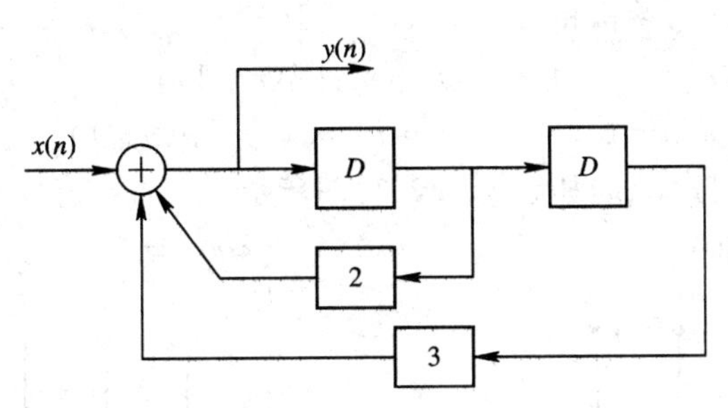

题 5-15 图

5-16　列出题 5-16 图所示系统的差分方程，指出其阶数。

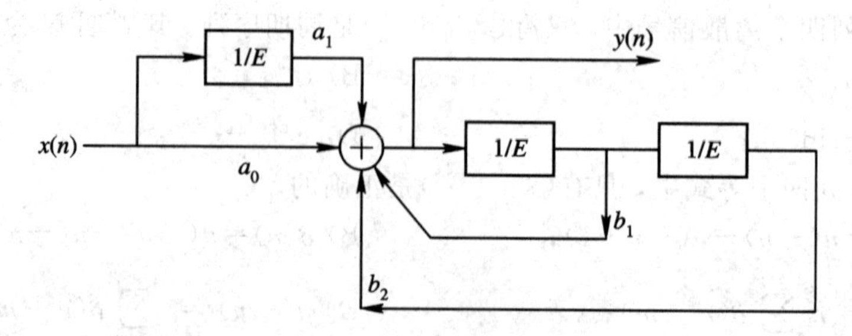

题 5-16 图

5-17　列出题 5-17 图所示系统的差分方程，已知边界条件 $y(-1)=0$；分别求以下输入序列时的输出，并绘出图形。

(1) $x(n)=\delta(n)$，$y(-1)=0$；　　(2) $x(n)=u(n)$，$y(-1)=0$。

5-18　列出题 5-18 图所示系统的差分方程，已知边界条件 $y(-1)=0$。求输入序列 $x(n)=\delta(n)$ 时的输出 $y(n)$，并与上题相应的情况比较。

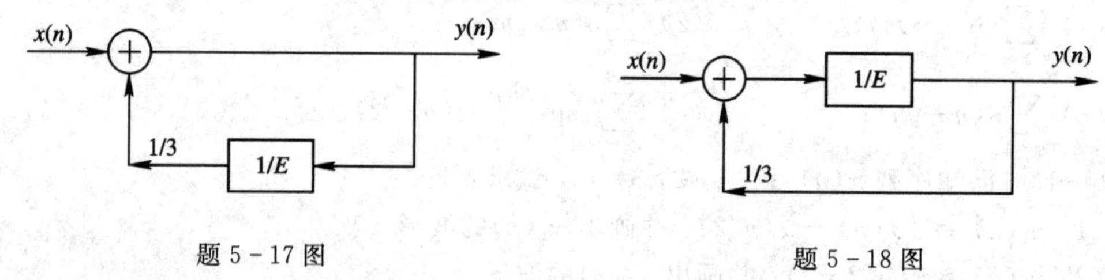

题 5-17 图　　　　题 5-18 图

5-19　试求解下列齐次差分方程，有条件的可用 MATLAB 验证。

(1) $y(n)+3y(n-1)=0$，$y(0)=1$；

(2) $y(n)-6y(n-1)+9y(n-2)=0$，$y(0)=0$，$y(1)=3$。

5-20　已知下列各系统的差分方程以及初始条件，求系统的零输入响应。

(1) $y(n)-\frac{1}{2}y(n-1)=0$，$y(0)=1$；　　(2) $y(n)-2y(n-1)=0$，$y(0)=\frac{1}{2}$；

(3) $y(n)+3y(n-1)=0$，$y(1)=1$；　　(4) $y(n)+\frac{2}{3}y(n-1)=0$，$y(0)=1$。

5-21　已知某系统的差分方程以及初始条件，求系统的零输入响应。

$$y(n)-7y(n-1)+16y(n-2)-12y(n-3)=0,$$
$$y(1)=-1,\ y(2)=-3,\ y(3)=-5$$

5-22　求下列序列的卷积和。

(1) $u(n)*\delta(n-3)$；　　(2) $a^n u(n)*\delta(n-1)$；

(3) $f(n)=u(n)*u(n-1)$；　(4) $f(n)=nu(n)*u(n-1)$。

5-23　(1) $x_1(n)$ 与 $x_2(n)$ 如题 5-22(1) 图所示，$y(n)=x_1(n)*x_2(n)$，求 $y(4)$。

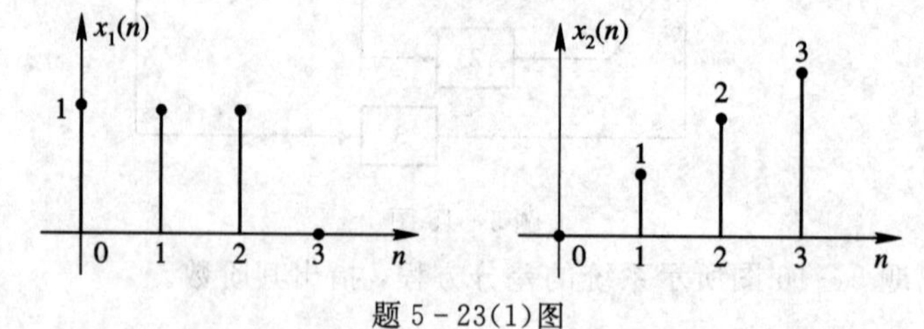

题 5-23(1) 图

(2) $x(n)$与$h(n)$如题 5-23(2)图所示，求 $y(n)=x(n)*h(n)$。

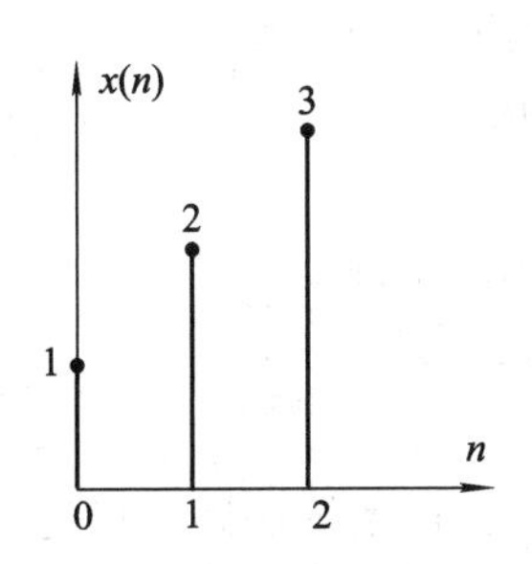

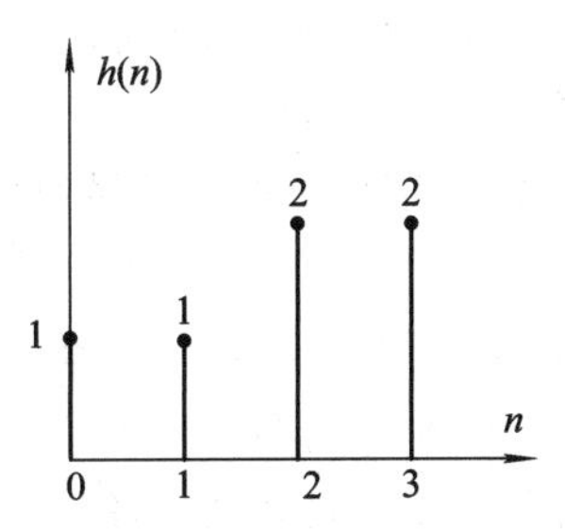

题 5-23(2)图

5-24 已知 $x_1(n)=u(n)-u(n-5)$，$x_2(n)$的波形如题 5-24 图所示，求 $y(n)=x_1(n)*x_2(n)$并画出波形，有条件的可用 MATLAB 实现。

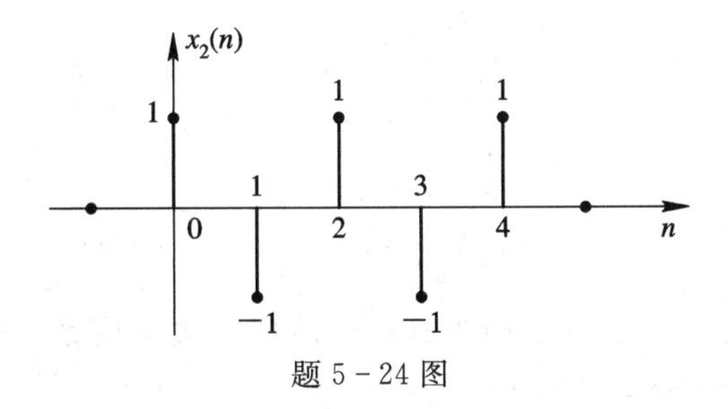

题 5-24 图

5-25 已知

$$x(n)=[3,\ -3,\ 7,\ 0,\ \underset{\uparrow}{-1},\ 5,\ 2],\ h(n)=[2,\ \underset{\uparrow}{3},\ 0,\ -5,\ 2,\ 1]$$

求 $y(n)=x(n)*h(n)$，有条件的可用 MATLAB 计算。

5-26 已知下列系统的差分方程，求各系统的单位脉冲响应，有条件的可用 MATLAB 计算并作图。

(1) $y(n)-2y(n-1)=x(n)$；

(2) $y(n)-7y(n-1)+10y(n-2)=x(n)+2x(n-1)$；

(3) $y(n)+3y(n-1)+2y(n-2)=x(n-1)$。

5-27 已知某系统的差分方程和初始条件如下，求系统的完全响应，有条件的可用 MATLAB 计算并作图。

$$y(n)=-y(n-1)+n,\ y(-1)=0$$

5-28 已知某系统的差分方程和初始条件，求系统的完全响应。

$$y(n)+2y(n-1)=n-2 \quad y(0)=1$$

5-29 已知某系统的差分方程和初始条件，求系统的完全响应，有条件的可用 MATLAB 计算并作图。

$$y(n)+2y(n-1)+y(n-2)=3^n,\quad y(0)=0,\ y(-1)=0$$

5-30 试求差分方程 $y(n)=\sum_{m=0}^{\infty}x(n-m)$ 所描述系统的单位冲激响应是下列四个中的哪一个，有条件的可用MATLAB 计算并作图。

A) $u(n)$ B) $\delta(n)$ C) 不存在 D) $a^nu(n)$

5-31　某离散 LTI 系统：

(1) 已知其单位脉冲响应 $h(n)$，试求单位阶跃响应 $g(n)$；

(2) 已知其单位阶跃响应 $g(n)$，试求单位脉冲响应 $h(n)$。

5-32　某离散线性二阶 LTI 系统的阶跃响应为

$$g(n)=[2^n+3(5)^n+10]u(n)$$

试求：(1) 系统的差分方程；

(2) 激励 $x(n)=2[u(n)-u(n-10)]$的响应 $y(n)$。

5-33　以下各序列是系统的单位脉冲响应，分别讨论系统的因果稳定性。

(1) $h(n)=\delta(n)$；　(2) $h(n)=\delta(n+4)$；　(3) $h(n)=u(3-n)$；

(4) $h(n)=3^n u(-n)$；　(5) $h(n)=0.5^n u(n)$。

5-34　对于下列每一个系统试指出它是否为：(A) 稳定系统；(B) 因果系统；(C) 线性系统；(D) 非移变系统。

(1) $T[x(n)]=g(n)x(n)$；　(2) $T[x(n)]=\sum_{k=n_0}^{n}x(k)$；

(3) $T[x(n)]=\sum_{k=n-n_0}^{n+n_0}x(k)$；　(4) $T[x(n)]=x(n-n_0)$。

5-35　试写出题 5-35 图所示抽头延迟滤波器的数学模型，并画出其单位冲激响应 $h(n)$的图形。若 $x(n)=u(n)$，计算 $y(n)$。

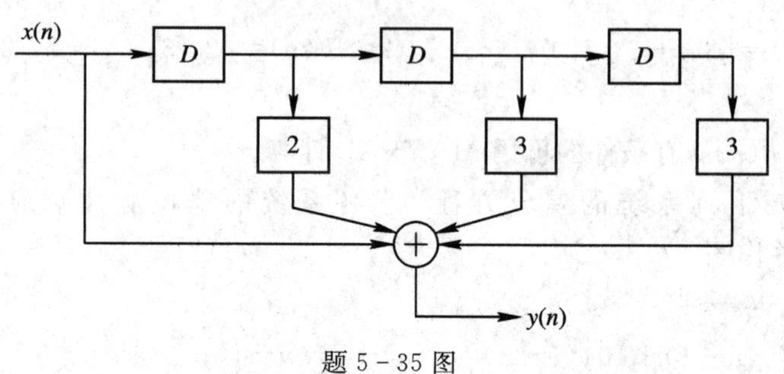

题 5-35 图

5-36　填空。

(1) 某离散系统的差分方程为$\frac{1}{2}y(n+1)+3y(n)=x(n)u(n)$，其零输入响应的一般表示式为 $y_{zi}(n)=($　　　　　　　　$)$。

(2) 某离散系统的激励为 $x(n)(-\infty<n<\infty)$，系统单位冲激响应为 $h(n)$，其零状态响应的一般表示式为 $y_{zs}(n)=($　　　　　　　　$)$。

(3) 某离散系统的差分方程为 $y(n)-5y(n-1)+6y(n-2)=x(n)-2x(n-1)$，系统的单位冲激响应 $h(n)=($　　　　　　　　$)$。

5-37　已知下列线性时不变系统单位脉冲响应 $h(n)$及输入 $x(n)$，求输出序列 $y(n)$，并将 $y(n)$作图示之。

(1) $x(n)=[\underset{\uparrow}{2}\ \ 1\ \ 3\ \ 2\ \ 4]$，$h(n)=[\underset{\uparrow}{0}\ \ 1\ \ 4\ \ 2]$；

(2) $h(n)=R_4(n)=x(n)$；

(3) $h(n)=2^n R_4(n)$，$x(n)=\delta(n)-\delta(n-2)$。

5-38　以下各序列中，$x(n)$是系统的激励，$h(n)$是线性时不变系统的单位脉冲响应，分别用卷积法求各响应 $y(n)$，并作图，有条件的可用 MATLAB 验证。

(1) $x(n)=[1\quad 2\quad 1\quad 1\quad 2]$，$h(n)=\delta(n+2)$；

(2) $x(n)=u(n)$，$h(n)=\delta(n-2)-\delta(n-3)$。

5-39　已知 $x_1(n)=\left(\frac{1}{3}\right)^n u(n)$，$x_2(n)=\delta(n)-\frac{1}{3}\delta(n-1)$，$x_3(n)=\left(\frac{1}{3}\right)^n$，试计算

(1) $y_1(n)=x_1(n)*x_2(n)*x_3(n)$；

(2) $y_2(n)=x_2(n)*x_3(n)*x_1(n)$；

(3) $y_3(n)=x_1(n)*x_3(n)*x_2(n)$；

并说明 $y_1(n)\neq y_2(n)\neq y_3(n)$的原因。

5-40　已知试点序列 $x_1(n)$是 M 点序列，$x_2(n)$是 N 点序列，则卷积和 $y_1(n)=x_1(n)*x_2(n)$ 是(　　)点序列；差序列 $y_2(n)=x_1(n)-x_2(n)$ 是(　　)点序列；乘序列是 $y_3(n)=x_1(n)\cdot x_2(n)$(　　)点序列(设 $M>N$)。

A) M　　　B) N　　　C) $M+N$　　　D) $M+N-1$

5-41　试计算下列卷积和。

(1) $y(n)=A*0.5^n u(n)$；　　　(2) $y(n)=3^n u(n-1)*2^n u(n+1)$；

(3) $y(n)=2^n u(-n-1)*u(n+1)$；　　　(4) $y(n)=u(n-1)*3^n u(n)$。

5-42　下列四个方程中，只有(　　)所描述的才是因果线性时不变系统。其中 $x(n)$ 是系统激励，$y(n)$是系统响应。

A) $y(n)=\sum_{m=0}^{2} nx(n-m)$

B) $y(n)=x(n)\cdot x(n-1)$

C) $y(n)=x(n)\cdot nx(n-1)$

D) $y(n+1)+3y(n)+2y(n-1)=x(n)-4x(n-1)$

5-43　题 5-43 图所示系统中，已知 $h_1(n)=\delta(n)-\delta(n-2)$，$h_2(n)=\delta(n)-\delta(n-1)$。试求此级联系统的单位冲激响应 $h(n)$，又当 $x(n)=u(n)$时，计算 $y(n)$。

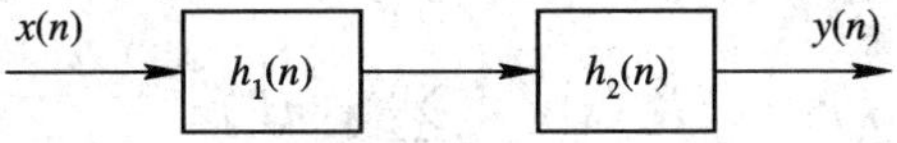

$x(n)$ → [$h_1(n)$] → [$h_2(n)$] → $y(n)$

题 5-43 图

5-44　题 5-43 图所示系统中，已知 $x(n)=u(n)$，$h_1(n)=\delta(n)-\delta(n-3)$，$h_2(n)=0.8^n u(n)$。按下式计算 $y(n)$：

(1) $y(n)=[x(n)*h_1(n)]*h_2(n)$；

(2) $y(n)=x(n)*[h_1(n)*h_2(n)]$。

5-45　一个线性非移变系统的单位取样响应除区间 $N_0\leqslant n\leqslant N_1$ 之外皆为零；又已知输入 $x(n)$除区间 $N_2\leqslant n\leqslant N_3$ 之外皆为零。其输出除了某一区间 $N_4\leqslant n\leqslant N_5$ 之外皆为零。试以 N_0、N_1、N_2、N_3 表示 N_4、N_5。

第 6 章　z 变换及其应用

z 变换的数学理论很早就形成了，但直到 20 世纪 60 年代随着计算机的应用与发展，才真正得到广泛的实际应用。作为一种重要的数学工具，z 变换把描述离散系统的差分方程，变换成代数方程，使其求解过程得到简化。还可以利用系统函数的零、极点分布，定性分析系统的时域特性、频率响应、稳定性等，是离散系统分析的重要方法。z 变换在离散系统的作用与地位，与拉氏变换在连续时间系统中的相当。

6.1　z 变换的定义

z 变换的定义可由采样信号的拉氏变换引出。连续信号的理想采样信号为

$$x_s(t) = x(t) \cdot \delta_T(t) = \sum_{n=-\infty}^{\infty} x(nT)\delta(t-nT)$$

式中，T 为采样间隔。对上式取双边拉氏变换，得到

$$X_s(s) = \mathscr{L}\{x_s(t)\} = \int_{-\infty}^{\infty} x_s(t)\mathrm{e}^{-st}\,\mathrm{d}t = \int_{-\infty}^{\infty}\Big[\sum_{n=-\infty}^{\infty} x(nT)\delta(t-nT)\Big]\mathrm{e}^{-st}\,\mathrm{d}t$$

交换运算次序，并利用冲激函数的抽样性，得到采样信号的拉氏变换为

$$\begin{aligned} X_s(s) &= \sum_{n=-\infty}^{\infty}\int_{-\infty}^{\infty}[x(nT)\delta(t-nT)]\mathrm{e}^{-st}\,\mathrm{d}t \\ &= \sum_{n=-\infty}^{\infty} x(nT)\mathrm{e}^{-snT} \end{aligned} \tag{6.1-1}$$

令 $z=\mathrm{e}^{sT}$，引入新的复变量，式(6.1-1)可写为

$$X_s(s) = \sum_{n=-\infty}^{\infty} x(nT)z^{-n} \tag{6.1-2}$$

式(6.1-2)是复变量 z 的函数(T 是常数)，可写成

$$\begin{aligned} X(z) &= \sum_{n=-\infty}^{\infty} x(n)z^{-n} \\ &= \cdots + x(-2)z^2 + x(-1)z + x(0) + x(1)z^{-1} + x(2)z^{-2} + \cdots \end{aligned} \tag{6.1-3}$$

式(6.1-3)是双边 z 变换的定义。

如果 $x(n)$ 是因果序列，则式(6.1-3)的 z 变换为

$$X(z) = \sum_{n=0}^{\infty} x(n)z^{-n} = x(0) + x(1)z^{-1} + x(2)z^{-2} + \cdots \tag{6.1-4}$$

式(6.1-4)也称单边 z 变换。比较式(6.1-3)与式(6.1-4)可见，因果序列的双边 z 变换就是单边 z 变换，因此单边 z 变换是双边 z 变换的特例。

序列与其 z 变换还可以表示为

$$x(n) \leftrightarrow X(z)$$

或
$$\mathscr{Z}[x(n)] = X(z) \tag{6.1-5}$$

z 变换是复变量 z 的幂级数(也称罗朗级数)，其系数是序列 $x(n)$的样值。连续时间系统中，信号一般都是因果的，所以主要讨论单边拉氏变换。在离散系统分析中，可以用因果序列逼近非因果序列，因此单边与双边 z 变换都要涉及。

6.2 z 变换收敛区及典型序列 z 变换

式(6.1-3)是双边 z 变换的定义，由其是否收敛以及收敛条件，可决定序列 z 变换是否存在以及存在条件，本节先就此进行讨论。

6.2.1 z 变换的收敛区

对于任意给定的有界序列，使式(6.1-3)级数收敛的所有 z 值，称为 $X(z)$的收敛区。我们举例说明式(6.1-3)收敛与否，及在什么范围收敛。

例 6.2-1 已知序列 $x_1(n)=\begin{cases} a^n & n\geqslant 0 \\ 0 & n<0 \end{cases}$，$x_2(n)=\begin{cases} 0 & n\geqslant 0 \\ -a^n & n<0 \end{cases}$，分别求它们的 z 变换及收敛区。

解
$$\begin{aligned} X_1(z) &= \sum_{n=0}^{\infty} a^n z^{-n} = \sum_{n=0}^{\infty} (az^{-1})^n \\ &= \lim_{n\to\infty} \frac{1-(az^{-1})^n}{1-az^{-1}} = \frac{1}{1-az^{-1}} \qquad |az^{-1}|<1 \\ &= \frac{z}{z-a} \qquad |a|<|z| \end{aligned}$$

$$\begin{aligned} X_2(z) &= \sum_{n=-\infty}^{-1} (-a^n) z^{-n} = \sum_{n=1}^{\infty} -(a^{-1}z)^n \\ &= 1-\sum_{n=0}^{\infty} (a^{-1}z)^n \\ &= 1-\lim_{n\to\infty} \frac{1-(a^{-1}z)^n}{1-a^{-1}z} = 1-\frac{1}{1-a^{-1}z} \qquad |a^{-1}z|<1 \\ &= \frac{z}{z-a} \qquad |a|>|z| \end{aligned}$$

$X_1(z)$与 $X_2(z)$相同，但 $X_1(z)$的收敛区是以$|a|$为半径的圆外，而 $X_2(z)$的收敛区是以$|a|$为半径的圆内。

此例说明，收敛区与 $x(n)$有关，并且对于双边 z 变换，不同序列的表示式有可能相同，但各自的收敛区一定不同。所以为了唯一确定 z 变换所对应的序列，双边 z 变换除了要给出 $X(z)$的表示式外，还必须标明 $X(z)$的收敛区。

任意序列 z 变换存在的充分条件是级数满足绝对可和，即

$$\sum_{n=-\infty}^{\infty} | x(n)z^{-n} | < \infty \tag{6.2-1}$$

下面利用式(6.2-1)讨论几类序列的收敛区。

1. 有限长序列

$x(n)=\begin{cases} x(n) & n_1 \leqslant n \leqslant n_2 \\ 0 & 其他 \end{cases}$，如图 6.2-1 所示。

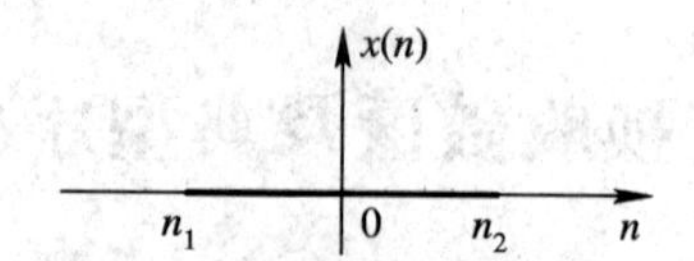

图 6.2-1 有限长序列示意图

有限长序列的 z 变换为

$$X(z) = \sum_{n=n_1}^{n_2} x(n)z^{-n}$$

由有限长序列的 z 变换可见，此时 $X(z)$是有限项级数，因此只要级数每项有界，则有限项之和亦有界。当 $x(n)$有界时，z 变换的收敛区取决于$|z|^{-n}$。当 $n_1 \leqslant n \leqslant n_2$ 时，显然，$|z|^{-n}$在整个开区间$(0, \infty)$可满足这一条件。所以有限长序列的收敛区至少为 $0<|z|<\infty$。如果 $0 \leqslant n_1$，$X(z)$只有 z 的负幂项，收敛区为 $0<|z| \leqslant \infty$；若 $n_2 \leqslant 0$，$X(z)$只有 z 的正幂项，收敛区为 $0 \leqslant |z| < \infty$；均为半开区间。特别的，$x(n)=\delta(n) \leftrightarrow X(z)=1$，$0 \leqslant |z| \leqslant \infty$，收敛区为全 z 平面。

例 6.2-2 已知序列 $x(n)=R_N(n)$，求 $X(z)$。

解
$$X(z) = \sum_{n=0}^{N-1} z^{-n} = 1 + z^{-1} + z^{-2} + \cdots + z^{-(N-1)}$$
$$= \frac{1-z^{-N}}{1-z^{-1}} \qquad 收敛域为\ 0 < | z | \leqslant \infty$$

2. 右边序列

右边序列是有始无终的序列，即 $n_2 \to \infty$，如图 6.2-2 所示。右边序列的 z 变换为

$$X(z) = \sum_{n=n_1}^{\infty} x(n)z^{-n}$$

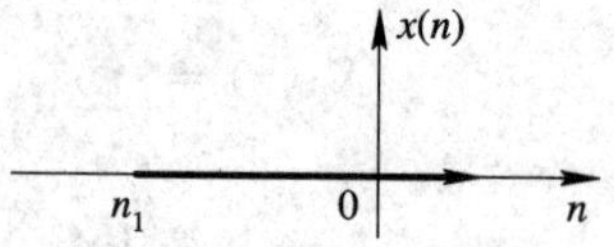

图 6.2-2 右边序列示意图

当 $n_1 < 0$ 时，将右边序列的 $X(z)$分为两部分

$$\sum_{n=n_1}^{\infty} | x(n)z^{-n} | = \underbrace{\sum_{n=n_1}^{-1} | x(n)z^{-n} |}_{①} + \underbrace{\sum_{n=0}^{\infty} | x(n)z^{-n} |}_{②}$$

式中，第①项是有限长序列，其收敛域为 $0 \leqslant |z| < \infty$；第②项只有 z 的负幂项，其收敛域 $R_{X^-} < |z| \leqslant \infty$，是以 R_{X^-} 为半径的圆外，且 R_{X^-} 一定大于零。综合①、②两项的收敛区情况，一般右边序列的收敛区为

$$R_{X^-} < | z | < \infty \tag{6.2-2}$$

式(6.2-2)表明，右边序列的收敛区是以 R_{X^-} 为收敛半径的圆外。

当 $n_1 \geqslant 0$ 时，$X(z)$的和式中没有 z 的正幂项，收敛域为 $R_{X^-} < |z| \leqslant \infty$。

例 6.2-3 已知序列 $x(n)=\left(\frac{1}{3}\right)^n u(n)$，求 $X(z)$。

解 $X(z)=\sum_{n=0}^{\infty}\left(\frac{1}{3}\right)^n z^{-n}=\lim_{n\to\infty}\frac{1-\left(\frac{1}{3}z^{-1}\right)^n}{1-\frac{1}{3}z^{-1}}$ 当 $\left|\frac{1}{3}z^{-1}\right|<1$ 或 $|z|>\frac{1}{3}$

$$=\frac{1}{1-(1/3)z^{-1}} \quad |z|>\frac{1}{3}$$

此例收敛域是以 $X(z)$的极点 1/3 为半径的圆外。推论：在 $X(z)$的封闭表示式中，若有多个极点，则右边序列的收敛区是以绝对值最大的极点为收敛半径的圆外。

3. 左边序列

左边序列是无始有终的序列，即 $n_1\to-\infty$，如图 6.2-3 所示。左边序列的 z 变换为

$$X(z)=\sum_{n=-\infty}^{n_2}x(n)z^{-n}$$

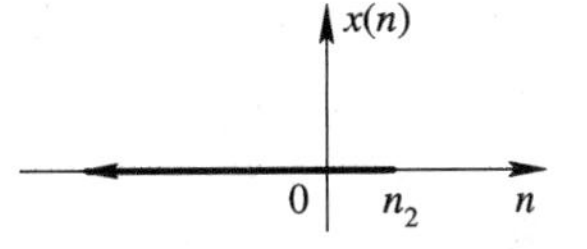

图 6.2-3 左边序列示意图

当 $n_2>0$ 时，将左边序列的 $X(z)$分为两部分

$$\sum_{n=-\infty}^{n_2}|x(n)z^{-n}|=\underbrace{\sum_{n=-\infty}^{-1}|x(n)z^{-n}|}_{①}+\underbrace{\sum_{n=0}^{n_2}|x(n)z^{-n}|}_{②}$$

式中，第①项只有 z 的正幂项，收敛域 $0\leqslant|z|<R_{X^+}$；第②项是有限长序列，收敛域为 $0<|z|\leqslant\infty$。综合①、②两项的收敛区情况，一般左边序列的收敛区为

$$0<|z|<R_{X^+} \tag{6.2-3}$$

式(6.2-3)表明左边序列的收敛区是以 R_{X^+} 为收敛半径的圆内。

当 $n_2<0$，$X(z)$的和式中没有 z 的负幂项时，其收敛域为 $0\leqslant|z|<R_{X^+}$。

例 6.2-4 已知序列 $x(n)=-b^n u(-n-1)$，求 $X(z)$。

解

$$X(z)=\sum_{n=-\infty}^{-1}-b^n z^{-n}=\sum_{n=1}^{\infty}-b^{-n}z^n$$

$$=1-\sum_{n=0}^{\infty}b^{-n}z^n=1-\lim_{n\to\infty}\frac{1-(b^{-1}z)^n}{1-b^{-1}z}$$

$$=\frac{-b^{-1}z}{1-b^{-1}z}=\frac{z}{z-b} \qquad 0\leqslant|z|<|b|$$

注意到此例收敛域是以 $X(z)$的极点 b 为半径的圆内，推论：在 $X(z)$的封闭表示式中，若有多个极点，则左边序列收敛区是以绝对值最小的极点为收敛半径的圆内。

4. 双边序列

双边序列是无始无终的序列，即 $n_1\to-\infty$，$n_2\to\infty$，其 z 变换为

$$X(z)=\sum_{n=-\infty}^{\infty}x(n)z^{-n}$$

将双边序列的 $X(z)$分为两部分

$$X(z)=\underset{①}{\underbrace{\sum_{n=-\infty}^{-1}x(n)z^{-n}}}+\underset{②}{\underbrace{\sum_{n=0}^{\infty}x(n)z^{-n}}}$$

式中，第①项是左序列，其收敛域为 $0\leqslant|z|<R_{X^+}$；第②项是右序列，其收敛域为 $R_{X^-}<|z|\leqslant\infty$。综合第①、②项的收敛区情况可知，只有当 $R_{X^+}>R_{X^-}$ 时，$X(z)$的双边 z 变换存在，收敛区为

$$R_{X^-}<|z|<R_{X^+} \tag{6.2-4}$$

式(6.2-4)表明双边序列的收敛区是以 R_{X^-} 为内径，以 R_{X^+} 为外径的一环形区；而当 $R_{X^+}<R_{X^-}$ 时，$X(z)$的双边 z 变换不存在。

例 6.2-5 已知双边序列 $x(n)=c^{|n|}$，c 为实数，求 $X(z)$。

解

$$x(n)=c^{|n|}=\begin{cases}c^{-n} & n<0\\ c^{n} & n\geqslant 0\end{cases}$$

$$X(z)=\sum_{n=-\infty}^{\infty}c^{|n|}z^{-n}=\sum_{n=-\infty}^{-1}c^{-n}z^{-n}+\sum_{n=0}^{\infty}c^{n}z^{-n}=X_1(z)+X_2(z)$$

$n<0$ 时，

$$X_1(z)=\sum_{n=-\infty}^{-1}c^{-n}z^{-n}=\sum_{n=1}^{\infty}c^{n}z^{n}=cz+(cz)^2+\cdots$$

$$=\lim_{n\to\infty}cz\frac{1-(cz)^n}{1-cz}=\frac{cz}{1-cz}\qquad |cz|<1 \text{ 或 } |z|<\frac{1}{|c|}$$

$n\geqslant 0$ 时

$$X_2(z)=\sum_{n=0}^{\infty}c^{n}z^{-n}=\frac{1}{1-cz^{-1}}=\frac{z}{z-c}\qquad |cz^{-1}|<1 \text{ 或 } |c|<|z|$$

讨论：(1) $|c|<1$ 时，$c^{|n|}$ 波形如图 6.2-4 所示。

$$X(z)=X_1(z)+X_2(z)=\frac{cz}{1-cz}+\frac{z}{z-c}$$

$$=\frac{z(1-c^2)}{(1-cz)(z-c)}\qquad |c|<|z|<\frac{1}{|c|}$$

(2) $|c|>1$ 时，$c^{|n|}$ 波形如图 6.2-5 所示。因为 $R_{X^-}=|c|>1/|c|=R_{X^+}$ 无公共收敛区，所以 $X(z)$的双边 z 变换不存在。

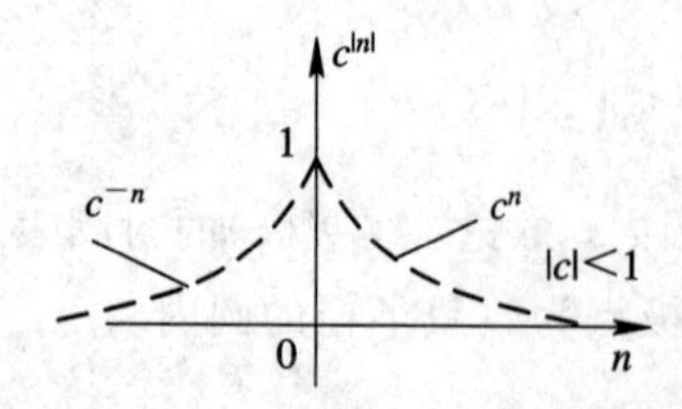

图 6.2-4 $|c|<1$ 双边序列示意图

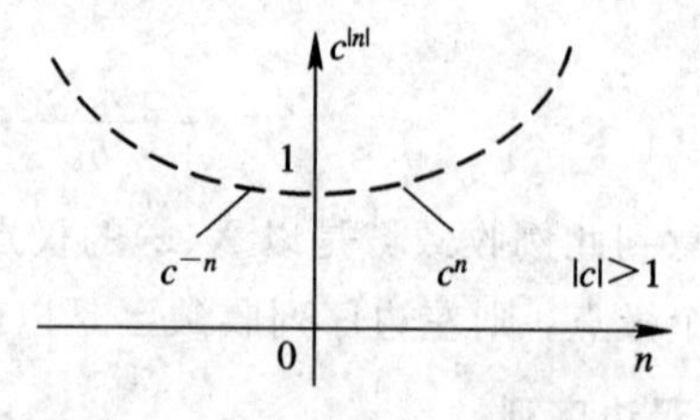

图 6.2-5 $|c|>1$ 双边序列示意图

6.2.2 典型序列的 z 变换

在离散系统分析中除了因果序列，非因果序列也有一定的应用，所以典型序列中除了单边序列外，还有双边序列。

1. 单位样值序列 $\delta(n)$

$$\mathscr{Z}[\delta(n)] = \sum_{n=0}^{\infty}\delta(n)z^{-n} = 1$$

$$\delta(n) \leftrightarrow 1$$

2. 单位阶跃序列 $u(n)$

$$\mathscr{Z}[u(n)] = \sum_{n=0}^{\infty}z^{-n} = \frac{1}{1-z^{-1}} \qquad |z^{-1}|<1$$

$$= \frac{z}{z-1} \qquad |z|>1$$

3. 斜变序列 $nu(n)$

$$\mathscr{Z}[nu(z)] = \sum_{n=0}^{\infty}nz^{-n} = z^{-1}+2z^{-2}+\cdots+nz^{-n}+\cdots \qquad |z^{-1}|<1$$

可利用 $u(n)$的 z 变换，

$$\sum_{n=0}^{\infty}z^{-n} = \frac{1}{1-z^{-1}} \qquad |z|>1$$

等式两边分别对 z^{-1}求导，得

$$\sum_{n=0}^{\infty}n(z^{-1})^{n-1} = \frac{1}{(1-z^{-1})^2} = \frac{z^2}{(z-1)^2}$$

两边各乘以 z^{-1}

$$\sum_{n=0}^{\infty}n(z^{-1})^{n} = \frac{z}{(z-1)^2} \qquad |z|>1$$

4. 实指数序列

(1) $a^n u(n)$ $\qquad \mathscr{Z}[a^n u(n)] = \sum_{n=0}^{\infty}a^n z^{-n} = \frac{z}{z-a} \qquad |z|>|a|$

(2) $-a^n u(-n-1)$ $\qquad \mathscr{Z}[-a^n u(-n-1)] = \frac{z}{z-a} \qquad |z|<|a|$

若 $a=\mathrm{e}^b$，则

$$\mathscr{Z}[\mathrm{e}^{bn}u(n)] = \sum_{n=0}^{\infty}\mathrm{e}^{bn}z^{-n} = \frac{z}{z-\mathrm{e}^b} \qquad |z|>|\mathrm{e}^b|$$

5. 单边正、余弦序列

由指数序列的 z 变换

$$\mathrm{e}^{bn}u(n) \leftrightarrow \frac{z}{z-\mathrm{e}^b} \qquad |z|>|\mathrm{e}^b|$$

可推得

$$e^{\pm j\theta_0 n}u(n) \leftrightarrow \frac{z}{z-e^{\pm j\theta_0}} \quad |z|>1$$

将正、余弦序列分解为两个指数序列

$$\cos(\theta_0 n)u(n) = \frac{1}{2}(e^{j\theta_0 n} + e^{-j\theta_0 n})u(n)$$

$$\leftrightarrow \frac{1}{2}\left(\frac{z}{z-e^{j\theta_0}} + \frac{z}{z-e^{-j\theta_0}}\right) = \frac{z(z-\cos\theta_0)}{z^2-2z\cos\theta_0+1} \quad |z|>1$$

同理

$$\sin(\theta_0 n)u(n) = \frac{1}{j2}(e^{j\theta_0 n} - e^{-j\theta_0 n})u(n)$$

$$\leftrightarrow \frac{1}{j2}\left(\frac{z}{z-e^{j\theta_0}} - \frac{z}{z-e^{-j\theta_0}}\right) = \frac{z\sin\theta_0}{z^2-2z\cos\theta_0+1} \quad |z|>1$$

6. 双边指数序列

$$x(n)=a^{|n|} \qquad |a|<1$$

$$X(z)=\frac{z(1-a^2)}{(1-az)(z-a)} \qquad |a|<|z|<\frac{1}{|a|}$$

6.3 z 变换的性质与定理

z 变换的性质与定理讨论的是序列时域与复频域之间对应关系、变换规律。它们既能揭示时域与复频域之间的内在联系，又能提供系统分析、简化运算的新方法。

1. 线性

若

$$x(n) \leftrightarrow X(z) \quad R_{X^-}<|z|<R_{X^+}$$

$$y(n) \leftrightarrow Y(z) \quad R_{Y^-}<|z|<R_{Y^+}$$

则

$$ax(n)+by(n) \leftrightarrow aX(z)+bY(z) \quad R_-<|z|<R_+ \tag{6.3-1}$$

式中，

$$R_-=\max[R_{X^-}, R_{Y^-}]<|z|<R_+=\min[R_{X^+}, R_{Y^+}]$$

一般情况下，序列线性相加后其 z 变换的收敛区会改变。

例 6.3-1 利用线性求双曲余、正弦序列 $x_1(n)=\cosh(n\theta_0)u(n)$，$x_2(n)=\sinh(n\theta_0)u(n)$的 z 变换。

解 已知指数序列及变换

$$e^{\theta_0 n}u(n) \leftrightarrow \frac{z}{z-e^{\theta_0}} \qquad |z|>e^{\theta_0}$$

$$e^{-\theta_0 n}u(n) \leftrightarrow \frac{z}{z-e^{-\theta_0}} \qquad |z|>e^{-\theta_0}$$

双曲余弦序列可分解为

$$\cosh(\theta_0 n)u(n) = \frac{1}{2}(e^{\theta_0 n}+e^{-\theta_0 n})u(n)$$

利用线性及指数序列的变换，双曲余弦序列的变换为

$$\frac{1}{2}\left(\frac{z}{z-e^{\theta_0}}+\frac{z}{z-e^{-\theta_0}}\right)=\frac{z(z-\cosh\theta_0)}{z^2-2z\cosh\theta_0+1}\qquad |z|>\max[e^{-\theta_0},\ e^{\theta_0}]$$

同理

$$\begin{aligned}\sinh(\theta_0 n)u(n) &= \frac{1}{2}(e^{\theta_0 n}-e^{-\theta_0 n})u(n)\\ &\leftrightarrow \frac{1}{2}\left(\frac{z}{z-e^{\theta_0}}+\frac{z}{z-e^{-\theta_0}}\right)\\ &= \frac{z\sinh\theta_0}{z^2-2z\cosh\theta_0+1}\qquad |z|>\max[e^{-\theta_0},\ e^{\theta_0}]\end{aligned}$$

2. 双边 z 变换的位移(移序)性 ($m>0$)

若序列 $x(n)$的双边 z 变换为

$$x(n)\leftrightarrow X(z)\qquad R_{X^-}<|z|<R_{X^+}$$

则

$$x(n+m)\leftrightarrow z^m X(z)\qquad R_{X^-}<|z|<R_{X^+}\tag{6.3-2}$$

证明

$$\mathscr{Z}[x(n+m)]=\sum_{n=-\infty}^{\infty}x(n+m)z^{-n}=\sum_{n=-\infty}^{\infty}x(n+m)z^{-(n+m)}z^m$$

令 $n+m=k$，代入上式

$$\mathscr{Z}[x(n+m)]=z^m\sum_{k=-\infty}^{\infty}x(k)z^{-k}=z^m X(z)$$

位移序列 z 变换的收敛区一般不变，也有特例(因为 z^{n_0} 项在 $z=0$，$z=\infty$处的影响)。

例 6.3-2 $x(n)=\delta(n)\leftrightarrow X(z)=1$，$0\leqslant|z|\leqslant\infty$，收敛区为全 z 平面。

$x(n+1)=\delta(n+1)\leftrightarrow X_1(z)=z$， $0\leqslant|z|<\infty$，收敛区为半开区间。

$x(n-1)=\delta(n-1)\leftrightarrow X_2(z)=z^{-1}$， $0<|z|\leqslant\infty$，收敛区为半开区间。

3. 单边 z 变换的位移性

(1) 若序列 $x(n)$的单边 z 变换为

$$x(n)u(n)\leftrightarrow X(z)$$

则序列左移后单边 z 变换为

$$x(n+m)u(n)\leftrightarrow z^m\left[X(z)-\sum_{k=0}^{m-1}x(k)z^{-k}\right]\qquad m>0\tag{6.3-3}$$

证明

$$\begin{aligned}\mathscr{Z}[x(n+m)u(n)] &= \sum_{n=0}^{\infty}x(n+m)z^{-n}\\ &= \sum_{n=0}^{\infty}x(n+m)z^{-(n+m)}z^m\quad (\text{令 } n+m=k)\\ &= z^m\sum_{k=m}^{\infty}x(k)z^{-k}\\ &= z^m\left[\sum_{k=0}^{\infty}x(k)z^{-k}-\sum_{k=0}^{m-1}x(k)z^{-k}\right]\\ &= z^m\left[X(z)-\sum_{k=0}^{m-1}x(k)z^{-k}\right]\end{aligned}$$

序列左移后单边 z 变换的示意图如图 6.3-1 所示。特别的，

$$\mathscr{Z}[x(n+1)u(n)] = zX(z) - zx(0)$$

$$\mathscr{Z}[x(n+2)u(n)] = z^2X(z) - z^2x(0) - zx(1)$$

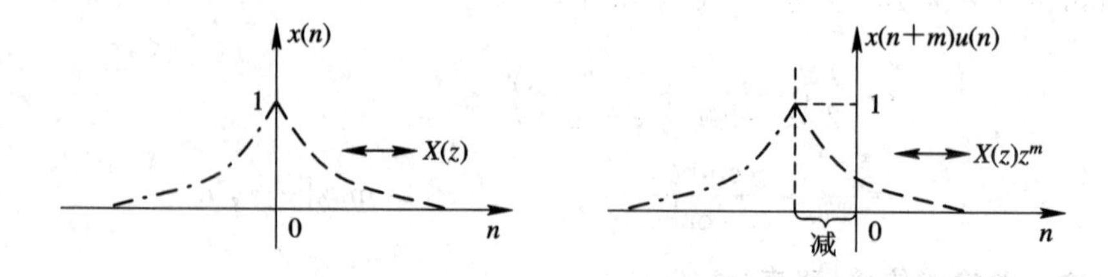

图 6.3-1　序列左移后单边 z 变换的示意图

(2) 若 $x(n)u(n) \leftrightarrow X(z)$，则

$$x(n-m)u(n) \leftrightarrow z^{-m}\left[X(z) + \sum_{k=-m}^{-1} x(k)z^{-k}\right] \qquad m > 0 \tag{6.3-4}$$

证明

$$\begin{aligned}\mathscr{Z}[x(n-m)u(n)] &= \sum_{n=0}^{\infty} x(n-m)z^{-n} \\ &= \sum_{n=0}^{\infty} x(n-m)z^{-(n-m)}z^{-m} \quad (\text{令 } n-m=k) \\ &= z^{-m}\sum_{k=-m}^{\infty} x(k)z^{-k} \\ &= z^{m}\left[\sum_{k=0}^{\infty} x(k)z^{-k} + \sum_{k=-m}^{-1} x(k)z^{-k}\right] \\ &= z^{-m}\left[X(z) + \sum_{k=-m}^{-1} x(k)z^{-k}\right]\end{aligned}$$

序列右移后单边 z 变换的示意图如图 6.3-2 所示。特别的，

$$\mathscr{Z}[x(n-1)u(n)] = z^{-1}X(z) + x(-1)$$

$$\mathscr{Z}[x(n-2)u(n)] = z^{-2}X(z) + z^{-1}x(-1) + x(-2)$$

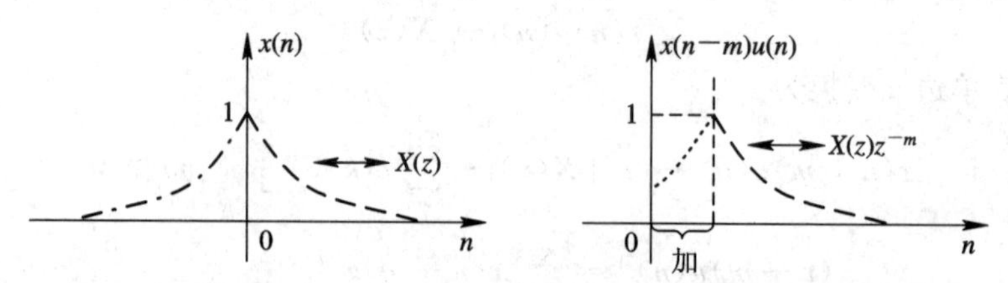

图 6.3-2　序列右移后的单边 z 变换

(3) 若 $x(n)$为因果序列，$x(n)u(n) \leftrightarrow X(z)$，则

$$x(n-m)u(n) \leftrightarrow z^{-m}X(z) \qquad m > 0 \tag{6.3-5}$$

$$x(n+m)u(n) \leftrightarrow z^{m}\left[X(z) - \sum_{k=0}^{m-1} x(k)z^{-k}\right] \quad m > 0 \tag{6.3-6}$$

例 6.3-3　求周期序列的单边 z 变换。

解　周期序列 $x(n)=x(n+rN)$，令 $n=0\sim N-1$ 的主值区序列为 $x_1(n)$，单边周期序

列可表示为

$$x(n)u(n)=x_1(n)+x_1(n-N)+x_1(n-2N)+\cdots$$

再令 $x_1(n)$的 z 变换为 $X_1(z)$，则 $x(n)$的单边 z 变换为

$$\begin{aligned}X(z)&=X_1(z)+z^{-N}X_1(z)+z^{-2N}X_1(z)+\cdots\\&=X_1(z)(1+z^{-N}+z^{-2N}+\cdots)\\&=X_1(z)\sum_{m=0}^{\infty}z^{-mN}=X_1(z)\lim_{m\to\infty}\frac{1-z^{-mN}}{1-z^{-N}}\\&=X_1(z)\frac{1}{1-z^{-N}}\qquad |z|>1\\&=X_1(z)\frac{z^N}{z^N-1}\end{aligned}$$

式中，$\dfrac{z^N}{z^N-1}$为离散周期因子。

4. 指数序列加权

若 $x(n)\leftrightarrow X(z)$，$R_{X^-}<|z|<R_{X^+}$，则

$$a^nx(n)\leftrightarrow X(a^{-1}z)\qquad R_{X^-}<|a^{-1}z|<R_{X^+}\tag{6.3-7}$$

证明

$$\begin{aligned}\mathscr{Z}[a^nx(n)]&=\sum_{n=-\infty}^{\infty}a^nx(n)z^{-n}\\&=\sum_{n=-\infty}^{\infty}x(n)(a^{-1}z)^{-n}=X\left(\frac{z}{a}\right)\end{aligned}$$

$R_{X^-}<|a^{-1}z|<R_{X^+}\Rightarrow|a|R_{X^-}<|z|<|a|R_{X^+}$

利用指数序列加权性及 $x(n)=u(n)\leftrightarrow X(z)=\dfrac{z}{z-1}\quad |z|>1$，可推得

$$a^nx(n)\leftrightarrow X(a^{-1}z)=\frac{a^{-1}z}{a^{-1}z-1}=\frac{z}{z-a}\qquad |a^{-1}z|>1\quad |z|>|a|$$

$$\mathrm{e}^{\mathrm{j}\theta_0n}x(n)\leftrightarrow X(\mathrm{e}^{-\mathrm{j}\theta_0}z)=\frac{\mathrm{e}^{-\mathrm{j}\theta_0}z}{\mathrm{e}^{-\mathrm{j}\theta_0}z-1}=\frac{z}{z-\mathrm{e}^{\mathrm{j}\theta_0}}\qquad |\mathrm{e}^{-\mathrm{j}\theta_0}z|>1,\ |z|>1$$

$$\begin{aligned}\cos\theta_0nx(n)&\leftrightarrow\frac{1}{2}\left[\frac{1}{1-\mathrm{e}^{\mathrm{j}\theta_0}z^{-1}}+\frac{1}{1-\mathrm{e}^{-\mathrm{j}\theta_0}z^{-1}}\right]\\&=\frac{1-z^{-1}\cos\theta_0}{1-2z^{-1}\cos\theta_0+z^{-2}}\qquad |z|>1\end{aligned}$$

$$\begin{aligned}\sin\theta_0nx(n)&\leftrightarrow\frac{1}{2}\left[\frac{1}{1-\mathrm{e}^{\mathrm{j}\theta_0}z^{-1}}-\frac{1}{1-\mathrm{e}^{-\mathrm{j}\theta_0}z^{-1}}\right]\\&=\frac{z^{-1}\sin\theta_0}{1-2z^{-1}\cos\theta_0+z^{-2}}\qquad |z|>1\end{aligned}$$

5. $x(n)$线性加权或 z 域微分性

若 $x(n)\leftrightarrow X(z)$，$R_{X^-}<|z|<R_{X^+}$，则

$$nx(n)\leftrightarrow -z\frac{\mathrm{d}X(z)}{\mathrm{d}z}\qquad R_{X^-}<|z|<R_{X^+}\tag{6.3-8}$$

证明 $$\frac{dX(z)}{dz}=\frac{d}{dz}\Big[\sum_{n=-\infty}^{\infty}x(n)z^{-n}\Big] \qquad \text{（交换运算次序）}$$

$$=\sum_{n=-\infty}^{\infty}x(n)\frac{d}{dz}z^{-n}=-\sum_{n=-\infty}^{\infty}nx(n)z^{-n-1}$$

$$=-z^{-1}\sum_{n=-\infty}^{\infty}nx(n)z^{-n}=-z^{-1}\mathscr{Z}[nx(n)]$$

利用 z 域微分性及 $x(n)=u(n)\leftrightarrow X(z)=\frac{z}{z-1}$ $(|z|>1)$，可推得

$$nu(n)\leftrightarrow -z\frac{d}{dz}\left(\frac{z}{z-1}\right)=-z\frac{(z-1)-z}{(z-1)^2}$$

$$=\frac{z}{(z-1)^2} \qquad |z|>1$$

$$n^2u(n)\leftrightarrow -z\frac{d}{dz}\left[\frac{z}{(z-1)^2}\right]=\frac{z(z+1)}{(z-1)^3} \qquad |z|>1$$

例 6.3-4 求序列 $na^nu(n)$的 z 变换。

解 已知 $a^nu(n)\leftrightarrow\frac{z}{z-a}$ $|z|>|a|$，则

$$na^nu(n)\leftrightarrow -z\frac{d}{dz}\left(\frac{z}{z-a}\right)$$

$$=-z\frac{z-a-z}{(z-a)^2}=\frac{az}{(z-a)^2} \qquad |z|>|a|$$

6. 初值定理

对因果序列 $x(n)$，有

$$x(0)=\lim_{z\to\infty}X(z) \tag{6.3-9}$$

证明 $$X(z)=\sum_{n=0}^{\infty}x(n)z^{-n}=x(0)+x(1)z^{-1}+x(2)z^{-2}+\cdots$$

对等式两边取极限

$$\lim_{z\to\infty}X(z)=\lim_{z\to\infty}[x(0)+x(1)z^{-1}+x(2)z^{-2}+\cdots]=x(0)$$

7. 终值定理

若 $x(n)$是因果序列，除单位圆上可有一个 $z=1$ 的一阶极点外，其余极点均在单位圆内，则

$$\lim_{n\to\infty}x(n)=\lim_{z\to 1}(z-1)X(z) \tag{6.3-10}$$

8. 时域卷积定理

若 $w(n)=x(n)*y(n)$，则

$$W(z)=X(z)Y(z) \quad R_-<|z|<R_+ \tag{6.3-11}$$

式中，

$$R_-=\max[R_{X^-},R_{Y^-}],\ R_+=\min[R_{X^+},R_{Y^+}]$$

证明 $$\mathscr{Z}[x(n)*y(n)]=\sum_{n=-\infty}^{\infty}\left[\sum_{m=-\infty}^{\infty}x(m)y(n-m)\right]z^{-n}\qquad \text{变换求和次序}$$

$$=\sum_{m=-\infty}^{\infty}x(m)\left[\sum_{n=-\infty}^{\infty}y(n-m)z^{-n}\right]\qquad \text{利用移序性}$$

$$=\sum_{m=-\infty}^{\infty}x(m)z^{-m}Y(z)=X(z)Y(z)$$

例 6.3-5 $x(n)=u(n)\leftrightarrow X(z)=\dfrac{1}{1-z^{-1}}\qquad |z|>1$

$$y(n)=a^n u(n)\leftrightarrow Y(z)=\frac{1}{1-az^{-1}}\qquad |z|>|a|\text{，其中 } |a|<1$$

求 $w(n)=x(n)*y(n)$。

解 $$W(z)=X(z)Y(z)=\frac{1}{1-z^{-1}}\cdot\frac{1}{1-az^{-1}}=\frac{A_1}{1-z^{-1}}+\frac{A_2}{1-az^{-1}}$$

$$A_1=\left.\frac{1}{1-az^{-1}}\right|_{z^{-1}=1}=\frac{1}{1-a}$$

$$A_2=\left.\frac{1}{1-z^{-1}}\right|_{z^{-1}=1/a}=\frac{-a}{1-a}$$

$$W(z)=\frac{1}{1-a}\left(\frac{1}{1-z^{-1}}-\frac{a}{1-az^{-1}}\right)\qquad |z|>1$$

$$w(n)=\frac{1}{1-a}(1-a^{n+1})u(n)$$

利用卷积定理，可以求解离散系统的零状态响应，如图 6.3-3 所示。

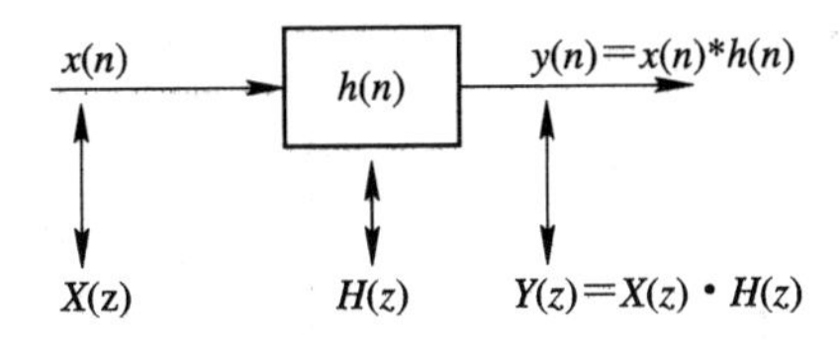

图 6.3-3 离散系统的零状态响应求解

9. 复频域卷积定理

若 $w(n)=x(n)y(n)$，则

$$W(z)=\frac{1}{\mathrm{j}2\pi}\oint_c X(v)Y\left(\frac{z}{v}\right)v^{-1}\mathrm{d}v$$

$$R_-<|v|<R_+\tag{6.3-12}$$

式中，v 平面的收敛区为 $\max[R_{X^-},|z|/R_{Y^+}]<|v|<\min[R_{X^+},|z|/R_{Y^-}]$。$c$ 是 $X(v)$ 与 $Y\left(\dfrac{z}{v}\right)$ 公共收敛区内一条逆时针封闭曲线。

证明 $$W(z)=\mathscr{Z}[x(n)y(n)]=\sum_{n=-\infty}^{\infty}x(n)y(n)z^{-n}$$

将 $x(n)=\dfrac{1}{\mathrm{j}2\pi}\oint_c X(v)v^{n-1}\mathrm{d}v$，$R_{X^-}<|v|<R_{X^+}$ 代入上式

$$W(z)=\sum_{n=-\infty}^{\infty}\left[\frac{1}{\mathrm{j}2\pi}\oint_c X(v)v^{n-1}\mathrm{d}v\right]y(n)z^{-n}\quad（交换积分、求和次序）$$

$$=\frac{1}{\mathrm{j}2\pi}\oint_c X(v)v^{-1}\left[\sum_{n=-\infty}^{\infty}y(n)\left(\frac{z}{v}\right)^{-n}\right]\mathrm{d}v\qquad R_{Y^-}<|z/v|<R_{Y^+}$$

$$=\frac{1}{\mathrm{j}2\pi}\oint_c X(v)Y\left(\frac{z}{v}\right)v^{-1}\mathrm{d}v\qquad R_-<|v|<R_+$$

计算一般用留数法而不是用复变函数积分，即

$$W(z)=\sum \mathrm{Res}\left[X(v)Y\left(\frac{z}{v}\right)v^{-1},\ z_k\right]$$

其中，z_k 为 v 平面上 $X(v)Y\left(\frac{z}{v}\right)v^{-1}$ 在围线 c 内的全部极点。

表 6-1 列出了 z 变换性质与定理的有关信息。

表 6-1 z 变换性质与定理

	名　称	时　域	复　频　域
1	线性	$ax(n)+by(n)$	$aX(z)+bY(z)$
2	双边移序	$x(n+m)$	$z^m X(z)$
3	单边移序	$x(n+m)u(n)$ $x(n-m)u(n)$	$z^m\left[X(z)-\sum_{k=0}^{m-1}x(k)z^{-k}\right]$ $z^{-m}\left[X(z)+\sum_{k=-m}^{-1}x(k)z^{-k}\right]$
4	指数序列加权	$a^n x(n)$	$X(a^{-1}z)$
5	z 域微分	$nx(n)$	$-z\frac{\mathrm{d}X(z)}{\mathrm{d}z}$
6	初值定理	$x(0)=\lim_{z\to\infty}X(z)$	
7	终值定理	$\lim_{n\to\infty}x(n)=\lim_{z\to 1}(z-1)X(z)$	
8	时域卷积定理	$x(n)*y(n)$	$X(z)Y(z)$
9	复频域卷积定理	$x(n)y(n)$	$\frac{1}{\mathrm{j}2\pi}\oint_c X(v)Y\left(\frac{z}{v}\right)v^{-1}\mathrm{d}v$

6.4 逆 z 变换

逆 z 变换也称反变换，z 反变换可用英文缩写 z^{-1} 表示，是由 $X(z)$ 求 $x(n)$ 的运算，若

$$X(z)=\sum_{n=-\infty}^{\infty}x(n)z^{-n},\quad R_{X^-}<|z|<R_{X^+}\tag{6.4-1}$$

则由柯西积分定理，可以推得逆变换表示式为

$$x(n)=\frac{1}{\mathrm{j}2\pi}\oint_c X(z)z^{n-1}\mathrm{d}z,\quad c\in(R_{X^-},R_{X^+})\tag{6.4-2}$$

即对 $X(z)z^{n-1}$ 作围线积分，其中 c 是在 $X(z)$ 的收敛区内一条逆时针的闭合围线。一般来

说，计算复变函数积分比较困难，所以当 $X(z)$ 为有理函数时，介绍常用的三种反变换方法。

6.4.1 留数法

当 $X(z)$ 为有理函数时，$x(n)$ 可由下式计算：

$$x(n)=\frac{1}{2\pi j}\oint_c X(z)z^{n-1}dz=\sum \mathrm{Res}[X(z)z^{n-1},\ z_k] \tag{6.4-3}$$

式中，z_k 为 $X(z)z^{n-1}$ 的极点，其对应的留数计算方法如下：

(1) z_k 为 $X(z)z^{n-1}$ 的单极点

$$\mathrm{Res}[X(z)z^{n-1},\ z_k]=(z-z_k)X(z)z^{n-1}\big|_{z=z_k} \tag{6.4-4}$$

(2) z_k 为 $X(z)z^{n-1}$ 的 i 阶重极点

$$\mathrm{Res}[X(z)z^{n-1},\ z_k]=\frac{1}{(i-1)!}\cdot\frac{d^{i-1}}{dz^{i-1}}[(z-z_k)^i X(z)z^{n-1}]\Big|_{z=z_k} \tag{6.4-5}$$

例 6.4-1 $X(z)=\dfrac{1}{1-az^{-1}}$，$|z|>|a|$，求 $x(n)$。

解

$$x(n)=\frac{1}{2\pi j}\oint_c\frac{z}{z-a}z^{n-1}dz=\frac{1}{2\pi j}\oint_c\frac{z^n}{z-a}dz$$

$X(z)$ 的收敛区与极点分布如图 6.4-1 所示。

由 $|z|>|a|$ 可知，$x(n)$ 为右边序列，即有 $x(n)=0$，$n<0$，所以取 $n\geqslant 0$。当 $n\geqslant 0$ 时，c 围线包围 $z=a$ 的一阶极点。

$$x(n)=\mathrm{Res}\left[\frac{z^n}{z-a},\ z=a\right]=(z-a)\frac{z^n}{z-a}\Big|_{z=a}=a^n$$

$$x(n)=a^n u(n)$$

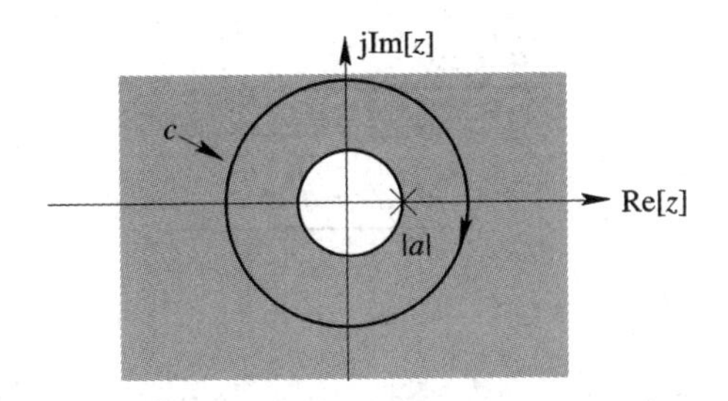

图 6.4-1 $X(z)$ 的收敛区与极点分布

6.4.2 幂级数展开法

将 $X(z)$ 展开，$X(z)=\cdots+x(-1)z+x(0)+x(1)z^{-1}+\cdots$，其系数就是 $x(n)$。特别的，对单边的左序列或右序列，当 $X(z)$ 为有理函数时，幂级数法也称长除法。举例说明用长除法将 $X(z)$ 展开成级数求得 $x(n)$ 的方法。

例 6.4-2 已知 $X(z)=\dfrac{a}{a-z^{-1}}$，$|z|>\dfrac{1}{|a|}$，求 $x(n)$。

解 因为收敛区在 $1/|a|$ 外，序列为右序列，应展开为 z 的降幂级数。

$$
\begin{array}{r|l}
 & 1+\frac{1}{a}z^{-1}+\frac{1}{a^2}z^{-2}+\frac{1}{a^3}z^{-3}+\cdots \\
\hline
a-z^{-1} & a \\
 & \underline{a-z^{-1}} \\
 & \quad z^{-1} \\
 & \quad \underline{z^{-1}-\frac{1}{a}z^{-2}} \\
 & \qquad \frac{1}{a}z^{-2} \\
 & \qquad \underline{\frac{1}{a}z^{-2}-\frac{1}{a^2}z^{-3}} \\
 & \qquad\qquad \vdots
\end{array}
$$

$$X(z)=1+\frac{1}{a}z^{-1}+\frac{1}{a^2}z^{-2}+\frac{1}{a^3}z^{-3}+\cdots=\sum_{n=0}^{\infty}a^{-n}z^{-n}$$

由此可得 $x(n)=a^{-n}u(n)$。

例 6.4-3 已知 $X(z)=\frac{a}{a-z^{-1}}$，$|z|<\frac{1}{|a|}$，求 $x(n)$。

解 因为收敛区在 $1/|a|$ 圆内，序列为左序列，应展开为 z 的升幂级数。

$$
\begin{array}{r|l}
 & -az-a^2z^2-a^3z^3-a^4z^4-\cdots \\
\hline
-z^{-1}+a & a \\
 & \underline{a-a^2z} \\
 & \quad a^2z \\
 & \quad \underline{a^2z-a^3z^2} \\
 & \qquad a^3z^2 \\
 & \qquad \underline{a^3z^2-a^4z^3} \\
 & \qquad\quad a^4z^3 \\
 & \qquad\qquad \vdots
\end{array}
$$

$$X(z)=-az-a^2z^2-a^3z^3-a^4z^4-\cdots=-\sum_{n=-\infty}^{-1}a^{-n}z^{-n}$$

由此可得 $x(n)=-a^{-n}u(-n-1)$。

用长除法可将 $X(z)$ 展开为 z 的升幂或降幂级数，它取决于 $X(z)$ 的收敛区。所以在用长除法之前，首先要确定 $x(n)$ 是左序列还是右序列，由此决定分母多项式是按升幂还是按降幂排列。由长除法可以直接得到 $x(n)$ 的具体数值，但当 $X(z)$ 有两个或两个以上极点时，用长除法得到的序列值，要归纳为 $x(n)$ 闭合式还是比较困难的，这时可以用部分分式法求解 $x(n)$。

6.4.3 部分分式法

$X(z)$ 一般是 z 的有理函数，可表示为有理分式形式。最基本的分式及所对应的序列为

$$\frac{1}{1-d_k z^{-1}}=\frac{z}{z-d_k}\leftrightarrow\begin{cases}d_k^n u(n) & |z|>|d_k|\\ -d_k^n u(-n-1) & |z|<|d_k|\end{cases}\tag{6.4-6}$$

式(6.4-6)是最常见的 z 变换对。部分分式法就是基于此基础上的一种方法，即将 $X(z)$的一般有理分式展开为基本有理分式之和。这与傅氏变换、拉氏变换的部分分式法相似。

通常 $X(z)$表示式为

$$X(z)=\frac{N(z)}{D(z)}=\frac{b_0+b_1 z+\cdots+b_{M-1}z^{M-1}+b_M z^M}{a_0+a_1 z+\cdots+a_{N-1}z^{N-1}+a_N z^N}\tag{6.4-7}$$

式中，分子最高次为 M，分母最高次为 N。

设 $M\leqslant N$，且 $X(z)$均为单极点，$X(z)$可展开为

$$\frac{X(z)}{z}=\frac{A_0}{z}+\sum_{k=1}^{N}\frac{A_k}{z-d_k}\tag{6.4-8}$$

式中，

$$A_k=(z-d_k)\frac{X(z)}{z}\bigg|_{z=d_k}\quad k=0,1,\cdots,N\tag{6.4-9}$$

$$A_0=X(z)\,|_{z=0}=\frac{b_0}{a_0}\tag{6.4-10}$$

因为 z 变换的基本形式为$\dfrac{z}{z-d_k}$，在用部分分式展开法时，可以先将$\dfrac{X(z)}{z}$展开，然后每个分式乘以 z，$X(z)$就可以展开为$\dfrac{z}{z-d_k}$的形式，即

$$X(z)=A_0+\sum_{k=1}^{N}\frac{A_k z}{z-d_k}\tag{6.4-11}$$

式中，A_0 对应的变换为 $A_0\delta(n)$，根据收敛域最终确定 $x(n)$。

例 6.4-4 已知 $X(z)=\dfrac{z^2}{(z-1)(z-0.5)}$，$|z|>1$，求 $x(n)$。

解 $1<|z|$，是右边(因果)序列。

$$\frac{X(z)}{z}=\frac{A_1}{z-0.5}+\frac{A_2}{z-1}$$

$$A_1=(z-0.5)\frac{X(z)}{z}\bigg|_{z=0.5}=\frac{z}{z-1}\bigg|_{z=0.5}=-1$$

$$A_2=(z-1)\frac{X(z)}{z}\bigg|_{z=1}=\frac{z}{z-0.5}\bigg|_{z=1}=2$$

$$X(z)=\frac{2z}{z-1}-\frac{z}{z-0.5}\qquad |z|>1$$

$$x(n)=(2-0.5^n)u(n)$$

例 6.4-5 已知 $X(z)=\dfrac{5z^{-1}}{1+z^{-1}-6z^{-2}}$，$2<|z|<3$，求 $x(n)$。

解

$$\frac{X(z)}{z}=\frac{5z^{-2}}{1+z^{-1}-6z^{-2}}=\frac{5}{z^2+z-6}=\frac{5}{(z-2)(z+3)}$$

$$=\frac{A_1}{(z-2)}+\frac{A_2}{(z+3)}$$

$$A_1=(z-2)\frac{X(z)}{z}\bigg|_{z=2}=\frac{5}{z+3}\bigg|_{z=2}=1$$

$$A_2=(z+3)\frac{X(z)}{z}\bigg|_{z=-3}=\frac{5}{z-2}\bigg|_{z=-3}=-1$$

$$\frac{X(z)}{z}=\frac{1}{(z-2)}-\frac{1}{(z+3)}$$

$$X(z)=\frac{z}{(z-2)}-\frac{z}{(z+3)}$$

因为收敛区为$2<|z|<3$，是双边序列，且$2<|z|$对应右边序列，$|z|<3$对应左边序列，所以

$$x(n)=2^n u(n)+(-3)^n u(-n-1)$$

若$X(z)$在$z=d_1$有一s阶的重极点，其余为单极点。$X(z)$可展开为

$$X(z)=\sum_{k=1}^{s}\frac{B_k z}{(z-d_1)^k}+A_0+\sum_{k=s+1}^{N}\frac{A_k z}{z-d_k}$$

其中，A_0、A_k计算同前，B_k为

$$B_k=\frac{1}{(s-k)!}\cdot\left[\frac{\mathrm{d}^{s-k}}{\mathrm{d}z^{s-k}}(z-d_1)^s\frac{X(z)}{z}\right]\bigg|_{z=d_1} \tag{6.4-12}$$

表6-2给出了常用序列的z变换。利用这个表再结合z变换的性质，可求一般序列的正、反z变换。

表6-2　常用序列z变换表

1	$\delta(n)$	1
2	$u(n)$	$\frac{z}{z-1}\quad \lvert z\rvert>1$
3	$R_N(n)$	$\frac{1-z^{-N}}{1-z^{-1}}\quad \lvert z\rvert>0$
4	$a^n u(n)$	$\frac{z}{z-a}\quad \lvert z\rvert>\lvert a\rvert$
5	$-a^n u(-n-1)$	$\frac{z}{z-a}\quad \lvert z\rvert<\lvert a\rvert$
6	$nu(n)$	$\frac{z}{(z-1)^2}\quad \lvert z\rvert>1$
7	$na^n u(n)$	$\frac{az}{(z-a)^2}\quad \lvert z\rvert>\lvert a\rvert$
8	$\frac{n(n-1)}{2!}u(n)$	$\frac{z}{(z-1)^3}\quad \lvert z\rvert>1$
9	$\frac{n(n-1)(n-2)\cdots(n-m+1)}{m!}u(n)$	$\frac{z}{(z-1)^{m+1}}\quad \lvert z\rvert>1$
10	$(n+1)a^n u(n)$	$\frac{z^2}{(z-a)^2}\quad \lvert z\rvert>\lvert a\rvert$
11	$\frac{(n+1)(n+2)}{2!}a^n u(n)$	$\frac{z^3}{(z-a)^3}\quad \lvert z\rvert>\lvert a\rvert$
12	$\frac{(n+1)(n+2)(n+3)\cdots(n+m)}{m!}a^n u(n)$	$\frac{z^{m+1}}{(z-a)^{m+1}}\quad \lvert z\rvert>\lvert a\rvert$
13	$-(n+1)a^n u(-n-1)$	$\frac{z^2}{(z-a)^2}\quad \lvert z\rvert<\lvert a\rvert$
14	$-\frac{(n+1)(n+2)}{2!}a^n u(-n-1)$	$\frac{z^3}{(z-a)^3}\quad \lvert z\rvert<\lvert a\rvert$

6.5 离散系统的复频域分析

6.5.1 利用 z 变换求解差分方程

N 阶 LTI 离散系统的差分方程一般形式为

$$\sum_{k=0}^{N} a_k y(n-k) = \sum_{r=0}^{M} b_r x(n-r) \tag{6.5-1}$$

当 $x(n)$ 是因果序列，已知初始(边界)条件 $y(-1)$、$y(-2)$、…、$y(-N)$ 时，可利用 z 变换求解式(6.5-1)，对式(6.5-1)等式两边取 z 变换，利用单边 z 变换的位移性，得到

$$\sum_{k=0}^{N} a_k z^{-k}\left[Y(z) + \sum_{l=-k}^{-1} y(l) z^{-l}\right] = \sum_{r=0}^{M} b_r z^{-r} X(z) \tag{6.5-2}$$

式中，$y(l)$ 是初始条件。

1. 零状态响应

零状态响应是仅由激励引起的响应。当激励 $x(n)$ 是因果序列时，并且系统初始条件为零($y(l)=0$，$-N\leqslant l\leqslant -1$)，则式(6.5-2)为

$$\sum_{k=0}^{N} a_k z^{-k} Y_{zs}(z) = \sum_{r=0}^{M} b_r z^{-r} X(z) \tag{6.5-3}$$

由式(6.5-3)得零状态响应为

$$Y_{zs}(z) = \frac{\sum_{r=0}^{M} b_r z^{-r} X(z)}{\sum_{k=0}^{N} a_k z^{-k}} \tag{6.5-4}$$

令

$$H(z) = \frac{\sum_{r=0}^{M} b_r z^{-r}}{\sum_{k=0}^{N} a_k z^{-k}} \tag{6.5-5}$$

式中，$H(z)$ 为系统(传输)函数，零状态响应还可表示为

$$Y_{zs}(z) = H(z)X(z) \tag{6.5-6}$$

$$y_{zs}(n) = \mathscr{Z}^{-1}[Y_{zs}(z)] = \mathscr{Z}^{-1}[H(z)X(z)] \tag{6.5-7}$$

例 6.5-1 已知一离散系统的差分方程为 $y(n)-by(n-1)=x(n)$，求 $y(n)$。其中 $x(n)=a^n u(n)$，$y(-1)=0$。

解 因为 $y(-1)=0$，是零状态响应。对方程两边取 z 变换

$$Y(z) - bz^{-1}Y(z) = X(z)$$

$$(1-bz^{-1})Y(z) = X(z)$$

$$Y(z) = \frac{1}{1-bz^{-1}}X(z) = \frac{1}{1-bz^{-1}}\cdot\frac{1}{1-az^{-1}} = \frac{z}{z-b}\frac{z}{z-a}$$

$$= \frac{1}{a-b}\left(\frac{az}{z-a} - \frac{bz}{z-b}\right)$$

$$y(n) = \frac{1}{a-b}(a^{n+1} - b^{n+1})u(n)$$

2. 零输入响应

零输入响应是仅由系统初始储能引起的响应，与初始(边界)条件 $y(-1)$、$y(-2)$、…、$y(-N)$密切相关。此时激励 $x(n)=0$，式(6.5-1)差分方程右边等于零，式(6.5-2)变为

$$\sum_{k=0}^{N} a_k z^{-k}\left[Y_{zi}(z)+\sum_{l=-k}^{-1} y(l) z^{-l}\right]=0$$

$$\sum_{k=0}^{N} a_k z^{-k} Y_{zi}(z)=-\sum_{k=0}^{N}\left[a_k z^{-k} \sum_{l=-k}^{-1} y(l) z^{-l}\right] \tag{6.5-8}$$

$$Y_{zi}(z)=\frac{-\sum_{k=0}^{N}\left[a_k z^{-k} \sum_{l=-k}^{-1} y(l) z^{-l}\right]}{\sum_{k=0}^{N} a_k z^{-k}} \tag{6.5-9}$$

其中，$y(l)$为系统的初始(边界)条件，$-N \leqslant l \leqslant -1$，则

$$y_{zi}(n)=\mathscr{Z}^{-1}\left[Y_{zi}(z)\right] \tag{6.5-10}$$

例 6.5-2 差分方程同例 6.5-1，$x(n)=0$，$y(-1)=-1/b$，求 $y(n)$。

解 激励 $x(n)=0$，是零输入响应。对方程两边取 z 变换

$$Y(z)-b\left[z^{-1} Y(z)+y(-1)\right]=0$$

$$Y(z)-b\left[z^{-1} Y(z)-\frac{1}{b}\right]=0$$

$$\left(1-b z^{-1}\right) Y(z)=-1$$

$$Y(z)=\frac{-1}{1-b z^{-1}}$$

$$y(n)=-b^n u(n)$$

3. 全响应

利用 z 变换，不需要分别求零状态响应与零输入响应，可以直接求解差分方程的全响应。

$$\begin{aligned} y(n) &= y_{zi}(n)+y_{zs}(n) \\ &= \mathscr{Z}^{-1}\left[\frac{\sum_{r=0}^{M} b_r z^{-r} X(z)}{\sum_{k=0}^{N} a_k z^{-k}}+\frac{-\sum_{k=0}^{N}\left[a_k z^{-k} \sum_{l=-k}^{-1} y(l) z^{-l}\right]}{\sum_{k=0}^{N} a_k z^{-k}}\right] \end{aligned} \tag{6.5-11}$$

例 6.5-3 系统差分方程、激励 $x(n)$同例 6.5-1，$y(0)=0$，求 $y(n)$。

解 先求出边界条件 $y(-1)$，将 $n=0$ 代入原方程迭代

$$y(0)-b y(-1)=x(0)=1$$

解出 $y(-1)=-1/b$，此时的 $y(n)$是全响应。方程两边取 z 变换

$$Y(z)-b\left[z^{-1} Y(z)+y(-1)\right]=X(z)$$

$$Y(z)-b\left[z^{-1} Y(z)-\frac{1}{b}\right]=X(z)$$

$$\left(1-b z^{-1}\right) Y(z)=X(z)-1$$

$$Y(z)=\frac{X(z)-1}{1-bz^{-1}}=\frac{1}{1-bz^{-1}}\cdot\frac{1}{1-az^{-1}}-\frac{1}{1-bz^{-1}}$$

$$=\frac{az}{(z-a)(z-b)}=\frac{a}{a-b}\left(\frac{z}{z-a}-\frac{z}{z-b}\right)$$

$$y(n)=\frac{a}{a-b}(a^n-b^n)u(n)$$

例 6.5-4 已知某离散系统模拟如图 6.5-1 所示，求系统函数 $H(z)$及冲激响应 $h(n)$。

解

$$Y(z)=X(z)+bz^{-1}Y(z)$$

$$Y(z)=\frac{1}{1-bz^{-1}}X(z)$$

$$H(z)=\frac{1}{1-bz^{-1}}$$

$$h(n)=b^nu(n)$$

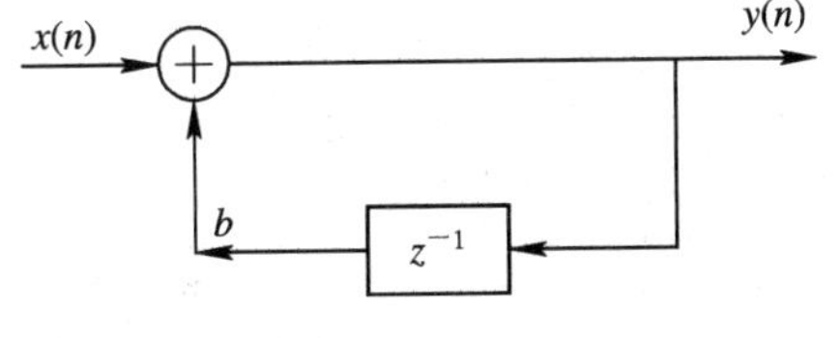

图 6.5-1 例 6.5-3 离散系统

6.5.2 z 变换与拉普拉斯(傅里叶)变换的关系

拉氏变换、傅氏变换以及 z 变换是前面讨论过的三种变换。下面讨论这三种变换之间的内在联系与关系。

要讨论 z 变换与拉氏变换的关系，首先要研究 z 平面与 s 平面的映射(变换)关系。在 6.1 节中我们将连续信号的拉氏变换与采样序列的 z 变换联系起来，引进了复变量 z，它与复变量 s 有以下的映射关系

$$z=\mathrm{e}^{sT} \tag{6.5-12}$$

或

$$s=\frac{1}{T}\ln z$$

式中，T 是采样间隔，对应的采样频率 $\omega_s=2\pi/T$。

为了更清楚地说明式(6.5-12)的映射关系，将 $s=\sigma+\mathrm{j}\omega$ 代入式(6.5-12)，得

$$z=\mathrm{e}^{sT}=\mathrm{e}^{(\sigma+\mathrm{j}\omega)T}=\mathrm{e}^{\sigma T}\mathrm{e}^{\mathrm{j}\omega T}=r\mathrm{e}^{\mathrm{j}\theta} \tag{6.5-13}$$

其中

$$\left.\begin{aligned}r&=\mathrm{e}^{\sigma T}\\ \theta&=\omega T\end{aligned}\right\}$$

式中，θ 是数字域频率，由式(6.5-13)具体讨论 s 与 z 平面的映射关系。

(1) s 平面的虚轴($\sigma=0$)映射到 z 平面的单位圆 $\mathrm{e}^{\mathrm{j}\theta}$，$s$ 平面左半平面($\sigma<0$)映射到 z 平面单位圆内($r=\mathrm{e}^{\sigma T}<1$)；$s$ 平面右半平面($\sigma>0$)映射到 z 平面单位圆外($r=\mathrm{e}^{\sigma T}>1$)。

(2) $\omega=0$ 时，$\theta=0$，s 平面的实轴映射到 z 平面上的正实轴。s 平面的原点 $s=0$ 映射到 z 平面单位圆 $z=1$ 的点。

(3) 由于 $z=r\mathrm{e}^{\mathrm{j}\theta}$是 θ 的周期函数，当 ω 由 $-\frac{\pi}{T}\sim\frac{\pi}{T}$时，$\theta$ 由 $-\pi\sim\pi$，幅角旋转了一周，映射了整个 z 平面，且 ω 每增加一个采样频率 $\omega_s=2\pi/T$，θ 就重复旋转一周，z 平面重叠一次。s 平面上宽度为 $2\pi/T$ 的带状区映射为整个 z 平面，这样 s 平面一条条宽度为 ω_s 的“横带”被重叠映射到整个 z 平面。所以，$s\sim z$ 平面的映射关系不是单值的。如图 6.5-2 所示。z 平面对应为无穷多 s 平面上宽度为 $2\pi/T$ 的带状区。

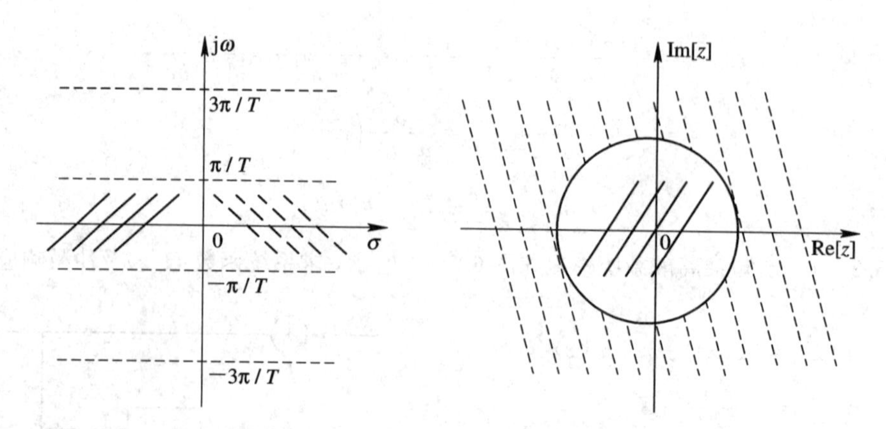

图 6.5-2　$s \sim z$ 平面的映射关系

由以上 $s \sim z$ 平面的映射关系，再利用理想采样作为桥梁，可以得到连续信号 $x(t)$ 的拉氏变换 $X(s)$ 与采样序列 z 变换的关系为

$$X(z)\big|_{z=e^{sT}} = X_s(s) = \frac{1}{T}\sum_{m=-\infty}^{\infty} X(s - j\omega_s m) = \frac{1}{T}\sum_{m=-\infty}^{\infty} X\left(s - j\,\frac{2\pi}{T}m\right) \tag{6.5-14}$$

傅氏变换是双边拉氏变换在虚轴（$\sigma=0$，$s=j\omega$）上的特例，当 $\sigma=0$，$s=j\omega$ 映射为 $z=e^{j\theta}$ 是 z 平面的单位圆。将此关系代入式(6.5-14)，可以得到 z 变换与傅氏变换关系

$$X(z)\big|_{z=e^{j\omega T}} = X_s(j\omega) = \frac{1}{T}\sum_{m=-\infty}^{\infty} X(j\omega - j\omega_s m) \tag{6.5-15}$$

式(6.5-15)说明，采样序列 $x(n)$ 的频谱是连续信号 $x(t)$ 的频谱 $X(j\omega)$ 以 ω_s 为周期重复的周期频谱，如图 6.5-3 所示。

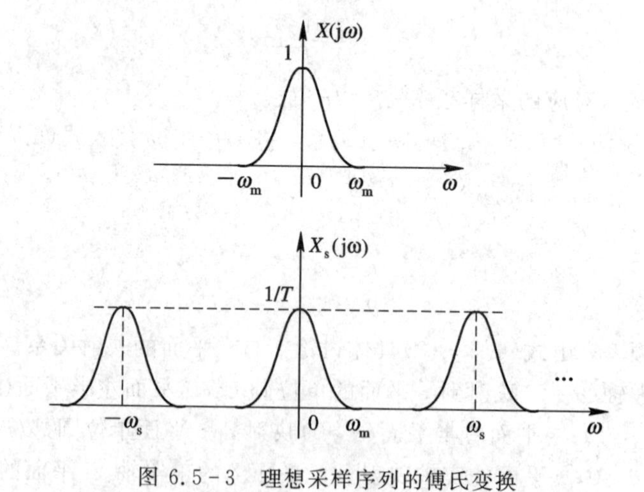

图 6.5-3　理想采样序列的傅氏变换

6.6　系统函数与系统特性

6.6.1　系统函数

可以用单位脉冲响应 $h(n)$ 来表示 LTI 离散系统的输入-输出关系

$$y(n) = T[x(n)] = x(n) * h(n)$$

对应的 z 变换为

$$Y(z) = H(z)X(z)$$

定义 LTI 离散系统输出 z 变换与输入 z 变换之比为系统函数

$$H(z) = \frac{Y(z)}{X(z)} \tag{6.6-1}$$

当 $x(n)=\delta(n)$，$H(z)=Y(z)$。所以系统函数是系统单位脉冲响应 $h(n)$的 z 变换。

$$H(z) = \mathscr{Z}[h(n)]$$
$$h(n) = \mathscr{Z}^{-1}[H(z)] \tag{6.6-2}$$

N 阶 LTI 离散系统的差分方程通常为

$$y(n) + \sum_{k=1}^{N} a_k y(n-k) = \sum_{k=0}^{M} b_k x(n-k) \tag{6.6-3}$$

系统为零状态时，对两边取 z 变换，可得

$$Y(z) + \sum_{k=1}^{N} a_k z^{-k} Y(z) = \sum_{k=0}^{M} b_k z^{-k} X(z)$$
$$\left(1 + \sum_{k=1}^{N} a_k z^{-k}\right) Y(z) = \sum_{k=0}^{M} b_k z^{-k} X(z)$$

解出

$$Y(z) = \frac{\sum_{k=0}^{M} b_k z^{-k}}{1 + \sum_{k=1}^{N} a_k z^{-k}} X(z)$$

得到系统函数

$$H(z) = \frac{Y(z)}{X(z)} = \frac{\sum_{k=0}^{M} b_k z^{-k}}{1 + \sum_{k=1}^{N} a_k z^{-k}} \tag{6.6-4}$$

式(6.6-4)是 z^{-1} 的有理分式，其系数正是差分方程的系数，系统函数还可以分解为

$$H(z) = \frac{A \prod_{k=1}^{M} (1 - c_k z^{-1})}{\prod_{k=1}^{N} (1 - d_k z^{-1})} \tag{6.6-5}$$

式中，$\{c_k\}$是 $H(z)$的零点，$\{d_k\}$是 $H(z)$的极点。由式(6.6-5)可见，除了系数 A 外，$H(z)$可由其零、极点确定。将零点$\{c_k\}$与极点$\{d_k\}$标在 z 平面上，可得到离散系统的零、极点图。

当离散系统的系统函数有原点以外的任意极点时，即式(6.6-5)中有 $d_k \neq 0$ 时，对应的单位脉冲响应 $h(n)$的时宽为无限，这样的系统称为无限冲激响应系统，简称 IIR 系统；当离散系统的系统函数只有原点处极点时，即式(6.6-5)中所有 $d_k = 0$ 时，对应的单位脉冲响应 $h(n)$的时宽有限，这样的系统称为有限冲激响应系统，简称 FIR 系统。FIR 系统函数一般表示为

$$H(z) = \sum_{n=0}^{N-1} h(n) z^{-n} = A \prod_{k=1}^{M} (1 - c_k z^{-1}) \tag{6.6-6}$$

由于 FIR 系统可以具有线性相位，并且不存在系统稳定问题，因此得到越来越广泛的应用。

与连续系统相似，离散系统的特性与其零、极点分布密切相关，但将系统函数由有理分式形式分解为零、极点形式时，并不容易，而用 MATLAB 可以很方便地确定零、极点并作零、极点图，详见 6.8.4 节。

6.6.2 $H(z)$的零、极点分布与时域特性

$H(z)$与$h(n)$是一对 z 变换对，所以只要知道 $H(z)$在 z 平面上的零、极点分布情况，就可以知道系统的脉冲响应 $h(n)$变化规律。假设式(6.6－5)的所有极点均为单极点且 $M\leqslant N$，利用部分分式展开

$$H(z)=\frac{A\prod_{k=1}^{M}(1-c_k z^{-1})}{\prod_{k=1}^{N}(1-d_k z^{-1})}=\sum_{k=1}^{N}\frac{A_k}{1-d_k z^{-1}} \tag{6.6-7}$$

式(6.6－7)对应的单位脉冲响应为

$$h(n)=\sum_{k=1}^{N}A_k d_k^n u(n)=\sum_{k=1}^{N}h_k(n) \tag{6.6-8}$$

以单位圆为界，可将 z 平面分为单位圆内与单位圆外。由式(6.6－8)不难得出 $h_k(n)$与 $h(n)$的变化规律。

1. $|d_k|<1$ 的极点

若$|d_k|<1$，极点在 z 平面的单位圆内，$h_k(n)$的幅度随 n 的增长而衰减；一对单位圆内共轭极点 d_k 与 d_k^* 对应的 $h_k(n)$是衰减振荡。

2. $|d_k|=1$ 的极点

若$|d_k|=1$，极点在 z 平面的单位圆上，$h_k(n)$的幅度随 n 的增长而不变；一对单位圆上的共轭极点 d_k 与 d_k^* 对应的 $h_k(n)$是等幅振荡。

3. $|d_k|>1$ 的极点

若$|d_k|>1$，极点在 z 平面的单位圆外，$h_k(n)$的幅度随 n 的增长而增长；一对单位圆外共轭极点 d_k 与 d_k^* 对应的 $h_k(n)$是增幅振荡。

若系统函数 $H(z)$有重极点，一般对应的是 $h_k(n)$线性加权，不影响 $h_k(n)$最终变化趋势。可以比较 $h_1(n)=a^n u(n)$、$h_2(n)=na^n u(n)$的 z 变换。由例 6.3－4 可知：

$$h_1(n)=a^n u(n)\leftrightarrow H_1(z)=\frac{z}{z-a}\quad |z|>|a|$$

$$h_2(n)=na^n u(n)\leftrightarrow H_2(z)=\frac{az}{(z-a)^2}\quad |z|>|a|$$

即 $na^n u(n)$的收敛区与 $a^n u(n)$相同，都取决$|a|$。$|a|<1$，极点在单位圆内收敛；$|a|>1$，极点在单位圆外发散；可见 $na^n u(n)$与 $a^n u(n)$的收敛与否相同。

与连续系统函数分析相同，由系统函数 $H(z)$极点在 z 平面上的位置，便可确定 $h(n)$的模式，而零点只影响 $h(n)$的幅度与相位。系统函数 $H(z)$极点与 $h(n)$模式的示意图如图 6.6－1 所示。

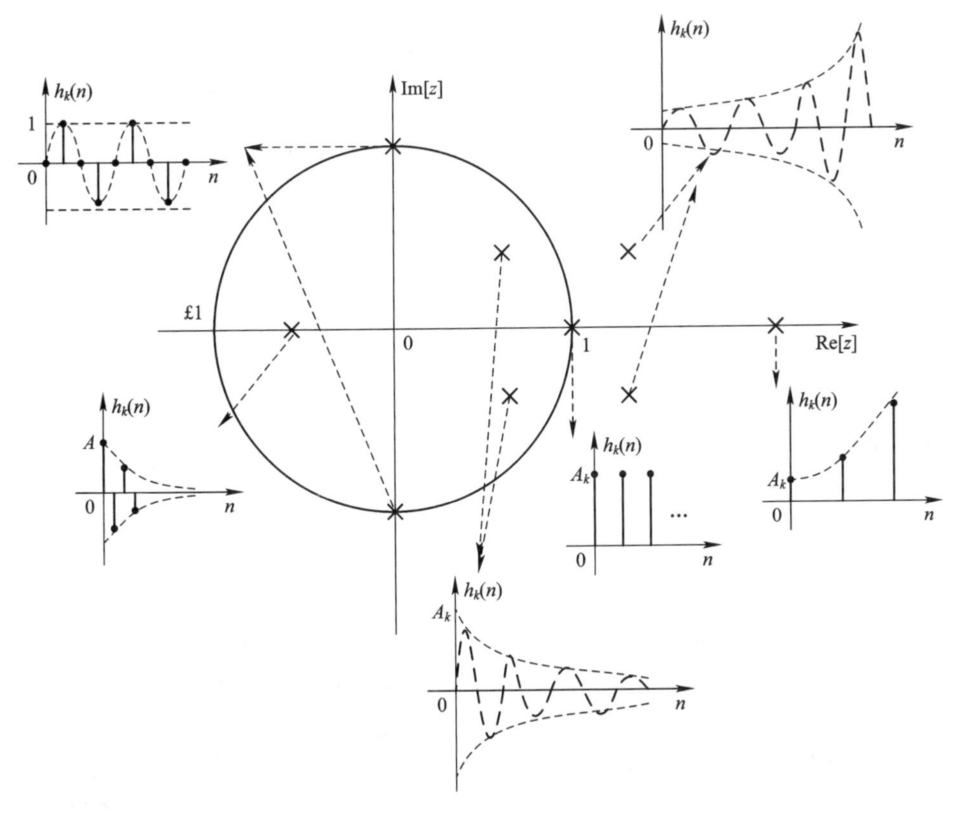

图 6.6-1 $H(z)$的极点与$h(n)$模式的示意图

6.6.3 系统的因果稳定性

系统函数的收敛区直接关系到系统的因果稳定性。

1. 因果系统

由因果系统的时域条件 $n<0$，$h(n)=0$ 及 $H(z)$的定义，可知因果系统的 $H(z)$只有 z 的负幂项，其收敛区为 $R_{H^-}<|z|\leqslant\infty$。因此收敛区包含无穷时，必为因果系统。

2. 稳定系统

由系统稳定的时域条件 $\sum_{n=-\infty}^{\infty}|h(n)|<\infty$，可知其 $H(z)$收敛区必定包含单位圆。其收敛区为 $R_{H^-}<|z|<R_{H^+}$，且 $R_{H^-}<1<R_{H^+}$。因此收敛区包含单位圆时，为稳定系统。反之，为不稳定系统

与连续时间系统当虚轴上有一阶极点时，定义系统为临界稳定的情况类似，当 $H(z)$ 的单位圆上有一阶极点时，定义离散系统为临界稳定(属于不稳定)。

3. 因果稳定系统

综合上述 1、2 情况，当 $R_{H^-}<|z|\leqslant\infty$，且 $R_{H^-}<1$ 时，系统是因果稳定系统，意味着因果稳定的系统函数 $H(z)$的所有极点只能分布在单位圆内，若 $H(z)$有单位圆上或单位圆外的极点，系统就是非稳定系统。

例 6.6-1 已知某离散系统的系统函数为

$$H(z)=\frac{0.2+0.1z^{-1}+0.3z^{-2}+0.1z^{-3}+0.2z^{-4}}{1-1.1z^{-1}+1.5z^{-2}-0.7z^{-3}+0.3z^{-4}}$$

判断该系统的稳定性。

解 根据系统稳定的条件，将系统函数写成零、极点形式

$$\begin{aligned}H(z)&=\frac{0.2(1+z^{-1}+z^{-2})(1-0.5z^{-1}+z^{-2})}{(1-0.4734z^{-1}+0.8507z^{-2})(1-0.6266z^{-1}+0.3526z^{-2})}\\&=\frac{0.2(1+z^{-1}+z^{-2})(1-0.5z^{-1}+z^{-2})}{[1+(0.2367+\mathrm{j}0.8915)z^{-1}][1+(0.2367-\mathrm{j}0.8915)z^{-1}]}\\&\quad\times\frac{1}{[1+(0.3133+\mathrm{j}0.5045)z^{-1}][1+(0.3133+\mathrm{j}0.5045)z^{-1}]}\end{aligned}$$

式中，极点的模

$$|z_1|=|z_2|=\sqrt{0.2367^2+0.8915^2}=0.9224<1$$

$$|z_3|=|z_4|=\sqrt{0.3133^2+0.5045^2}=0.5939<1$$

所有极点均在单位圆内，所以是稳定系统。

此例是通过求解系统极点，由其是否均在单位圆内，来判断系统的稳定性。对一个复杂系统来说，求极点并不容易，有时是相当繁琐的(如本例)。所以判断连续系统是否稳定以往是利用罗斯(Routh)准则，而判断离散系统是否稳定则利用朱利(Jury)准则。基本思路是不直接求极点，而是判断是否有极点在 s 的右半平面(包括虚轴)，或是否有极点在 z 平面的单位圆外(上)。现在利用 MATLAB 程序可以得到系统特征根，可以直接判断系统的稳定性，或利用 MATLAB 程序可作出其零、极点图，作直观判断，详见 6.8.4 节。

6.7 离散系统的模拟

LTI 离散系统的基本运算有延时(移序)、乘法、加法。基本运算可以由基本运算单元实现，而且由基本运算单元可以构成 LTI 离散系统。因为离散系统延时器的作用与连续系统中的积分器相当，由此可得到与连续时间系统相似的模拟与信号流图，所以梅森公式也适用离散系统。与连续系统不同的是，离散系统分为 IIR 系统与 FIR 系统，下面分别讨论这两类离散系统的模拟(仿真)与信号流图。

6.7.1 IIR 系统的直接(卡尔曼)形式

描述 N 阶 IIR 系统输入 $x(n)$ 与输出 $y(n)$ 关系的差分方程一般为

$$y(n)+\sum_{k=1}^{N}a_k y(n-k)=\sum_{k=0}^{M}b_k x(n-k) \tag{6.7-1}$$

对应的 N 阶离散系统的系统函数为

$$H(z)=\frac{Y(z)}{X(z)}=\frac{\sum_{k=0}^{M}b_k z^{-k}}{1+\sum_{k=1}^{N}a_k z^{-k}} \tag{6.7-2}$$

式(6.7－2)对应 IIR 系统的直接(卡尔曼)形式，$M=N$ 的流图形式如图 6.7－1 所示。

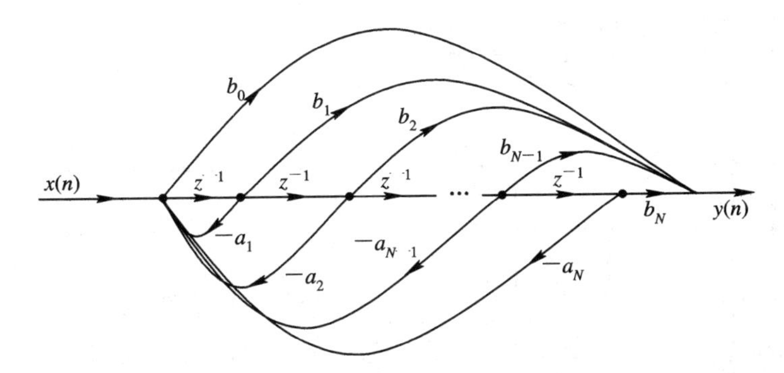

图 6.7－1　式(6.7－2)的信号流图表示

实现 IIR 系统的直接形式是将系统函数 $H(z)$的分子、分母表示为多项式形式，即

$$H(z)=\frac{\sum_{k=0}^{M}b_k z^{-k}}{1+\sum_{k=1}^{N}a_k z^{-k}}=\left(\sum_{k=0}^{M}b_k z^{-k}\right)\left(\frac{1}{1+\sum_{k=1}^{N}a_k z^{-k}}\right)$$

$$=H_1(z)H_2(z) \tag{6.7-3}$$

式中，

$$H_1(z)=\left[\sum_{k=0}^{M}b_k z^{-k}\right],\quad H_2(z)=\left(\frac{1}{1+\sum_{k=1}^{N}a_k z^{-k}}\right)$$

式(6.7－3)的框图与运算结构如图 6.7－2 所示，是先实现零点再实现极点。

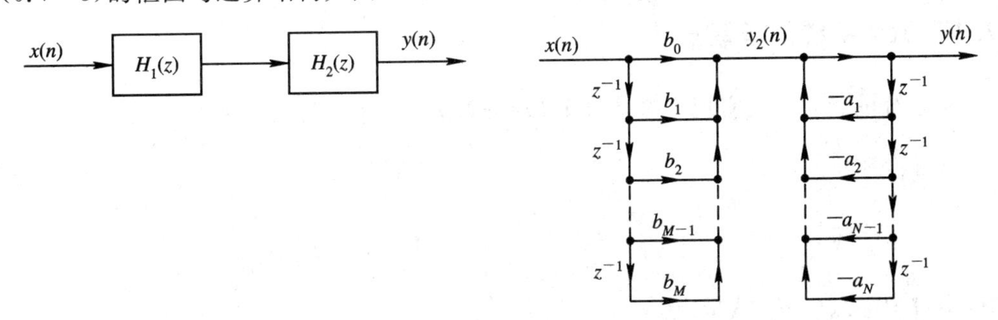

图 6.7－2　IIR 系统的直接Ⅰ型

IIR 系统函数也可以写为

$$H(z)=H_2(z)H_1(z)=\left(\frac{1}{1+\sum_{k=1}^{N}a_k z^{-k}}\right)\left(\sum_{k=0}^{M}b_k z^{-k}\right) \tag{6.7-4}$$

式(6.7－4)的框图与运算结构如图 6.7－3 所示，是先实现极点，再实现零点。图 6.7－2 与图 6.7－3 都称 IIR 系统的直接Ⅰ型。

从图 6.7－3 可以看到两列延时支路的输入相同，均为 $y_2(n)$，将其合并为一行，得到新的系统结构如图 6.7-4 所示。

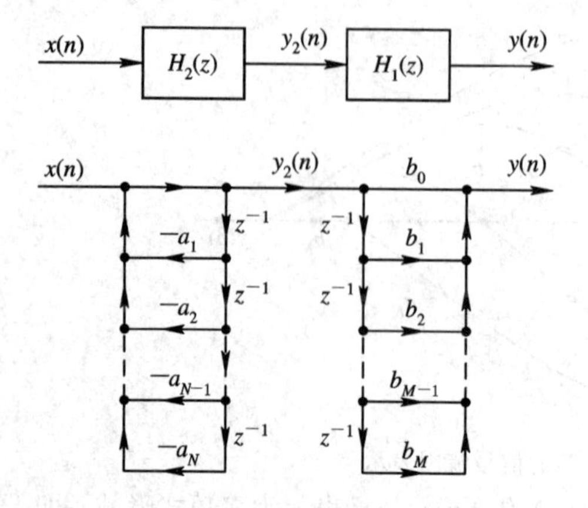

图 6.7-3 IIR 系统的另一种直接Ⅰ型

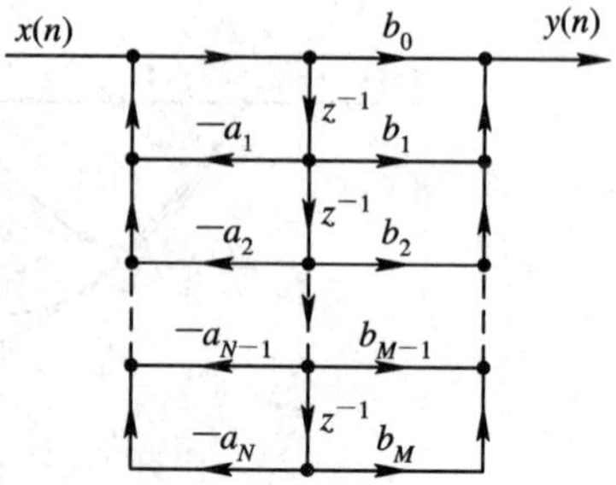

图 6.7-4 IIR 系统的直接Ⅱ型

由图 6.7-4 可见，若 $M=N$，可省 N 个延迟器。图 6.7-4 的结构称为直接Ⅱ型，也称最少延迟网络、典范形式、正准型。通常 IIR 的直接形式是指直接Ⅱ型。

例 6.7-1 已知数字滤波器的系统函数

$$H(z)=\frac{8-4z^{-1}+11z^{-2}-2z^{-3}}{1-(5/4)z^{-1}+(3/4)z^{-2}-(1/8)z^{-3}}$$

画出该滤波器的直接型结构。

解 例 6.7-1 的直接型结构如图 6.7-5 所示。

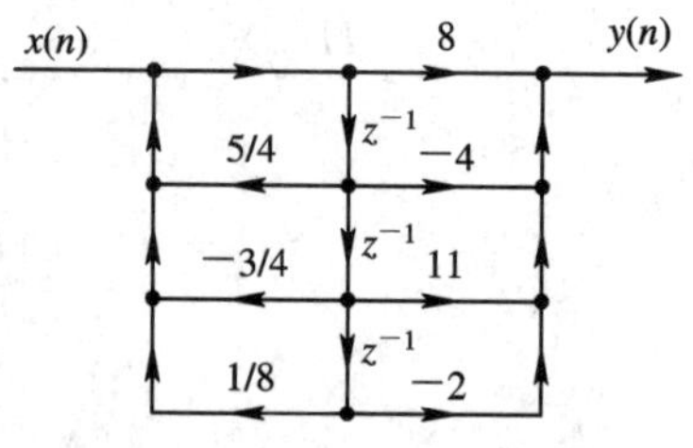

图 6.7-5 例 6.7-1 的直接型结构

6.7.2 IIR 系统的级联形式

IIR 系统的级联形式实现方法是将 $H(z)$分解为零、极点形式

$$H(z)=\frac{\sum_{k=0}^{M}b_kz^{-k}}{1+\sum_{k=1}^{N}a_kz^{-k}}=b_0\frac{\prod_{k=1}^{M}(1-c_kz^{-1})}{\prod_{k=1}^{N}(1-d_kz^{-1})}$$

式中，$\{c_k\}$为零点；$\{d_k\}$为极点。

系统的零、极点有可能是复数，由于 a_k、b_k 均是实数，因此如果 $H(z)$有复数的零、极点，一定是共轭成对的。把每对共轭因子合并，可构成一个实系数的二阶节。实系数单根也可以看成是复数的特例，两两可合并为基本二阶节。这样

$$H(z)=b_0\prod_{k=1}^{\lceil\frac{N+1}{2}\rceil}\frac{1+\beta_{1k}z^{-1}+\beta_{2k}z^{-2}}{1+\alpha_{1k}z^{-1}+\alpha_{2k}z^{-2}}=b_0\prod_{k=1}^{N_1}H_k(z)\qquad(6.7-5)$$

式中，$N_1=\lceil\frac{N+1}{2}\rceil$表示对$\frac{N+1}{2}$取整。

例如，$N=9$，$N_1=\lceil\frac{N+1}{2}\rceil=5$；$N=10$，$N_1=\lceil\frac{N+1}{2}\rceil=\lceil 5.5\rceil=5$。

式(6.7-5)中每个二阶节都用前面的最少延迟结构实现，就可以得到具有最少延迟的级联结构，如图 6.7-6 所示。

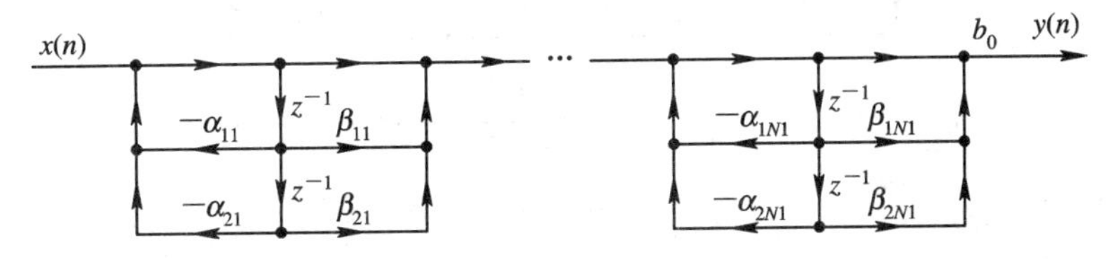

图 6.7-6　离散系统级的联形式

例 6.7-2　已知系统传递函数

$$H(z)=\frac{3(1-0.8z^{-1})(1-1.4z^{-1}+z^{-2})}{(1-0.5z^{-1}+0.9z^{-2})(1-1.2z^{-1}+0.8z^{-2})}$$

画出系统的级联结构。

解

$$H(z)=\frac{3(1-0.8z^{-1})(1-1.4z^{-1}+z^{-2})}{(1-0.5z^{-1}+0.9z^{-2})(1-1.2z^{-1}+0.8z^{-2})}$$

例 6.7-2 系统的级联结构如图 6.7-7 所示。

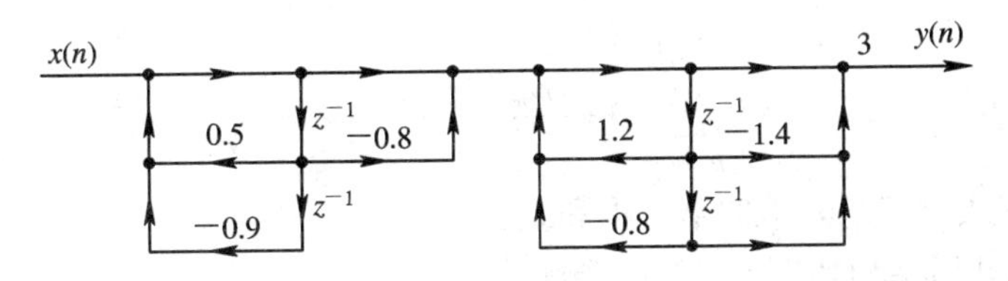

图 6.7-7　例 6.7-2 离散系统的级联形式

或

$$H(z)=\frac{(1-1.4z^{-1}+z^{-2})3(1-0.8z^{-1})}{(1-1.2z^{-1}+0.8z^{-2})(1-0.5z^{-1}+0.9z^{-2})}$$

系统的另一种级联结构如图 6.7-8 所示。

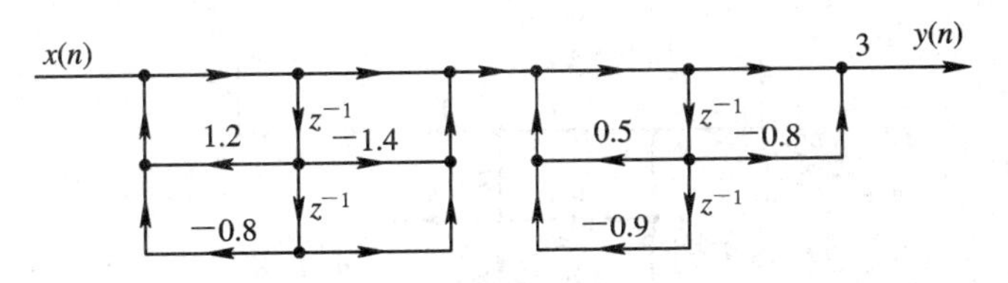

图 6.7-8　例 6.7-2 离散系统的另一种级联形式

例 6.7-3　已知系统传递函数

$$H(z)=\frac{8-4z^{-1}+11z^{-2}-2z^{-3}}{1-1.25z^{-1}+0.75z^{-2}-0.125z^{-3}}$$

画出系统的级联结构。

解

$$H(z)=\frac{8(1-0.19z^{-1})}{1-0.25z^{-1}}\cdot\frac{1-0.31z^{-1}+1.3161z^{-2}}{1-z^{-1}+0.5z^{-2}}$$

例 6.7-3 级联结构如图 6.7-9 所示。

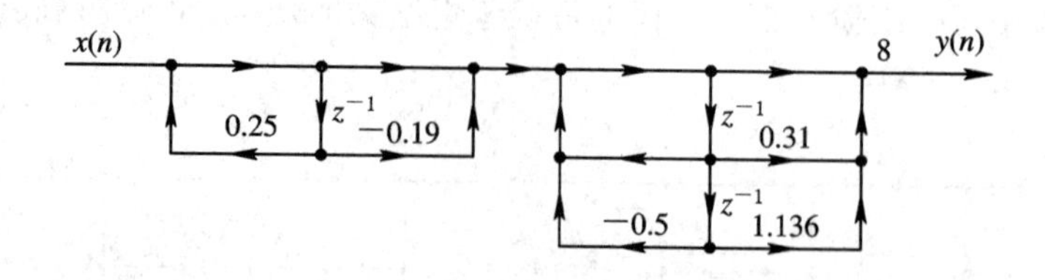

图 6.7-9　例 6.7-3 级联结构

在不知极点位置的情况下，将系统函数直接形式变换为级联形式有时并不容易。利用 MATLAB 程序，可以很方便地实现直接形式与级联形式的互换，详见 6.8.5 节。

6.7.3　IIR 系统的并联形式

IIR 系统的并联形式实现先将 $H(z)$展开为部分分式

$$H(z)=\sum_{k=1}^{N}\frac{A_k}{1-p_k z^{-1}}+\sum_{k=0}^{M-N}c_k z^{-k}$$

与级联情况相同，把每对共轭因子合并，可构成一个实系数的二阶节。实系数单根是复数的特例，也可两两合并为基本二阶节。这样

$$H(z)=\sum_{k=1}^{\lceil\frac{N+1}{2}\rceil}\frac{\gamma_{0k}+\gamma_{1k}z^{-1}}{1+\alpha_{1k}z^{-1}+\alpha_{2k}z^{-2}}+\sum_{k=0}^{M-N}c_k z^{-k}\qquad(6.7-6)$$

当 $M<N$ 时没有式(6.7-6)中的第二项和式。

$M=N$ 时的并联结构如图 6.7-10 所示。

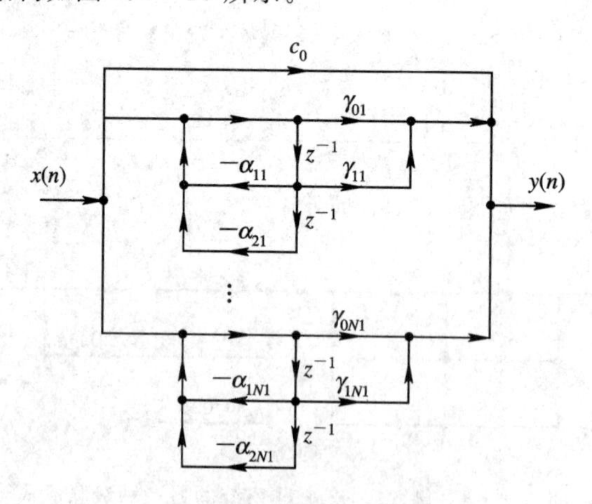

图 6.7-10　$M=N$ 时系统的并联结构

例 6.7-4　已知系统传递函数

$$H(z)=\frac{8-4z^{-1}+11z^{-2}-2z^{-3}}{1-1.25z^{-1}+0.75z^{-2}-0.125z^{-3}}$$

画出系统的并联结构。

解

$$H(z)=16+\frac{8}{1-0.25z^{-1}}+\frac{-16+20z^{-1}}{1-z^{-1}+0.5z^{-2}}$$

例 6.7-4 系统的并联结构如图 6.7-11 所示。

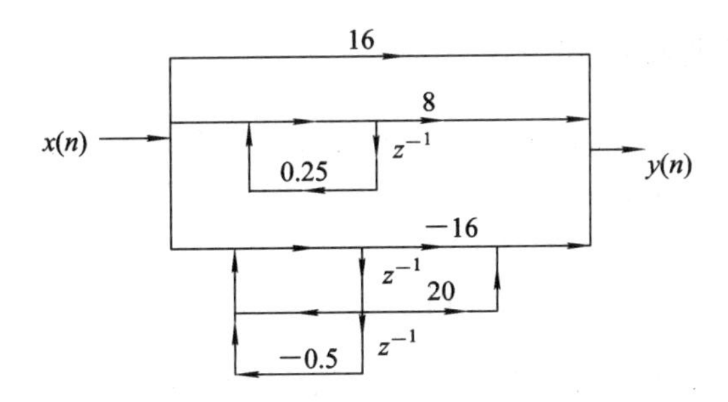

图 6.7-11　例 6.7-4 系统的并联结构

在极点位置不确定的情况下，将系统函数变换为并联形式有时也非易事，利用 MATLAB 程序可方便地将 $H(z)$展开为部分分式，详见 6.8.5 节。

6.7.4　FIR 系统的直接形式(横截型、卷积型)

$N-1$ 阶 FIR 系统的单位脉冲响应 $h(n)$是时宽为 N 的有限长序列，相应的 FIR 系统函数为

$$H(z)=\sum_{n=0}^{N-1}h(n)z^{-n} \tag{6.7-7}$$

其特点是系统函数 $H(z)$无极点，因此它的网络结构一般没有反馈支路。下面介绍几种 FIR 系统的基本结构形式。

由式(6.7-7)得 FIR 系统的差分方程为

$$\begin{aligned}y(n)&=\sum_{m=0}^{N-1}x(m)h(n-m)=\sum_{m=0}^{N-1}h(m)x(n-m)\\&=h(0)x(n)+h(1)x(n-1)+\cdots+h(N-1)x(n-N+1)\end{aligned} \tag{6.7-8}$$

由式(6.7-8)我们可以直接画出 FIR 系统的直接结构图如图 6.7-12 所示。

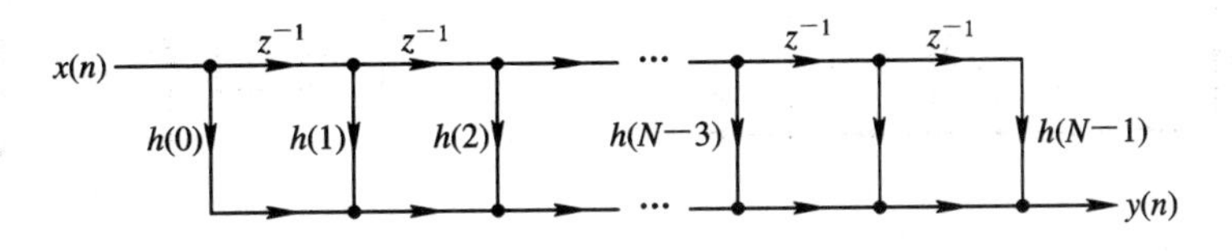

图 6.7-12　FIR 系统的直接结构图

由图 6.7-12 的转置网络，可得到另一种 FIR 系统的直接结构形式，如图 6.7-13 所示。

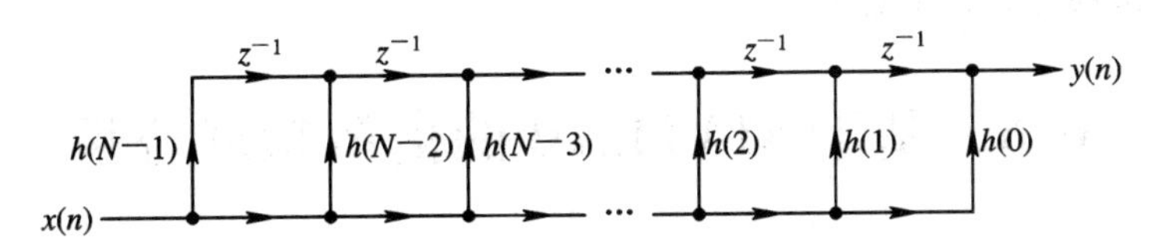

图 6.7-13　另一种 FIR 系统的直接结构

6.7.5 FIR 系统的级联形式

FIR 级联形式实现方法是将 $H(z)$的共轭零点或两个单零点组成基本的二阶节，$H(z)$为基本二阶节的子系统函数之积，即

$$H(z) = A\prod_{k=1}^{\lceil N/2 \rceil}(1+\beta_{1k}z^{-1}+\beta_{2k}z^{-2}) \tag{6.7-9}$$

由式(6.7-9)可以得到 FIR 系统如图 6.7-14 所示的级联结构。

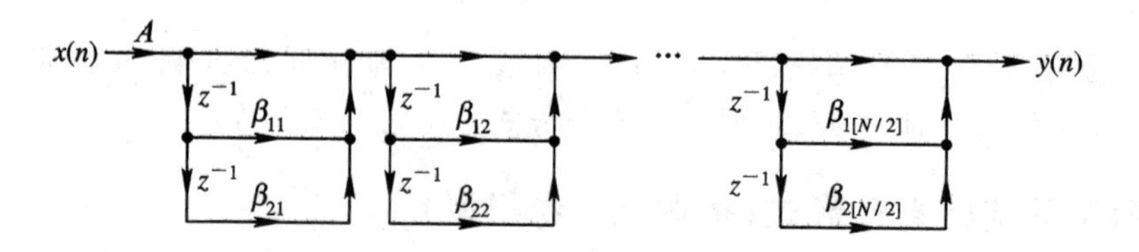

图 6.7-14 FIR 系统的级联结构形式

例 6.7-5 已知某 FIR 网络系统函数 $H(z)=0.96+2z^{-1}+2.8z^{-2}+1.5z^{-3}$，画出其直接型与级联型结构。

解

$$\begin{aligned} H(z) &= 0.96+2z^{-1}+2.8z^{-2}+1.5z^{-3} \\ &= (0.6+0.5z^{-1})(1.6+2z^{-1}+3z^{-2}) \end{aligned}$$

或

$$= 0.96(1+0.833z^{-1})(1+1.25z^{-1}+1.875z^{-2})$$

例 6.7-5 直接型与级联型结构如图 6.7-15 所示。

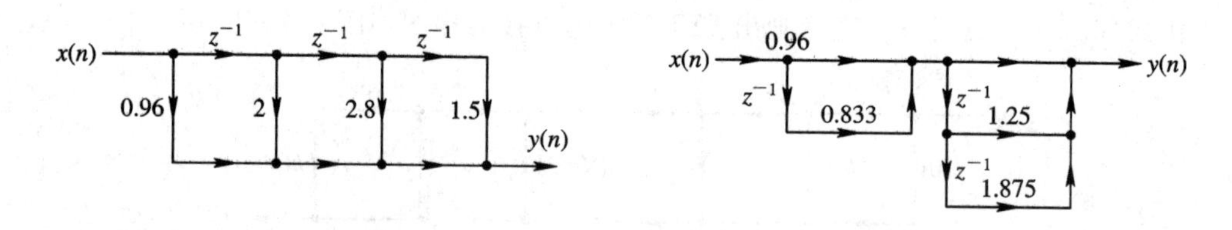

图 6.7-15 例 6.7-5 系统直接型与级联型结构

FIR 级联型结构的特点是每一个基本二阶节可以控制一对零点，在需要控制零点时可以采用。但它所需要的系数 β_{ik}(乘法器)要比直接形式的多。可利用 MATLAB 将 FIR 系统直接形式变为级联形式，详见 6.8.5 节。

6.8 基于 MATLAB 的离散频域分析

6.8.1 z 变换的 MATLAB 程序

例 6.8-1 单边序列 $f_1(t)=a^n u(n)=3^n u(n)$；$f_2(t)=\cos(\theta_0 n)u(n)\left(其中\ \theta_0=\frac{\pi}{2}\right)z$

变换的 MATLAB 程序。

```
syms n z;              %声明符号变量
f1=3.^n;
F1_z=ztrans(f1)
f2=cos((pi/2) .* n);
F2_z=ztrans(f2)
```

结果 $F_1(z)=\frac{1}{3}\frac{z}{\frac{1}{3}(z-1)}$；$F_2(z)=\frac{z^2}{z^2+1}$。

6.8.2 z 反变换的 MATLAB 程序

例 6.8-2 $X(z)=\frac{z^2}{(z-1)(z-0.5)}$，$|z|>5$ 的 $\mathscr{Z}$ 反变换的 MATLAB 程序。

```
clear;
syms z n;
X=z^2/((z-1)*(z-0.5))
x_n=iztrans(X)
```

结果 $x(n)=2-0.5^n$。

例 6.8-3 $X(z)=\frac{z^2}{(z-1)(z-0.5)}=\frac{1}{(1-z^{-1})(1-0.5z^{-1})}$，$|z|>5$ 由部分分式计算反变换的 MATLAB 程序。

```
clear;
num=[1 0];
den=poly([1, 0.5]);
[r, p, k]=residuez(num, den)
```

答案

```
r =    2
      -1
p = 1.0000
    0.5000
```

结果 $x(n)=(2-0.5^n)u(n)$。

6.8.3 求解系统响应及作图的 MATLAB 程序

1. 零状态响应

例 6.8-4 求例 6.5-1 零状态响应的 MATLAB 程序：

```
clear;
nf=30; np=0; ns=0;
n=[0:30]; b=[1]; a=[1, -1/2];
```

```
x=(1/3).^n. * stepseq(np, ns, nf);
Y=[0]; %初始条件
y=filter(b, a, x, Y)
subplot(2, 1, 1);
stem(n, x);
axis([-2 10 -0.01 1.2]); ylabel('x(n)');
line([-2, 30], [0, 0]);
line([0, 0] , [-0.01, 0.06]);
title('输入序列');
subplot(2, 1, 2); stem(n, y);
axis([-2 10 -0.01 1.2]);
ylabel('y(n)'); xlabel('n');
title('零状态响应');
line([-2, 30], [0, 0]);
line([0, 0] , [-0.01, 1.1]);
```

零状态响应如图 6.8-1 所示。

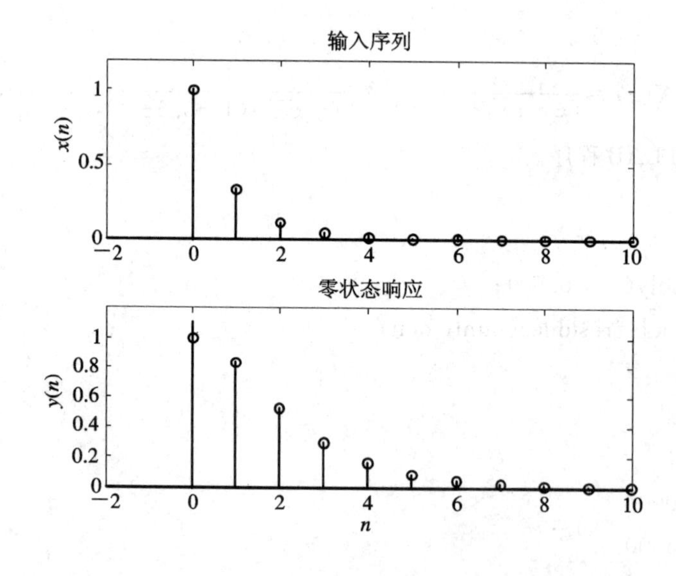

图 6.8-1　例 6.5-1 输入序列、输出序列图

2. 零输入响应

例 6.8-5　求例 6.5-2 零输入响应的 MATLAB 程序：

```
clear;
nf=30; np=0; ns=0;
n=[0:30]; b=[1]; a=[1, -1/2];
x=0.^n. * stepseq(np, ns, nf);
Y=[-2];  %初始条件
```

```
y=filter(b, a, x, Y)
stem(n, y); axis([-1 10 -1.1 0.1]);
ylabel('y(n)'); xlabel('n'); title('零输入响应');
line([-1, 10], [0, 0]); line([0, 0] , [0, 0.1]);
```

零输入响应如图 6.8-2 所示。

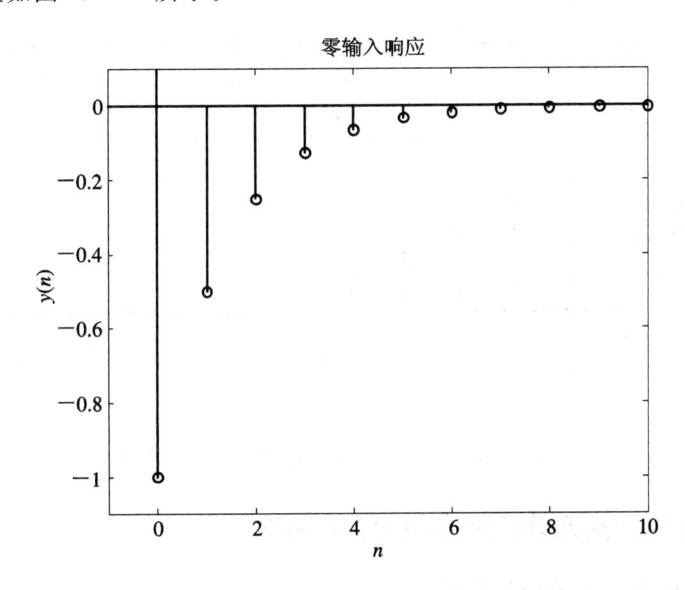

图 6.8-2　例 6.5-2 输入序列、输出序列图

3. 全响应

例 6.8-6　求例 6.5-3 全响应的 MATLAB 程序。

```
clear;
nf=30; np=0; ns=-1;
n=-1:30; b=[1]; a=[1, -1/2];
x=(1/3).^n. * stepseq(np, ns, nf);
Y=[-2]; %初始条件
y=filter(b, a, x, Y)
subplot(2, 1, 1); stem(n, x);
ylabel('x(n)'); axis([-1 10 -0.1 1.1]);
line([-1, 10], [0, 0]); line([0, 0] , [-0.1, 1.1]);
title('输入序列'); subplot(2, 1, 2); stem(n, y);
axis([-1 10 -0.1 0.5]);
ylabel('y(n)'); xlabel('n');
line([-1, 10], [0, 0]);
line([0, 0] , [-0.1, 0.5]); title('全响应');
```

全响应如图 6.8-3 所示。

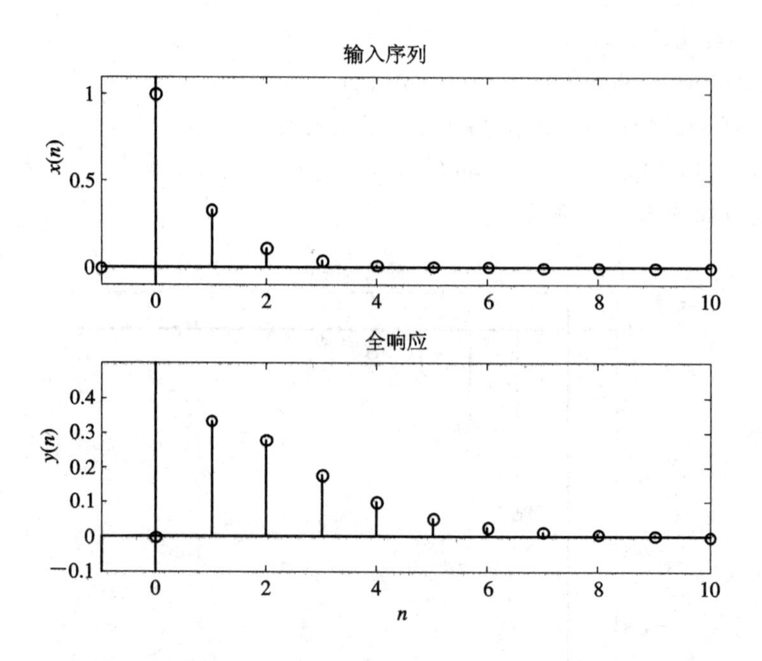

图 6.8-3　例 6.5-3 输入序列、输出序列图

6.8.4　求系统零极点及作图的 MATLAB 程序

例 6.8-7　已知某系统的系统函数为

$$H(z)=\frac{0.2+0.1z^{-1}+0.3z^{-2}+0.1z^{-3}+0.2z^{-4}}{1-1.1z^{-1}+1.5z^{-2}-0.7z^{-3}+0.3z^{-4}}$$

求其零、极点并绘出零、极点图。

解　例 6.8-7 的 MATLAB 程序及结果如下：

```
b=[0.2 0.1 0.3 0.1 0.2];          %分子多项式系数
a=[1 -1.1 1.5 -0.7 0.3];          %分母多项式系数
r1=roots(a)                       %求极点
r2=roots(b)                       %求零点
zplane(b, a)
```

答案

```
r1=0.2367+0.8915i
   0.2367-0.8915i
   0.3133+0.5045i
   0.3133-0.5045i
r2=-0.500+0.8660i
   -0.5000-0.866i
   0.2500+0.9682i
   0.2500-0.9682i
```

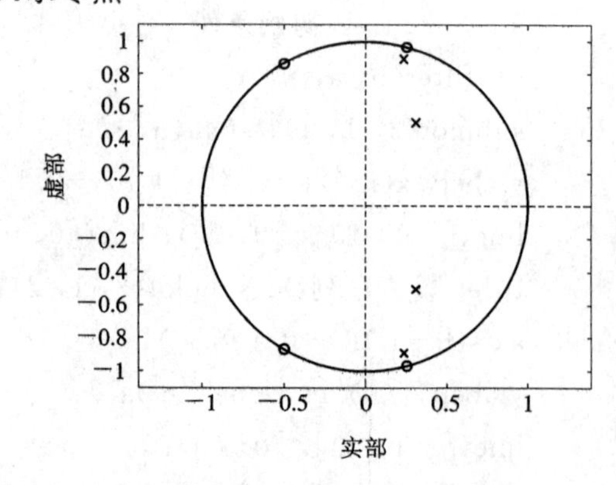

图 6.8-4　例 6.8-7 零、极点图

例 6.8-7 零极点如图 6.8-4 所示。

6.8.5 系统模拟的 MATLAB 程序

1. 变直接形式为级联形式的扩展函数

扩展函数 dir2cas：

```
function [b0, B, A] = dir2cas(b, a);
b0 = b(1); b = b/b0;
a0 = a(1); a = a/a0;
b0 = b0/a0;
M = length(b); N = length(a);
if N > M
      b = [b zeros(1, N-M)];
else if M > N
      a = [a zeros(1, M-N)]; N = M;
else
      NM = 0;
end
K = floor(N/2); B = zeros(K, 3); A = zeros(K, 3);
if K * 2 == N;
      b = [b 0];
      a = [a 0];
end
broots = cplxpair(roots(b));
aroots = cplxpair(roots(a));
for i=1:2:2 * K
      Brow = broots(i:1:i+1, :);
      Brow = real(poly(Brow));
      B(fix((i+1)/2), :) = Brow;
      Arow = aroots(i:1:i+1, :);
      Arow = real(poly(Arow));
      A(fix((i+1)/2), :) = Arow;
end
```

例 6.8-8 已知例 6.7-3IIR 系统的系统函数为

$$H(z) = \frac{8 - 4z^{-1} + 11z^{-2} - 2z^{-3}}{1 - 1.25z^{-1} + 0.75z^{-2} - 0.125z^{-3}}$$

变直接形式为级联形式的 MATLAB 程序及结果为

```
b=[8 -4 11 -2];                %分子多项式系数
a=[1 -1.25 0.75 -0.125];       %分母多项式系数
[b0, B, A]=dir2cas(b, a)       %变直接形式为级联形式
```

答案

```
b0 =8
B =1.0000    -0.3100    1.3161
   1.0000    -0.1900      -0
A =1.0000    -1.0000    0.5000
   1.0000    -0.2500    0
```

对应的 $H(z)=\frac{8(1-0.19z^{-1})}{1-0.25z^{-1}}\cdot\frac{1-0.31z^{-1}+1.3161z^{-2}}{1-z^{-1}+0.5z^{-2}}$

例 6.8-9 已知例 6.7-5 FIR 系统的系统函数为 $H(z)=0.96+2z^{-1}+2.8z^{-2}+1.5z^{-3}$，变直接形式为级联形式的 MATLAB 程序及结果为：

```
h=[0.96 2 2.8 1.5];
[b0, B, A]=dir2cas(h, 1)
```

答案

```
b0 = 0.9600
B =1.0000    1.2500    1.8750
   1.0000    0.8333         0
A =1   0   0
   1   0   0
```

对应的 $H(z)=0.96(1+0.833z^{-1})(1+1.25z^{-1}+1.875z^{-2})$

2. 变直接形式为并联形式的扩展函数

```
function [C, B, A] = dir2par(b, a);
M = length(b); N = length(a);
[r1, p1, C] = residuez(b, a);
p = cplxpair(p1, 10000000 * eps);
I = cplxcomp(p1, p);
r = r1(I);
K = floor(N/2); B = zeros(K, 2); A = zeros(K, 3);
if K * 2 == N; %N even, order of A(z) odd, one factor is first order
   for i=1:2:N-2
      Brow = r(i:1:i+1, :);
      Arow = p(i:1:i+1, :);
      [Brow, Arow] = residuez(Brow, Arow, []);
      B(fix((i+1)/2), :) = real(Brow);
      A(fix((i+1)/2), :) = real(Arow);
   end
   [Brow, Arow] = residuez(r(N-1), p(N-1), []);
   B(K, :) = [real(Brow) 0]; A(K, :) = [real(Arow) 0];
else
   for i=1:2:N-1
      Brow = r(i:1:i+1, :);
```

```
        Arow = p(i:1:i+1, :);
        [Brow, Arow] = residuez(Brow, Arow, []);
        B(fix((i+1)/2), :) = real(Brow);
        A(fix((i+1)/2), :) = real(Arow);
    end
end
```

例 6.8-10 已知例 6.7-4 系统函数 $H(z)=\dfrac{8-4z^{-1}+11z^{-2}-2z^{-3}}{1-1.25z^{-1}+0.75z^{-2}-0.125z^{-3}}$变直接形式为并联形式的 MATLAB 程序及结果为：

```
b=[8 -4 11 -2];                    %分子多项式系数
a=[1 -1.25 0.75 -0.125];           %分母多项式系数
[C, B, A]=dir2par(b, a)            % 变直接形式为并联形式
```

答案

```
C =    16                                   %直接项系数
B = -16.0000    20.0000                     %分子项系数
     -8.0000         0
A = 1.0000    -1.0000    0.5000             %分母项系数
    1.0000    -0.2500         0
```

对应的 $H(z)=16+\dfrac{8}{1-0.25z^{-1}}+\dfrac{-16+20z^{-1}}{1-z^{-1}+0.5z^{-2}}$

习　　题

6-1　求下列序列的双边 z 变换及收敛域。

(1) $\delta(n-2)$；　(2) $\delta(n+3)$；　(3) $\delta(n-n_0)$；

(4) $0.8^n u(n)$；　(5) $-0.8^n u(-n-1)$；　(6) $\left(\dfrac{1}{4}\right)^n u(-n)$；

(7) $0.8^n[u(n)-u(n-10)]$；　(8) $a^n[u(n)-u(n-N)]$。

6-2　求下列序列的双边 z 变换及收敛域。

(1) $x_1(n)=0.5^n u(n)+\delta(n)$；

(2) $x_2(n)=2^n u(n)+\left(\dfrac{1}{3}\right)^n u(n)$；

(3) $x_3(n)=u(n)+(-1)^n u(n)$；

(4) $x_4(n)=\begin{cases}1, & |n|\leqslant N\\ 0, & |n|>N\end{cases}$；

(5) $x_5(n)=\left(\dfrac{1}{3}\right)^n u(-n)$；

(6) $x_6(n)=2^n u(-n)-\left(\dfrac{1}{3}\right)^n u(n)$；

(7) $x_7(n)=\left(\dfrac{1}{3}\right)^n u(n-2)$；

(8) $x_8(n)=3^n u(-n+2)$。

6-3　试计算下列离散信号的双边 z 变换，并标明收敛区。

(1) $x_1(n)=\left(\frac{1}{2}\right)^n u(n-1)+2^n u(-n)$；

(2) $x_2(n)=\left(\frac{1}{2}\right)^n u(n)+\left(\frac{1}{3}\right)^n u(n)$；

(3) $x_3(n)=0.5^n u(-n)+0.5^{n-1}u(n-1)$；

(4) $x_4(n)=n2^{n-1}u(n)$；

(5) $x_5(n)=n(-1)^n u(n)$；

(6) $x_6(n)=n\,u(n)-(n-1)u(n-1)$。

6-4　试计算下列离散信号的双边 z 变换，并标明收敛区。

(1) $x_1 n)=\sum_{m=0}^{\infty}\delta(n-m)$；

(2) $x_2(n)=\cos(3n)u(-n)$；

(3) $x_3(n)=(n-0.8^n)^2 u(n)$；

(4) $x_4(n)=\sum_{m=0}^{n}(-2)^m u(m)u(n-m)$。

6-5　试计算双边序列$(1/2)^{(n)}$的 z 变换，并标明收敛区。

6-6　选择题：

(1) 双边序列 $x(n)=a^{|n|}$ 存在 z 变换的条件是(　　)，其中 a 为常数。

A) $a>1$　　B) $a\geqslant 1$　　C) $a<1$　　D) $a\leqslant 1$

(2) 已知 $x(n)\leftrightarrow X(z)$，$|z|$：(R_-, R_+)，当 $a>0$ 时，$y(n)=a^{-n}x(n)$的 z 变换，$Y(z)=$(　　)，其收敛区为$|z|$。

A) $X(az)$　　B) $X\left(\frac{z}{a}\right)$　　C) $(R_-/a, R_+/a)$　　D) (aR_-, aR_+)

(3) z 变换具有位移性质。当序列发生位移时，其 z 变换收敛区的规律是(　　)。

A) 序列左移收敛区扩大，右移收敛区缩小

B) 序列右移收敛区扩大，左移收敛区缩小

C) 无论左移右移收敛区均不变

D) 视序列的具体情况而定

6-7　填空题。

(1) 已知 $x(n)\leftrightarrow X(z)$，$|z|>R_-$，则 $3^{-n}x(n)\leftrightarrow$(　　)。

(2) $x(-n)\leftrightarrow$(　　)。

(3) 已知 $X(z)=\frac{z^6+3z^4+5z^2+7}{(z-2)^3(z-1)^2(z-3)}$，$|z|>3$，则 $x(0)=$(　　)，$x(\infty)=$(　　)。

(4) 已知 $x(n)u(n)\leftrightarrow X(z)$，$|z|>R_-$，则 $x(n+2)u(n)\leftrightarrow$(　　) $x(n-2)u(n)\leftrightarrow$(　　)。

(5) 已知 $x(n)u(n)\leftrightarrow X(z)$，$|z|>R_-$，则 $y(n)=n^2x(n)u(n)$的 z 变换，$Y(z)=$(　　　　)。

(6) 已知 $x(n)\leftrightarrow X(z)$，$a<|z|<b$，则$(-0.5)^n x(n)\leftrightarrow$(　　　　)。

6-8　已知因果序列的 z 变换函数表达式 $X(z)$ 如下，试计算该序列的初值 $x(0)$ 及终值 $x(\infty)$。

(1) $X(z)=\dfrac{1+z^{-1}+z^{-2}}{(1+z^{-1})(1-2z^{-1})}$；

(2) $X(z)=\dfrac{z^2}{z^2-1.5z+0.5}$；

(3) $X(z)=\dfrac{z}{z^2-1/4}$；

(4) $X(z)=\dfrac{z^3+3z^2+4z+1}{(z-1)(z-0.5)(z-a_1)(z-a_1^*)}$，$a_1=\dfrac{1}{\sqrt{2}}\mathrm{e}^{-\mathrm{j}\frac{\pi}{2}}$；

(5) $X(z)=\dfrac{z(z-2)}{(z-1)\left(z-\dfrac{1}{2}\right)}$。

6-9　已知 $x(n)u(n)\leftrightarrow X(z)$，$|z|>R_-$，试计算下列信号的 z 变换并标明收敛区。

(1) $y(n)=a^{-n}\cos(\omega_0 n)x(n)u(n)$；

(2) $y(n)=a^{-n}\sin(\omega_0 n)x(n)u(n)$。

6-10　求下列 $X(z)$ 函数对应的时域序列 $x(n)$。

(1) $X(z)=1$，$|z|\leqslant\infty$；

(2) $X(z)=z^3$，$|z|<\infty$；

(3) $X(z)=z^{-1}$，$0<|z|\leqslant\infty$；

(4) $X(z)=-2z^{-2}+2z+1$，$0<|z|<\infty$；

(5) $X(z)=\dfrac{1}{1-az^{-1}}$，$|z|>a$；

(6) $X(z)=\dfrac{1}{1-az^{-1}}$，$|z|<a$。

6-11　试计算下列 $X(z)$ 函数的 z 反变换 $x(n)$。

(1) $X(z)=\dfrac{1-az^{-1}}{z^{-1}-a}$，$|z|>\dfrac{1}{|a|}$；

(2) $X(z)=\dfrac{z^3+2z^2+1}{z(z^2-1.5z+0.5)}$，$|z|>1$；

(3) $X(z)=\dfrac{z^2}{(z-1)^2(z-2)^2}$，$|z|>2$；

(4) $X(z)=\dfrac{1-\dfrac{1}{2}z^{-1}}{1+\dfrac{3}{4}z^{-1}+\dfrac{1}{8}z^{-2}}$，$|z|>\dfrac{1}{2}$；

(5) $X(z)=\dfrac{1+z^{-1}}{1-2z^{-1}\cos\omega_0+z^{-2}}$，$|z|>1$；

(6) $X(z)=\dfrac{1}{1-\dfrac{1}{3}z^{-1}}$，$|z|>\dfrac{1}{3}$；

(7) $X(z)=\dfrac{z}{z^2-5z+4}$，$1<|z|<4$；

(8) $X(z)=\dfrac{z}{z^2+4}$, $0<|z|<2$;

(9) $X(z)=\dfrac{2z+3}{z^2-4z+3}$, $1<|z|<3$;

(10) $X(z)=\dfrac{z^2}{z^2-1.5z+0.5}$, $0.5<|z|<1$。

6-12　利用两种方法求下列 $X(z)$ 函数的 z 反变换 $x(n)$。

$$X(z)=\frac{10z}{(z-1)(z-2)},\ |z|>2$$

6-13　试计算下列 $X(z)$ 函数的 z 反变换 $x(n)$。

(1) $X(z)=\dfrac{10}{(1-0.5z^{-1})(1-0.25z^{-1})}$, $|z|>0.5$;

(2) $X(z)=\dfrac{10z^2}{(z-1)(z+1)}$, $|z|>1$。

6-14　试计算下列 $X(z)$ 函数的 z 反变换 $x(n)$。

(1) $X(z)=\dfrac{z^{-1}}{(1-6z^{-1})^2}$, $|z|>6$; (2) $X(z)=\dfrac{z^{-2}}{1+z^{-2}}$, $|z|>1$。

6-15　已知 $X(z)=\dfrac{z}{(z-1)(z-2^2)}$，试计算 $X(z)$ 的所有可能的反 z 变换(取不同的收敛区)。

6-16　求系统 $H(z)=\dfrac{z}{(z-1)(z-2)^2}$ 在以下不同收敛域情况下的单位脉冲响应 $h(n)$。

(1) $|z|>2$;　(2) $|z|<1$;　(3) $1<|z|<2$。

6-17　已知 $x(n)\leftrightarrow X(z)$, $|z|>R_-$，且 $R_-<1$，试计算序列 $y(n)=\sum\limits_{m=-\infty}^{n}x(n)$ 的 z 变换 $Y(z)$ 并标明收敛区。

6-18　题 6-18(a)图所示的级联系统中，已知 $h_1(n)$ 的波形如题 6-17(b)图所示，试画出 $h_2(n)$ 的波形。

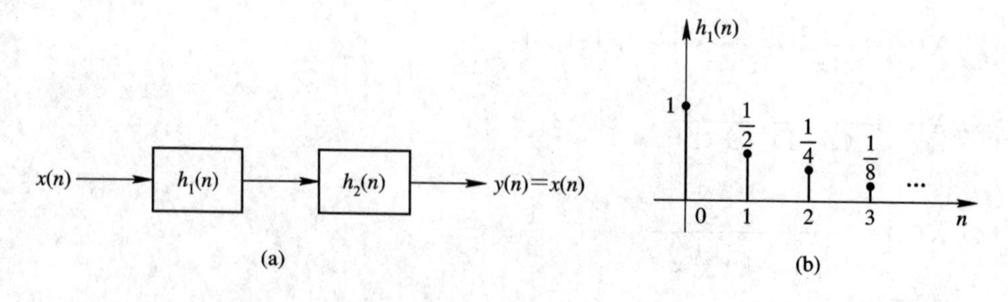

题 6-18 图

6-19　已知系统的激励与单位脉冲响应如下，利用卷积定理求系统的零状态响应。

(1) $x(n)=a^n u(n)$, $h(n)=\delta(n-2)$;

(2) $x(n)=a^n u(n)$, $h(n)=u(n-1)$;

(3) $x(n)=u(n)-u(n-N)$, $h(n)=a^n u(n)$　$0<a<1$。

6-20　用 z 变换解下列差分方程，可利用 MATLAB 验证。

(1) $y(n+2)+y(n+1)+y(n)=u(n)$，$y(0)=1$，$y(1)=2$；

(2) $y(n)+0.1y(n-1)-0.02y(n-2)=10u(n)$，$y(-1)=4$，$y(-2)=6$；

(3) $y(n)-0.9y(n-1)=0.05u(n)$，$y(-1)=0$；

(4) $y(n)-0.9y(n-1)=0.05u(n)$，$y(-1)=1$；

(5) $y(n)+5y(n-1)=nu(n)$，$y(-1)=0$；

(6) $y(n)+2y(n-1)=(n-2)u(n)$，$y(0)=1$。

6-21　已知一因果离散系统的差分方程为 $y(n)+3y(n-1)=x(n)$，求：

(1) 系统的单位脉冲响应 $h(n)$；

(2) 若 $x(n)=(n+n^2)u(n)$，$y(-1)=0$，求响应 $y(n)$。

6-22　求如题 6-22 图梳状滤波器的差分方程、系统函数；零、极点图；单位脉冲响应。用 MATLAB 验证 $N=6$ 时的结论。

6-23　如题 6-23 图所示离散系统($0<a<1$)，激励 $x(n)=u(n)$，求系统的响应并指出瞬态响应、稳态响应。

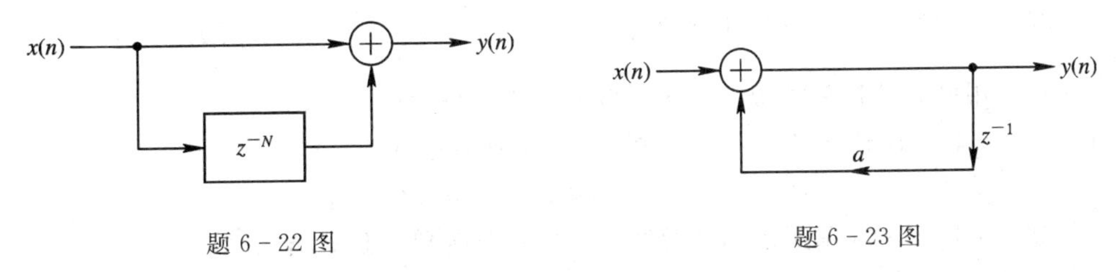

题 6-22 图　　　　题 6-23 图

6-24　判断下列差分方程中，哪些是稳定、临界稳定和不稳定系统。

(1) $y(n+2)-0.3y(n+1)-0.1y(n)=x(n+1)$；

(2) $y(n)-0.8y(n-1)-0.2y(n-2)=x(n)+0.3x(n-1)-0.1x(n-2)$；

(3) $y(n+1)+2.5y(n)+y(n-1)=x(n)$。

6-25　因果系统的系统函数如下，判断各系统的稳定性，有条件的可用 MATLAB 验证。

(1) $H(z)=\dfrac{z+2}{8z^2-2z-3}$；　　(2) $H(z)=\dfrac{8(1-z^{-1}-z^{-2})}{2+5z^{-1}+2z^{-2}}$；

(3) $H(z)=\dfrac{2z-4}{2z^2+z-1}$；　　(4) $H(z)=\dfrac{1+z^{-1}}{1-z^{-1}+z^{-2}}$。

6-26　已知某系统的系统函数 $H(z)=\dfrac{9.5z}{(z-0.5)(10-z)}$，分别求出收敛区为 (1) $|z|>10$；(2) $0.5<|z|<10$ 时的系统单位脉冲响应，并判断系统的因果稳定性。

6-27　试用数字加法器、乘法器和延迟器模拟因果离散系统。

(1) $H(z)=\dfrac{z(z+2)}{(z-0.3)(z-0.4)(z-0.6)}$；(2) $H(z)=\dfrac{2z+1}{z(z+1)(z-0.5)^2}$；

(3) $H(z)=\dfrac{z^3}{z^3-z^2-0.01z+0.1}$。

6-28　已知系统函数 $H(z)=\dfrac{-5+2z^{-1}-0.5z^{-2}}{1+3z^{-1}+3z^{-2}+z^{-3}}$，用直接型及直接Ⅱ型结构实现。

6-29　用级联型结构实现以下传递函数，共能构成几种级联网络？

$$H(z)=\frac{5(1-z^{-1})(1-1.4142z^{-1}+z^{-2})}{(1-0.5z^{-1})(1-1.2728z^{-1}+0.81z^{-2})}$$

6-30　用级联型结构及并联型结构实现以下传递函数。

(1) $H(z)=\dfrac{3z^3-3.5z^2+2.5z}{(z^2-z+1)(z-0.5)}$；

(2) $H(z)=\dfrac{4z^3-2.8284z^2+z}{(z^2-1.4142z+1)(z+0.7071)}$。

6-31　设滤波器差分方程为 $y(n)=x(n)+\frac{1}{3}x(n-1)+\frac{3}{4}y(n-1)-\frac{1}{8}y(n-2)$，用直接Ⅰ型、Ⅱ型以及全部一阶节的级联型、并联型结构实现它。

6-32　已知系统函数 $H(z)=\dfrac{z}{z-a}$，试求：

(1) 对应的差分方程；

(2) 系统结构图。

6-33　已知滤波器单位脉冲响应为 $h(n)=\begin{cases}0.2^n & 0\leqslant n\leqslant 5\\ 0 & \text{其他}\end{cases}$，求横截型结构。

6-34　用横截型和级联型结构实现传递函数 $H(z)=(1-1.4142z^{-1}+z^{-2})(1+z^{-1})$。

6-35　试问：用什么结构可以实现以下单位脉冲响应。

$$h(n)=\delta(n)-3\delta(n-3)+5\delta(n-7)$$

6-36　如题6-36图所示的离散系统，图中 D 为单位延时器。

(1) 试计算其系统函数 $H(z)$；

(2) 试计算其单位数字冲激响应 $h(n)$；

(3) 试写出其差分方程；

(4) 试判断系统的稳定性。

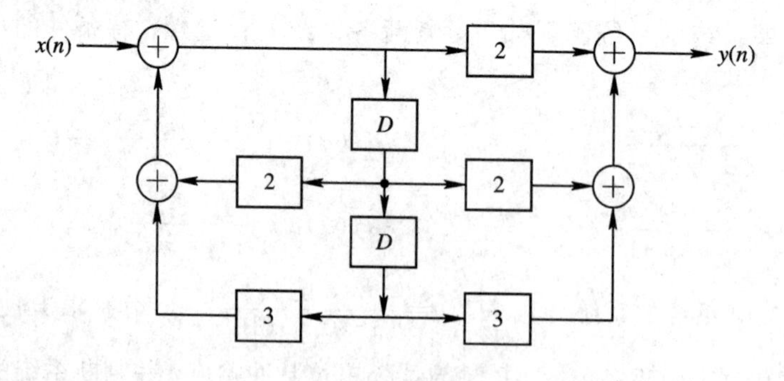

题6-36图

参 考 文 献

[1] 郑君里，应启珩，杨为理. 信号与系统. 2版. 北京：高等教育出版社，2000.

[2] 闵大镒，朱学勇. 信号与系统分析. 成都：电子科技大学出版社，2000.

[3] 吴大正，杨林耀，张永瑞. 信号与线性系统分析. 3版. 北京：高等教育出版社，1998.

[4] (美)A V 奥本海姆，A S 威斯基. 信号与系统. 刘树棠，译. 西安：西安交通大学出版社，1998.

[5] (美)A V 奥本海姆，R W 谢弗. 数字信号处理. 董士嘉，杨耀增，译. 北京：科学出版社，1980.

[6] (美)Vinay K Ingle，John G Proakis. 数字信号处理及其MATLAB实现. 陈怀琛，王朝英，高西全，译. 北京：电子工业出版社，1998.

[7] 丁玉美，高西全. 数字信号处理. 西安：西安电子科技大学出版社，2001.

[8] 楼顺天，李博菡. 基于MATLAB的系统分析与设计：信号处理. 西安：西安电子科技大学出版社，1999.

[9] 王仁明. 信号与系统. 北京：北京理工大学出版社，1994.

[10] 张培强. MATLAB语言：演算纸式的科学工程计算语言. 合肥：中国科学技术大学出版社，1995.

[11] 陈生潭，等. 信号与系统. 西安：西安电子科技大学出版社，2001.

[12] 陈怀琛. 数字信号处理教程：MATLAB释义与实验. 北京：电子工业出版社，2004.

[13] 党宏社. 信号与系统实验(MATLAB版). 西安：西安电子科技大学出版社，2007.